訊號、系統與通訊原理

武維疆 著

Signals, Systems, and Communication Theory

五南圖書出版公司 印行

序

通訊產業是近年來高科技產業中極為重要的一環，由於通訊產業的發展快速及通訊技術的日新月益，因此通訊人才的養成刻不容緩！與通訊科技相關的產業包含：無線通訊系統、電腦通訊網路、通訊電子訊號處理、光通訊、通訊IC設計、電波工程、多媒體及多用户通訊技術、數位電視廣播、以及相關通訊技術之整合與應用等。通訊科技未來之發展無遠弗屆！

「通訊原理」是理論嚴謹、架構完整、內容豐富，完美到令人窒息的一門學問！同時也是一門高度數學化的學問，由於要對信號與系統進行時域與頻域的分析，因此必須熟悉傅立葉級數與轉換；由於雜訊具隨機之特性，因此必須了解機率理論與隨機程序；為了分析數位通訊系統的性能，檢測理論與向量空間法為必要的工具；此外，在探討消息理論與通道編碼理論時，矩陣之特性及計算必須熟悉。因此在本書之前半段即詳盡的介紹這些必備的數學工具。接著在第四、五章則討論AM、FM、PM等類比通訊技術之原理以及收發機之設計，第六章探討脈波通訊，其中包含了取樣、量化、以及編碼器之工作原理。由於積體電路的出現以及蓬勃發展，數位通訊已經取代類比通訊成為市場的主流，因此在本書之第七、八、九章詳盡的分析了數位通訊系統之相關技術，其中第七章闡述「向量空間法」，第八章則比較了不同的數位調變方式之性能以及頻譜使用效率，第九章著重於於消息理論與編碼技術。

近年來隨著通訊量的飛速增加，點對點通訊已經不敷需求，多重接取技術因應產生。因此在本書第十章介紹現代通訊系統：包含了衛星通訊、展頻通訊（Spread Spectrum Communications）、多用户通訊（Multiuser Communication）技術、以及蜂巢式行動通訊系統，其中多重接取技術由1G（FDMA）、2G（TDMA）、3G（CDMA）到4G（OFDMA）以及智慧型天線在SDMA之應用均有詳盡探討。現今及未來通訊系統的主要發展在於無線通訊技術與網際網路的結合，因此在本書之最後一章介紹網際網路。內容包含了：通信協定與網路分層武架構、網路的存取技術以及無線區域網路等。

時光飛逝，轉眼之間在大學任教已經歷17寒暑，謹以此書獻給所有認真修過我的課，以及曾經與我有過熱烈討論的學生，從你（妳）們殷切的眼神中，讓我發現自己存在的價值、讓我充分享受教學相長之樂、讓我不以工作為苦、讓我不知老之將至！

武維疆 謹識

於大葉大學電機系

106年7月

目錄

第一章　通訊系統概論

1.1　通訊系統簡介

一個通訊系統的主要任務是將攜帶著訊息的訊號（information-bearing signal）由傳送端透過通訊通道（communication channel）傳至目的地。同時接收端必須能夠正確無誤的還原訊息。因此在規劃一個通訊系統時要考量的包括了發射機，發射功率，可使用的頻寬（bandwidth），通道雜訊（noise）與干擾（interference），以及接收機的設計等。一個典型的通訊系統可用如圖 1-1 的方塊圖來說明：

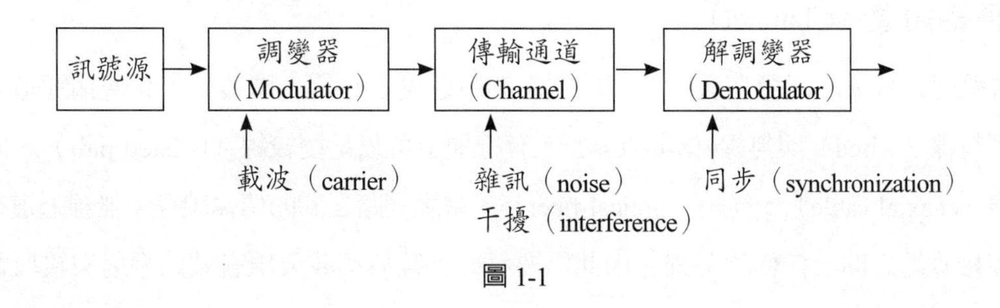

圖 1-1

在本章中我們將針對圖 1-1 的各部分逐一地說明，至於詳細的工作原理將於本書之後的章節進行討論。

一、訊號源（Information Source）

訊號源包括了語音、影像、影片、電子檔案資料等，有些訊號源可直接傳送，有些則需要先轉換爲適合傳送的訊號模式，例如語音訊號必須要先經由「麥克風」轉換爲電壓訊號。訊號源的輸出稱爲調變訊號（modulating signal），依據調變訊號的形式，我們可將通訊系統分爲類比（analog）與數位（digital）兩種型式，分別定義如下：

類比通訊系統（Analog Communication System, ACS）：若調變訊號在時間及振幅上均呈現連續的改變，則稱之爲類比通訊系統。

數位通訊系統（Digital Communication System, DCS）：若調變訊號本身或是經過處理之後，由有限個波形所代表，換言之，每次傳輸之訊號波形是由有限個可能的波形之中擇一傳送，則稱之爲數位通訊系統。

二、調變器（Modulator）

如圖 1-1 所示，在發射部分的調變器，會有載波（carrier）訊號加入，載波訊號是頻率極高的連續波（Continuous Wave, CW），其任務在於攜帶所欲傳送之訊息。調變訊號（modulating signal）本身通常並不適合在通道中傳送（原因會在下一節中詳述），調變（modulation）即是一種讓訊息適合於在通道中傳送的過程，執行調變工作的裝置則稱爲調變器，訊息經過調變之後稱爲已調變訊號（modulated signal）。

三、傳輸通道（Channel）

傳輸通道代表了訊號在發射及接收端之間所通過之介質，廣義的來說傳輸通道分成兩種：有線（wired）與無線（wireless）。有線通道可以是雙絞線（twisted pair）、同軸電纜線（coaxial cable）、光纖（optical fiber）、電腦網路之間的傳輸線等。無線通道在傳送端與接收端之間無任何的纜線，因此需要發射天線與接收天線有效的發射與接收電磁波，無線通訊之應用無遠弗屆，從大家最熟悉的廣播電台、電視、行動電話，其他如微波無線電（microwave radio）、衛星通訊（satellite communication）、水下（underwater）通訊、蜂巢式（cellular）通訊系統、超寬頻無線電系統〔ultra wideband（UWB）radio〕等均屬於無線通訊。但訊號無論是透過有線或無線傳輸通道都會遭到變壞（degradation）的結果，其原因包括傳輸通道所導致的損耗（loss）或衰減、內部電子零件所產生熱雜訊（thermal noise）在或外部的背景雜訊（background noise）、無線通道中其他訊號的干擾（interference）、通道頻寬受限而導致符元之間的相互干擾（Intersymbol Interference, ISI）造成訊號失真（distortion）等。顯然的，有線通道較不易受到外在環境之影響與其他訊號之干擾，然而實用性差。

與有線通訊系統比較起來，無線通訊具有更大的彈性，無線通訊的最大好處是無所不在，不需要佈線，訊號是以電波的形式傳播，故在發射端與接收端必須根據電波的波長以及特殊的目的設計天線（Antenna）以有效的輻射及擷取電波。在許多環境下（如高山、海洋、戰場等）無線通訊是極爲方便甚至於唯一的選擇。由於電波以直線傳播爲主（Line-of-sight, LOS），故爲了增加傳播的距離或擴充通訊系統之涵蓋範圍，通常會將基地台（base station）之天線架設於最高點或視野遼闊之位置，但是即便如此，由於電波反射、折射等因素，訊號由發射機天線輻射無可避免的經由不同的路徑到達接收端，到達時間隨著路徑之長短而異，此外，每條路徑之衰減之程度亦不相同，這些因素甚至於隨著時間而改變，換言之，接收機所收到的訊號為發射訊號經由不同的延遲並分別乘上不同的權重後的和，因此訊號之振幅與相位均會失真，尤其是時間延遲會導致訊號展延（dispersion），以上這些現象稱之為多重路徑衰退（multipath fading）。圖 1-2 為一個多重路徑的示意圖，多重路徑衰退不但會造成訊號失真，還會因為訊號展延導致符元之間的相互干擾。使用多樣性（diversity）技術可以在不增加發射功率的前提下解決 fading 的問題，但需要在接收端配置訊號組合的架構；為了去除訊號失真或降低 ISI，可在接收機前端使用等化器（equalizer）以抵銷多重路徑通道的效應，詳細的設計原理會在本書中提及。

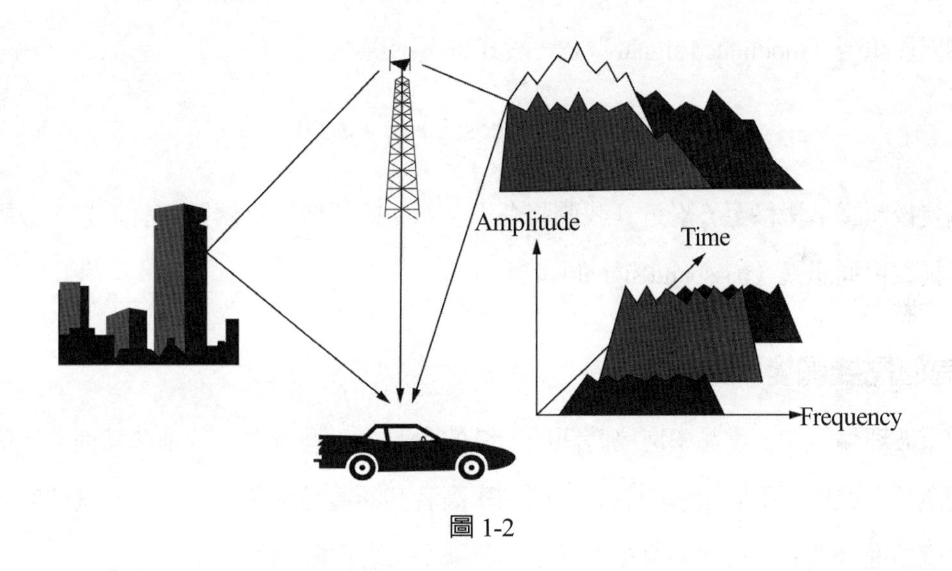

圖 1-2

四、解調變器（Demodulator）

將調變訊號從載波中解譯出來的裝置稱為解調變器，解調變器必須將調變器對訊號的處理進行反向操作，以恢復原訊號的形式。在訊號傳送的過程中，無可避免的會因為雜訊、干擾等因素導致訊號失真，因此，解調變器之任務對數位通訊系統而言，在於根據所接收到的訊號（被雜訊所汙染的發射訊號）「猜測（guess）」發射端所傳送之訊息是屬於有限個可能中的的哪一個。反之，由於類比通訊系統有無限個可能的波形，故其解調變器之目的則在「重製（reproduce）」發射端的訊息訊號。

1.2 調變

在調變的過程中訊息（亦稱爲調變訊號，modulating signal）用以改變載波（carrier）之振幅，頻率或相位等，載波通常爲非常高頻的弦波，可表示爲：

$$c(t) = A_c \cos(2\pi f_c t + \phi) \tag{1}$$

其中 f_c 爲載波頻率，A_c 與 ϕ 爲載波振幅與相位。若調變訊號之最高頻率爲 f_m，稱之爲基頻（baseband）頻率則有 $f_c \gg f_m$，調變訊號亦稱爲基頻訊號（baseband signal）。

調變後訊號（modulated signal）之一般式可表示爲：

$$s(t) = A(t)\cos(2\pi f_c t + \phi(t)) \tag{2}$$

經過調變後頻譜被搬移至 f_c 附近（我們將在下一章中的「傅立葉轉換」討論），故調變後訊號亦稱爲帶通訊號（passband signal）。

一、為何需要調變？

由電波理論可知，當頻率愈高時訊號衰減的愈劇烈，換言之，若兩個基地台發射相同功率的訊號，但使用不同頻率的載波，則頻率高者其涵蓋範圍愈小。因此不禁要問：爲何要如此麻煩進行調變？爲何不直接傳送基頻訊號？其理由歸納如下：

1.天線尺寸的考量

根據天線理論，天線尺寸應與電波之波長相當，才能有效的發射與接收電波，因此當載波頻率愈高所需之天線尺寸愈小（$c = f\lambda = 3\times10^8 m/\text{sec}$），若以基頻訊號傳送所需之天線將大到無法實現。

2.硬體的限制

訊號之低頻與高頻的比值愈小，則硬體愈易實現，且品質愈好，舉例而言，語音訊號之範圍爲 300～3000Hz，則其比值爲 1：10，若將訊號調變至一般行動通訊 800MHz 之載波上，則其範圍變爲 8×10⁸+300～8×10⁸+300HZ，其比值約爲 1：1。

3.性能的考量

若我們發現在某段頻譜之雜訊或干擾訊號之功率較低，則可將訊號搬移到此頻段，亦即使用此頻段作爲載波之頻率進行調變，如此可使得訊雜比（signal-to-noise power ratio, SNR）增加，錯誤率降低。

4.多工（Multiplexing）的考量

在現今通訊環境中，通訊負荷日益加重，爲增加系統之容量（capacity）以及避免不同用戶之間互相干擾，可將不同用戶的訊號放在不同的載波上（分頻多工，FDMA），有關多工的技術將在本書第十一章探討。

二、調變之分類

1.類比（Analog）調變與數位（Digital）調變

若調變器輸入端之調變訊號爲連續則稱爲類比調變，若調變訊號爲有限個可能的波形，則稱爲數位調變。

2.振幅（Amplitude）、相位（Phase）與頻率（Frequency）調變

若訊息用以改變載波之振幅，則稱之爲振幅調變；若訊息用以改變載波之相位，則稱之爲相位調變；若訊息用以改變載波之頻率，則稱之爲頻率調變。在類比通訊系統中振幅調變、相位調變以及頻率調變分別稱爲 AM、PM 以及 FM. 在數位通訊系統中則分別稱爲 Amplitude-shift keying（ASK），Phase-shift keying（PSK），以及 Frequency-shift keying（FSK），圖 1-3 爲 Binary ASK，PSK 與 FSK 波形之比較圖。

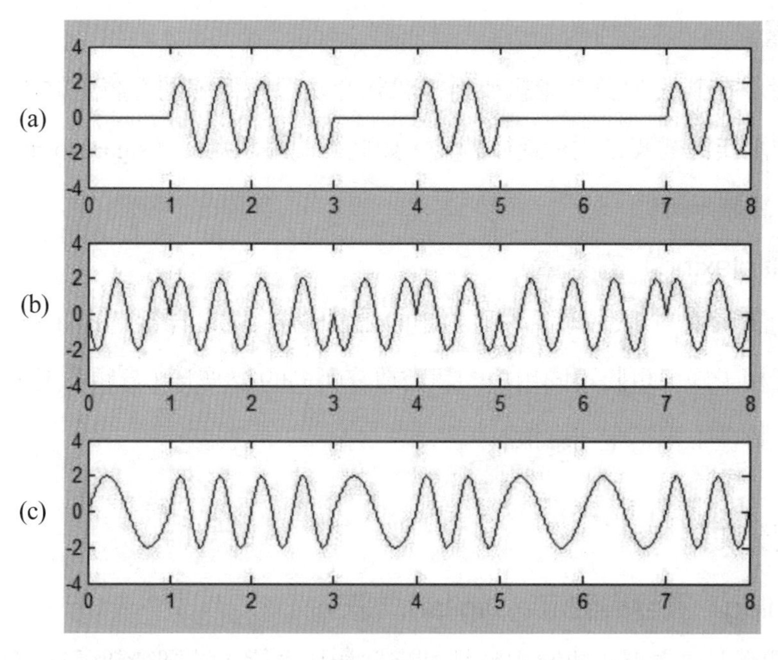

圖 1-3 (a)Binary ASK; (b)Binary PSK; (c)Binary FSK

有時可同時改變相位與振幅，如 Quadrature-amplitude modulation（QAM）。

3.連續波（Continuous Wave, CW）調變與脈波（Pulse）調變

若載波爲連續之波形（例如正弦或餘弦波）則稱爲連續波調變，若載波爲脈波的形式則稱爲脈波調變。在脈波調變中，若訊息用以改變脈波之振幅，則稱之爲脈波振幅調變（Pulse Amplitude Modulation, PAM）；若訊息用以改變脈波之寬度，則稱之爲脈波寬度調變（Pulse Width Modulation, PWM）；若訊息用以改變脈波之位置，則稱之爲脈波位置調變（Pulse Position Modulation, PPM）。

綜合上述，我們將調變的分類顯示於圖 1-4

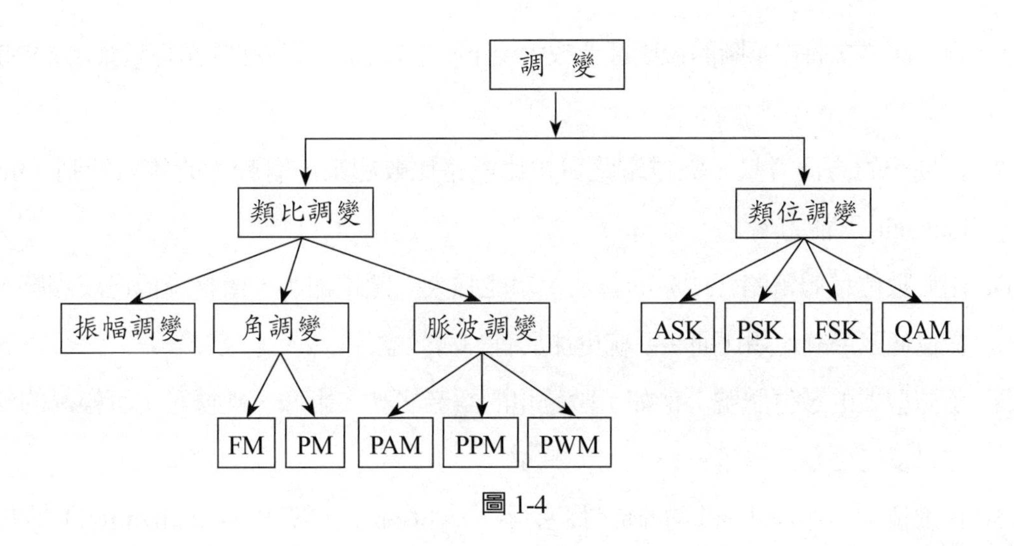

圖 1-4

1.3　編碼

近年來數位通訊系統已取代了傳統之類比通訊系統，即便是訊號源之本質爲類比（例如語音訊號），亦可先經由取樣（sampling）、量化（quantizing）、編碼（encoding）等過程，以數位之型式傳送，詳細的工作原理將在本書第六章中討論。類比轉換成數位訊號的過程如圖 1-5 所示。

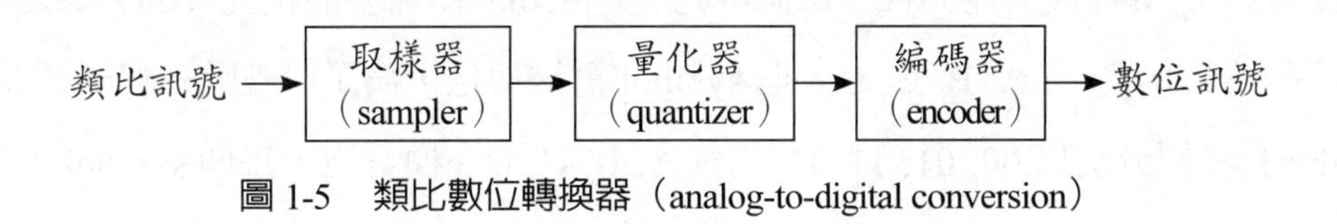

圖 1-5　類比數位轉換器（analog-to-digital conversion）

與類比通訊比較起來，數位通訊技術具有以下之優點，故近年來數位通訊幾乎已經取代類比通訊成爲市場主流。

1. 數位訊號較易被重製：

   在長距離的通訊鏈路中，在發射端與接收端之間往往需要在適當的位置建立許多中繼站（repeater），只要中繼站間之距離夠短，數位訊號可以被正確無誤的解調，重新調變後，傳至下個中繼站。反之，類比訊號在重製的過程中難免引起雜訊，此雜訊將被不斷的複製甚至放大至下一個節點，導致在終點時訊雜比（SNR）太低。

2. 從硬體的方面考量，數位電路與類比電路比較起來，有較大的雜訊抑制（noise immunity）能力。
3. 由於數位積體電路（IC）的普及、功能強大、體積縮小、價格降低已成趨勢，故數位通訊系統比類比通訊系統更加具有經濟效益。
4. 不同型式的數位訊號，例如：數位化的語音訊號、影像、數據等，可輕易的整合並以多工之方式處理。
5. 在數位通訊系統中進行編碼、保密（encryption）、等化（equalization）或展頻（spread spectrum）通訊等均非常容易，而類比通訊系統不易做到。

在上述第 5 點中提到了在數位通訊系統中的編碼，如圖 1-6 所示，一般而言數位訊號源在調變之前通常會先通過兩階段編碼的過程，稱之爲訊號源編碼（source coding）與通道編碼（channel coding），分別說明如下：

1.訊號源編碼器（Source Encoder）

評量一個數位通訊系統性能的重要參數爲頻寬使用效率（bandwidth efficiency, bits/s/Hz），也就是每單位頻寬所能傳送的位元數。訊號源編碼器設計之目的就是在於提高頻寬使用效率，亦即使得能夠代表每個符元（symbol）所需要的位元（bit）數之平均值愈小愈好。例如：若有 A, B, C, D 4 個 symbol 需被傳送，爲了可被唯一解碼（uniquely decodable）我們分別以 00, 01, 11, 10 代表 A, B, C, D。換言之，每個 symbol 使用 2 個 bits。若已知傳送 A, B, C, D 之機率分別爲 0.8, 0.1, 0.05, 0.05。則爲增進效率，在不違背 uniquely decodable 之前提下，指定較少位元給較常出現之 symbol，可降低平均每個 symbol 所使用之位元數。因此，若分別指定 0, 10, 110, 111 給 A, B, C, D，則平均之 bits/symbol 爲：

$$1 \times 0.8 + 2 \times 0.1 + 3 \times 0.05 \times 2 = 1.3$$

2.通道編碼器（Channel Encoder）

因爲無線通道變化劇烈，在行動無線通訊系統中要要能夠正確估計傳送訊息並非易事，許多訊號處理的技術可以用來幫助增強接收訊號之品質或者降低誤判之機率，本節將討論的通道編碼以及下節要介紹的多樣性（diversity）技術都是目前廣受歡迎的技術。

通道編碼器之目的在於降低接收端產生誤判之機率以增進系統之性能，其原理爲在原來傳送之訊息之外額外加入適當長度之多餘的（redundant）位元。這就好像我們在寄送玻璃等易碎物品時，必須將其層層包裹才能確保該物品能夠完整無缺的寄達目的地，這必須仰賴更大的體積包裹這些易碎物品，當物品寄達目的地之後再將包裹去除。換言之，通道編碼器與訊號源編碼器之設計準則恰好相反。犧牲了傳輸效率但換得了錯誤位元檢測與更正之能力。常用的通道編碼方式包含了方塊碼（block code），循環碼（cyclic code），迴旋碼（convolutional code）等，通稱爲錯誤更正碼（error correction code）。

綜合上述，訊號源編碼之目的在於去除冗餘（remove redundancy），反之，通道編碼之目的則在於引入受控制的冗餘（controlled redundancy），其目的在於抵抗通道效應，提供可信賴的通訊品質，通常通道編碼器與等化器可搭配使用（前者在發射端，後者在接收端），使得系統效能大爲提升。有關訊號源編碼器與通道編碼器會在本書第九章中詳細說明。

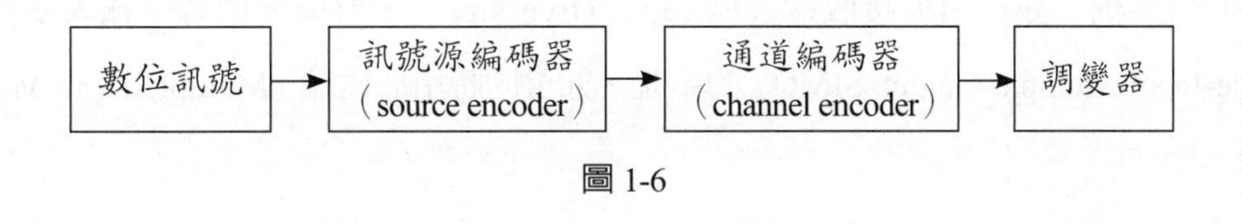

圖 1-6

1.4　多樣性技術

一、頻率多樣性

頻率多樣性藉著利用不同的載波傳送相同的訊息到接收端以降低錯誤的機率，其缺點爲需要額外的頻寬以達到頻率多樣性。此外，接收端需要針對每個頻率設計帶通濾波器，複雜度因而提高。

二、時間多樣性

時間多樣性藉著重複傳送相同的訊息到接收端以降低錯誤的機率。例如若傳送一個位元之錯誤的機率為 0.2，重複傳送 5 次，接收機採多數決，則錯誤的機率變為：

$$(0.2)^5+\binom{5}{1}(0.2)^4\times 0.8+\binom{5}{2}(0.2)^3\times(0.8)^2=0.05792$$

時間多樣性的缺點為傳輸速率降低，因為相同的訊息被重複傳送，如上例傳輸速率降為原來的 $\frac{1}{5}$。

三、空間多樣性

空間多樣性是最受歡迎的抵抗 fading 技術之一，藉著在基地台或（且）行動台架設許多天線（陣列天線）並透過多根天線傳送相同的訊息到接收端以降低錯誤的機率。一般來說，天線之間距不得低於 $\frac{\lambda}{2}$，其中 λ 為訊號之波長（與頻率成反比）。空間多樣性可用於發射端（transmit diversity），形成一個多重輸入單一輸出（Multiple-Input-Single-Output, MISO）的系統，亦可用於接收端（Receive Diversity），形成一個單一輸入多重輸出（Single-Input-Multiple-Output, SIMO）的系統，亦可同時用於兩端（Multiple-Input-Multiple-Output, MIMO）。

本章就 Receive Diversity 進行討論，Receive Diversity 之架構如圖 1-7 所示，多根天線同時接收來自發射端的訊號，訊號合成的技術可分為以下兩類：

1.選擇性合成（Selection Combining, SC）

在選擇性合成中，先將所有天線接收的訊號進行比較，瞬間功率與平均之雜訊功率之比值〔訊雜比（Signal-to-Noise Power Ratio, SNR）〕最大者被選擇來解調變。

2.最大比率合成（Maximal Ratio Combining, MRC）

在最大比率合成中，先將所有天線接收的訊號之相位調成一致，這樣的合成稱為同調合成（coherent combination）；接下來根據接收訊號之強弱調整權重（weight）之比例，訊雜比愈大者權重愈大。在相同的天線數目下，最大比率合成優於選擇性合成，因整體之 SNR 較高。

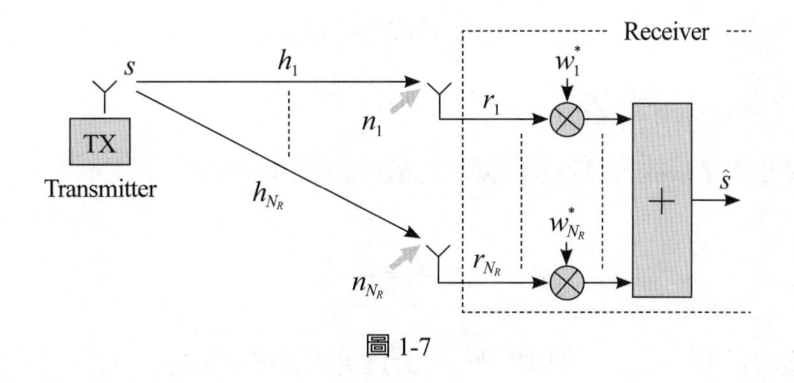

圖 1-7

1.5　無線鏈路規劃

在本書第十章所提到的許多無線通訊系統中（例如衛星通訊以及蜂巢式通訊系統）鏈路功率的分析與規劃對一個通訊系統工程師而言至爲重要。所謂的鏈路功率分析指的是從發射端天線開始一直到接收端天線爲止，整個鏈路中所提供的增益及路徑損失（Path Loss, PL）。爲求簡化分析，本書所考慮的環境爲自由空間（free space），換言之，我們以視線距離傳播爲主要考量。在分析之前，先介紹幾個重要的名詞：

1.接收機靈敏度（Receiver Sensitivity）

靈敏度之定義爲維持系統性能所需要的最小的訊號強度。這裡所指的「系統性能」以類比通訊系統而言指的是訊雜比（Signal-to-Noise-Power-Ratio, SNR），以數位通訊系統而言指的是位元錯誤率（Bit Error Rate, BER）

2.功率餘裕（Power Margin, PM）

爲了避免因通道突然惡化到導致接收訊號的強度降低，性能因而衰退，通常在做鏈路規劃時，會預留一些功率變化的空間，以保護接收機的品質，稱之爲「功率餘裕」。

$$\text{PM(dB)} = \text{接收訊號強度} - \text{接收機靈敏度} \tag{3}$$

3.等效輻射功率（EIRP）

EIRP 指的是相對於無向性（isotropic）天線等效的輻射功率。若 P_t 爲發射功率，G_t 爲發射天線增益，則 EIRP 可表示爲

$$EIRP = P_t G_t \tag{4}$$

4.有效孔隙（Effective Aperture）

有效孔隙指的是接收天線有效的擷取電磁波的能力，可表示為

$$A_r = \frac{\lambda^2}{4\pi} G_r \tag{5}$$

其中 λ 爲波長，$\lambda = \frac{c}{f}, c = 3 \times 10^8 \, m/s$，$G_r$ 爲接收天線的增益。

5.路徑損失（Path Loss, PL）

路徑損失指的是傳輸路徑所造成之衰減量，通常以 dB 表示。若發射功率與接收功率分別爲 P_t, P_r（$P_t > P_r$），則路徑損失可由下式求得

$$PL = 10\log\left(\frac{P_t}{P_r}\right)(dB) \tag{6}$$

我們所考慮的是自由空間模式，其功率密度（power density）與發射源之距離（d）的平方成反比

$$\frac{P_t}{4\pi d^2}\left(Watt/m^2\right) \tag{7}$$

因此，若發射端與接收端之距離爲 d，則接收到的功率爲

$$\begin{aligned} P_r &= \frac{EIRP}{4\pi d^2} \times A_r = \frac{P_t G_t}{4\pi d^2} \times \frac{\lambda^2}{4\pi} G_r \\ &= P_t G_t G_r \left(\frac{\lambda}{4\pi d}\right)^2 \end{aligned} \tag{8}$$

上式即爲著名的 Friis free-space equation。由上式可得：若波長愈短（亦即頻率愈高）則路徑損失愈大。換言之，若固定其發射功率，若使用之載波頻率愈大，則其通訊涵蓋範圍愈小。若考慮的是較爲複雜或非 LOS 的環境，則其功率密度將與發射源之距離的三次方至四次方成反比，通訊涵蓋範圍將更小。

例題 1

若一訊號源產生 4 mW 之功率，但僅有 60% 耦合到光纖之中。若光纖之損失為 10 dB，試求輸出功率？

解：

$4\text{mW} \times 0.6 \times 0.1 = 0.24\text{mW}$

例題 2

若某光纖之損失為每公里 0.7 dB，光訊號在此光纖之中傳輸，試求出經過多少距離之後，此光訊號會降至原強度之一半？

解：

$$L = \frac{3dB}{0.7\,{}^{dB}\!/_{km}} = 4.31km$$

例題 3

A twisted-pair telephone wireline with bandwidth = 10 KHz is 100-Km long and has a loss of 3dB/Krn.The noise temperature at the receiver (or repeater)is T_N = 580°K.(Boltzmann Constant = 1.37×10^{-23} Joule/degree)

(a) If the average transmitted power = 1W, determine the noise power (in dBm) and the S/N (in dB)at the receiver if the line contains no repeaters.

(b) If repeaters with a gain of 30dB are used to boost the signal on the channel and if each repeater (or receiver) requires an input signal level of 0dBm, determine the number of repeaters, their spacing distance, and the received S/N (in dB) at the last receiver. （93 成大電通所）

解：

(a) total loss = 300 dB $\Rightarrow P_r = P_t \times 10^{-30} = 10^{-30} Watt$

$$P_N = kTB = 1.37 \times 10^{-23}\ {}^{Joule}\!/_{\deg} \times 580 \deg \times 10 \times 10^3\ {}^{1}\!/_{\sec}$$

$$= 7.946\times10^{-17}\ Joule/\sec$$

$$= 7.946\times10^{-17}\ Watt = -131dBm$$

$$\frac{S}{N} = 10\log_{10}\frac{1\times10^{-30}}{7.946\times10^{-17}} = -139dB$$

(b) $1Watt = 30dBm \Rightarrow$ 中繼台間距 $= \dfrac{30}{3} = 10Km \Rightarrow$ 中繼台個數 $= \dfrac{100Km}{10Km} - 1 = 9$

$$P_N = kTB = 1.37\times10^{-23}\ Joule/\deg \times 580\deg\times10\times10^{3}\ 1/\sec$$

$$= 7.946\times10^{-17}\ Joule/\sec$$

$$= 7.946\times10^{-17}\ Watt = -131dBm$$

$$\Rightarrow \frac{S}{N} = 10\log_{10}\frac{1\times10^{-3}}{10\times7.946\times10^{-17}} = 121dB$$

綜合練習

1. 一光纖通訊系統包含一個發射器，其電流功率轉換比 0.04 Watt/Ampere 為，光纖長度為 10 km，光纖之路徑損失為 0.2 dB/km，以及一個接收器。若發射端一個發光二極體所產生的電流為 20 mA，試求出所需要之接收器靈敏度，得以檢測出此訊號。
2. 一通訊系統包含若干中繼器（repeaters），中繼器之增益為 22 dB，接收器靈敏度為 –28 dBm。實際之系統總長為 350 km 之光纖衰減量為 140 dB。中繼器之靈敏度與接收器相同。試求出所需要之中繼器之數量以及中繼器之間距。已知輸入訊號強度為 2 dBm。
3. 試畫出一個完整的通訊信統各部分的元件。（97 海洋電機所）

附錄：有關 Decibel（dB）以及功率單位之說明

一般而言，功率之大小以 W（Watt）或 mW(1mW = 10^{-3}W) 表示之。Decibel（dB）則代表比值（ratio），以功率比值（power ratio）為例，若一系統之輸入功率為 P_1 W，輸出功率為 P_2 W，則其輸出輸入功率比值定義為

$$Gain = 10\log\left(\frac{P_2}{P_1}\right)(dB) \tag{A1}$$

我們稱此系統提供了 $10\log\left(\frac{P_2}{P_1}\right)(dB)$ 的增益。

說例： 1. 若輸入功率為 1 W，輸出功率為 2 W，則系統提供了 3 dB 的增益。

2. 若輸入功率為 1 W，輸出功率為 1000 W，則系統提供了 30dB 的增益。

功率又可表示為

$$Power = I^2 R = \frac{V^2}{R} \tag{A2}$$

其中 R 為阻抗，I 為電流，V 為電壓。故若以電壓為計算之單位，則 (A1) 可表示為

$$Gain = 10\log\left(\frac{\frac{V_2^2}{R}}{\frac{V_1^2}{R}}\right) = 10\log\left(\frac{V_2^2}{V_1^2}\right) = 20\log\left(\frac{V_2}{V_1}\right)(dB) \tag{A3}$$

由以上討論可知，若以 dB 代表功率比值則取對數以 10 為底後再乘以 10，若以 dB 代表振幅比值則取對數以 10 為底後再乘以 20。dB 僅能代表比值，以 dB 延伸之功率單位包括了 **dBm**, **dBW**, **dBmV** 等，分別定義如下：

1. **dBm**（dB 相對於 1mW）

$$Power(dBm) = 10\log\frac{P(mW)}{1mW} \tag{A4}$$

2. **dBW**（dB 相對於 1W）

$$Power(dBW) = 10\log\frac{P(W)}{1W} \tag{A5}$$

3. **dBmV**（dB 相對於 1mVolt）

$$Voltage(dBmV) = 20\log\frac{Voltage(mV)}{1mV} \tag{A6}$$

觀念提示： 由以上的定義可以得到不同功率單位之間的關係

1. $1W = 0dBW = +30dBm$

2. $1mW = 0dBW = -30dBm$

3. $30W = 10\log\frac{30W}{1mW}(dBm) = +45dBm$

$$= 10\log\frac{30W}{1W}(dBW) = +15dBW$$

第二章　訊號與線性非時變系統

2.1　訊號之分類與處理

一、訊號之分類

定義：可決定性訊號（deterministic signal）**與隨機訊號**（random signal）

若訊號在任何時刻其值是確定的，或是可用數學函數表示者，稱之爲可決定性訊號；反之，若訊號在任何時刻無法確定其值，僅能以機率模型表示之，則稱之爲隨機訊號。

在本書第三章會針對隨機訊號做更進一步說明，本章之焦點在於可決定性訊號之分析與處理。

定義：週期訊號（periodic signal）**與非週期訊號**（aperiodic signal）

若一訊號 $x(t)$ 滿足

$$x(t+T_0)=x(t) \tag{1}$$

其中 $T_0>0$ 對所有之 t，則稱 $x(t)$ 爲週期爲 T_0 之週期訊號，$f_0=\frac{1}{T_0}$稱爲 $x(t)$ 之頻率（frequency）。反之，若不存在 T_0 滿足 (1)，則 $x(t)$ 屬於非週期訊號。

定理 2-1：1. 若 $x(t)$ 之週期爲 T 則 $x(kt)$ 之週期爲$\frac{T}{k}$。
2. 若 $f(x)$ 之週期爲 T_f，$g(x)$ 之週期爲 T_g，則（$c_1f(x)+c_2g(x)$）之週期爲 T_f 與 T_g 之最小公倍數。

訊號 $x(t)$ 之能量 E 與平均功率 P 分別定義爲：

$$E=\lim_{T\to\infty}\int_{-T}^{T}|x(t)|^2\,dt=\int_{-\infty}^{\infty}|x(t)|^2\,dt \tag{2}$$

$$P=\lim_{T\to\infty}\frac{1}{2T}\int_{-T}^{T}|x(t)|^2\,dt \tag{3}$$

其中能量之單位爲焦耳（Joule, J），功率之單位爲瓦特（Watt, W）。

定義：能量訊號（energy signal）**與功率訊號**（power signal）

1.能量訊號

若訊號 $x(t)$ 之能量 E 存在（$0<E<\infty$），則稱 $x(t)$ 爲能量訊號。

2.功率訊號

若訊號 $x(t)$ 之平均功率 P 存在，則稱 $x(t)$ 爲功率訊號。

觀念提示： 1. 週期訊號必爲功率訊號，但反之未必然。

2. 隨機訊號視爲功率訊號。

3. 若訊號 $x(t)$ 爲能量訊號，則其 $P=0$；若訊號 $x(t)$ 爲功率訊號，則其 $E\to\infty$。

二、訊號之基本運算

1.漲縮（Stretch and Compression）

$$x(at):\begin{cases} a>1;\ x(t)\ \text{之壓縮} \\ 0<a<1;\ x(t)\ \text{之伸漲} \end{cases}$$

觀念提示： 若 $x(t)$ 之週期爲 T，頻率爲 $\frac{1}{T}$；則 $x(at)$ 之週期爲 $\frac{T}{a}$，頻率爲$\frac{a}{T}$。換言之，若 $a>1$ 則週期變小（圖形變得緊密）頻率（頻寬）變大。反之，若 $a<1$ 則週期變大，頻率變小。

2.平移（Shift）

$$x(t-t_0):\begin{cases} t_0>0;x(t)\ \text{往右移動}t_0 \\ t_0<0;\ x(t)\ \text{往左移動}t_0 \end{cases}$$

觀念提示： 1. 若 $t_0>0$，則 $x(t-t_0)$ 表示訊號的延遲，$x(t+t_0)$ 表示訊號提早發生。

2. $x(at)$ 會改變訊號的波形，$x(t-t_0)$ 之波形不變，僅提早或延遲發生。

漲縮與平移分別表示於圖 2-1(a) 與 2-1(b)

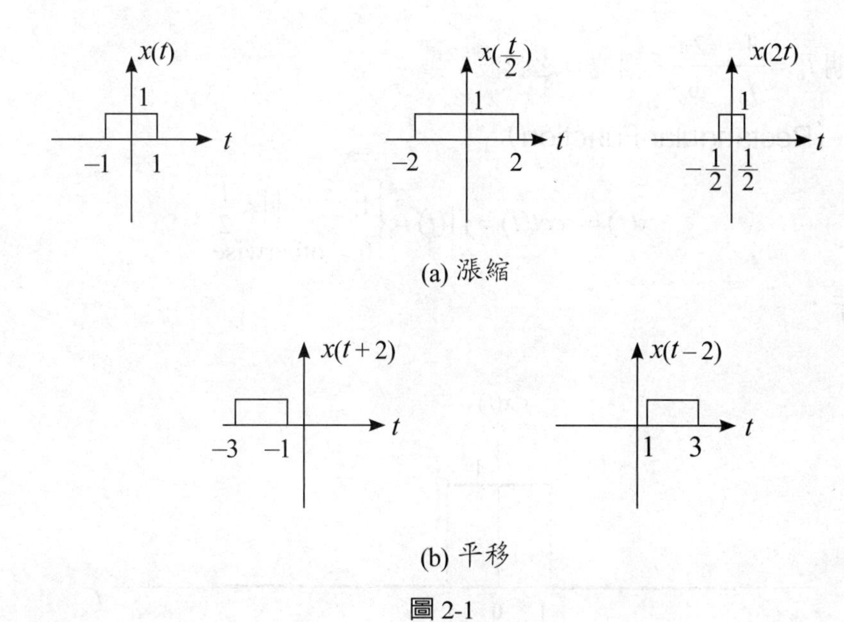

圖 2-1

3.反射（Reflection）

$x(-t)$，即以 $t=0$ 之軸（即爲 y 軸）當鏡子，使 $x(t)$ 之圖形左右互換，如圖 2-2 所示。

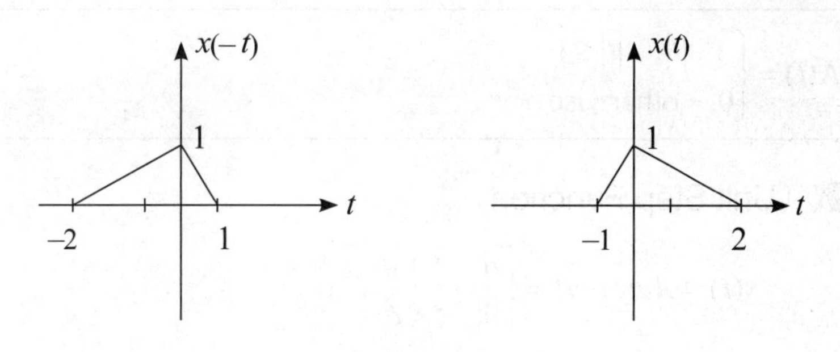

圖 2-2

三、常用之函數及其性質

1.弦波函數（Sinusoidal Function）

$$x(t) = A\cos(\omega_0 t + \varphi) = A\cos(2\pi f_0 t + \varphi) \tag{4}$$

表示週期 $T_0 = \dfrac{1}{f_0} = \dfrac{2\pi}{\omega_0}$、相位 φ 之弦波

2.方波函數（Rectangular Function）

$$x(t) = rect(t) = \Pi(t) = \begin{cases} 1, & |t| < \frac{1}{2} \\ 0, & \text{otherwise} \end{cases} \tag{5}$$

如圖 2-3 所示：

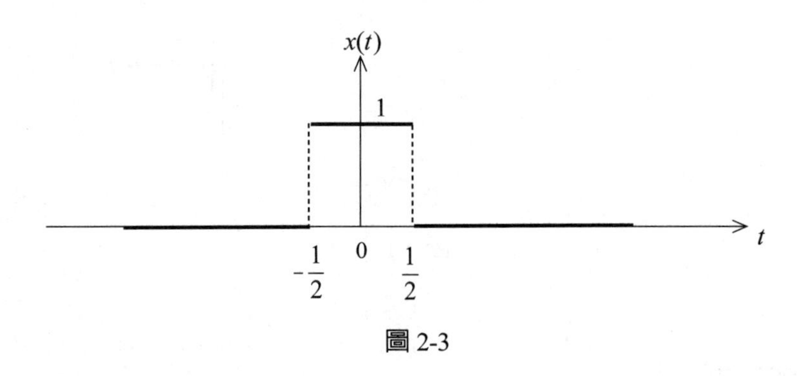

圖 2-3

3. 三角波函數（triangular function）

定義：$\text{tri}(t) = \Lambda(t) = \begin{cases} 1-|t|, & |t| \le 1 \\ 0, & \text{otherwise} \end{cases}$ (6)

4.單位步階函數（Unit Step Function）

$$x(t) = Au(t-a) = \begin{cases} A, & t > a \\ 0, & t < a \end{cases} \tag{7}$$

如圖 2-4 所示：

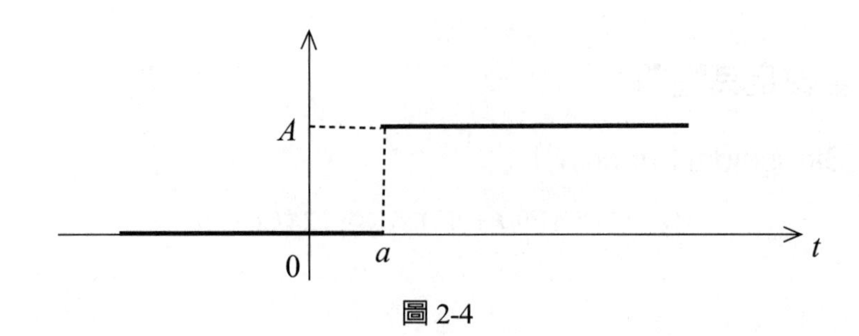

圖 2-4

5.符號函數（Sign Function）

$$x(t) = \text{sgn}(t) = \begin{cases} 1, & t > 0 \\ -1, & t < 0 \end{cases} \tag{8}$$

6. Sinc 函數

$$x(t) = A\sin\text{c}(t) = A\frac{\sin(\pi t)}{\pi t} \tag{9}$$

如圖 2-5 所示：

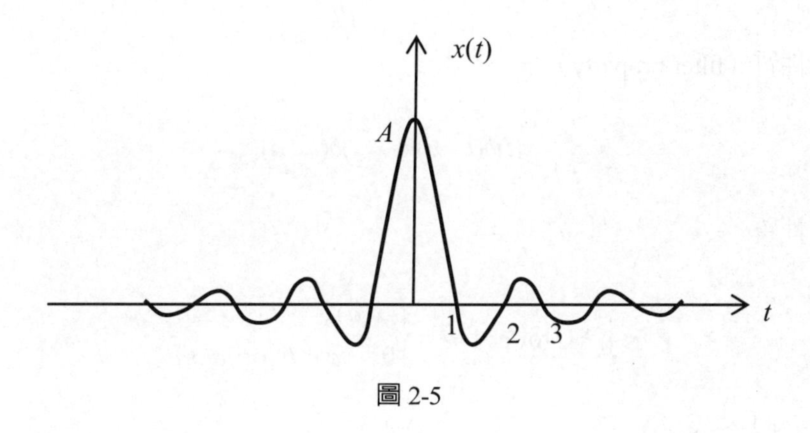

圖 2-5

7.單位脈衝函數（Unit Impulse Function）

單位脈衝函數亦稱為 Dirac Delta 函數，定義如下：

$$\delta(t-a) = \lim_{\varepsilon \to 0}\frac{1}{\varepsilon}\left[u(t-a) - u(t-a-\varepsilon)\right] \tag{10}$$

如圖 2-6 所示：

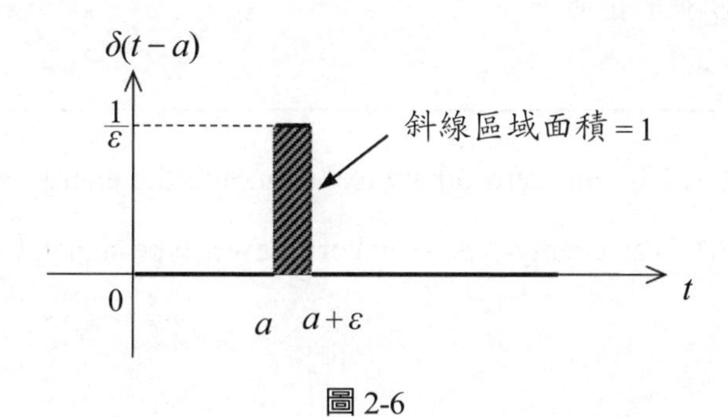

圖 2-6

此一訊號的特色是：當 $\varepsilon \to 0$ 時，其訊號的大小會成爲無限大，但是其面積恆等於 1。換言之，

$$\int_{-\infty}^{\infty} \delta(t-a)dt = 1 \tag{11}$$

根據其定義可得單位脈衝函數之重要的性質如下：

1. 單位脈衝函數爲單位步階函數之微分

$$\delta(t-a) = \frac{du(t-a)}{dt} \tag{12}$$

2. 過濾性質（filter property）

$$x(t)\delta(t-a) = x(a)\delta(t-a) \tag{13}$$

3. 積分性質

$$\int_{b}^{c} x(t)\delta(t-a)dt = \begin{cases} x(a), & b \le a \le c \\ 0, & a < b \text{ or } a > c \end{cases} \tag{14}$$

4. $\delta(at) = \frac{1}{|a|}\delta(t)$ (15)

5. $\delta(-t) = \delta(t)$，即 $\delta(t)$ 爲偶函數。

6. 褶積（convolution）：

$$x(t) * \delta(t-a) = x(t-a) \tag{16}$$

觀念提示： 任一個訊號 $x(t)$ 與 $\delta(t-a)$ 褶積時，則其輸出波形不變，僅會將 $x(t)$ 平移到脈衝函數所在的位置。

例題 1

Let $x(t) = t^{-0.25}$, $t \ge t_0 > 0$, and zero otherwise. Compute the energy and power in $x(t)$, and determine whether $x(t)$ is an energy-type signal or a power-type signal.（97 中山電機通訊所）

解：

$$E=\int_{t_0}^{\infty}x^2(t)dt=\infty, P=\lim_{T\to\infty}\frac{1}{T-t_0}\int_{t_0}^{T}x^2(t)dt=0$$

非能量訊號亦非功率訊號

2.2　連續時間之 Fourier 分析

一、Fourier複係數級數

週期爲 T_0 之任意週期訊號 $x(t)$ 可以表示成如下之級數：

$$x(t)=\sum_{n=-\infty}^{\infty}X_n e^{j2\pi nf_0t} \tag{17}$$

(17) 稱之爲 Fourier 複係數級數 , 其中係數可由下式求得：

$$X_n=\frac{1}{T_0}\int_{-\frac{T_0}{2}}^{\frac{T_0}{2}}x(t)e^{-j2\pi nf_0t}dt \quad ; \quad n=\cdots,-2,-1,0,1,2,\cdots \tag{18}$$

證明：參考 [8, chapter 7]

因係數 X_n 爲複數，故可表示爲相量形式

$$X_n=|X_n|e^{j\varphi_n}\equiv|X_n|e^{j\angle X_n} \tag{19}$$

$|X_n|$ 稱之爲振幅頻譜（amplitude spectrum），爲偶函數。

$\angle X_n=\varphi_n$ 稱之爲相位頻譜（phase spectrum），屬於奇函數。

由此可知週期函數之頻譜爲離散，稱之爲線頻譜（line spectrum）。$|X_n|^2$ 則稱之爲 $x(t)$ 的功率頻譜（power spectrum）或功率頻譜密度（Power Spectral Density, PSD）。

週期訊號屬於功率訊號，其平均功率可以由 time-domain 按照 (3) 式之定義求得，亦可由 frequency-domain 求得。Parseval 定理即在闡述此項事實。

定理 2-2：Parseval 定理

$$\frac{1}{T_0}\int_{-\frac{T_0}{2}}^{\frac{T_0}{2}} x^2(t)dt = \sum_{n=-\infty}^{\infty}|X_n|^2 \tag{20}$$

證明：$\frac{1}{T_0}\int_{-\frac{T_0}{2}}^{\frac{T_0}{2}} x^2(t)dt = \frac{1}{T_0}\int_{-\frac{T_0}{2}}^{\frac{T_0}{2}} x(t)x(t)dt = \frac{1}{T_0}\int_{-\frac{T_0}{2}}^{\frac{T_0}{2}} x(t)\left[\sum_{n=-\infty}^{\infty} X_n e^{j2\pi nf_0t}\right]dt$

$$= \sum_{n=-\infty}^{\infty} X_n\left[\frac{1}{T_0}\int_{-\frac{T_0}{2}}^{\frac{T_0}{2}} x(t)e^{-j2\pi(-n)f_0t}dt\right]$$

$$= \sum_{n=-\infty}^{\infty} X_n \cdot X_{-n} = \sum_{n=-\infty}^{\infty}|X_n|^2 \text{（}\because X_n, X_{-n}\text{ 共軛複數）}$$

觀念提示： 週期訊號之平均功率＝線頻譜之功率和

二、Fourier 轉換

定義：$x(t)$ **為一非週期訊號，若如下之積分式存在**

$$X(f) = \int_{-\infty}^{\infty} x(t)e^{-j2\pi ft}dt \equiv \Im\{x(t)\} \tag{21}$$

則稱 $X(f)$ 爲 $x(t)$ 之 Fourier 轉換（Fourier Transform），表示爲$X(f)=\Im\{x(t)\}$。Fourier 反轉換（Inverse Fourier Transform）則定義如下：

$$x(t) = \int_{-\infty}^{\infty} X(f)e^{j2\pi ft}df \equiv \Im^{-1}\{X(f)\} \tag{22}$$

觀念提示： 週期訊號之頻譜 $|X_n|$ 是離散的（稱爲線頻譜），而非週期訊之頻譜 $|X(f)|$ 是連續的。

定義：振幅頻譜（amplitude spectrum）**、相位頻譜**（phase spectrum）**與能量頻譜**（energy spectrum）

$$X(f) = |X(f)|e^{j\varphi(f)} = |X(f)|e^{j\angle X(f)} \tag{23}$$

稱 $|X(f)|$：振幅頻譜，$\angle X(f)=\varphi(f)$：相位頻譜，$G(f)\equiv|X(f)|^2$ 爲 $x(t)$ 的能量頻譜（energy spectrum）或能量頻譜密度（Energy Spectral Density, ESD）。

非週期訊號 $x(t)$ 之能量可由 time domain 求得爲$E=\int_{-\infty}^{\infty}|x(t)|^2dt$，亦可由$G(f)\equiv|X(f)|^2$能量頻譜密度函數積分求得，$E=\int_{-\infty}^{\infty}|X(f)|^2df$，此即爲 Parseval 定理。

定理 2-3：Parseval 定理

$$\int_{-\infty}^{\infty}|x(t)|^2dt=\int_{-\infty}^{\infty}|X(f)|^2df \tag{24}$$

證明：$\int_{-\infty}^{\infty}x^2(t)dt=\int_{-\infty}^{\infty}x(t)\left(\int_{-\infty}^{\infty}x(f)e^{j2\pi ft}df\right)dt$

$=\int_{-\infty}^{\infty}X(f)\int_{-\infty}^{\infty}x(t)e^{j2\pi ft}dtdf$

$=\int_{-\infty}^{\infty}X(f)\overline{X}(f)df$

$=\int_{-\infty}^{\infty}|X(f)|^2df$

觀念提示： 非週期訊號之能量＝頻譜上之能量和

三、Fourier 變換之性質

已知$\Im\{x(t)\}=X(f)$，$\Im\{y(t)\}=Y(f)$，則

1.線性

$$\Im\{ax(t)+by(t)\}=aX(f)+bY(f) \tag{25}$$

2.時間延遲（Time-Shift）

$$\Im\{x(t-t_0)\}=X(f)e^{-j2\pi ft_0} \tag{26}$$

證明：$\Im\{x(t-t_0)\}=\int_{-\infty}^{\infty}x(t-t_0)e^{-j2\pi ft}dt=\int_{-\infty}^{\infty}x(u)e^{-j2\pi f(u+t_0)}du$

$=e^{-j2\pi t_0}\int_{-\infty}^{\infty}x(u)e^{-j2\pi fu}du=X(f)e^{-j2\pi ft_0}$。

觀念提示： 在 time domain 產生延遲（time delay），則對應在 frequency domain 內產生相

位移（phase shift），且高頻時產生的 phase shift 較低頻時大。

3.頻率移位（Frequency-shift）

$$\Im\left\{e^{j2\pi at}x(t)\right\}=X(f-a) \tag{27}$$

證明：$\Im\left\{e^{j2\pi at}x(t)\right\}=\int_{-\infty}^{\infty}e^{j2\pi at}x(t)e^{-j2\pi ft}dt=\int_{-\infty}^{\infty}x(t)e^{-j2\pi(f-a)t}dt=X(f-a)$。

定理 2-4：調變（modulation）定理

$$\Im\{x(t)\cos(2\pi at)\}=\frac{1}{2}\left[X(f-a)+X(f+a)\right] \tag{28}$$

證明：$\because\ \cos(2\pi at)=\frac{1}{2}(e^{j2\pi at}+e^{-j2\pi at})$，故

$$\begin{aligned}\Im\{x(t)\cos(2\pi at)\}&=\Im\left\{x(t)\cdot\frac{1}{2}\left[e^{j2\pi at}+e^{-j2\pi at}\right]\right\}\\&=\Im\left\{\frac{1}{2}x(t)e^{j2\pi at}\right\}+\Im\left\{\frac{1}{2}x(t)e^{-j2\pi at}\right\}\\&=\frac{1}{2}\left[X(f-a)+X(f+a)\right]\end{aligned}$$

調變定理如圖 2-8 所示：

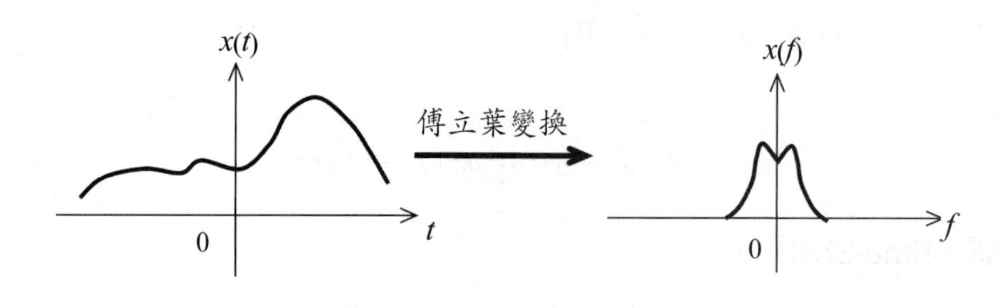

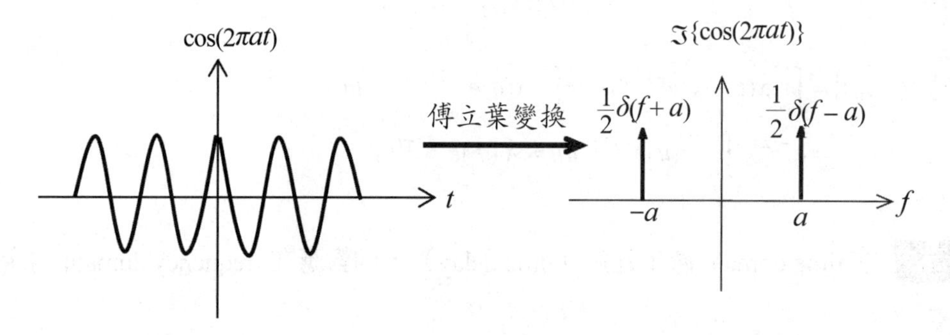

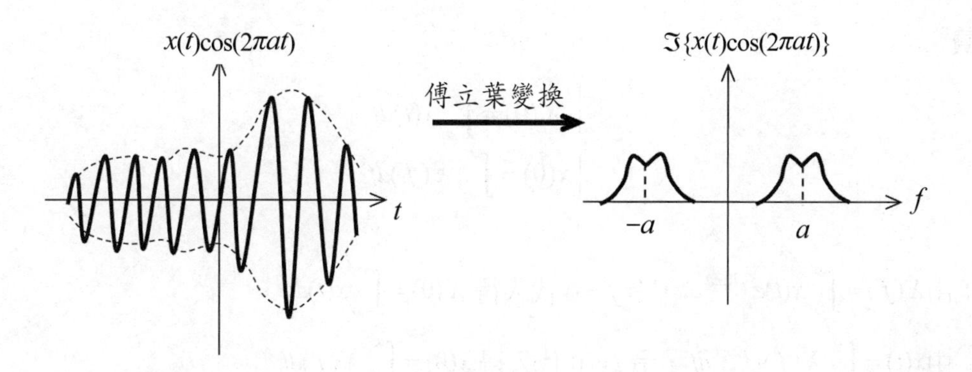

圖 2-8

同理可得：

$$\Im\{x(t)\sin(2\pi at)\}=\frac{1}{2j}\left[X(f-a)-X(f+a)\right] \tag{29}$$

4.微分

若 $\lim_{x\to\pm\infty} x(t)=0$，則

$$\Im\{x'(t)\}=j2\pi fX(f) \tag{30}$$

證明：$\Im\{x'(t)\}=\int_{-\infty}^{\infty} x'(t)e^{-j2\pi ft}dt$

$$=x(t)e^{-j2\pi ft}\Big|_{-\infty}^{\infty}+j2\pi f\int_{-\infty}^{\infty} x(t)e^{-j2\pi ft}dt$$

$$=0+j2\pi f\,\Im\{x(t)\}=j2\pi fX(f)$$

5.積分

$$\Im\left\{\int_{-\infty}^{t} x(\tau)d\tau\right\}=\frac{1}{j2\pi f}X(f)+\frac{1}{2}X(0)\,\delta(f) \tag{31}$$

證明：參考 [5]

觀念提示： 由 (31), (30) 可知微分增強了訊號的高頻分量，積分則減弱了訊號的高頻分量。

6.面積

$$\begin{cases} X(0)=\int_{-\infty}^{\infty}x(t)dt \\ x(0)=\int_{-\infty}^{\infty}X(f)df \end{cases} \tag{32}$$

證明：由$X(f)=\int_{-\infty}^{\infty}x(t)e^{-j2\pi ft}dt$，令$f=0$代入得$X(0)=\int_{-\infty}^{\infty}x(t)dt$

由$x(t)=\int_{-\infty}^{\infty}X(f)e^{j2\pi ft}df$，令$t=0$代入得$x(0)=\int_{-\infty}^{\infty}X(f)df$

7.尺度（Scaling）

$$\Im\{x(at)\}=\frac{1}{|a|}X\left(\frac{f}{a}\right) \tag{33}$$

證明：

1. $a>0$：$\int_{-\infty}^{\infty}x(at)e^{-j2\pi ft}dt=\int_{-\infty}^{\infty}x(u)e^{-j2\pi f\frac{u}{a}}\frac{du}{a}$

$$=\frac{1}{a}\int_{-\infty}^{\infty}x(u)e^{-j2\pi\frac{f}{a}u}du=\frac{1}{a}X(\frac{f}{a})$$

2. $a<0$：$\int_{-\infty}^{\infty}x(at)e^{-j2\pi ft}dt=\int_{\infty}^{-\infty}x(u)e^{-j2\pi f\frac{u}{a}}\frac{du}{a}=-\frac{1}{a}\int_{-\infty}^{\infty}x(u)e^{-j2\pi\frac{f}{a}u}du$

$$=-\frac{1}{a}X(\frac{f}{a})$$

由 1, 2 可得$\Im\{x(at)\}=\frac{1}{|a|}X(\frac{f}{a})$

8.對偶（Duality）

$$\Im\{X(t)\}=x(-f) \tag{34}$$

證明：將$x(t)=\int_{-\infty}^{\infty}X(f)e^{j2\pi ft}df$之變數$t$與$f$互換即得

$x(f)=\int_{-\infty}^{\infty}X(t)e^{j2\pi ft}dt$，再以$-f$代替$f$代入左式得

$x(-f)=\int_{-\infty}^{\infty}X(t)e^{-j2\pi ft}dt=\Im\{X(t)\}$

例題 2

求下列函數之 Fourier Transform

1. $x(t)=A\Pi(\frac{t}{d})$

2. $x(t) = A\sin c(dt)$

3. $x(t) = A\Lambda(\frac{t}{d})$

4. $x(t) = \begin{cases} Ae^{-\alpha t}, & t > 0 \\ 0, & t < 0 \end{cases}$

5. $x(t) = Ae^{-\alpha|t|}$

6. $x(t) = A\delta(t)$

7. $x(t) = e^{-\alpha|t|}\operatorname{sgn}(t)$

8. $x(t) = \operatorname{sgn}(t)$

9. $x(t) = u(t)$

10. $x(t) = A\cos(2\pi f_0 t)$

11. $x(t) = e^{-at^2}$

解：

1. $X(f) = \int_{-\infty}^{\infty} x(t)e^{-j2\pi ft}dt = A\int_{-\frac{d}{2}}^{\frac{d}{2}} e^{-j2\pi ft}dt = 2A\int_0^{\frac{d}{2}} \cos(2\pi ft)dt$

$$= 2A\left[\frac{1}{2\pi f}\sin(2\pi ft)\right]_0^{\frac{d}{2}} = \frac{A}{\pi f}\sin(\pi df) = Ad\frac{\sin(\pi df)}{\pi df} = Ad\sin c(df)\text{。}$$

2. 利用對偶性質及尺度性質可得

$$\Im\{\sin c(dt)\} = \frac{1}{d}\Pi\left(\frac{f}{d}\right) \tag{35}$$

3. $X(f) = \int_{-\infty}^{\infty} x(t)e^{-j2\pi ft}dt = 2\int_0^d A(1-\frac{t}{d})\cos(2\pi ft)dt$

$$= \frac{2A}{(2\pi f)^2 d}\left[1-\cos(2\pi fd)\right] = \frac{4A\sin^2(\pi df)}{(2\pi f)^2 d}$$

$$= Ad\left[\frac{\sin(\pi df)}{\pi df}\right]^2 = Ad\sin c^2(df)$$

利用對偶性質及尺度性質可得：$\Im\{\sin c^2(dt)\} = \frac{1}{d}\Lambda\left(\frac{f}{d}\right)$

4. $X(f) = \int_{-\infty}^{\infty} x(t)e^{-j2\pi ft}dt = \int_0^{\infty} Ae^{-\alpha t}e^{-j2\pi ft}dt = A\int_0^{\infty} e^{-(\alpha+j2\pi f)t}dt$

$$= A\left[\frac{1}{-(\alpha+j2\pi f)}e^{-(\alpha+j2\pi f)t}\right]_0^{\infty} = \frac{A}{\alpha+j2\pi f}$$

$$|X(f)| = \frac{A}{\sqrt{\alpha^2 + (2\pi f)^2}}$$

利用對偶性質及尺度性質可得：$\Im\left\{\frac{1}{\alpha + j2\pi t}\right\} = e^{-\alpha f}u(f)$

5. $X(f) = \int_{-\infty}^{\infty} x(t)e^{-j2\pi ft}dt = 2\int_0^{\infty} Ae^{-\alpha t}\cos(2\pi ft)dt$（偶函數）

$$= \frac{2\alpha A}{\alpha^2 + (2\pi f)^2}$$

利用對偶性質可得：$\Im\left\{\frac{2\alpha A}{\alpha^2 + (2\pi t)^2}\right\} = Ae^{-\alpha|-f|} = Ae^{-\alpha|f|}$

令 $\alpha = 2\pi$ 代入整理可得：

$$\Im\left\{\frac{1}{1+t^2}\right\} = \pi e^{-2\pi|f|} \tag{36}$$

6. $X(f) = \int_{-\infty}^{\infty} A\delta(t)e^{-j2\pi ft}dt = A$

利用對偶性質可得：$\Im\{A\} = A\delta(f)$

7. $X(f) = \int_{-\infty}^{\infty} x(t)e^{-j2\pi ft}dt = -2j\int_0^{\infty} e^{-\alpha t}\sin(2\pi ft)dt$

$$= -2j\frac{2\pi f}{s^2 + (2\pi f)^2}\Big|_{s=\alpha} = j\frac{-4\pi f}{\alpha^2 + (2\pi f)^2}$$

8. $X(f) = \lim_{\alpha\to 0}\frac{-j4\pi f}{\alpha^2 + (2\pi f)^2} = \frac{-j4\pi f}{(2\pi f)^2} = \frac{-j}{\pi f} = \frac{1}{j\pi f}$

利用對偶性質可得：

$$\Im\left\{\frac{1}{j\pi t}\right\} = \mathrm{sgn}(-f) \Rightarrow \Im\left\{\frac{1}{\pi t}\right\} = -j\,\mathrm{sgn}(f) \tag{37}$$

9. $u(t)$ 與 $\mathrm{sgn}(t)$ 之圖形形狀關係可知 $u(t) = \frac{1}{2}[1 + \mathrm{sgn}(t)]$，則

$$X(f) = \Im\{x(t)\} = \frac{1}{2}\left[\delta(f) + \frac{1}{j\pi f}\right] = \frac{1}{2}\delta(f) + \frac{1}{j2\pi f} \tag{38}$$

且 $|X(f)| = \frac{1}{2}\delta(f) + \frac{1}{2\pi f}$

10. 利用調變定理可得：

$$\Im\{A\cos(2\pi f_0 t)\} = \frac{A}{2}\left(\Im\{\exp(j2\pi f_0 t)\} + \Im\{\exp(-j2\pi f_0 t)\}\right) \tag{39}$$

$$= \frac{A}{2}\left(\delta(f - f_0) + \delta(f + f_0)\right)$$

如圖 2-9 所示：

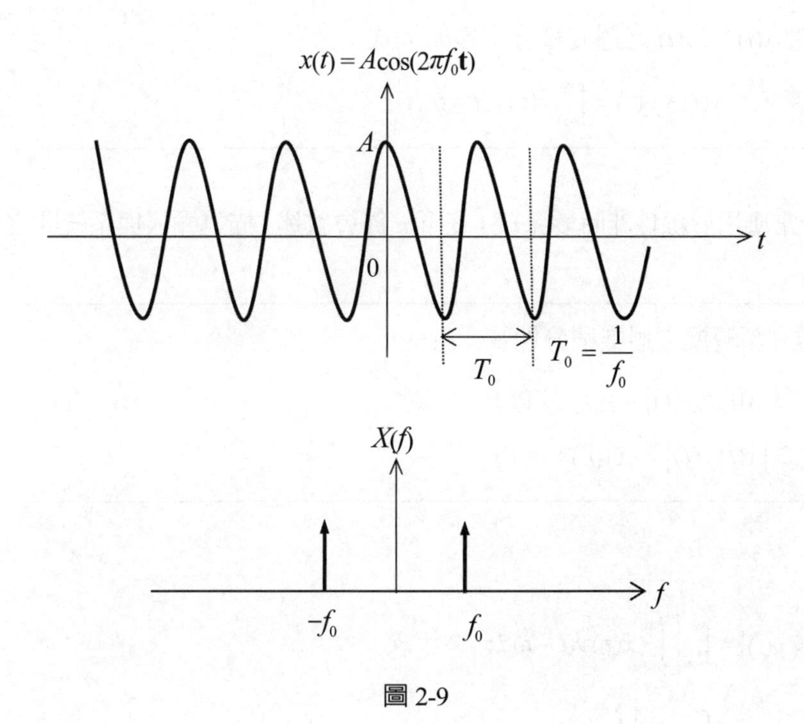

圖 2-9

同理可得：

$$\Im\{A\sin(2\pi f_0 t)\} = \frac{A}{2j}\left(\Im\{\exp(j2\pi f_0 t)\} - \Im\{\exp(-j2\pi f_0 t)\}\right) \quad (40)$$

$$= \frac{A}{2j}\left(\delta(f - f_0) - \delta(f + f_0)\right)$$

11. $$\int_{-\infty}^{\infty} e^{-at^2} e^{-j2\pi ft} dt = \int_{-\infty}^{\infty} \exp\left(-\left(\sqrt{a}t + \frac{j\pi f}{\sqrt{a}}\right)^2\right)\exp(-\frac{\pi^2 f^2}{a})dt$$

$$= \exp(-\frac{\pi^2 f^2}{a})\frac{2}{\sqrt{a}}\int_0^{\infty} \exp(-x^2)dx$$

$$= \sqrt{\frac{\pi}{a}}\exp(-\frac{\pi^2 f^2}{a})$$

定義：迴旋積分（convolution integral）

二個函數 $x(t)$ 和 $y(t)$ 之迴旋積分定義如下式：

$$x(t)*y(t)=\int_{-\infty}^{\infty}x(\tau)y(t-\tau)d\tau \tag{41}$$

迴旋積分常應用於線性非時變系統（在下一節會敘述）描述輸入與系統間之作用關係。

定理 2-5：傅立葉轉換之迴旋積分性質

1. $\Im\{x(t)*y(t)\}=X(f)Y(f)$ (42)

2. $\Im\{x(t)y(t)\}=X(f)*Y(f)$ (43)

證明：

1. $$\Im\{x(t)*y(t)\}=\int_{-\infty}^{\infty}\left[\int_{-\infty}^{\infty}x(\tau)y(t-\tau)d\tau\right]e^{-j2\pi ft}dt$$
$$=\int_{-\infty}^{\infty}x(\tau)\left[\int_{-\infty}^{\infty}y(t-\tau)e^{-j2\pi ft}dt\right]d\tau$$
$$=\int_{-\infty}^{\infty}x(\tau)\left[e^{-j2\pi f\tau}Y(f)\right]d\tau$$
$$=Y(f)\left[\int_{-\infty}^{\infty}x(\tau)e^{-j2\pi f\tau}d\tau\right]=Y(f)X(f)$$

2. $$\Im^{-1}\left[X(f)*Y(f)\right]=\int_{-\infty}^{\infty}\left[\int_{-\infty}^{\infty}X(\tau)Y(f-\tau)d\tau\right]e^{j2\pi ft}df$$
$$=\int_{-\infty}^{\infty}X(\tau)\left[\int_{-\infty}^{\infty}Y(f-\tau)e^{j2\pi ft}df\right]d\tau \text{（變換積分順序）}$$
$u=f-\tau$ →
$$=\int_{-\infty}^{\infty}X(\tau)\left[\int_{-\infty}^{\infty}Y(u)e^{j2\pi t(u+\tau)}du\right]d\tau$$
$$=\left[\int_{-\infty}^{\infty}X(\tau)e^{j2\pi t\tau}d\tau\right]\left[\int_{-\infty}^{\infty}Y(u)e^{j2\pi tu}du\right]$$
$$=x(t)y(t)$$

觀念提示： 1. 時間領域之迴旋積分等同於在頻率領域之乘積

2. $x(t)*y(t)$ 之頻寬為 $X(f)$、$Y(f)$ 之交集（重疊）部分，因此若有二組訊號（函數）在時間領域迴旋積分後，則其時域會變寬，但頻域則會變窄（因為是乘積）。

定理 2-6：單位脈衝串（impulse train）之 Fourier transform：

$$\Im\left\{\sum_{m=-\infty}^{\infty}\delta(t-mT_s)\right\}=f_s\sum_{n=-\infty}^{\infty}\delta(f-nf_s);\qquad f_s=\frac{1}{T_s} \tag{44}$$

證明：$x(t)=\sum_{m=-\infty}^{\infty}\delta(t-mT_s)\Rightarrow x(t+T_s)=x(t)$

將 $x(t)$ 表示成 Fourier series

$$x(t)=\sum_{m=-\infty}^{\infty}\delta(t-mT_s)=\sum_{n=-\infty}^{\infty}c_n e^{j2\pi nf_s t},f_s=\frac{1}{T_s}$$

$$c_n=\frac{1}{T_s}\int_{-\frac{T_s}{2}}^{\frac{T_s}{2}}x(t)e^{-i2\pi nf_s t}dt=\frac{1}{T_s}=f_s;\forall n$$

$$\therefore X(f)=\sum_{n=-\infty}^{\infty}c_n\Im(e^{i2\pi nf_s t})=f_s\sum_{n=-\infty}^{\infty}\delta(f-nf_s)$$

週期訊號之 Fourier transform 可由以下定理說明之

定理 2-7：Poisson Sum formula：

$$\sum_{m=-\infty}^{\infty}p(t-mT_0)=f_0\sum_{n=-\infty}^{\infty}P(nf_0)\exp(j2\pi nf_0 t);\qquad f_0=\frac{1}{T_0} \tag{45}$$

證明：若週期訊號

$$x(t)=\sum_{m=-\infty}^{\infty}p(t-mT_0)$$

利用 $\delta(t-T_0)*p(t)=p(t-T_0)$ 可得

$$x(t)=p(t)*\sum_{m=-\infty}^{\infty}\delta(t-mT_0)\Rightarrow$$

$$X(f)=P(f)\Im\left\{\sum_{m=-\infty}^{\infty}\delta(t-mT_0)\right\}$$

$$=f_0P(f)\sum_{n=-\infty}^{\infty}\delta(f-nf_0)$$

$$=f_0\sum_{n=-\infty}^{\infty}P(nf_0)\,\delta(f-nf_0)$$

將 $X(f)$ 進行 Inverse Fourier transform 可得

$$x(t)=f_0\sum_{n=-\infty}^{\infty}P(nf_0)\exp(j2\pi nf_0 t)$$

此與原週期訊號 $x(t)$ 比較後可得

$$\sum_{m=-\infty}^{\infty} p(t-mT_0) = f_0 \sum_{n=-\infty}^{\infty} P(nf_0)\exp(j2\pi nf_0 t)$$

稱此式為 Poisson Sum formula。

同理可得 Poisson Sum formula 之另外一種表示法

$$\sum_{m=-\infty}^{\infty} P(f-mf_0) = T_0 \sum_{n=-\infty}^{\infty} p(nT_0)\exp(-j2\pi nfT_0) \tag{46}$$

一種衡量訊號變化劇烈的程度的函數稱之為自相關函數（autocorrela-tion function），定義如下；

定義：能量訊號之自相關函數

若 $x(t)$ 為一能量訊號，則其自相關函數為

$$R_{xx}(\tau) = \int_{-\infty}^{\infty} x(t)x(t+\tau)\,dt \tag{47}$$

自相關函數在度量 $x(t)$ 經過一段時間延遲（time lag）τ 後與原函數之相關性。

定理 2-8：自相關函數之重要性質：

1. $R_{xx}(0) = \int_{-\infty}^{\infty} x(t)x(t)dt = E$，且 $R_{xx}(\tau)$ 在 $\tau = 0$ 為極大
2. $R_{xx}(\tau) = R_{xx}(-\tau)$（自相關函數為偶函數）
3. Weiner-Khichin 定理

$$\begin{cases} R_{xx}(\tau) = \int_{-\infty}^{\infty} G(f)e^{j2\pi f\tau}df \\ G(f) = \int_{-\infty}^{\infty} R_{xx}(\tau)e^{-j2\pi f\tau}d\tau \end{cases} \tag{48}$$

其中 $|X(f)|^2 \equiv G(f)$ 為能量頻譜密度函數

證明：$\Im^{-1}\{G(f)\} = \Im^{-1}\{X(f)X^*(f)\} = \Im^{-1}\{X(f)\} * \Im^{-1}\{X^*(f)\}$

$$= x(t) * x(-t)$$

$$= \int_{-\infty}^{\infty} x(t)x(t+\tau)dt$$

$$= R_{xx}(\tau)$$

觀念提示： 自相關函數 $R_{xx}(\tau)$ 與能量頻譜密度函數 $G(f)$ 互為傅立葉轉換對

定義：功率訊號之自相關函數

若 $x(t)$ 為一功率訊號，則其自相關函數定義如下：

$$R_{xx}(\tau)=\lim_{T\to\infty}\frac{1}{2T}\int_{-T}^{T}x(t)x(t+\tau)\,dt \tag{49}$$

若 $x(t)$ 為一週期為 T 之週期函數，則其自相關函數可表示為：

$$R_{xx}(\tau)=\frac{1}{T}\int_{T}x(t)x(t+\tau)\,dt \tag{50}$$

定理 2-9：自相關函數之重要性質：

1. $R_{xx}(0)=\frac{1}{T}\int_{T}x^2(t)dt=P$，且 $R_{xx}(\tau)$ 在 $\tau=0$ 為極大
2. $R_{xx}(\tau)=R_{xx}(-\tau)$（自相關函數為偶函數）
3. 自相關函數 $R_{xx}(\tau)$ 與功率頻譜密度函數 $S(f)$ 互為傅立葉轉換對

$$\begin{cases}R_{xx}(\tau)=\int_{-\infty}^{\infty}S(f)e^{j2\pi f\tau}df\\ S(f)=\int_{-\infty}^{\infty}R_{xx}(\tau)e^{-j2\pi f\tau}d\tau\end{cases} \tag{51}$$

例題 3

Consider the signal $x(t)=A\cos(2\pi f_0 t)$.

1. Find the average power.
2. Find the Fourier transform of $x(t)$.
3. Calculate $f_0\int_0^{\frac{1}{f_0}}x(t)x(t+\tau)dt$.
4. Find the power spectral density of $x(t)$. （100 台科大電機所）

解：

3. $R_{xx}(\tau)=f_0\int_0^{\frac{1}{f_0}}\left(A\cos 2\pi f_0 t\right)\left\{A\cos\left[2\pi f_0(t+\tau)\right]\right\}dt$

$$=\frac{f_0A^2}{2}\int_0^{\frac{1}{f_0}}\left[\cos\left(4\pi f_0 t+2\pi f_0\tau\right)+\cos\left(2\pi f_0\tau\right)\right]dt$$

$$=\frac{A^2}{2}\cos\left(2\pi f_0\tau\right)$$

由本題可知當 $x(t)$ 爲週期函數時，則自相關函數亦爲週期函數，且週期均相同

1. $x(t)$ 之平均功率 $P = R_{xx}(\tau)\Big|_{\tau=0} = \frac{A^2}{2}\cos 2\pi f_0\tau\Big|_{\tau=0} = \frac{A^2}{2}$

   $x(t)$ 之平均功率僅與振幅有關與 f_0 與相位無關

2. $X(f) = \Im\{x(t)\} = \frac{A}{2}[\delta(f-f_0)+\delta(f+f_0)]$

4. 功率頻譜密度函數爲

$$S(f) = \Im\{R_{xx}(\tau)\} = \int_{-\infty}^{\infty}(\frac{A^2}{2}\cos 2\pi f_0\tau)e^{-j2\pi f\tau}d\tau$$
$$= \frac{A^2}{4}[\delta(f-f_0)+\delta(f+f_0)]$$

例題 4

請推導下列訊號 $x(t)$ 的傅立葉轉換（Fourier Transform）

1. $x(t) = a_0 + \sum_{n=1}^{\infty} a_n\cos(\frac{n\pi t}{l}) + b_n\sin(\frac{n\pi t}{l})$
2. $x(t) = \delta(t-t_0) + \cos(2\pi f_0 t)$ （102 年公務人員高等考試）

解：

1. $x(t) = a_0 + \sum_{n=1}^{\infty} a_n\cos\left(2\pi\left(\frac{n}{2l}\right)t\right) + b_n\sin\left(2\pi\left(\frac{n}{2l}\right)t\right)$

$$X(f) = a_0\delta(f) + \sum_{n=1}^{\infty}\frac{a_n}{2}\left[\delta\left(f-\frac{n}{2l}\right)+\delta\left(f+\frac{n}{2l}\right)\right] - j\frac{b_n}{2}\left[\delta\left(f-\frac{n}{2l}\right)-\delta\left(f+\frac{n}{2l}\right)\right]$$
$$= a_0\delta(f) + \sum_{n=1}^{\infty}\delta\left(f-\frac{n}{2l}\right)\left(\frac{a_n}{2}-j\frac{b_n}{2}\right)+\delta\left(f+\frac{n}{2l}\right)\left(\frac{a_n}{2}+j\frac{b_n}{2}\right)$$

2. $X(f) = e^{-j2\pi f t_0} + \frac{1}{2}\left(\delta\left(f-f_0\right)+\delta\left(f+f_0\right)\right)$

例題 5

Find the Fourier transform of

1. $x(t) = 2\cos\left(6\pi t - \frac{\pi}{4}\right) - 4\sin\left(10\pi t + \frac{\pi}{4}\right)$
2. $x(t) = \delta(t+1) + \delta(t-1)$

and plot its amplitude and phase spectra.

（96 輔大電子所）

解：

1. $x(t)=e^{j(2\pi 3t-\frac{\pi}{4})}+e^{-j(2\pi 3t-\frac{\pi}{4})}-\frac{2}{j}\left(e^{j(2\pi 5t+\frac{\pi}{4})}-e^{-j(2\pi 5t+\frac{\pi}{4})}\right)$

$=e^{j(2\pi 3t-\frac{\pi}{4})}+e^{-j(2\pi 3t-\frac{\pi}{4})}+2j\left(e^{j(2\pi 5t+\frac{\pi}{4})}-e^{-j(2\pi 5t+\frac{\pi}{4})}\right)$

$=e^{j(2\pi 3t-\frac{\pi}{4})}+e^{-j(2\pi 3t-\frac{\pi}{4})}+2\left(e^{j\frac{\pi}{2}}e^{j(2\pi 5t+\frac{\pi}{4})}+e^{-j\frac{\pi}{2}}e^{-j(2\pi 5t+\frac{\pi}{4})}\right)$

$=e^{j(2\pi 3t-\frac{\pi}{4})}+e^{-j(2\pi 3t-\frac{\pi}{4})}+2e^{j(2\pi 5t+\frac{3\pi}{4})}+2e^{-j(2\pi 5t+\frac{3\pi}{4})}$

$\therefore X(f)=\delta(f-3)e^{-j\frac{1}{4}\pi}+\delta(f+3)e^{j\frac{\pi}{4}}+2\delta(f-5)e^{j\frac{3\pi}{4}}+2\delta(f+5)e^{-j\frac{3\pi}{4}}$

振幅與相位頻譜如圖 2-10 所示：

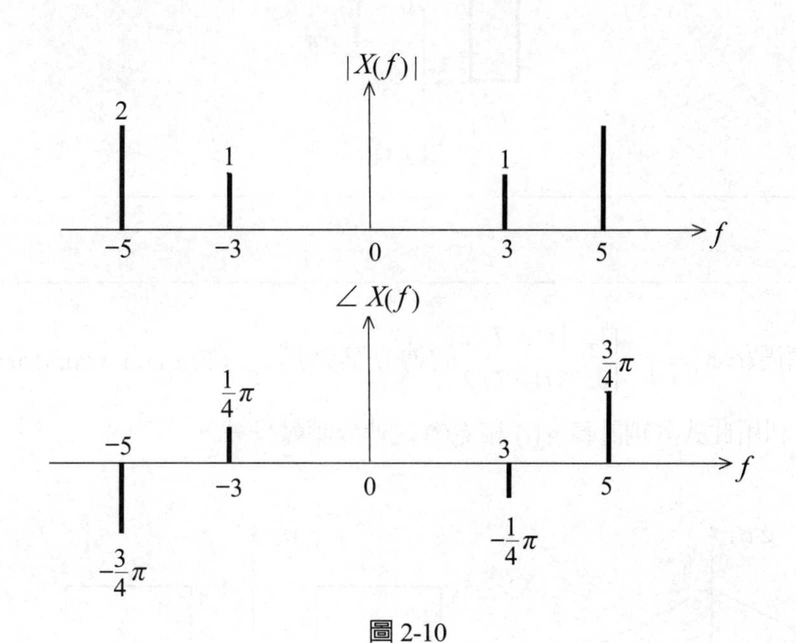

圖 2-10

2. $X(f)=e^{j2\pi f}+e^{-j2\pi f}=2\cos(2\pi f)$，

則振幅 $|X(f)|$ 與相位 $\angle X(f)$ 頻譜如圖 2-11 所示：

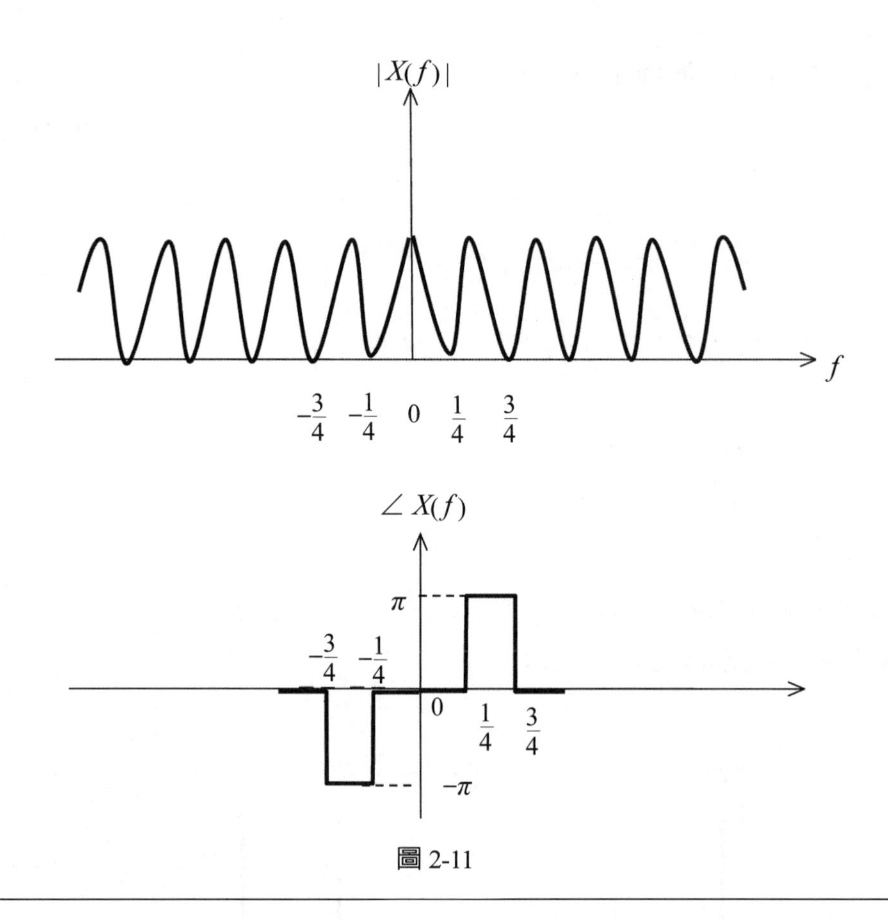

圖 2-11

例題 6

已知矩形函數$\text{rect}\left(\frac{t}{T}\right)=\begin{cases}1, & |t|\le T/2\\ 0, & |t|>T/2\end{cases}$的傅立葉轉換式（Fourier transformation）爲$T\text{sinc}(fT)$。利用此式分別計算 $g_1(t)$ 和 $g_2(t)$ 之傅立葉轉換式。

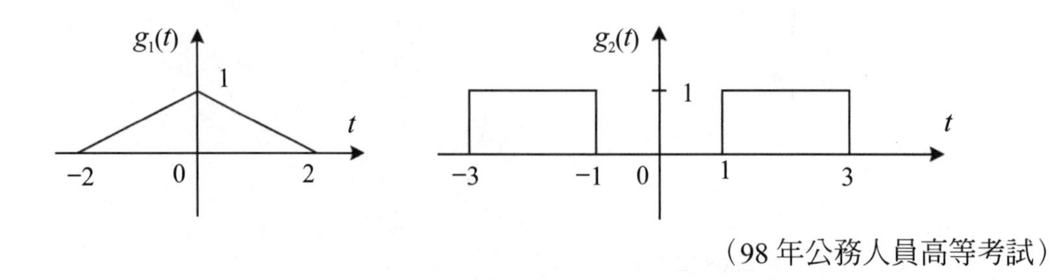

（98 年公務人員高等考試）

解：

$$g_1(t)=\frac{1}{\sqrt{2}}rect\left(\frac{t}{2}\right)*\frac{1}{\sqrt{2}}rect\left(\frac{t}{2}\right)\Rightarrow G_1(f)=2\sin c^2(2f)$$

$$g_2(t)=rect\left(\frac{t-2}{2}\right)+rect\left(\frac{t+2}{2}\right)\Rightarrow$$

$$G_2(f)=2\sin c(2f)\left(e^{-j4\pi f}+e^{j4\pi f}\right)=4\sin c(2f)\cos(4\pi f)$$

例題 7

$$h(t)=\begin{cases}A\exp(-at)\,;t\geq 0\\ 0\quad;otherwise\end{cases}$$

1. Find $H(f)$
2. Find $y(t)=\exp(j2\pi f_0 t)*h(t)$　　（台科大電子所）

解：

1. $H(f)=\int_0^{\infty}A\exp(-at)e^{-j2\pi ft}dt=\dfrac{A}{a+j2\pi f}$
2. $Y(f)=H(f)\delta(f-f_0)$

$$\therefore y(t)=\int_{-\infty}^{\infty}Y(f)e^{j2\pi ft}df=\frac{A}{a+j2\pi f_0}e^{j2\pi f_0 t}$$

例題 8

Find the Fourier Transform of $e^{-|t|}\cos 5t$?　　（交大電子所）

解：

$$F\left\{e^{-|t|}\right\}=\frac{2}{1+(2\pi f)^2}=X(f)$$

$$\cos 5t=\frac{1}{2}(e^{j5t}+e^{-j5t})$$

$$F\left\{e^{-|t|}\cos 5t\right\}=\frac{1}{2}\left[X(f-\frac{5}{2\pi})+X(f+\frac{5}{2\pi})\right]=\frac{1}{1+(2\pi f-5)^2}+\frac{1}{1+(2\pi f+5)^2}$$

例題 9

已知 $x(t)$ 如右圖

1. Find $X(0)$
2. Find $\int_{-\infty}^{\infty} X(\omega)d\omega$
3. Find $\int_{-\infty}^{\infty} X(\omega)\frac{2\sin\omega}{\omega}e^{j2\omega}d\omega$
4. Evaluate $\int_{-\infty}^{\infty} |X(\omega)|^2 d\omega$

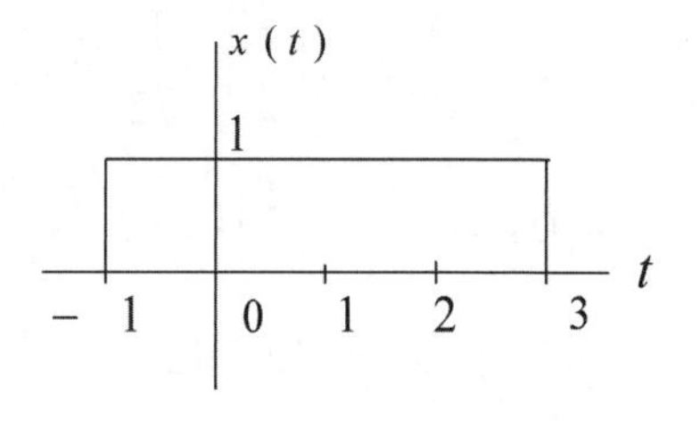

（台科大電機所）

解：

1. $x(t) = rect(\frac{t-1}{4})$

   $X(f) = 4\sin c(4f)e^{-j2\pi f} \Rightarrow X(0) = 4$

2. $\because \frac{1}{2\pi}\int_{-\infty}^{\infty} X(\omega)d\omega = x(0) \Rightarrow \int_{-\infty}^{\infty} X(\omega)d\omega = 2\pi x(0) = 2\pi$

3. 原式：$2\pi\cdot x(t) * rect(\frac{t}{2})\Big|_{t=2} = 2\pi\int_{-\infty}^{\infty} x(\tau)rect(\frac{2-\tau}{2})d\tau$

   $= 2 \times 2\pi = 4\pi$

4. $\int_{-\infty}^{\infty} |X(\omega)|^2 d\omega = 2\pi\int_{-\infty}^{\infty} |x(t)|^2 dt = 8\pi$

例題 10

Given signal $x(t) = \cos(2000\pi t)$

1. Let $y(t)$ be the time-domain waveform obtained by truncating $x(t)$ by multiplying it with $h(t) = \Pi(1000t)$. Given the spectrum $Y(f)$ of $y(t)$.
2. Let $z(t)$ be the time-domain waveform obtained by sampling $y(t)$ using a unit gain sampling function with sampling frequency $f_s = 3000$. Given the spectrum $Z(f)$ of $z(t)$.

（97 交大電子所）

解：

1. $Y(f) = \frac{1}{2000}\left[\sin c(\frac{f-1000}{1000}) + \sin c(\frac{f+1000}{1000})\right]$

2. 即乘上脈衝串

   $\delta_T(t) = \sum_{n=\infty}^{\infty} \delta(t - \frac{n}{3000})$，$\therefore \Im\{\delta_T(t)\} = \sum_{n=\infty}^{\infty} 3000\delta(f - 3000n)$

$$\therefore \Im\{z(t)\} = \frac{1}{2000}\left[\sin c(\frac{f-1000}{1000}) + \sin c(\frac{f+1000}{1000})\right] * \sum_{n=-\infty}^{\infty} 3000\delta(f-3000n)$$

$$= \frac{3}{2}\sum_{n=-\infty}^{\infty} \sin c(\frac{f-1000-3000n}{1000}) + \sin c(\frac{f+1000-3000n}{1000})$$

例題 11

求以下訊號之傅立葉轉換

1. $x(t) = \sum_{i=-\infty}^{\infty} \delta(t - iT)$
2. $x(t) = rect(t)\cos(2\pi f_c t)$
3. $x(t) = \cos(2\pi f_c (t-\tau))$　　　　（103 年公務人員普通考試）

解：

1. $X(f) = \frac{1}{T}\sum_{n=-\infty}^{\infty} \delta\left(f - n\frac{1}{T}\right)$
2. $X(f) = \frac{1}{2}\left[\sin c\left(f - f_c\right) + \sin c\left(f + f_c\right)\right]$
3. $X(f) = \frac{1}{2}\left[\delta\left(f - f_c\right) + \delta\left(f + f_c\right)\right]\exp\left(-j2\pi f\tau\right)$

例題 12

利用傅立葉級數（Fourier Series）分析以下之週期性訊號：

$$\sum_{n=-\infty}^{\infty} \delta\left(t - nT_s\right)$$

1. 證明對任意訊號 $x(t)$ 及任意 T_s，以下的等式成立。

$$\sum_{n=-\infty}^{\infty} x\left(t - nT_s\right) = \frac{1}{T_s}\sum_{n=-\infty}^{\infty} X\left(\frac{n}{T_s}\right)e^{jn\frac{2\pi t}{T_s}}$$

2. 由 1 之結果證明以下的等式成立。

$$\sum_{n=-\infty}^{\infty} x\left(nT_s\right) = \frac{1}{T_s}\sum_{n=-\infty}^{\infty} X\left(\frac{n}{T_s}\right)$$

（103 年公務人員高等考試）

解：

1. 參考定理 2-7 Poission sum formula 之證明
2. 由 1 之結果將 $t=2nT_s$ 代入即可得證

例題 13

試求以下函數之傅立葉轉換

1. $\exp\left(-10\left|t+2\right|\right)+\exp\left(-500t\right)u(t)$
2. $\sum_{m=0}^{\infty}\delta\left(t+2m\right)\left(\frac{3}{20}\right)^m$ （97 年特種考試）

解：

1. $\Im\left\{\exp\left(-10\left|t+2\right|\right)+\exp\left(-500t\right)u(t)\right\}$

$$=\frac{20}{10^2+\left(2\pi f\right)^2}e^{j2\pi f2}+\frac{1}{500+j2\pi f}$$

2. $\Im\left\{\sum_{m=0}^{\infty}\delta\left(t+2m\right)\left(\frac{3}{20}\right)^m\right\}$

$$=\sum_{m=0}^{\infty}\Im\left\{\delta\left(t+2m\right)\right\}\left(\frac{3}{20}\right)^m$$

$$=\sum_{m=0}^{\infty}e^{j4\pi mf}\left(\frac{3}{20}\right)^m$$

$$=\frac{1}{1-\frac{3}{20}e^{j4\pi f}}$$

例題 14

計算以下函數之傅利葉轉換

1. $\exp(-2|t|)$
2. $2\exp(-t)u(t)\cos(200\pi t)$ （97 年公務人員普通考試）

解：

1. $\Im\left\{\exp\left(-2\left|t\right|\right)\right\}=\frac{4}{2^2+\left(2\pi f\right)^2}$

2. $\Im\left\{\exp\left(-t\right)u(t)\right\}=\dfrac{1}{1+j2\pi f}$

$\Rightarrow\Im\left\{2\exp\left(-t\right)u(t)\cos\left(200\pi t\right)\right\}=\dfrac{1}{1+j2\pi\left(f-100\right)}+\dfrac{1}{1+j2\pi\left(f+100\right)}$

例題 15

計算下列各訊號的傅立葉轉換

1. $g_1(t)=\begin{cases}4;-2<t<2\\0;otherwise\end{cases}$

2. $g_2(t)=g_1(t-6)+g_1(t+6)$

3. $g_3(t)=g_1(2t)+g_1(4t)$　　（98 年公務人員普通考試）

解：

1. $g_1(t)=\begin{cases}4;-2<t<2\\0;otherwise\end{cases}=4rect\left(\dfrac{t}{4}\right)$

$\Rightarrow G_1\left(f\right)=16\sin c\left(4f\right)$

2. $g_2(t)=g_1(t-6)+g_1(t+6)$

$\Rightarrow G_2\left(f\right)=G_1\left(f\right)\left(e^{-j2\pi f6}+e^{j2\pi f6}\right)=32\sin c\left(4f\right)\cos\left(12\pi f\right)$

3. $g_3(t)=g_1(2t)+g_1(4t)$

$\Rightarrow G_3\left(f\right)=\dfrac{1}{2}G_1\left(\dfrac{f}{2}\right)+\dfrac{1}{4}G_1\left(\dfrac{f}{4}\right)=8\sin c\left(2f\right)+4\sin c\left(f\right)$

例題 16

1. 一能量訊號 $x(t)=\exp(-20t)u(t)$，求其傅利葉轉換（Fourier Transform）$X(f)$，並畫出其振幅頻譜 $|X(f)|$ 與相位頻譜 $\arg(X(f))$，於 $|X(f)|$ 中，試定義其頻寬（bandwidth）。
2. 請以傅氏轉換或傅氏級數表示式描述一訊號 $10\cos(2\pi1000t)$ 的頻譜，且若將此訊號乘以另一訊號 $10\cos(2\pi2000t)$，畫出相乘後的訊號頻譜。　　（99 年特種考試）

解：

1. $\Im\{x(t)\}=\Im\left\{\exp\left(-20t\right)u(t)\right\}=\dfrac{1}{20+j2\pi f}=\dfrac{20-j2\pi f}{20^2+\left(2\pi f\right)^2}$

$$\Rightarrow \left|X(f)\right| = \frac{1}{\sqrt{20^2 + (2\pi f)^2}}$$

$$\arg\left(X(f)\right) = -\tan^{-1}\left(\frac{\pi f}{10}\right)$$

振幅與相位頻譜繪如圖 2-12：

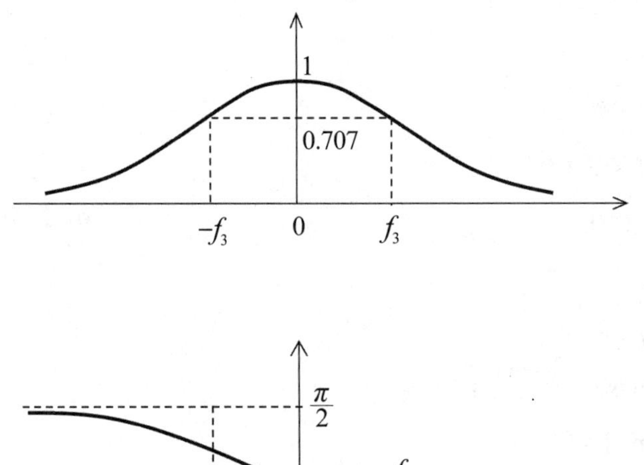

圖 2-12

頻寬可定義為 f_3：3dB 截止頻率

2. $\Im\left\{10\cos(2\pi 1000t)\right\} = 5\left(\delta(f-1000) + \delta(f+1000)\right)$

$\Im\left\{10\cos(2\pi 1000t)10\cos(2\pi 2000t)\right\}$

$= 50\Im\left\{\cos(2\pi 3000t) + \cos(2\pi 1000t)\right\}$

$= 25\left(\delta(f-3000) + \delta(f+3000) + \delta(f-1000) + \delta(f+1000)\right)$

2.3　線性非時變系統

系統（system）可以看成一種轉換，凡是能將輸入轉換為唯一的輸出即稱為系統，每個系統有其不同的特性，若將輸入表示為 $x(t)$，輸出表示為 $y(t)$，則輸出為輸入被系統作用之後的結果，表示為 $y(t) = L[x(t)]$。

一、系統的分類

定義：線性系統（linear system）與非線性系統（nonlinear system）

$x_1(t), x_2(t)$ 為不同的兩個輸入，$y_1(t), y_2(t)$ 為其相對應之輸出，a_1, a_2 為任意實數，若系統滿足如下式之疊加（superposition）原理

$$L[a_1x_1(t) + a_2x_2(t)] = a_1L[x_1(t)] + a_2L[x_2(t)] \tag{52}$$
$$= a_1y_1(t) + a_2y_2(t)$$

則稱此系統為線性系統。

反之，若系統不滿足 (52)，則稱為非線性系統（nonlinear system）。

定義：時變（time-varying）與非時變（time-invariant）系統

當輸入訊號 $x(t)$ 產生時間延遲或時間領先，$x(t-\tau)$，均導致輸出訊號 $y(t)$ 產生相同的時間平移，$y(t-\tau)$，即稱為非時變系統。非時變系統之示意圖如下：

輸入 $x(t)$、$x(t-\tau)$ → 非時變系統 → 輸出 $y(t)$、$y(t-\tau)$

$$L[x(t)] = y(t) \Rightarrow L[x(t-\tau)] = y(t-\tau) \tag{53}$$

反之，若系統不滿足 (53)，則稱為時變（time-varying）系統。

定義：線性非時變系統（Linear Time-Invariant system, LTI 系統）

若系統同時具有線性且非時變之二種特性，則稱之為線性非時變系統。

定義：脈衝響應（Impulse Response, IR）

若輸入 $\delta(t)$ 到一個 LTI 系統，所得到之輸出為 $h(t)$，即存在 $h(t) = H[\delta(t)]$，則稱 $h(t)$ 為此 LTI 系統之脈衝響應（IR）。

定理 2-10：若已知一個 LTI 系統之脈衝響應為 $h(t)$，現輸入 $x(t)$ 後，則其輸出為

$$y(t) = x(t)*h(t) \tag{54}$$

說明：

輸入 輸出

$\delta(t)$ → LTI 系統 → $h(t)$

$x(t)$ → LTI 系統 → $y(t) = x(t)*h(t)$

證明：由過濾性質可知

$$x(t) = x(t) * \delta(t) = \int_{-\infty}^{\infty} x(\tau)\delta(t-\tau)d\tau$$

由非時變性質可知

$$L[\delta(t-\tau)] = h(t-\tau)$$

$$\therefore y(t) = L[x(t)] = L\left[\int_{-\infty}^{\infty} x(\tau)\delta(t-\tau)d\tau\right] = \int_{-\infty}^{\infty} x(\tau)L[\delta(t-\tau)]d\tau$$

$$= \int_{-\infty}^{\infty} x(\tau)h(t-\tau)d\tau = x(t) * h(t)$$，得證。

定義：因果與非因果系統（causal and noncausal system）

若一個系統在任意時刻的輸出只與「現在」或「過去」的輸入有關，即稱此系統為因果系統（causal system）；反之，若系統在某時刻的輸出與未來訊號有關，則稱此系統為非因果系統（noncausal system）。

觀念分析： 1. 在 LTI 且因果系統下，脈衝響應函數必有 $h(t) = 0$ for $t < 0$。

2. 在 LTI、因果系統下，則 $y(t) = x(t) * h(t) = \int_{-\infty}^{t} x(\tau)h(t-\tau)\,d\tau$

說明：因為在因果系統下有 $h(t) = 0$ for $t < 0$

所以 $h(t-\tau) = 0$ for $t-\tau < 0$

則 $y(t) = \int_{-\infty}^{\infty} x(\tau)h(t-\tau)d\tau = \int_{-\infty}^{t} x(\tau)h(t-\tau)d\tau + \int_{t}^{\infty} x(\tau)h(t-\tau)d\tau$

$= \int_{-\infty}^{t} x(\tau)h(t-\tau)d\tau$

例題 17

一濾波器之頻率響應為

$$H(f) = \frac{1}{1 + j2\pi fRC}$$

1. 此濾波器為低通、高通或帶通濾波器？
2. 此濾波器之脈衝響應（impulse response）為何？

（103 年公務人員普通考試）

解：

1. 此濾波器為低通
2. $H(f) = \dfrac{1}{1 + j2\pi fRC} = \dfrac{1}{RC}\dfrac{1}{\dfrac{1}{RC} + j2\pi f} \Rightarrow h(t) = \dfrac{1}{RC}e^{-\frac{1}{RC}t}u(t)$

例題 18

下列兩個連續時間轉換函式中，x 為輸入訊號，y 為輸出訊號，請分別判斷這些轉換是否為具非時變（time invariant）或是線性（linear）。

1. $y(t) = x^3(t)$
2. $y(t) = (t+3)\,4x\,(t+2)$

（104 年公務人員特種考試）

解：

按照定義判斷可得：

(1) 非線性，非時變

(2) 線性，時變

例題 19

有一濾波器其脈衝響應（impulse response）為

$h(t) = 2W \sin c\,(2W(t-\tau))$

其中 W 及 τ 為大於零之常數。

1. 求該濾波器的頻率響應。
2. 若該濾波器的輸入訊號為 $x(t) = \cos(\pi Wt) + \cos(4\pi Wt)$，求濾波器的輸出為何？（105 年公務人員普通考試）

解：

1. $H(f) = rect\left(\dfrac{f}{2W}\right)e^{-j2\pi f\tau}$

2. $X(f) = \dfrac{1}{2}\left(\delta\left(f-\dfrac{W}{2}\right)+\delta\left(f+\dfrac{W}{2}\right)+\delta(f-2W)+\delta(f+2W)\right)$

$$Y(f) = X(f)H(f)$$

$$= \frac{1}{2}\left(\delta\left(f-\frac{W}{2}\right)+\delta\left(f+\frac{W}{2}\right)+\delta(f-2W)+\delta(f+2W)\right)rect\left(\frac{f}{2W}\right)e^{-j2\pi f\tau}$$

$$= \frac{1}{2}\begin{pmatrix} rect\left(\frac{1}{4}\right)e^{-j\pi W\tau}\,\delta\left(f-\frac{W}{2}\right)+rect\left(-\frac{1}{4}\right)e^{j\pi W\tau}\,\delta\left(f+\frac{W}{2}\right) \\ +rect(1)e^{-j2\pi 2W\tau}\delta(f-2W)+rect(-1)e^{j2\pi 2W\tau}\delta(f+2W) \end{pmatrix}$$

$$= \frac{1}{2}\left(e^{-j\pi W\tau}\,\delta\left(f-\frac{W}{2}\right)+e^{j\pi W\tau}\,\delta\left(f+\frac{W}{2}\right)\right)$$

例題 20

圖 2-13 為一個 LR 濾波器，假設 $x(t), y(t)$ 分別為其輸入與輸出。

1. 試求此濾波器之頻率響應 $|H(f)|$，並繪出此響應之圖形。
2. 此濾波器為低通（LP）、高通（HP）或帶通（BP）濾波器？

（97 年特種考試）

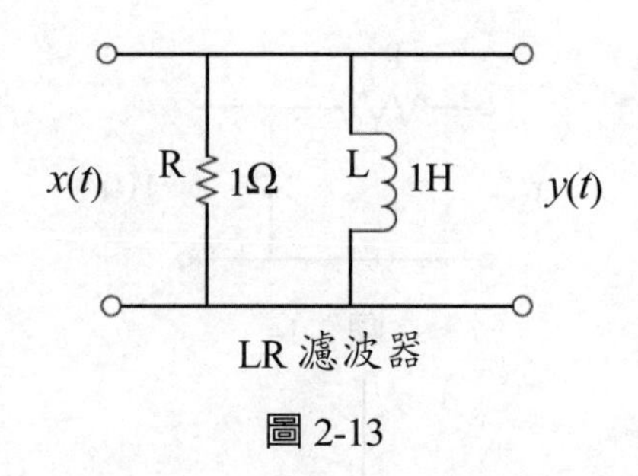

圖 2-13

解：

1. 由克氏定律得

$$Y(f)=X(f)\frac{R}{j2\pi fL+R}\Rightarrow H(f)=\frac{R}{j2\pi fL+R}$$

$$\therefore|H(f)|=\frac{1}{\sqrt{\left(2\pi f\frac{L}{R}\right)^2+1}}$$

振幅頻譜繪圖如下：

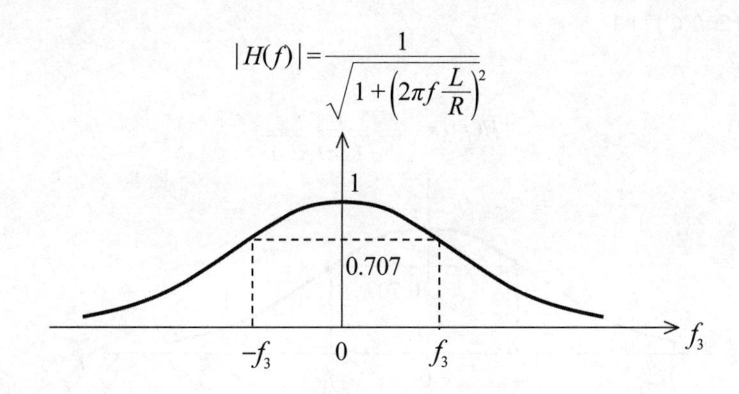

2. 在高頻時之衰減情況很明顯，故此濾波器爲低通。

例題 21

考慮圖 2-14 之 RC 濾波器，假設其輸入及輸出分別爲 $x(t)$ 及 $y(t)$。

1. 計算並畫出此濾波器之頻率響應 $|H(f)|$。
2. 此電路特性是屬於低通（LP）、高通（HP）還是帶通（BP）濾波器？

（97 年公務人員普通考試）

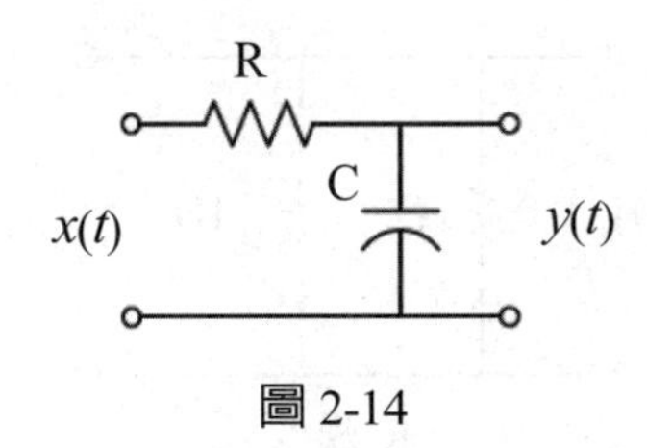

圖 2-14

解：

1. 由克氏定律得

$$RC\frac{dy}{dt}+y(t)=x(t)$$

取 Fourier 變換得 $(j2\pi fRC+1)Y(f)=X(f)$。

即

$$(j2\pi fRC+1)Y(f)=X(f)\Rightarrow H(f)=\frac{1}{j2\pi fRC+1}$$

$$\therefore \left|H(f)\right|=\frac{1}{\sqrt{(2\pi fRC)^2+1}}$$

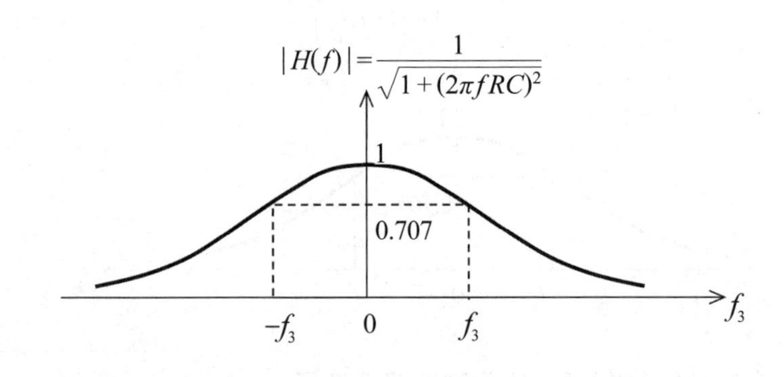

2. 在高頻時之衰減情況很明顯，故做爲低通濾波器。

例題 22

考慮一個已知訊號 $g(t)=1+3\cos(2\pi 1000t)+2\cos(2\pi 2000t)$

1. 計算 $g(t)$ 的傅立葉轉換（Fourier transformation）。
2. 如果將訊號 $g(t)$ 輸入一個濾波器，其頻率響應爲

$$H(f)=\begin{cases}1-\dfrac{|f|}{1500};|f|<1500\\ 0;otherwise\end{cases}$$

寫出濾波器輸出 $v_o(t)$，以及其傅立葉轉換 $V_o(f)$。

3. 計算濾波器輸出功率與輸入功率相差多少 dB？

（99 年公務人員普通考試）

解：

1. $G(f)=\delta(f)+\frac{3}{2}(\delta(f-1000)+\delta(f+1000))+\delta(f-2000)+\delta(f+2000)$

2. $V_O(f)=H(f)G(f)=\delta(f)+\frac{3}{2}\times\left(1-\frac{1000}{1500}\right)(\delta(f-1000)+\delta(f+1000))$

$$=\delta(f)+\frac{1}{2}(\delta(f-1000)+\delta(f+1000))$$

$$v_O(t)=1+\cos(2\pi 1000t)$$

3. $P_i=1+\frac{9}{4}\times 2+1+1=\frac{15}{2}$

$$P_o=1+\frac{1}{4}\times 2=\frac{3}{2}$$

$$10\log\frac{\frac{15}{2}}{\frac{3}{2}}=10\log 5=7dB$$

例題 23

Determine if the following system is (1) memoryless (2) TI (3) Linear (4) Causal

1. $y(t)=\cos(3t)x(t)$

2. $y(t)=\begin{cases}0 & ;x(t)<0\\ x(t)+x(t-2);x(t)\geq 0\end{cases}$

3. $y(t)=\int_{-\infty}^{2t}x(\tau)d\tau$　　（97 交大電機所）

解：

1. memoryless, Causal, Linear, time-varying

$T\{x(t-\tau)\}=\cos(3t)x(t-\tau)\neq y(t-\tau)=\cos(3(t-\tau))x(t-\tau)\Rightarrow$ time-varying

2. memory, Causal, nonlinear, time-invariant

$T\{ax_1(t)+bx_2(t)\}\neq aT\{x_1(t)\}+bT\{x_2(t)\}\Rightarrow$ nonlinear

3. memory, noncausal, Linear, time-varying

$T\{x(t-k)\}=\int_{-\infty}^{2t}x(\tau-k)d\tau=\int_{-\infty}^{2t-k}x(u)du\neq y(t-k)\Rightarrow$ time-varying

---

例題 24

Consider a stable LTI system that is characterized by the differential equation

$$\frac{d^2y(t)}{dt^2}+4\frac{dy(t)}{dt}+3y(t)=\frac{dx(t)}{dt}+2x(t)$$

1. Find the IR of the LTI system
2. Suppose that the input is $x(t)=e^{-t}u(t)$, find the output response

（98 中山資工所）（95 台大電信所）

解：

1. Taking Fourier Transform on both sides, we have

$$H(\omega)=\frac{2+j\omega}{(j\omega)^2+4j\omega+3}=\frac{\frac{1}{2}}{3+j\omega}+\frac{\frac{1}{2}}{1+j\omega}$$

$$\Rightarrow h(t)=\frac{1}{2}e^{-3t}u(t)+\frac{1}{2}e^{-t}u(t)$$

2. $Y(\omega)=H(\omega)X(\omega)=\frac{1}{1+j\omega}\frac{2+j\omega}{(j\omega)^2+4j\omega+3}$

$$=\frac{-\frac{1}{4}}{3+j\omega}+\frac{\frac{1}{4}}{1+j\omega}+\frac{\frac{1}{2}}{(1+j\omega)^2}$$

$$\Rightarrow y(t)=-\frac{1}{4}e^{-3t}u(t)+\frac{1}{4}e^{-t}u(t)+\frac{1}{2}te^{-t}u(t)$$

例題 25

The IR of a LTI system is given by

$$h(t)=\begin{cases}-1;1\le t<2\\ 1;2\le t\le 3\\ 0;otherwise\end{cases}$$

1. Is the LTI system stable?
2. Plot $h(t-\tau)$ with respect to τ for $t=2$.
3. If the input is $x(t)=u(t)$, find $y(2)=?$ （98 中山資工所）

解：

1. stable

   絕對值可積分 $\int_{-\infty}^{\infty}|h(t)|dt=2$

2.

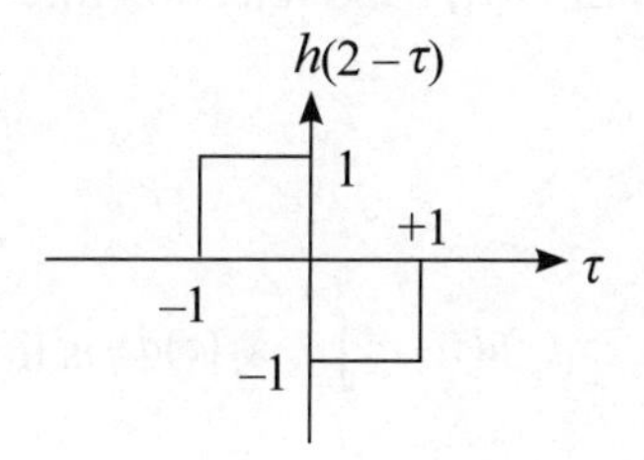

3. $y(t)=x(t)*h(t)=\int_{-\infty}^{\infty}u(\tau)h(t-\tau)d\tau=\int_{0}^{\infty}h(t-\tau)d\tau$

   $\therefore y(2)=\int_{0}^{\infty}h(2-\tau)d\tau=-1$

例題 26

Consider the following three continuous-time systems S_1, S_2, S_3 whose response to a complex exponential input are specified as

$S_1:e^{j5t}\to te^{j5t}, S_2:e^{j5t}\to e^{j5(t-1)}, S_3:e^{j5t}\to \cos(5t)$

Which of the following answers is correct?

1. S_1, S_2, S_3 are not LTI
2. S_1, S_3 are not LTI
3. S_2, S_3 are not LTI
4. S_1 is not LTI （98 清大電機所）

解：

若輸入為 complex exponential $x(t) = \exp(-j2\pi f_0 t)$

$Y(f) = X(f)H(f) = H(f)\delta(f-f_0) = H(f_0)\delta(f-f_0)$

$\Rightarrow y(t) = H(f_0)e^{j2\pi f_0 t}$

輸出仍為 complex exponential with the same frequency.

選 1

例題 27

If a filter is characterized by the input-output relationship as an ideal finite-time integrator, then the filter is a (*a*) HPF (*b*) BPF (*c*) LPF (*d*) band rejection filter (*e*) Linear system（97 成大電通所）

解：

$$y(t) = \int_{t-T}^{t} c_1 x_1(\tau) + c_2 x_2(\tau) d\tau = c_1 \int_{t-T}^{t} x_1(\tau) d\tau + c_2 \int_{t-T}^{t} x_2(\tau) d\tau \text{ is linear}$$

$$h(t) = u(t) - u(t-T) = rect\left(\frac{t-\frac{T}{2}}{T}\right)$$

$H(f) = T \sin c(fT) \exp(-j\pi fT)$ is LPF

選 (c), (e)

例題 28

Consider the signal

$$g(t) = \cos(2\pi t + 25°) + \cos(4\pi t + 53°) + \cos(6\pi t + 84°) + \cos(8\pi t + 176°) + \cos(10\pi t + 9°)$$

1. Determine the autocorrelation function of $g(t)$
2. Find the power spectrum density of $g(t)$
3. Find the power of $g(t)$ （99 中興電機所）

解：

$$|G(f)|^2=\frac{1}{4}\begin{bmatrix}\delta(f-1)+\delta(f+1)+\delta(f-2)+\delta(f+2)+\delta(f-3)\\+\delta(f+3)+\delta(f-4)+\delta(f+4)+\delta(f-5)+\delta(f+5)\end{bmatrix}$$

$$P=\frac{1}{4}\times 10=\frac{5}{2}$$

$$R_g(\tau)=\frac{1}{2}[\cos(2\pi\tau)+\cos(4\pi\tau)+\cos(6\pi\tau)+\cos(8\pi\tau)+\cos(10\pi\tau)]$$

2.4　希爾伯轉換與帶通訊號

一、希爾伯轉換（Hilbert Transform）

定義：已知一個訊號 $x(t)$，則其 Hilbert Transform 表示為 $\hat{x}(t)=\mathbf{H}\{x(t)\}$，定義如下：

$$\hat{x}(t)=\mathbf{H}\{x(t)\}\equiv x(t)*\frac{1}{\pi t}=\frac{1}{\pi}\int_{-\infty}^{\infty}\frac{x(\tau)}{t-\tau}d\tau \tag{55}$$

逆 Hilbert Transform 則表示為 $x(t)=\mathbf{H}^{-1}\{\hat{x}(t)\}$，定義如下：

$$x(t)=\mathbf{H}^{-1}\{\hat{x}(t)\}\equiv \hat{x}(t)*\frac{-1}{\pi t}=-\frac{1}{\pi}\int_{-\infty}^{\infty}\frac{\hat{x}(\tau)}{t-\tau}d\tau \tag{56}$$

由 (37) 可知：

$$\Im\left\{\frac{1}{j\pi t}\right\}=\mathrm{sgn}(-f)\Rightarrow \Im\left\{\frac{1}{\pi t}\right\}=-j\,\mathrm{sgn}(f)$$

因此希爾伯轉換器相當於一脈衝響應為 $\frac{1}{\pi t}$，轉移函數為 $H(f)=-j\mathrm{sgn}(f)$，之「全通」（all pass）濾波器。如圖 2-15 所示：

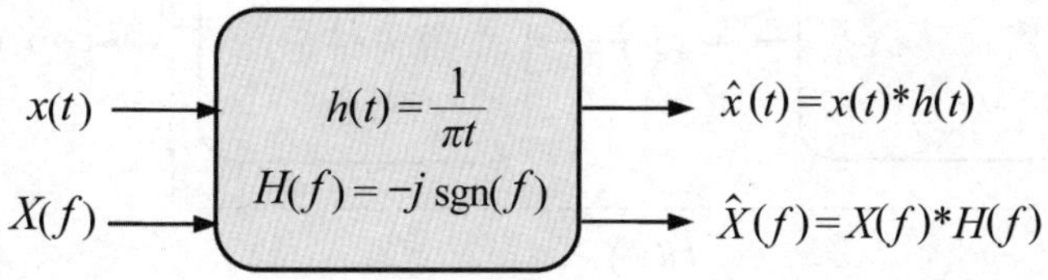

輸入	希爾伯轉換器	輸出
$x(t)$ →	$h(t)=\frac{1}{\pi t}$	→ $\hat{x}(t)=x(t)*h(t)$
$X(f)$ →	$H(f)=-j\,\mathrm{sgn}(f)$	→ $\hat{X}(f)=X(f)*H(f)$

圖 2-15

又由 $H(f)=\Im\left\{\frac{1}{\pi t}\right\}=-j\,\mathrm{sgn}(f)$ 進一步分析可得：

$$H(f)=-j\,\mathrm{sgn}(f)=|H(f)|e^{j\angle H(f)}=\begin{cases}-j, & f>0\\ j, & f<0\end{cases}$$

$$=\begin{cases}1e^{-j\frac{\pi}{2}}, & f>0\\ 1e^{j\frac{\pi}{2}}, & f<0\end{cases} \tag{57}$$

$|H(f)|$、$\angle H(f)$ 之圖形如圖 2-16 所示：

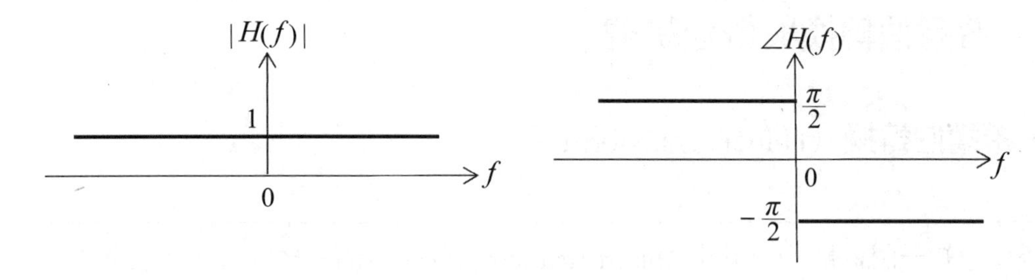

圖 2-16

換言之，使得任意訊號通過希爾伯轉換器後，

1. $|X(f)|=|\hat{X}(f)|$，振幅頻譜不變。
2. 正頻率之相位偏移 $-\frac{\pi}{2}$，負頻率之相位偏移 $+\frac{\pi}{2}$。

定理 2-11：$\hat{\hat{x}}(t)=-x(t)$

證明：$H(f)=H_1(f)H_2(f)=[-j\,\mathrm{sgn}(f)]^2=-1$

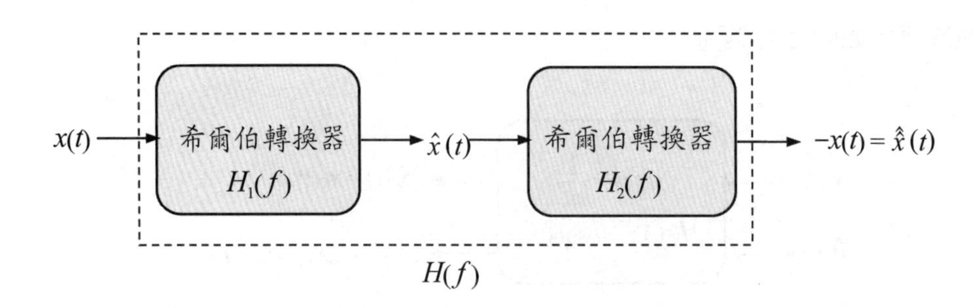

觀念分析： 經果兩次希爾伯轉換後，相位差 180 度。

定理 2-12：

1. $\cos(2\pi f_0 t) \xrightarrow{H} \sin(2\pi f_0 t)$

2. $\sin(2\pi f_0 t) \xrightarrow{H} \cos(2\pi f_0 t)$ (58)

證明：令 $x(t)=\cos(2\pi f_0 t)$

則 $\hat{X}(f) = -j\,\text{sgn}(f)\frac{1}{2}[\delta(f-f_0)+\delta(f+f_0)]$

$$=\frac{-j}{2}\delta(f-f_0)+\frac{j}{2}\delta(f+f_0)$$

$$\therefore\ \hat{x}(t)=\frac{-j}{2}e^{j2\pi f_0 t}+\frac{j}{2}e^{-j2\pi f_0 t}=\frac{-j}{2}\left[e^{j2\pi f_0 t}-e^{-j2\pi f_0 t}\right]=\sin(2\pi f_0 t)$$

同理，令 $x(t)=\sin(2\pi f_0 t)$

則 $\hat{X}(f) = -j\,\text{sgn}(f)\cdot\frac{1}{2j}[\delta(f-f_0)-\delta(f+f_0)]$

$$=\frac{-1}{2}\delta(f-f_0)-\frac{1}{2}\delta(f+f_0)$$

$$\therefore\ \hat{x}(t)=\frac{-1}{2}e^{j2\pi f_0 t}-\frac{1}{2}e^{-j2\pi f_0 t}=\frac{-1}{2}\left[e^{j2\pi f_0 t}+e^{-j2\pi f_0 t}\right]=-\cos(2\pi f_0 t)$$

定理 2-13：

$$e^{j2\pi f_0 t} \underset{H^{-1}}{\overset{H}{\rightleftarrows}} -j\,\text{sgn}(f_0)e^{j2\pi f_0 t}=\begin{cases}-je^{j2\pi f_0 t}, & f_0>0\\ je^{j2\pi f_0 t}, & f_0<0\end{cases} \quad (59)$$

證明：令 $x(t)=\exp(j2\pi f_0 t)$，則

$$\hat{X}(f)=-j\,\text{sgn}(f)\cdot\delta(f-f_0)=-j\,\text{sgn}(f_0)\delta(f-f_0)$$

$$\Rightarrow \hat{x}(t)=-j\,\text{sgn}(f_0)\,e^{j2\pi f_0 t}$$

定理 2-14： 已知 $m(t)$ 爲低通訊號，$c(t)$ 爲高通訊號，且 $m(t)$ 與 $c(t)$ 之頻譜不重疊，若

$x(t)=m(t)c(t)$，則 $\hat{x}(t)=\widehat{m(t)c(t)}=m(t)\hat{c}(t)$

證明：令 $M(f)=\Im\{m(t)\}$，且 $M(f)=0$ for $|f|>W$～低通

$C(f)=\Im\{c(t)\}$，且 $C(f)=0$ for $|f|<W$～高通

$$m(t)c(t)=\int_{-\infty}^{\infty}M(f)e^{j2\pi ft}df\int_{-\infty}^{\infty}C(\lambda)e^{j2\pi\lambda t}d\lambda$$

$$\widehat{m(t)c(t)}=\int_{-\infty}^{\infty}\int_{-\infty}^{\infty}C(\lambda)M(f)\widehat{e^{j2\pi(f+\lambda)t}}dfd\lambda$$

$$=\int_{-\infty}^{\infty}\int_{-\infty}^{\infty}C(\lambda)M(f)\big(-j\operatorname{sgn}(f+\lambda)\big)e^{j2\pi(f+\lambda)t}dfd\lambda$$

$$=\int_{-\infty}^{\infty}M(f)e^{j2\pi ft}df\int_{-\infty}^{\infty}C(\lambda)\big(-j\operatorname{sgn}\lambda\big)e^{j2\pi\lambda t}d\lambda=m(t)\hat{c}(t)$$

定理 2-15：若 $x(t)=m(t)\cos(2\pi f_0 t)$，$m(t)$ 爲低通訊號，且 $f_0\gg 0$，則 $\hat{x}(t)=m(t)\sin(2\pi f_0 t)$

證明：由定理 12, 14 可輕易得證。

二、帶通訊號（Bandpass Signal）

若 $x(t)$ 爲帶通訊號，則 $x(t)$ 可以表示爲

$$x(t)=m(t)\cos\big(2\pi f_c t+\varphi(t)\big) \tag{60}$$

其中 $m(t)$ 爲低通訊號，或稱爲基頻訊號（baseband signal）。$x(t)$ 與 $X(f)$ 之圖形如下圖所示：

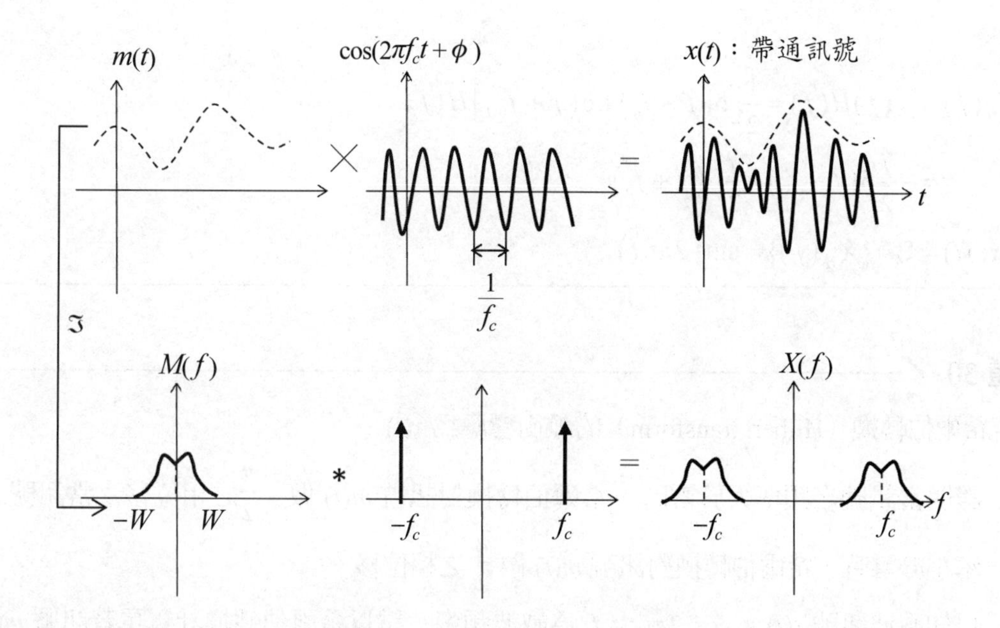

如果令

$$\begin{cases} x_I(t) = m(t)\cos\varphi(t) \\ x_Q(t) = m(t)\sin\varphi(t) \end{cases} \tag{61}$$

則可得 $x(t)$ 之另一種表示法：

$$\begin{aligned} x(t) &= m(t)\cos[2\pi f_c t + \varphi(t)] \\ &= x_I(t)\cos(2\pi f_c t) - x_Q(t)\sin(2\pi f_c t) \end{aligned} \tag{62}$$

其中$\begin{cases} x_I(t): \text{同相}\,(in-phase)\ \text{分量} \\ x_Q(t): \text{正交}\,(quadrature)\ \text{分量} \end{cases}$，不含載波，僅含低通（lowpass）訊號

例題 29

The Hilbert transform function is defined as

$$H(f) = \begin{cases} -j, & f > 0 \\ j, & f < 0 \end{cases}$$

Let an input signal of a Hilbert transform filter be $x(t) = \cos(2\pi f_0 t)$. Find the filter output signal.

（99 台科大電機所）

解：

$$X_H(f)=X(f)H(f)=\frac{1}{2}\left[\delta(f-f_0)+\delta(f+f_0)\right]H(f)$$

$$=-\frac{j}{2}\delta(f-f_0)+\frac{j}{2}\delta(f+f_0)$$

$$\therefore x_H(t)=\Im^{-1}\{X_H(f)\}=\sin(2\pi f_0 t)$$

例題 30

若希爾伯轉換（Hilbert transform）的脈衝響應爲 $x(t)$

1. 證明當訊號之頻率大於零時，希爾伯轉換對訊號 $m(t)$ 做 $-\frac{\pi}{2}$之相位移；當訊號之頻率小於零時，希爾伯轉換對訊號 $m(t)$ 做 $\frac{\pi}{2}$ 之相位移。
2. 已知載波訊號 $s(t)=\cos 2\pi f_c t$，f_c 爲載波頻率，試以希爾伯轉換計算單音訊號 $m(t)=\cos 2\pi f_m t$ 之上旁波調變訊號，$f_m \ll f_c$。

（101 年普考）

解：

1. 參考 (57) 式之證明
2. 參考定理 2-14

例題 31

Find the Hilbert Transform $\hat{x}(t)$ of a signal $x(t)=\cos(\omega_0 t)+\sin(\omega_0 t)$.Based on your result, determine whether $\hat{x}(t)$ and $x(t)$ are orthogonal.

（97 中山電機通訊所）

解：

$$\hat{x}(t)=\sin(\omega_0 t)-\cos(\omega_0 t)$$

$$\int_{-\infty}^{\infty}\hat{x}(t)\,x(t)dt=\int_{-\infty}^{\infty}(\sin\omega_0 t-\cos\omega_0 t)(\sin\omega_0 t+\cos\omega_0 t)dt$$

$$=-2\int_{-\infty}^{\infty}\cos 2\omega_0 t\,dt=0$$

2.5　離散時間之 Fourier 分析

連續時間訊號或稱爲類比訊號表示爲 $x(t)$，其中 t 爲連續時間變數，將 $x(t)$ 等間隔取樣之後即可得到離散時間訊號，例如若每隔 T 秒取樣一次（即取樣週期爲 T 秒），則可得離散序列 $\{x(nT)\}_{-\infty<n<\infty}$，其中 n 爲整數，代表離散時間變數，故 $x(nT)$ 即表示在時間點 $t = nT$ 時之取樣值。一般爲了簡化符號會將「T」省略，直接表示爲 $x(n)$。例如：

1.單位階梯序列

$$u(n)=\begin{cases}1, & n\geq 0\\ 0, & n<0\end{cases}$$

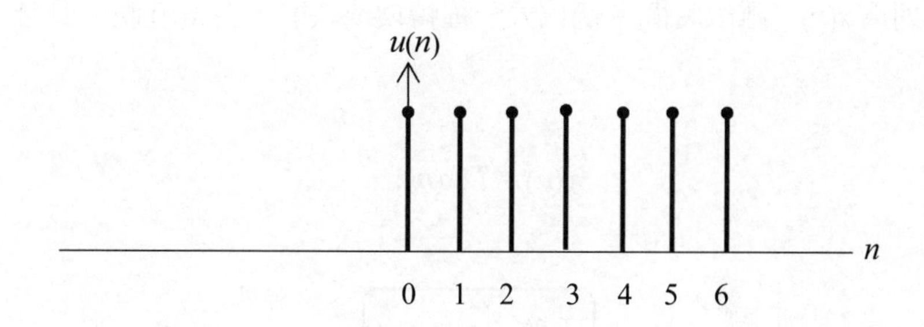

$$u(n-n_0)=\begin{cases}1, & n\geq n_0\\ 0, & n<n_0\end{cases}$$

2.單位脈衝序列

$$\delta(n)=\begin{cases}1, & n=0\\ 0, & n\neq 0\end{cases}$$

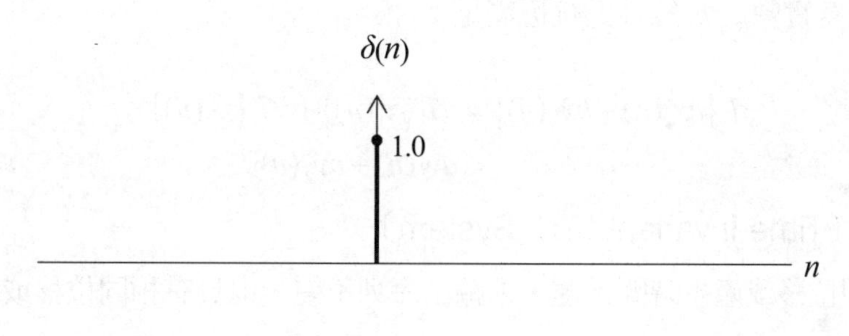

$$\delta(n-n_0)=\begin{cases}1, & n=n_0\\ 0, & n\neq n_0\end{cases}$$

3.週期序列

若 N 爲正整數，且 $x(n)=x(n+N) \Rightarrow x(n)$ 爲週期爲 N 之週期序列。

觀念提示： 1. $\delta(n)$ 與 $u(n)$ 之關係

(1) $\delta(n)=u(n)-u(n-1)$

(2) $u(n)=\sum_{m=-\infty}^{n}\delta(m)=\sum_{k=0}^{\infty}\delta(n-k)$

2. $x(n)\delta(n-k)=x(k)\delta(n-k)$

一、離散時間系統

若輸入序列爲 $x(n)$，離散時間系統代表一種轉換或映射，將 $x(n)$ 映射到唯一的輸出序列 $y(n)$，亦即

$$y(n)=T\{x(n)\}$$

輸入 $x(n)$ → 系統（system） → 輸出 $y(n)$

1.線性系統（Linear System）

滿足疊加（superposition）理論的系統稱爲線性系統。說明如下：

若當輸入序列爲 $x_1(n)$ 時，輸出序列爲 $y_1(n)$；當輸入序列爲 $x_2(n)$ 時，輸出序列爲 $y_2(n)$，則對於任意實數 a, b, 線性系統恆滿足：

$$\begin{aligned} T\{ax_1(n)+bx_2(n)\} &= aT\{x_1(n)\}+bT\{x_2(n)\} \\ &= ay_1(n)+by_2(n) \end{aligned} \tag{63}$$

2.非時變系統〔Time-Invariant（TI）System〕：

若輸入序列位移或產生時間延遲，則輸出序列不變，但具有相同位移或時間延遲的系統稱爲非時變系統。

$$T\{x(n)\}=y(n) \Rightarrow T\{x(n-k)\}=y(n-k) \tag{64}$$

若一系統不滿足上式，則稱爲時變（time-varying）系統

3.線性非時變系統〔Linear Time-Invariant（LTI）System〕

$$\begin{aligned} y(n) &= T\{x(n)\} = T\left\{\sum_{k=-\infty}^{\infty} x(k)\delta(n-k)\right\} \\ &= \sum_{k=-\infty}^{\infty} x(k)T\{\delta(n-k)\} \end{aligned} \tag{65}$$

> **定義：單位脈衝響應**（impulse response）
>
> 一線性非時變系統對輸入 $\delta(n)$ 之響應，$h(n) = T\{\delta(n)\}$

由於一線性非時變系統，$h(n-k) = T\{\delta(n-k)\}$，因此（65）式可重新表示爲

$$\begin{aligned} y(n) &= \sum_{k=-\infty}^{\infty} x(k)T\{\delta(n-k)\} = \sum_{k=-\infty}^{\infty} x(k)h(n-k) \\ &= x(n) * h(n) \end{aligned} \tag{66}$$

其中「*」代表迴旋和（convolution sum）。因此迴旋和是由下列步驟完成：

1. **摺（Folding）**：將 $h(k)$ 針對原點對摺，可得 $h(-k)$
2. **移（Shifting）**：將 $h(-k)$ 往右邊移 n（若 $n>0$）個單位或往左邊移 n（若 $n<0$）
3. **乘（Multiplication）**：$x(k)h(n-k)$
4. **和（Summing）**：$y(n) = \sum_{k=-\infty}^{\infty} x(k)h(n-k)$

若考慮兩個週期性序列，$x_1(n)$, $x_2(n)$ 其週期均爲 N。則圓形迴旋和（circular convolution）定義爲：

$$\begin{aligned} y(n) &= x_1(n) \otimes x_2(n) \\ &= \sum_{m=0}^{N-1} x_1(m)x_2(n-m,(\text{mod } N)) \quad ; n = 0,1,\ldots,N-1 \end{aligned} \tag{67}$$

例題 32

Determine the output sequence $y(n)$ if input sequence and impulse response are $h(n) = \{2,-1,0.5\}, x(n) = \{2,1,0,-2,1\}$

解：

1. 公式法

$$
\begin{aligned}
y(n) &= x(n) * h(n) = \sum_{k=0}^{\infty} x(k)h(n-k) \\
&= x(0)h(n) + x(1)h(n-1) + x(2)h(n-2) + x(3)h(n-3) + x(4)h(n-4) \\
&= 2h(n) + h(n-1) - 2h(n-3) + h(n-4) \\
&= \sum_{k=0}^{\infty} h(k)x(n-k) \\
&= h(0)x(n) + h(1)x(n-1) + h(2)x(n-2) \\
&= 2x(n) - x(n-1) + 0.5x(n-2)
\end{aligned}
$$

2. 矩陣法

$$
\begin{aligned}
y(n) &= x(n) * h(n) = \sum_{k=0}^{\infty} x(k)h(n-k) \\
&= x(0)h(n) + x(1)h(n-1) + x(2)h(n-2) + x(3)h(n-3) + x(4)h(n-4) \\
&= \mathbf{Hx} \\
&= \sum_{k=0}^{\infty} h(k)x(n-k) \\
&= h(0)x(n) + h(1)x(n-1) + h(2)x(n-2) \\
&= \mathbf{Xh}
\end{aligned}
$$

其中

$$
\mathbf{X} = \begin{bmatrix} 2 & 0 & 0 \\ 1 & 2 & 0 \\ 0 & 1 & 2 \\ -2 & 0 & 1 \\ 1 & -2 & 0 \\ 0 & 1 & -2 \\ 0 & 0 & 1 \end{bmatrix}, \mathbf{h} = \begin{bmatrix} 2 \\ -1 \\ 0.5 \end{bmatrix}, \mathbf{H} = \begin{bmatrix} 2 & 0 & 0 & 0 & 0 \\ -1 & 2 & 0 & 0 & 0 \\ 0.5 & -1 & 2 & 0 & 0 \\ 0 & 0.5 & -1 & 2 & 0 \\ 0 & 0 & 0.5 & -1 & 2 \\ 0 & 0 & 0 & 0.5 & -1 \\ 0 & 0 & 0 & 0 & 0.5 \end{bmatrix}, \mathbf{x} = \begin{bmatrix} 2 \\ 1 \\ 0 \\ -2 \\ 1 \end{bmatrix}
$$

例題 33

Compute (*a*) linear and (*b*) circular convolutions of the two sequences $x_1(n) = \{1,1,2,2\}, x_2(n) = \{1,2,3,4\}$

解：

$$(a)x_1(n)*x_2(n)=1\times[1,2,3,4,0,0,0]+1\times[0,1,2,3,4,0,0]$$
$$+2\times[0,0,1,2,3,4,0]+2\times[0,0,0,1,2,3,4]$$
$$=[1,3,7,13,14,14,8]$$
$$(b)x_1(n)\otimes x_2(n)=1\times[1,2,3,4]+1\times[4,1,2,3]+2\times[3,4,1,2]+2\times[2,3,4,1]$$
$$=[15,17,15,13]$$

4.因果系統（Causal System）

對於所有時間參數 n_0，若在時間參數 n_0 時之輸出 $y(n_0)$ 僅與 $n \le n_0$ 之輸入序列有關，則稱此系統爲因果系統。

例如：1. $y[n]=\frac{1}{3}(x[n]+x[n-1]+x[n-2])$：因果（不含未來）

2. $y[n]=x[n^2]$：非因果（含未來）

3. $y[n]=x[-n]$：非因果（含未來）

5.穩定系統（Stable System）

若對於所有有限輸入序列必產生一有限輸出序列，亦即，$|x(n)|<\infty \Rightarrow |y(n)|<\infty$，則稱此系統爲有限輸入－有限輸出（Bounded-Input-Bounded-Output, BIBO）穩定

觀念提示： 藉由脈衝響應函數 $h[n]$ 可以判斷因果、無記憶、穩定：

$$causal: h[n]=0\ ,\ n<0$$
$$memoryless: h[n]=c\delta[n]$$
$$stable: \sum_{n=-\infty}^{\infty}|h[n]|<\infty$$

例題 34

Consider a discrete-time system $y[n]=x[n]-x[n-1]$ with input $x[n]$ and output $y[n]$. Which of the following statements of the system is wrong?

1. The system is causal.
2. The system is memoryless.
3. The system is time-invariant.

4. The system is stable.
5. The system is linear. （97 中正通訊所）

解：2

例題 35

A discrete-time sequence of $x(0) = 0.2$, $x(1) = 0.9$, $x(2) = 0.6$, $x(3) = 0.6$, $x(4) = 0.7$, $x(5) = 0.9$, $x(6) = 0.1$, $x(7) = 0.0$, $x(8) = 0.2$, $x(9) = 0.4$, $x(10) = 0.5$, $x(11) = 0.5$, $x(12) = 0.6$, $x(13) = 0.2$, $x(14) = 0.4$, $x(15) = 0.4$, $x(16) = 0.9$, $x(17) = 0.4$, $x(18) = 0.1$, $x(19) = 0.3$ is passing through a finite impulse response (FIR) filter having coefficients of $h[0] = 1.0$, $h[1] = 0.5$, $h[2] = 0.4$and zero otherwise. If the output is $y[n]$, please calculate $y[16]$, $y[17]$.

（96 台大電信所）

解：

$$y[n] = \sum_{k=\infty}^{\infty} x[k]h[n-k] = \sum_{k=\infty}^{\infty} h[k]x[n-k]$$

以本題而言，將 $h[n]$ 之意義代入得 $y[n] = \sum_{k=0}^{2} h[k]x[n-k]$

$$\begin{aligned}\therefore y[16] &= h[0]x[16] + h[1]x[15] + h[2]x[14] \\ &= 1.0 \times 0.9 + 0.5 \times 0.4 + 0.4 \times 0.4 = 1.26 \\ y[17] &= h[0]x[17] + h[1]x[16] + h[2]x[15] \\ &= 1.0 \times 0.4 + 0.5 \times 0.9 + 0.4 \times 0.4 = 1.01\end{aligned}$$

二、離散傅立葉級數（Discrete Fourier Series, DFS）

週期序列之頻域表示法首先將連續時間之傅立葉級數及其係數重新表示如下：

$$\begin{cases} x(t) = \sum_{k=-\infty}^{\infty} c_k \exp\left(j\dfrac{2k\pi t}{T_0}\right) = \sum_{k=-\infty}^{\infty} c_k \exp(jk\omega_0 t) \\ c_k = \dfrac{1}{T_0}\int_{T_0} x(t)\exp\left(-j\dfrac{2k\pi t}{T_0}\right)dt \end{cases} \tag{68}$$

其中 T_0 為 $x(t)$ 之週期，$f_0 = \dfrac{1}{T_0}$ 為基礎頻率，$\omega_0 = 2\pi f_0 = \dfrac{2\pi}{T_0}$。將 $x(t)$ 每隔 T 秒取樣一次之後

即可得到離散時間訊號，$x(nT)$。令 N 爲 T_0 內之總取樣數，則有 $T_0 = NT$，$\omega_0 = 2\pi f_0 = \dfrac{2\pi}{NT}$。因此式 (68) 可改寫爲

$$x(n) = \sum_{k=-\infty}^{\infty} c_k \exp\left(j\frac{2k\pi n}{N}\right) = \sum_{k=-\infty}^{\infty} c_k \exp\left(jk\omega_0 n\right) \tag{69}$$

顯然的 $\exp\left(j\dfrac{2k\pi n}{N}\right)$ 爲週期爲 N 之週期序列

因此可得：

(1) $x(n+N) = x(n)$

(2) 由式 (69) 可知只有 N 個相異的函數，$\left\{1, \exp\left(j\dfrac{2\pi}{N}\right), \exp\left(j\dfrac{4\pi}{N}\right), \ldots, \exp\left(j\dfrac{2\pi(N-1)}{N}\right)\right\}$

(3) 週期性的線頻譜（line spectra）每隔 $f_s = \dfrac{1}{T} = Nf_0$ Hz 重複一次。在每個週期內存在有 N 個等間隔的頻率，頻率間隔爲 $f_0 = \dfrac{1}{NT} = \dfrac{1}{T_0}$（基礎頻率）。

根據以上的討論，我們可將 DFS 之分析與合成方程式表示爲

$$x(n) = \sum_{k=0}^{N-1} c_k \exp\left(j\frac{2k\pi n}{N}\right) \text{（合成方程式）} \tag{70a}$$

$$c_k = \frac{1}{N}\sum_{n=0}^{N-1} x(n) \exp\left(-j\frac{2k\pi n}{N}\right) \text{（分析方程式）} \tag{70b}$$

觀念分析： 指標 k、n 之頭尾表示法除了從 $k = 0, 1, 2..., N-1$ 外，依據週期性之觀念，亦可以表示成 $k = 1, 2..., N$ 或 $k = -1, 0, 1, 2..., N-2$ 或 $k = -5, 0, 1, 2..., N-6$ 等（亦即總共有 N 項和），$c_{k+N} = c_k$

三、離散時間傅立葉轉換（Discrete-Time Fourier Transform, DTFT）

離散時間傅立葉轉換是離散、非週期序列之頻域表示法。我們將非週期序列視爲週期是無限大的週期序列，則由式 (70b) 可知當 $N \to \infty$

(1) $c_k \to 0$

(2) $\{c_k\}_{k=0,1...}$ 之間隔非常靠近

(3) Nc_k 仍舊爲常數

令$\omega=\dfrac{2\pi k}{N}, X(\omega)=Nc_k$，則有

$$X(\omega)=\sum_{n=-\infty}^{\infty}x(n)\exp(-j\omega n) \tag{71}$$

觀念提示： 1. 由式 (71) 可知，$X(\omega)=X(\omega+2\pi)$，頻譜為連續且每隔 2π 重複一次。

2. 利用正交的性質

$$\int_0^{2\pi}\exp(-j\omega n)\exp(j\omega m)\,d\omega=\begin{cases}2\pi; m=n\\ 0; m\neq n\end{cases} \tag{72}$$

因此「Fourier coefficients」$x(n)$ 可以表示為

$$x(n)=\frac{1}{2\pi}\int_{2\pi}X(\omega)\exp(j\omega n)\,d\omega \tag{73}$$

式 (71) 與式 (73) 分別被稱為 DTFT 以及 Inverse DTFT（IDTFT）。

DTFT 的重要性質

(1) 時間平移

$$x(n)\leftrightarrow X(\omega)\Rightarrow x(n-n_0)\leftrightarrow X(\omega)\exp(-j\omega n_0) \tag{74}$$

時域中的平移等同於在頻域中的相位移。

(2) 頻率平移

$$x(n)\leftrightarrow X(\omega)\Rightarrow x(n)\exp(j\omega_0 n)\leftrightarrow X(\omega-\omega_0) \tag{75}$$

(3) 迴旋積

$$\begin{cases}x_1(n)\leftrightarrow X_1(\omega)\\ x_2(n)\leftrightarrow X_2(\omega)\end{cases}\Rightarrow x_1(n)*x_2(n)\leftrightarrow X_1(\omega)X_2(\omega) \tag{76}$$

時域中的迴旋積等同於在頻域中的相乘積

(4) 能量定理（parseval's theorem）

$$E_x = \sum_{n=-\infty}^{\infty} \left|x(n)\right|^2 = \frac{1}{2\pi}\int_0^{2\pi} \left|X(\omega)\right|^2 d\omega \tag{77}$$

例題 36

求單向指數波 $x[n] = a^n u[n]$ 之 DTFT？其中 $|a| < 1$

解：

$$X(\omega) = \sum_{n=-\infty}^{\infty} x[n]e^{-j\omega n} = \sum_{n=-\infty}^{\infty} a^n u[n]e^{-j\omega n} = \sum_{n=0}^{\infty} a^n e^{-j\omega n} = \sum_{n=0}^{\infty} (ae^{-j\omega})^n$$

$$= \frac{1}{1-ae^{-j\omega}}$$

例題 37

求雙向指數波 $x[n] = a^{|n|}$ 之 DTFT？其中 $|a| < 1$

解：

$$X(\omega) = \sum_{n=-\infty}^{\infty} x[n]e^{-j\omega n} = \sum_{n=-\infty}^{-1} a^{-n} e^{-j\omega n} + \sum_{n=0}^{\infty} a^n e^{-j\omega n}$$

$$= \sum_{n=-1}^{-\infty} (ae^{j\omega})^{-n} + \sum_{n=0}^{\infty} (ae^{-j\omega})^n = \sum_{m=1}^{\infty} (ae^{j\omega})^m + \sum_{n=0}^{\infty} (ae^{-j\omega})^n$$

$$= \frac{ae^{j\omega}}{1-ae^{j\omega}} + \frac{1}{1-ae^{-j\omega}} = \frac{1-a^2}{1-2a\cos\omega + a^2}$$

例題 38

求 $x[n] = \delta[6-2n] + \delta[6+2n]$ 之 DTFT？

解：

$$x[n] = \delta[6-2n] + \delta[6+2n] = \delta[2n-6] + \delta[2n+6] = \frac{1}{2}\{\delta[n-3] + \delta[n+3]\}$$

$$X(\omega) = \sum_{n=-\infty}^{\infty} x[n]e^{-j\omega n} = \sum_{n=-\infty}^{\infty} \frac{1}{2}\left\{\delta[n-3] + \delta[n+3]\right\} e^{-j\omega n}$$

$$= \frac{1}{2}\left\{e^{-3j\omega} + e^{3j\omega}\right\} = \cos(3\omega)$$

例題 39

Find the frequency and impulse responses (using DTFT) of the following discrete-time system

1. $y(n-2)+5y(n-1)+6y(n)=8x(n-1)+18x(n)$
2. $y(n-2)-9y(n-1)+20y(n)=100x(n)-23x(n-1)$ （97 暨南電機所）

解：

1. $$H(\omega)=\frac{18+8e^{-j\omega}}{6+5e^{-j\omega}+e^{-j2\omega}}=\frac{2}{2+e^{-j\omega}}+\frac{6}{3+e^{-j\omega}}$$
$$=\frac{1}{1+\frac{1}{2}e^{-j\omega}}+\frac{2}{1+\frac{1}{3}e^{-j\omega}}$$
$$\Rightarrow h(n)=\left(-\frac{1}{2}\right)^n u(n)+2\left(-\frac{1}{3}\right)^n u(n)$$

2. $$H(\omega)=\frac{100-23e^{-j\omega}}{20-9e^{-j\omega}+e^{-j2\omega}}=\frac{8}{4-e^{-j\omega}}+\frac{15}{5-e^{-j\omega}}$$
$$=\frac{2}{1-\frac{1}{4}e^{-j\omega}}+\frac{3}{1-\frac{1}{5}e^{-j\omega}}$$
$$\Rightarrow h(n)=2\left(\frac{1}{4}\right)^n u(n)+3\left(\frac{1}{5}\right)^n u(n)$$

例題 40

1. Prove the Parseval's theorem of DTFT
2. Using Parseval's theorem, evaluate the following integral

$$\int_0^{\pi}\frac{4}{5+4\cos\omega}d\omega$$

（98 清大電機所）

解：

1. $$E_x=\sum_{n=-\infty}^{\infty}|x(n)|^2=\frac{1}{2\pi}\int_0^{2\pi}|X(\omega)|^2\,d\omega$$

2. $$\int_0^{\pi}\frac{4}{5+4\cos\omega}d\omega=\frac{1}{2}\int_0^{2\pi}\frac{4}{5+4\cos\omega}d\omega$$

$$\frac{4}{5+4\cos\omega}=\frac{1}{1+a^2-2a\cos\omega}\Rightarrow a=-\frac{1}{2}$$

$$\therefore \frac{1}{2}\int_0^{2\pi}\frac{4}{5+4\cos\omega}d\omega=\frac{1}{2}\int_0^{2\pi}\left|\frac{1}{1+\frac{1}{2}e^{j\omega}}\right|^2 d\omega=\pi\sum_{-\infty}^{\infty}\left|\left(-\frac{1}{2}\right)^n u(n)\right|^2=\frac{4}{3}\pi$$

四、離散傅立葉轉換（Discrete Fourier Transform, DFT）

離散傅立葉轉換是離散、非週期、有限長度序列之頻域表示法。有限長度序列可視爲擷取自週期序列之一個週期，因此延伸 DFS pair 之結果（式 (70a)，式 (70b)）可產生 N-point Discrete Fourier Transform (DFT) pair

$$X(k)=\sum_{n=0}^{N-1}x(n)\exp\left(-j\frac{2k\pi n}{N}\right)\textbf{(DFT)} \tag{78a}$$

$$x(n)=\frac{1}{N}\sum_{k=0}^{N-1}X(k)\exp\left(j\frac{2k\pi n}{N}\right)\textbf{(IDFT)} \tag{78b}$$

令 $W=\exp\left(-j\frac{2\pi}{N}\right)$，則式 (78a) 與式 (78b) 可簡化爲

$$X(k)=\sum_{n=0}^{N-1}x(n)W^{kn}\qquad k=0,1,\ldots,N-1 \tag{79a}$$

$$x(n)=\frac{1}{N}\sum_{k=0}^{N-1}X(k)W^{-kn}\qquad n=0,1,\ldots,N-1 \tag{79b}$$

定義 N-by-1 向量，$\mathbf{X}=[X(0)\quad X(1)\ \ldots\ X(N-1)]^T$, $\mathbf{x}=[x(0)\quad x(1)\ \ldots\ x(N-1)]^T$，以及 N-by-N 矩陣

$$\mathbf{W}=\begin{bmatrix}1 & 1 & 1 & \cdots & 1\\ 1 & W & W^2 & \cdots & W^{N-1}\\ 1 & W^2 & W^4 & \cdots & W^{2(N-1)}\\ \vdots & \vdots & \vdots & \ddots & \vdots\\ 1 & W^{N-1} & W^{2(N-1)} & \cdots & W^{(N-1)^2}\end{bmatrix}_{N\times N}$$

其中 $[\ ]^T$ 代表轉置

我們可以將式 (79a) 和式 (79b) 表示爲簡潔的形式

$$\begin{cases} \mathbf{X} = \mathbf{W}\mathbf{x} \\ \mathbf{x} = \mathbf{W}^H\mathbf{X} \end{cases} \tag{80}$$

其中 $(\ )^H$ 表示共軛轉置

觀念提示： DFT 與 DTFT 之關係

由式 (71)，$X(\omega)=\sum_{n=0}^{N-1} x(n)\exp(-j\omega n)$，可知若將 $X(\omega)$ 在其週期 2π 之內等頻率間隔取樣 N 次

$$\omega_k = \frac{2\pi k}{N}; k = 0,1,\ldots,N-1$$

$$or$$

$$X(k) = X(\omega)\Big|_{\omega=\frac{2\pi k}{N}}$$

即可得到式 (79a) 之 DFT。

DFT 的重要性質

若 $X(k)$ 爲 $x(n)$ 之 N-point DFT, 則有

(1) 週期性

$$x(n+N) = x(n) \quad \forall n$$
$$X(k+N) = X(k) \quad \forall k$$

(2) 時間平移

$$x(n) \leftrightarrow X(k) \Rightarrow x(n-n_0) \leftrightarrow X(k)\exp\left(-j\frac{2\pi k n_0}{N}\right) \tag{81}$$

時域中的平移等同於在頻域中的相位移。

(3) 頻率平移

$$x(n) \leftrightarrow X(k) \Rightarrow x(n)\exp\left(j\frac{2\pi l n}{N}\right) \leftrightarrow X(k-l) \tag{82}$$

(4) Circular convolution

$$\begin{cases} x_1(n) \leftrightarrow X_1(k) \\ x_2(n) \leftrightarrow X_2(k) \end{cases} \Rightarrow x_1(n)\otimes x_2(n) \leftrightarrow X_1(k)X_2(k) \tag{83}$$

時域中的迴旋積等同於在頻域中的相乘積

(5) Parseval's theorem

$$E_x = \sum_{n=0}^{N-1} |x(n)|^2 = \frac{1}{N} \sum_{k=0}^{N-1} |X(k)|^2 \tag{84}$$

(6) Multiplication of two sequences

$$\begin{cases} x_1(n) \leftrightarrow X_1(k) \\ x_2(n) \leftrightarrow X_2(k) \end{cases} \Rightarrow x_1(n)x_2(n) \leftrightarrow \frac{1}{N} X_1(k) \otimes X_2(k) \tag{85}$$

頻域中的迴旋積等同於在時域中的相乘積

例題 41

A N-sample signal $x(n)$ has the DFT $X(k)$. Write down expressions for the DFTs of signals:

(1) $2x(n) + x(x-2)$

(2) $x(n)x(x-1)$

解：

(1) $X(k)\left[2 + \exp\left(-j\dfrac{4\pi k}{N}\right)\right]$

(2) $\dfrac{1}{N}\left[X(k) \otimes X(k)\exp\left(-j\dfrac{2\pi k}{N}\right)\right]$

$$= \frac{1}{N} \sum_{m=0}^{N-1} X(m) X(k-m) \exp\left(-j\frac{2\pi(k-m)}{N}\right)$$

五、離散時間線性非時變（LTI）系統的頻域表示法

定義：頻率響應（轉移函數）

離散時間線性非時變系統的離散的脈衝響應 $\{h(n)\}$，取 DTFT 後即爲頻率響應（frequency response）

$$H(\omega) = \sum_{n=-\infty}^{\infty} h(n) \exp(-j\omega n) \tag{86}$$

觀念提示： 1. 一線性非時變系統若輸入為 complex exponential，則輸出為

$$\begin{aligned} y(n) &= h(n) * \exp\left(j\omega_0 n\right) = \sum_{k=-\infty}^{\infty} h(k)\exp\left(j\omega_0(n-k)\right) \\ &= \left[\sum_{k=-\infty}^{\infty} h(k)\exp\left(-j\omega_0 k\right)\right]\exp\left(j\omega_0 n\right) \\ &= H(\omega_0)\exp\left(j\omega_0 n\right) \end{aligned} \tag{87}$$

由式 (87) 可得線性非時變系統對於 complex exponential 之響應仍為 complex exponential 且頻率相同，但振福與相位會改變

2. 考慮離散時間 LTI system 具如下之輸入輸出關係

$$y(n) = \sum_{m=0}^{M} b_m x(n-m) - \sum_{l=1}^{N} a_l y(n-l) \tag{88}$$

式 (88) 取 DTFT 後可得

$$H(\omega) = \frac{Y(\omega)}{X(\omega)} = \frac{\sum_{m=0}^{M} b_m \exp(-j\omega m)}{1 + \sum_{l=1}^{N} a_l \exp(-j\omega l)} \tag{89}$$

因此輸出之振福與相位可表示為

$$\begin{aligned} |Y(\omega)| &= |H(\omega)||X(\omega)| \\ \angle Y(\omega) &= \angle H(\omega) + \angle X(\omega) \end{aligned} \tag{90}$$

例題 42

A LTI system has IR

$$h(n) = 3\left(\frac{1}{2}\right)^n u(n)$$

Use the DTFT to find the output of this system when the input is

$$x(n) = \left(\frac{1}{5}\right)^{n-2} u(n-2)$$

（97 中央電機所）

解：

$$H(\omega)=\frac{3}{1-\frac{1}{2}e^{-j\omega}},\ X(\omega)=\frac{e^{-j2\omega}}{1-\frac{1}{5}e^{-j\omega}}\Rightarrow$$

$$Y(\omega)=H(\omega)X(\omega)=\frac{-2e^{-j2\omega}}{1-\frac{1}{5}e^{-j\omega}}+\frac{5e^{-j2\omega}}{1-\frac{1}{2}e^{-j\omega}}$$

$$\Rightarrow y(n)=-2\left(\frac{1}{5}\right)^{n-2}u(n-2)+5\left(\frac{1}{2}\right)^{n-2}u(n-2)$$

例題 43

A discrete-time signal $x(n)$ has the following properties:

(1) $x(n)$ is real and odd

(2) $x(n)$ is periodic with period $N=6$

(3) $\frac{1}{N}\sum_{n=\langle N\rangle}|x(n)|^2=10$

(4) $\sum_{n=\langle N\rangle}(-1)^{\frac{n}{3}}x(n)=6j$

(5) $x(1)>0$

Find an expression of $x(n)$ in the form of sines and cosines.

（99 台大電信所）

解：

$$x(n)=\sum_{k=0}^{N-1}c_k\exp\left(j\frac{2k\pi n}{N}\right)\text{（synthesis equation）}$$

$$c_k=\frac{1}{N}\sum_{n=0}^{N-1}x(n)\exp\left(-j\frac{2k\pi n}{N}\right)\text{（analysis equation）}$$

$x(n)$ is odd, then c_k is odd and pure imaginary, $x(n)$ is Fourier sine series

$$c_{-k}=-c_k,\ c_k=c_{k+6}\Rightarrow c_0=0,\ c_3=0,\ c_2=-c_4,\ c_1=-c_5$$

$$\sum_{n=\langle N\rangle}(-1)^{\frac{n}{3}}x(n)=\sum_{n=\langle N\rangle}\left(e^{-j\pi}\right)^{\frac{n}{3}}x(n)=\sum_{n=\langle N\rangle}e^{-j\frac{n\pi}{3}}x(n)=6j$$

$$\Rightarrow c_1=\frac{1}{6}\sum_{n=\langle N\rangle}e^{-j\frac{2n\pi}{6}}x(n)=j=-c_{-1}=-c_5$$

$$\frac{1}{N}\sum_{n=\langle N\rangle}|x(n)|^2=\sum_{k=\langle N\rangle}|c_k|^2=0+1+|c_2|^2+0+|c_4|^2+1=2+2|c_2|^2=10\Rightarrow c_2=\pm 2j$$

$$x(1)=\sum_{k=0}^{5}c_k\exp\left(j\frac{k\pi}{3}\right)=j\left(\exp\left(j\frac{\pi}{3}\right)-\exp\left(j\frac{5\pi}{3}\right)\right)+c_2\left(\exp\left(j\frac{2\pi}{3}\right)-\exp\left(j\frac{4\pi}{3}\right)\right)$$

$$=-2\sin\frac{\pi}{3}+2jc_2\sin\frac{2\pi}{3}=\sqrt{3}\left(jc_2-1\right)>0$$

$$\Rightarrow c_2=-2j$$

$$\therefore x(n)=\sum_{k=0}^{5}c_k\exp\left(j\frac{2k\pi n}{6}\right)=-2\sin\frac{n\pi}{3}+4\sin\frac{2n\pi}{3}$$

附錄

表 2-1 傅立葉轉換之重要性質

Fourier Transform 之重要性質	時域	頻域
重疊原理	$c_1x_1(t)+c_2x_2(t)$	$c_1X_1(f)+c_2X_2(f)$
時間延遲	$x(t-t_0)$	$X(f)e^{-j2\pi f_0 t}$
Scale change	$x(at);\ a>0$	$\frac{1}{a}X(\frac{f}{a})$
對偶	$X(t)$	$x(-f)$
頻移	$x(t)e^{j2\pi f_0 t}$	$X(f-f_0)$
調變	$x(t)\cos(2\pi f_0 t)$	$\frac{1}{2}[X(f-f_0)+X(f+f_0)]$
迴旋積（Convolution）	$x_1(t)*x_2(t)$	$X_1(f)X_2(f)$
乘積	$x_1(t)x_2(t)$	$X_1(f)*X_2(f)$
面積	$x(0)=\int_{-\infty}^{\infty}X(f)df$	$X(0)=\int_{-\infty}^{\infty}x(t)dt$

表 2-2 常用的傅立葉轉換對

$x(t)$	$X(f)$
1	$\delta(f)$
$\delta(t)$	1
$e^{j2\pi f_0 t}$	$\delta(f-f_0)$
$e^{-at}u(t);\ a>0$	$\frac{1}{a+j2\pi f}$
$rect\left(\frac{t}{T}\right)$	$T\sin c\,(fT)$
$W\sin c\,(Wt)$	$rect\left(\frac{f}{W}\right)$
$tri(\frac{t}{T})$	$T\sin c^2\,(fT)$
$\cos(2\pi f_0 t)$	$\frac{1}{2}[\delta(f-f_0)+\delta(f+f_0)]$

$\text{sgn}(t)$	$\dfrac{1}{j\pi f}$
$\sum_{m=-\infty}^{\infty}\delta(t-mT_s)$	$f_s\sum_{m=-\infty}^{\infty}\delta(f-mf_s)\,,\ f_s=\dfrac{1}{T_s}$
$e^{-a\|t\|}u(t);\ a>0$	$\dfrac{2a}{a^2+(2\pi f)^2}$
$\dfrac{1}{1+t^2}$	$\pi e^{-2\pi\|f\|}$
$\dfrac{1}{\pi t}$	$-j\,\text{sgn}(f)$
$te^{-at}u(t);\ a>0$	$\left(\dfrac{1}{a+j2\pi f}\right)^2$

綜合練習

1. Consider a communication channel which is modeled as a lowpass RC filter shown below:

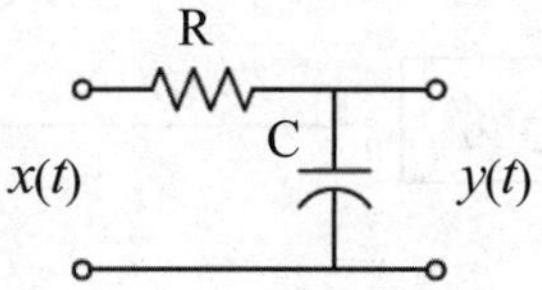

where $R = 10^3$ and $C = 100\mu F$.

(1) Sketch the output waveform $y(t)$ for the input $x(t) = \delta(t) - \delta(t-1)$.

(2) Find the average power of the output $y(t)$ for the input $x(t) = 2 + \cos(10t)$.

（97 元智通訊所）

2. Which of the following statements about the lowpass filter is false?

(1) The continuous-time ideal lowpass filter is a linear time invariant (LTI) system with frequency response $H(j\omega) = \begin{cases} 1, & |\omega| \le \omega_c \\ 0, & |\omega| > \omega_c \end{cases}$, where ω_c is its cutoff frequency.

(2) The discrete-time ideal lowpass filter is a linear time invariant (LTI) system with frequency response $H(e^{j\omega}) = \begin{cases} 1, & |\omega| \le \omega_c \\ 0, & |\omega| > \omega_c \end{cases}$, where ω_c is its cutoff frequency.

(3) A simple RC lowpass filter is characterized by its frequency response $H(j\omega) = \dfrac{1}{1 + j\omega RC}$, where R and C are associated with the RC components in the circuit.

(4) A simple RC lowpass filter is characterized by its frequency response $H(j\omega) = \dfrac{j\omega RC}{1 + j\omega RC}$, where R and C are associated with the RC components in the circuit.

(5) None of the above.　（97 中正通訊所）

3. Signal $x_1(t) = 10^4\, \Pi(10^4 t)$ and $x_2(t) = \delta(t)$ are applied at the inputs of the ideal lowpass filters $H_1(\omega) = \Pi(\dfrac{\omega}{40000\pi})$ and $H_2(\omega) = \Pi(\dfrac{\omega}{20000\pi})$, as shown in the following figure.

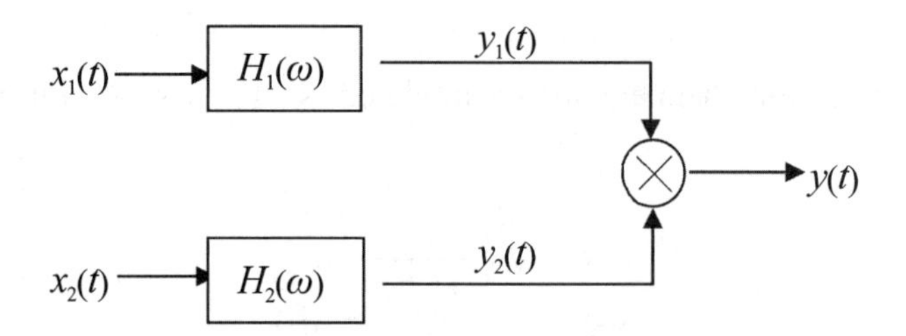

The outputs $y_1(t)$ and $y_2(t)$ of these filters are multiplied to obtain the signal $y(t) = y_1(t)y_2(t)$.

(1) Sketch $Y_1(\omega)$ and $Y_2(\omega)$.

(2) Find the bandwidths of $y_1(t)$, $y_2(t)$ and $y(t)$.

（97 暨南通訊所）

4. Which of the following statements about a linear time-invariant (LTI) system is false?

   (1) A LTI system is completely characterized by its response to the unit impulse.

   (2) A LTI system is completely characterized by its response to the unit step.

   (3) A LTI system is completely characterized by its frequency response.

   (4) The unit impulse response of a cascade of two LTI systems does not depend on the order in which they are cascaded.

   (5) None of the above. （96 中正通訊所）

5. Which of the following statements about Fourier analysis is false?

   (1) The continuous-time Fourier transform of a Dirac delta function is unity.

   (2) The discrete-time Fourier transform of a Dirac delta function is unity.

   (3) A periodic signal can be expressed as a linear combination of harmonically related complex exponential functions.

   (4) The continuous-time Fourier transform of a sinc function is a rectangular pulse.

   (5) None of the above.

（96 中正通訊所）

6. (1) Find the Fourier transform of the half-cosine pulse shown in Fig(a).

   (2) Apply the time-shift property to the result obtained in (1) to evaluate the spectrum of the half-sine pulse shown in Fig(b).

(3) What is the spectrum of a half-sine pulse having a duration equal to aT?

(4) What is the spectrum of a negative half-sine pulse shown in Fig(c)?

(5) Find the spectrum of the single sine pulse shown in Fig(d).

（97 海洋大學電機所）

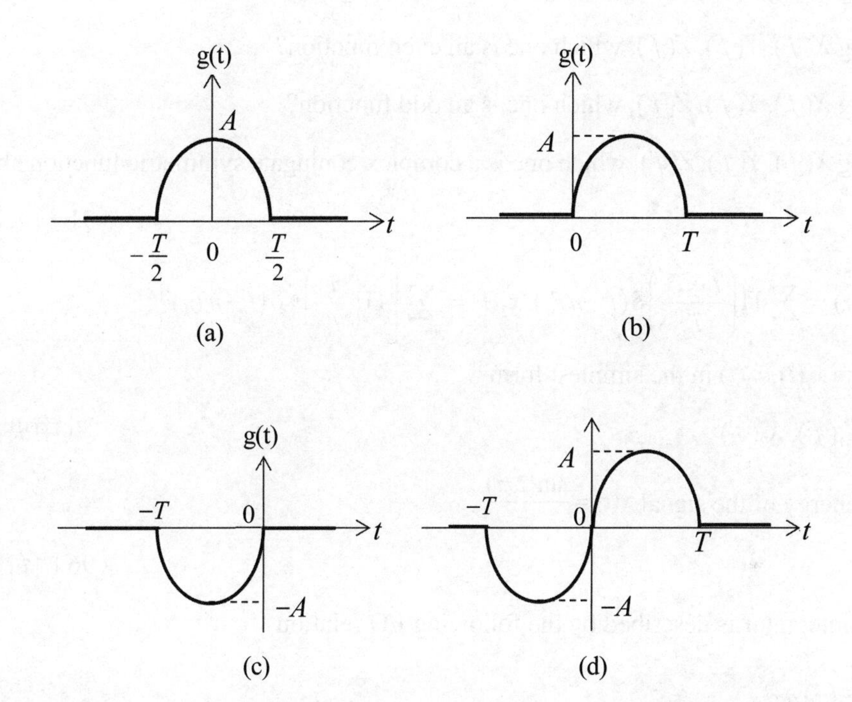

7. Given signal $x(t) = \cos(2000\pi t)$

(1) Let $y(t)$ be the time-domain waveform obtained by truncating $x(t)$ by multiplying it with $h(t) = \Pi(1000t)$. Given the spectrum $Y(f)$ of $y(t)$.

(2) Let $z(t)$ be the time-domain waveform obtained by sampling $y(t)$ using a unit gain sampling function with sampling frequency $f_s = 3000$. Given the spectrum $Z(f)$ of $z(t)$.

（97 交大電子所）

8. $x(t) = e^{-3|t-2|} \leftrightarrow X(f),\ y(t) = 3\Pi\left(\dfrac{t}{2}\right)\cos(2\pi t) \leftrightarrow Y(f),$

$z(t) = 2\Lambda\left(\dfrac{t}{2}\right)\sin(5\pi t) \leftrightarrow Z(f),$

$$\Pi\left(\frac{t}{2}\right)=\begin{cases}1, |t|<\dfrac{\tau}{2}\\ 0, otherwise\end{cases}\qquad \Lambda\left(\frac{t}{2}\right)=\begin{cases}1-\dfrac{|t|}{\tau}, |t|<\tau\\ 0, otherwise\end{cases}$$

(1) Among $X(f)$, $Y(f)$, $Z(f)$, which one is real function?

(2) Among $X(f)$, $Y(f)$, $Z(f)$, which one is purely imaginary function?

(3) Among $X(f)$, $Y(f)$, $Z(f)$, which one is an even function?

(4) Among $X(f)$, $Y(f)$, $Z(f)$, which one is an odd function?

(5) Among $X(f)$, $Y(f)$, $Z(f)$, which one is a complex conjugate symmetric function about $f = 0$?

（91 交大電子所）

9. Given $x_1(t)=\sum_{n=-\infty}^{\infty}\Pi\left(\frac{t-T_0}{T_0}\right)\delta(t-nT_0), x_2(t)=\sum_{n=-\infty}^{\infty}\left[\Pi\left(\frac{t}{T_0}\right)*\delta(t-nT_0)\right]$

(1) Rewrite $x_1(t)$, $x_2(t)$ in the simplest form

(2) Find $X_1(f)$, $X_2(f)$

（中央電機所）

10. Find the energy of the signal $x(t)=\dfrac{\sin(2\pi t)}{\pi t}$.

（96 南台通訊所）

11. An T-sec integrator is described by the following I/O relation

$$y(t)=\int_{t-T}^{t}x(\tau)d\tau$$

(1) Show that the T-sec integrator is an LTI system

(2) Find the impulse response of the T-sec integrator. Is it causal and stable?

(3) What is the frequency response of the T-sec integrator?

（元智電機所）

12. 一個 n 階巴特渥斯（Butterworth）濾波器之頻率響應為 $|H(f)|=\dfrac{1}{\sqrt{1+\left(\dfrac{f}{B}\right)^{2n}}}$，其中 B 為常數。

(1) 分別畫出 $n = 1, 2, 3$ 時，濾波器頻率響應的圖形。

(2) 在什麼情況下，此巴特渥斯濾波器之特性會近似於理想低通濾波器？

（98 年公務人員普通考試）

13. 下圖顯示之濾波器 h_1，其輸入訊號為 $v_i(t)$，輸出訊號為 $v_o(t)$，其中假設 $R = 200\ \Omega$，$C = 200\ \text{nF}$：（本題運算可不化簡，但須寫出各參數形式）

(1) 求此濾波器之頻率響應 $H_1(f)$。

(2) 當 $v_i(t) = V_0$，而 $V_0 = 5\text{V}$ 時，求 $v_o(t)$ 值為何？

(3) 當 $v_i(t) = 100\cos(2\pi\, 5000\, t + \pi/5) + 50\sin(2\pi\, 1000t + \pi/8)$ 時，求 $v_o(t)$ 值為何？

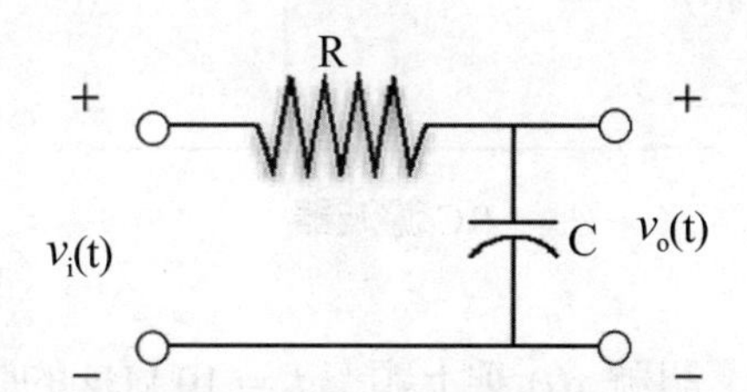

（104 年公務人員特種考試）

14. 下圖為一個 LRC 濾波器，其中 $x(t)$ 與 $y(t)$ 分別為輸入與輸出電壓。

(1) 請繪製該濾波器之頻率響應（bodc plot 上不需標註座標）。

(2) 該濾波器為哪一類濾波器：低通、高通、帶通？

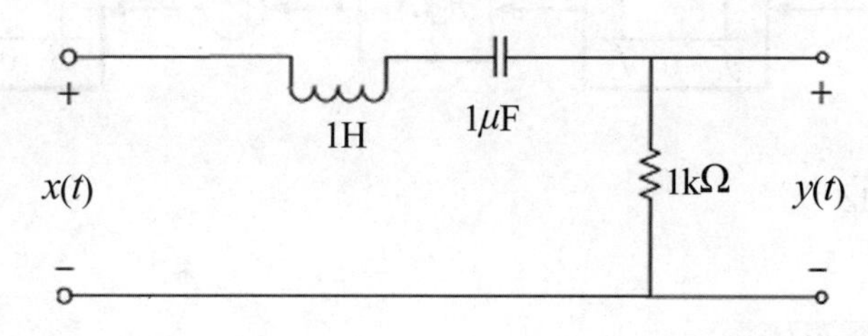

（102 年公務人員普通考試）

15. 下圖為一個 LRC 濾波器，假設 $x(t)$ 及 $y(t)$ 分別為其輸入與輸出。

(1) 請計算此濾波器之頻率響應 $|H(f)|$，並繪出此響應之圖形。

(2) 此濾波器為低通（LP）、高通（HP）或帶通（BP）濾波器？

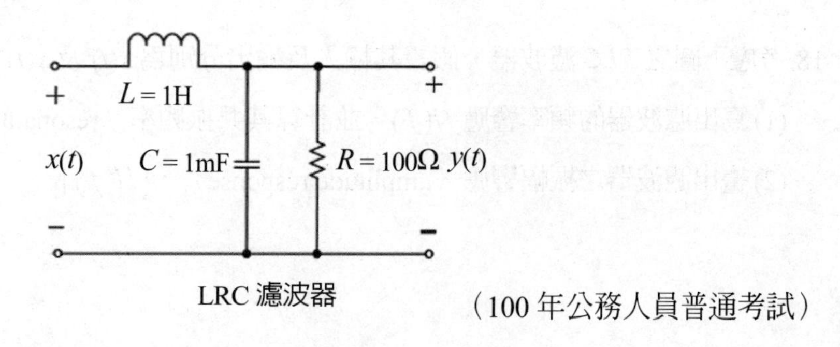

LRC 濾波器

（100 年公務人員普通考試）

16. 如下圖爲一個 RC 濾波器，$x(t)$ 及 $y(t)$ 分別爲其輸入與輸出。今假設有輸入爲 $x(t) = u(t) - u(t-1) + 2u(t-2) - 2u(t-3)$，此處 $u(t)$ 爲單位步級函數（unit step function），請計算輸出 $y(t)$。

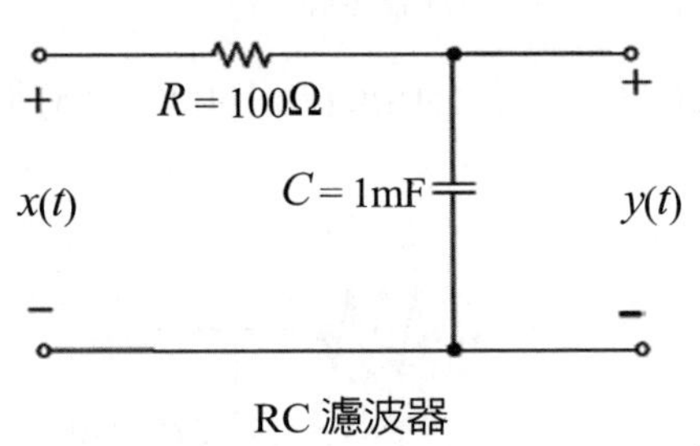

RC 濾波器

（100 年公務人員普通考試）

17. 考慮如圖所示的通訊系統。訊號 $x(t)$ 乘上頻率 $f_0 = 10$ kHz 的弦式波再經過一個低通濾波器 $H(f)$，之後經一響應爲 $h_{id}(t)$ 的理想通道，通道輸出訊號 $y(t)$ 再乘上頻率爲 f_0 的弦式波，最後再通過一個低通濾波器而得到輸出訊號 $\hat{x}(t)$。此低通濾波置頻寬爲B增益爲A。

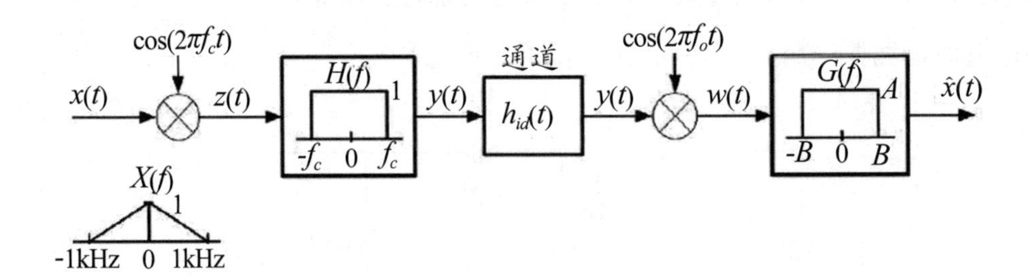

(1) 請寫出通道響應 $h_{id}(t)$

(2) 請畫出 $z(t)$ 的頻譜 $Z(f)$

(3) 請畫出 $y(t)$ 的頻譜 $Y(f)$

(4) 求 f_0，A，B 的值，使得 $\hat{x}(t) = x(t)$

（100 年公務人員特種考試）

18. 考慮下圖之 RLC 濾波器，假設其輸入及輸出分別爲 $x(t)$ 及 $y(t)$。

(1) 寫出濾波器的頻率響應 $H(f)$，並計算其共振頻率（resonant frequency）

(2) 畫出濾波器之振幅響應（amplitude response），$|H(f)|$。

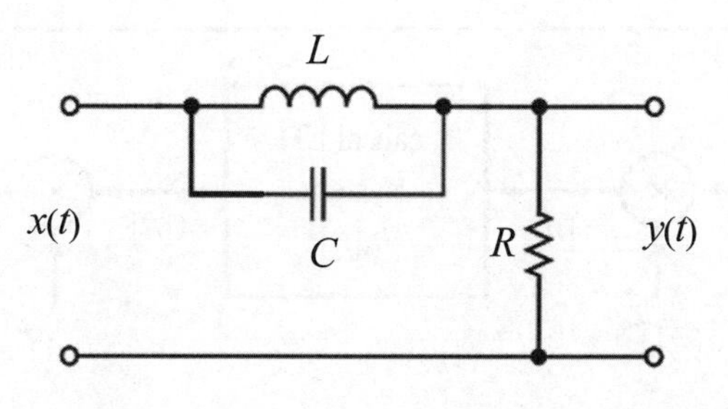

（99 年公務人員普通考試）

19.(1) 證明下圖的電路爲低通濾波器，畫出其頻率響應圖，並求其 3dB 頻率 f_{3dB}。

(2) 此電路亦可作爲積分器使用，請證明（用拉氏或傅氏轉換），或以邏輯敘述皆可。

（99 年公務人員特種考試）

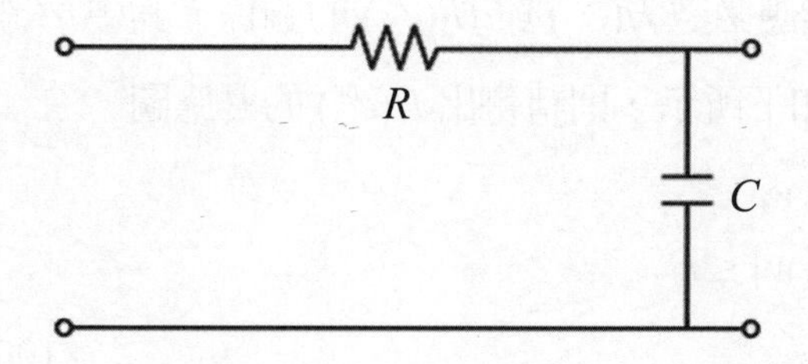

20.Consider a continuous-time low-pass filter $h(t)$ with its Fourier spectrum $H(j\omega)$, whose magnitude spectrum and phase spectrum are shown below. Please determine $h(t)$ by means of inverse Fourier Transform.

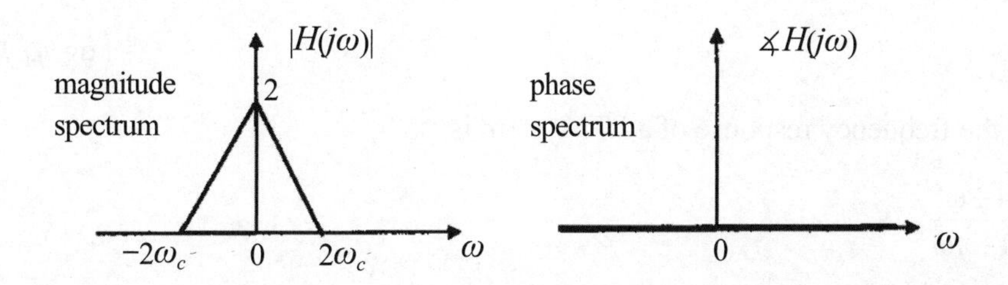

（99 清大電機所）

21.如圖所示之系統，$x[n]$ 是輸入訊號，$y[n]$ 是輸出訊號。

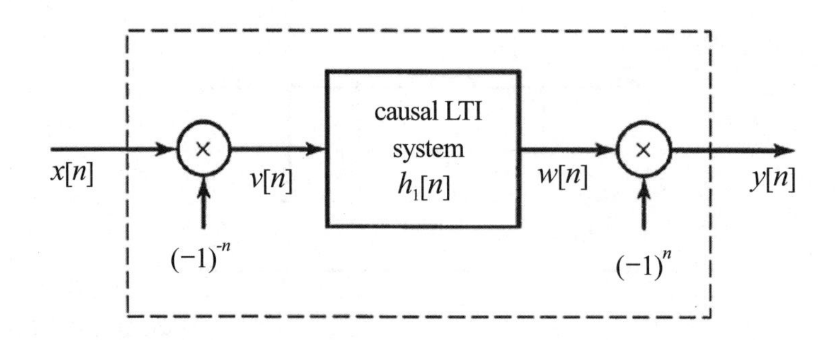

(1) 請用 $X(e^{jw})$ 表示出 $V(e^{jw})$，用 $W(e^{jw})$ 表示出 $Y(e^{jw})$。

$X(e^{jw})$，$Y(e^{jw})$，$V(e^{jw})$，$W(e^{jw})$ 為 $x[n]$，$y[n]$，$v[n]$，$w[n]$ 的傅氏轉換（Fourier transform）。

(2) 試求整體系統的響應函數 $H(e^{jw})$ 與 $H_1(e^{jw})$ 的關係。其中 $Y(e^{jw}) = H(e^{jw})X(e^{jw})$。

(3) 若 $H_1(e^{jw})$ 的響應如下所示，則請畫出 $H(e^{jw})$ 的響應圖。

$$H_1(e^{jw}) = \begin{cases} 1, & |w| < w_c \\ 0, & w_c < |w| \le \pi \end{cases}$$

（100 年公務人員特種考試）

22. If $x(t)$ is a Gaussian pulse, show that $X(f)$ is also a Gaussian pulse

（96 中山通訊所）

23. Consider a LTI system with IR $h(t) = e^{-1}u(t+1)$. Determine the output y(t) when the input is $x(t) = \sin^2 t$

（98 清大電機所）

24. Suppose the frequency response of a LTI system is:

$$H(\omega) = \frac{4-\omega^2}{1+j\omega}$$

And the input is: $x(t) = 4\cos t + \cos(2t)$. Determine the output $y(t)$

（98 中山資工所）

25. A filter has transfer function $H(f) = \Pi(f/4)e^{j8\pi f}$ and input $x(t) = 4\sin c\,(8t)$.

(1) Find the output $y(t)$.

(2) Calculate the energy of output $y(t)$.

（輔大電子所）

26. Given the signals $x_1(t)$ and $x_2(t)$ as follows.

(1) Let $x_1(t)=\Pi\left(\frac{t}{2}\right)*\sin c(t)$, where Π represents the rectangular function and * represents the convolution operation. Find the minimum sampling frequency that can reconstruct $x_1(t)$ from its samples.

(2) Let $x_2(t)=2\sin c(2t)*\sin c(t)$. Calculate $\int_{-\infty}^{\infty}x_2(t)dt$.

（中央通訊所）

27. (1) Find the Fourier Transform of the single-sided exponential pulse $e^{-at}u(t)$ where $a>0$ and $u(t)$ is a unit step function.

(2) Find the Fourier Transform of a two-sided exponential pulse defined by: $e^{-a|t|}$ where $a>0$.

(3) Find the Fourier Transform of a time-shifted version of two-sided exponential pulse defined by: $e^{-a|t-t_0|}$ where $a>0$.

(4) Find the Fourier Transform of a unit step function $u(t)$.　（中山通訊所）

28. Find the Fourier transforms of each signal given below. Also plot its amplitude and phase spectra.

(1) $x(t)=-1+2\sin\left(10\pi t-\frac{\pi}{4}\right)$.

(2) $x(t)=4\Pi\left(\frac{t}{2}\right)$. (a rectangular pulse with pulse width = 2)

（輔大電子所）

29. Find the Hilbert transform of the following signals. Show process of computation clearly.

(1) $x_1(t)=\delta(t)$ (the unit impulse function).

(2) $x_2(t)=\sin c\,(2t)\sin(20\pi t)$.　（交大電子所）

30. Consider a system with transfer function $H(\omega)=\frac{1}{1+j\omega}$ and input $x(t)=e^{-2t}u(t)$ with $u(t)=\begin{cases}1 & for\ t\geq 0\\ 0 & otherwise\end{cases}$. What is the energy output/input ratio $\left(\frac{E_{out}}{E_{in}}\right)$ of the system?

（台科大電機所）

31. Consider the inputs signal $x(t)=2\cos(2\pi t)+3\sin(6\pi t)+4e^{j8\pi t}$, and the LTI system with impulse response $h(t)=\dfrac{\sin(4\pi t)}{\pi t}$. Derive the output signal $y(t)$.

（北科大資工所）

32. (1) Find $x(t)$ if

$$X(\omega)=\begin{cases}1; |\omega|\le 100\pi \\ 0; |\omega|>100\pi\end{cases}$$

(2) Find $x(t)$ if

$$x(t)=\frac{\sin(100\pi t)}{\pi t}*\frac{\sin(200\pi t)}{\pi t}*\frac{\sin(300\pi t)}{\pi t}*\frac{\sin(400\pi t)}{\pi t}$$

（98 台科大電機所）

33. Use Parseval theorem, determine the value of the integral

$$\int_{-\infty}^{\infty}\frac{\sin^3(\pi f)}{f^3}df$$

（97 台北大通訊所）

34. (1) Let $g(t)=rect\left(\frac{t}{T}\right)\cos(2\pi f_c t)$, plot $|G(f)|$

(2) Show that $\int_{-\infty}^{\infty}\sin c^2(t)dt=1$

(3) Let $x(t)=A\sin c(2Wt)$, find $R_x(\tau)$ （98 海洋通訊所）

35. Sketch the following discrete-time signals

(1) $-u(n-3)$ (2) $u(n+1)+\delta(n-1)$ (3) $3u(n+2)-u(3-n)$

36. Two DSP systems having unit-impulse responses of {0.5, 2, 1} and {2, 2, 1,-1}

(1) If the two DSP systems are connected in series, determine the output sequence for the digital input sequence {-1, 1}

(2) Repeat (1) with the two DSP systems connected in parallel.

37. A FIR DSP system is characterized by the difference equation

$y(n)=0.2x(n)-0.5x(n-2)+0.4x(n-3)$

Given that the digital input sequence {-1, 1, 0, -1} is applied to this DSP system, determine the corresponding digital output sequence.

38. Find the impulse response, $h[n]$, of the discrete time causal LTI system described by the following difference equation. $y[n]-\frac{1}{3}y[n-2]=x[n]$

（北科大資工所）

39. Consider the discrete-time signal $x[n]=a^n u[n]$, $|a|<0$and $u[n]$ is the unit step function. Find the Fourier transform $X(e^{j\omega})$ of $x[n]$, and plot $|X(e^{j\omega})|$ for $a>0$ and $a<0$. （92 暨南電機所）

40. Let the difference equation of a system be $y[n]+\frac{1}{4}y[n-1]-\frac{3}{8}y[n-2]=-x[n]+2x[n-1]$

(1) Determine the transfer function of the system.

(2) Determine the impulse response of the system. （92 交大電資所）

41. A system is a cascade of two subsystems. The impulses response of the two subsystems are $h_1[n]=\delta[n]-\delta[n-1]+2\delta[n-2]-\delta[n-3]$ and $h_2[n]=-\delta[n-1]+2\delta[n-2]+\delta[n-3]$, where $\delta[n]$ is the unit impulse function. Find the impulse response of the system. （92 交大電資所）

第三章 機率系統與隨機訊號

在第一章中討論到一個通訊系統的主要目的爲將訊息透過通訊通道傳遞至接收端，訊息本身不論是類比或數位都具有隨機的特性，接收機無法事先知道傳送端所傳遞之訊息。除此之外，伴隨著訊息至接收端的雜訊，來自於通道或電路，屬於隨機程序（random process），因此本章將從機率之理論、隨機變數（random variable）、隨機程序、以及隨機程序在線性非時變系統中的特性，對隨機訊號（random signal）做深入而完整的探討。

3.1　全機率定理與貝氏定理

集合（set）是由若干元素（element）所組成，在集合理論中常用之符號定義如下：

1. $\in$：屬於，用以表示元素與集合之間的關係

   如：$x \in A$ 表示 x 是集合 A 中的一個元素

2. $\subset$：包含於，用以表示集合與集合間之關係

   如 $A \subset B$ 表示 A 中的所有元素必然也在 B 中，又稱 A 爲 B 之一子集合（subset）

3. S or W：宇集合（universal set），包含所有可能元素所成的集合

4. ϕ：空集合（null set），無任何元素之集合

5. $\cup$：聯集（union），$A \cup B\{x \mid x \in A \quad \text{or}\ x \in B\}$

6. $\cap$：交集（intersection），$A \cap B\{x \mid x \in A \quad \text{and}\ x \in B\}$

7. A^C：A 之補集（complement）$A^C = \{x \mid x \notin A\}$

8. $A - B$：差集，$A - B = \{x \mid x \in A \quad \text{and}\ x \notin B\}$

9. Disjoint：若 $A \cap B = \phi$，則稱 A，B 爲 disjoint

10. 互斥（mutually exclusive）：若 $A_i \cap B_j = \phi$；$\forall\ i = j$ 則稱 $\{A_1, A_2, \ldots\}$ 爲互斥

定理 3-1：分割定理

若 $S = \bigcup_j S_j$；S_j mutually exclusive，則

$$A = \bigcup_j (A \cap S_j)$$

分割定理由圖 3-1 可輕易證明。

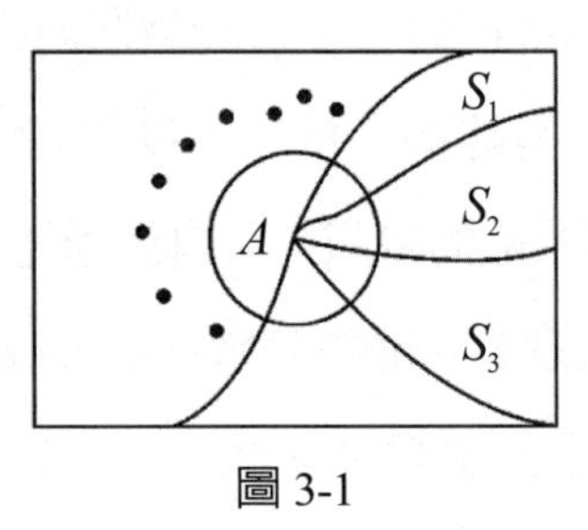

圖 3-1

定理 3-2：Demorgan's 定理

(1) $(A \cup B)^c = A^c \cap B^c$

(2) $(A \cap B)^c = A^c \cup B^c$

Demorgan's 定理由圖 3-2 可輕易證明。

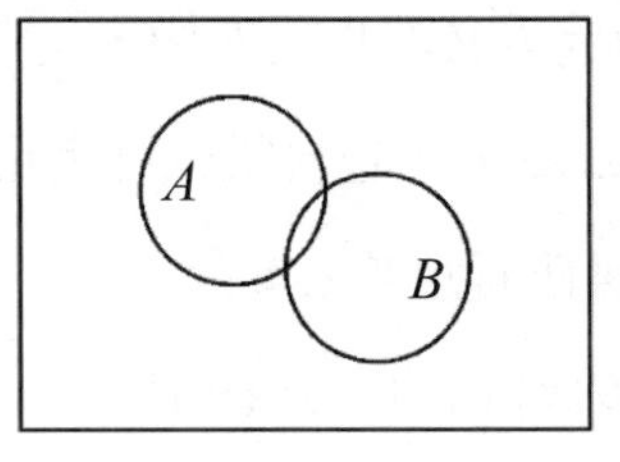

圖 3-2

定義：隨機試驗（random experiment）

隨機試驗意指可重複執行且其結果無法被肯定地預測出來之試驗。

定義：樣本空間（sample space）

進行隨機試驗，所有可能的試驗結果（outcomes）所形成之集合，稱爲此試驗之樣本空間，通常以符號 S 或 Ω 表示。

定義：事件（event）

樣本空間的任意子集合。

定義：機率測度（probability measure, $P(.)$）

$P(.)$ 為一函數，將樣本空間中之事件映射至實數值。

觀念提示： 樣本空間、事件、機率測度為構成機率理論的三大要素。

機率的三大公設：

1. $0 \le P(E) \le 1$

   事件 E 發生之機率介於 [0, 1] 之間

2. $P(S) = 1$

3. 若 $E_iE_j = \phi$；$\forall\, i = j$（mutually exclusive），則 $P(\bigcup_{i=1}^{n} E_i) = \sum_{i=1}^{n} P(E_i)$

   $E_1, \dots E_n$ 至少有一事件發生之機率 = 各事件發生之機率和

定義：條件機率

E，F 為樣本空間中任兩事件，則

$$P(E|F) = \frac{P(EF)}{P(F)} \tag{1}$$

代表在已知事件 F 發生之條件下，事件 E 發生之機率。

觀念提示： 1. 顯然的在條件機率中事件 F 變成新的樣本空間，故僅要考慮事件 E，在 F 中的元素 $(E \cap F)$ 相對於 F 之比值。

2. 同理可得：

$$P(F|E) = \frac{P(EF)}{P(E)} \tag{2}$$

3. 由條件機率之定義可得：

$$P(EF) = P(F|E)P(E) = P(E|F)P(F) \tag{3}$$

定理 3-3：$P(E)=P(E|F)P(F)+P(E|F^c)(1-P(F))$　(4)

證明：$E=EF\cup EF^c$，且 EF 與 EF^c 互斥

$$\Rightarrow P(E)=P(E|F)P(F)+P(E|F^c)P(F^c)$$

定理 3-4：全機率定理（law of total probability）

若 $B_1, B_2, \ldots B_m$ is an event space（mutually exclusive events），則

$$P(A)=\sum_{i=1}^{m}P(A|B_i)P(B_i) \tag{5}$$

證明：如圖 3-3 所示 $A=AB_1\cup AB_2\cup\ldots\cup AB_m$，且 $AB_1, \ldots AB_m$ mutually exclusive

$$\therefore P(A)=\sum_{i=1}^{m}P(AB_i)=\sum_{i=1}^{m}P(A|B_i)P(B_i)$$

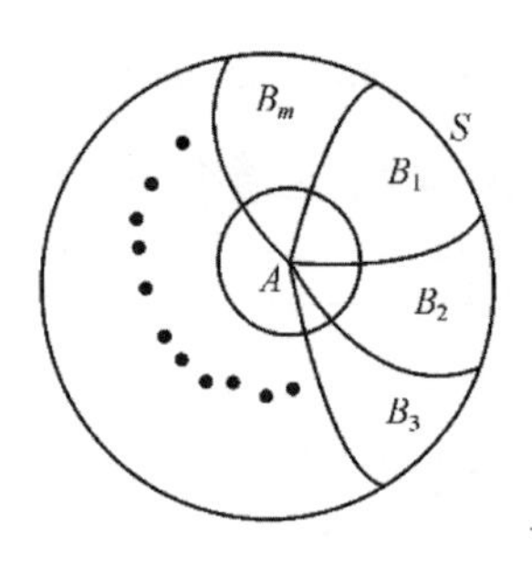

圖 3-3

由定理 3-3 及 3-4 可得

定理 3-5：貝氏定理

$$P(B_i|A)=\frac{P(A|B_i)P(B_i)}{P(A)}=\frac{P(A|B_i)P(B_i)}{\sum_{i=1}^{m}P(A|B_i)P(B_i)} \tag{6}$$

定義：E，F 為 Sample Space 中的任兩件事，若

$P(E|F)=P(E)$ 或 $P(F|E)=P(F)$

則稱 E，F 為獨立事件（independent events）

觀念提示： 1. 由定義可知，若 E，F 爲獨立事件則在 event F 發生之條件下 event E 發生之機率將不受任何影響，換言之，F 發生之機率亦將不受 E 發生的條件之影響。

2. 由定義可得，若 E，F 獨立，則

$$P(E|F)=\frac{P(EF)}{P(F)}=P(E)\Rightarrow P(EF)=P(E)P(F) \tag{7}$$

例題 1

The simplest error detection scheme used in data communication is parity checking. Usually messages sent consist of characters, each character consisting of a number of bits (a bit is the smallest unit of information and is either 1 or 0). In parity checking, a 1 or 0 is appended to the end of each character at the transmitter to make the total number of 1's even. The receiver checks the number of 1's in every character received, and if the result is odd it signals an error. Suppose that each bit is received correctly with probability 0.999, independently of other bits. What is the probability that a 7-bit character is received in error, but the error is not detected by the parity check? （96 成大電腦與通訊所）

解：

Error can not be detected provided that the number of error bits is even.

Let events A: received in error

B: the error is not detected

$$P\left(B|A\right)=\frac{P(AB)}{P(A)}$$

$$=\frac{\binom{7}{2}(0.001)^2(0.999)^5+\binom{7}{4}(0.001)^4(0.999)^3+\binom{7}{6}(0.001)^6(0.999)}{1-(0.999)^7}$$

例題 2

Consider a ternary communication system, the input symbols -1, 0, 1 occurs with probability 1/4, 1/2, and 1/4, respectively. Due to the channel

$P(output\ "-1" \mid input\ "-1") = 1 - \varepsilon$

$P(output\ "-1" \mid input\ "1") = \varepsilon$

$P(output\ "0" \mid input\ "-1") = \varepsilon$

$P(output\ "0" \mid input\ "0") = 1 - \varepsilon$

$P(output\ "1" \mid input\ "0") = \varepsilon$

$P(output\ "1" \mid input\ "1") = 1 - \varepsilon$

(a) Find the probabilities of the output symbols

(b) Assume that a 0 is observed at the output. What is the probability that the input symbols was -1, 0, 1, respectively? （98 台北大學通訊所）

解：

(a)

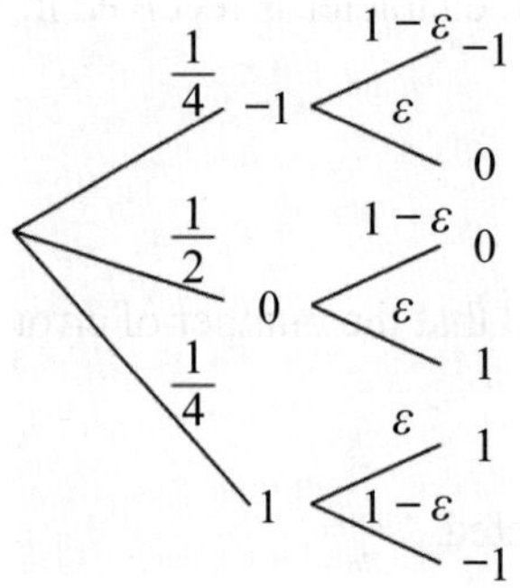

$$P(-1) = \frac{1}{4}(1-\varepsilon) + \frac{1}{4}\varepsilon$$

$$P(0) = \frac{1}{2}(1-\varepsilon) + \frac{1}{4}\varepsilon$$

$$P(+1) = \frac{1}{4}(1-\varepsilon) + \frac{1}{2}\varepsilon$$

(b) $$P(-1|0) = \frac{\frac{1}{4}\varepsilon}{\frac{1}{2}(1-\varepsilon) + \frac{1}{4}\varepsilon}$$

$$P(0|0)=\frac{\frac{1}{2}(1-\varepsilon)}{\frac{1}{2}(1-\varepsilon)+\frac{1}{4}\varepsilon}$$

$$P(1|0)=0$$

例題 3

An information source produces 0 and 1 with probabilities 0.6 and 0.4, respectively. The output of the source is transmitted over a channel that has a probability of error (turning a 0 into a 1 or a 1 into 0) equal to 0.1.

(a) What is the probability that at the output of the channel a 1 is observed?

(b) What is the probability that a 1 is the output of the source if at the output of the channel a 1 is observed?

（99 暨南通訊所）

解：

令輸入爲 X，輸出爲 Y

(a) $P(Y=1)=0.6\times0.1+0.4\times0.9=0.42$

(b) $P(X=1|Y=1)=\dfrac{0.4\times0.9}{0.6\times0.1+0.4\times0.9}=\dfrac{6}{7}$

例題 4

A box contains three red balls and seven blue balls. One ball is drawn at random and is discarded (i.e. removed) without its color being seen. Let us call this ball by the name of "Ball 1".

(a) A second ball, referred to as Ball 2, is then randomly drawn and observed to be red. What is the probability that Ball 1 was blue?

(b) Continued from (a), let us remove Ball 2 from the box. Then, a third ball is randomly drawn from the box. Let us call this third ball by the name of “Ball 3”.

What is the probability that Ball 3 is red?

（99 台科大電子所）

解：

Let B_i: the event of the ith draw is Blue.

R_j: the event of jth draw is Red.

(a) $P(B_1 \mid R_2) = \dfrac{P(R_2 \mid B_1)P(B_1)}{P(R_2)} = \dfrac{\frac{3}{9}\times\frac{7}{10}}{\frac{3}{9}\times\frac{7}{10}+\frac{2}{9}\times\frac{3}{10}}$

(b) $P(R_3) = P(R_3R_2R_1) + P(R_3B_2R_1) + P(R_3B_2B_1) + P(R_3R_2B_1)$

$= \frac{3}{10}\times\frac{2}{9}\times\frac{1}{8}+\frac{3}{10}\times\frac{7}{9}\times\frac{2}{8}+\frac{7}{10}\times\frac{3}{9}\times\frac{2}{8}+\frac{7}{10}\times\frac{6}{9}\times\frac{3}{8}$

例題 5：

在無線通訊技術，分集式接收（diversity reception）用來改善通訊品質，尤其在多路徑衰弱通道（multipath fading channel），假設現有二組特性一致之接收天線設定同時接收訊號場強低於特定臨界值（失敗）的機率爲 4%。若同條件下，請問每組獨立天線（無分集接收功能時）個別接收到低於此特定臨界值（失敗的機率）爲何？若增爲三組接收天線，其同時失敗的機率應爲何？

（100 海洋電機通訊）

解：

令第 i 根天線失敗之機率爲 X_i

(a) $P(X_1X_2) = P(X_1)P(X_2) = P(X_1)^2 = 0.04 \Rightarrow P(X_1) = 0.2$

(b) $P(X_1X_2X_3) = P(X_1)^3 = 0.008$

例題 6：

In a binary communication system (as shown in the following figure), a “0” or “1” is transmitted. Because of the channel noise, a “0” can be received as a “1” and vice versa. Let X denote the events of transmitting “0” and “1”, respectively. Let Y denote the events of receiving “0” and “1”, respectively, Let $P(X=0)=0.5$, $P(Y=1\,|\,X=0)=0.1$ and $P(Y=0\,|\,X=0)=0.2$.

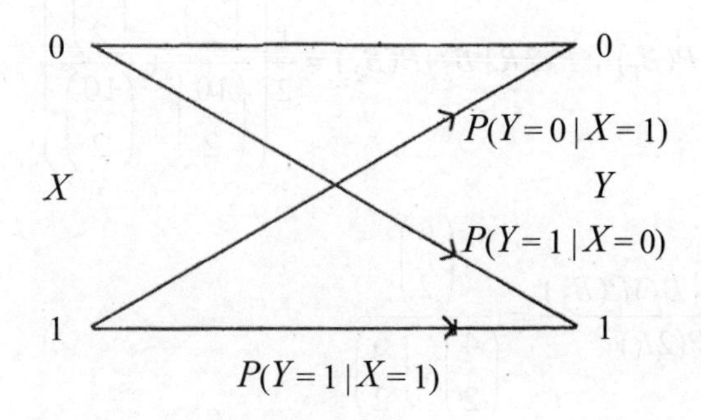

(a) Find the joint probabilities $P(X=0, Y=0)$, $P(X=0, Y=1)$, $P(X=1, Y=0)$ and $P(X=1, Y=1)$.

(b) Find the probabilities $P(Y=0)$ and $P(Y=1)$.

（100 暨南電機所）

解：

(a) $P(X=0, Y=1)=P(Y=1\,|\,X=0)P(X=0)=0.1\times0.5=0.05$

$P(X=1, Y=0)=P(Y=0\,|\,X=1)P(X=1)=0.2\times0.5=0.1$

$P(X=0, Y=0)=P(Y=0\,|\,X=0)P(X=0)=0.9\times0.5=0.45$

$P(X=1, Y=1)=P(Y=1\,|\,X=1)P(X=1)=0.1\times0.5=0.05$

(b) $P(Y=0)=P(Y=0\,|\,X=0)P(X=0)+P(Y=0\,|\,X=1)P(X=1)=0.55$

$P(Y=1)=0.45$

例題 7

Box I contains 4 red balls and 6 blue balls. Box II contains 6 red balls and 4 blue balls. A box is selected at random and then 2 balls are drawn from this box.

(a) Find the probability the 2 balls are red.

(b) Relative to the hypothesis that two balls are red, find the conditional probability that two balls are drawn from BoxII.

（100 台科大電子所）

解：

$$\text{(a)}\ P(2R)=P(2R\mid B_1)P(B_1)+P(2R\mid B_2)P(B_2)=\frac{1}{2}\left(\frac{\binom{4}{2}}{\binom{10}{2}}+\frac{\binom{6}{2}}{\binom{10}{2}}\right)$$

$$\text{(b)}\ P(B_2\mid 2R)=\frac{P(2R\mid B_2)P(B_2)}{P(2R)}=\frac{\binom{6}{2}}{\binom{4}{2}+\binom{6}{2}}$$

3.2 隨機變數與統計特性

定義：隨機變數（random variable）

隨機變數包含了一個隨機試驗及對樣本空間之機率測度 $P(w)$，且是一函數。並將樣本空間 S 中之每個元素 w 映射至一實數值，表示爲 $X(w)$。

隨機變數表示如圖 3-4

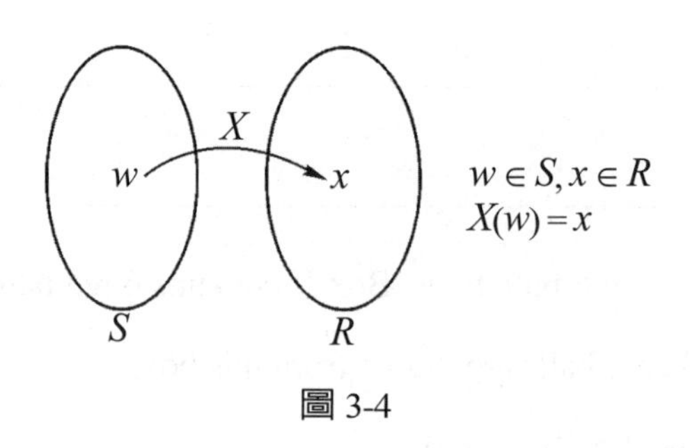

圖 3-4

觀念提示： 若值域 $X(w)$ 爲可數集（countable set），則稱 X 爲離散型隨機變數。反之，若值域 $X(w)$ 爲不可數集（uncountable set）則稱 X 爲連續型隨機變數（continuous random variable）。

定義：累積分布函數（cumulative distribution function）

X 為隨機變數；$F_X(x) = P(X \le x)$ 稱之為 X 之累積分布函數（CDF）。

定理 3-6：連續型隨機變數之 CDF 特性：

(1) $F_X(-\infty) = 0, F_X(\infty) = 1$

(2) $0 \le F_X(x) \le 1$

(3) For all $x' > x \Rightarrow F_X(x') \ge F_X(x)$

(4) $P(a \le X \le b) = F_X(b) - F_X(a)$

定義：機率密度函數（Probability Density Function, PDF）

若 X 為連續型隨機變數，則 X 之 Probability Density Function (PDF) $f_X(x)$ 定義為：

$$f_X(x) = \frac{dF_X(x)}{dx} \tag{8}$$

觀念提示： $F_X(x) = P(-\infty < X \le x) = \int_{-\infty}^{x} f_X(t)\,dt$

$$\therefore \frac{dF_X(x)}{dx} = f_X(x)$$（Leibniz 微分法則）

定理 3-7：連續型隨機變數 X 之 PDF 滿足以下特性：

(1) $f_X(x) \ge 0; \forall x \in R$

(2) $\int_{-\infty}^{\infty} f_X(x)\,dx = 1$

(3) $\int_{a}^{b} f_X(x)\,dx = P(a \le X \le b)$

定義：重覆進行一隨機試驗無限多次，將每次 outcome 所對應之隨機變數 X 之值取其平均，此即為 X 之期望值，或稱之為平均值（mean, expectation, expected value, ensemble average），表示為 $E[X]$ 或 μ_X。

設 X 爲連續型隨機變數，且具 PDF $f_X(x)$，則依定義 , 期望值可由下式求得：

$$E[X]=\int_{-\infty}^{\infty} xf_X(x)dx=\mu_X \tag{9}$$

觀念提示： 若 X 爲離散型隨機變數，則

$$E[X]=\sum_x xf_X(x) \tag{10}$$

期望值爲隨機變數之一階統計量，其物理意義即爲平均值。至於描述隨機變數之二階統計特性的參數則爲變異數（variance），其物理意義爲「平均而言，隨機變數偏離期望值的程度」，定義如下：

定義：變異數（variance）

若隨機變數 X 其期望值 μ_X，則其變異數 $Var(X)$ 或 σ_X^2 爲

$$Var(X)=E\left[(X-\mu_X)^2\right] \tag{11}$$

定理 3-8：a, b 爲任意常數則

(1) $E[aX+b]=aE[X]+b$

(2) $Var(aX+b)=a^2Var(X)$

定義：動差生成函數（Moment-Generating Function, MGF）

$$M_X(t)=E\left[e^{tx}\right]=\int_{-\infty}^{\infty} e^{tx}f_X(x)dx \tag{12}$$

定理 3-9：若隨機變數 X 之 MGF 爲 $MX(t)$，則

(1) $M_{ax+b}(t)=e^{bt}M_X(at)$

(2) $M_X^{(k)}(0)=E[X^k], E[X]=M_X'(0)$

(3) $Var(X)=M_X''(0)-M_X'(0)^2$

(4) 若 $X_1, X_2, ..., X_n$ 獨立，則 $M_{X_1+X_2+...+X_n}(t)=M_{X_1}(t)...M_{X_n}(t)$

證明：相關證明詳如參考文獻 [6] 第二、五章

定義：聯合累積分布函數（Joint CDF）

X，Y 爲隨機變數，則

$$F_{X,Y}(x, y) = P(X \le x, Y \le y)$$

稱爲 X，Y 之累積分布函數。

定義：聯合機率密度函數（Joint PDF）

若 X，Y 爲連續型隨機變數，則

$$f_{X,Y}(x, y) = \frac{\partial^2}{\partial x \partial y} F_{X,Y}(x, y)$$

稱爲 X，Y 之聯合機率密度函數。

觀念提示： $P((x, y) \in A) = \iint\limits_{(x, y)\in A} f_{X,Y}(x, y)dxdy$

定義：若隨機變數 X, Y 之期望值爲 μ_X, μ_Y，則 X 及 Y 之共變異數（covariance）爲

$$Cov(X, Y) = E\left[(X - \mu_X)(Y - \mu_Y)\right]$$

定理 3-10：X，Y 爲連續型隨機變數，且 X，Y 獨立，則

1. $F_{X,Y}(x, y) = F_X(x)F_Y(y)$; $\forall x, y$
2. $f_{X,Y}(x, y) = f_X(x)f_Y(y)$; $\forall x, y$
3. $P\ (a < X < b, c < Y < d) = P(a < X < b)P(c < Y < d)$
4. $Cov(X, Y) = \rho_{XY} = 0$
5. $Var(X \pm Y) = Var(X) + Var(Y)$
6. $f_{Y|X}(y) = f_Y(y)$, $f_{X|Y}(x) = f_X(x)$
7. $E\left[X|Y\right] = E[X]$

證明：相關證明詳如參考文獻 [6] 第七章

例題 8

Consider random variables X and Y with joint PMF given in the table below

X \ Y	$Y=0$	$Y=1$	$Y=3$
$X=0$	0.1	0.2	0.3
$X=1$	0.2	0.1	0.1

(1) Find the variance of X

(2) Find $f_Y(y)$

(3) $P(X=0 \mid Y=1)=?$

(4) $P(Y=0 \mid X=0)=?$

（98 台科大電子所）

解：

(1) $f_X(x)=\begin{cases}0.6; x=0\\ 0.4; x=1\end{cases} \Rightarrow \sigma_X^2=0.4-(0.4)^2=0.34$

(2) $f_Y(y)=\begin{cases}0.3; y=0\\ 0.3; y=1\\ 0.4; y=3\end{cases}$

(3) $P(X=0|Y=1)=\dfrac{P(X=0,Y=1)}{P(Y=1)}=\dfrac{2}{3}$

(4) $P(Y=1|X=0)=\dfrac{P(X=0,Y=1)}{P(X=0)}=\dfrac{1}{3}$

3.3 常用的機率分布

一、均勻分布（Uniform Distribution）

若隨機變數 X 之 PDF 為

$$f_X(x)=\begin{cases}\dfrac{1}{b-a}\,;a<x<b\\ 0\,;elsewhere\end{cases}$$

則稱 X 爲具參數（a, b）之均匀分布，表示爲 $X\sim U(a, b)$

定理 3-11：$X\sim U(a, b)$，則

(1) $E[X]=\dfrac{a+b}{2}$

(2) $Var(X)=\dfrac{(b-a)^2}{12}$

證明：(1) $E[X]=\int_a^b xf_X(x)dx=\dfrac{1}{b-a}\int_a^b xdx=\dfrac{1}{2(b-a)}(b^2-a^2)=\dfrac{b+a}{2}$

(2) $E[X^2]=\int_a^b x^2\dfrac{1}{b-a}dx=\dfrac{1}{b-a}\dfrac{b^3-a^3}{3}=\dfrac{b^2+a^2+ab}{3}$

$\therefore Var(X)=E[X^2]-(E[X])^2=\dfrac{b^2+a^2+ab}{3}-\left(\dfrac{a+b}{2}\right)^2=\dfrac{(b-a)^2}{12}$

二、布阿松分布（Poisson Distribution）

布阿松分布用以描述事件發生之次數，若 t 爲單位時間長度，λ 代表每單位時間中事件發生之平均次數，則 Poisson 分布定義如下：

定義：布阿松分布

若隨機變數 X 之 PMF 爲

$$f_X(x)=\frac{e^{-\lambda t}(\lambda t)^x}{x!}\,;x=0,1,2,\cdots,\lambda>0$$

則稱 X 爲以 λt 爲參數之 Poisson 分布，表示爲 $X\sim Po(\lambda t)$，有時可將單位時間 t 省去 $X\sim Po(\lambda)$。

定理 3-12：若 $X\sim Po(\lambda)$，則

$E[X]=\lambda$

$Var(X)=\lambda$

證明：X 之 MGF 爲

$$M_X(t)=E[e^{tX}]$$

$$=\sum_{x=0}^{\infty}e^{tx}f_X(x)=\sum_{x=0}^{\infty}e^{tx}\frac{e^{-\lambda}\lambda^x}{x!}=\sum_{x=0}^{\infty}\frac{e^{-\lambda}\left(\lambda e^t\right)^x}{x!}$$

$$=e^{-\lambda}e^{\lambda e^t}=e^{\lambda\left(e^t-1\right)}$$

$$\Rightarrow E[X]=M'_X(0)=\lambda$$

$$E\left[X^2\right]=M''_X(0)=\lambda^2+\lambda$$

$$\Rightarrow Var(X)=M''_X(0)-M'_X(0)^2=\lambda$$

三、指數分布（Exponential Distribution）

定義：指數分布：若隨機變數 X 之 PDF 爲

$$f_X(x)=\begin{cases}\lambda e^{-\lambda x} & ;x>0\\ 0 ; \text{else where}\end{cases}$$

則稱 X 爲具參數 λ 之指數分布，表示爲 $X\sim NE(\lambda)$

其中 λ 表示每單位時間平均發生之次數，換言之，$\frac{1}{\lambda}$ 表事件發生之平均間隔時間（mean time between arrivals）

定理 3-13： 若 $X\sim NE(\lambda)$，則

1. $E[X]=\frac{1}{\lambda}$

2. $Var(X)=\frac{1}{\lambda^2}$

3. $M_X(t)=\frac{\lambda}{\lambda-t}$

證明：1. $E[X]=\int_0^{\infty}x\lambda e^{-\lambda x}dx=-\lambda\left(\frac{x}{\lambda}e^{-\lambda x}\Big|_0^{\infty}+\frac{x}{\lambda^2}e^{-\lambda x}\Big|_0^{\infty}\right)=\frac{1}{\lambda}$

2. $E\left[X^2\right]=\int_0^{\infty}x^2\lambda e^{-\lambda x}dx=\lambda\left(\frac{x^2}{\lambda}e^{-\lambda x}\Big|_0^{\infty}+\frac{2x}{\lambda^2}e^{-\lambda x}\Big|_0^{\infty}+\frac{2}{\lambda^3}e^{-\lambda x}\Big|_0^{\infty}\right)=\frac{2}{\lambda^2}$

$\therefore\ Var=E\left[X^2\right]-\left(E[X]\right)^2=\frac{1}{\lambda^2}$

3. $M_X(t)=E\left[e^{tX}\right]=\int_0^{\infty}e^{tx}\lambda e^{-\lambda x}dx$

$=\lambda\int_0^{\infty}e^{(t-\lambda)x}dx=\frac{\lambda}{\lambda-t}$

四、常態分布（Normal Distribution）

常態分布亦稱為高斯分布（Gaussian distribution），廣泛使用於通訊、訊號處理領域中，用以模擬背景雜訊（background noise）。

定義：高斯分布

若隨機變數 X 之 PDF 為

$$f_X(x)=\frac{1}{\sqrt{2\pi}\sigma}\exp\left(-\frac{(x-\mu)^2}{2\sigma^2}\right);-\infty<x<\infty \tag{13}$$

則稱 X 為具期望值 μ，變異數 σ^2 之高斯分布，表示為 $X\sim N(\mu,\sigma^2)$

定理 3-12：若隨機變數 $X\sim N(\mu,\sigma^2)$，則有

$$M_X(t)=E\left[e^{tx}\right]=\exp\left(\mu t+\frac{\sigma^2}{2}t^2\right) \tag{14}$$

證明：$M_X(t)=E\left[e^{tx}\right]=\frac{1}{\sqrt{2\pi}\sigma}\int_{-\infty}^{\infty}\exp(tx)\exp\left(-\frac{(x-\mu)^2}{2\sigma^2}\right)dx$

$$=\frac{\exp\left(\mu t+\frac{\sigma^2}{2}t^2\right)}{\sqrt{2\pi}\sigma}\int_{-\infty}^{\infty}\exp\left(-\frac{\left(x-\left(\mu+t\sigma^2\right)\right)^2}{2\sigma^2}\right)dx$$

$$=\exp\left(\mu t+\frac{\sigma^2}{2}t^2\right)$$

定義：標準常態分布（standard normal distribution）

若隨機變數 Z 之 PDF 為：

$$f_Z(z) = \frac{1}{\sqrt{2\pi}} \exp\left(-\frac{z^2}{2}\right) \quad ; -\infty < z < \infty \tag{15}$$

則 $f_Z(z)$ 稱為標準常態分布。

觀念提示： 與式 (13) 比較，顯然的 $Z \sim N(0, 1)$，換言之，標準常態分布為常態分布在 $m = 0, \sigma^2 = 1$，時的特例。

定理 3-13： 若 $X \sim N(\mu, \sigma^2)$，$Y = a + bX; \forall a, b \in R$ 則

$$Y \sim N\left(a + b\mu, b^2\sigma^2\right)$$

證明：由式 (14) 可得

$$M_Y(t) = M_{a+bX}(t) = e^{at}M_X(bt) = \exp\left((a + b\mu)t + \frac{b^2\sigma^2}{2}t^2\right)$$

比較式 (13) 可得：$Y = a + bX \sim N\left(a + b\mu, b^2\sigma^2\right)$

觀念提示： 1. 高斯隨機變數之線性轉換必仍為高斯隨機變數。

2. 式 (15) 為式 (13) 在作 $Z = \frac{X - \mu}{\sigma}$ 之變數轉換後，所得之結果

在數位通訊中，常以 Q-function 來表示位元錯誤機率（BER），定義如下：

$$Q(z) = P(Z \geq z) = \frac{1}{\sqrt{2\pi}} \int_z^{\infty} \exp\left(-\frac{t^2}{2}\right) dt \tag{16}$$

定理 3-14： Q 函數之特性

1. 單調遞減，$Q(-\infty) = 1, Q(0) = 0.5, Q(\infty) = 0$

2. $z > 0$，則 $Q(-z) = 1 - Q(z)$

另外一種常用來表示位元錯誤機率的單調遞減函數為補誤差函數（complementary error

function）$erfc(x)$，定義如下：

定義：$erfc(x) \equiv \dfrac{2}{\sqrt{\pi}}\int_x^{\infty} e^{-t^2}dt$ (17)

補誤差函以及 Q 函數均常用於表示尾端機率的計算，但二者積分式的定義稍有差異。由 $erfc(x)$ 以及 Q 函數的定義知二者存在以下轉換關係：

定理 3-15：$Q(z) = \dfrac{1}{2}erfc\left(\dfrac{z}{\sqrt{2}}\right)$ （18）

證明：由 $Q(z) = \dfrac{1}{\sqrt{2\pi}}\int_z^{\infty} e^{-\frac{t^2}{2}}dt$，令 $u = \dfrac{t}{\sqrt{2}}$，代入得

$$Q(z) = \frac{1}{\sqrt{\pi}}\int_{\frac{z}{\sqrt{2}}}^{\infty} e^{-u^2}du = \frac{1}{2}\cdot\frac{2}{\sqrt{\pi}}\int_{\frac{z}{\sqrt{2}}}^{\infty} e^{-u^2}du = \frac{1}{2}erfc\left(\frac{z}{\sqrt{2}}\right)$$

五、雙變數常態分布（Bivariate Normal Distribution）

定義：雙變數常態分布

$X \sim N(\mu_X, \sigma_X^2)$、$Y \sim N(\mu_Y, \sigma_Y^2)$，令

$$Q(x, y) = \left(\frac{x-\mu_X}{\sigma_X}\right)^2 - 2\rho_{XY}\left(\frac{x-\mu_X}{\sigma_X}\right)\left(\frac{y-\mu_Y}{\sigma_Y}\right) + \left(\frac{y-\mu_Y}{\sigma_Y}\right)^2 \quad (19)$$

其中 ρ_{XY} 爲 X, Y 之相關係數，$-1 \le \rho_{XY} \le 1$

若 X, Y 之 joint PDF 爲

$$f_{X,Y}(x, y) = \frac{1}{2\pi\sigma_X\sigma_Y\sqrt{1-\rho_{XY}{}^2}}\exp\left[-\frac{Q(x, y)}{2(1-\rho_{XY}{}^2)}\right] \quad -\infty < x, y < \infty \quad (20)$$

則稱（X, Y）爲以 $(\mu_X, \mu_Y, \sigma_X, \sigma_Y, \rho_{XY})$ 爲參數之雙變數常態分布，通常以符號 $BN(\mu_X, \mu_Y, \sigma_X^2, \sigma_Y^2, \rho_{XY})$ 表示之

觀念提示：1. 當 X, Y 獨立時，$\rho_{XY} = 0$，代入式 (20) 及式 (19) 中可得

$$Q(x,y)=\left(\frac{x-\mu_X}{\sigma_X}\right)^2+\left(\frac{y-\mu_Y}{\sigma_Y}\right)^2$$

$$f_{X,Y}(x,y)=\frac{1}{2\pi\sigma_X\sigma_Y}\exp\left[-\frac{1}{2}\left[\left(\frac{x-\mu_X}{\sigma_X}\right)^2+\left(\frac{y-\mu_Y}{\sigma_Y}\right)^2\right]\right]$$

$$=\frac{1}{\sqrt{2\pi}\sigma_X}\exp\left[-\frac{1}{2}\left(\frac{x-\mu_X}{\sigma_X}\right)^2\right]\frac{1}{\sqrt{2\pi}\sigma_Y}\exp\left[-\frac{1}{2}\left(\frac{y-\mu_Y}{\sigma_Y}\right)^2\right]$$

$$=f_X(x)f_Y(y)$$

2. 延伸到n個隨機變數，若$X_1, X_2, \ldots X_n$聯合高斯分布，定義隨機向量，$\mathbf{X}=[X_1\ X_2\ \ldots\ X_n]^T$，均值向量 $\mathbf{m}=[\mu_1\ \mu_2\ldots\ \mu_n]^T$ 以及共變異數矩陣 $\mathbf{C}=E[(\mathbf{X}-\mathbf{m})(\mathbf{X}-\mathbf{m})]^T$，則聯合高斯之 PDF 可表示爲

$$f_{\mathbf{X}}(\mathbf{x})=\frac{1}{(2\pi)^{\frac{n}{2}}|\mathbf{C}|^{\frac{1}{2}}}\exp\left[-\frac{1}{2}(\mathbf{x}-\mathbf{m})^T\mathbf{C}^{-1}(\mathbf{x}-\mathbf{m})\right] \tag{21}$$

例題 9

Let X be the standard Gaussian random variable. Let Q(z) denote the probability of X being greater than z. Let Y be a random variable obtained from X by Y = 3-2X.

(a) Find the probability of Y being greater than 5 (i.e Prob (Y > 5)). Please express your answer in terms of the Q function defined above.

(b) Let $f_Y(y)$ denote the probability density function of Y. Then, $f_Y(y)$ = ?

（98 台科大電子所）

解：

(a) $P(Y>5)=P(3-2X>5)=P(X<-1)=P(X>1)=Q(1)$

(b) $f_Y(y)=f_X\left(\frac{3-y}{2}\right)\left|\frac{dx}{dy}\right|=\frac{1}{2}\frac{1}{\sqrt{2\pi}}e^{-\frac{\left(\frac{3-y}{2}\right)^2}{2}}$

例題 10

The random variable X has two possible values +1 and -1, and X is added by a uniform random variable N over (-2, 2) to form a new random variable Y. The value of Y is decided by passing Y

through a sign function:

$$Y=\begin{cases}+1; X+N\geq 0\\ -1; X+N<0\end{cases}$$

Assume the occurrence probabilities of X=+1 and X= –1 are 0.6 and 0.4, respectively.

(1) What is the probability of X=-1 when Y=+1?

(2) To reduce the probability in (1), we enlarge the amplitude of X more than unity. What is the minimal amplitude of X such that the probability is below 0.1?

（中央通訊所）

解：

(1) $\frac{2}{11}$

(2) $\frac{0.4\times\frac{1}{4}(2-a)}{0.4\times\frac{1}{4}(2-a)+0.6\times\frac{1}{4}(2+a)}\leq 0.1$

例題 11

The input X to a communication system is -1, 0, or 1 with equal probability. The channel output $Y=aX+N$, where N is zero-mean Gaussian random variable with variance σ^2, a>0. Decision is made by comparing Y to two threshold η and $-\eta$. That is, if $Y>\eta$, then $\hat{X}=1$; if $Y<-\eta$, then $\hat{X}=-1$; otherwise $\hat{X}=0$.

(1) Find $P(Y\leq\eta|X=1)$

(2) Find $P(X=-1|Y>-\eta)$

(3) Find $P(\hat{X}=0|X=0)$

(4) Find the bit error probability (BER)　（中正電機所）

解：

(1) $P(Y\leq\eta|X=1)=P\left(\frac{Y-a}{\sigma}\leq\frac{\eta-a}{\sigma}|X=1\right)=Q\left(\frac{a-\eta}{\sigma}\right)$

(2) $P(X=-1|Y>-\eta)=\frac{P(X=-1,Y>-\eta)}{P(Y>-\eta)}$

$$P(Y>-\eta)=\frac{1}{3}\left[P(Y>-\eta|X=-1)+P(Y>-\eta|X=0)+P(Y>-\eta|X=1)\right]$$

$$=\frac{1}{3}\left[Q\left(\frac{a-\eta}{\sigma}\right)+Q\left(\frac{-\eta}{\sigma}\right)+Q\left(\frac{-a-\eta}{\sigma}\right)\right]$$

(3) $P(\hat{X}=0|X=0)=P(-\eta<Y<\eta|X=0)=Q\left(\frac{-\eta}{\sigma}\right)-Q\left(\frac{\eta}{\sigma}\right)$

(4) $P_e=\frac{1}{3}\left[Q\left(\frac{a-\eta}{\sigma}\right)+2Q\left(\frac{\eta}{\sigma}\right)+Q\left(\frac{a-\eta}{\sigma}\right)\right]$

例題 12

Let X be a real-valued Gaussian random variable with zero mean and unity variance. Which of the following statements is false?

(a) $E\{X\}=0$

(b) $E\{X^2\}=1$

(c) $E\{X^3\}=0$

(d) $E\{X^4\}=1$

(e) $E\{X^5\}=0$ （99 中正電機所）

解：

$$M_X(t)=e^{ut+\frac{1}{2}\sigma^2t^2}=e^{\frac{1}{2}t^2}=1+\frac{1}{2}t^2+\frac{1}{2}\left(\frac{1}{2}t^2\right)^2+\cdots=1+\frac{1}{2}t^2+\frac{1}{8}t^4+\cdots$$

$$M_X(t)=M_X(0)+M'_X(0)+\frac{1}{2!}M''_X(0)t^2+\cdots=1+\frac{1}{2!}E[X^2]t^2+\frac{1}{3!}E[X^3]t^3+\cdots$$

$$\Rightarrow E[X^4]\frac{1}{4!}=\frac{1}{8}\Rightarrow E[X^4]=3$$

故 (d) is false.

例題 13

X, Y are i. i. d. random variables, $X \sim N(0, \sigma^2)$. Find the PDFs of $R=\sqrt{X^2+Y^2}$, and $\Theta=\tan^{-1}\left(\frac{Y}{X}\right)$

（98 彰師大電信所）

解：

$$\begin{cases} R=\sqrt{X^2+Y^2} \\ \Theta=\tan^{-1}\left(\frac{Y}{X}\right) \end{cases} \Rightarrow \begin{cases} X=R\cos\Theta \\ Y=R\sin\Theta \end{cases} \Rightarrow J=\begin{vmatrix} \frac{\partial X}{\partial R} & \frac{\partial X}{\partial \Theta} \\ \frac{\partial Y}{\partial R} & \frac{\partial Y}{\partial \Theta} \end{vmatrix}=r$$

$$f_{R,\Theta}(r,\theta)=f_{X,Y}(r\cos\theta,r\sin\theta)r=\frac{r}{2\pi\sigma^2}e^{-\frac{r^2}{2\sigma^2}};r\geq 0,0\leq\theta\leq 2\pi$$

$$\therefore f_R(r)=\int_0^{2\pi} f_{R,\Theta}(r,\theta)\,d\theta=\frac{r}{\sigma^2}e^{-\frac{r^2}{2\sigma^2}};r\geq 0$$

$$f_\Theta(\theta)=\int_0^{\infty} f_{R,\Theta}(r,\theta)\,dr=\frac{1}{2\pi};0\leq\theta\leq 2\pi$$

例題 14

X, Y are i. i. d. random variables, $X \sim N(0, \sigma^2)$.

(1) $Z=X+Y$, find $f_z(z)$

(2) $Z=X^2$, find $f_z(z)$

(3) $Z=X^2+Y^2$, find $f_z(z)$

（98 海洋通訊所）

解：

(1) $M_Z(t)=M_X(t)M_Y(t)=\left(M_X(t)\right)^2=\exp\left(\sigma^2t^2\right)$

$\Rightarrow Z \quad N\left(0,2\sigma^2\right)$

(2) $F_Z(z)=P\left(x^2\leq z\right)=P\left(-\sqrt{z}\leq x\leq\sqrt{z}\right)=F_X\left(\sqrt{z}\right)-F_X\left(-\sqrt{z}\right)$

$$\therefore f_Z(z)=f_X(\sqrt{z})\frac{1}{2\sqrt{z}}+f_X(-\sqrt{z})\frac{1}{2\sqrt{z}}=\frac{1}{\sqrt{2\pi}\sigma}\frac{1}{\sqrt{z}}\exp\left(-\frac{z}{2\sigma^2}\right);z>0$$

$$(3)\ F_Z(z)=P\left(x^2+y^2\le z\right)=\int_0^{2\pi}\int_0^{\sqrt{z}}\frac{1}{2\pi\sigma^2}\exp\left(-\frac{z}{2\sigma^2}\right)rdrd\theta$$

$$\therefore f_Z(z)=\frac{dF_Z(z)}{dz}=\frac{1}{2\pi\sigma^2}\int_0^{2\pi}\sqrt{z}\exp\left(-\frac{z}{2\sigma^2}\right)\frac{d\sqrt{z}}{dz}d\theta$$

$$=\frac{1}{2\sigma^2}\exp\left(-\frac{z}{2\sigma^2}\right);z>0$$

$$\Rightarrow z\sim NE\left(\frac{1}{2\sigma^2}\right)$$

例題 15

A zero-mean normal (Gaussian) random vector $\mathbf{X}=(X_1, X_2)^T$ has covariance matrix $\mathbf{K}=E[\mathbf{XX}^T]$, which is given by

$$\mathbf{K}=\begin{bmatrix}3 & -1\\ -1 & 3\end{bmatrix}$$

Find a transformation $\mathbf{Y}=\mathbf{DX}$ such that $\mathbf{Y}=(Y_1, Y_2)^T$ is a normal (or Gaussian) random vector with uncorrelated (and therefore independent) components of unity variance.

（97 中山通訊所）

解：

$$E=[\mathbf{YY}^T]=\mathbf{DKD}^T=\mathbf{DP}\Lambda\mathbf{P}^T\mathbf{D}^T=\mathbf{I}$$

$$\mathbf{P}=\frac{1}{\sqrt{2}}\begin{bmatrix}1 & 1\\ 1 & -1\end{bmatrix},\ \Lambda=\begin{bmatrix}2 & 0\\ 0 & 4\end{bmatrix}$$

$$\Rightarrow \mathbf{DP}=\begin{bmatrix}\frac{1}{\sqrt{2}} & 0\\ 0 & \frac{1}{2}\end{bmatrix}\therefore \mathbf{D}=\begin{bmatrix}\frac{1}{\sqrt{2}} & 0\\ 0 & \frac{1}{2}\end{bmatrix}\mathbf{P}^T$$

3.4　隨機程序之意義與性質

在本書第二章，我們提到了隨機訊號（random signal），此類訊號在任何時刻無法確定其函數值，只能將此視爲一隨機變數。在許多通訊工程之問題中，我們遭遇的訊號通常隨著時間而改變（例如雜訊），當這些函數並不完全知道，我們必須依靠以隨機之方式描述以及模式化這些訊號。我們稱如此之訊號爲隨機程序（random process），常見的隨機程序包含了在兩點之間的電纜線或電話線中攜帶訊息的訊號、攜帶無線電或電視訊息的有線或無線訊號、在一導體上之電子移動所產生之電流或電壓、隨著時間的改變網路上之訊息量以及其長度等。隨機程序之定義如下：

> **定義**：給定一樣本空間 S，機率測度 P 定義於每一事件，隨機程序 $X(t, \omega)$ 爲一指定給樣本空間中每個結果 ω 之時間函數。

觀念提示：

1. 在 §3-2 中所討論的隨機變數是將樣本空間的結果對應到一個數 $X(\omega)$，而隨機程序則將樣本空間的結果對應到一個時間函數 $X(t, \omega)$。一般爲簡化表示法，會將隨機變數表示爲 X，而隨機程序則表示爲 $X(t)$。
2. 隨機試驗產生的每一個可能結果 ω_i（例如做 n 次實驗），分別對應到一特定之實數值時間函數 $X(t, \omega_i)$ 或記爲 $X_i(t, \omega)$。
3. 如果從時間軸來分析，在時間軸上選定一特定時間點 t_k，也都會對應於一個隨機變數 $X(t_k, \omega)$，此種由時間函數所組成之樣本空間即稱爲隨機程序。「每一個」$X_i(t, \omega)$ 皆爲時間之函數，稱爲樣本函數（sample function），相當於每做一個實驗就得到一個樣本函數，而「所有」的 $X_i(t, \omega)$ 稱爲總集（ensemble）。

隨機程序表示如圖 3-5

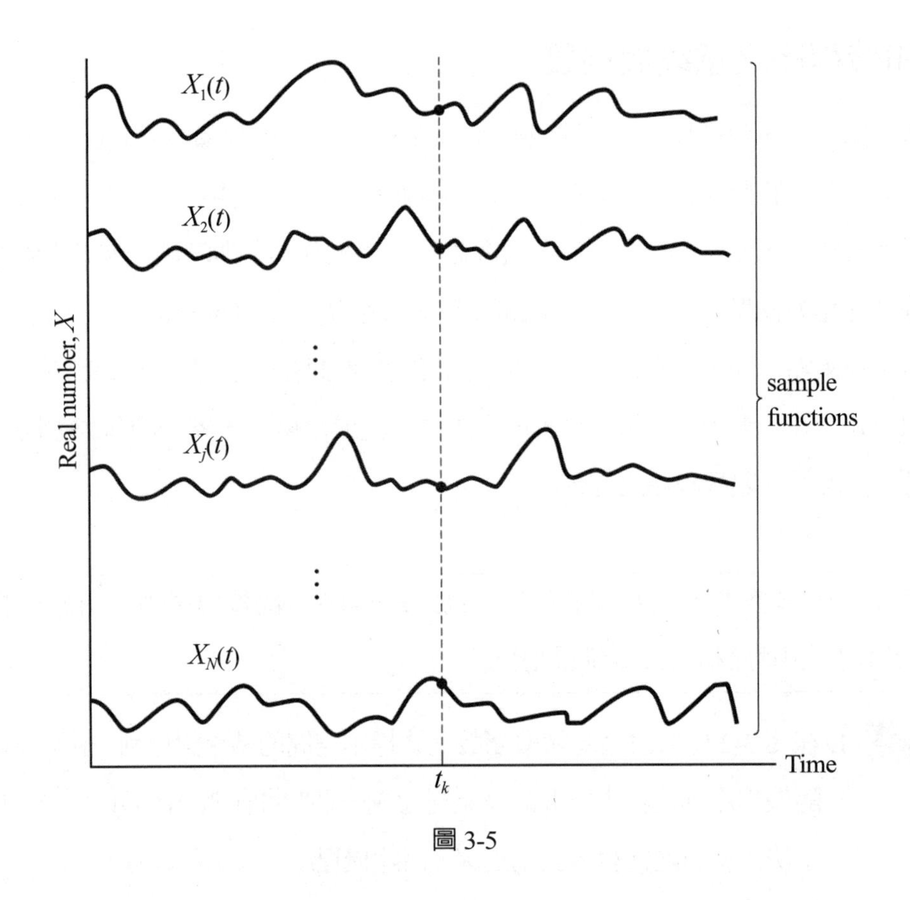

圖 3-5

由此定義可清楚的知道：隨機程序並非一個函數而是許多函數之集合並指定機率給每個函數，正如同隨機變數並非一個一實數，而是許多數之集合並指定機率給每個數。更進一步的說，當我們眞正的執行一隨機試驗，我們只能觀察其中一個函數，我們稱之為此隨機程序之一次實現（realization）或樣本函數。換言之，對任一隨機程序而言，若固定時間點，我們得到的是隨機變數，若執行隨機試驗一次，我們得到的是一個時間函數。

若對一隨機程序於時間點 $t = t_1$ 取樣，可得到一個隨機變數 $X(t_1, \omega)$，通常簡化表示為 $X(t_1)$，現在我們可以討論此隨機變數之性質：例如其機率分布、期望值、與變異數。在絕大多數的情況下我們可預期這些性質將隨著取樣點之不同而異，因此這些性質將與時間相關。同樣的，若我們取樣兩個時間點，$t = t_1$, $t = t_2$，我們得到兩個隨機變數，$X(t_1)$, $X(t_2)$，這兩個隨機變數則可用他們的聯合機率分布及聯合密度函數（joint PDF）所描述，通常此函數與時間點 t_1, t_2 均相關。

1.一階機率分布

我們首先考慮在某時間點 t 對隨機程序取樣，所得到之隨機變數 $X(t)$。由於分布函數通常與取樣時間點相關，故可定義為

$$F_{X(t)}(x;t)=P[X(t)\le x] \tag{22}$$

我們稱此分布函數為隨機程序 $X(t)$ 之一階機率分布函數，若此隨機程序為連續，我們可將分布函數對 x 微分得到一階機率密度函數，同樣的，由於分布函數通常與取樣時間點相關，故可定義為：

$$f_{X(t)}(x;t)=\frac{\partial}{\partial x}F_{X(t)}(x;t) \tag{23}$$

2.二階機率分布

若現在考慮兩個時間點 $t=t_1, t=t_2$，可以得到兩個隨機變數 $X(t_1), X(t_2)$，因此我們可像往常一樣定義它們的聯合機率分布函數，除了此時其分布函數與 t_1, t_2 相關，我們稱此分布函數為隨機程序 $X(t)$ 在時間點 $t=t_1, t=t_2$ 之二階機率分布函數，其定義為

$$F_{X(t)}(x_1,x_2;t_1,t_2)=P[X(t_1)\le x_1, X(t_2)\le x_2] \tag{24}$$

此處稱 $F_{x(t)}(x_1, x_2; t_1, t_2)$ 為 $X(t_1)$、$X(t_2)$ 之二階分布（second-order distribution）函數。

二階機率分布函數與時間之相關性非常重要，因為它顯示了隨機程序如何隨時間而改變。若此隨機變數 $X(t_1), X(t_2)$ 為連續，我們可定義其聯合機率密度函數為

$$f_{X(t)}(x_1,x_2;t_1,t_2)=\frac{\partial^2}{\partial x_1\partial x_2}F_{X(t)}(x_1,x_2;t_1,t_2) \tag{25}$$

隨機程序之性質

1.穩定的（Stationary）隨機程序

一個嚴格穩定（或稱為嚴格靜止）的隨機程序之統計特性不會因為改變時間起點而有任何改變。另外一種表達此觀念之方式為：所有之統計特性只與時間差相關而與絕對的時間點無關。

定義：嚴格穩定（Strictly-Sense Stationary, SSS）

若 $X(t)$ 之聯合機率密度函數 $f_{X(t)}(x_1, ..., x_n; t_1, ..., t_n)$ 或聯合累積分布函數 $F_{X(t)}(x_1, ..., x_n; t_1, ..., t_n)$ 對任意的 t、τ，滿足如下關係：

$$f_{X(t)}(x_1, ..., x_n; t_1, ..., t_n) = f_{X(t+\tau)}(x_1, ..., x_n; t_1, ..., t_n)$$

或 $F_{X(t)}(x_1, ..., x_n; t_1, ..., t_n) = F_{X(t+\tau)}(x_1, ..., x_n; t_1, ..., t_n)$

稱 $X(t)$ 爲嚴格穩定。

我們也可定義範圍較小的穩定觀念，例如一階穩定及二階穩定隨機程序，意味著一階機率分布函數與時間無關，二階機率分布函數只與時間差相關。

定義：一階穩定：

若 $X(t)$ 之機率密度函數 $f_{X(t)}(x, t)$ 或累積分布函數 $F_{X(t)}(x, t)$，對所有之 t、τ，滿足 $f_{X(t)}(x) = f_{X(t+\tau)}(x) = f_X(x)$

或 $F_{X(t)}(x) = F_{X(t+\tau)}(x) = F_X(x)$

稱 $X(t)$ 爲一階穩定。一階穩定代表的意義爲：任選一個時刻計算都相同，因此 $f_{X(t)}(x; t) = f_X(x)$，已經與 t 無關，亦即其均值爲常數。

定義：二階穩定

若 $X(t)$ 之機率密度函數 $f_{X_1(t)X_2(t)}(x_1, x_2; t_1, t_2)$ 或累積分布函數 $F_{X_1(t)X_2(t)}(x_1, x_2; t_1, t_2)$，對所有之 t_1、t_2，滿足

$$f_{X_1(t)X_2(t)}(x_1, x_2; t_1, t_2) = f_{X(0)X_2(t_2-t_1)}(x_1, x_2)$$

或 $F_{X_1(t)X_2(t)}(x_1, x_2; t_1, t_2) = F_{X(0)X_2(t_2-t_1)}(x_1, x_2)$

稱 $X(t)$ 爲二階穩定。二階穩定代表的意義：任選一段時間 τ 內（即二個時刻 t_1 到 t_2 內）計算都相同，即僅與時間差 τ 有關。

定義：若 $X(t)$ 滿足一階穩定與二階穩定就稱爲廣義穩定（Wide-Sense Stationary, WSS）。

由於機率密度函數及分布函數之推導可能非常繁雜，而且在許多情況下提供了超過我們所需要的資訊，因此與隨機變數相同，我們將只討論隨機程序之平均以及相關性。

2.隨機程序之平均

我們定義隨機程序 $X(t)$ 之平均爲此程序之期望值－亦即 $X(t)$ 在某固定時間點之隨機變數的期望值。在求期望值時，時間視爲非隨機參數，我們只對隨機之量進行平均。若將隨機程序之平均表示爲 $m_X(t)$，則有

$$m_X(t)=E\left[X(t)\right]=\int_{-\infty}^{\infty}xf_{X(t)}(x,t)dx \tag{26}$$

觀念提示： 1. 式 (26) 顯示了隨機程序之期望值即爲定義於某特定時間點 t 之隨機變數 $X(t)$ 之期望值。平均並非針對時間，只針對隨機試驗之結果。故均值仍爲 t 之函數。

2. 二次動差與變異數之計算仍與式 (26) 之觀念相同，表示如下：

$$E\left[X^2(t)\right]=\int_{-\infty}^{\infty}x^2f_{X(t)}(x,t)dx \tag{27}$$

$$\sigma_X^2(t)=E\left\{\left[X(t)-m_X(t)\right]^2\right\} \tag{28}$$

3.自相關函數

觀察隨機程序 $X(t)$ 在兩個時間點 $t=t_1, t=t_2$，則可得到兩個隨機變數 $X(t_1), X(t_2)$。我們可求出 $X(t_1), X(t_2)$ 之間的相關性，顯然的，此相關性與時間點 $t=t_1, t=t_2$ 有關，因此可以得到與 t_1,t_2 相關之相關性函數，表示爲 $R_{XX}(t_1, t_2)$ 或 $R_X(t_1, t_2)$，因爲 $R_X(t_1, t_2)$ 代表了同一隨機程序在不同時間點之關係，我們將稱之爲隨機程序 $X(t)$ 之自相關函數，其定義如下：

定義：自相關函數（auto correlation function）$R_X(t_1, t_2)$

已知隨機程序 $X(t)$，則 $X(t)$ 之自相關函數 $R_X(t_1, t_2)$ 爲

$$R_X(t_1,t_2)=E\left[X(t_1)X(t_2)\right]=\int_{-\infty}^{\infty}\int_{-\infty}^{\infty}x_1x_2f_{X(t_1)X(t_2)}(x_1,x_2)dx_1dx_2 \tag{29}$$

其中 x_1 表示在 $t=t_1$ 之 x 值，x_2 表示在 $t=t_2$ 之 x 值。

同理，我們可定義自共變異數函數爲

定義：自共變異數函數（auto covariance function）$C_X(t_1, t_2)$

已知隨機程序 $X(t)$，則 $X(t)$ 之自共變異數函數 $C_X(t_1, t_2)$ 為

$$C_X(t_1,t_2) = E\{[X(t_1) - m_X(t_1)][X(t_2) - m_X(t_2)]\}$$
$$= \int_{-\infty}^{\infty}\int_{-\infty}^{\infty}[x_1 - m_X(t_1)][x_2 - m_X(t_2)]f_{X(t)}(x_1, x_2; t_1, t_2)dx_1dx_2 \quad (30)$$

對自共變異數函數 $C_X(t_1, t_2)$ 而言，此處可再推得

$$C_X(t_1,t_2) = E\{[X(t_1) - m_X(t_1)][X(t_2) - m_X(t_2)]\}$$
$$= E[X(t_1)X(t_2)] - m_X(t_1)m_X(t_2)$$
$$= R_X(t_1,t_2) - m_X(t_1)m_X(t_2) \quad (31)$$

定義：Ergodic

若隨機程序 $X(t)$ 之統計平均（ensemble average）與時間平均（time average）相同，則稱 $X(t)$ 為 ergodic process。

觀念提示：1. 以一階統計量為例，一般將統計平均表示成 $E[X(t)]$，時間平均表示成 $\langle X(t)\rangle$，因此若隨機程序 $X(t)$「ergodic in the mean」則有

$$E[X(t)] = \langle X(t)\rangle = \lim_{T\to\infty}\frac{1}{T}\int_0^T X(t)dt \quad (32)$$

同理若隨機程序 $X(t)$ 滿足 $E[X(t)X(t+\tau)] = \langle X(t)X(t+\tau)\rangle$，則稱 $X(t)$「ergodic in auto-correlation」。若各階統計量均滿足統計平均與時間平均相同，則稱 $X(t)$ 為 ergodic process。

2. 從物理的觀點來看，$\langle X(t)\rangle$ 代表 $X(t)$ 之直流成分，故 $\langle X(t)\rangle^2$ 代表 $X(t)$ 之直流功率，$\langle X^2(t)\rangle$ 代表 $X(t)$ 之總功率，由於總功率為直流功率與交流功率之和，故若 $X(t)$ 為 ergodic process，必滿足

$$\langle X^2(t)\rangle - \langle X(t)\rangle^2 = E[X^2(t)] - (E[X(t)])^2 = \sigma_X^2 \quad (33)$$

亦即變異數即為交流功率

4.廣義靜止的隨機程序（Wide Sense Stationary Processes）

在前面提到一個絕對靜止的隨機程序之統計特性只與時間差相關而與絕對的時間點無關。判斷一隨機程序是否爲絕對靜止極爲不易，然而若我們只關心平均以及自相關函數，則可以限制對靜止的隨機程序之定義，並稱此程序爲廣義靜止（WSS）的隨機程序。一廣義靜止（WSS）的隨機程序之期望值爲常數，且其自相關函數只與時間差相關。

$$E[X(t)] = m_X = c \tag{34}$$

$$R_X(t_1,t_2) = E\left[X(t_1)X(t_2)\right] = E\left[X(0)X(t_2-t_1)\right] \equiv R_X(t_2-t_1) \tag{35}$$

因爲時間並不出現在期望值上，我們簡單的將此常數期望值表示爲 m_X。同樣的，因爲自相關函數只與時間差相關，我們可以將它簡化爲單變數函數－時間差，τ：

$$E[X(t)X(t+\tau)] = R_X(\tau) \tag{36}$$

同理，對於自共變異數函數，我們可以將式 (31) 簡化得到：

$$C_X(\tau) = R_X(\tau) - m_X^{\,2} \tag{37}$$

最後，WSS 隨機程序之變異數以及其平均功率可以由下式表示

$$E[X^2(t)] = R_X(0) \tag{38}$$

$$\sigma^2{}_X = C_X(0) = R_X(0) - m_X^{\,2} \tag{39}$$

5.自相關函數的性質

比較式 (33) 與式 (37)，自相關函數與自共變異數函數除了期望值出現在自共變異數函數而不出現在自相關函數外，其餘皆相同。因此自相關函數與自共變異數函數滿足相同的性質，描述如下：

定理 3-16：

1.$R_X(-\tau) = R_X(\tau)$：自相關函數爲偶函數 , 此由定義可得，因自相關函數之值只與時間差之量有關。

2.$\left|R_X(\tau)\right| \le R_X(0)$。在 $\tau = 0$ 時可得到最大值。

3.若在其他點得到與在原點時相同之值，則此隨機程序具週期性且其週期即爲此值（亦即，若$R_X(T)=R_X(0)$，則此隨機程序具週期性且其週期爲 T）。

4.若隨機程序不具週期性，則當 $\tau\to\infty$時，自相關函數之極限值等於 $[m_X]^2$

證明：

$$\lim_{\tau\to\infty}R_X(\tau)=\lim_{\tau\to\infty}E\left[X(t)X(t+\tau)\right]=\lim_{\tau\to\infty}E\left[X(t)\right]E\left[X(t+\tau)\right]=(m_X)^2 \tag{40}$$

因此可得 $\lim_{\tau\to\infty}R_X(\tau)$ 即爲隨機程序 $X(t)$ 之直流功率（DC power）。

顯然的，

$$\lim_{\tau\to\infty}C_X(\tau)=0。\tag{41}$$

6.隨機二位元訊號（Random Binary Signal）的性質

在數位通訊系統中經常要傳遞隨機二位元訊號，其性質決定了系統頻寬，以下針對隨機二位元訊號進行討論。隨機二位元訊號即爲一隨機程序，可以表示成下式：

$$X(t)=\sum_{k=-\infty}^{\infty}a_k p(t-kT-t_d) \tag{42}$$

其中 $\{a_k\}$ 代表隨機二位元序列，a_k 代表第 k 個位元，$a_k=A$ 代表位元 1，$a_k=-A$ 代表位元 0。$p(t)$ 爲寬度爲 T 秒之任意波形，t_d 代表時間延遲，在討論之前我們先做以下合理之假設：

(1)位元 1 與位元 0 發生的機會均等，*e.g.*, $P(a_k=A)=P(a_k=-A)=\frac{1}{2}$。

(2) t_d 爲一隨機變數，均勻分布於 0 and T seconds. That is, $t_d\sim U(0,T)$。

(3)隨機變數 t_d 與 $\{a_k\}$ 相互獨立

由假設 (1) 可知：$E[a_k]=0$，因此可得：

$$E\left[X(t)\right]=\sum_{k=-\infty}^{\infty}E\left[a_k\right]E\left[p(t-kT-t_d)\right]=0 \tag{43}$$

$$R_X(\tau)=E\left[X(t+\tau)X(t)\right] \tag{44}$$

$$=E\left[\sum_{n=-\infty}^{\infty}\sum_{k=-\infty}^{\infty}a_k a_n p(t-kT-t_d)p(t+\tau-nT-t_d)\right]$$
$$=E\left[\sum_{m=-\infty}^{\infty}\sum_{k=-\infty}^{\infty}a_k a_{k+m} p(t-kT-t_d)p(t+\tau-(k+m)T-t_d)\right]$$
$$=\sum_{m=-\infty}^{\infty}\sum_{k=-\infty}^{\infty}E[a_k a_{k+m}]E\left[p(t-kT-t_d)p(t+\tau-(k+m)T-t_d)\right]$$
$$=\sum_{m=-\infty}^{\infty}\sum_{k=-\infty}^{\infty}E[a_k a_{k+m}]\frac{1}{T}\int_0^T p(t-kT-t_d)p(t+\tau-(k+m)T-t_d)dt_d$$

令隨機二位元序列之自相關函數為：$R_{am}=E[a_k a_{k+m}]$，$u=t-kT-t_d, \Rightarrow$ 式 (44) 可改寫為：

$$\begin{aligned}R_X(\tau)&=\sum_{m=-\infty}^{\infty}R_{am}\sum_{k=-\infty}^{\infty}\frac{1}{T}\int_{t-(k+1)T}^{t-kT}p(u)p(u+\tau-mT)du\\&=\sum_{m=-\infty}^{\infty}R_{am}\frac{1}{T}R_p(\tau-mT)\end{aligned}\tag{45}$$

其中 $R_p(\tau)\equiv\int_{-\infty}^{\infty}p(u)p(u+\tau)du$ 為 $p(t)$ 之自相關函數。

例題 16

$X(t)=A\cos(2\pi f_0 t+\theta)$，若 A, f_0 為常數，隨機變數 $\theta\sim U(0, 2\pi)$，求證 $X(t)$ 為廣義穩定（WSS）。

解：

$$\left.\begin{aligned}E\{X(t)\}&=\int_0^{2\pi}\frac{1}{2\pi}X(t)d\theta=0\\E\{X(t)X(t+\tau)\}&=\frac{A^2}{2}\cos(2\pi f_0\tau)=R_X(\tau)\end{aligned}\right\}\therefore X(t)\text{ 為 WSS}$$

例題 17

Let $X(t) = A\cos(2\pi f_0 + \Theta)$, where A is a constant and Θ is a random variable uniformly distributed on $[-\pi, \pi]$. Find the autocorrelation and the power-spectral density of $X(t)$.

（100 台北大通訊所）

解：

$$E\{X(t)X(t+\tau)\}=\frac{A^2}{2}\cos(2\pi f_0\tau)=R_X(\tau)$$

$$S_X(f)=\frac{A^2}{4}\big(\delta(f-f_0)+\delta(f+f_0)\big)$$

例題 18

$X(t) = A\sin(Wt + Y)$, where A, W, Y are independent random variables. Assume A has mean 9 and variance 25, $Y\sim U[-2\pi, 2\pi]$, $W\sim U[-20, 20]$. Find the mean and autocorrelation for the random process $X(t)$. （98 東華電機所）

解：

$$E[X(t)]=E[A]E[\sin(Wt+Y)]=0$$

$$R_x(\tau)=E[A^2\sin(Wt+Y)\sin(W(t+\tau)+Y)]$$

$$=\frac{1}{2}E[A^2]E[\cos(W\tau)-\cos(2Wt+W\tau+2Y)]$$

$$=\frac{53}{20}\sin(20\tau)$$

例題 19

若無線通訊系統之接收調變訊號 $X(t) = A(t)\cos(2\pi f_c t - \theta)$，式中 f_c 爲常數；$A(t)$ 與 θ 爲互相獨立的隨機變數，而 θ 均勻分布於 $(0, 2\pi)$

(1) 若 $A(t)$ 之平均功率爲 1 瓦特，求接收訊號的平均功率。

(2) 若 $A(tV)$ 之功率頻譜密度函數爲 $S_A(f)$，求接收訊號 $X(t)$ 的功率頻譜密度函數。（101 年公務人員普通考試）

解：

(1) $$E\left[X^2(t)\right]=E\left[A^2(t)\cos^2(2\pi f_c t-\theta)\right]$$

$$=E\left[A^2(t)\right]E\left[\cos^2(2\pi f_c t-\theta)\right]=\frac{1}{2}$$

(2) $$R_X(\tau)=E\left[X(t)X(t+\tau)\right]$$

$$= E\left[A(t)A(t+\tau)\right]E\left[\cos(2\pi f_c t-\theta)\cos(2\pi f_c(t+\tau)-\theta)\right]$$

$$= \frac{1}{2}R_A(\tau)\cos(2\pi f_c \tau)$$

$$\therefore S_X(f) = \frac{1}{4}\left(S_A(f-f_c)+S_A(f+f_c)\right)$$

例題 20

The random process $W(t)$ is defined by $W(t) = X\cos(200\pi t+\theta) - Y\sin(500\pi t+\theta) + Z$, where X, Y and Z are zero-mean random variables with standard deviations 10, 8, and 5. Random variable θ is uniformly distributed over $(0, 2\pi)$. All these random variables are independent.

(a) The ensemble average of $W(t)$ is?

(b) The auto-correlation function of $W(t)$ is ?

(c) Determine and plot the two-sided power spectral density (PSD) of $W(t)$

（99 成大電通所）

解：

(a) 0

(b) $R_W(\tau) = E\left[W(t)W(t+\tau)\right]$

$$= E\left[X^2\right]E\left[\cos(200\pi t+\theta)\cos(200\pi(t+\tau)+\theta)\right] +$$

$$E\left[Y^2\right]E\left[\sin(500\pi t+\theta)\sin(500\pi(t+\tau)+\theta)\right] + E\left[Z^2\right]$$

$$= \frac{1}{2}\times 100\cos(200\pi\tau) + \frac{1}{2}\times 64\cos(500\pi\tau) + 25$$

(c) $S_W(f) = 25\left(\delta(f-100)+\delta(f+100)\right) + 16\left(\delta(f-250)\right.$

$\left. + \delta(f+250)\right) + 25\delta(f)$

例題 21

The stationary random process $X(t)$ has psd $S_X(f)$. Let $Y(t) = AX(t)-BX(t+T)$, where A is a random variable with zero mean and variance σ_A^2, B is a random variable with zero mean and variance σ_B^2, A, B, $X(t)$are mutually independent. Find the psd of $Y(t)$.

（98 北科大電通所）

解：

$$R_Y(\tau)=E\left[Y(t)Y(t+T)\right]=E\left[\left(AX(t)-BX(t+T)\right)\left(AX(t+\tau)-BX(t+\tau+T)\right)\right]$$
$$=E\left[A^2\right]E\left[X(t)X(t+\tau)\right]-E\left[A\right]E\left[B\right]E\left[X(t+T)X(t+\tau)\right]$$
$$-E\left[A\right]E\left[B\right]E\left[X(t)X(t+\tau+T)\right]+E\left[B^2\right]E\left[X(t+T)X(t+\tau+T)\right]$$
$$=\sigma_A^2R_X(\tau)+\sigma_B^2R_X(\tau)$$
$$S_Y(f)=\left(\sigma_A^2+\sigma_B^2\right)S_X(f)$$

例題 22

Suppose $X(t)$ and $Y(t)$ are zero-mean, continuous-time random processes which are independent and WSS. Derive the autocorrelation function for $Z(t)$ in terms of the autocorrelation functions for $X(t)$ and $Y(t)$ if

(1) $Z(t)=2X(t)Y(t)+3$

(2) $Z(t)=X(t)+Y(t)$

(3) $Z(t)=X(t)\cos(\omega t)+Y(t)\sin(\omega t)$

(4) Repeat (1)~(3) for the case when the autocorrelation functions for $X(t)$ and $Y(t)$are equal.（96 東華電機所）

解：

已知 $E[X(t)]=E[Y(t)]=0$

(1) $R_Z(\tau)=E[Z(t)Z(t+\tau)]=E\{[2X(t)Y(t)+3][2X(t+\tau)Y(t+\tau)+3]\}$

$$=4E[X(t)X(t+\tau)Y(t)Y(t+\tau)]+6E[X(t)Y(t)]+6E[X(t+\tau)Y(t+\tau)]+E[9]$$
$$=4E[X(t)X(t+\tau)]E[Y(t)Y(t+\tau)]+6E[X(t)]\,[Y(t)]+6E[X(t+\tau)]E[Y(t+\tau)]+9$$
$$=4R_X(\tau)R_Y(\tau)+9$$

(2) $R_Z(\tau)=E\{[X(t)+Y(t)][X(t+\tau)+Y(t+\tau)]\}$

$$=E[X(t)X(t+\tau)]+E[X(t)Y(t+\tau)]+E[Y(t)X(t+\tau)]+E[Y(t)Y(t+\tau)]$$
$$=R_X(\tau)+R_Y(\tau)$$

(3) $R_Z(\tau)=E[Z(t)Z(t+\tau)]$

$$=E\{[X(t)\cos(\omega t)+Y(t)\sin(\omega t)][X(t+\tau)\cos\omega(t+\tau)+Y(t+\tau)]\sin\omega\,(t+\tau)]\}$$

$= E[X(t)X(t+\tau)]\cos(\omega t)\cos[\omega(t+\tau)] + E[X(t)Y(t+\tau)]\cos(\omega t)\sin[\omega(t+\tau)] + E[Y(t)X(t+\tau)]\sin(\omega t)\cos[\omega(t+\tau)] + E[Y(t)Y(t+\tau)]\sin(\omega t)\sin[\omega(t+\tau)]$

$= R_X(\tau)\cos(\omega t)\cos[\omega(t+\tau)] + R_Y(\tau)\sin(\omega t)\sin[\omega(t+\tau)]$

(4) 已知 $R_X(\tau) = R_Y(\tau)$，則

① $R_Z(\tau) = 4R_X^2(\tau) + 9$

② $R_Z(\tau) = 2R_X(\tau)$

③ $R_Z(\tau) = R_X(\tau)\{\cos(\omega t)\cos[\omega(t+\tau)] + \sin(\omega t)\sin[\omega(t+\tau)]\}$。

$= R_X(\tau)\cos(\omega\tau)$

例題 23

Which of the following functions can be the autocorrelation of a real-valued random process? The symbo1 f_c denotes a fixed frequency.

(a) $f(\tau) = \sin(2\pi f_c\tau)$

(b) $f(\tau) = \tau^2$

(c) $f(\tau) = \begin{cases} 1-|\tau|, & |\tau| \le 1 \\ 0, & |\tau| > 1 \end{cases}$

(d) $f(\tau) = \tan(2\pi f_c\tau)$

(e) $f(\tau) = \tau^3$

（99 中正電機所）

解：

(c)

例題 24

Consider the following random-phase sinusoidal process

$X(t) = A\cos(\omega_0 t + \theta), -\infty < t < \infty$

where ω_0 is constant, $\theta \sim U(0, 2\pi)$, A is a binary random variable with probabilities $P(A = 1) = p$, $P(A = 2) = 1 - p$

θ, A are independent. Find the mean and correlation function of $X(t)$

（清大通訊所）

解：

$$E[X(t)] = E[A]E[\cos(\omega_0 t + \theta)] = 0$$

$$E[X(t)X(t+\tau)] = E[A^2]E[\cos(\omega_0 t + \theta)\cos(\omega_0 (t+\tau) + \theta)]$$

$$= E[A^2]\frac{1}{2}\cos(\omega_0 \tau)$$

$$E[A^2] = 1 \times p + 4 \times (1-p) = 4 - 3p$$

例題 25

A random signal has the autocorrelation function

$$R(\tau) = 20 + 5\Lambda\left(\frac{\tau}{10}\right)$$

Determine the following:

(1) The total power

(2) The dc power

(3) The ac power

(4) The power spectral density. （99 北科大電通所）

解：

(1) $E[X^2(t)] = R_{XX}(0) = 25\text{ W}$

(2) 20W

(3) 5W

(4) $S_{XX}(f) = \Im\left\{20 + 5\Lambda\left(\frac{\tau}{10}\right)\right\} = 20\delta(f) + 50\,\mathrm{sinc}^2(10f)$

例題 26

The power spectral density of a random process $X(t)$ is shown below. It consists of a delta function at f_0 and a rectangular component.

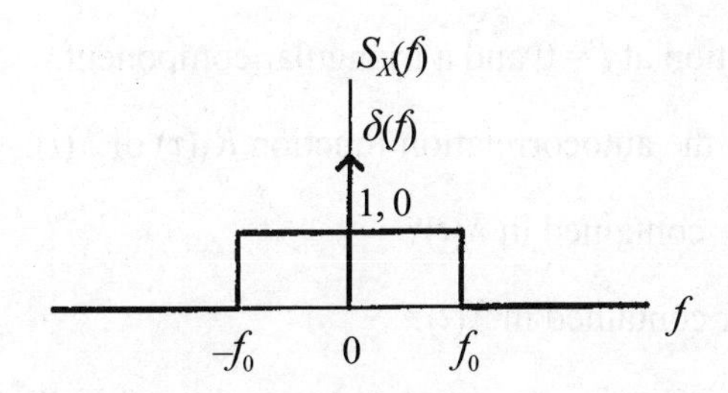

(a) Determine and sketch the autocorrelation function $R_X(\tau)$ of $X(t)$.

(b) What is the DC power contained in the $X(t)$?

(c) What is the AC power contained in the $X(t)$?

(d) If $X(t)$ is sampled, determine the lower bound of sampling frequency so tha $X(t)$ is uniquely determined by its samples.

（99 中山通訊所）

解：

$$S_X(f)=\delta(f)+rect\left(\frac{f}{2f_0}\right)$$

(a) $R_X(\tau)=1+2f_0\sin c(2f_0\tau)$

(b) $P_{DC}=R_X(\infty)=1$

(c) $P_{AC}=P-P_{DC}=R_X(0)-1=2f_0$

(d) $f_s\geq 2f_0$

例題 27

The power spectral density of a random process $X(t)$ is shown below:

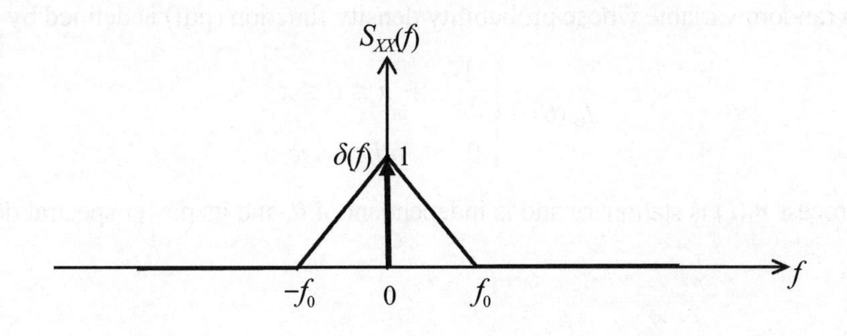

It consists of a delta function at $f = 0$ and a triangular component.

(1) Determine and sketch the autocorrelation function $R_X(\tau)$ of $X(t)$.

(2) What is the DC power contained in $X(t)$?

(3) What is the AC power contained in $X(t)$?

(4) What sampling rates will give uncorrelated samples of $X(t)$? Are the sample statistically independent?（98 彰師大電信所）

解：

$$S_X(f) = \delta(f) + tri\left(\frac{f}{f_0}\right)$$

(a) $R_X(\tau) = 1 + f_0 \sin c^2(f_0\tau)$

(b) $P_{DC} = R_X(\infty) = 1$

(c) $P_{AC} = P - P_{DC} = R_X(0) - 1 = f_0$

(d) $f_s \geq 2f_0$

Independent $\Rightarrow C_X(\tau) = R_X(\tau) - \mu^2 = 0$

$\Rightarrow R_X(\tau) = \mu^2 = P_{DC} = R_X(\infty) = 1$

$\Rightarrow \sin c^2(f_0\tau) = 0$

$\therefore \tau = \dfrac{n}{f_0}$

例題 28

A pair of noise processes $n_1(t)$ and $n_2(t)$ are related by

$$n_2(t) = n_1(t)\sin(6\pi t + \theta) + n_1(t)\cos(6\pi t + \theta)$$

where θ is a random variable whose probability density function (pdf) is defined by

$$f_\Theta(\theta) = \begin{cases} \dfrac{1}{2\pi} & -\pi \leq \theta \leq \pi \\ 0 & otherwise \end{cases}$$

The noise process $n_1(t)$ is stationary and is independent of θ, and its power spectral density $S_{n_1}(f)$ is given by

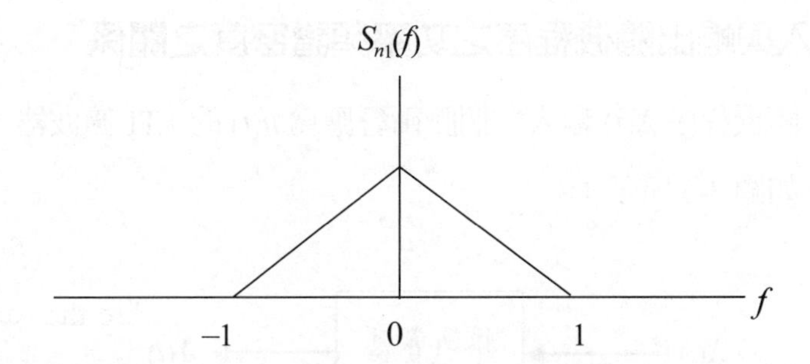

(a) Find and plot the corresponding power spectral density of $n_2(t)$. Hint: The trigonometric identities $\cos(\alpha+\beta V)=\cos(\alpha)\cos(\beta)-\sin(\alpha)\sin(\beta)$and sin $(\alpha+\beta)=\sin(\alpha)\cos(\beta)+\cos(\alpha)\sin(\beta)$ may be useful.

(b) Determine the power of $n_2(t)$SS.　（100 台科大電子所）

解：

(a) $R_{N_2}(\tau)\ =E\left[N_2(t)N_2(t+\tau)\right]$

$=R_{N_1}(\tau)E\left[\left(\sin(6\pi t+\theta)+\cos(6\pi t+\theta)\right)\left(\sin(6\pi(t+\tau)+\theta)+\cos(6\pi(t+\tau)+\theta)\right)\right]$

$=R_{N_1}(\tau)\cos(6\pi\tau)$

$\Rightarrow S_{N_2}(f)=\dfrac{1}{2}\left(S_{N_1}(f-3)+S_{N_1}(f+3)\right)$

(b) $R_{N_2}(0)=R_{N_1}(0)=2\times1\times\dfrac{1}{2}=1$

3.5　隨機訊號與線性非時變系統

定理 3-17：Wiener-Khinchin 定理

若 $X(t)$ 爲一個 WSS 隨機程序，則其自相關函數與功率頻譜密度函數互爲 Fourier 轉換對

$$\begin{cases} R_{XX}(\tau)=\int_{-\infty}^{\infty}S_{XX}(f)e^{j2\pi f\tau}df \\ S_{XX}(f)=\int_{-\infty}^{\infty}R_{XX}(\tau)e^{-j2\pi f\tau}d\tau \end{cases} \tag{46}$$

定理 3-17 表示自相關函數之 Fourier 轉換提供了 WSS 隨機程序之頻域度量。

在 LTI 系統中輸入與輸出隨機程序之功率頻譜密度之關係

若有一個 WSS 隨機程序 $X(t)$ 輸入一個脈衝響應為 $h(t)$ 的 LTI 濾波器，其輸出為一個新的隨機程序 $Y(t)$，如圖 3-6 所示：

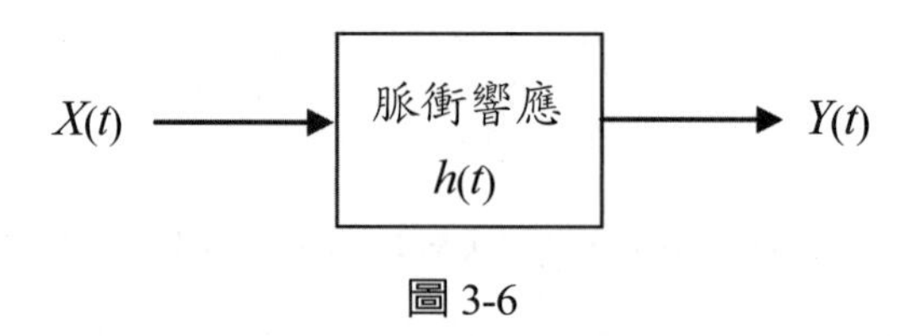

圖 3-6

則 $Y(t)=h(t)*X(t)=\int_{-\infty}^{\infty}h(\alpha)\,X(t-\alpha)\,d\alpha$ (47)

我們將討論 $Y(t)$ 是否仍為 WSS 隨機程序？並進一步分析其統計特性

$$\begin{aligned}\mu_Y(t)&=E[Y(t)]=E\left[\int_{-\infty}^{\infty}h(\alpha)X(t-\alpha)d\alpha\right]=\int_{-\infty}^{\infty}h(\alpha)E[X(t-\alpha)]d\alpha\\&=\int_{-\infty}^{\infty}h(\alpha)\mu_X(t-\alpha)\,d\alpha\\&\overset{\text{WSS}}{=}\int_{-\infty}^{\infty}h(\alpha)\mu_X d\alpha=\mu_X H(0)\end{aligned} \tag{48}$$

其中 $H(0)=\int_{-\infty}^{\infty}h(\alpha)d\alpha$ 為此濾波器的直流響應，由式 (48) 可知，$Y(t)$ 之平均值為常數。此外，輸出 $Y(t)$ 之自相關函數可以表示為

$$\begin{aligned}R_Y(\tau)&=E\left[Y(t)Y(t+\tau)\right]\\&=E\left[\int_{-\infty}^{\infty}\int_{-\infty}^{\infty}h(\alpha)X(t-\alpha)h(\beta)X(t+\tau-\beta)d\alpha d\beta\right]\\&=\int_{-\infty}^{\infty}\int_{-\infty}^{\infty}h(\alpha)h(\beta)E\left[X(t-\alpha)X(t+\tau-\beta)\right]d\alpha d\beta\\&=\int_{-\infty}^{\infty}\int_{-\infty}^{\infty}h(\alpha)h(\beta)R_X(\tau+\alpha-\beta)d\alpha d\beta\end{aligned} \tag{49}$$

此結果僅與 τ 有關。由式 (48)、(49) 可知對一個 LTI 系統而言，當輸入 $X(t)$ 為 WSS 時，則其輸出 $Y(t)$ 亦為 WSS。

此外輸出 $Y(t)$ 之功率頻譜密度與輸入 $X(t)$ 之功率頻譜密度具有如下的關係：

定理 3-18：$S_{YY}(f)=|H(f)|^2 S_{XX}(f)$ (50)

證明：$S_{YY}(f)=\int_{-\infty}^{\infty} R_Y(\tau)\, e^{-j2\pi f\tau} d\tau$

$$=\int_{-\infty}^{\infty}\left[\int_{-\infty}^{\infty}\int_{-\infty}^{\infty} h(\alpha)h(\beta)R_X(\tau+\alpha-\beta)\, d\alpha d\beta\right]e^{-j2\pi f\tau}d\tau$$

$$=\int_{-\infty}^{\infty} h(\alpha)d\alpha\int_{-\infty}^{\infty} h(\beta)d\beta\left[\int_{-\infty}^{\infty} R_X(\tau+\alpha-\beta)e^{-j2\pi f\tau}d\tau\right]$$

$\eta=\tau+\alpha-\beta$

$$=\int_{-\infty}^{\infty} h(\alpha)d\alpha\int_{-\infty}^{\infty} h(\beta)d\beta\left[\int_{-\infty}^{\infty} R_X(\eta)e^{-j2\pi f(\eta-\alpha+\beta)}d\eta\right]$$

$$=\int_{-\infty}^{\infty} h(\alpha)e^{j2\pi f\alpha}d\alpha\int_{-\infty}^{\infty} h(\beta)e^{-j2\pi f\beta}d\beta\left[\int_{-\infty}^{\infty} R_X(\eta)e^{-j2\pi f\eta}d\eta\right]$$

$$=H^*(f)H(f)S_{XX}(f)=|H(f)|^2 S_{XX}(f)$$

例題 29

Let the random signal $X(t)$ be defined by $X(t)=A\cos(2\pi f_0 t+\Theta)$, where A and f_0 denote fixed amplitude and frequency, and, Θ denotes the random phase that is uniform over $[0, 2\pi]$. This random signal $X(t)$ is passed through a LTI system with impulse response $h(t)=\frac{1}{\pi t}$. Determine the power spectral density of the output random signal $Y(t)$.

（99 中正電機所）

解：

$$R_X(\tau)=E[X(t)X(t+\tau)]$$
$$=A^2E[\cos(2\pi f_0 t+\theta)\cos(2\pi f_0(t+\tau)+\theta)]$$
$$=\frac{1}{2}A^2\cos(2\pi f_0\tau)$$

$$S_X(f)=\frac{1}{4}A^2\left(\delta(f-f_0)+\delta(f+f_0)\right)$$

$$S_Y(f)=S_X(f)|H(f)|^2=S_X(f)|-j\,\mathrm{sgn}(f)|^2$$
$$=S_X(f)=\frac{1}{4}A^2\left(\delta(f-f_0)+\delta(f+f_0)\right)$$

例題 30

A random process is defined by $X(t) = A\cos(2\pi f_0 t + \theta)$, where $\theta \sim U(0, 2\pi)$. Find the autocorrelation and psd of the process

$$Z(t) = X(t) + \frac{d}{dt}X(t)$$

（97 台大電信所）

解：

$$R_X(\tau) = E[X(t)X(t+\tau)]$$
$$= A^2 E\left[\cos(2\pi f_0 t + \theta)\cos(2\pi f_0 (t+\tau) + \theta)\right]$$
$$= \frac{1}{2}A^2 \cos(2\pi f_0 \tau)$$
$$S_X(f) = \frac{1}{4}A^2\left(\delta(f - f_0) + \delta(f + f_0)\right)$$
$$h(t) = \delta(t) + \frac{d\delta(t)}{dt} \Rightarrow H(f) = 1 + j2\pi f$$
$$S_Z(f) = S_X(f)\left|H(f)\right|^2 = S_X(f)\left(1 + (2\pi f)^2\right)$$
$$= \frac{1}{4}A^2\left(1 + (2\pi f)^2\right)\left(\delta(f - f_0) + \delta(f + f_0)\right)$$
$$\therefore R_Z(\tau) = \frac{1}{2}A^2\left(1 + (2\pi f_0)^2\right)\cos(2\pi f_0 \tau)$$

例題 31

As shown in the figure below, the signal $X(t)$ which pass through a linear system with impulse response $h(t)$ become the signal $Y(t)$. Suppose $X(t)$is wide sense stationary process, please prove $R_{yy}(\tau) = R_{xx}(\tau) \otimes h(\tau) \otimes h(-\tau)$

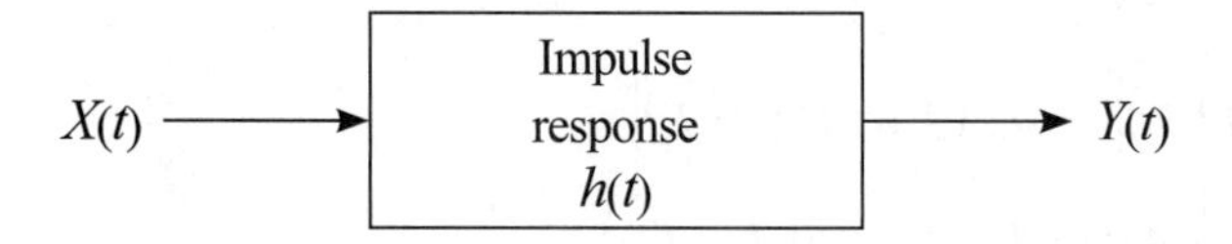

（98 台科大電子所）

解：

$$R_Y(\tau)=E\left[Y(t)Y(t+\tau)\right]=E\left[\int_{-\infty}^{\infty}\int_{-\infty}^{\infty}h(\alpha)X(t-\alpha)h(\beta)X(t+\tau-\beta)\,d\alpha d\beta\right]$$
$$=\int_{-\infty}^{\infty}\int_{-\infty}^{\infty}h(\alpha)h(\beta)E\left[X(t-\alpha)X(t+\tau-\beta)\right]d\alpha d\beta$$
$$=\int_{-\infty}^{\infty}\int_{-\infty}^{\infty}h(\alpha)h(\beta)R_X(\tau+\alpha-\beta)\,d\alpha d\beta$$
$$=\int_{-\infty}^{\infty}h(\alpha)\tilde{R}_X(\alpha+\tau)\,d\alpha\quad;\ \tilde{R}_X(\tau)=R_X(\tau)*h(\tau)$$
$$=\tilde{R}_X(\tau)*h(-\tau)$$
$$=R_X(\tau)*h(\tau)*(h-\tau)$$

例題 32

(a) Consider a random variable X with a probability density function $f_X(x)$. Find the pdf of the random variable $Y=aX+b$ in terms of $f_X(x)$, where a and b are constants. If X is Gaussian distributed, will Y be Gaussian distributed? Why?

(b) For a linear time-invariant (LTI) system with a wide-sense stationary (WSS) input random process $X(t)$ given as below, express μ_Y, $S_Y(f)$, $R_Y(\tau)$ and $R_{X,Y}(\tau)$ for the output random process $Y(t)$ in terms of μ_X, $S_X(f)$, $R_X(\tau)$, $h(t)$ and $H(f)$.

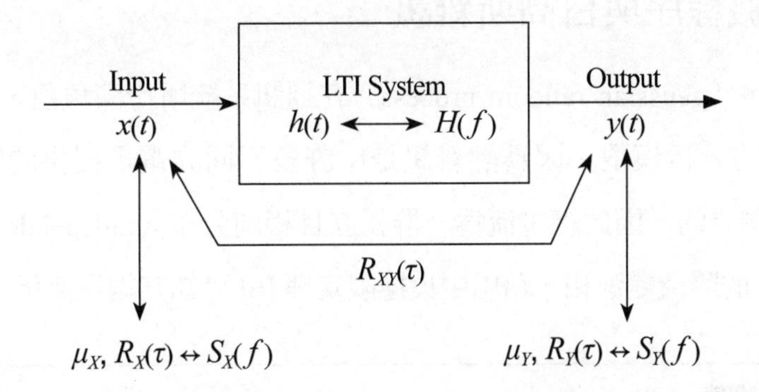

（100 暨南電機所）

解：

(a) $f_Y(y)=f_X\left(\dfrac{y-b}{a}\right)\left|\dfrac{1}{a}\right|$

$$M_Y(t)=E\left[e^{t(ax+b)}\right]=e^{bt}E\left[e^{axt}\right]=e^{bt}\exp\left(a\mu t+\frac{1}{2}a^2\sigma^2t^2\right)$$
$$=\exp\left((a\mu+b)t+\frac{1}{2}\left(a^2\sigma^2\right)t^2\right)$$

(b) $\mu_Y = \mu_X H(0)$

$$R_Y(\tau) = R_X(\tau) * h(\tau) * (h - \tau)$$

$$S_Y(f) = S_X(f)\left|H(f)\right|^2$$

例題 33

Assume $X(t)$ is a white random process with power spectrum $S_X(f) = 1, \forall f$. Suppose $X(t)$ is the input to the linear filter with impulse response

$$h(t) = \begin{cases} e^{-t}, & t \geq 0 \\ 0, & t < 0 \end{cases}$$

(a) Determine the power spectrum $S_Y(f)$ of the filter output.

（100 北科大電機所）

解：

$$H(f) = \frac{1}{1 + j2\pi f} \Rightarrow S_Y(f) = S_X(f)\left|H(f)\right|^2 = \frac{1}{1 + (2\pi f)^2} \, Watt/Hz$$

3.6 高斯隨機程序與白高斯雜訊

高斯隨機程序（gaussian random process）在通訊系統所扮演角色，就是可以爲熱雜訊提供一個良好的分析模型，因爲熱雜訊是由許多不同的電子提供的電流產生，這些電子的行爲都是獨立的，因此總電流爲一群獨立且相同分布（independent and identically distribution, *i.i.d.*）的隨機變數和，藉由中央極限定理 [6] 可知其總電流仍爲高斯分布。

定義：高斯隨機程序

我們對隨機程序 $X(t)$ 在任意 n 個時間點取樣，若取樣値 $X(t_k)$; $k = 1, 2, ..., n$ 具有 n 階聯合高斯密度函數，則 $X(t)$ 爲高斯隨機程序。

考慮多個隨機變數間之聯合（jointly）高斯分布時，爲使得函數表示式簡潔起見，一般常將隨機變數整合成向量形式；意即若將 n 個隨機變數 X_1、X_2、...,、X_n 整理成一個 n 維隨機向量，即

$$\mathbf{X} = [X_1 \ X_2 \ \dots \ X_n]^T$$

其中 $[\ ]^T$ 爲轉置（transpose）運算，因此 $\mathbf{X}$ 爲一行（column）向量，則 n 維隨機變數之聯合高斯密度函數表示爲

$$f_{\mathbf{X}}(x_1, x_2, \cdots, x_n) = \frac{1}{(2\pi)^{n/2} \left|\det \mathbf{C}\right|^{1/2}} \exp\left(-\frac{1}{2}(\mathbf{x}-\boldsymbol{\mu})^T \mathbf{C}^{-1} (\mathbf{x}-\boldsymbol{\mu})\right) \tag{51}$$

則稱隨機程序 $X(t)$ 爲高斯程序（Gaussian process），其中 $\mathbf{C}$ 爲 $n \times n$ 共變異數矩陣（covariance matrix），$|\det\mathbf{C}|$ 爲 $\mathbf{C}$ 之行列式取絕對值；$\boldsymbol{\mu}$ 爲期望值行向量，分別定義如下：

$$\mathbf{C} \equiv E\left[(\mathbf{x}-\boldsymbol{\mu})(\mathbf{x}-\boldsymbol{\mu})^T\right] = \begin{bmatrix} C_{11} & C_{12} & \cdots & C_{1n} \\ C_{21} & C_{22} & \cdots & C_{2n} \\ \vdots & \vdots & \vdots & \vdots \\ C_{n1} & C_{n2} & \cdots & C_{nn} \end{bmatrix} \tag{52}$$

$$\boldsymbol{\mu} = [\mu_1 \ \mu_2 \cdots \mu_n]^T$$

觀察矩陣 $\mathbf{C}$ 知其爲一對稱（symmetric）矩陣，意即 $C_{ij} = C_{ji}$，且對角線上各值 $C_{11}, C_{22}, \dots, C_{nn}$ 分別等於各隨機變數的變異數。

因爲高斯分布函數及密度函數完全由期望值與共變異數所決定，則若我們知道其期望值及自相關函數或自共變異數函數，高斯隨機程序可被完全的決定。換言之 , 就高斯程序而言，只要知道平均值 $\boldsymbol{\mu}$ 與共變異數矩陣 $\mathbf{C}$，即可爲此隨機程序提供完整的統計描述。

定理 3-19：如果一個高斯程序 $X(t)$ 輸入到一個穩定之線性非時變系統，則其輸出 $Y(t)$ 亦爲高斯程序，即系統對 $X(t)$ 之影響只反應在 $X(t)$ 的平均值與變異數之變化。

定理 3-20：如果一個高斯程序在時間 $t_1, t_2, \dots, t_n$ 取樣得到之隨機變數 $X(t_1), X(t_2), \dots, X(t_n)$ 是互不相關，則這些隨機變數亦爲獨立。

觀念提示： 此性質指出隨機變數 $X(t_1), X(t_2), ..., X(t_n)$ 之聯合機率密度函數可以表示成其各別的機率密度函數之乘積。

白色高斯雜訊（White Gaussian Noise）

在通訊系統中通道所帶來的熱雜訊（thermal noise），以及電子元件在工作時所導致的熱雜訊可以視爲一高斯隨機程序，而且在對於所有的頻率範圍內之頻譜都接近一個常數，稱之爲白色高斯雜訊。以數學式而言，一個高斯隨機程序之雜訊 $n(t)$，具有水平（平坦）的功率頻譜密度函數，即有

$$S_N(f) = \frac{N_0}{2} \tag{53}$$

利用 Wiener-Khinchin 定理，可知白色高斯雜訊之自相關函數 $R_N(\tau)$ 爲

$$R_N(\tau) = \mathfrak{I}^{-1}\{S_N(f)\} = \frac{N_0}{2}\delta(\tau) \tag{54}$$

如圖 3-7 所示：

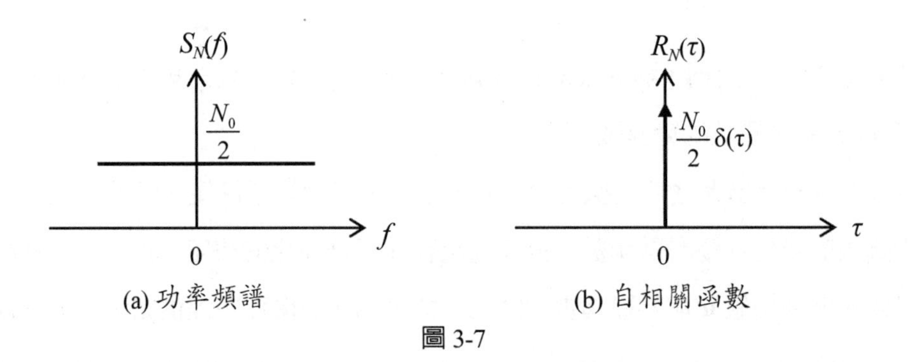

(a) 功率頻譜　(b) 自相關函數

圖 3-7

對 $R_N(\tau)$ 而言，當 $\tau \neq 0$ 時都會有 $R_N(\tau) = 0$，意即不論取樣時間（速度）爲何，白雜訊之二個取樣值皆不相關。因爲取樣值爲高斯分布，因此任二個取樣值亦爲獨立。

1.白高斯雜訊通過低通濾波器

若一白高斯雜訊 $w(t)$ 通過頻寬爲 B 之低通濾波器後，其輸出爲 $n(t)$ 亦爲高斯程序，但 $n(t)$ 之功率頻譜密度函數變爲

$$S_N(f)=\begin{cases}\frac{N_0}{2}, & -B<f<B\\ 0, & |f|>B\end{cases} \tag{55}$$

$$\therefore R_N(\tau)=\Im^{-1}\{S_N(f)\}=\int_{-B}^{B}\frac{N_0}{2}e^{j2\pi f\tau}df=N_0B\sin c(2B\tau) \tag{56}$$

$S_N(f)$ 與 $R_N(\tau)$ 之圖形如圖 3-8 所示：

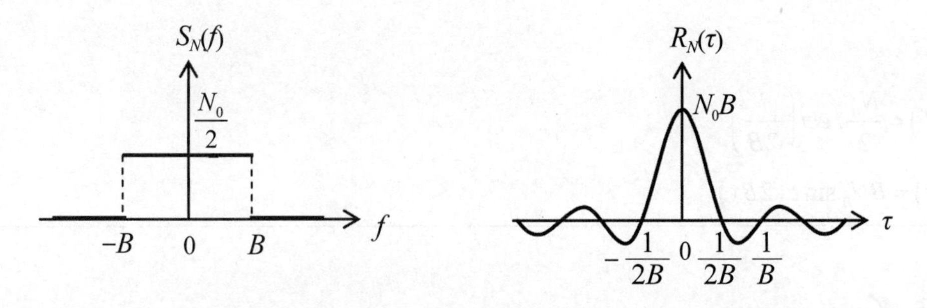

圖 3-8

若對 $n(t)$ 以每秒 $2B$ 之速度取樣，由其 $R_N(\tau)$ 之圖形發現會有$R_N\left(\frac{1}{2B}\right)=0$，此時可知 $n(t)$ 爲不相關亦爲統計獨立。故每一個輸出雜訊 $n(t)$ 取樣之平均值爲 0，變異數爲

$$\sigma_n^2=E[n^2(t)]=R_N(0)=N_0B \tag{57}$$

2.白高斯雜訊通過相關器（correlator）

若白高斯雜訊 $w(t)$ 通過下列之相關器（correlator）後之輸出爲 v

$$v=\sqrt{\frac{2}{T}}\int_0^T w(t)\cos(2\pi f_c t)dt \tag{58}$$

可知 v 之均值亦爲 0，變異數爲

$$\begin{aligned}\sigma^2&=E\left[\frac{2}{T}\int_0^T\int_0^T w(t_1)\cos(2\pi f_c t_1)w(t_2)\cos(2\pi f_c t_2)dt_1dt_2\right]\\&=\frac{2}{T}\int_0^T\int_0^T E[w(t_1)w(t_2)]\cos(2\pi f_c t_1)\cos(2\pi f_c t_2)dt_1dt_2\\&=\frac{2}{T}\int_0^T\int_0^T\frac{N_0}{2}\delta(t_1-t_2)\cos(2\pi f_c t_1)\cos(2\pi f_c t_2)dt_1dt_2\\&=\frac{2}{T}\frac{N_0}{2}\int_0^T\cos^2(2\pi f_c t)dt\\&=\frac{N_0}{2}\end{aligned} \tag{59}$$

例題 34

將高斯白色雜訊（Gaussian white noise）通過截止頻率為 B 的低通濾波器後

(1) 請畫出其功率頻譜密度（power spectral density）。

(2) 請計算並畫出這低通濾波高斯白色雜訊的自身相關函數（autocorrela-tion）。（104 年公務人員普通考試）

解：

$$S_X(f)=\frac{N_0}{2}rect\left(\frac{f}{2B}\right)$$

$$R_X(\tau)=BN_0\sin c(2B\tau)$$

例題 35

Regarding to a zero-mean white Gaussian noise $N(t)$, which of the following statements is false?

(a) The autocorrelation function of $N(t)$ contains a δ function.

(b) The power of $N(t)$ is finite.

(c) The power spectral density of $N(t)$ is flat.

(d) If $N(t)$ is pass through an LTI system, the output of the LTI system is also a Gaussian random process.

(e) If $N(t)$ is sampled at t_1, then $N(t_1)$ is a Gaussian random variable.

（97 中正通訊所）

解：(b)

例題 36

Let $N(t)$ be a zero-mean white noise with power spectral density $\frac{N_0}{2}$, which of the following statements is false?

(a) $\int_0^1 N(t)dt=0$.

(b) The random variable $\int_0^1 N(t)dt = 0$ has zero mean.

(c) The random variable $\int_0^1 N(t)dt = 0$ has variance $\frac{N_0}{2}$.

(d) The random variable $Y = \int_0^1 N(t)\cos(2\pi t)dt$ has zero mean.

(e) None of the above　　(97 中正通訊所)

解：(a)

3.窄頻雜訊（Narrowband Noise）

一般而言，通訊系統的接收器接收訊號時都會先經過一個帶通濾波器（稱之為 preselector），一方面讓訊號通過一方面濾除不必要的雜訊。這種濾波器所輸出的雜訊 $n(t)$ 與白雜訊相比，視為窄頻雜訊（narrowband noise），因此 $n(t)$ 具有如圖 3-9 之頻譜：

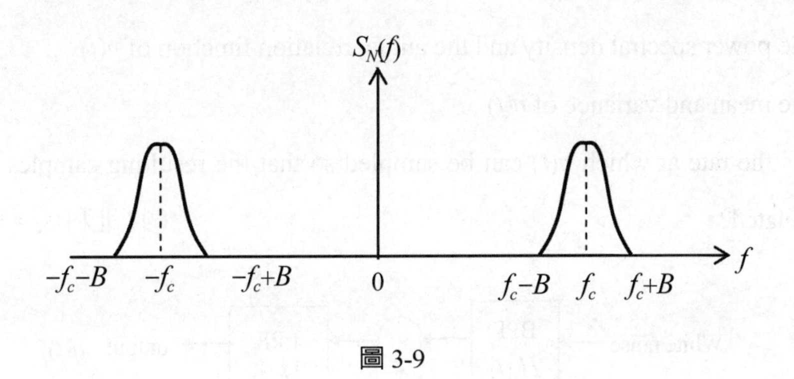

圖 3-9

頻譜集中於中心頻率 f_c 附近，其頻寬 $B < f_c$，一般可將窄頻雜訊表示成同相（in-phase）與正交（quadrature）成分。

$$n(t) = n_I(t)\cos(2\pi f_c t) - n_Q(t)\sin(2\pi f_c t) \tag{60}$$

定理 3-21：$n_I(t)$ 與 $n_Q(t)$ 的功率頻譜密度相同，其與 $n(t)$ 的功率頻譜密度 $S_N(f)$ 之關係為

$$S_{N_I}(f) = S_{N_Q}(f) = \begin{cases} S_N(f-f_c) + S_N(f+f_c), & -B \le f \le B \\ 0, & otherwise \end{cases} \tag{61}$$

證明：

$$n_I(t) = LPF\left\{n(t)2\cos\left(2\pi f_c t + \phi\right)\right\}$$

$$R_{n_I}(\tau) = E\left[n_I(t)n_I(t+\tau)\right]$$

$$= LPF\left\{E\left[n(t)n(t+\tau)\right]E\left[4\cos\left(2\pi f_c t + \phi\right)\cos\left(2\pi f_c (t+\tau) + \phi\right)\right]\right\}$$

$$= LPF\left\{R_n(\tau)2\cos\left(2\pi f_c \tau\right)\right\}$$

$$\Rightarrow S_{n_I}(f) = LPF\left\{S_N(f+f_c) + S_N(f-f_c)\right\}$$

例題 37

White Gaussian noise of zero mean and power spectral density $\frac{N_0}{2}$ is applied to the filtering scheme shown in the figure(a). The frequency response of these two filters are shown in the figure(b). The noise at the low-pass filter is denoted by $n(t)$.

(1) Find the power spectral density and the autocorrelation function of $n(t)$.

(2) Find the mean and variance of $n(t)$.

(3) What is the rate at which $n(t)$ can be sampled so that the resulting samples are essentially uncorrelated?　（97 北科大，中山電機所）

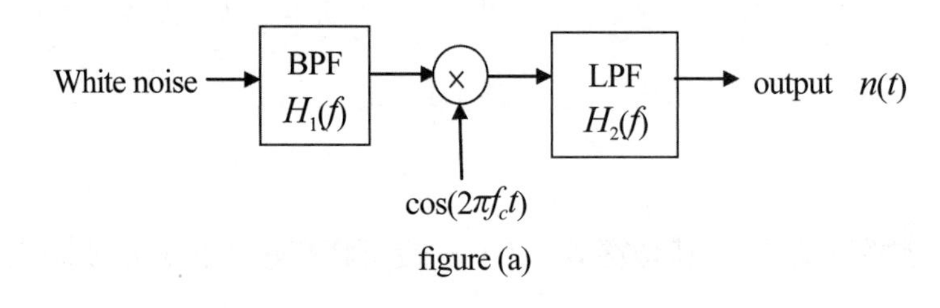

figure (a)

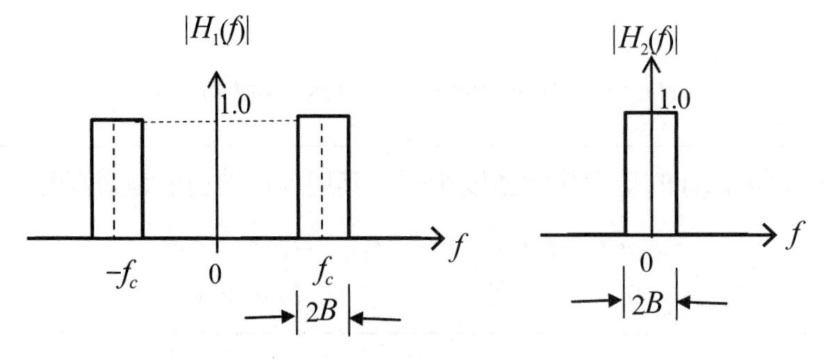

figure (b)

解：

(1) 令 $S_1(f)$ 表示在 BPF 後之功率頻譜密度函數，則其圖形如下：

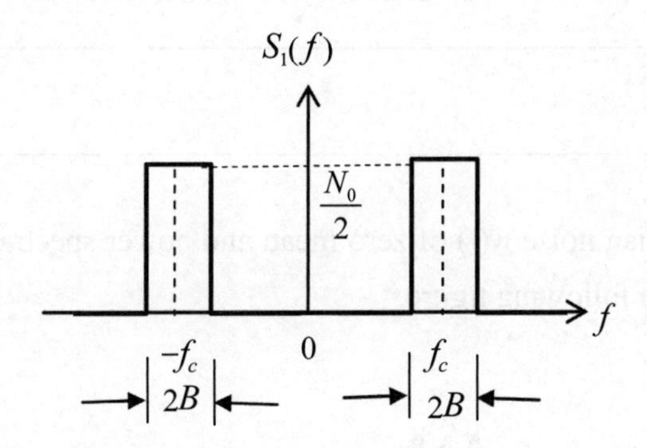

令 $S_2(f)$ 表示在 乘法器後之功率頻譜密度函數，則有

$S_2(f) = \frac{1}{4}\left[S_1(f+f_c) + S_1(f-f_c)\right]$，圖形如下：

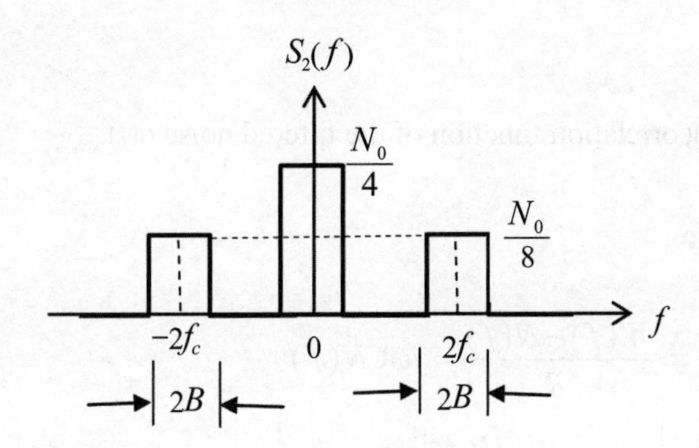

因此 $n(t)$ 之功率頻譜密度函數為：

$$S_{N_O}(f) = \begin{cases} \frac{N_0}{4}, & -B < f < B \\ 0, & otherwise \end{cases}$$

故 $n(t)$ 之自相關函數為：

$R_N(\tau) = \Im^{-1}\left\{S_{N_O}(f)\right\} = \frac{N_0 B}{2}\operatorname{sinc}(2B\tau)$。

(2) 由題意知 $\mu_{n(t)} = 0$，因此 $Var[n(t)] = E[n^2(t)]$

而 $S_{N_O}(f)$ 之圖形總面積為 $\frac{N_0}{4}\cdot 2B = \frac{N_0 B}{2} \equiv E\left[n^2(t)\right]$

故 $Var[n(t)]=\frac{N_0B}{2}$。

(3) 由 $R_N(\tau)=\frac{N_0B}{2}\text{sinc}(2B\tau)$ 知取樣速度爲 $2B$ sample/sec 時即可。

例題 38

Consider a white Gaussian noise $w(t)$ of zero mean and power spectral density $\frac{N_0}{2}$ applied to a low-pass RC filter of the following figure.

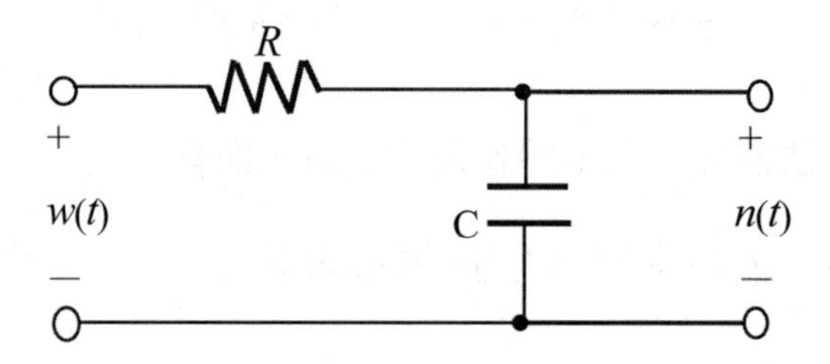

Determine the autocorrelation function of the filtered noise $n(t)$.

（98 海洋通訊所）

解：

$$\frac{w(t)-n(t)}{R}=C\frac{dn(t)}{dt}\Rightarrow\frac{W(f)-N(f)}{R}=j\omega CN(f)$$

$$H(f)=\frac{N(f)}{W(f)}=\frac{1}{1+j2\pi fRC}，\therefore\ |H(f)|^2=\frac{1}{1+(2\pi fRC)^2}$$

知 $S_N(f)=|H(f)|^2S_W(f)=\frac{N_0}{2}\frac{1}{1+(2\pi fRC)^2}$

由於 $\Im\{e^{-a|\tau|}\}=\frac{2a}{a^2+(2\pi f)^2}$

$R_N(\tau)=\Im^{-1}\{S_N(f)\}=\frac{N_0}{4RC}e^{-\frac{|\tau|}{RC}}$。

例題 39

Consider a white Gaussian noise process of zero mean and power spectral density $\frac{N_0}{2}$ that is applied to the input of the high-pass RL filter shown in the figure below. Find the autocorrelation function and power spectral density of the random process at the output of the filter.

（97 高應大電機所）

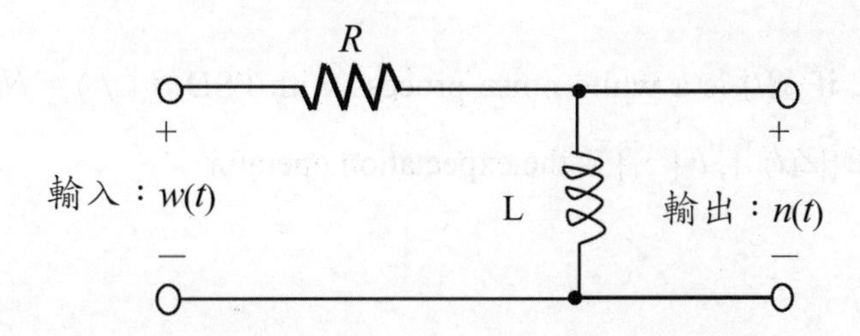

解：

(1) $H(f)=\dfrac{N(f)}{W(f)}=\dfrac{Lj2\pi f}{R+j2\pi fL}$

依題意知 $S_W(f)=\dfrac{N_0}{2}$

$$\therefore\ S_N(f)=S_W(f)\left|H(f)\right|^2=\frac{N_0}{2}\left|\frac{Lj2\pi f}{R+Lj2\pi f}\right|^2$$

$$=\frac{N_0}{2}\frac{Lj2\pi f}{R+j2\pi fL}\frac{-Lj2\pi f}{R-j2\pi fL}=\frac{N_0}{2}\frac{2\pi fL^2}{R^2+(2\pi fL)^2}$$

$$=\frac{N_0}{2}\frac{(\frac{2\pi fL}{R})^2}{1+(\frac{2\pi fL}{R})^2}=\frac{N_0}{2}\left[1-\frac{1}{1+(\frac{2\pi fL}{R})^2}\right]$$

故 $R_N(\tau)=\mathfrak{I}^{-1}\left\{S_N(f)\right\}=\dfrac{N_0}{2}\left[\delta(\tau)-\dfrac{R}{2L}e^{-\frac{R|\tau|}{L}}\right]$。

例題 40

Let $X(t)$ be a zero-mean wide-sense stationary random process with autocorelation function $E\{X(t+\tau)X(t)\}=R_X(\tau)$and power spectral density (PSD) $S_X(f)$.

(1) Let $Y(t) = X(t)\cos(2\pi f_c t + \theta)$, where f_c is a known constant, and θ is a random variable uniformly distributed over $(\pi, -\pi)$ that is independent of $X(t)$. Find the PSD of $Y(t)$.

(2) Following (1), if $X(t)$ is a Gaussian random process, is $Y(t)$ also a Gaussian random process? why?

(3) If $X(t)$ is passed through a finite-time integrator to obtain $Z(t) = \frac{1}{T}\int_{t-T}^{t} X(\tau)d\tau$，find the PSD of $Z(t)$.

(4) Following (3), if $X(t)$ is a white noise process with PSD $S_X(f) = N_0/2$, find the average output power $E\{|Z(t)|^2\}$, $E\{\cdot\}$ is the expectation operator.

（99 台聯大通訊）

解：

(1)
$$R_Y(\tau) = E[Y(t)Y(t+\tau)]$$
$$= E[X(t)X(t+\tau)]E[\cos(2\pi f_c t + \theta)\cos(2\pi f_c(t+\tau) + \theta)]$$
$$= \frac{1}{2}R_X(\tau)\cos(2\pi f_c \tau)$$

$$S_Y(f) = \frac{1}{4}(S_X(f - f_c) + S_X(f + f_c))$$

(2)
$$\mathbf{x} = [X_1 \quad X_2 \quad \cdots \quad X_n]^T, \mathbf{x} \quad N(\mathbf{0}, \mathbf{C})$$
$$\mathbf{y} = \mathbf{Ax}, \Rightarrow \mathbf{y} \quad N(\mathbf{0}, \mathbf{ACA}^T)$$

(3)
$$h(t) = \frac{1}{T}[u(t) - u(t-T)] \Rightarrow H(f) = \sin c(Tf)e^{-j\pi fT}$$
$$S_Z(f) = S_X(f)|H(f)|^2 = S_X(f)\sin c^2(Tf)$$

(4)
$$S_Z(f) = \frac{N_0}{2}|H(f)|^2 = \frac{N_0}{2}\sin c^2(Tf) \Rightarrow$$
$$R_Z(\tau) = \frac{N_0}{2T}tri\left(\frac{\tau}{T}\right)$$
$$E\left[|Z(t)|^2\right] = R_Z(0) = \frac{N_0}{2T}$$

例題 41

Let a random process be given by $Z(t) = X(t)\cos(\omega_0 t + \theta)$, where $X(t)$ is a stationary random process with $E\{X(t)\} = 0$, $E\{X^2(t)\} = \sigma_X^2$, and

$E\{X(t)X(t+\tau)\} = R_X(\tau)$

(1) If $\theta = 0$, find $E\{Z(t)\}$ and $E\{Z^2(t)\}$. Is $Z(t)$ stationary?

(2) If θ is a random variable independent of $X(t)$ and uniformly distributed in the interval $(\pi, -\pi)$, show that $E\{Z(t)\} = 0, E\{Z^2(t)\} = \dfrac{\sigma_X^2}{2}$. Is $Z(t)$ WSS?

(3) Let $Z(t) = X(t)\cos(\omega_0 t + \theta) + Y(t)\sin(\omega_0 t + \theta)$, where $X(t)$ and $Y(t)$ are stationary Gaussian random processes with $E\{X(t)\} = E\{Y(t)\} = 0$, $E\{X^2(t)\} = E\{Y^2(t)\} = \sigma^2$, and $E\{X(t)X(t+\tau)\} = E\{Y(t)Y(t+\tau)\} = R(\tau)$, $X(t)$ and $Y(t)$ are uncorrelated for any t. If θ is a random variable independent of $X(t)$, $Y(t)$and uniformly distributed in the interval $(\pi, -\pi)$. Find $E\{Z(t)\}$ and $E\{Z^2(t)\}$. Is $Z(t)$ stationary?

（中央通訊所）

解：

(1) $E[Z(t)] = E[X(t)]\cos w_0 t = 0$

$$E[Z^2(t)] = E[X^2(t)]\cos^2(w_0 t) = \sigma_X^2 \cos^2(w_0 t)$$

與 t 有關，故 $Z(t)$ is not stationary

(2) $E[Z(t)] = E[X(t)]E[\cos(\omega_0 t + \theta)] = 0$

$$E[Z^2(t)] = E[X^2(t)]E[\cos^2(\omega_0 t + \theta)] = \frac{1}{2}\sigma_X^2$$

$$R_Z(t_1, t_2) = E[X(t_1)X(t_2)]E[\cos(w_0 t_1 + \theta)\cos(w_0 t_2 + \theta)]$$

$$= R_X(t_1 - t_2)E\left[\frac{\cos(w_0(t_1 - t_2))}{2} + \frac{\cos(w_0(t_1 + t_2) + 2\theta)}{2}\right]$$

$$= \frac{1}{2}R_X(t_1 - t_2)\cos(w_0(t_1 - t_2))$$

$\therefore$ *$Z(t)$ is WSS*

(3) $E[Z(t)] = E[X(t)\cos(w_0 t + \theta)] + E[Y(t)\sin(w_0 t + \theta)] = 0$

$$E[Z^2(t)] = E[X^2(t)\cos^2(w_0 t + \theta)] + E[Y^2(t)\sin^2(w_0 t + \theta)]$$

$$+2E\left[X(t)Y(t)\sin(w_0t+\theta)\cos(w_0t+\theta)\right]$$

$$=\frac{\sigma^2}{2}+\frac{\sigma^2}{2}+0=\sigma^2$$

$$R_Z(t_1,t_2)=E\left\{X(t_1)X(t_2)\cos(w_0t_1+\theta)\cos(w_0t_2+\theta)\right\}$$

$$+E\left\{Y(t_1)Y(t_2)\sin(w_0t_1+\theta)\sin(w_0t_2+\theta)\right\}$$

$$=R_X(t_1-t_2)E\left[\frac{\cos(w_0(t_1-t_2))}{2}+\frac{\cos(w_0(t_1+t_2)+2\theta)}{2}\right]$$

$$+R_Y(t_1-t_2)E\left[\frac{\cos(w_0(t_1-t_2))}{2}+\frac{\cos(w_0(t_1+t_2)+2\theta)}{2}\right]$$

$$=\frac{1}{2}\cos(\omega_0\tau)\left[R_X(\tau)+R_Y(\tau)\right],\ \tau=t_1-t_2$$

$\therefore$ *Z(t) is WSS*

例題 42

If A and B are two zero-mean independent Gaussian random variables with variances σ_A^2, σ_B^2 respectively. it is assumed that $\sigma_A=\sigma_B$. Let $X=3A-2B$, $W=2A+3B$. Then

(1) Find the mean of X

(2) Find the variance of X.

(3) Find the PDF of W

(4) A random process is defined by $Y(t)=A\cos(2\pi ft)+B\sin(2\pi ft)$.

Find the mean and autocorrelation function of $Y(t)$.

（北科大電通所）

解：

(1) $E[X]=E[3A-2B]=0$

(2) $Var(X)=9Var(A)+4Var(B)=9\sigma_A^2+4\sigma_B^2$

(3) $W=2A+3B\sim N(0,4\sigma_A^2+9\sigma_B^2)$

(4) $E[Y(t)]=E[A]\cos(2\pi ft)+E[B]\sin(2\pi ft)=0$

$$R_Y(\tau)=E[Y(t)Y(t+\tau)]$$

$$=E\left[A^2\cos(2\pi ft)\cos(2\pi f(t+\tau))\right]+E\left[B^2\sin(2\pi ft)\sin(2\pi f(t+\tau))\right]$$

$$+E\left[AB\cos(2\pi ft)\sin(2\pi f(t+\tau))\right]+E\left[AB\sin(2\pi ft)\cos(2\pi f(t+\tau))\right]$$
$$=E\left[A^2\right]\cos(2\pi ft)\cos(2\pi f(t+\tau))+E\left[B^2\right]\sin(2\pi ft)\sin(2\pi f(t+\tau))$$
$$=\sigma^2\left[\cos(2\pi ft)\cos(2\pi f(t+\tau))+\sin(2\pi ft)\sin(2\pi f(t+\tau))\right]$$
$$=\sigma^2\cos(2\pi f\tau)$$

例題 43

The input to a low-pass filter with impulse response

$h(t)=20e^{-5t}u(t)$

is white Gaussian noise with mean zero and single-sided power spectral density 2×10^{-2} W/Hz.

(1) Determine the power spectral density of the output.

(2) Determine the autocorrelation function of the output.

(3) Determine the probability density function of the output.

(4) Is still a white noise of the output?

(5) Is still a Gaussian noise of the output?

（100 北科大電通所）

解：

(1) $H(f)=\dfrac{20}{5+j2\pi f}\Rightarrow S_X(f)=\dfrac{N_0}{2}\left|H(f)\right|^2=10^{-2}\dfrac{400}{25+(2\pi f)^2}\,Watt/Hz$

(2) $R_X(\tau)=\mathfrak{I}^{-1}\left\{\dfrac{4}{25+(2\pi f)^2}\right\}=\dfrac{2}{5}e^{-5|\tau|}$

(3) $N\left(0,\dfrac{2}{5}\right)$

(4) *No*

(5) *Yes*

綜合練習

1. A binary (0 or 1) message transmitted through a noisy communication channel is received incorrectly with probability ε_0 and ε_1, respectively. Errors in different symbol transmissions are independent.

   (1) Suppose that the string of symbols '1011' is transmitted. What is the probability that all the symbols in the string are received correctly?

   (2) In an effort to improve reliability, each symbol is transmitted three times and the received symbol is decoded by majority rule. In other words, a '0'(or '1') is transmitted as '000'(or '111', respectively) and it is decoded at the receiver as a '0'(or '1') if and only if the received three-symbol string contains at least two '0's (or '1's, respectively). What is the probability that a transmitted '0' is correctly decoded?

   (3) Suppose that the channel source transmits a '0' with probability p and transmits a '1' with probability $(1 - p)$, and that the scheme of part (2) is used. What is the probability that a '0' was transmitted given that the received string is '101'?　（清大通訊所）

2. In data communications, a message transmitted from one end is subject to various sources of distortion and may be received erroneously at the other end. Suppose that a message of 64 bits (a bit is the smallest unit of infomation and is either 1 or 0) iS transmitted through a medium. If each bit is received incorrectly with probability 0.0001 independently of the other bits, what is the probability that the message received is free of error?

   （96 成大通訊所）

3. A bin contains 3 different types of disposable flashlights. The probability that a type 1 flashlight will give 100 hours of use is 0.7, with the corresponding probabilities for type 2 and type 3 flashlights being 0.4 and 0.3, respectively. Suppose that 20 percent of the flashlights in the bin are type 1, 30 percent are type 2, and 50 percent are type 3.

   (1) What is the probability that a randomly chosen flashlight will give more than 100 hours of use?

   (2) Given the flashlight lasted over 100 hours, what is the conditional probability that it was a

type j flashlight, j = 1, 2, 3?

（98 中央通訊所）

4. X and Y are random variables with the joint PDF

$$f_{X,Y}(x,y)=\begin{cases}5x^2/2 & -1\le x\le 1;0\le y\le x^2\\ 0, & otherwise\end{cases}$$ Let A = {Y ≤ 1/4}

(1) What is the marginal PDF $f_x(x)$?

(2) What is the conditional PDF $f_{X,Y|A}(x,y)$?

(3) What is $f_{Y|A}(y)$?

(4) What is E[Y|A]?

（98 中央通訊所）

5. X and Y have the joint PDF $f_{X,Y}(x,y)=\begin{cases}\lambda\mu E^{-(\lambda x+\mu y)} & x\ge 0,y\ge 0\\ 0, & otherwise\end{cases}$

Find the PDF of $W = Y/X$

（98 中央通訊所）

6. Find the PSD of the following random process

(1) $X(t)=A\cos(2\pi f_c t+\theta)$, $\theta\sim U(-\pi,\pi)$

(2) $X(t)=\sum_{k=-\infty}^{\infty}a_k p(t-kT-t_d)$

$$P(a_k=A)=P(a_k=-A)=\frac{1}{2}$$

$$p(t)=u(t)-u(t-T),\ t_d\sim U\left[0,T\right]$$

(3) $Y(t)=X(t)\cos(2\pi f_c t+\theta)$, $\theta\sim U[0,2\pi]$且與 $X(t)$ 獨立

（清大電機所）

7. Consider the random process $X(t)=\sum_{k=-\infty}^{\infty}a_k p(t-kT-\Delta)$. $\Delta\sim U\left(-\frac{T}{2},\frac{T}{2}\right)$ where $\{a_k\}$ is a white random sequence with the property

$$E\left[a_k\right]=0, E\left[a_k a_{k+m}\right]=\begin{cases}\sigma_a^2, m=0\\ 0, m\ne 0\end{cases}$$

The pulse shaping function $p(t)$ is the unit rectangular pulse

$$p(t)=\begin{cases}1,-\frac{T}{2}<t<\frac{T}{2}\\ 0,otherwise\end{cases}$$

where T is the separation between pulses. Use the Wiener-Khinchine theorem to calculate the PSD of $X(t)$. （中正通訊所）

8. Assume that a data stream $d(t)$ consists of a random sequence of +1, and –1 , each of T seconds in duration. The autocorrelation function of such a sequence is :

$$R_a(\tau)=\begin{cases}1-\frac{|\tau|}{T},|\tau|\le T\\ 0,otherwise\end{cases}$$

(1) Find the PSD of an ASK-modulated signal given by

$S_{ASK}(t)=\cos(2\pi f_c t+\theta)(d(t)+1)$. Where $\theta\sim U[0,2\pi)$

(2) Compute the PSD of a PSK-modulated signal given by

$S_{PSK}(t)=\sin\left[2\pi f_c t+\theta+\frac{\pi}{2}d(t)\right]$. Where $\theta\sim U[0,2\pi)$

(3) By sampling $d(t)$ with sampling period T, a discrete random sequence d_1, d_2, ... of +1, and –1 are formed. Calculate the entropy of d_t.

（交大電信所）

9. Let $X(t)$ be a baseband transmitted signal of a symbol sequence A_n given by

$$X(t)=\sum_{n=-\infty}^{\infty}A_n g\left(t-T_d-nT\right)$$

where A_n is an i.i.d. complex random sequence with zero mean and variance $\sigma_A^2, T_d\sim U\left[0,T\right], g(t)$ is a pulse shaping function. It is known that the PSD of $X(t)$ is given by

$$S_{XX}(f)=\frac{\sigma_A^2}{T}|G(f)|^2$$

(1) Find $S_{XX}(f)$ if $g(t)=u(t)-u(t-T)$

(2) Let $p(t)=u(t)-u(t-T_c)$and

$$g(t)=\sum_{k=0}^{N-1}c_k p\left(t-kT_c\right)$$

where $T_c = \dfrac{T}{N}, c_k$ are i.i.d. binary random variables of $\{\pm 1\}$ with equal probabilities. Find $S_{XX}(f)$. What are the distinctions between the results of (1) and (2)　　（97 台聯大通訊）

10. The PSD of a random process $X(t)$ is $S_X(f) = tri\left(\dfrac{f}{B}\right)$

(1) Determine the autocorrelation function $R_X(\tau)$

(2) Find the average power of $X(t)$

(3) What sampling rate will give uncorrelated samples of $X(t)$?

(4) What condition will make samples in (3) be statistically independent?

（北科大電機所）

11. The PSD of a random process $X(t)$ is $S_X(f) = 10\delta(f) + 25\sin c^2(5f)$. Find its AC and DC power.　　（暨南電機所）

12. Which of the following functions of τ are possible autocorrelations of a real WSS random process?

(1) $A\sin c(2W\tau), W > 0$

(2) $A\sin(\omega_0|\tau|), \omega_0 > 0$

(3) $Arect\left(\dfrac{\tau}{\tau_0}\right), \tau_0 > 0$

(4) $A(|\tau|+1)rect\left(\dfrac{\tau}{\tau_0}\right)$　　（台大電信所）

13. Consider the PAM signal $S(t) = \sum_{n=-\infty}^{\infty} b_n h(t - nT - \Delta)$. $\Delta \sim U\left(-\dfrac{T}{2}, \dfrac{T}{2}\right)$ Suppose that $h(t) = \begin{cases} 1; 0 \le t \le T \\ 0; otherwise \end{cases}, b_n = a_n - a_{n-2}, \{a_n = \pm 1\}$ is a sequence of uncorrelated random variables with $P[a_n = 1] = P[a_n = -1] = \dfrac{1}{2}$

(1) Determine the autocorrelation function of the sequence $\{b_n\}$

(2) Determine the PSD of $S(t)$　　（中正電機所）

14. A random process defined by

$X(t) = A(t)\cos(2\pi f_c t + \theta)$

is applied to an integrator producing the output

$$Y(t)=\int_{t-T}^{t} X(\tau)d\tau$$

(1) Suppose that f_c is a constant, $A(t)$ is a WSS random process independent of θ, $\theta \sim U[0, 2\pi]$. We denote the PSD of $A(t)$ by $S_A(f)$. Show that the PSD of $Y(t)$ is given by

$$S_Y(f)=\frac{1}{4}[S_A(f-f_c)+S_A(f+f_c)]T^2 \operatorname{sinc}^2(Tf)$$

(2) Suppose that f_c is a constant, $A(t)=A$, $A \sim N(0,\sigma_A^2), \theta=0$. Determine the PDF of $Y(t)$ at a particular time.

(3) Based on the assumption in (2), is $Y(t)$ stationary?

(4) Based on the assumption in (2), is $Y(t)$ ergodic? （95 清大電機所）

15. Consider the following random-phase sinusoidal process

$x(t)=A\cos(\omega_0 t+\theta), -\infty<t<\infty$

where ω_0 is constant, $\theta \sim U[0, 2\pi]$, A is a binary random variable with probabilities $P(A=1)=p, P(A=2)=1-p$

(1) Find the mean and correlation function of $x(t)$

(2) Hilbert transformer is a LTI system with frequency response

$$H(f)=\begin{cases}-j, f>0 \\ j, f<0\end{cases}$$

Assume that $x(t)$ is input to the Hilbert transformer and $y(t)$ is the associated output. Find the PSD of $y(t)$. （清大通訊所）

16. Consider a random process given by $z(t)=X\cos t+Y\sin t$. Assume X, Y are two independent random variables with probability mass function (PMF) shown in the figure:

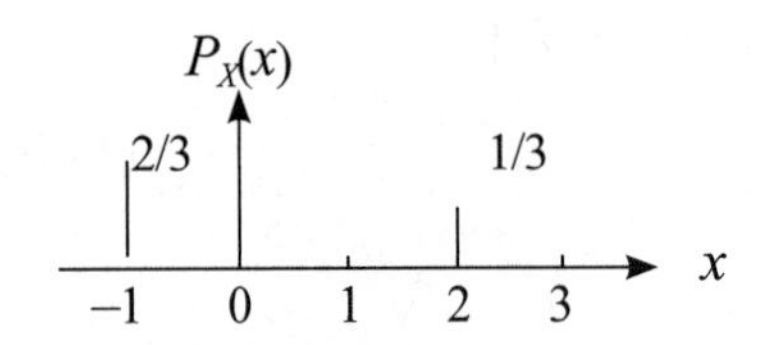

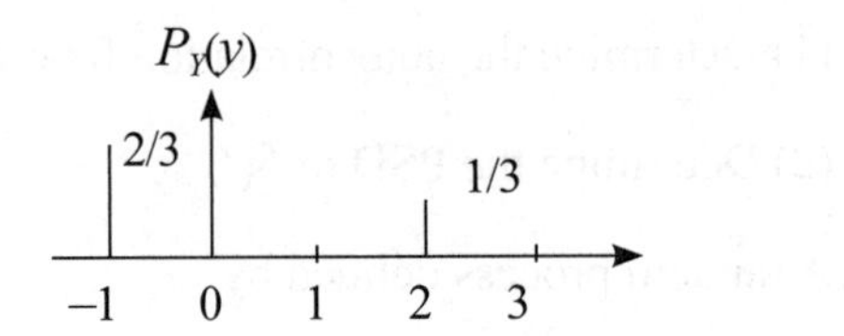

(1) Find $E\{z(t)\}$; $\forall t$

(2) Find the autocorrelation function $R\{z(t_1), z(t_2)\}$; $\forall t_1, t_2$

(3) Is $z(t)$ a "Wide-Sense Stationary random process", why?

(4) Evaluate $S_z(f)$, the power spectral density (PSD) of $z(t)$.

(5) Evaluate P_z, the power of $z(t)$, is P_z equals the variance of $z(t)$?

(6) If $z(t)$ is the input of a LTI system, and the corresponding output is $u(t)$, with relationship:

$u(t)=\frac{1}{T}\int_{t-T}^{t} z(\tau)d\tau$. Find the impulse response of this LTI system.

(7) Evaluate the power spectral density (PSD), $S_u(f)$, and the power, P_u, of $u(t)$.

(8) Show that $u(t)$ is still a WSS random process.

17. Consider the signal $x(t)=\sum_{k=-\infty}^{\infty} d_n q(t-nT)$

where d_n represent the nth information bit of a binary data sequence and is a discrete random variable with probability function $P(d_n=1)=P(d_n=-1)=0.5$ and

$$q(t)=\begin{cases} B, 0\le t\le T \\ 0, otherwise \end{cases}$$

The signal $X(t)$ is passed through a filter, whose impulse response is

$$h(t)=\begin{cases} A\exp(-at), 0\le t \\ 0, otherwise \end{cases}$$

The output from the filter is denoted by $Y(t)$

(1) Let $R_X(\tau)$ denote the autocorrelation function of $X(t)$. Find $R_x(0)$.

(2) Find the PSD of $X(t)$

(3) Find the PSD of $Y(t)$　（台科大電機所）

18. Suppose $X(t)$ is a random process with autocorrelation function $R_X(\tau)$

(1) What is the condition of WSS

(2) If $X(t)$ is an independent white Gaussian random process with autocorrelation function $R_X(\tau)=\frac{N_0}{2}\delta(\tau)$, what is $S_{XX}(f)$

(3) By observing $X(t)$ at time t_1 and t_2, write the PDFs of $X(t_1)$, $X(t_2)$ and joint PDF

(4) If $X(t)$ is passed through an ideal LPF with IR $h(t) = AW \sin c(Wt)$. What are the mean, variance, and PSD of output signal $Y(t)$?

(5) Is $Y(t)$ still a Gaussian process? Is $Y(t)$ still a white process?

（98 北科大電通所）

19. Find the mean and autocorrelation function of the random process $X(t) = X\cos(2\pi f_0 t) + Y\sin(2\pi f_0 t)$, where X and Y are two zero-mean independent random variables each with variance σ^2. What is the condition of wide-sense stationary? Is $X(t)$ a wide-sense stationary random process?

（98 北科大電機所）

20. Let $v_1 = \int_0^{2\pi} v(t)\sin t\,dt$, $v_2 = \int_0^{2\pi} v(t)\cos t\,dt$, where $v(t)$ is a sample function of a zero-mean white noise process. Derive $E[v_1 v_2]$ （95 台科大電機所）

21. A zero-mean white Gaussian noise $w(t)$ is applied to an ideal low pass filter (LPF) with transfer function $rect\left(\dfrac{f}{2B}\right)$. The filter output is $n(t)$.

（98 元智通訊所）

(1) Write the autocorrelation function and PSD of $w(t)$

(2) Find the PSD and the total average power of $n(t)$

22. The random process $Z(t)$ is defined by $Z(t) = X\cos(2\pi f_1 t + \theta) + Y\sin(2\pi f_2 t + \theta)$. Both X and Y are zero-mean Gaussian random variables with variances σ_x^2 and σ_y^2. Random variable θ is uniformly distributed over $(0, 2\pi)$. And all these three random variables are independent.

(1) Determine the ensemble average $m_z(t)$.

(2) Determine the auto-correlation function $R_z(t_1, t_2)$.

(3) Is $Z(t)$ wide-sense stationary (WSS)?

(4) Determine and plot the two-sided power spectral density (PSD) of $Z(t)$. （成大電腦與通訊所）

23. A broadband Gaussian signal $s(t)$ of zero mean and power spectral density $N_0/2$ is applied to an ideal low-pass filter of bandwidth B and passband magnitude response of one. Denote the filter output as $v(t)$.

(1) Find the power spectral density of $v(t)$ and plot it.

(2) Find the autocorrelation function of $v(t)$ and plot it.

(3) At what sampling rate will the resulting samples of $v(t)$ be statistically independent? What is the mean and the variance of each such sample?

（清大電機所）

24. $X(t)$ and $Y(t)$ are the input and output random processes of the linear time invariant system respectively. Assume the input signal $X(t)$ is zero mean with autocorrelation function $R_X(\tau) = 2\delta(\tau)$ and the transfer function of the system is $H(f) = \begin{cases} 5, |f| \le B \\ 0, otherwise \end{cases}$. Find the average power of the output process $Y(t)$.

（中原電子所）

25. The stationary random process $X(t)$ has a power spectral density denoted by $S_x(f)$. What is the power spectral density of $Y(t) = X(t) - X(t - T)$.

（北科大電腦通訊所）

26. Consider a random telegraph waveform $X(t)$, as illustrated in the Figure below.

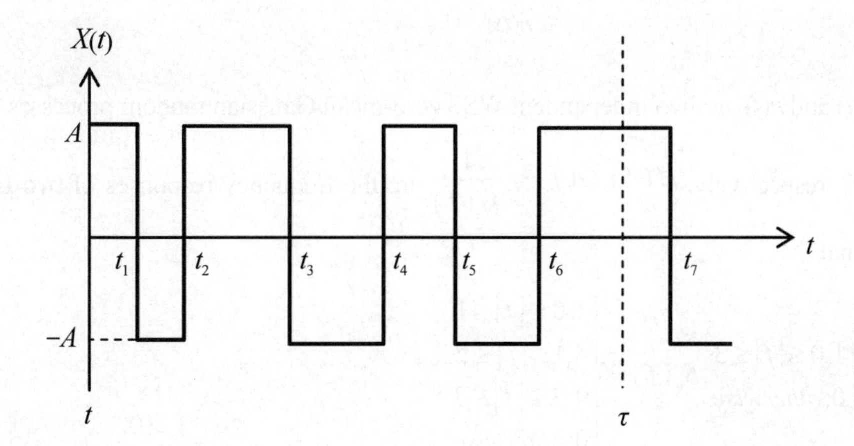

The sample function of this random process have the following properties:

(1) The values taken on at any time instant t_0 are either $X(t_0) = A$ or $X(t_0) = -A$ with equal probability.

(2) The number k of switching instants in any time interval T obeys a Poisson distribution $P_T(k)=\frac{(\alpha T)^k}{k!}e^{-\alpha T}$ (That is, the probability of more than one switching instant occurring in an infinitesimal time interval dt is zero, with the probability of exact one switching instant occurring in dt being αdt.) Furthermore, successive switching occurrences are independent.

Please find its mean and autocorrelation. （97 中興電機所）

27. Let $X(t)$ and $Y(t)$ be statistically independent Gaussian random processes, each with zero mean and unit variance at any time instant. Define the process

$Z(t)=X(t)\cos(2\pi t+\theta)+Y(t)\sin(2\pi t+\theta)$

(1) If θ is a deterministic constant, determine the joint PDF of the random variables $Z(t_1)$, $Z(t_2)$.

(2) If θ is a deterministic constant, is the process $Z(t)$ stationary?

（96 中央通訊所）

28. Consider the following system

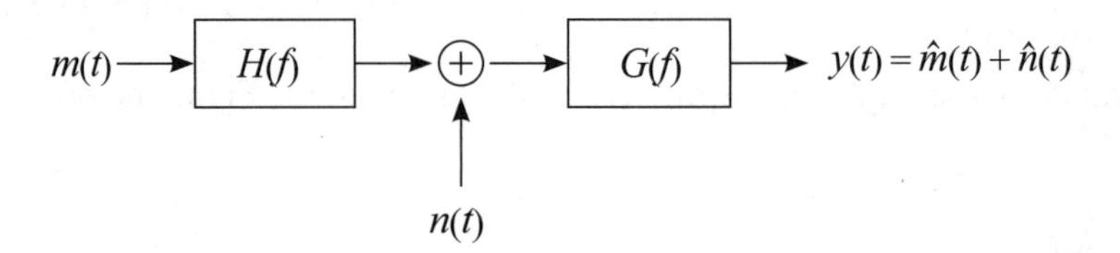

where $m(t)$ and $n(t)$ are two independent WSS zero-mean Gaussian random processes with PSD $S_m(f)$, $S_n(f)$, respectively. $H(f), G(f)=\frac{1}{H(f)}$ are the frequency responses of two LTI filters.

Assume that

$$S_m(f)=\begin{cases}1; 0\le|f|\le 3\\0; otherwise\end{cases}, S_n(f)=\begin{cases}1; 0\le|f|\le 1\\4; 1\le|f|\le 2\\9; 2\le|f|\le 3\\0; otherwise\end{cases}$$

$$H(f)=\begin{cases}\alpha;0\le|f|\le 1\\ \beta;1\le|f|\le 2\\ \gamma;2\le|f|\le 3\\ 0;otherwise\end{cases},G(f)=\begin{cases}\frac{1}{\alpha};0\le|f|\le 1\\ \frac{1}{\beta};1\le|f|\le 2\\ \frac{1}{\gamma};2\le|f|\le 3\\ 0;otherwise\end{cases}$$

(1) Suppose $m(t)$ is sampled at a rate of $f_s = 6$. Find the pdf of $m(t)|_{t=0}$ and the joint pdf of $\left\{m(t)\Big|_{t=-\frac{1}{6}},m(t)\Big|_{t=\frac{1}{6}}\right\}$, respectively.

(2) Suppose $\alpha=\beta=\gamma=1$, find the output SNR, $\frac{E\left[\hat{m}^2(t)\right]}{E\left[\hat{n}^2(t)\right]}$.

(3) Explain purpose of using $H(f)$, $G(f)$.

(4) Find the optimum values of α, β, γ so that the output SNR can be maximized under the constraint of $\alpha^2+\beta^2+\gamma^2=3$ （92 交大電信所）

29. The stationary random process $X(t)$ is passed through an LTI system and the output process is $Y(t)$. Let the autocorrelation function of $X(t)$ be $R_X(\tau)$. Find the output autocorrelation function and the crosscorrelation function between the input and output processes in each of the following cases

(1) A system with delay Δ

(2) A system with impulse response $h(t)=\frac{1}{t}$

(3) A system with $h(t)=e^{-\alpha t}u(t);\ \alpha>0$ （98 中正電機通訊所）

30. Let $n(t)$ be a white Gausian noise. Which of the following statements is false?

(1) Knowledge of the mean and autocorrelation of $n(t)$ gives a complete description for $n(t)$.

(2) If $n(t)$ is wide-sense stationary, it is also strict stationary.

(3) For jointly Gaussian process, uncorrelatedness is equivalent to independence.

(4) When $n(t)$ passes through a filter, the output is a Gaussian noise.

(5) None of the above. （98 中正電機通訊所）

31. An *i.i.d.* discrete time random process X_n has mean m and variance σ^2. Which of the following statements is true?

(1) The random variable X_n is Gaussian distributed.

(2) The mean of random variable $Y = \sum_{n=1}^{N} X_n$ is m.

(3) The variance of random variable $Y = \frac{1}{N}\sum_{n=1}^{N} X_n$ is σ^2

(4) The process X_n is wide-sense stationary.

(5) The process $Z_n = X_n - X_{n-1}$ is also an *i.i.d.* discrete time random process.

（100 中正電機通訊所）

32. Let $N(t)$ be a zero-mean white Gaussian noise with power spectral density $N_0/2$. Which of the following statements is true?

(1) $\int_0^1 N(t)\,dt = 0$.

(2) The power of $N(t)$ is finite.

(3) The power spectral density of $N(t)$ is $\frac{N_0}{2}\delta(t)$ for some N_0.

(4) If $N(t)$ is passed through an LTI system, the output of the LTI system is also a white Gaussian random process.

(5) If $N(t)$ is sampled at t_1 and t_2, then $N(t_1)$ and $N(t_2)$ are independent Gaussian random varidbles.

（100 中正電機通訊所）

33. Figure below shows the regenerated clock source $x(t)$ of constant amplitude A, period T_0, and delay t_d, which represents a sample function of a random process $X(t)$. The delay is random, described by the probability density function

$$f_{T_d}(t_d) = \frac{1}{T_o}; \quad -\frac{1}{2}T_o \leq t_d \leq \frac{1}{2}T_o$$

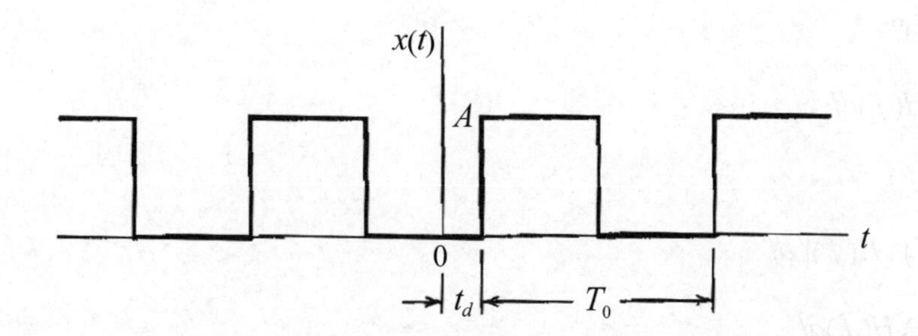

(1) Determine the probability density function of the random variable $X(t_k)$ obtained by observing the random process $X(t)$ at time t_k.

(2) Determine the mean and autocorrelation function of $X(t)$ using ensemble.averaging.

(3) Determine the mean and autocorrelation function of $X(t)$ using time averaging.

(4) Determine whether $X(t)$ is stationary or not. In what sense is it ergodic?

（96 台科大電子所）

34. $x(t) = A\cos(\omega t + \theta); A \sim N(0,1), \theta \sim U(0,2\pi), \omega$ is a positive constant. Suppose that A, θ are independent. Find the mean and variance of $x(t)$.

（98 北科大電通所）

35. Let $Y = A\cos(wt) + C$, where random variable A has mean m and variance σ^2, and w and C are constants. Find the mean and variance of the random variable Y.　（99 高第一科大電通所）

36. An email account receives 1 email every 10 minutes in average.Assume the email arrival for this account is a Poisson process. Let a random variable X denote the total number of emails received in one hour by this account.

(1) Write down the probability distribution for the random variable X.

(2) What is the probability that this email account receives less than 2　emails in one hour?

(3) Let a random variable Y denote the time (in minutes) between two emails received by this account in sequence. Write down the probability distrbution function for Y.（100 清大資訊所）

37. Let $S_X(f)$ be the power-spectral density of a random process $X(t)$. Passing $X(t)$ through a linear system with frequency response $H(f)$ results the output random process $Y(t)$. What is the

power of $Y(t)$?

(1) $\int_{-\infty}^{\infty} X(t)H(f)df$

(2) $S_X(f)H(f)$

(3) $\int_{-\infty}^{\infty} S_X(f)\,|\,H(f)|^2 df$

(4) $\int_{-\infty}^{\infty} S_X(f)\,H(f)df$

(5) $\int_{-\infty}^{\infty} X(t)\,|\,H(f)|^2 df$ （98 中正電機通訊所）

38. Consider the system as shown below:

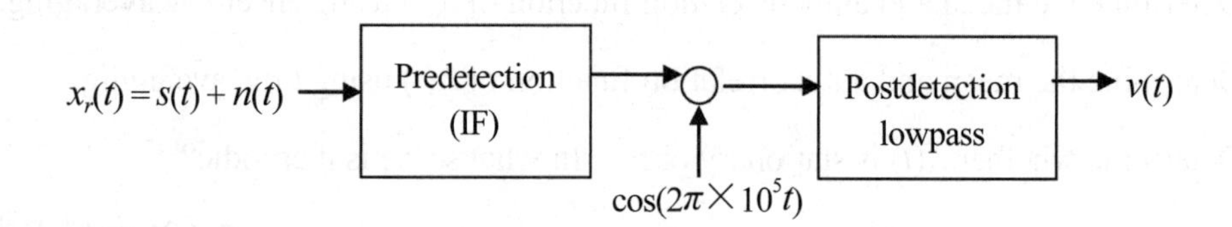

The frequency responses of the prediction filter and the postdection filter are

$$H_{pre}(f)=\begin{cases}1, & 97500\le|f|\le 102500\ Hz\\ 0, & otherwise\end{cases}$$

and $H_{post}(f)=\begin{cases}1, & 0\le|f|\le 2000\ Hz\\ 0, & otherwise\end{cases}$

respectively. Assume $n(t)$ is additive white Gaussian noise with double-side power spectral density $\frac{N_0}{2}=0.5\times10^{-12}\ \frac{W}{Hz}$, while the spectrum of $s(t)$ is as plotted below:

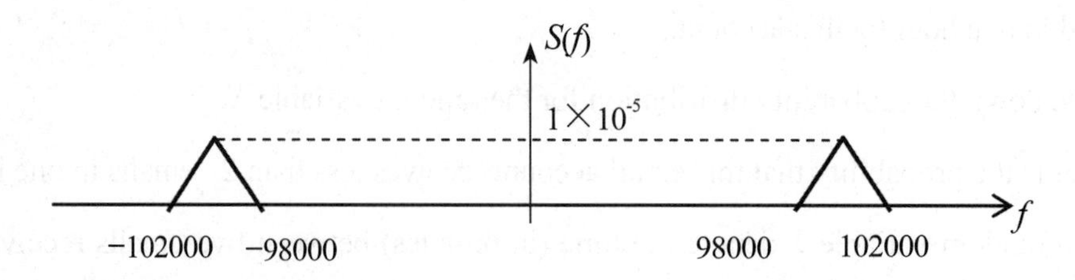

(1) Find the autocorrelation function of the noise at the output of the predetection filter.

(2) Find the autocorrelation function of the noise at the output of the postdetection filter.

(3) Find the signal power at the output of the postdetection filter.

(4) Find the noise power at the output of the postdetection filter.

（93 交大電子所）

39. Consider a bandpass random noise process $n(t)$ that is processed as shown in the figure below:

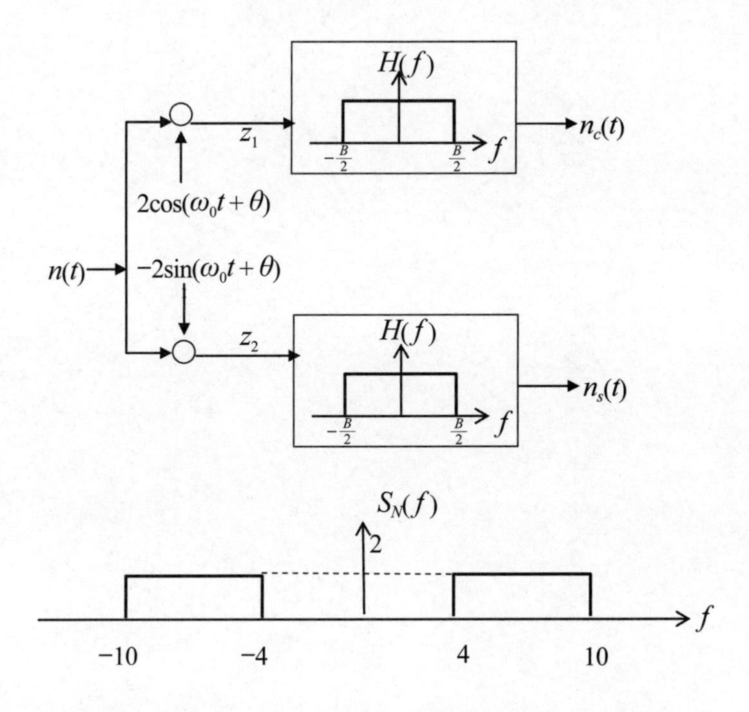

(1) Sketch $S_{Z_1}(f)$ for $f_0 = 7\text{Hz}$.

(2) Sketch $S_{Z_2}(f)$ for $f_0 = 5\text{Hz}$.

(3) Suppose $S_{N_cN_s}(f) = 2j\left\{\Pi\left(\dfrac{f-3}{4}\right) + \Pi\left(\dfrac{f+3}{4}\right)\right\}$. Find $R_{N_cN_s}(\tau)$.

（97 交大電子所）

第四章 類比調變技術(1)：線性調變

4.1　雙旁波帶抑制載波

類比調變技術可分爲線性與非線性。在線性調變中，已調變訊號（modulated signal）之振幅隨著調變訊號（modulating signal）之改變呈現線性的改變，因此滿足重疊原理，而非線調變技術則不滿足重疊原理。本章所要討論的振幅調變屬於線性調變，下一章所要討論的角調變則屬於非線性調變。一般而言，在非線性調變中，無論調變訊號之振幅如何改變，調變器之輸出振幅始終維持固定，調變訊號所改變的是載波之頻率與相位。

本章要討論三種線性調變技術：雙旁波帶抑制載波（Double SideBand Suppress Carrier, DSBSC，有時爲 DSB）、振幅調變（Amplitude Modulation, AM）及單旁波帶（Single SideBand, SSB）。本節要探討的是 DSBSC，AM 與 SSB 將分別在第二節與第三節探討。

在 DSBSC 中，已調變訊號之振幅直接與調變訊號成正比，若 A_c 爲載波振幅（單位爲伏特 volt），f_c 爲載波頻率，則載波方程式可表示爲

$$c(t) = A_c \cos(2\pi f_c t) \tag{1}$$

若 $m(t)$ 爲調變訊號，則 DSBSC 之已調變訊號可表示爲

$$s(t) = A_c m(t) \cos(2\pi f_c t) \tag{2}$$

若 $m(t)$ 之頻譜爲 $M(f)$，則從 (2) 式取 Fourier 變換可得 DSBSC 之頻譜爲

$$S_{DSB}(f) = \frac{A_c}{2}\left[M(f - f_c) + M(f + f_c)\right] \tag{3}$$

$m(t)$ 之最高頻率 W 即爲訊息頻寬（message bandwidth），一般而言，$W \ll f_c$。則 DSB 之頻譜如圖 4-1 所示

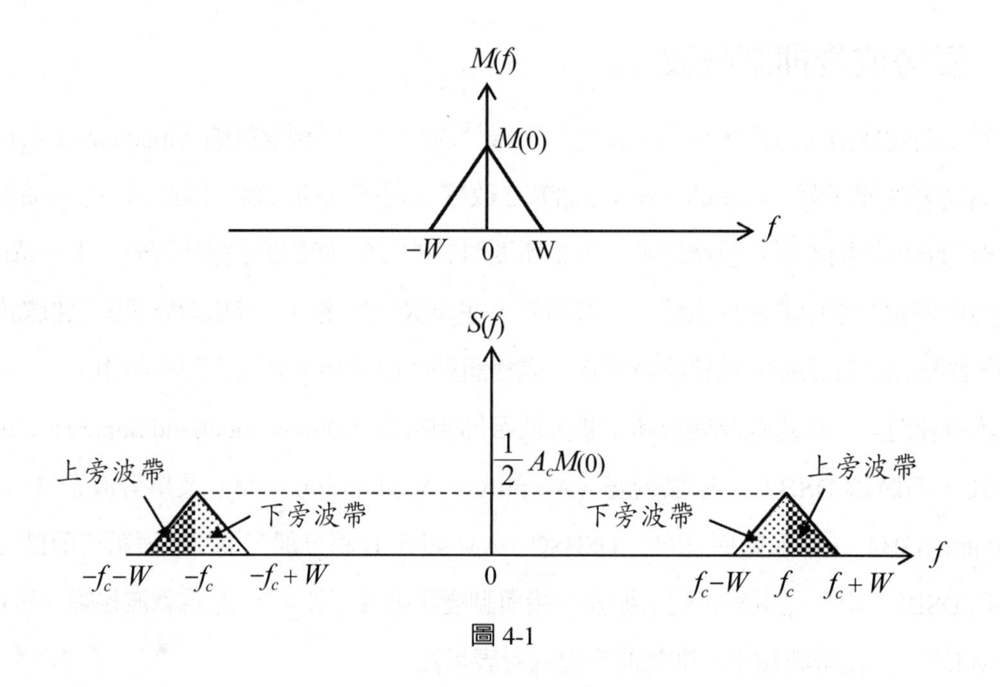

圖 4-1

從圖 4-1 可以看出：DSBSC 的頻譜僅是 $M(f)$ 的平移，頻譜包含以 $\pm f_c$ 爲中心之對稱型旁波帶，故稱爲雙旁波帶抑制載波調變。二個旁波帶都包含上旁波帶（upper sideband）、下旁波帶（lower sideband）。顯然的，上旁波帶與下旁波帶具有對稱性。對於正頻部分，最高頻率點爲 $f_c + W$，最低頻率點爲 $f_c - W$，這二個頻率差稱爲 DSBSC 的傳輸頻寬（transmission bandwidth），表示爲 B_T，故 DSBSC 的傳輸頻寬 B_T 爲

$$B_T = 2W \tag{4}$$

值得特別注意的是：原調變訊號之頻寬爲 W，經過 DSBSC 調變後傳輸頻寬爲 $2W$，因此 DSBSC 浪費了頻寬！這是 DSBSC 的主要缺點，也是單旁波帶（Single SideBand, SSB）發展出來的主要原因之一。

從時域的觀點來看，由式 (2) 可得 DSB 調變之後的波形如圖 4-2

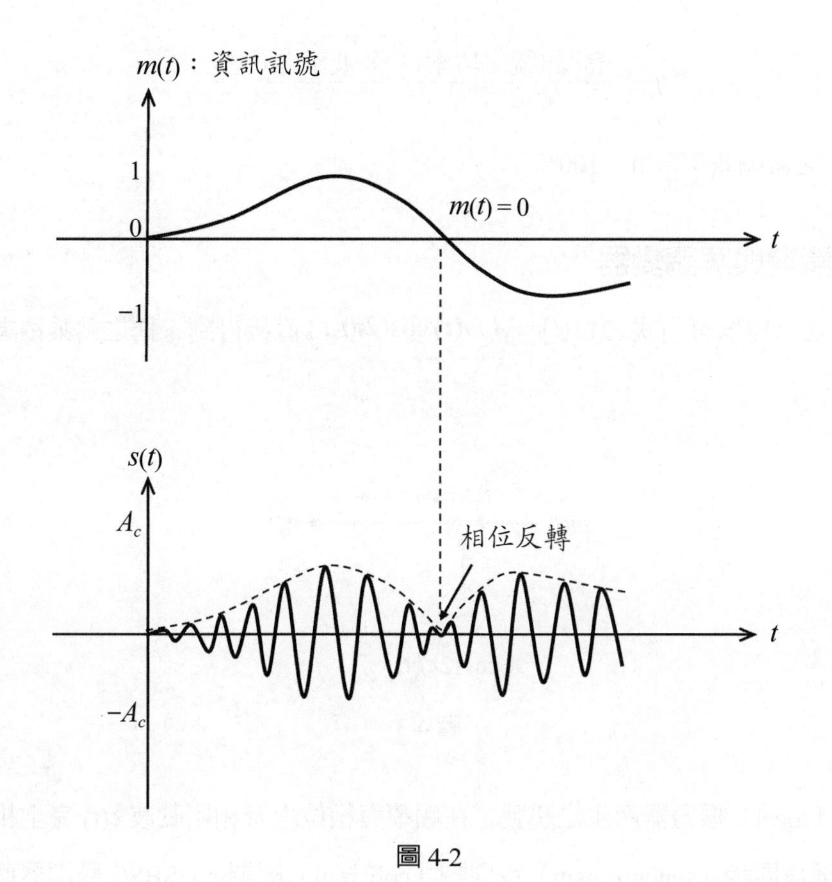

圖 4-2

如圖 4-2 所示，每當 $m(t)$ 跨越零點時，被調變波 $s(t)$ 的相位就經歷一個相位反轉，因此要恢復原訊號需知道這些相位反轉之訊息，換言之，DSBSC 無法使用波封檢測器（envelope detector）還原原訊號（即 DSBSC 之波封與原資訊訊號不同），導致其解調過程會較複雜。

傳輸頻寬是在比較調變系統時的一個重要考慮因素，另外一個因素是平均發射（傳輸）功率 P_T，由式 (2) 可知其傳輸功率為

$$P_T = \frac{1}{4} A_c^2 \cdot 2P_m = \frac{1}{2} A_c^2 P_m \tag{5}$$

其中$P_m = \lim_{T \to \infty} \frac{1}{2T} \int_{-T}^{T} m^2(t) dt = \langle m^2(t) \rangle$，為訊息訊號之功率。定義傳輸效率（efficiency of transmission）η 為

$$\eta = \frac{\text{資訊訊號之功率}}{\text{總功率}} = \frac{\text{旁波帶之功率}}{\text{總功率}} \tag{6}$$

因此 DSBSC 之傳輸效率為 η = 100%

DSBSC 之調變與解調變器

DSBSC 之調變器可由式 (2) $s(t) = A_c m(t)\cos(2\pi f_c t)$ 直接得到，稱之為乘積調變器，表示於圖 4-3：

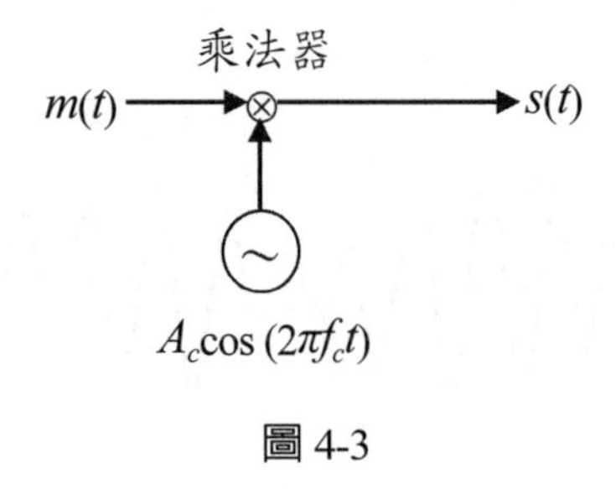

圖 4-3

若本地（local）振盪器產生之訊號，在頻率與相位上皆和原載波 $c(t)$ 完全相同，這種解調方式即稱為同步（synchronism）或同調（coherent）解調。DSBSC 解調器使用同調檢測之方式，如圖 4-4 所示

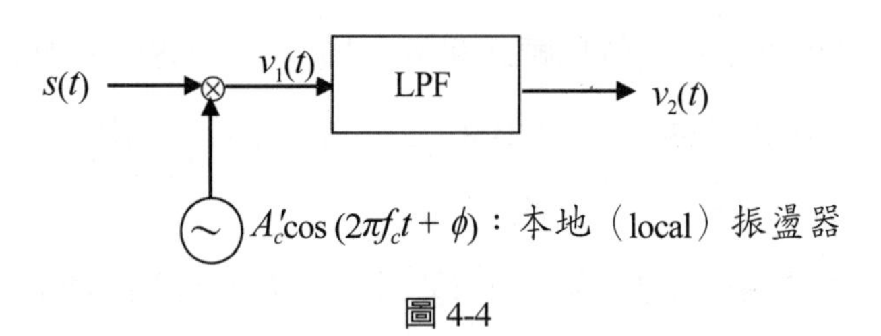

圖 4-4

當然同步解調只是特例，因為一般皆有相位差 ϕ 存在，以下分別說明無相位差與有相位差之情形。

1. $\phi = 0$：由 $s(t) = A_c m(t)\cos(2\pi f_c t)$ 知

$$v_1(t) = s(t) \times A_c' \cos(2\pi f_c t) = A_c A_c' m(t)\cos^2(2\pi f_c t)$$

$$= \frac{A_c A_c'}{2} m(t) + \frac{A_c A_c'}{2} m(t)\cos(4\pi f_c t) \tag{7}$$

經 LPF 後濾除高頻訊號可還原原始訊號。

$$v_2(t)=\frac{A_cA_c'}{2}m(t)$$

2. $\phi\neq 0$：由 $s(t)=A_cm(t)\cos(2\pi f_ct)$ 得

$$\begin{aligned}v_1(t)&=s(t)\times A_c'\cos(2\pi f_ct+\phi)\\&=\frac{A_cA_c'}{2}m(t)\cos\varphi+\frac{A_cA_c'}{2}m(t)\cos(4\pi f_ct)\cos\phi\\&\quad-\frac{A_cA_c'}{2}m(t)\sin(4\pi f_ct)\sin\phi\end{aligned}\tag{8}$$

經 LPF 後 $v_2(t)=\frac{A_cA_c'}{2}m(t)\cos\phi$，即本地振盪器之相位差 ϕ 使得檢測器之輸出衰減爲 $\cos\phi$。

例題 1

A DSBSC signal is generated by multiplying the message signal $m(t)$ with the periodic rectangular waveform shown in the figure below and filtering the product with a bandpass filter tuned to the reciprocal of the period T_c, with bandwidth $2W$, where W is the bandwidth of the message signal, where $f_c=\frac{1}{T_c}$

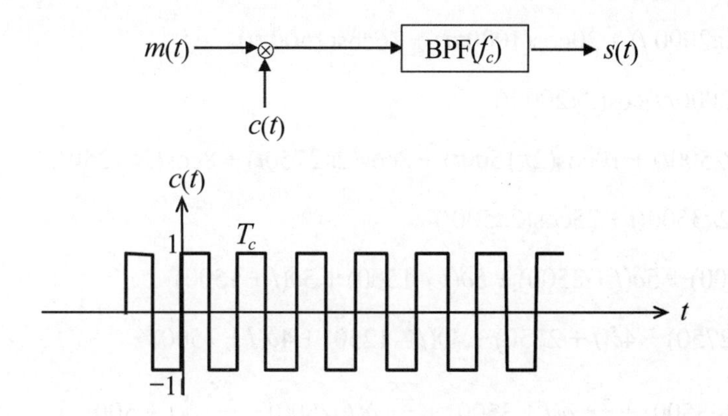

Demonstrate that the output $s(t)$ of the bandpass filter（BPF）is the desired DSBSC signal $s(t)=m(t)\sin(2\pi f_ct)$.　　（97 中正通訊所）

解：

由圖形知 $c(t)$ 之 Fourier 級數爲 $c(t)=\frac{4}{\pi}\left[\sin(2\pi f_c t)+\frac{1}{3}\sin(6\pi f_c t)+\cdots\right]$

經過乘積器後得 $m(t)c(t)=\frac{4}{\pi}m(t)\sin(2\pi f_c t)+\frac{4}{3\pi}m(t)\sin(6\pi f_c t)+\cdots$

因此 $m(t)c(t)$ 通過中心頻率爲 f_c 之 BPF 後之輸出爲

$$s(t)=BPF\left\{\frac{4}{\pi}m(t)\sin(2\pi f_c t)+\frac{4}{3\pi}m(t)\sin(6\pi f_c t)+\cdots\right\}$$

$$=\frac{4}{\pi}m(t)\sin(2\pi f_c t)$$

此結果即爲 DSBSC 波。

例題 2

一個 AM 調變器使用的調變訊號爲

$m(t) = 20\cos(1000\,\pi t) + 16\cos(1500\,\pi t) + 50\cos(3000\,\pi t)$

若調變後之訊號爲 $x(t) = m(t)\cos(2\pi f_c t)$，此處 f_c 爲載波頻率。今已知 $f_c = 2000$ kHz，試求訊號 $x(t)$ 之 (1) 頻譜；(2) 頻譜繪圖。

（97 年特種考試）

解：

$$x(t) = m(t)\cos(2\pi 2000\,t) = 20\cos(1000\pi t) + 16\cos(1500\pi t)$$
$$+ 50\cos(3000\pi t)\cos(2\pi 2000t)$$
$$= 10\cos(2\pi 2500t) + 10\cos(2\pi 1500t) + 8\cos(2\pi 2750t) + 8\cos(2\pi 1250t)$$
$$+ 25\cos(2\pi 3500t) + 25\cos(2\pi 500t)$$

$$X(f) = 5\delta(f-2500) + 5\delta(f+2500) + 5\delta(f-1500) + 5\delta(f+1500)$$
$$+ 5\delta(f-2750) + 4\delta(f+2750) + 4\delta(f-1250) + 4\delta(f+1500)$$
$$+\frac{25}{2}\delta(f-3500)+\frac{25}{2}\delta(f+3500)+\frac{25}{2}\delta(f-500)+\frac{25}{2}\delta(f+500)$$

4.2　振幅調變

DSBSC 有兩個主要的缺點：(1) 浪費頻寬；(2) 使用同調檢測須先進行載波同步，故其解調變部分較為複雜。在振幅調變（Amplitude Modulation, AM）中，其訊號之特色為：被調變後的載波波封與原資訊訊號有相同的波型。因此 envelope detector 可應用於 AM 接收機，用來檢測並還原原始訊號。為了避免相位反轉的問題，在振幅調變中訊息訊號 $m(t)$ 先加上一直流偏壓（DC bias）A 再與載波 $A'_c\cos(2\pi f_c t)$ 相乘，可得調變後之訊號為

$$s(t)=\left(A+m(t)\right)A'_c\cos(2\pi f_c t) \tag{9}$$

AM 調變器如圖 4-5 所示

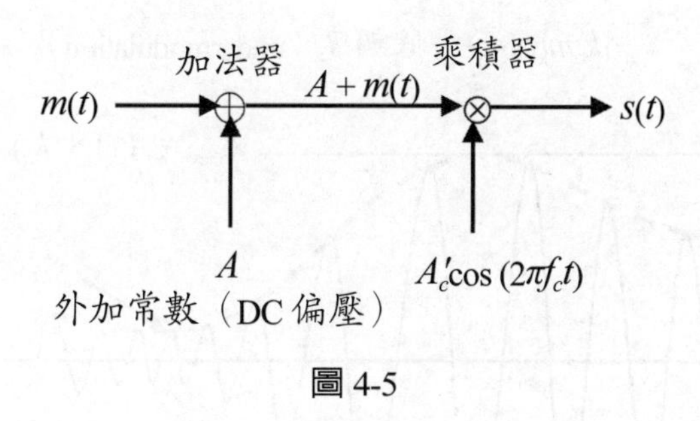

圖 4-5

由式 (9) 可知

$$s(t)=[A+m(t)]A'_c\cos(2\pi f_c t)=\left[1+\frac{m(t)}{A}\right]AA'_c\cos(2\pi f_c t) \tag{10}$$

令 $A_c=AA'_c$，$k_a=\dfrac{1}{A}$，則式 (10) 可重新表示為

$$s(t)=\left[1+\frac{m(t)}{A}\right]AA'_c\cos(2\pi f_c t)=\left[1+k_a m(t)\right]A_c(\cos 2\pi f_c t) \tag{11}$$

一、振幅調變之訊號與頻譜

如式(11)所示，在振幅調變中頻率不會改變，載波振幅$A(t)$會隨著$m(t)$而做如下之變化：

$$A(t)=A_c\left[1+k_a m(t)\right] \tag{12}$$

其中 $k_a > 0$ 稱之爲**振幅靈敏度**（amplitude sensitivity），單位爲 $\frac{1}{\text{Volt}}$，$|k_a m(t)|_{max} \times 100\%$ 稱之爲**調變百分率**。低頻訊號 $A(t) = A_c[1 + k_a m(t)]$ 稱爲 $s(t)$ 之波封。圖 4-6 顯示了已知 $m(t)$ 時，以二個不同振幅靈敏度 k_a 所得到 $s(t)$ 之情形：

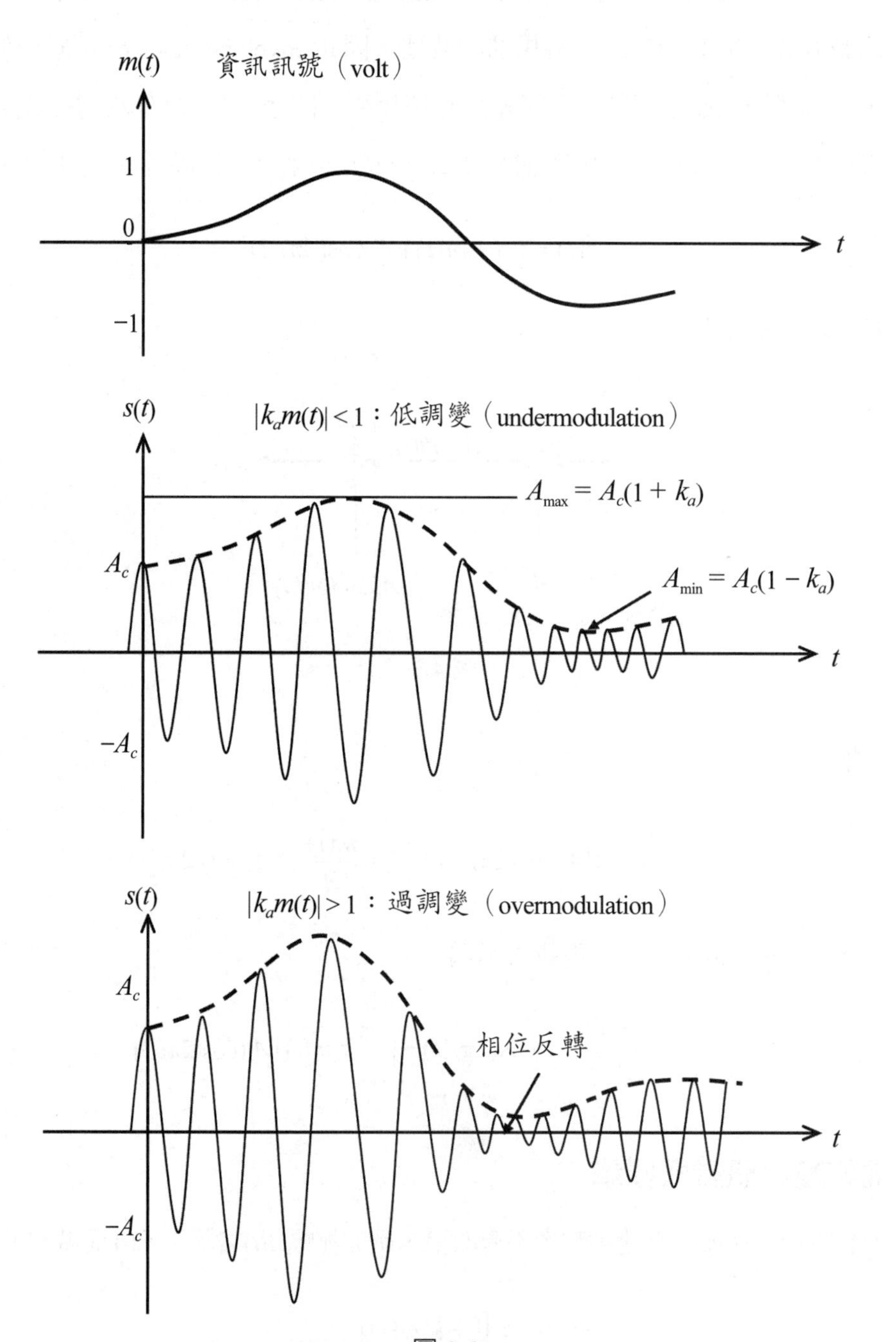

圖 4-6

在已知$f_c > W$之事實下，當$|k_a m(t)|_{\max} < 1$時，則$A_c[1 + k_a m(t)] \geq 0$，因此資訊訊號$m(t)$可以利用簡單的波封檢測器自$s(t)$取出。但當$|k_a m(t)|_{\max} > 1$，則在$1 + k_a m(t)$交越零點（cross zero）時會造成與DSBSC同樣的相位反轉問題，因而導致波封失真（envelope distortion），此情況稱爲過調變（overmodulation）。

顯然的，直流偏壓A是很重要的參數，目的是使$A + m(t)$之値全爲正值。因此資訊訊號$m(t)$可以順利地利用envelope detector自$s(t)$取出。將已調變訊號$s(t)$重新表示爲：

$$\begin{aligned} s(t) &= A_c[1 + k_a m(t)]\cos(2\pi f_c t) \\ &= \underbrace{A_c \cos(2\pi f_c t)}_{\text{Carrier}} + \underbrace{A_c k_a m(t)\cos(2\pi f_c t)}_{\text{SideBand}} \end{aligned} \tag{13}$$

再從(13)式$s(t)$之時域方程式，取Fourier變換後得$s(t)$之頻譜如下：

$$S(f) = \frac{A_c}{2}[\delta(f - f_c) + \delta(f + f_c)] + \frac{k_a A_c}{2}[M(f - f_c) + M(f + f_c)] \tag{14}$$

頻譜如圖4-7所示：

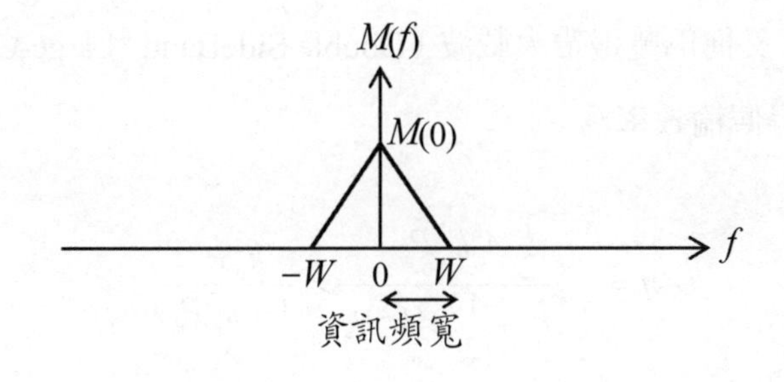

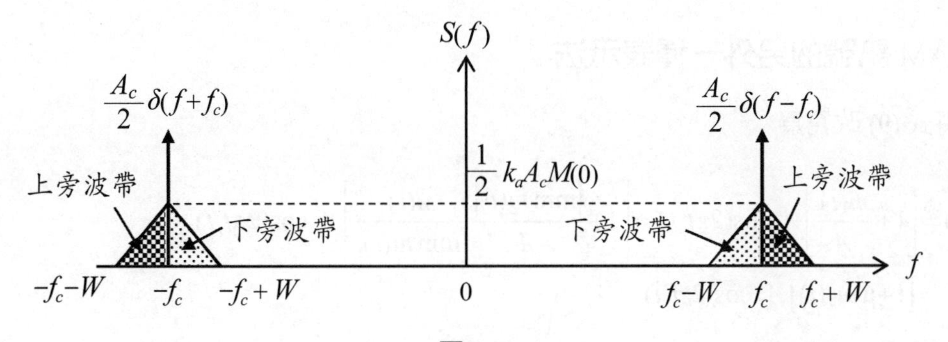

圖4-7

從圖 4-7 可以看出：AM 的頻譜包含載波頻率脈衝以及以 $\pm f_c$ 爲中心之對稱型旁波帶。從圖 4-7 可以看出 AM 的傳輸頻寬爲

$$B_T = 2W \tag{15}$$

與 DSBSC 相同，此傳輸頻寬仍爲原基頻訊號 $m(t)$ 之訊息頻寬之 2 倍，由 式 (14) 可得平均發射功率爲：

$$\begin{aligned} P_T &= 2\cdot(\frac{A_c}{2})^2 + 2\cdot(\frac{k_a A_c}{2})^2 P_m \\ &= \underbrace{\frac{1}{2}A_c^2}_{\text{Carrier}} + \underbrace{\frac{1}{2}A_c^2 k_a^2 P_m}_{\text{Sideband}} \end{aligned} \tag{16}$$

令 $P_c = \frac{1}{2}A_c^2$：未經調變的載波功率；$P_{sb} = \frac{1}{2}A_c^2 k_a^2 P_m$：旁波帶的功率，則有

$$P_T = P_c + P_{sb} \tag{17}$$

當 $k_a = 0$：視爲無調變發生，則 $P_T = P_c$，亦即有很大一部分之總發射功率來自於載波，算是一種浪費，因此 AM 又稱爲雙邊帶大載波（Double SideBand “Large-Carrier”, DSBLC）。由式 (16) 與式 (17) 可得傳輸效率爲

$$\eta = \frac{\frac{1}{2}A_c^2 k_a^2 P_m}{\frac{1}{2}A_c^2 + \frac{1}{2}A_c^2 k_a^2 P_m} = \frac{k_a^2 P_m}{1 + k_a^2 P_m} \tag{18}$$

二、AM 訊號的另外一種表示法

將式 (9) 改寫爲

$$\begin{aligned} s(t) &= \left[1 + \frac{m(t)}{A}\right] A_c \cos(2\pi f_c t) = \left[1 + \frac{|\min m(t)|}{A} \frac{m(t)}{|\min m(t)|}\right] A_c \cos(2\pi f_c t) \\ &= \left[1 + \mu\, m_n(t)\right] A_c \cos(2\pi f_c t) \end{aligned} \tag{19}$$

其中

$$\mu = \frac{|\min m(t)|}{A}$$ ：稱爲調變指數（modulation index） (20)

$$m_n(t) = \frac{m(t)}{|\min m(t)|}$$ 爲標準化訊號（Normalized signal） (21)

若將此處之調變指數 μ 與前述振幅靈敏度 k_a 二者比較之，有如下關係：

$$\begin{cases} \mu = k_a \times |\min m(t)| \\ A = \dfrac{1}{k_a} \end{cases} \tag{22}$$

因爲當 $A < |\min m(t)|$ 時，會有 $1 + \frac{m(t)}{A} < 0$ 之可能，則波封在 $1 + \mu\, m_n(t)$ 交越零點時會造成相位反轉而導致波封失眞。而當 $A > |\min m(t)|$ 時，那不論在任意時刻必定都有 $1 + \frac{m(t)}{A} > 0$，因此波封會與 $m(t)$ 成線性關係，即不會產生失眞現象。故可知在正常調變下之調變指數應遵守 $\mu \le 1$。

利用式 (19)，計算其傳輸功率 P_T 如下：

$$\begin{aligned} P_T &= \left\langle s^2(t) \right\rangle = \left\langle A_c^2 \left[1 + \mu m_n(t)\right]^2 \cos^2(2\pi f_c t) \right\rangle \\ &= \left\langle \frac{1}{2} A_c^2 \left[1 + 2\mu m_n(t) + \mu^2 m_n^2(t)\right] \right\rangle \\ &= \frac{1}{2} A_c^2 + \frac{1}{2} A_c^2 \mu^2 \left\langle m_n^2(t) \right\rangle \end{aligned} \tag{23}$$

在式 (23) 中，已合理的假設 message signal 無直流分量，$\left\langle m_n(t) \right\rangle = 0$

因此傳輸效率可得

$$\eta = \frac{\frac{1}{2} A_c^2 \mu^2 \left\langle m_n^2(t) \right\rangle}{\frac{1}{2} A_c^2 + \frac{1}{2} A_c^2 \mu^2 \left\langle m_n^2(t) \right\rangle} = \frac{\mu^2 \left\langle m_n^2(t) \right\rangle}{1 + \mu^2 \left\langle m_n^2(t) \right\rangle} \tag{24}$$

觀念分析： 若直接由 $s(t) = [A + m(t)] A_c' \cos(2\pi f_c t)$ 計算，則可得

$$P_T = \left\langle s^2(t) \right\rangle = \left\langle [A + m(t)]^2 A_c'^2 \cos^2(2\pi f_c t) \right\rangle$$

$$=\left\langle \frac{1}{2}A_c'^2\left[A^2+2Am(t)+m^2(t)\right]\right\rangle$$
$$=\frac{1}{2}A_c'^2A^2+\frac{1}{2}A_c'^2\left\langle m^2(t)\right\rangle$$

其中訊號之功率爲

$$\left\langle A_c'^2m^2(t)\cos^2(2\pi f_ct)\right\rangle=\left\langle \frac{1}{2}A_c'^2m^2(t)\right\rangle=\frac{1}{2}A_c'^2\left\langle m^2(t)\right\rangle$$

因此傳輸效率爲

$$\eta=\frac{\frac{1}{2}A_c'^2\left\langle m^2(t)\right\rangle}{\frac{1}{2}A_c'^2A^2+\frac{1}{2}A_c'^2\left\langle m^2(t)\right\rangle}=\frac{\left\langle m^2(t)\right\rangle}{A^2+\left\langle m^2(t)\right\rangle} \tag{25}$$

在計算 η 時使用式 (24) 或式 (25) 均可，由所使用之訊號模式決定。

三、單音調變（Single Tone Modulation）之傳輸效率

已知在 AM 調變下之載波爲 $c(t)=A_c\cos(2\pi f_ct)$，且單音訊號爲 $m(t)=A_m\cos(2\pi f_mt)$，$f_m<f_c$，此時

$$s(t)=A_c\left[1+k_aA_m\cos(2\pi f_mt)\right]\cos(2\pi f_ct)$$
$$=A_c\cos(2\pi f_ct)+A_ck_aA_m\cos(2\pi f_mt)\cos(2\pi f_ct)$$
$$=A_c\cos(2\pi f_ct)+\frac{1}{2}A_ck_aA_m\left[\cos 2\pi(f_c+f_m)t+\cos 2\pi(f_c-f_m)t\right] \tag{26}$$

頻譜爲

$$S(f)=\frac{1}{2}A_c\left[\delta(f-f_c)+\delta(f+f_c)\right]$$
$$+\frac{1}{4}A_ck_aA_m\left[\delta(f-f_c-f_m)+\delta(f+f_c+f_m)\right]$$
$$+\frac{1}{4}A_ck_aA_m\left[\delta(f-f_c+f_m)+\delta(f+f_c-f_m)\right] \tag{27}$$

總功率可求得爲

$$P_T = (\frac{1}{2}A_c)^2 \cdot 2 + 4 \cdot \left[\frac{1}{4}A_c k_a A_m\right]^2 = \frac{1}{2}A_c^2 + \frac{1}{4}A_c^2 k_a^2 A_m^2 \tag{28}$$

$\because \mu = A_m k_a$，則總功率可表示為

$$P_T = P_c + P_{sb} = \frac{1}{2}A_c^2 + \frac{1}{4}A_c^2 \mu^2 \tag{29}$$

故效率為

$$\eta = \frac{P_{sb}}{P_T} \times 100\% = \frac{\frac{1}{4}A_c^2\mu^2}{\frac{1}{2}A_c^2 + \frac{1}{4}A_c^2\mu^2} \times 100\% = \frac{\mu^2}{2+\mu^2} \times 100\% \tag{30}$$

取百分百調變時有 $\mu = 1$，則 $\eta = \frac{1}{2+1} \times 100\% = 33.3\%$

即在單音調變下，AM 之傳輸效率最佳上限僅為 33.3%。

例題 3

An AM signal has the form of

$\Phi_{AM}(t) = 20\cos(2\pi 200t) + 5\cos(2\pi 160t) + 5\cos(2\pi 240t)$.

(a) Determine the modulation index μ.

(b) Sketch the AM signal.

(c) Determine the carrier and the side band powers.

(d) Find the power efficiency η.

（99 高雄第一科大電通所）

解：

(a) $\phi_{AM}(t) = 20\cos(2\pi 200t) + 5\cos(2\pi 160t) + 5\cos(2\pi 240t)$

$= 20\cos(2\pi 200t) + 10\cos(2\pi 40t) + 5\cos(2\pi 200t)$

$= 20\left(1 + \frac{1}{2}\cos(2\pi 40t)\right)\cos(2\pi 200t)$

$\Rightarrow \mu = \frac{1}{2}$

(b)

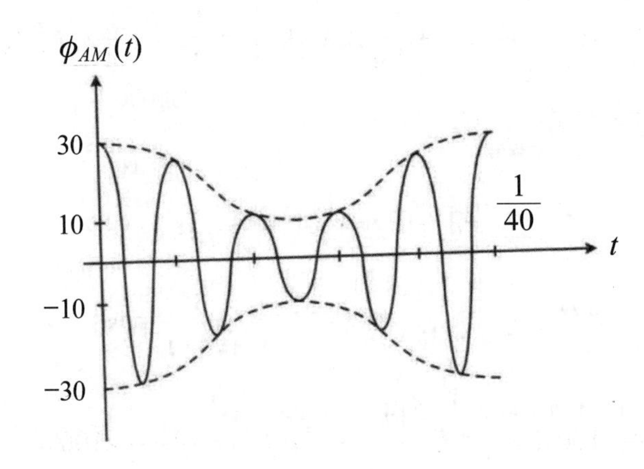

(c) $P_{carrier}=20^2\times\frac{1}{2}=200W$

$P_{sideband}=10^2\times\frac{1}{2}\times\frac{1}{2}=25W$

(d) $\eta=\frac{P_{sideband}}{P_{carrier}+P_{sideband}}=\frac{1}{9}$

或可直接由式 (30) 求得

$\eta=\frac{\mu^2}{2+\mu^2}\times 100\%=11\%$

例題 4

(a) The output signal from an amplitude modulation (AM) modulator is $u(t)=5\cos 1800\pi t+20\cos 2000\pi t+5\cos 2200\pi t$

Determine the modulating signal $m(t)$, the carrier fiequency f_c, and the amplitude sensitivity k_a.

(b) Draw the block diagram of a superheterodyne AM radio receiver.Briefly explain why intermediate frequency (IF) is needed in-between?

（100 暨南電機所）

解：

$u(t)=\left(1+\frac{1}{2}\cos(2\pi 100t)\right)20\cos(2\pi 1000t)$

$\Rightarrow k_a=\frac{1}{2}$，$f_c=10000$

例題 5

已知一 AM 訊號 $s(t) = A + m(t)\cos(2\pi f_c t)$，其中訊息訊號 $m(t) = 2\cos(10^4\pi t)$，A 為常數，載波頻率 $f_c = 1$ MHz。

(1) 如要避免過度調變（overmodulation），A 值的選擇有何限制？

(2) 假設 $A = 3$，計算並畫出 $s(t)$ 的頻譜。（98 年普考）

解：

(1) $A > |\min m(t)| = 2$

(2) $s(t) = [3 + 2\cos(10^4\pi t)]\cos(2\pi 10^6 t)$

$$\Rightarrow s(f) = \frac{3}{2}\delta(f - 10^6) + \frac{3}{2}\delta(f + 10^6) + \delta(f - 10^6 + 5000) + \delta(f - 10^6 - 5000)$$
$$+ \delta(f + 10^6 + 5000) + \delta(f + 10^6 - 5000)$$

例題 6

如圖 4-8 所示之訊號 $m(t)$ 經由 AM 調變後之輸出訊號為 $s(t)$，其中載波為 $A_c'\cos(2\pi f_c t) = 5\cos(2000\pi t)$，直流訊號為 $A = 15$，求其傳輸效率 $\eta = ?$

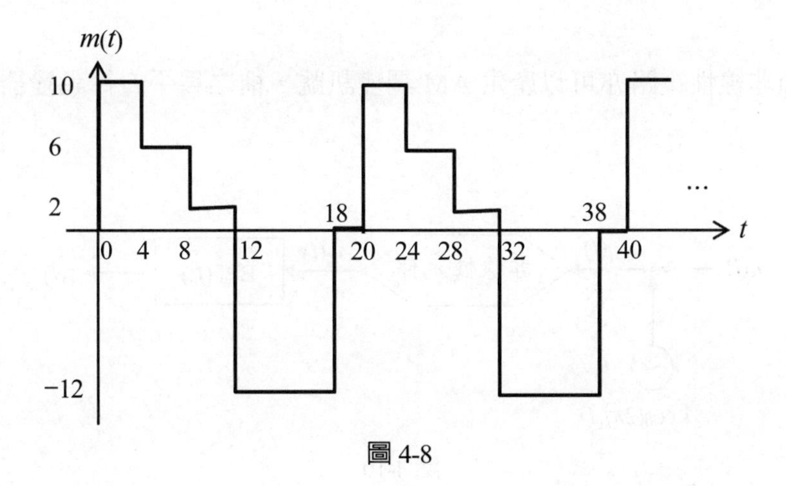

圖 4-8

（97 明志科大電機所）

解：

由題意知知 $s(t) = [15 + m(t)]5\cos(2000\pi t)$

$m(t)$ 之功率爲 $\langle m^2(t)\rangle = \frac{1}{20}\left[10^2 \times 4 + 6^2 \times 4 + 2^2 \times 4 + (-12)^2 \times 6\right] = 71.2$ W

由式 (25) 知效率 $\eta = \dfrac{\langle m^2(t)\rangle}{A^2 + \langle m^2(t)\rangle} = \dfrac{71.2}{15^2 + 71.2} = 24\%$。

四、AM 之調變器

類似圖 4-5 之概念，AM 調變器亦可由式 (11) 得到如圖 4-9 之方塊圖：

$$s(t) = A_c\left[1 + k_a m(t)\right]\cos(2\pi f_c t) = \underbrace{A_c\cos(2\pi f_c t)}_{\text{Carrier}} + \underbrace{A_c k_a m(t)\cos(2\pi f_c t)}_{\text{SideBand}}$$

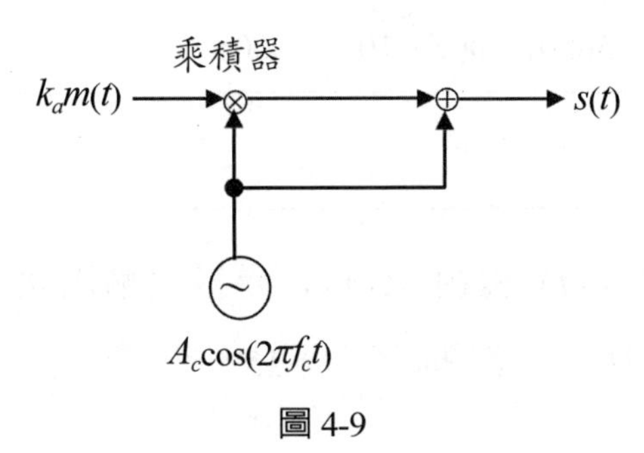

圖 4-9

另外一種非線性電路亦可以產生 AM 調變訊號，稱之爲平方律調變器，表示如圖 4-10：

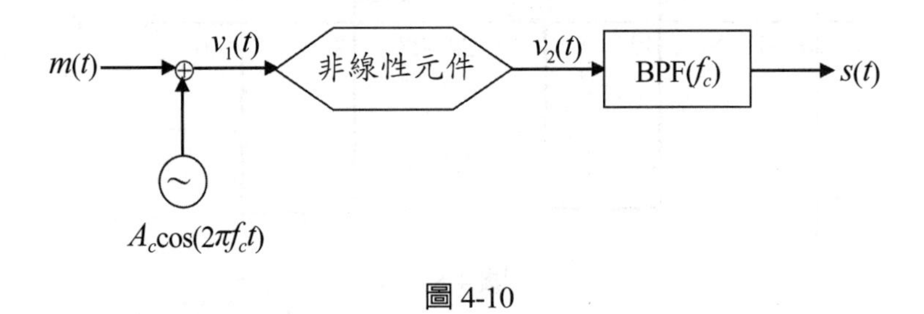

圖 4-10

此時非線性元件的輸入、輸出關係可用下式表示：

$$v_2(t) = a_1 v_1(t) + a_2 v_1^2(t) \tag{31}$$

其中 a_1、a_2 爲常數。以 $v_1(t)=m(t)+A\cos(2\pi f_c t)$ 代入式 (31) 得

$$v_2(t)=a_1A\left[1+\frac{2a_2}{a_1}m(t)\right]\cos(2\pi f_c t)+a_1m(t)+a_2m^2(t)+a_2A^2\cos^2(2\pi f_c t) \tag{32}$$

上式中之第一項取 $a_1A=A_c$，$\frac{2a_2}{a_1}=k_a$ 即爲 AM 波，其它項可以利用中心頻率爲 f_c 之帶通濾波器（BPF）濾除即可，意即如圖 4-11 之頻譜：

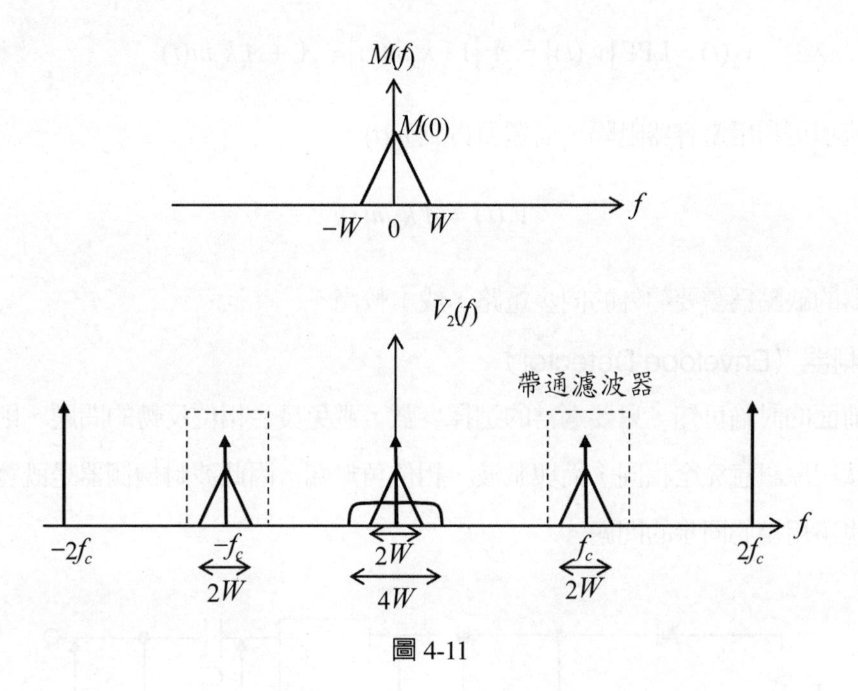

圖 4-11

五、AM 解調變器

AM 訊號的解調器可以分爲二大類，即同步解調器與非同步解調器，非同步解調器又包括 envelope detector 與平方律檢測器，以下分別說明之。

1.同步解調器（Coherent Demodulator）

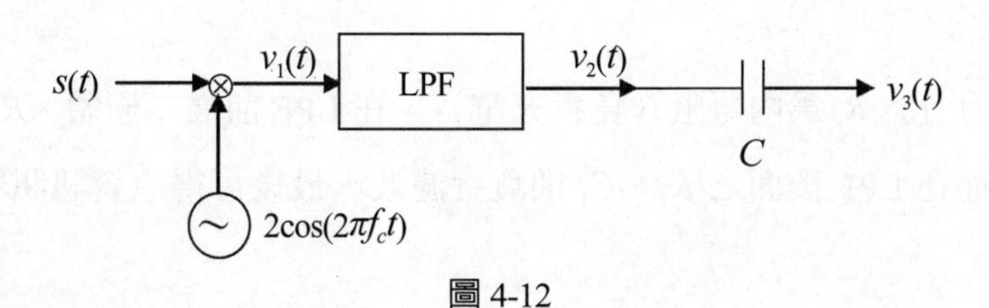

圖 4-12

如圖 4-12 所示，輸入之 AM 訊號與本地震盪器相乘後可得：

$$\begin{aligned} v_1(t) = s(t)\times 2\cos(2\pi f_c t) &= A_c\left[1+k_a m(t)\right]\cos(2\pi f_c t)\times 2\cos(2\pi f_c t) \\ &= A_c\left[1+k_a m(t)\right]\left[1+\cos(4\pi f_c t)\right] \\ &= A_c\left[1+k_a m(t)\right]+A_c\left[1+k_a m(t)\right]\cos(4\pi f_c t) \end{aligned} \tag{33}$$

經 LPF 後，高頻部分被濾除可得：

$$v_2(t) = \text{LPF}\left\{v_1(t)\right\} = A_c\left[1+k_a m(t)\right] = A_c + A_c k_a m(t) \tag{34}$$

上式之直流項可利用電容器阻隔，而還原得到 $m(t)$。

$$v_3(t) = A_c k_a m(t) \tag{35}$$

同步解調器的缺點為需要額外的同步電路，成本較高。

2.波封檢測器（Envelope Detector）

經由前面的討論可知，只要適當的選擇參數，避免發生相位反轉的問題，則 AM 訊號的波封形狀與原訊息完全相同，而與載波、相位角無關，因此波封檢測器是既實用又簡單的設計，也不用擔心同步的問題。

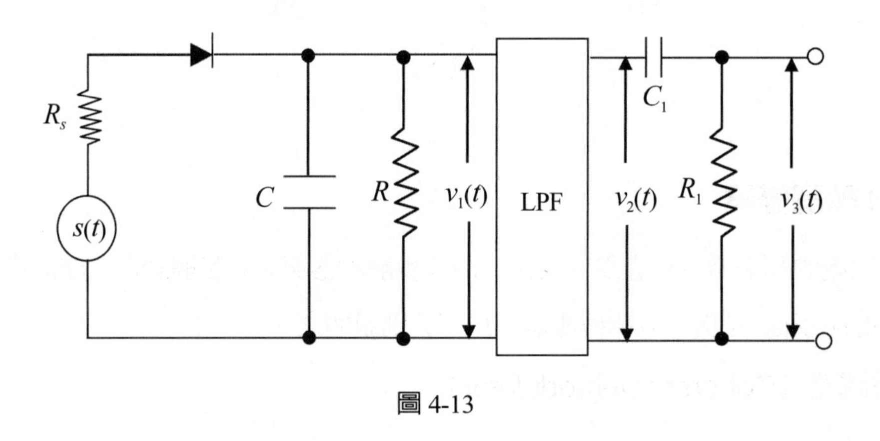

圖 4-13

如圖 4-13 所示，R_s 為內電阻（負責充電），在 LPF 前之二極體、R、C 負責交流訊號之放電，而在 LPF 後面之 R_1、C_1 則負責濾波，最後可得原資訊訊號 $m(t)$。考慮

AM 訊號 $s(t) = A_c[1 + k_a m(t)] \cos(2\pi f_c t)$ 其波形如圖 4-14(a) 所示，其中虛線部分代表波封（envelope），亦即原資訊訊號 $m(t)$。一個理想的波封檢波器必須能夠得到波封的輸出。

由於 $s(t)$ 爲一個交流訊號，當輸入之電壓爲「正」半週期時，二極體導通（順向偏壓），$s(t)$ 對電容 C 充電直到輸入訊號之尖峰（peak）電壓爲止，當 $s(t)$ 由尖峰電壓開始降低時，二極體斷路（逆向偏壓），則電容 C 之電壓經由負載電阻 R 慢慢地放電，直到下一個正半週期來到爲止。當輸入訊號的電壓值比電容器二端之電壓高時，二極體會再度導通，爾後即重覆進行此動作，因此 RC 爲充放電時間常數，故會得到 $v_1(t)$ 之結果，如圖 4-14(b) 所示。

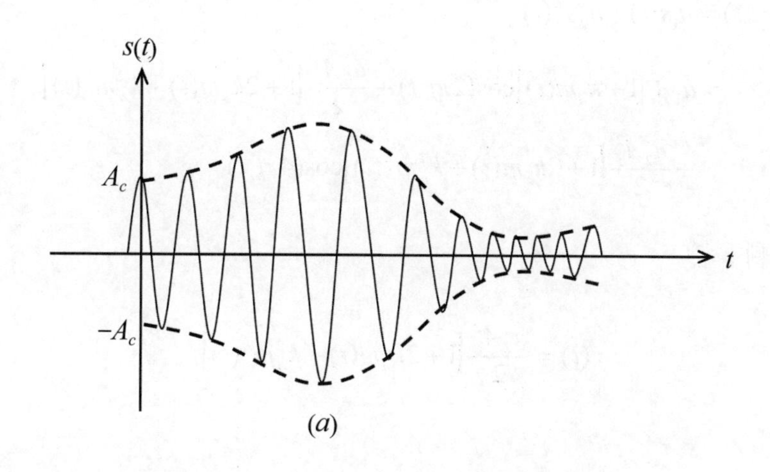

(a)

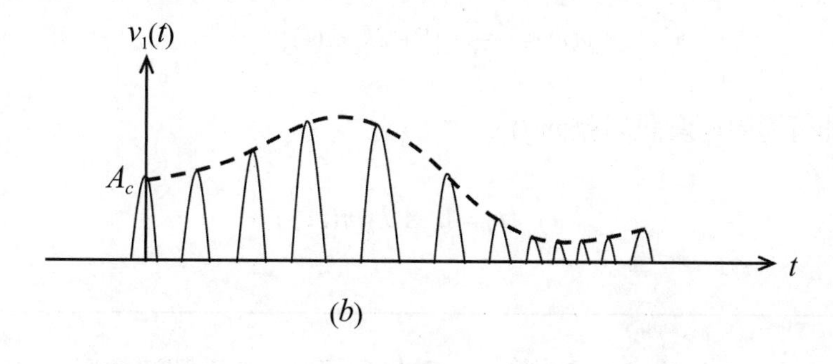

(b)

圖 4-14

當 $v_1(t)$ 再經過 LPF 後剩下 $v_2(t) = A_c(1 + k_a m(t))$，此式之直流項可利用電容器阻隔，而得到 $v_2(t) = k_a m(t)$ 完成 AM 解調。

3.平方律檢測器（Square-law Detector）

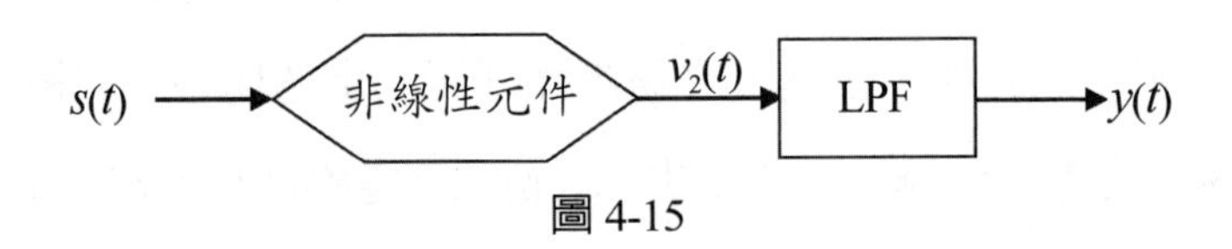

圖 4-15

平方律檢測器基本上就是使用平方律調變器來做解調的工作，當 AM 訊號 $s(t) = A_c[1 + k_a m(t)]\cos(2\pi f_c t)$ 代入式 (31) 可得

$$
\begin{aligned}
v_2(t) &= a_1 s(t) + a_2 s^2(t) \\
&= a_1 A_c\left[1 + k_a m(t)\right]\cos(2\pi f_c t) + \frac{a_2 A_c^2}{2}\left[1 + 2k_a m(t) + k_a^2 m^2(t)\right] \\
&\quad + \frac{a_2 A_c^2}{2}\left[1 + 2k_a m(t) + k_a^2 m^2(t)\right]\cos(4\pi f_c t)
\end{aligned}
\tag{36}
$$

經過 LPF 後，剩下

$$y(t) = \frac{a_2 A_c^2}{2}\left[1 + 2k_a m(t) + k_a^2 m^2(t)\right] \tag{37}$$

當 k_a 很小時，

$$y(t) \cong \frac{a_2 A_c^2}{2}\left[1 + 2k_a m(t)\right] \tag{38}$$

再濾掉直流項即可還原原資訊訊號 $m(t)$。

$$y_o(t) = a_2 A_c^2 k_a m(t)$$

例題 7

令 $x(t) = m(t) + 1000\cos(2\pi f_c t)$，此處 $m(t)$ 爲訊息訊號，f_c 爲載波頻率。今有一非線性元件，它被定義爲，$y(t) = x(t) + 2x^2(t)$ 則當 $m(t)$ 之頻寬爲 W 時：

(1) 請計算 $y(t)$。

(2) 若欲由 $y(t)$ 得到一個 AM 訊號，請問該如何處理 $y(t)$？

（100 年公務人員普通考試）

解：

(1) $y(t) = x(t) + 2x^2(t) = m(t) + 1000\cos(2\pi f_c t) + 2(m(t) + 1000\cos(2\pi f_c t))^2$

$= m(t) + 2m^2(t) + 1000(1 + 4m(t))\cos(2\pi f_c t) + 2 \times 1000^2\cos^2(2\pi f_c t)$

(2) 利用中心頻率為 f_c 之帶通濾波器（BPF）濾除 $y(t)$ 可得

$1000(1 + 4m(t))\cos(2\pi f_c t)$

例題 8

某 AM 調變器（AM modulator）之輸出為：

$s_{Tx}(t) = 20\cos(2\pi 100t) + 5\cos(2\pi 80t) + 5\cos(2\pi 120t)$

(1) 請計算其調變指標（modulation index）及調變效率（modulation efficiency）。

(2) 請舉出任一種 AM 調變器（modulator）及解調器（demodulator），並解釋其中各方塊功能。

（104 年特種考試）

解：

(1) $s_{Tx}(t) = 20\cos(2\pi 100t) + 5\cos(2\pi 80t) + 5\cos(2\pi 120t)$

$= 20\cos(2\pi 100t) + 10\cos(2\pi 100t)\cos(2\pi 20t)$

$= 20\left(1 + \frac{1}{10}\cos(2\pi 20t)\right)\cos(2\pi 100t)$

modulation index $= \frac{1}{10}$

$$\eta = \frac{P_{sb}}{P_T} \times 100\% = \frac{\frac{1}{4}A_c^2\mu^2}{\frac{1}{2}A_c^2 + \frac{1}{4}A_c^2\mu^2} \times 100\% = \frac{\mu^2}{2+\mu^2} \times 100\% = \frac{0.01}{2+0.01} \approx 50\%$$

(2) 請參考前述內容

例題 9

AM 調變器之輸出訊號可表示

$x(t) = A(1 + km(t))\cos(2\pi f_c t)$

其中 A 及 k 皆爲大於零的常數，$m(t)$ 代表擬傳送的訊息訊號（message signal）符合 max $|m(t)| = 1$ 且頻寬小於 f_c，爲載波頻 f_c 且 >>W。

(1) 若 $m(t)$ 的傅立葉轉換爲 $M(f)$，求 $x(t)$ 的傅立葉轉換。

(2) 包跡檢測器（envelope detector）可用於檢測 AM 訊號，試畫出該包跡檢測器電路。

(3) 包跡檢測器可正常運作的條件爲何？

（105 年普通考試）

解：

(1) $x(t) = A(1 + km(t))\cos(2\pi f_c t) \Rightarrow$

$$X(f) = \frac{A}{2}(\delta(f-f_c) + \delta(f+f_c)) + \frac{kA}{2}(M(f-f_c) + M(f+f_c))$$

(2) 請自行繪製

(3) $k \leq 1$

例題 10

The system shown in figure below is used to generate a conventional AM signal. The modulating signal $m(t)$ has zero mean and its maximum (absolute)value is $A_m = \max|m(t)|$. The nonlinear device has a input-output characteristic

$$y(t) = ax(t) + bx^2(t).$$

(1) Specify the filter characteristic $h(t)$ or $H(f)$ such that the filter output $u(t)$is a conventional AM signal.

(2) What condition should the parameters a, b, and A_m satisfy such that $u(t)$is a conventional AM signal?

(3) Determine the modulation index for the conventional AM signal $u(t)$.

（99 中正電機所）

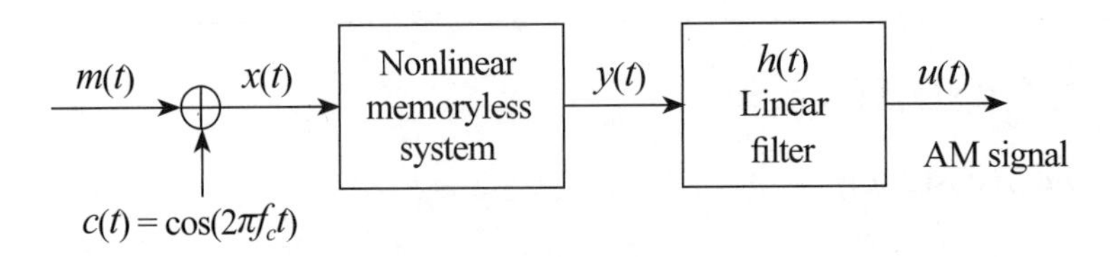

解：

$x(t) = m(t) + \cos(2\pi f_c t)$

(1) $y(t) = a(m(t) + \cos(2\pi f_c t)) + b(m^2(t) + \cos^2(2\pi f_c t) + 2m(t)\cos(2\pi f_c t))$

Using BPF with center frequency f_c and bandwidth $2W$, where W is the bandwidth of $m(t)$.

$\therefore u(t) = a\cos(2\pi f_c t) + 2bm(t)\cos(2\pi f_c t) = a\cos(2\pi f_c t)\left(1 + \frac{2b}{a}m(t)\right)$

(2) $u(t) = a\cos(2\pi f_c t)\left(1 + \frac{2bA_m}{a}\frac{m(t)}{A_m}\right)$

$= a\cos(2\pi f_c t)\left(1 + \frac{2bA_m}{a}m_n(t)\right)$

$\frac{2bA_m}{a} < 1$

(3) $\mu = \frac{2bA_m}{a}$

例題 11

Let an AM signal be $m(t) = \left(1 + \frac{1}{2}\sin(2\pi f_m t)\right)\cos(2\pi f_c t)$, where $f_m = 80$ KHz, $f_c = 50$ MHz

(a) Determine the modulation index.

(b) Determine the power efficiency η

（99 台科大電機所）

解：

(a) $\mu = \frac{1}{2}$

(b) $\eta = \frac{\mu^2}{2 + \mu^2} \times 100\% = 11.1\%$

例題 12

The output signal from an AM modulator is $s(t) = 50\cos(11000\pi t) + 20\cos(12000\pi t) + 20\cos(10000\pi t)$

(1) Determine the modulation index and the efficiency of the modulator.

(2) Determine the carrier power and the sideband power for $R = 1$ ohm.

（99 北科大電通所）

解：

$$(1)\ s(t) = 50\cos(11000\pi t) + 20\cos(12000\pi t) + 20\cos(10000\pi t)$$
$$= 50\cos(11000\pi t) + 40\cos(11000\pi t)\cos(1000\pi t)$$
$$= 50\cos(11000\pi t)\left[1 + \frac{4}{5}\cos(1000\pi t)\right]$$

屬於單音調變

$$\therefore \mu = \frac{4}{5} \Rightarrow \eta = \frac{\mu^2}{2+\mu^2} \times 100\% = 24.24\%$$

$$(2)\ P_C = \frac{1}{2}A_C^2 = 1250W$$

$$P_{sb} = \frac{1}{2}A_c^2\mu^2\left\langle \cos^2\left(1000\pi t\right)\right\rangle = \frac{1}{2} \times 2500 \times \left(\frac{4}{5}\right)^2 \times \frac{1}{2} = 400W$$

例題 13

A sinusoidal message signal $x(t) = \cos(16000\pi t)$ modulates the carrier $c(t) = 10\cos 2\pi f_c t$, $f_c \gg 10\text{kHz}$. The modulation scheme is conventional AM and the modulation index is 0.5. The channel noise is AWGN with two-sided PSD = 10^{-10}W/Hz. At the receiver the signal is processed as shown in Figure (a). The frequency response of the bandpass filter is shown in Figure (b), where $B_T = \Delta f = 20$ kHz.

(a) Determine the signal power (in dBm) and the noise power (in dBm) at the output of the BPF.

(b) Determine the $(S/N)_o$ (in dB) at the output.

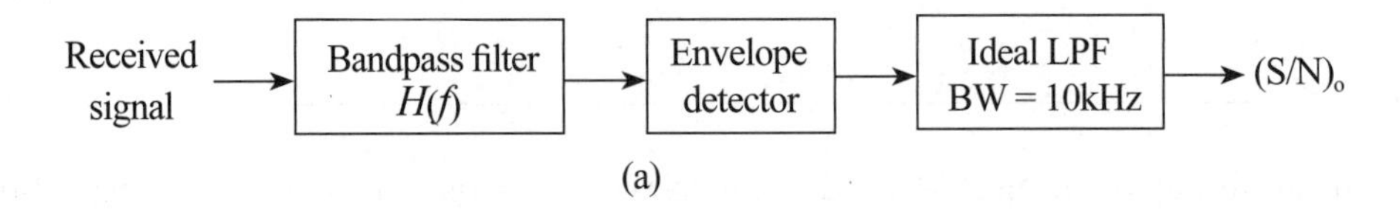

(a)

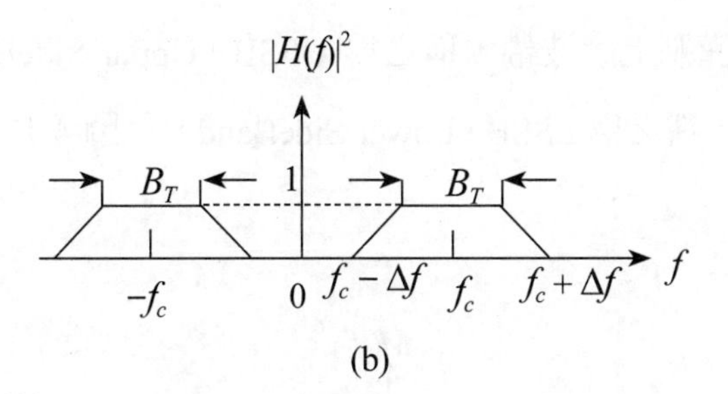

(b)

（94 成大電腦通訊所）

解：

(a) $x_{AM}(t)=\left(1+0.5\cos\left(16000\pi t\right)\right)10\cos\left(2\pi f_c t\right)$

$$P_S=\frac{10^2}{2}(1+\frac{0.25}{2})=56.25W=47.5dBm$$

$$P_N=\frac{N_0}{2}\times 3\Delta f=10^{-10}\times 60K=6\times 10^{-6}W=-22dBm$$

(b) $$\left(\frac{S}{N}\right)_O=\frac{A_C^2k_a^2P_m}{2WN_0}=\frac{100\times 0.25\times\frac{1}{2}}{2\times 10^{-10}\times 10K\times 2}=64.95(dB)$$

4.3　單旁波帶

基於頻寬的考量，則不論是 AM 與 DSBSC 均浪費了頻寬。因爲上旁波帶與下旁波帶是相同而對稱的，換言之，若只傳輸單邊帶，不但可以節省一半頻寬且原資訊並未流失，這種調變方式稱之爲單旁波帶（Single SideBand, SSB）調變。

如圖 4-16 所示，當調變訊號 $m(t)$ 經過乘積調變器之後即可產生 DSBSC 訊號，再將此 DSBSC 訊號輸入單旁波濾波器（sideband filter）後其輸出即爲 SSB 訊號。

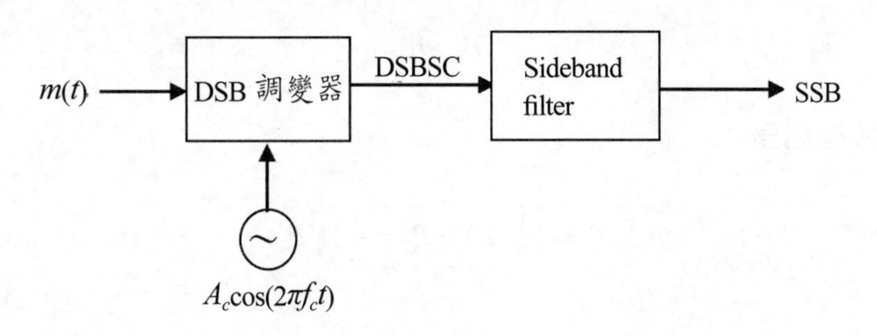

圖 4-16

如果濾除了下旁波帶，僅剩上旁波帶，稱之為 USSB（Upper SideBand）；如果濾除了上旁波帶，僅剩下旁波帶，稱之為 LSSB（Lower SideBand）。圖 4-17 顯示了 USSB 與 LSSB 之頻譜圖。

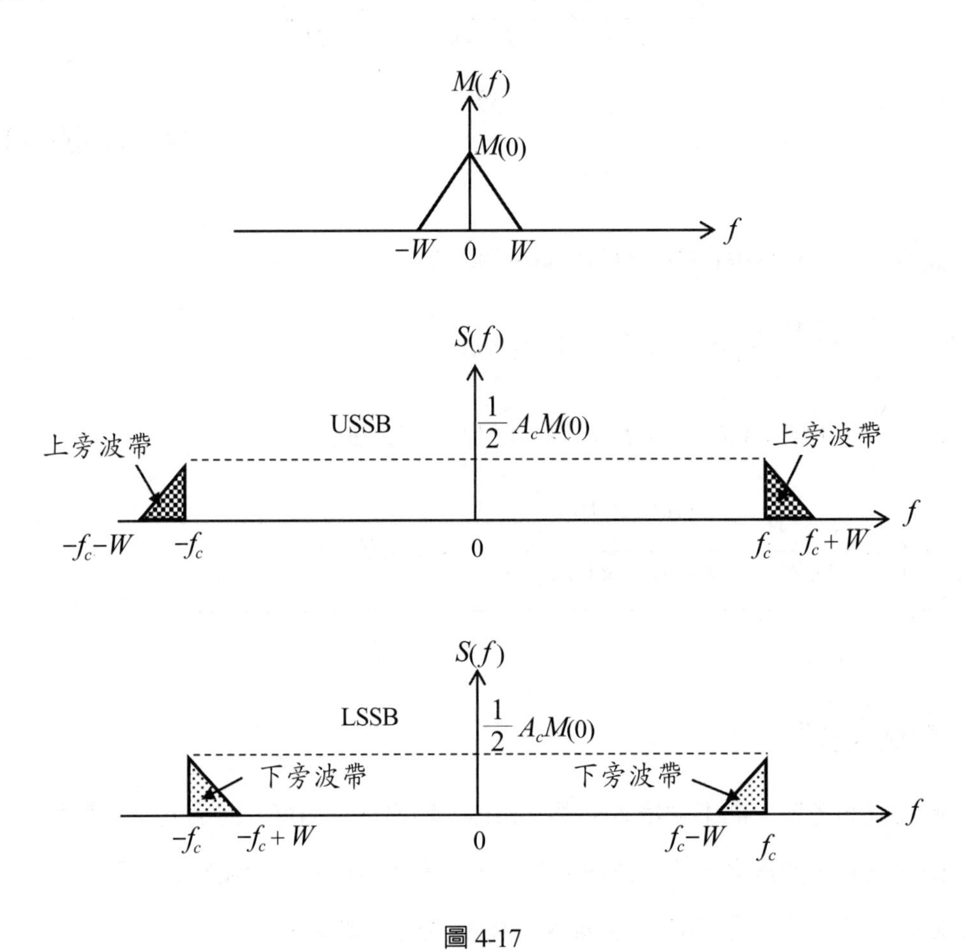

圖 4-17

從其頻譜圖可以看出：SSB 的傳輸頻寬 B_T 為

$$B_T = W$$

傳輸平均功率 P_T 則為

$$P_T = (\frac{1}{2}A_c)^2 \cdot P_m = \frac{1}{4}A_c^2 P_m \tag{39}$$

顯然的 SSB 爲帶通訊號，我們可以用帶通訊號表示法，將其時域描述式表示成同相與正交成分的組合，即 SSB 可以表示成下列標準形式：

$$s_{USSB}(t)=\frac{A_c}{2}\left[m(t)\cos(2\pi f_c t)-\hat{m}(t)\sin(2\pi f_c t)\right] \tag{40}$$

$$s_{LSSB}(t)=\frac{A_c}{2}\left[m(t)\cos(2\pi f_c t)+\hat{m}(t)\sin(2\pi f_c t)\right] \tag{41}$$

其中 $\hat{m}(t)$ 爲 $m(t)$ 的 Hilbert 轉換。若以頻域的觀點來看，相當於將 $m(t)$ 產生 90° 相位移，因此 SSB 調變器如圖 4-18 所示：

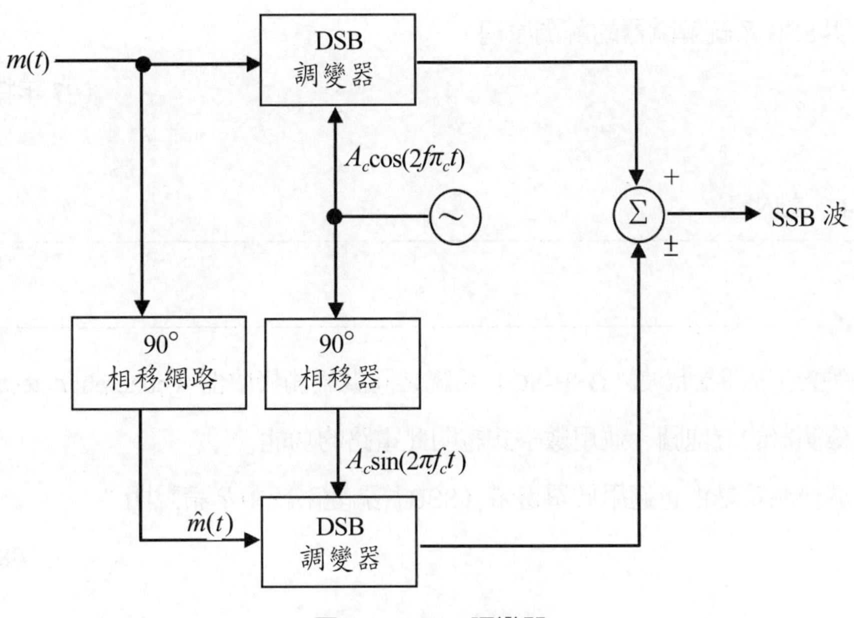

圖 4-18　SSB 調變器

圖 4-18 又稱爲 Hartley 調變器（Hartley Modulator）。

至於 SSB 之解調器基本上與 DSBSC 相同，因爲兩者在本質上均屬於抑制載波，故需用同步檢測法（coherent detection）來解調。解調器如圖 4-19 所示，同調檢測法的第一步爲將將 USSB 或 LSSB 訊號乘以一個由本地產生、並且頻率和相位都與載波 $A_c\cos(2\pi f_c t)$ 同步的正弦波 $A'_c\cos(2\pi f_c t)$，再由低通濾波器完成解調變。

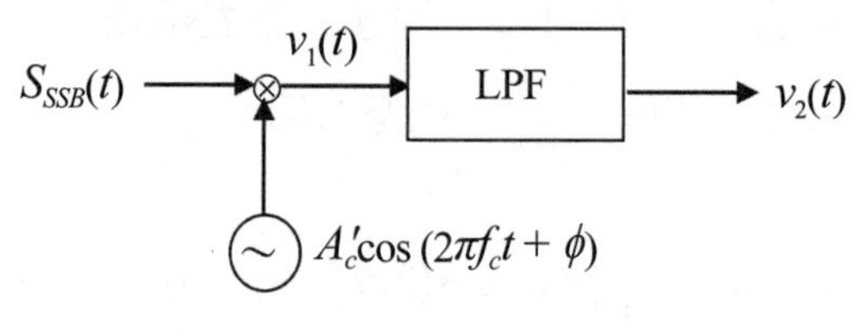

圖 4-19　SSB 同調檢測器

例題 14

(1) 請說明 SSB（Single side band）系統在頻譜使用上優於 AM（Amplitude modulation）系統的原因。

(2) 請說明 SSB 系統解調器的解調原理。

（97 年特種考試）

解：

參考 §4-3 之內容

例題 15

本題討論雙邊帶抑制載波（DSB-SC）系統之同調檢測接收器（coherent detector）。

(1) 畫出檢測器的方塊圖，並用數學式證明此電路的功能。

(2) 此同調檢測器是否也適用於單邊帶（SSB）調變系統中？請說明。

（98 年普考）

解：

參考 §4-3 之內容

例題 16

An SSB signal is generated by modulating an f_c = 800kHz carrier by the signal $m(t)$ = $\cos(2000\pi t) + 2\sin(2000\pi t)$. The amplitude of the carrier is A_c = 100. Find the magnitude spectrum of the lower sideband SSB signal.

（96 高應大電機所）

解：

(1) $m(t)=\cos(2000\pi t)+2\sin(2000\pi t)$，

$\therefore\ \hat{m}(t)=\sin(2000\pi t)-2\cos(2000\pi t)$

又 $f_c=800$ kHz

$$\therefore\ s_{LSSB}(t)=\frac{A_c}{2}m(t)\cos(2\pi f_c t)+\frac{A_c}{2}\hat{m}(t)\sin(2\pi f_c t)$$

$$=\frac{100}{2}\left[\cos(2000\pi t)+2\sin(2000\pi t)\right]\cos(2\pi 800000t)$$

$$+\frac{100}{2}\left[\sin(2000\pi t)-2\cos(2000\pi t)\right]\sin(2\pi 800000t)\text{。}$$

(2) 如下圖所示：

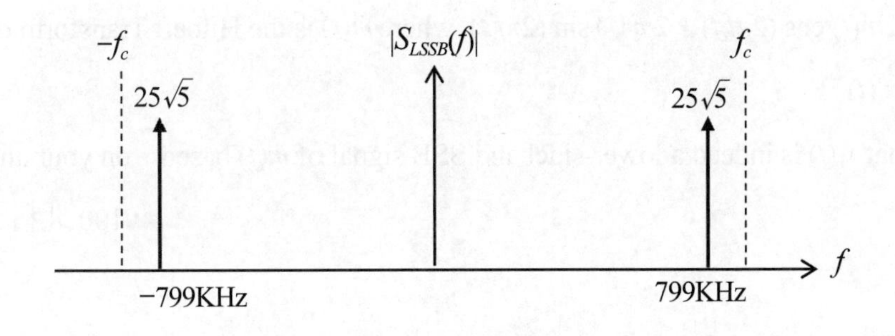

例題 17

Using the message signal

$$m(t)=\frac{1}{1+t^2}$$

and a carrier wave $c(t)=A_c\cos(2\pi f_c t)$, write down the modulated signals for the following methods of modulation.

(a) Amplitude modulation with 50 percent modulation.

(b) Single sideband modulation with only the upper sideband transmitted.

（99 中興電機所）

解：

(a) $s(t)=A_C\left(1+k_a m(t)\right)\cos\left(2\pi f_c t\right)$

$$\left|\frac{k_a}{1+t^2}\right|_{\max}\times 100\%=50\%$$

$$(b)\ \Im\left\{\frac{1}{1+t^2}\right\}=\pi e^{-2\pi|f|}=M(f)\Rightarrow \hat{M}(f)=-j\,\mathrm{sgn}(f)\pi e^{-2\pi|f|}$$

$$\Rightarrow \hat{m}(t)=\frac{t}{1+t^2}$$

$$\therefore s(t)=\frac{1}{2}A_C m(t)\cos(2\pi f_c t)-\frac{1}{2}A_C\hat{m}(t)\sin(2\pi f_c t)$$

$$=\frac{1}{2}\frac{1}{1+t^2}A_C\cos(2\pi f_c t)-\frac{1}{2}A_C\frac{t}{1+t^2}\sin(2\pi f_c t)$$

例題 18

Assume a message signal is given by $m(t) = 2\cos(2\pi f_m t) + \cos(4\pi f_m t)$.

Let $x_c(t) = 2m(t)\cos(2\pi f_c t) + 2\hat{m}(t)\sin(2\pi f_c t)$, where $\hat{m}(t)$ is the Hilbert Transform of $m(t)$.

(a) Derive $x_c(t)$

(b) Show that $x_c(t)$ is indeed a lower-sideband SSB signal of $m(t)$ based on your answer in (a).

（100 北科大電機所）

解：

$$x_c(t) = 2m(t)\cos(2\pi f_c t) + 2(2\sin(2\pi f_m t) + \sin(4\pi f_m t))\sin(2\pi f_c t)$$

$$= 4(\cos(2\pi f_m t)\cos(2\pi f_c t) + \sin(2\pi f_m t)\sin(2\pi f_c t))$$

$$+ 2(\cos(4\pi f_m t)\cos(2\pi f_c t) + \sin(4\pi f_m t)\sin(2\pi f_c t))$$

$$= 4\cos(2\pi(f_c - f_m)t) + 2\cos(2\pi(f_c - f_m)t)$$

4.4 同調檢測接收系統之訊雜比

如圖 4-20 所示，$s(t)$ 爲已調變訊號，載波頻率爲 f_c、傳輸頻寬爲 B_T 之帶通訊號。$w(t)$ 爲通道雜訊，功率頻譜密度爲 $\frac{N_0}{2}$ 之 AWGN，接收器是由一個理想的帶通濾波器（BPF）與同調檢測器

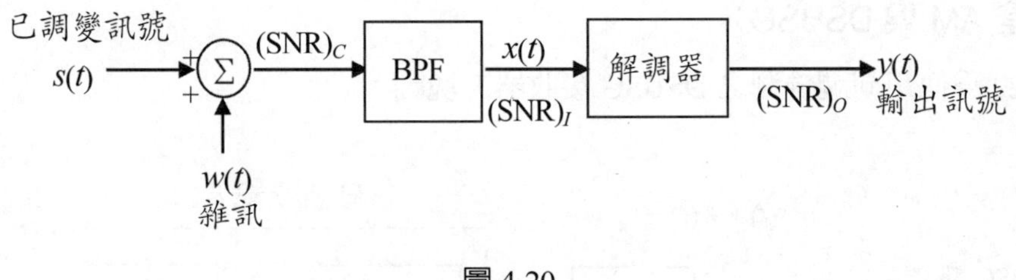

圖 4-20

其中接收器前端之 BPF 是爲了降低通道雜訊，又稱爲前段預選濾波器（preselector）其頻寬需能容納全部的 $s(t)$。

若 $n(t)$ 代表 $w(t)$ 經過 BPF 後所得到的窄頻雜訊，因此 $n(t)$ 可以表爲

$$n(t) = n_I \cos(2\pi f_c t) - n_Q \sin(2\pi f_c t) \tag{42}$$

其頻譜如圖 4-21：

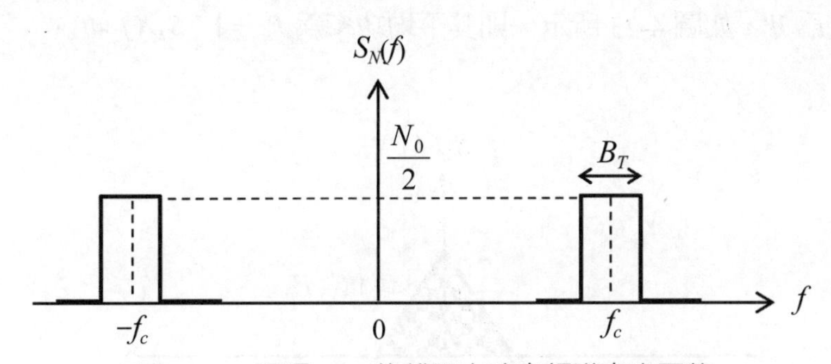

圖 4-21　通過 BPF 後雜訊之功率頻譜密度函數

由圖 4-21 可以看出 $n(t)$ 之功率 P_n 爲

$$P_n = \frac{N_0}{2} \times 2 \times B_T = N_0 B_T \tag{43}$$

觀念提示： 接收訊號通過 BPF 後，訊號 $s(t)$ 通過，雜訊由原來的寬頻雜訊 $w(t)$ 變爲窄頻雜訊 $n(t)$。故 $x(t)$ 可以表爲：

$$x(t) = s(t) + n(t) \tag{44}$$

1.DSB（含 AM 與 DSBSC）

圖 4-22 爲使用同調檢測之 DSBSC 接收器方塊圖：

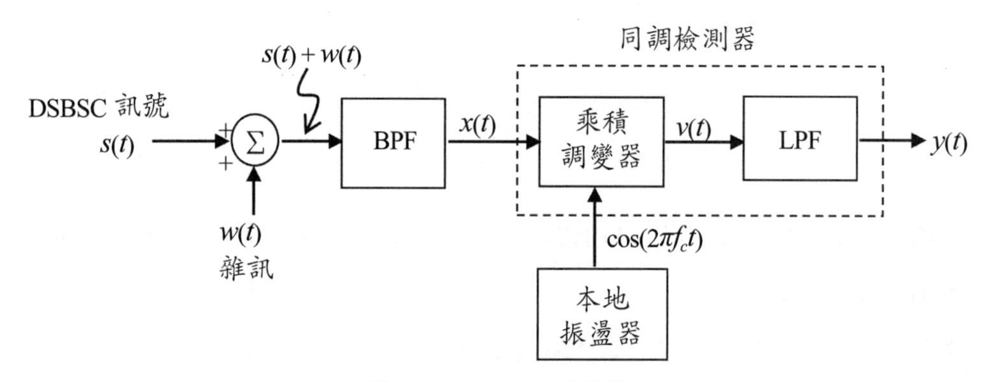

圖 4-22　DSBSC 接收器

如本章第一節所述，DSBSC 訊號爲 $s(t)=A_c m(t)\cos(2\pi f_c t)$，若 $m(t)$ 的功率頻譜密度函數爲 $S_M(f)$，其頻寬爲 W，如圖 4-23 所示，則其平均功率爲 $P_m=\int_{-W}^{W}S_M(f)df$。

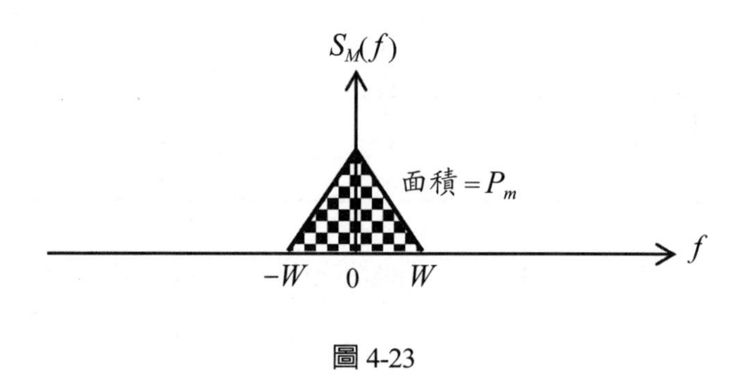

圖 4-23

$s(t)$ 之功率頻譜密度函數 $S_S(f)$ 可求得爲

$$S_S(f)=\frac{A_c^2}{4}\left[S_M(f-f_c)+S_M(f+f_c)\right] \tag{45}$$

如圖 4-24 所示：

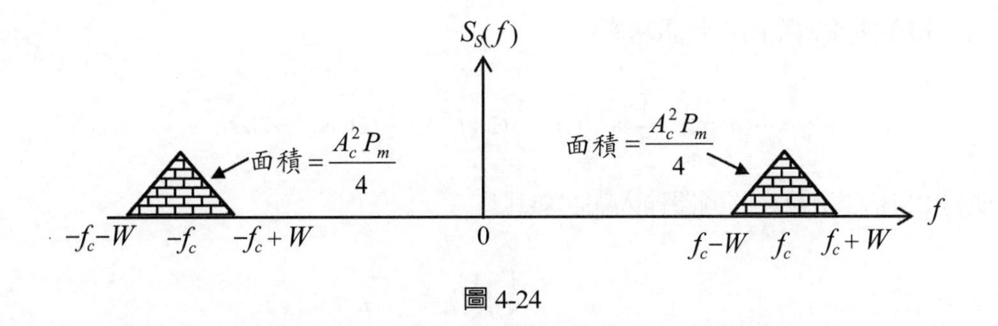

圖 4-24

由圖 4-24 可以看出傳輸頻寬 $B_T = 2W$，且 $s(t)$ 之平均功率 P_T 為

$$P_T = \frac{A_c^2 P_m}{2} \tag{46}$$

在同調檢波器輸入端之訊號 $x(t)$ 可以表示為

$$\begin{aligned} x(t) &= s(t) + n(t) \\ &= A_c m(t)\cos(2\pi f_c t) + n_I \cos(2\pi f_c t) - n_Q \sin(2\pi f_c t) \end{aligned} \tag{47}$$

因為由窄頻雜訊 $n(t)$ 提供的平均功率，與其同相成分 $n_I(t)$、正交成分 $n_Q(t)$ 所提供的平均功率都相同，即為 $2W \times \frac{N_0}{2} \times 2 = 2WN_0$，如圖 4-25 所示：

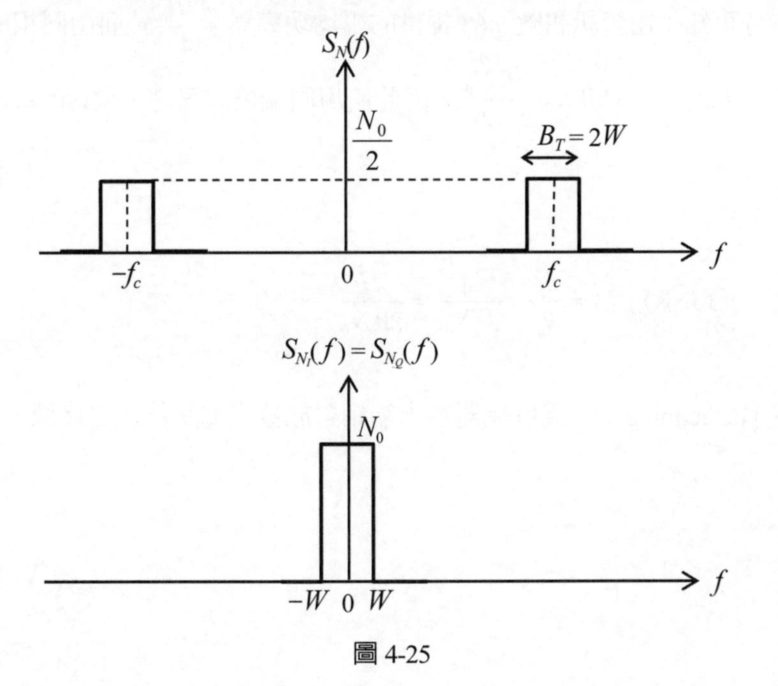

圖 4-25

由式 (47) 知在傳輸頻寬內之雜訊功率為

$$P_n = \frac{1}{2}\left\langle n_I^2(t)\right\rangle + \frac{1}{2}\left\langle n_Q^2(t)\right\rangle = \frac{1}{2}(2WN_0) + \frac{1}{2}(2WN_0) = 2WN_0 \tag{48}$$

因此使用 DSBSC 系統之解調器輸入端訊雜比為

$$(\text{SNR})_{I,DSB} = \frac{P_T}{2WN_0} = \frac{\frac{1}{2}A_c^2 P_m}{2WN_0} = \frac{A_c^2 P_m}{4WN_0} \tag{49}$$

接著，在同調檢測器中乘積調變器之輸出 $v(t)$ 可以表為

$$\begin{aligned} v(t) &= x(t)\cos(2\pi f_c t) \\ &= \frac{1}{2}A_c m(t) + \frac{1}{2}n_I(t) + \frac{1}{2}\left[A_c m(t) + n_I(t)\right]\cos(4\pi f_c t) - \frac{1}{2}n_Q(t)\sin(4\pi f_c t) \end{aligned} \tag{50}$$

在同調檢波器中的低通濾波器移去 $v(t)$ 之高頻部分，因此接收機的輸出為

$$y(t) = \frac{1}{2}A_c m(t) + \frac{1}{2}n_I(t) \tag{51}$$

觀念提示： 1. 資訊訊號 $m(t)$ 與窄頻雜訊 $n(t)$ 的同相分量 $n_I(t)$ 以相加呈現。

2. 窄頻雜訊 $n(t)$ 的正交分量 $n_Q(t)$ 完全被同調檢波器去除。

又由式 (51) 可知：由資訊訊號 $m(t)$ 提供的平均功率為 $\frac{A_c^2 P_m}{4}$，而由同相成分 $n_I(t)$ 所提供的平均功率為 $P_n = (\frac{1}{2})^2 \times 2WN_0 = \frac{WN_0}{2}$。因此使用同調檢波器之 DSBSC 接收器的輸出端訊雜比為

$$(\text{SNR})_{O,DSB} = \frac{P_T}{P_n} = \frac{\frac{A_c^2 P_m}{4}}{\frac{WN_0}{2}} = \frac{A_c^2 P_m}{2WN_0} \tag{52}$$

定義檢波增益（detection gain）為解調器輸出端相對於輸入端訊雜比之比值，則由式 (52)、(49) 可得：

$$\text{檢波增益}=\left.\frac{(\text{SNR})_O}{(\text{SNR})_I}\right|_{\text{DSBSC}}=\frac{\frac{A_c^2P_m}{2WN_0}}{\frac{A_c^2P_m}{4WN_0}}=2 \tag{53}$$

2. AM

因爲使用同調解調器之 DSBSC 或 AM 雜訊分析過程相同，因此此處僅將結果列出。AM 訊號可表示爲 $s(t)=A_c[1+k_am(t)]\cos(2\pi f_ct)$，故

$$P_T=\frac{A_c^2}{2}(1+k_a^2P_m) \tag{54}$$

$$x(t)=s(t)+n(t)=s(t)+n_I\cos(2\pi f_ct)-n_Q\sin(2\pi f_ct)$$

$$(\text{SNR})_{I,AM}=\frac{P_T}{2WN_0}=\frac{\frac{1}{2}A_c^2(1+k_a^2P_m)}{2WN_0} \tag{55}$$

$$v(t)=x(t)\cos(2\pi f_ct)$$

$$LPF\{v(t)\}\xrightarrow{\text{去直流}}y(t)=\frac{A_c}{2}k_am(t)+\frac{1}{2}n_I$$

$$(\text{SNR})_{O,AM}=\frac{P_T}{\frac{WN_0}{2}}=\frac{\frac{A_c^2k_a^2P_m}{4}}{\frac{WN_0}{2}}=\frac{A_c^2k_a^2P_m}{2WN_0} \tag{56}$$

$$\text{檢波增益}=\left.\frac{(\text{SNR})_O}{(\text{SNR})_I}\right|_{\text{AM}}=\frac{\frac{A_c^2k_a^2P_m}{2WN_0}}{\frac{\frac{1}{2}A_c^2(1+k_a^2P_m)}{2WN_0}}=\frac{2k_a^2P_m}{1+k_a^2P_m}=2\eta \tag{57}$$

其中 η 爲傳輸效率

3. SSB

以 LSSB 調變爲例，其已調變訊號 $s(t)$ 爲

$$s(t)=\frac{A_c}{2}m(t)\cos(2\pi f_ct)+\frac{A_c}{2}\hat{m}(t)\sin(2\pi f_ct) \tag{58}$$

已知 SSB 的傳輸頻寬 B_T 爲：$B_T=W$。由式 (58) 可知 $s(t)$ 平均傳輸功率 P_T 爲

$$P_T = \frac{1}{4}A_c^2 \cdot \frac{1}{2} \cdot P_m + \frac{1}{4}A_c^2 \cdot \frac{1}{2} \cdot P_m = \frac{1}{4}A_c^2 P_m \qquad (59)$$

經過 BPF 的窄頻雜訊 $n(t)$ 的功率頻譜 $S_N(f)$ 的中心頻率與原載波頻率 f_c 相差 $\frac{W}{2}$，因此 $n(t)$ 可以表示為

$$n(t) = n_I \cos\left[2\pi(f_c - \frac{W}{2})t\right] - n_Q \sin\left[2\pi(f_c - \frac{W}{2})t\right] \qquad (60)$$

因此在同調檢波器輸入端之訊號 $x(t)$ 可以表示為

$$\begin{aligned} x(t) &= s(t) + n(t) \\ &= \frac{A_c}{2} m(t)\cos(2\pi f_c t) + \frac{A_c}{2}\hat{m}(t)\sin(2\pi f_c t) \\ &\quad + n_I \cos\left[2\pi(f_c - \frac{W}{2})t\right] - n_Q \sin\left[2\pi(f_c - \frac{W}{2})t\right] \end{aligned} \qquad (61)$$

因為由窄頻雜訊 $n(t)$ 提供的平均功率，與其同相成分 $n_I(t)$、正交成分 $n_Q(t)$ 所提供的平均功率都相同，因此可以得知 $n_I(t)$ 與 $n_Q(t)$ 的頻譜密度如圖 4-26 所示：

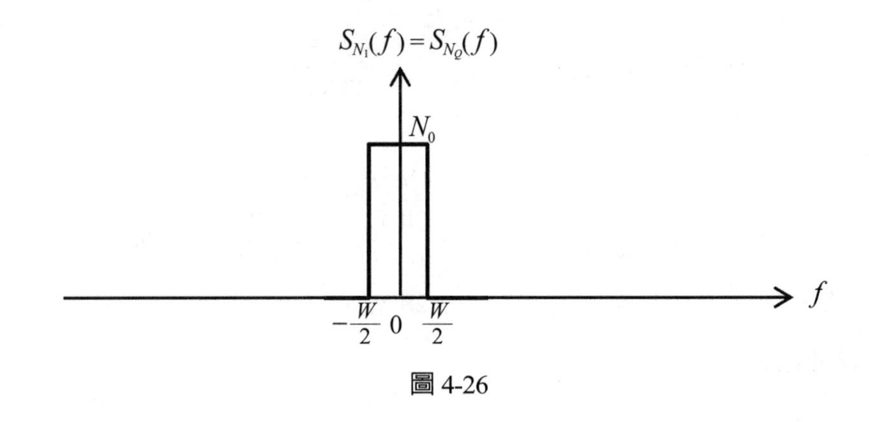

圖 4-26

因此由式 (60) 可知此處之雜訊功率為

$$P_n = \frac{1}{2}\left\langle n_I^2(t)\right\rangle + \frac{1}{2}\left\langle n_Q^2(t)\right\rangle = \frac{1}{2}(WN_0) + \frac{1}{2}(WN_0) = WN_0 \qquad (62)$$

因此使用 SSB 系統之輸入端訊雜比為

$$(\text{SNR})_{I,DSB}=\frac{P_T}{P_n}=\frac{\frac{1}{4}A_c^2P_m}{WN_0}=\frac{A_c^2P_m}{4WN_0} \tag{63}$$

接著，在同調檢波器中乘積調變器之輸出 $v(t)$ 可以表爲

$$\begin{aligned}v(t)&=x(t)\cos(2\pi f_c t)\\&=\frac{A_c}{2}m(t)\cos^2(2\pi f_c t)+\frac{A_c}{2}\hat{m}(t)\cos(2\pi f_c t)\sin(2\pi f_c t)\\&\quad+n_I\cos\left[2\pi(f_c-\frac{W}{2})t\right]\cos(2\pi f_c t)-n_Q\sin\left[2\pi(f_c-\frac{W}{2})t\right]\cos(2\pi f_c t)\end{aligned}$$

在同調檢波器中的低通濾波器移去 $v(t)$ 之高頻部分，因此接收機的輸出爲

$$y(t)=\frac{1}{4}A_c m(t)+\frac{1}{2}n_I(t)\cos(\pi Wt)+\frac{1}{2}n_Q(t)\sin(\pi Wt) \tag{64}$$

觀念提示： 由式 (64) 可知 $s(t)$ 的正交分量 $\hat{m}(t)$ 已消失，但窄頻雜訊 $n(t)$ 的正交分量 $n_Q(t)$ 仍然存在，這一點與 DSBSC 與 AM 不同。

由式 (64) 亦可知資訊訊號部分爲 $\frac{1}{4}A_c m(t)$，因此其平均功率爲 $\frac{1}{16}A_c^2P_m$。而雜訊部分爲 $\frac{1}{2}n_I(t)\cos(\pi Wt)+\frac{1}{2}n_Q(t)\sin(\pi Wt)$，令$n_I'(t)=n_I(t)\cos(\pi Wt)$，$n_Q'(t)=n_Q(t)\sin(\pi Wt)$，則其頻譜密度函數可利用平移之方式得如圖 4-27 所示：

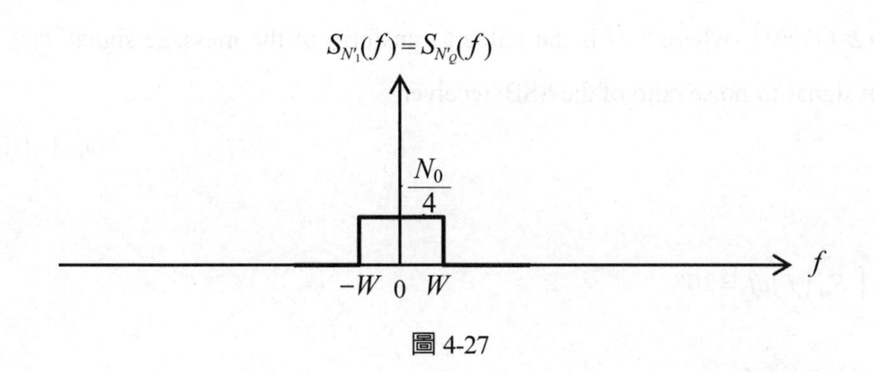

圖 4-27

因此 $n'_I(t)$ 與 $n'_Q(t)$ 之平均功率皆爲 $\frac{N_0}{4}\times 2W=\frac{WN_0}{2}$，再由式 (64) 知其平均雜訊功率爲 $\frac{1}{4}\times\frac{WN_0}{2}+\frac{1}{4}\times\frac{WN_0}{2}=\frac{WN_0}{4}$，因此使用同調檢波器之 SSB 接收器的輸出端訊雜比爲

$$(\text{SNR})_{O,SSB} = \frac{\frac{A_c^2 P_m}{16}}{\frac{WN_0}{4}} = \frac{A_c^2 P_m}{4WN_0} \tag{65}$$

其檢波增益為

$$\text{檢波增益} = \left.\frac{(\text{SNR})_O}{(\text{SNR})_I}\right|_{\text{SSB}} = \frac{\frac{A_c^2 P_m}{4WN_0}}{\frac{A_c^2 P_m}{4WN_0}} = 1 \tag{66}$$

例題 19

Let a message signal $m(t)$ be transmitted using single-sideband modulation.The power spectral density of $m(t)$ is

$$S_M(f) = \begin{cases} 2\frac{|f|}{W}, & |f| \le W \\ 0, & otherwise \end{cases}$$

where W is a constant. White Gaussian noise of zero mean and power spectral density $N_0/2$ is added to the SSB modulated wave at the receiver input.

(a) Determine the average signal power.

(b) Assume that a modulated wave is expressed as $s(t) = \frac{1}{2}A_c\cos(2\pi f_c t)m(t) + \frac{1}{2}A_c\sin(2\pi f_c t)\hat{m}(t)$, where $\hat{m}(t)$ is the Hilbert transform of the message signal $m(t)$. Find the output signal-to-noise ratio of the SSB receiver.

（99 中山通訊所）

解：

(a) $P_{av} = \int_{-W}^{W} S_M(f)df = 2W$

(b) $(SNR)_{O,SSB} = \frac{\frac{A_C^2}{16}P_m}{\frac{WN_0}{4}} = \frac{A_C^2}{2N_0}$

4.5　頻率轉移與超外差式接收機

一、超外差式（Superheterodyne）接收機

在調變的過程中，訊號的頻譜往往需要被向上平移（upward frequency conversion），而在解調變的過程中頻譜則必須要向下平移（downward frequency conversion），例如一般接收機必須將射頻（Radio Frequency, RF）先轉換爲中頻（Intermediate-Frequency, IF）才能從調變波中獲得原訊息。當一個訊號乘上弦式波後就已有頻率轉移的事實，一般稱這種運算爲外差（heterodyning）或混波（mixing），執行的裝置則稱爲超外差式（superheterodyne）接收機。在執行頻率轉移時須借助頻率轉移器（frequency converter）或混波器（mixer）。一個混波器包含了兩個部分：乘法器以及帶通濾波器（BPF），混波器之基本方塊圖如圖 4-28：

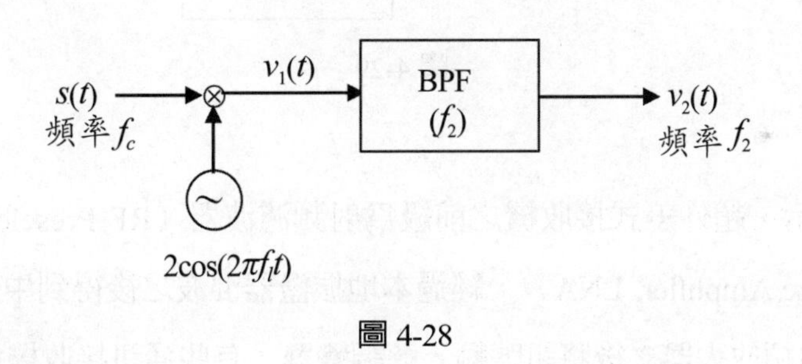

圖 4-28

以一個 DSBSC 波爲例，$s(t)=m(t)\cos(2\pi f_c t)$，則經過乘法器之後輸出訊號爲：

$$\begin{aligned} v_1(t) &= s(t)\times 2\cos(2\pi f_l t) = 2\,m(t)\cos(2\pi f_c t)\times\cos(2\pi f_l t) \\ &= m(t)\left\{\cos\left[2\pi(f_c+f_l)t\right]+\cos\left[2\pi(f_c-f_l)t\right]\right\} \end{aligned} \tag{67}$$

由式 (67) 得知乘法器之輸出頻率 f_2 滿足

$$f_2 = f_c \pm f_l \tag{68}$$

若欲將載波頻率往下轉移（down conversion）到 f_2（$f_c > f_2$），則選擇 BPF 之中心頻率 $f_2 = f_c - f_l$ 可得

$$v_2(t) = m(t)\cos\left[2\pi(f_c - f_l)t\right] \tag{69}$$

若欲將載波頻率往上轉移（up conversion）到 f_2（$f_2 > f_c$），則選擇 BPF 之中心頻率 $f_2 = f_c + f_l$ 可得

$$v_2(t) = m(t)\cos\left[2\pi(f_c + f_l)t\right] \tag{70}$$

一個超外差式接收機之基本組成方塊圖如圖 4-29：

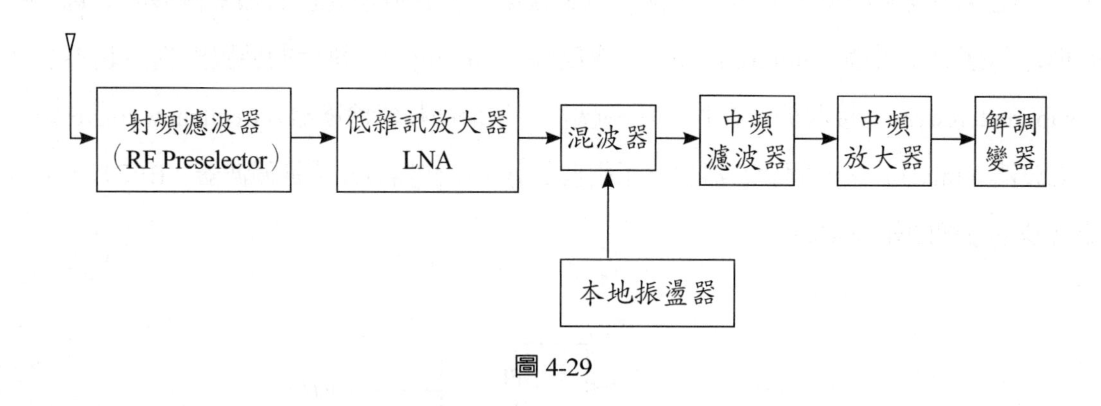

圖 4-29

如圖 4-29 所示，超外差式接收機之前級為射頻濾波器（RF Preselector）以及低雜訊放大器（Low Noise Amplifier, LNA），經過本地振盪器混波之後得到中頻（IF），在經過中頻濾波器以及中頻放大器之後將訊號輸入解調變器。有些通訊接收機會經過兩次的頻率轉移，亦即會有第一中頻與第二中頻。商用 AM 與 FM 無線電接收器的典型頻率參數列於下表：

	AM	FM
RF 載波範圍（f_{RF}）	0.535～1.605 MHz	88～108 MHz
IF 中帶頻率（f_{IF}）	0.455 MHz	10.7 MHz
IF 帶寬	10 kHz	200 kHz

若將射頻頻率、中頻頻率、及本地振盪器頻率分別表示為 f_{RF}、f_{IF} 與 f_{LO}，則依據前面之說明，可得

$$f_{LO} = f_{RF} \pm f_{IF} \tag{71}$$

式 (71) 若取正號，即 $f_{LO} = f_{RF} + f_{IF}$，稱爲 high-side tuning；式 (71) 若取負號，即 $f_{LO} = f_{RF} - f_{IF}$，稱爲 low-side tuning。

二、影像干擾（Image Interference）

超外差式接收機的主要缺點就是會產生影像干擾（image interferen-ce）。因爲當輸入頻率 f_{RF} 比本地振盪器 f_{LO} 正好大或小一個中頻 f_{IF} 之量時，混波器皆會產生相同的中頻輸出。也就是說，有二個輸入頻率 $|f_{LO} \pm f_{IF}|$ 在混波後皆會產生中頻 f_{IF}。

例如原來欲接收 $f_{RF} = 0.65$ MHz 的訊號，$f_{LO} = 1.105$MHz（high-side tuning），則中頻爲 $f_{IF} = 0.455$MHz 時，但若同時接收到 1.56MHz 的干擾訊號，因爲 $f_{RF} - f_{LO} = 1.56\text{MHz} - 1.105\text{MHz} = 0.455\text{MHz}$，因此也會產生相同中頻，這第二個頻率 1.56MHz 的稱爲欲接收頻率 $f_{RF} = 0.65$ MHz 的影像頻率（image frequency, f_{image}），這二個頻率差正好爲 $1.56\text{MHz} - 0.65\text{MHz} = 0.91\text{MHz} = 0.455\text{MHz} \times 2$。換言之，影像頻率與欲接收頻率之間距永遠是中頻 f_{IF} 的二倍，且必然以 f_{LO} 爲中心點左右對稱（f_{LO} 如同鏡子，f_{RF}、f_{image} 分別是照鏡子的人與像，而 f_{IF} 則是人到鏡子的距離）。有關 f_{RF}、f_{LO}、f_{image}、f_{IF} 這四者之關係，如圖 4-30 所示：

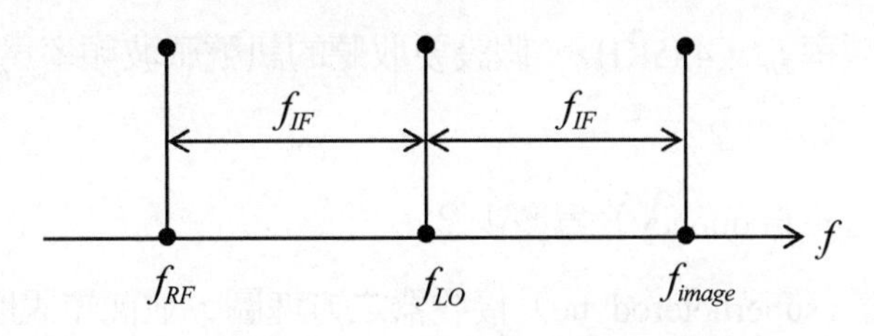

(a) High-side tuning ($f_{image} = f_{RF} + 2f_{IF}$)

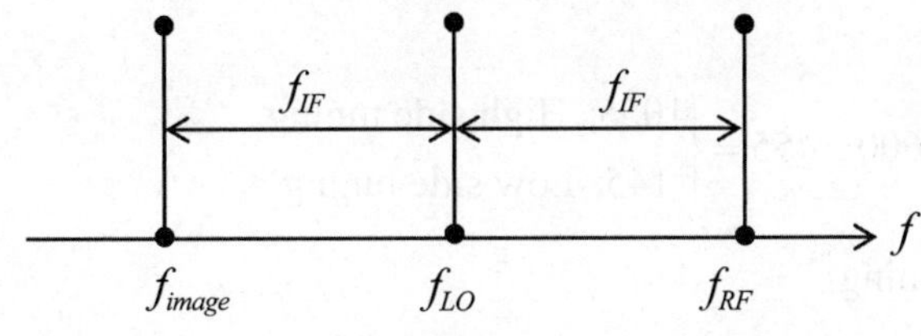

(b) Low-side tuning ($f_{RF} = f_{image} + 2f_{IF}$)

圖 4-30

因爲混波器的功能僅是產生頻率差，故無法鑑別欲接收頻率與影像頻率。解決方法之一爲將中頻頻率 f_{IF} 調高，使得影像頻率與欲接收頻率之間距加大，如此一來，利用接收機之前級之射頻濾波器即可將影像頻率濾除，在這是爲何選定 f_{IF} = 0.455MHz 之原因。

例題 20

A superheterodyne receiver operates in the frequency range of 700-2500KHz. The IF frequency and the local oscillator frequency are chosen such that. $f_{IF} < f_{LO}$. It is required that the image frequencies must fall outside of the 700-2500KHz region.

(a) The minimum required f_{IF} is ?

(b) The range of the corresponding f_{LO} is? （100 成大電通所）

解：

(a) $700 + 2f_{IF} > 2500 \Rightarrow f_{IF} > 900$ KHz

(b) $700 + 900 \le f_{LO} \le 2500 + 900$

$\Rightarrow 1600 \text{ KHz} \le f_{LO} \le 3400 \text{ KHz}$

例題 21

AM 接收器之中頻頻率 f_{IF} = 455KHz。假設要收聽的訊號載波頻率爲 600 kHz，則

(1) 本地振盪器頻率爲多少？

(2) 其假像頻率（image frequency）爲多少？

(3) 畫出 AM 超外差（superheterodyne）接收器之方塊圖，並簡單說明其各部分之功能。

（97 年普考）

解：

(1) $$f_{LO} = f_{RF} \pm f_{IF} = 600 \pm 455 = \begin{cases} 1055; \text{ High side tuning} \\ 145; \text{ Low side tuning} \end{cases}$$

(2) 使用 High-side tuning

$$f_{image} = f_{RF} + 2f_{IF} = 600 + 2 \times 455 = 1510$$

(3) 請自行繪製

例題 22

本題討論超外差接收器的原理及應用。

(1) 解釋鏡像訊號（image signal）的產生原因。

(2) 一個超外差 FM 接收器工作在 88～108MHz 的載波頻率範圍內。如果要求所有接收訊號的鏡像頻率（image frequency）都落於 88～108MHz 區域外，則所需的最小中頻（intermediate frequency）是多少？

（99 年普通考試）

解：

(1) 參考本節有關「影像干擾」的說明

(2) $88 + 2 \times f_{IF} > 108 \Rightarrow f_{IF} > 10$ MHz

例題 23

The IF frequency in an AM radio is $f_{IF} = 455$ kHz. Assume the desired signal has a carrier frequency of 600 kHz. Find the local frequency and the image frequency of the desired signal.

（97 雲科大電機所）

解：

(1) High-side tuning：

由 $f_{LO} = f_{IF} + 0.455$

得 $f_{LO} = 0.6 + 0.455 = 1.055$ MHz

又知 $f_{image} = 0.6 + 2 \times 0.455 = 1.51$ MHz

(2) Low-side tuning：

由 $f_{LO} = f_{RF} - 0.455$

得 $f_{LO} = 0.6 - 0.455 = 0.145$ MHz

又知 $f_{image} = 0.6 - 2 \times 0.455 = -0.31$ MHz（不可能）

故此處之 $f_{LO} = 1.055$ MHz，$f_{image} = 1.51$ MHz。

例題 24

一階式無線電超外差接收機（superheterodyde receiver），載波頻率 25.5MHz（desired signal），本地震盪頻率（local oscillator frequency）使用中頻輸出在 1.25MHz，其影像干擾訊號源（image interfercncc）可能發生於何處，試繪出其頻率響應。

若採用二階式超外差接收機設計有何優點？其第一中頻與第二中頻應如何選擇為佳？

（100 海洋電機通訊所）

解：

$25.5-2\times 1.25=23$ MHz

$25.5+2\times 1.25=28$ MHz

例題 25

A superheterodyne receiver uses an IF frequency of 455 kHz. The receiver is tuned to a transmitter having a carrier frequency of 1120 kHz. Give two permissible frequencies of the local oscillator and the image frequency for each?（100 中興通訊所）

解：

(1) high side tuning

$f_{LO}=1120+455=1575$ KHz

$f_{image}=1575+455=2030$ KHz

(2) low side tuning

$f_{LO}=1120-455=665$ KHz

$f_{image}=1120-2\times 455=210$ KHz

綜合練習

1. For AM modulation, if the modulation index is increased, then (a)the bandwidth is increased. (b) the transmitted power is increased. (c)the power efficiency is increased. (d) the post-detection SNR is decreased. (e)the post-detection SNR is increased. （97 成大電通所）
2. 一個 DSB-SC AM 訊號之產生如圖一所示。先將訊息訊號 $m(t)$ 乘上如圖所示之方波 $s(t)$，再經過一個帶通濾波器得到最後訊號 $u(t)$，假設帶通濾波器是一理想帶通濾波器，其中心頻率為$f_c = 1/T$，帶通增益為1，頻寬為$2W$，其中W為訊息訊號$m(t)$之頻寬。
   (1) 算出 $s(t)$ 之傅立葉級數。
   (2) 算出 $u(t)$。（103 年公務人員高等考試）

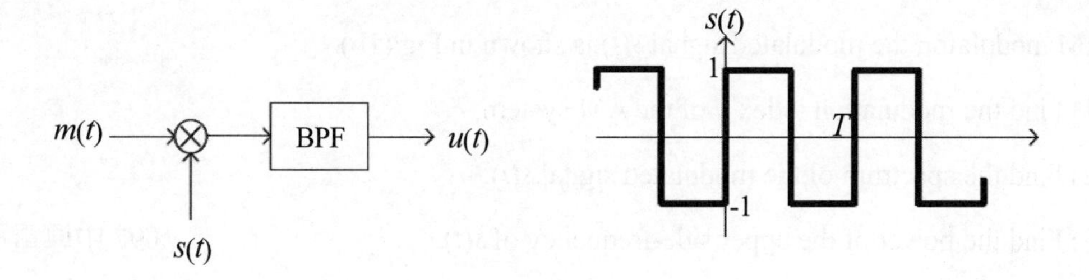

3. Which of the following statements about amplitude modulation (AM) is false?
   (1) A phase-coherent (synchronous) demodulator can be used to recover the message signal from a received DSBSC AM signal.
   (2) A phase-coherent (synchronous) demodulator can be used to recover the message signal from a received SSB AM signal.
   (3) A phase-coherent (synchronous) demodulator can be used to recover the message signal from a received conventional AM signal.
   (4) The spectral efficiency of single sideband AM makes this modulation method very attractive for use in voice.
   (5) None of the above. （97 中正通訊所）
4. Let A_c be a fixed amplitude, f_c be the carrier frequency, and, $m(t)$ and, $\widetilde{m}(t)$ be message signals with bandwidth W. Which of the following statements about the bandpass signal $u(t) = A_c m(t)$

$\cos(2\pi f_c t) - A_c\tilde{m}(t)\sin(2\pi f_c t)$ is false?

(1) If $\tilde{m}(t)$ is the Hilbert transform of its message signal $m(t)$, then $u(t)$ is a single sideband AM signal.

(2) Its bandwidth is equal to W.

(3) Its lowpass representation is $m(t) + j\,\tilde{m}(t)$.

(4) If $\tilde{m}(t)$ is 0, then $u(t)$ is a double sideband suppressed carrier AM signal.

(5) If $m(t)$ and $\tilde{m}(t)$ are two different message signals, then the way to generate $u(t)$ is called quadrature carrier multiplexing.

（99 中正電機所）

5. For the conventional AM system, the transmitted signal $\tilde{m}(t)$ is depicted in Fig(1a). After the AM modulator, the modulated signal $s(t)$ is shown in Fig (1b).

(1) Find the modulation index μ of the AM system.

(2) Find the spectrum of the modulated signal $s(t)$.

(3) Find the power of the upper side-frequency of $s(t)$. （97 中原電子所）

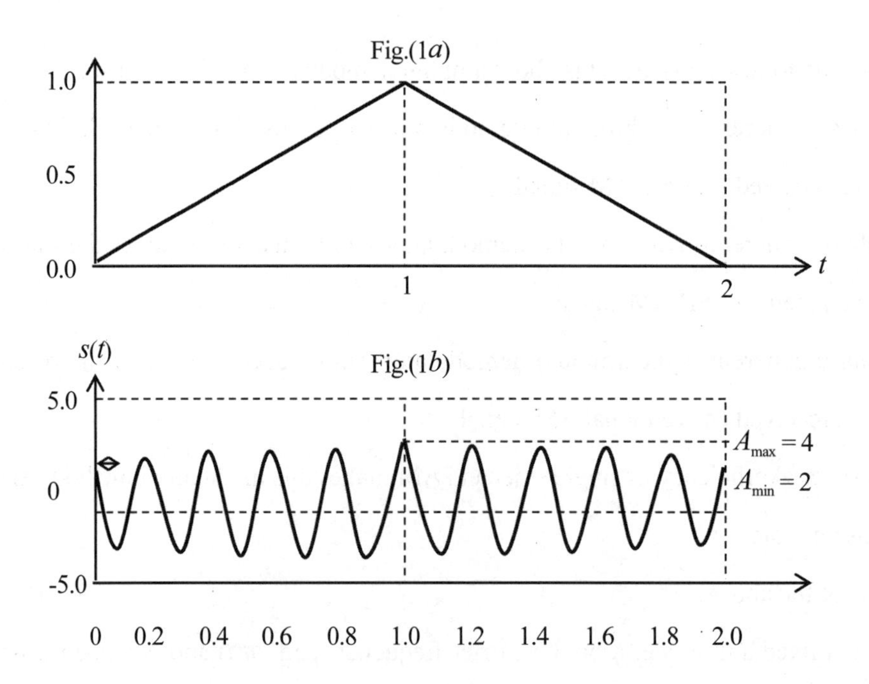

6. A DSB-SC AM generator is given below. The signal $s(t)$ is a periodic rectangular waveform with period T_c and duty cycle of 50% as shown in the lower part of the figure. Let $f_c = 1/T_c$. Assume that the bandwidth of the message signal $m(t)$ is W with $W \ll f_c$. Which of the following signal is NOT possible to be generated by this circuit?

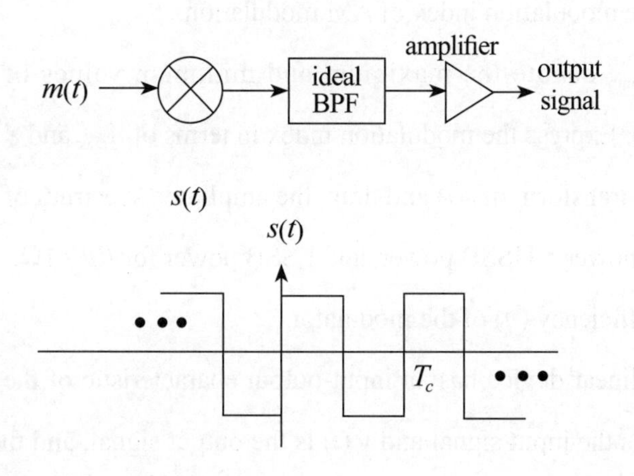

(1) $m(t)\sin(4\pi f_c t)$

(2) $m(t)\sin(2\pi f_c t)$

(3) $m(t)\sin(6\pi f_c t)$

(4) $m(t)\sin(10\pi f_c t)$

(5) None of the above.　　（98 中正電機通訊所）

7. The message signal $m(t) = A[\cos(2\pi 2000t) + 2\cos(2\pi 6000t)]$ is input to an AM transmitter with $k_a = 2volt^{-1}$. Assume the carrier is $c(t) = \cos(2\pi 10^6 t)$.

(1) Determine the maximum value of $[m(t)]$.

(2) To avoid overmodulation, find the maximum allowable value of A.

(3) Draw the spectrum of the modulated signal.　　（96 雲科大通訊所）

8. An amplitude modulation (AM) signal is defined by

$$x_c(t) = [A + m(t)]\cos 2000\pi t$$

where the message signal $m(t) = \cos 2\pi t$.

(1) Draw the envelope detection circuit that can be used to demodulate the AM signal.

(2) If A = 0.5, draw the waveform of $x_c(t)$.

(3) Dtermine the output of the envelope detection circuit for the case in (b).（100 海洋電機通訊）

9. Consider a modulating wave $m(t) = A_m\cos 2\pi f_m t$ and the sinusoidal carrier wave has amplitude A_c and frequency f_c. Therefore the corresponding AM wave is given by $s(t) = A_c(1 + \mu\cos\omega_m t)$ where μ is called the modulation index of AM modulation.
   (1) Let $A_{\max}$ and $A_{\min}$ denote the maximum and minimum values of the envelope of the modulated wave. Express the modulation index in terms of $A_{\max}$ and $A_{\min}$.
   (2) Find the Fourier transform of $s(t)$ and draw the amplitude spectrum of $S(f)$.
   (3) Find the carrier power，USSB power, and LSSB power for $R_L = 1\Omega$.
   (4) Determine the efficiency (η) of the modulator.（96 淡江電機所）

10. Suppose that a nonlinear device has an input-output characteristic of the form $v_o(t) = a_1 v_i(t) + a_2 v_i^2(t)$, where $v_i(t)$ is the input signal and $v_o(t)$ is the output signal, and the parameters a_1 and a_2 are constant. Let W be the bandwidth of $m(t)$. If the input to the nonlinear device is $v_i(t) = m(t) + A_c\cos(2\pi f_c t)$ and an ideal bandpass filter with bandwidth $2W$ centered at $f = f_c$ is employed after the nonlinear device, determine the output signal.
   (1) $A_c m(t)$
   (2) $A_c a_1\left[1 + \dfrac{2a_2}{a_1} m(t)\right]\cos(2\pi f_c t)$
   (3) $(2a_2/a_1)A_c m(t)\cos(2\pi f_c t)$
   (4) $\int_{-\infty}^{\infty}(2a_2/a_1)A_c m(t)\cos(2\pi f_c t)dt$
   (5) None of the above.（98 中正電機通訊所）

11. The following is a signal AM system.

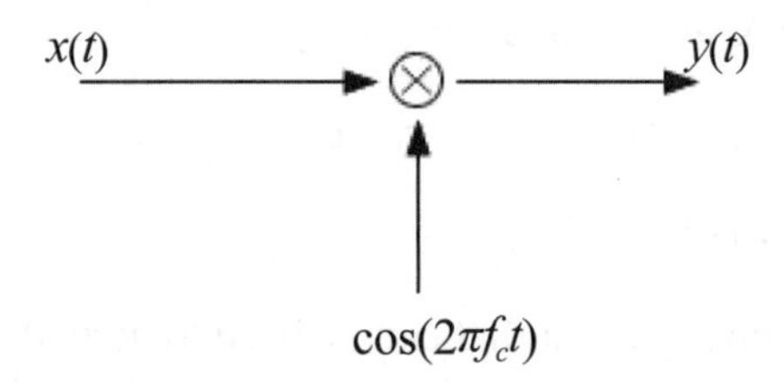

(1) If the following is the spectrum of $x(t)$, please plot the spectrum of $y(t)$.

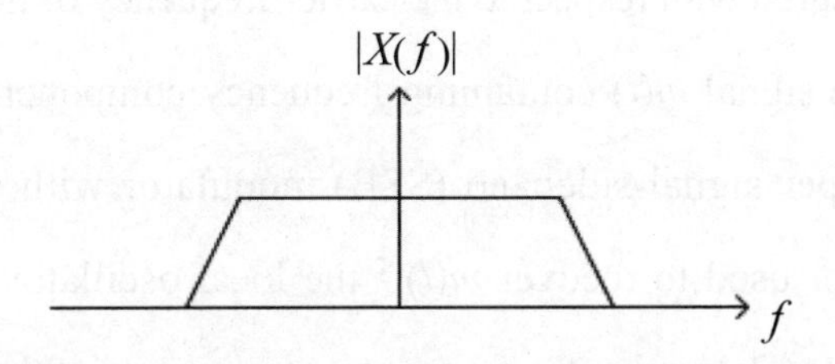

(2) Please design a coherent demodulator to recover $x(t)$ from $y(t)$.

(3) Please design a system to transfer $y(t)$ to an upper single-sideband amplitude-modulated signal. （96 台北大學通訊所）

12. A DSB-SC wave is demodulated by applying it to a coherent detector. Evaluate the effect of a frequency error Δf in the local carrier frequency of the detector, measured with respect to the carrier frequency of the incoming DSB-SC wave. （96 大同通訊所）

13. For an AM SSB modulator, we can hence write the transmitted signal as

$$x(t)=\frac{1}{2}A_c m(t)\cos\left(2\pi f_c t\right)\pm\frac{1}{2}A_c\hat{m}(t)\sin\left(2\pi f_c t\right)$$

If the message signal is given by

$$m(t)=\cos\left(2\pi f_1 t\right)+0.4\cos\left(4\pi f_1 t\right)+0.9\cos\left(6\pi f_1 t\right)$$

Derive $\hat{m}(t)$ and plot a block diagram for generating the SSB signal

（98 高應大電機所）

14. An SSB signal is generated by modulating an 880-kHz carrier by the signal $m(t)=\cos(2000\pi t)+2\sin(2000\pi t)$. The amplitude of the carrier is A_c = 100. Find the magnitude spectrum of the lower sideband SSB signal.

（96 高應科大光電通訊所）

15. Let $\hat{m}(t)$ be Hilbert transform of the message signal $m(t)$. Find the upper signal sided band modulated signal $x_{USSB}(t)$ of $m(t)$with carrier f_c.

（96 長庚電機所）

16. (1) Consider a double-sideband (DSB) modulation signal is demodulated by applying it to a

coherent detector. Evaluate the effect of a frequency error Δf in the local carrier frequency of the detector, measured with respect to the carrier frequency of the incoming DSB signal.

(2) Consider a message signal $m(t)$ containing frequency component at 100 Hz. This signal is applied to an upper signal-sideband (SSB) modulator with a carrier at 100 kHz. In the coherent detector used to recover $m(t)$，the local oscillator supplies a sine wave of frequency 100.02 kHz. Determine the frequency components of the detector output.

（95 中興電機所）

17. 下圖爲一超外差接收機方塊圖，當 $f_c = 120$ MHz 且 $f_{IF} = 15$ MHz 時，被稱爲影像干擾訊號會產生在何處頻率上？試敘述解決方法如何。

（96 海洋通訊所）

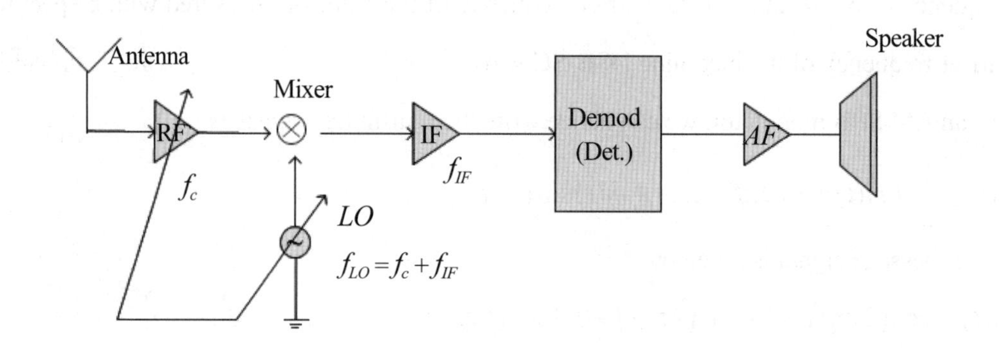

18. A superheterodyne FM receiver operates in the frequency range of 88~108 MHz. The IF and local-oscillator frequencies are chosen such that $f_{IF} < f_{LO}$. We require that the image frequency f_{IM} fall outside of the 88~108 MHz region. Determine the minimum required f_{IF} and the range of variation in f_{LO}.

（96 中原電子通訊所）

19. Plot and describe the system diagram of DSB_SC receiver. And find the SNR of this DSB_SC system. （96 長庚電機所）

20. An AM signal is expressed by $\varphi_{AM}(t) = 10[1 + k_a m(t)]\cos(2\pi 10^4 t)$, where $k_a = 0.25$ is the amplitude sensitivity of the modulator and $m(t) = 2\sin(2\pi 200t)$ is the message signal.

(1) Determine the transmission bandwidth of the signal.

(2) Determine the modulated index μ of the signal.

(3) Compute the average sideband power P_{sb}.

(4) Compute the average transmitted power P_T.

(5) Compute the power efficiency $\eta = \dfrac{P_{sb}}{P_T}$.（97 高雄第一科大電通所）

21. 輸入訊號 $= 2\sin(\omega_c t + \theta) \Rightarrow \left[\left[\begin{matrix}Square\text{-}LawDetection\\ \text{平方律檢波器}\end{matrix}\right]\Rightarrow\left[\text{低通濾波截止頻率} = 2\omega_c\right]\right]$，輸出訊號爲何？

（95 海洋通訊與導航所）

22.請證明下圖所示的系統（Phase-shift SSB demodulator）可以用作 SSB 訊號的解調。（假設 the upper-sideband SSB signal $x_c(t) = m(t)\cos\omega_c t - \hat{m}(t)\sin\omega_c t$）（97 海大通訊所）

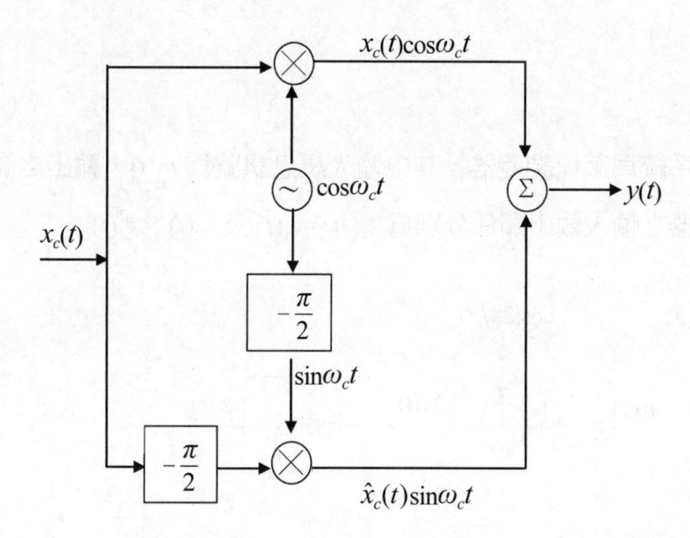

23. The output signal from an AM modulation is

$u(t) = 5\cos 1800\pi t + 20\cos 2000\pi + 5\cos 2200\pi t$

(1) Determine the modulation signal $m(t)$ and the carrier $c(t)$.

(2) Determine the modulation index.

(3) Determine the ratio of the power in the sidebands to the power in the carrier.

（96 中原電子通訊所）

24.回答下面有關調變（Modulation）的敘述：

(1) 在通訊傳輸上，何謂調變（Modulation）？

(2) 雙邊帶調變（DSB (Double Side Band) Modulation）如何來完成？（畫出調變系統的方塊圖）。

(3) AM（Amplitude Modulation）的系統方塊圖，其與 DSB 調變的差異處與優劣點比較（試根據調變效率、與未來的接收解調的差異性敘述）

(4) 若以單頻訊息訊號為 $m(t) = 10\cos(2\pi 1000t)$ 例調變載波（Carrier）頻率為 30 kHz、振幅為 A，試概略畫出 DSB 調變、AM 調變與 FM 調變的頻譜。（99 年特種考試）

25.有一基頻訊號為 $m(t) = 2\sin(4000t)$。若以下列各種方式調變，分別畫出調變器之輸出波形。假設所有情況下，載波振幅 A_c 均為 1。

(1) 90% AM

(2) DSB-SC

(3) FM （99 年普通考試）

26.如下圖所示之系統為某種調變器，其中輸入訊息訊號為 $m(t)$，輸出之調變訊號為 $y(t)$。其中兩個平方器之輸入輸出關係分別為 $z_1(t) = v_1^2(t)$ 及 $z_2(t) = v_2^2(t)$。

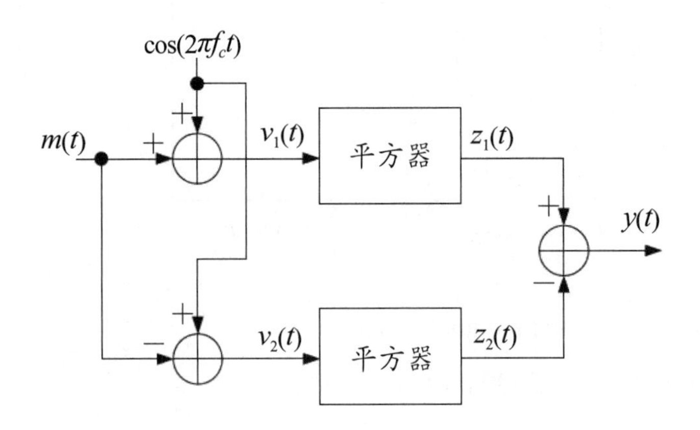

(1) 求輸出訊號 $y(t)$。

(2) 此調變器為何種調變器？

(3) 若 $m(t)$ 之傅立葉轉換為 $M(f)$，求 $y(t)$ 之傅立葉轉換。

（103 年公務人員普通考試）

第五章 類比調變技術(2)：非線性調變

5.1　相位調變與頻率調變

相位調變（Phase Modulation, PM）與頻率調變（Frequency Modulation, FM），合稱爲角度調變（angle modulation）。與第四章不同的是角度調變屬於非線性調變（nonlinear modulation），因此在利用 Fourier 分析時較爲困難。在角調變中，載波之相位或頻率可以依基頻訊號而改變但是其振幅保持固定。令 $\theta(t)$ 表示載波的角度，則角調變訊號可以表示如下：

$$s(t) = A_c \cos(\theta(t)) \tag{1}$$

其中 A_c 爲載波振幅，在角調變中爲常數。若 $\theta(t)$ 直接與調變訊號成線性關係，即稱爲相位調變；若 $\theta(t)$ 之導函數與調變訊號成線性關係，即稱爲頻率調變，此二者均與角度相關故合稱爲角度調變。

一、相位調變

角度可表爲 $\theta(t) = 2\pi f_c t + \varphi(t)$，其中 $\varphi(t)$ 稱爲相位偏移（phase deviation）。若相位偏移與調變訊號 $m(t)$ 成線性關係，即

$$\varphi(t) = k_p m(t) \tag{2}$$

或

$$\theta(t) = 2\pi f_c t + k_p m(t) \tag{3}$$

稱爲相位調變。調變後之訊號可以表示爲

$$s(t) = A_c \cos\left[\underbrace{2\pi f_c t + k_p m(t)}_{\theta(t)}\right] \tag{4}$$

其中 k_p 稱爲相位靈敏度（phase sensitivity），單位爲 $\frac{1}{\text{volt}}$

二、頻率調變

由 $\theta(t)$ 所產生的瞬間頻率（instantaneous frequency）$f(t)$ 可以表示爲

$$f(t)=\frac{1}{2\pi}\frac{d\theta(t)}{dt}=f_c+\underbrace{\frac{1}{2\pi}\frac{d\varphi(t)}{dt}}_{\Delta f} \tag{5}$$

定義頻率偏移（frequency deviation）爲 $f(t)$ 與 f_c 二者之差，則由式 (5) 可知

$$\Delta f=\frac{1}{2\pi}\frac{d\varphi(t)}{dt} \tag{6}$$

頻率偏移 Δf 與調變訊號 $m(t)$ 成線性關係，即

$$\Delta f=k_f m(t) \tag{7}$$

因此其瞬間頻率 $f(t)$ 與 $m(t)$ 之關係爲

$$f(t)=f_c+k_f m(t) \tag{8}$$

其中 k_f 稱爲頻率靈敏度（frequency sensitivity），單位爲 $\frac{\text{Hz}}{\text{volt}}$

頻率偏移可以爲正（瞬間頻率比 f_c 大）也可以爲負（瞬間頻率比 f_c 小），由調變訊號 $m(t)$ 所決定。最大頻率偏移（peak frequency deviation）定義爲：

$$\Delta f\big|_{\max}=k_f\,|m(t)|_{\max} \tag{9}$$

將式 (8) 代入式 (5) 可得

$$\theta(t)=2\pi f_c t+2\pi k_f\int_0^t m(\tau)\,d\tau \tag{10}$$

因此 FM 訊號可以表示爲

$$s(t)=A_c\cos\left[2\pi f_c t+\underbrace{2\pi k_f\int_0^t m(\tau)d\tau}_{\text{相位 }\varphi(t)}\right] \tag{11}$$

三、頻率調變與相位調變的關係

頻率可以視爲相位的變化率，相反的，相位可以視爲頻率相對於時間積分後的結果。因此頻率調變與相位調變必然存在一定的關係。由式 (6) 與式 (11) 可以看出：若將 $m(t)$ 以 $\int_0^t m(\tau)d\tau$ 代替，PM 就成爲 FM，亦即對 $m(t)$ 而言，若先對其積分再做爲相位調變器之輸入即可得 FM 訊號。相反的，若先對 $m(t)$ 微分再做爲頻率調變器之輸入即可得 PM 訊號。如圖 5-1 所示：

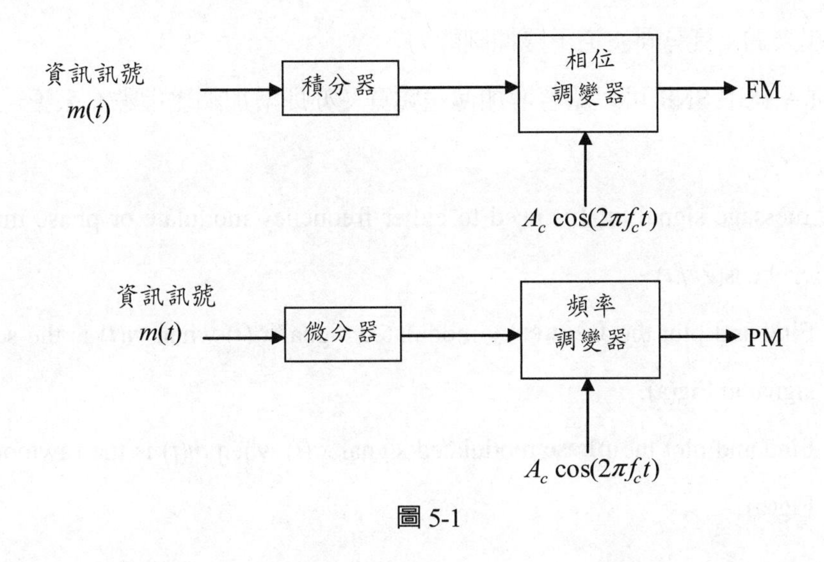

圖 5-1

換言之，FM 訊號可視爲輸入 $k_p\int_0^t m(\tau)d\tau = 2\pi k_f$ 的 PM 訊號，而 PM 訊號則可視爲輸入 $k_f\dfrac{dm(t)}{dt} = \dfrac{k_p}{2\pi}$ 的 FM 訊號。因此可以從 FM 的特性推出所有 PM 的性質，故本書僅討論 FM。

四、頻率調變與振幅調變的比較

FM 與前一章之 AM 比較，具有如下之差異性，在本章稍後會做詳盡說明。

1. AM 訊號之振幅隨著 $m(t)$ 的改變而改變，而 PM 或 FM 之波封（envelope）皆爲常數（等於載波振幅），由於已調變後之波形完全與資訊訊號 $m(t)$ 不同，因此我們也稱 PM 或 FM 爲非線性調變。

2. 由於 PM 或 FM 之波封（envelope）爲常數，因此可使用功率效益（power efficiency）較高之非線性功率放大器，而 AM 訊號則不適用。在手提式或行動終端上，FM 系統電池壽命遠較 AM 爲高。
3. 由於 PM 或 FM 對振幅的波動並不敏感，因此與 AM 比較起來 FM 具有較高之雜訊抑制能力，但是需要較大之頻寬來傳送 PM 或 FM 訊號。
4. FM 具有捕捉效應（capture effect），也就是當有兩個以上訊號一起進入 FM 接收機時，FM 接收機會挑選訊號最強者進行解調變抑制其餘訊號，換言之，與 AM 比較起來 FM 具有同波道干擾抑制能力。
5. 在 FM 系統中 SNR 可以藉著增加傳送頻寬（亦即增加調變指數）來獲得改善。

說例： The message signal $m(t)$ is used to either frequency modulate or phase modulate the carrier $A_c\cos(2\pi f_c t)$.

(1) Find and plot the **frequency** modulated signal $x_c(t)$ when $m(t)$ is the square-wave signal in Fig(a).

(2) Find and plot the **phase** modulated signal $x_c(t)$ when $m(t)$ is the sawtooth signal in Fig(b).

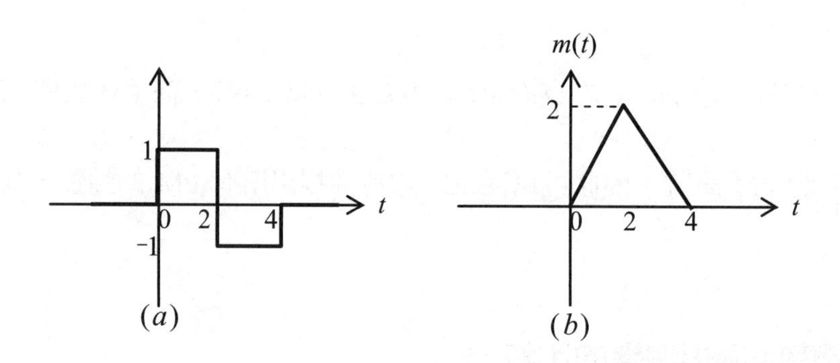

解：由圖形看出圖 (b) 之微分等於圖 (a)，因此圖 (a) 之 FM 等效於圖 (b) 之 PM

(1) FM 波如下：

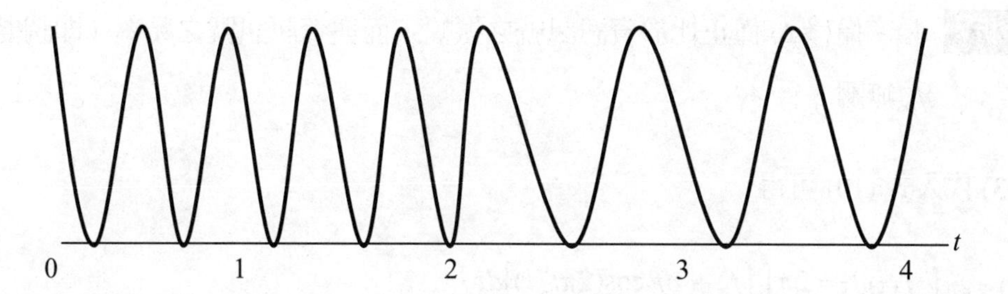

(2) PM 波如下：（圖形相同）

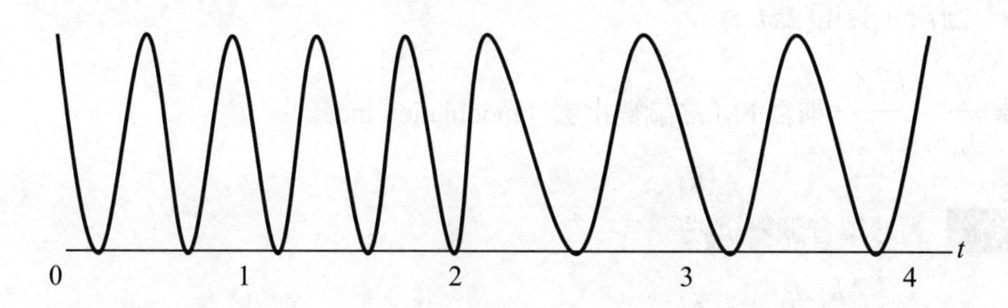

五、頻率調變之頻寬

由於 FM 爲非線性調變（AM 屬於線性調變），造成的影響是 FM 的頻譜在分析上遠較 AM 複雜，且其傳輸頻寬較 AM 大很多。爲了分析上的方便，我們考慮單音（single-tone）調變訊號

$$m(t) = A_m \cos(2\pi f_m t) \tag{12}$$

因爲 $\theta(t) = 2\pi f_c t + 2\pi k_f \int_0^t m(\tau)d\tau$

$$f(t) = \frac{1}{2\pi}\frac{d\theta(t)}{dt}$$

因此其瞬間頻率 $f(t)$ 可以表示爲

$$\begin{aligned} f(t) &= f_c + k_f A_m \cos(2\pi f_m t) \\ &= f_c + \Delta f \cos(2\pi f_m t) \end{aligned} \tag{13}$$

其中 $\Delta f = k_f A_m$，亦即 FM 波之瞬間頻率 $f(t)$ 偏離載波頻率 f_c 的值。

觀念分析： 頻率偏移 Δf 僅正比於資訊訊號之振幅，而與資訊訊號之頻率（即調變頻率）f_m 無關。

將式 (13) 代入式 (10) 可得

$$\begin{aligned}\theta(t) &= 2\pi\int_0^t f(\tau)d\tau = 2\pi\int_0^t\left[f_c + \Delta f\cos(2\pi f_m t)\right]d\tau \\ &= 2\pi f_c t + \frac{\Delta f}{f_m}\sin(2\pi f_m t) \\ &= 2\pi f_c t + \beta\sin(2\pi f_m t)\end{aligned} \tag{14}$$

其中 $\beta = \dfrac{\Delta f}{f_m} = \dfrac{k_f A_m}{f_m}$ 稱爲 FM 之調變指數（modulation index）。

觀念分析： 對於單音調變訊號

$$\beta_{FM} = \frac{k_f A_m}{f_m}$$

$$\beta_{PM} = k_p A_m$$

由式 (14) 可將 FM 訊號表示成

$$s(t) = A_c\cos\left(2\pi f_c t + \beta\sin(2\pi f_m t)\right) \tag{15}$$

藉由 β 值的範圍，可將 FM 分爲窄頻帶（narrowband）FM，簡稱爲 NBFM 以及寬頻帶（wideband）FM，簡稱爲 WBFM。這二者通常以 $\beta = 1$ 爲分界，以下分別說明之。

1.窄頻帶 FM（NBFM）

將式 (15) 展開可得

$$s(t) = A_c\cos(2\pi f_c t)\cos[\beta\sin(2\pi f_m t)] - A_c\sin(2\pi f_c t)\sin[\beta\sin(2\pi f_m t)] \tag{16}$$

當 $\beta \ll 1$ 時（意即相位偏移小）

$$\cos\left[\beta\sin(2\pi f_m t)\right] \cong 1, \sin\left[\beta\sin(2\pi f_m t)\right] \cong \beta\sin(2\pi f_m t)$$

因此式 (16) 可改寫爲

$$s(t) = A_c\cos(2\pi f_c t) - \beta A_c \sin(2\pi f_c t)\sin(2\pi f_m t)$$

$$= \underbrace{A_c \cos(2\pi f_c t)}_{\text{Carrier}} + \underbrace{\frac{1}{2}\beta A_c \left\{\cos\left[2\pi(f_c + f_m)t\right] - \cos\left[2\pi(f_c - f_m)t\right]\right\}}_{\text{SideBand}} \tag{17}$$

觀念分析： AM 訊號與窄頻帶 FM 訊號之關係

考慮一 AM 訊號：令 $m(t) = A_m\cos(2\pi f_m t)$ 代入 $x(t) = A_c[1 + k_a m(t)]\cos(2\pi f_c t)$ 可得

$$s_{AM}(t) = A_c \cos(2\pi f_c t) + A_c k_a A_m \cos(2\pi f_c t)\cos(2\pi f_m t)$$

$$= A_c \cos(2\pi f_c t) + \mu A_c \cos(2\pi f_c t)\cos(2\pi f_m t)$$

$$\mu = k_a A_m \quad = \underbrace{A_c \cos(2\pi f_c t)}_{\text{Carrier}} + \underbrace{\frac{1}{2}\mu A_c \{\cos[2\pi(f_c + f_m)t] + \cos[2\pi(f_c - f_m)t]\}}_{\text{SideBand}} \tag{18}$$

比較式 (17) 與式 (18)，可知窄頻帶 FM 與 AM 訊號非常相似。若取載波相量為基準，式 (17) 與式 (18) 之相量圖如圖 5-2 所示：

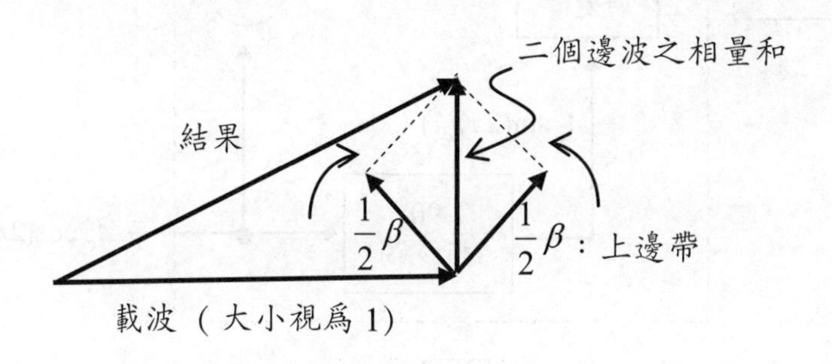

(*a*) 窄頻帶 FM(NBFM)

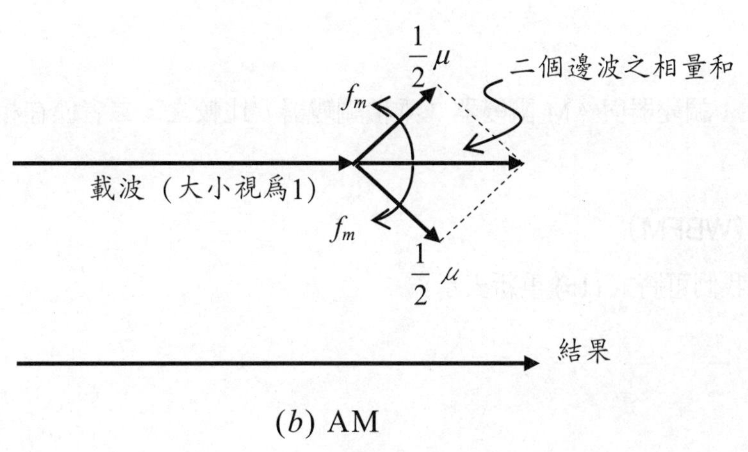

(*b*) AM

圖 5-2

由相量圖分析之結果可知：

NBFM：調變造成了較大的相位偏差，但只有極小量的振幅變化。

AM：調變造成了較大的振幅變化，但完全沒有相位偏差。

因此亦可得知 NBFM 的傳輸頻寬與 AM 相同，即

$$B_T = 2f_m \tag{19}$$

NBFM 之一般式可以表示為

$$s_{NB}(t) = A_c \cos(2\pi f_c t) - A_c \left[2\pi k_f \int_0^t m(\tau)d\tau\right] \sin(2\pi f_c t) \tag{20}$$

可得 NBFM 之產生器，如圖 5-3 所示：

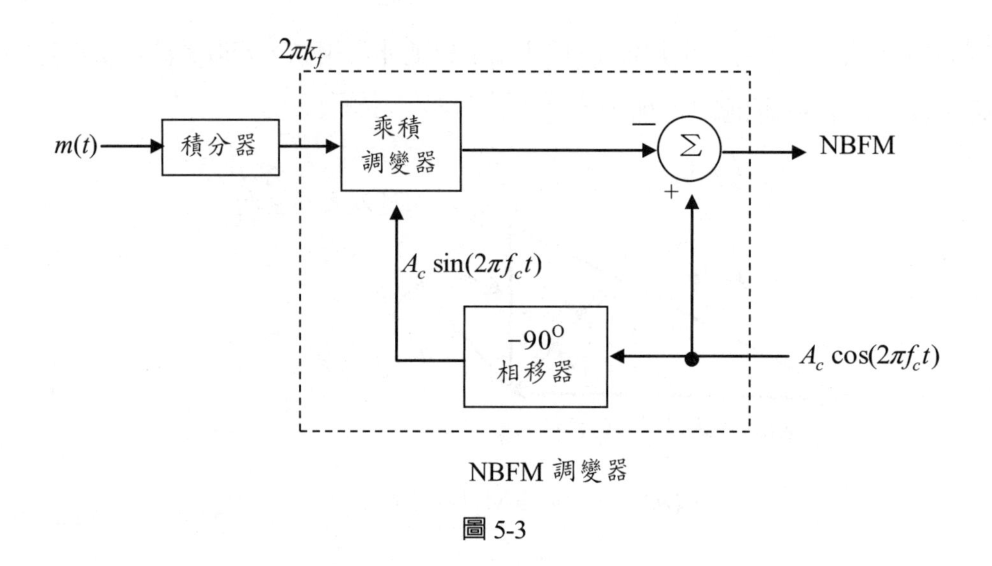

圖 5-3

因此若將 NBFM 調變器與 AM 調變器（乘積調變器）比較之，二者僅在相移器部分有所不同而已。

2.寬頻帶 FM（WBFM）

若 $\beta > 1$，我們可將式 (15) 重新表示為

$$s(t) = A_c \cos\left(2\pi f_c t + \beta \sin(2\pi f_m t)\right)$$
$$= \mathrm{Re}\left\{A_c \exp\left(j2\pi f_c t\right) \exp\left(j\beta \sin(2\pi f_m t)\right)\right\} \tag{21}$$

其中 $\exp\left(j\beta \sin(2\pi f_m t)\right)$ 爲週期函數，因此可將之表示爲 Fourier series

$$\exp\left(j\beta \sin(2\pi f_m t)\right) = \sum_{n=-\infty}^{\infty} b_n \exp\left(j2\pi n f_m t\right) \tag{22}$$

其中 Fourier 係數爲

$$b_n = \frac{1}{2\pi} \int_0^{2\pi} \exp\left(j\left(\beta \sin x - nx\right)\right) dx = J_n\left(\beta\right) \tag{23}$$

其中 $J_n(\beta)$ 爲第一類 n 階 Bessel 函數。故式 (21) 可改寫爲

$$s(t) = A_c \cos\left[2\pi f_c t + \beta \sin\,(2\pi f_m t)\right] = A_c \mathrm{Re}\left[\sum_{n=-\infty}^{\infty} J_n(\beta) e^{j2\pi(f_c + n f_m)t}\right]$$
$$= A_c \sum_{n=-\infty}^{\infty} J_n(\beta) \cos[2\pi(f_c + n f_m)t] \tag{24}$$

式 (24) 就是 WBFM 波之時域表示式。一些常用的 Bessel 函數之值顯示於表 5-1

表 5-1

$J_n(x)$									
n \ x	0.5	1	2	3	4	6	8	10	12
0	0.9385	0.7652	0.2239	-0.2601	-0.3971	0.1506	0.1717	-0.2459	0.0477
1	0.2423	0.4401	0.5767	0.3391	-0.0660	-0.2767	0.2346	0.0435	-0.2234
2	0.0306	0.1149	0.3528	0.4861	0.3641	-0.2429	-0.1130	0.2546	-0.0849
3	0.0026	0.0196	0.1289	0.3091	0.4302	0.1148	-0.2911	0.0584	0.1951
4	0.0002	0.0025	0.0340	0.1320	0.2811	0.3576	-0.1054	-0.2196	0.1825
5	—	0.0002	0.0070	0.0430	0.1321	0.3621	0.1858	-0.2341	-0.0735
6		—	0.0012	0.0114	0.0491	0.2458	0.3376	-0.0145	-0.2437
7			0.0002	0.0025	0.0152	0.1296	0.3206	0.2167	-0.1703
8			—	0.0005	0.0040	0.0565	0.2235	0.3179	0.0451

$J_n(x)$									
n \ x	0.5	1	2	3	4	6	8	10	12
9				0.0001	0.0009	0.0212	0.1263	0.2919	0.2304
10				—	0.0002	0.0070	0.0608	0.2075	0.3005
11					—	0.0020	0.0256	0.1231	0.2704
12						0.0005	0.0096	0.0634	0.1953
13						0.0001	0.0033	0.0290	0.1201
14						—	0.0010	0.0120	0.0650

對式 (24) 取傅立葉變換得

$$S(f)=\frac{A_c}{2}\sum_{n=-\infty}^{\infty}J_n(\beta)\left[\delta(f-f_c-nf_m)+\delta(f+f_c+nf_m)\right] \tag{25}$$

由式 (25) 可得如下之結論：

1. FM 波由一個載波與載波旁邊形成對稱、間隔爲 f_m, $2f_m$, $3f_m$, …之無限多個旁波所組成，如圖 5-4 所示（僅列出正頻）：

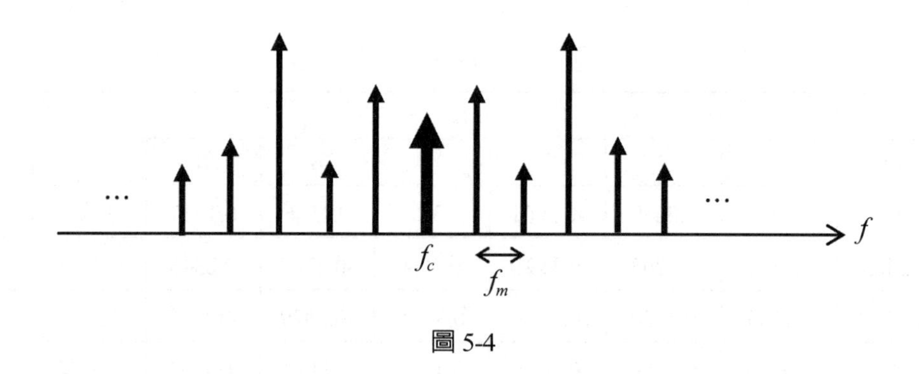

圖 5-4

2. 當載波被調變而成爲 FM 波時，由式 (25) 知

$$P_T=\frac{1}{2}A_c^2\sum_{n=-\infty}^{\infty}J_n^2(\beta) \tag{26}$$

3. 由圖 5-4 可知：離載波愈遠，震幅愈小。因此，儘管理論上 FM 訊號之傳輸頻帶寬

可以無限寬，但實用上不可能如此。決定傳輸 FM 訊號之有效頻寬是一件非常複雜的工作，通常由一個可用的法則爲離載波雙邊各 $(\beta + 1)$ 個 spectral line 是不能被忽略的，換言之，對於單音調變的 FM 訊號所需要的傳輸頻寬爲

$$B_T = 2(\beta + 1)f_m \tag{27}$$

式 (27) 稱爲 Carson's rule（卡爾森規則）。倘若非單音調變而是一般的調變訊號，我們首先定義一個類似調變指數之參數，稱之爲偏移比（deviation ratio）：FM 的最大頻率偏移量與調變訊號最高頻率的比值。若 W 代表調變訊號的最高頻率（頻寬），則偏移比爲

$$D = k_f \frac{\max|m(t)|}{W} = \frac{\Delta f|_{\max}}{W} \tag{28}$$

以此取代 β 可得一般的調變的 FM 訊號所需要的傳輸頻寬爲

$$B_T = 2(D + 1)W(Hz) \tag{29}$$

例題 1

The carrier $c(t) = 100\cos(2\pi 10^6 t)$ is frequency modulated by the signal $m(t) = 2\cos(2000\pi t)$. The deviation constant is $k_f = 2000\frac{\text{Hz}}{\text{V}}$.

(1) Determine the resultant bandwidth using the Carson's rule.

(2) Plot the spectrum of the modulated signal within the bandwidth.

（97 台大電信所）

解：

(1) 由 $s(t) = 100\cos\left[2\pi 10^6 t + 2\pi k_f \int_0^t m(\tau)d\tau\right]$

$$= 100\cos\left[2\pi 10^6 t + 2\pi \times 2000\int_0^t 2\cos(2000\pi\tau)d\tau\right]$$

$$= 100\cos\left[2\pi 10^6 t + 4\sin(2000\pi t)\right]$$

得調變指數 $\beta = 4$，因此其傳輸頻寬爲 $B_T = 2(4 + 1)\times 1000 = 10000\text{Hz}$。

(2)

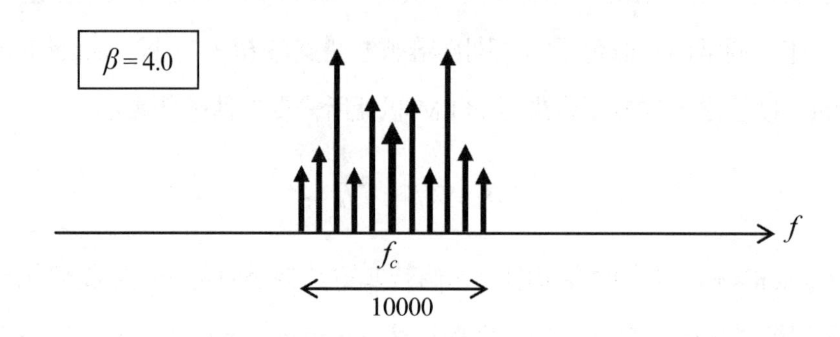

例題 2

A sinusoidal signal $m(t) = 2\cos(2\pi 10^4 t)$ is frequency modulated with carrier frequency $f_c = 100$ MHz. Assume the frequency sensitivity of the modulator is $k_f = 30\,\frac{\text{kHz}}{\text{V}}$.

(1) Use Carson's rule to find the transmission bandwidth of the FM signal.

(2) How will the transmission bandwidth change if the carrier frequency is increased?

(3) If the message signal is replaced by $m(t) = 1 + 2\cos(2\pi 10^4 t)$, find the transmission bandwidth.

（97 雲科大電機所）

解：

(1) $\beta = \dfrac{k_f A_m}{f_m} = \dfrac{30 \times 10^3 \times 2}{10^4} = 6$

故 FM 的傳輸頻寬爲 $2(\beta + 1) f_m = 14 f_m = 14 \times 10^4$ Hz。

(2) 無關。

(3) 由 $\beta = \dfrac{k_f \max|m(t)|}{f_m} = \dfrac{30 \times 10^3 \times 3}{10^4} = 9$

故 FM 的傳輸頻寬爲 $2(\beta + 1) f_m = 20 f_m = 20 \times 10^4$ Hz。

例題 3

訊息訊號 $m(t) = \cos(2000\pi t) + \cos(3000\pi t)$，可對載波 $A\cos(10^6 \pi t)$ 作頻率調制（FM）或相位調制（PM）。假設 FM 與 PM 的調變係數（Modulation Index）分別爲 k_f 與 k_g，請

推導出被調制後的訊號：

(1) 當頻率調制（FM）時。

(2) 當相位調制（PM）時。

（100 年公務人員普通考試）

解：

(1) FM 訊號可以表爲

$$s(t) = A_c \cos\left[2\pi f_c t + 2\pi k_f \int_0^t m(\tau)\,d\tau\right]$$

$$= A\cos\left[10^6\pi t + 2\pi k_f \int_0^t \left(\cos(2000\pi\tau) + \cos(3000\pi\tau)\right)d\tau\right]$$

$$= A\cos\left[10^6\pi t + 2\pi k_f \left(\frac{\sin(2000\pi t)}{2000\pi} + \frac{\sin(3000\pi t)}{3000\pi}\right)\right]$$

(2) $s(t) = A_c\cos(2\pi f_c t + k_p m(t)) = A\cos(10^6\pi t + k_p(\cos(2000\pi t) + \cos(3000\pi t)))$

例題 4

Find the approximate band of frequencies occupied by an FM wave with carrier frequency of 5 kHz, frequency sensitivity $k_f = 10$Hz/V, and

(a) $s(t) = 10\cos(10\pi t)$

(b) $s(t) = 5\cos(20\pi t)$

by using Carson's rule.

（99 中興電機所）

解：

$B_T = 2(1+\beta) f_m$, $\beta = \dfrac{A_m k_f}{f_m}$

(a) $\beta = \dfrac{10\times 10}{5} = 20 \Rightarrow B_T = 42\times 5 = 210\,Hz$

(b) $\beta = \dfrac{10\times 5}{10} = 5 \Rightarrow B_T = 2\times 6\times 10 = 120\,Hz$

例題 5

The message signal $m(t) = 10\ \mathrm{sinc}(500t)$ frequency modulates the carrier $c(t) = 100\cos(2\pi f_c t)$. The modulation index is 5.

(a) Write an expression for the modulated signal.

(b) What is the maximum frequency deviation of the modulated signal?

(c) What is the power content of the modulated signal?

(d) Find the bandwidth of the modulated signal?

（100 中正電機通訊所）

解：

(a) $M(f) = \frac{1}{50} rect\left(\frac{f}{500}\right) \Rightarrow f_m = 250$

$$\beta = \frac{\Delta f}{f_m} = \frac{k_f |m(t)|_{\max}}{250} = \frac{k_f}{25} = 5 \Rightarrow k_f = 125$$

(b) $s(t) = 100\cos\left(2\pi f_c t + 25 \times 125 \int_0^t 10\,\mathrm{sinc}(500\tau)\, d\tau\right)$

$\Rightarrow \Delta f = \beta f_m = 5 \times 250 = 1250$

(c) $P = \frac{1}{2} \times 100^2 = 5000W$

(d) $B_T = 2 \times (1+\beta) f_m = 2 \times 6 \times 250 = 3000Hz$

例題 6

The output of an FM modulator for the input signal 5cos (100t) is

$s(t) = 10\cos(10^6 t + 40\sin(100t))$

(a) The instantaneous frequency of $s(t)$ is

(b) The Carson's bandwidth of $s(t)$ is

(c) The power of $s(t)$ is

（99 成大電通所）

解：

(a) $f_i(t)=\frac{1}{2\pi}\frac{d\theta_i(t)}{dt}=\frac{1}{2\pi}\left(10^6+4\times10^3\cos(100t)\right)$

(b) $B_T=2\times(1+\beta)f_m=2\times41\times\frac{100}{2\pi}=\frac{4100}{\pi}Hz$

(c) $P=\frac{1}{2}\times10^2=50W$

例題 7

An FM modulator has output $x(t)=100\cos\left[1000\pi t+2\pi f_d\int^t m(\alpha)d\alpha\right]$ where f_d = 25 Hz/V

Assume that $m(t)=4\cos(40\pi t)$.

(a) Find the peak frequency deviation.

(b) Find the modulation index.

(c) Find the bandwidth of the modulator output by Carson's rule.

（100 台科大電機所）

解：

(a) $\Delta f=k_f m(t)=25\times4=100Hz$

(b) $\beta=\frac{\Delta f}{f_m}=\frac{100}{20}=5$

(c) $B_T=2\times(1+\beta)f_m=2\times6\times20=240\,Hz$

5.2　FM 訊號之產生與解調

一、FM訊號之產生

NBFM 產生器如圖 5-3 所示已經在前一節討論過，WBFM 產生器又稱爲阿姆斯壯（Armstrong）調變器，是利用倍頻的方式將 NBFM 轉換成 WBFM。絕大部分的商用 FM 電台皆採此法，其方塊圖如圖 5-5：

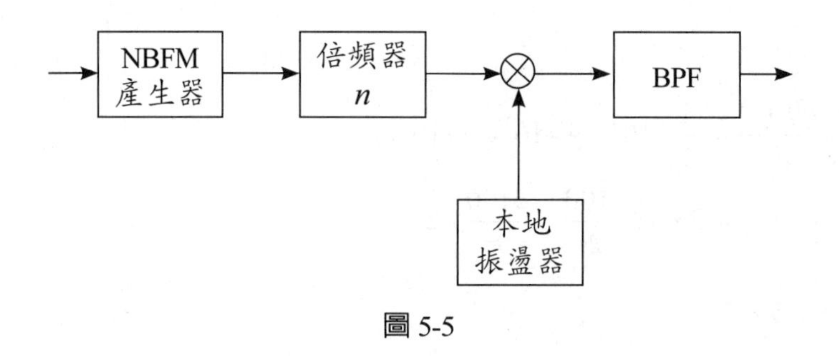

圖 5-5

如圖 5-5 所示，NBFM 之輸出訊號可表示爲

$$s_{NB}(t) = A_c \cos(2\pi f_0 t + \varphi(t)) \tag{30}$$

此 NBFM 訊號通過一個頻率倍增器（frequency multiplier）或稱倍頻器，若其放大倍數爲 n，則其輸出爲：

$$s(t) = A_c \cos(2\pi n f_0 t + n\varphi(t)) \tag{31}$$

此時 f_0 以及調變指數被同時放大了 n 倍，倍頻器輸出經過混波器處理後即可得到寬頻帶 FM 訊號。如圖 5-5 所示，混波器包括了本地震盪器（local oscillator）以及帶通濾波器（Band Pass Filter, BPF），若本地震盪器之輸出爲 $2\cos(2\pi f_l t)$，則與倍頻器輸出相乘之後利用三角函數積化和差可得到兩個頻率：

$$A_c \cos(2\pi(nf_0 + f_l) + n\varphi(t)) + A_c \cos(2\pi(nf_0 - f_l) + n\varphi(t)) \tag{32}$$

選擇本地震盪器之輸出頻率滿足

$$nf_0 + f_l = f_c \text{ 或 } nf_0 - f_l = f_c$$

其中 f_c 爲載波頻率，將帶通濾波器之中心頻率設定爲 f_c，至於帶通濾波器頻寬之選擇可根據 Carson's rule。因此可得輸出爲寬頻帶 FM 訊號：

$$s_{WB}(t) = A_c \cos(2\pi f_c t + n\varphi(t)) \tag{33}$$

觀念分析： 頻率倍增器將載波頻率與頻率偏移量（調變指數）同時放大 n 倍，混波器改變了載波頻率但不影響頻率偏移量（調變指數）。

例題 8

A frequency modulated signal is given as

$$s(t)=100\cos\left(2\pi f_c t+100\int_{-\infty}^{t} m(\tau)d\tau\right)$$

where $m(t)$ is shown below

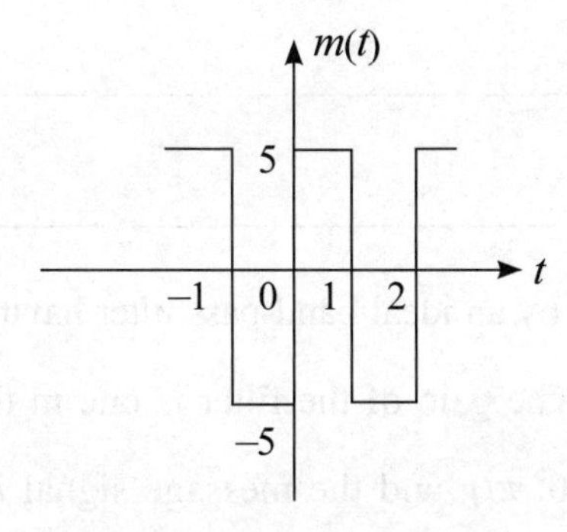

(1) Sketch the instantaneous frequency as a function of time

(2) Determine the peak-frequency deviation

（98 暨南通訊所）

解：

(1) $f_i(t)=\dfrac{1}{2\pi}\dfrac{d\theta_i(t)}{dt}=f_c+\dfrac{50}{\pi}m(t)$

(2) $\Delta f=\dfrac{50}{\pi}\left|m(t)\right|_{\max}=\dfrac{250}{\pi}$

例題 9

A narrow band FM (NBFM) is supplied with a carrier of frequency f_1 = 2MHz and modulation index β_1 = 0.1. Now you are asked to use **one frequency multiplier** and **one mixer** to modify the NBFM output into a wideband (WBFM) signal with carrier of frequency f_2 = 96MHz and modulation index β_2 = 8. And, in order to lower down the cost, you are not allowed to use oscillators with output frequency higher than 5MHz. Draw and specify the block diagram of your design.

（雲科大電機所）

解：

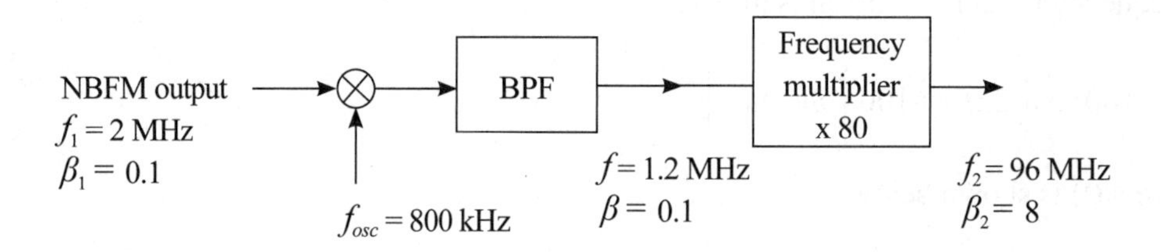

例題 10

An FM modulator is followed by an ideal band-pass filter having a center frequency of 50 kHz and a bandwidth of 28 kHz. The gain of the filter is one in the passband. The unmodulated carrier is given by 20 cos (10^5 πt), and the message signal is $m(t)$ = 2 cos($8\times10^3\pi t$). The frequency sensitivity factor of the modulator is 10 kHz/v.

(1) Determine the peak frequency deviation in hertz.

(2) Determine the peak phase deviation in radians.

(3) Determine the modulation index.

(4) Determine the power at the filter input and the filter output.

Table 1: Bessel Functions

n	$\beta=0.05$	$\beta=0.1$	$\beta=0.2$	$\beta=0.3$	$\beta=0.5$	$\beta=0.7$	$\beta=1.0$	$\beta=2.0$	$\beta=3.0$	$\beta=5.0$	$\beta=7.0$	$\beta=8.0$	$\beta=10.0$
0	0.999	0.998	0.990	0.978	0.938	0.881	0.765	0.224	-0.260	-0.178	0.300	0.172	-0.246
1	0.025	0.050	0.100	0.148	0.242	0.329	0.440	0.577	0.339	-0.328	-0.005	0.235	0.043
2		0.001	0.005	0.011	0.031	0.059	0.115	0.353	0.486	0.047	-0.301	-0.113	0.255
3				0.001	0.003	0.007	0.020	0.129	0.309	0.365	-0.168	-0.291	0.058
4						0.001	0.002	0.034	0.132	0.391	0.158	-0.105	-0.220
5								0.007	0.043	0.261	0.348	0.186	-0.234
6								0.001	0.011	0.131	0.339	0.338	-0.014
7									0.003	0.053	0.234	0.321	0.217
8										0.018	0.128	0.223	0.318
9										0.006	0.059	0.126	0.292
10										0.001	0.024	0.061	0.207

（100 北科大電通所）

解：

$(1)\,\Delta f = k_f A_m = 10K \times 2 = 20K$

$(2)\,40\pi K$

$(3)\,\beta = \dfrac{\Delta f}{f_m} = \dfrac{20K}{4K} = 5$

$(4)\,P_{in} = \dfrac{1}{2} \times (20)^2 = 200W$

$$S(f) = \frac{A_C}{2} \sum_n J_n(\beta)\left[\delta\left(f - f_c - nf_m\right) + \delta\left(f + f_c + nf_m\right)\right]$$

$$P_{out} = \frac{1}{4} \times (20)^2 \left[(0.178)^2 + 2 \times (0.328)^2 + 2 \times (0.047)^2 + 2 \times (0.365)^2\right]$$

例題 11

一個 FM 調變器使用之載波頻率爲 100 MHz，最大頻率偏差（frequency deviation）爲 50 kHz。假設調變訊號 $m(t)$ 爲頻率等於 f_m 的正弦波。利用卡爾森規則（Carson'srule）計算下列三種情況下，調變器輸出訊號的頻寬。

(1) f_m = 10 kHz, (2) f_m = 50 kHz, (3) f_m = 100 kHz

（97 年普通考試）

解：

$(1)\,\beta = \dfrac{\Delta f}{f_m} = \dfrac{50}{10} = 5,\ B_T = 2 \times (1+5)10 = 120KHz$

$(2)\,\beta = \dfrac{\Delta f}{f_m} = \dfrac{50}{50} = 1,\ B_T = 2 \times (1+1)50 = 200\,KHz$

$(3)\,\beta = \dfrac{\Delta f}{f_m} = \dfrac{50}{100} = \dfrac{1}{2},\ B_T = 2 \times \left(1 + \dfrac{1}{2}\right)100 = 300KHz$

例題 12

如圖 5-6 所示是一個把窄頻 FM（NBFM, narrowband frequency modulation）轉成寬頻 FM（WBFM, wideband frequency modulation）的系統。其中 $m(t)$ 的頻寬 500 Hz，NBFM 的載波頻率 100 kHz，最大頻率偏移（peak frequency deviation）50 Hz。若輸出訊號 $y_{FM}(t)$

的載波頻率 85 MHz 且偏移比為 5，則：

(1) 試求倍頻器（frequency multiplier）的倍率 n。

(2) 試求振盪器的頻率。

(3) 使用卡森準則（Carson's rule）求輸出訊號 $y_{FM}(t)$ 的頻寬。

(4) 請定義帶通濾波的中心頻率與通帶頻寬。

（註：偏移比定義為最大頻率偏移除以訊號頻寬，$D = \dfrac{peak \quad frequency \quad deviation}{bandwidth \quad of \quad m(t)}$）

（100 年公務人員特種考試）

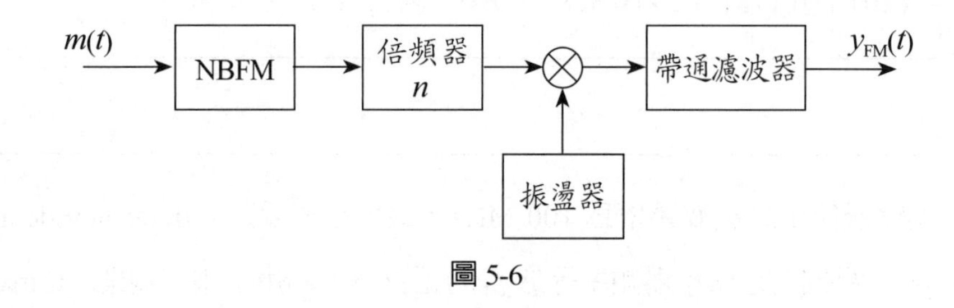

圖 5-6

解：

(1) $D_1 = \dfrac{50}{500} = 0.1, D_2 = 5, \Rightarrow n = \dfrac{D_2}{D_1} = 50$

(2) $f_1 \times n = 100 \times 50 = 5000KHz = 5MHz$

$f_{LO} = 85 - 5 = 80MHz$

(3) $B_T = 2 \times (1+\beta) f_m = 2\Delta f \left(1 + \dfrac{1}{\beta}\right) = 2 \times (50 \times 50) \times 1.2 = 6000Hz$

(4) 請參考前述內容

例題 13

調頻訊號的頻率偏移 Δf = 15 千赫，被用來傳送單音訊號，其頻率為 f_m = 10 kHz。若調頻訊號被輸入到兩個串接之頻率乘法器，第一個為 3 倍乘法器，第二個為 2 倍乘法器。

(1) 請計算第二個乘法器之輸出調頻訊號之頻率偏移與調變係數 β。

(2) 計算第二個乘法器之調頻訊號輸出頻寬。

（101 年公務人員高等考試）

解：

$$(1)\beta = \frac{15}{10} = 1.5, \Rightarrow \beta_2 = 1.5 \times 3 \times 2 = 9$$

$$\Delta f = 15 \Rightarrow \Delta f_2 = 15 \times 6 = 90KHz$$

$$(2)\ B_T = 2 \times (1 + \beta_2) f_m = 2(1+9) \times 10000 = 200KHz$$

二、FM 之解調

對 FM 訊號的解調是產生一個與 FM 調變器「相反」之過程以得到原資訊訊號，使得輸出會正比於輸入之頻率偏移。最常用的解調電路稱之為：頻率鑑別器（frequency discriminator），簡稱鑑頻器（FD），以下分別說明兩種頻率鑑別器。

1.理想頻率鑑別器（Ideal Frequency Discriminator）

已知 $s(t) = A_c \cos[2\pi f_c t + \varphi(t)]$，令 $\varphi(t) = 2\pi k_f \int_0^t m(\tau)d\tau$，則

$$s_{FM}(t) = A_c \cos\left[2\pi f_c t + 2\pi k_f \int_0^t m(\tau)d\tau\right] \tag{34}$$

使用頻率鑑別器解調之方塊圖如圖 5-7：

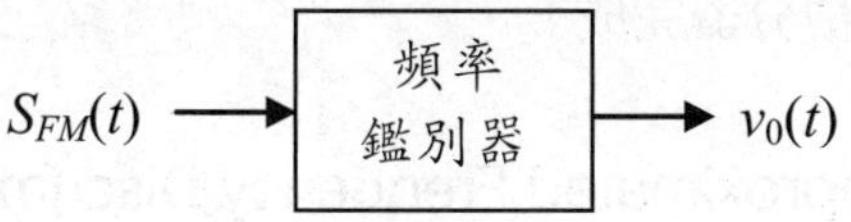

$S_{FM}(t)$ → 頻率鑑別器 → $v_0(t)$

圖 5-7

頻率鑑別器之性能曲線如圖 5-8：

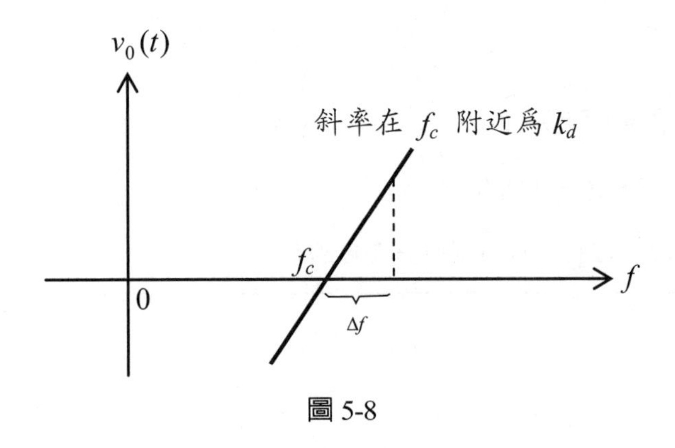

圖 5-8

即 $s_{FM}(t)$ 經過頻率鑑別器後，在理想的情況下輸出應爲

$$v_0(t) = k_d \Delta f = \frac{k_d}{2\pi}\frac{d\varphi}{dt} = k_d k_f m(t) \tag{35}$$

其中 k_d 稱之爲鑑頻器常數，其單位爲 *volts/hertz*。顯然的，一個理想頻率鑑別器必須要有線性的頻率 - 電壓轉移函數，其中當頻率 $f = f_c$ 時電壓爲 0。

觀念提示： 頻率鑑別器亦可用來解調 PM 訊號，由於在 PM 中 $\varphi(t)$ 直接與 $m(t)$ 成正比，故由式 (35) 可知 $v_0(t)$ 與 $m(t)$ 之微分成正比，因此 PM 解調器可以由 FM 解調器在經過一積分器完成。

2.近似型頻率鑑別器（Approximated Frequency Discriminator）

如圖 5-9 所示，將式 (34) 之輸入訊號經過微分器處理後可得：

$$s'(t) = -A_c[2\pi f_c + 2\pi k_f m(t)]\sin[2\pi f_c t + \varphi(t)] \tag{36}$$

因爲 $f_c > k_f\, m(t)$，所以 $s'(t)$ 之波封爲

$$v_0(t) = A_c[2\pi f_c + 2\pi k_f m(t)] \tag{37}$$

濾去 DC 項得

$$v(t) = A_c 2\pi k_f m(t) \tag{38}$$

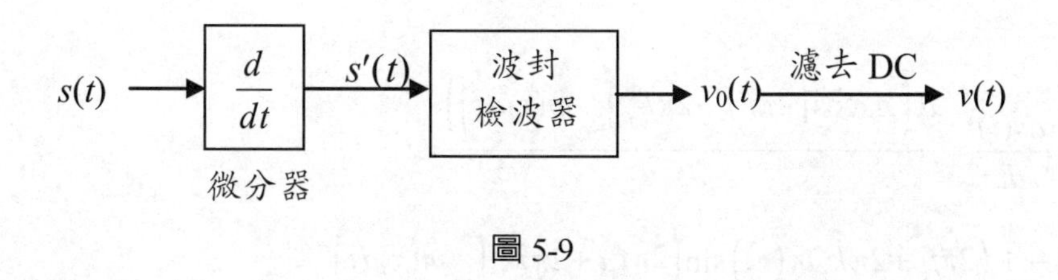

圖 5-9

因為微分器均採用斜率線路，其線性區域需在 f_c 附近，如圖 5-10 所示：

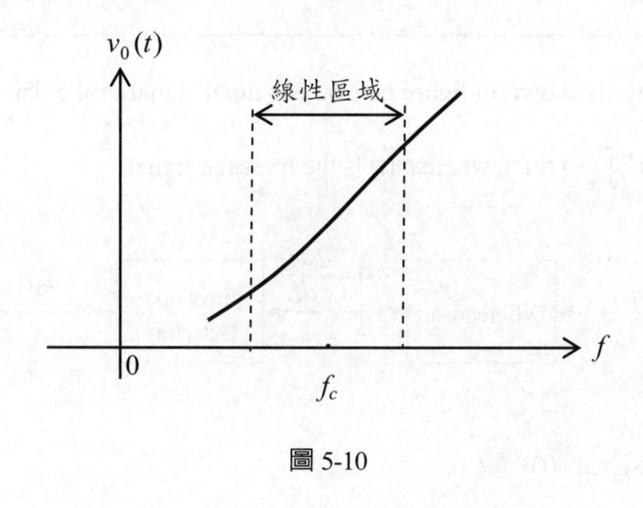

圖 5-10

例題 14

如圖 5-11 所示為 FM 解調器方塊圖，若輸入訊號 $s(t)$ 表示為

$$s(t) = A_c \cos\left(2\pi f_c t + 2\pi k_f \int_{-\infty}^{t} m(\tau)\, d\tau\right)$$

其中 $m(t)$ 為訊息訊號。微分器之輸入輸出關係為 $v(t) = \frac{ds(t)}{dt}$

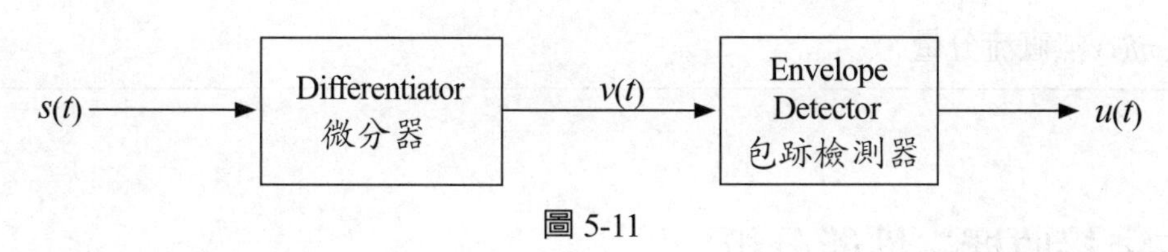

圖 5-11

(1) 求微分器輸出 $v(t)$。

(2) 在何條件下，包跡檢測器可檢測出 $m(t)$？

（103 年公務人員普通考試）

解：

(1) $v(t)=\dfrac{ds(t)}{dt}=\dfrac{d\left(A_c\cos\left(2\pi f_c t+2\pi k_f\int_{-\infty}^{t}m(\tau)d\tau\right)\right)}{dt}$

$=-A_c\left(2\pi f_c+2\pi k_f m(t)\right)\sin\left(2\pi f_c t+2\pi k_f\int_{-\infty}^{t}m(\tau)d\tau\right)$

(2) $2\pi f_c+2\pi k_f m(t)>0\Rightarrow f_c>k_f\left|m(t)\right|_{\min}$

例題 15

An FM demodulator is shown in figure below. The input signal of the demodulator is given by

$s(t)=A_c(2\pi f_c t+2\pi k_f\int_{-\infty}^{t}m(\tau)d\tau)$, where $m(t)$ is the message signal.

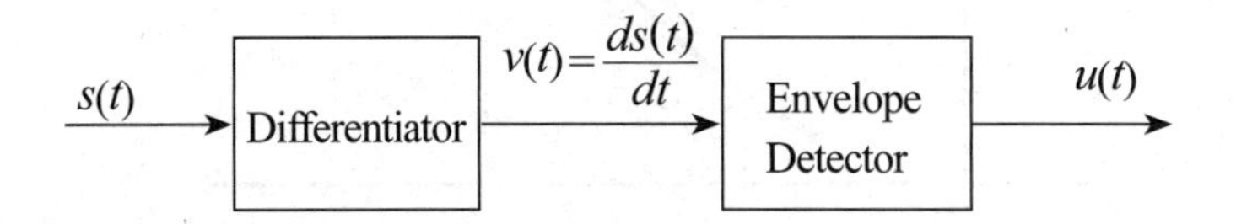

(a) Determine the signal $v(t)$.

(b) Under what condition the message signal can be recovered using the envelope detector?

（98 中正電機通訊所）

解：

(a) $-A_C\left(2\pi f_c+2\pi k_f m(t)\right)\sin\left(2\pi f_c t+2\pi k_f\int m(\tau)d\tau\right)$

(b) $2\pi f_c+2\pi k_f m(t)>0\Rightarrow f_c>k_f\left|m(t)\right|_{\max}$

且 $m(t)$ 無直流分量

5.3 FM 接收機之性能分析

一、雜訊對 FM 解調變器之影響

如上一節中有關 FM 解調變器之討論，一個 FM 接收機雜訊分析模型如圖 5-12 所示：

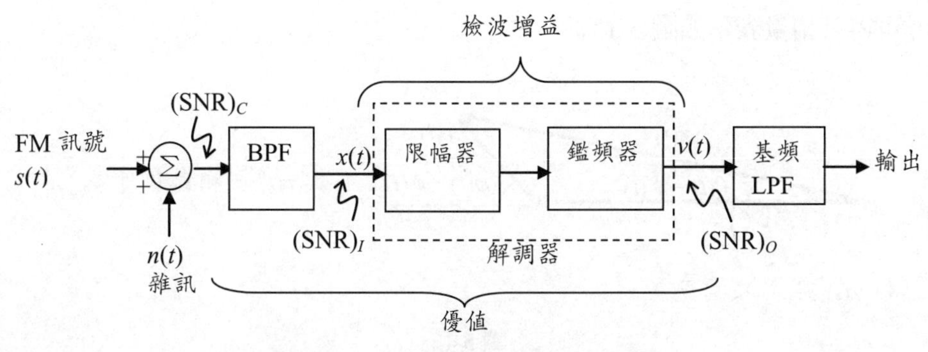

圖 5-12　FM 接收機之雜訊分析模型

其中 $n(t)$ 爲 AWGN，其功率頻譜密度爲 $S_N(f)=\frac{N_0}{2}$；FM 訊號 $s(t)$ 之載波頻率爲 f_c，傳輸頻寬 B_T，$B_T \ll f_c$。在 FM 系統中，訊號藉著載波之瞬間頻率變化來傳輸，而振幅是常數，因此在接收器輸入端之載波振幅變化如果存在，一定是源自於雜訊或干擾之影響，所以使用限幅器（amplitude limiter）即可濾除振幅之變化而不影響訊號的還原。如圖 5-9 所示，鑑頻器包含二部分：

1. 微分器（或稱斜率電路）
2. 波封檢波器

在圖 5-12 中的「基頻 LPF」，也稱爲後段檢波濾波器（postdetection filter），其頻寬需足夠容納訊號之最高頻成分，並將鑑頻器輸出端之超出頻寬部分之雜訊濾除，使輸出雜訊之功率降到最低。

從 BPF 輸出之雜訊 $n(t)$ 已是帶通訊號，可以表示爲

$$\begin{aligned} n(t) &= n_I(t)\cos(2\pi f_c t) - n_Q(t)\sin(2\pi f_c t) \\ &= r(t)\cos[2\pi f_c t + \varphi(t)] \end{aligned} \tag{39}$$

其中 $r(t)=\sqrt{n_I^2+n_Q^2}$，屬於 Rayleigh 分布，$\varphi(t)=\tan^{-1}\left[\frac{n_Q(t)}{n_I(t)}\right]$，均勻分布（uniform distribution）於 $[0, 2\pi]$，因此

$$\begin{aligned} x(t) &= s(t)+n(t) = A_c\cos[2\pi f_c t+\phi(t)] + r(t)\cos[2\pi f_c t+\varphi(t)] \\ &= R(t)\cos[2\pi f_c t+\theta(t)] \end{aligned} \tag{40}$$

由式 (40) 可得其相量表示如圖 5-13：

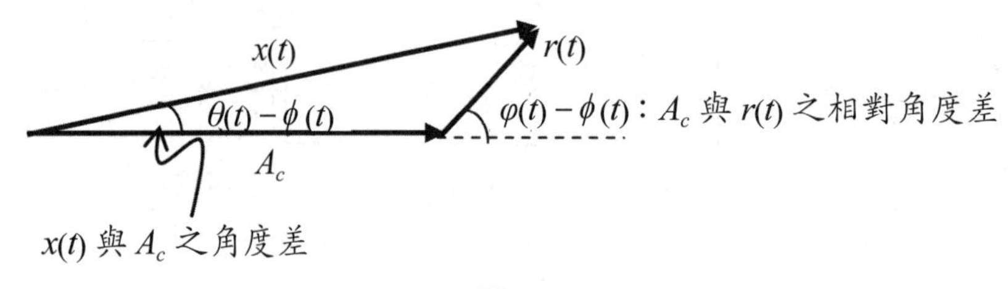

圖 5-13

故得 $x(t)$ 之相位（即輸入解調器之相位）爲

$$\theta(t)=\phi(t)+\tan^{-1}\left\{\frac{r(t)\sin[\varphi(t)-\phi(t)]}{A_c+r(t)\cos[\varphi(t)-\phi(t)]}\right\} \tag{41}$$

考慮理想的鑑頻器，其輸出 $v(t)$ 與頻率（即相位變化$\frac{1}{2\pi}\frac{d\theta(t)}{dt}$）成正比。令鑑頻器輸入端之載波雜訊比（Carrier-to-Noise Ratio, CNR）>>1，所以利用當 x 很小時，$\tan^{-1}x=x-\frac{1}{3}x^3+\frac{1}{5}x^5-\cdots\approx x$，可將式 (41) 簡化爲

$$\begin{aligned}\theta(t)&\approx\phi(t)+\tan^{-1}\left\{\frac{r(t)\sin[\varphi(t)-\phi(t)]}{A_c}\right\}\\&=\phi(t)+\frac{r(t)}{A_c}\sin[\varphi(t)-\phi(t)]\end{aligned} \tag{42}$$

現將式 (42) 表示爲

$$\theta(t)=2\pi k_f\int_0^t m(\tau)d\tau+\frac{r(t)}{A_c}\sin[\varphi(t)-\phi(t)] \tag{43}$$

所以鑑頻器之輸出爲

$$v(t)=\frac{1}{2\pi}\frac{d\theta}{dt}\cong k_f m(t)+n_d(t) \tag{44}$$

其中

$$n_d(t) = \frac{1}{2\pi A_c}\frac{d}{dt}\{r(t)\sin[\varphi(t) - \phi(t)]\} \tag{45}$$

由於$\phi(t) = 2\pi k_f \int_0^t m(\tau)d\tau$通常很小，因爲積分後 f_m 放在分母，因此在較大的 CNR 下，可視爲 $\varphi(t) \gg \phi(t)$。故可將 $n_d(t)$ 再簡化爲

$$n_d(t) \cong \frac{1}{2\pi A_c}\frac{d}{dt}\{r(t)\sin[\varphi(t)]\} \tag{46}$$

但因爲 $n_Q(t) = r(t)\sin[\varphi(t)]$，故式 (46) 亦可表示爲

$$n_d(t) \cong \frac{1}{2\pi A_c}\frac{dn_Q(t)}{dt} \tag{47}$$

而由式 (44) 亦可得知輸出之訊號平均功率爲 $k_f^2 P_m$，其中 P_m 爲訊號 $m(t)$ 之平均功率。接著要決定 $n_d(t)$ 之平均功率，對式 (47) 取其 Fourier 變換後得

$$N_d(f) = \frac{j2\pi f}{2\pi A_c} N_Q(f) \tag{48}$$

因此 $n_Q(t)$ 的功率頻譜密度與 $n_d(t)$ 的功率頻譜密度必有如下之關係：

$$S_{N_d}(f) = \frac{f^2}{A_c^2} S_{N_Q}(f) \tag{49}$$

$n(t)$ 通過 BPF 後功率頻譜密度如圖 5-14 所示：

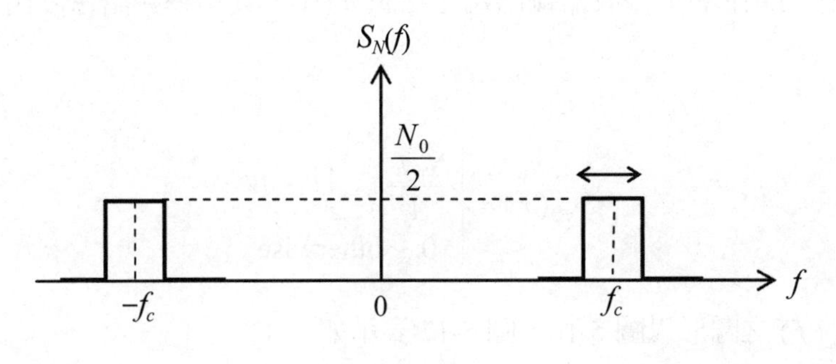

圖 5-14

若雜訊之功率頻譜密度函數爲$\frac{N_0}{2}$，則在傳輸頻寬 B_T 內的平均雜訊功率爲

$$\frac{N_0}{2} \times B_T \times 2 = B_T N_0 \tag{50}$$

又通過 BPF 後有 $\langle n^2(t) \rangle = \langle n_Q^2(t) \rangle$，即 $S_{N_Q}(f)$ 如圖 5-15 所示

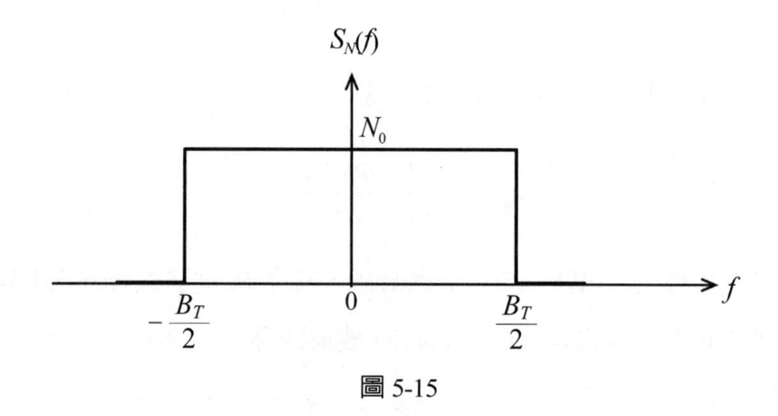

圖 5-15

即 $\langle n_Q^2(t) \rangle = B_T N_0$。並利用式 (49) 可得通過 BPF 後之雜訊功率表示式爲

$$S_{N_d}(f) = \begin{cases} \frac{N_0 f^2}{A_c^2}, & |f| \le \frac{B_T}{2} \\ 0, & \text{otherwise} \end{cases} \tag{51}$$

再從圖 5-12 之頻寬爲 W 之 LPF 觀點，對 NBFM 而言，都有 $W < \frac{B_T}{2}$，因此 $n_d(t)$ 在 W 之外的部分將被除去，即在 FM 接收器輸出端之雜訊 $n_o(t)$ ，其功率頻譜密度由式 (51) 可知表示式爲

$$S_{N_o}(f) = \begin{cases} \frac{N_0 f^2}{A_c^2}, & |f| \le W \\ 0, & \text{otherwise} \end{cases} \tag{52}$$

現將 $S_{N_d}(f)$、$S_{N_o}(f)$ 之圖形以圖 5-16、圖 5-17 表示如下：

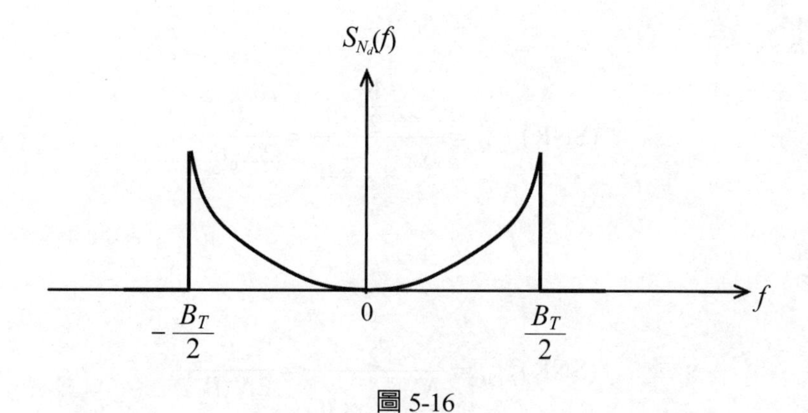

圖 5-16

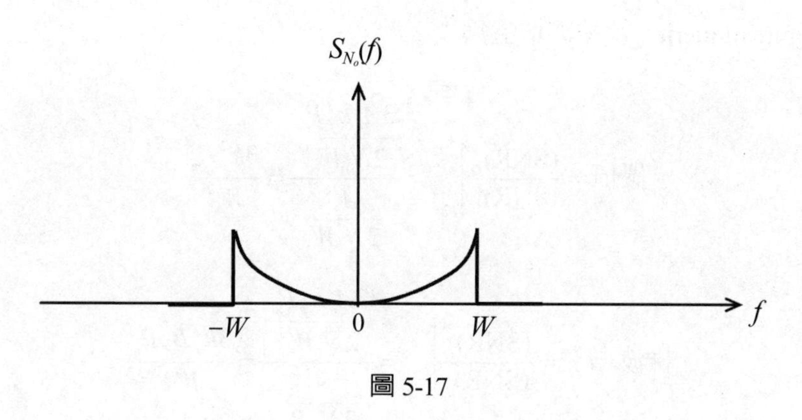

圖 5-17

因此輸出雜訊的平均功率

$$P_n = \frac{N_0}{A_c^2}\int_{-W}^{W} f^2 df = \frac{2N_0W^3}{3A_c^2} \tag{53}$$

從式 (53) 可以發現：輸出雜訊的平均功率與平均載波功率 $\frac{A_c^2}{2}$ 成反比，亦即增加載波功率具有雜訊靜音效應（noise-quieting effect）。根據以上的討論可得 FM 接收機各點之訊雜比如下：

1.輸出訊雜比

$$(\mathrm{SNR})_{O,FM} = \frac{k_f^2 P_m}{P_n} = \frac{k_f^2 P_m}{\frac{2N_0W^3}{3A_c^2}} = \frac{3A_c^2 k_f^2 P_m}{2N_0W^3} \tag{54}$$

2.通道訊雜比

$$(\text{SNR})_{C,FM}=\frac{\frac{A_c^2}{2}}{\frac{N_0}{2}\times 2\times W}=\frac{A_c^2}{2N_0W} \tag{55}$$

3.輸入訊雜比

$$(\text{SNR})_{I,FM}=\frac{\frac{A_c^2}{2}}{\frac{N_0}{2}\times 2\times B_T}=\frac{A_c^2}{2N_0B_T} \tag{56}$$

故得優值（figure of merit）及檢波增益為：

$$\text{優值}=\left.\frac{(\text{SNR})_O}{(\text{SNR})_C}\right|_{FM}=\frac{\frac{3A_c^2k_f^2P_m}{2N_0W^3}}{\frac{A_c^2}{2N_0W}}=\frac{3k_f^2P_m}{W^2} \tag{57}$$

$$\text{檢波增益}=\left.\frac{(\text{SNR})_O}{(\text{SNR})_I}\right|_{FM}=\frac{\frac{3A_c^2k_f^2P_m}{2N_0W^3}}{\frac{A_c^2}{2N_0B_T}}=\frac{3k_f^2B_TP_m}{W^3} \tag{58}$$

已知 $\Delta f\propto k_f\sqrt{P_m}$；另外已知偏移比（deviation ratio）之定義為 $D=\frac{\Delta f}{W}$，因此可知

$$D\propto\frac{k_f\sqrt{P_m}}{W} \tag{59}$$

比較式 (57) 與式 (59) 可知：寬頻帶 FM 系統的優值與偏移比 D 的平方成正比。根據本章第一節的討論可知在寬頻帶 FM 系統中，傳輸頻寬 B_T 是近似地成比例於偏移比 D，因此我們可以得到如下結論：

當載波雜訊比（CNR）較高時，增加傳輸頻寬 B_T 將提供 FM 系統的優值以對應的平方項增加。換言之，FM 系統提供了一個以增加傳輸頻寬 B_T 來換取改善雜訊特性表現之做法。故一般 AM 電台之頻寬取 10 kHz，而 FM 電台之頻寬取 200 kHz 就是最明顯之結果。

二、FM 之預強（Pre-emphasis）與解強（De-emphasis）

由式 (52) 可知：$S_{N_0}(f)$ 與頻率 f 成平方關係。可惜的是常見的資訊訊號（如一般的音樂或影像）的功率頻譜密度 $S_M(f)$ 大都如圖 5-18 所示：

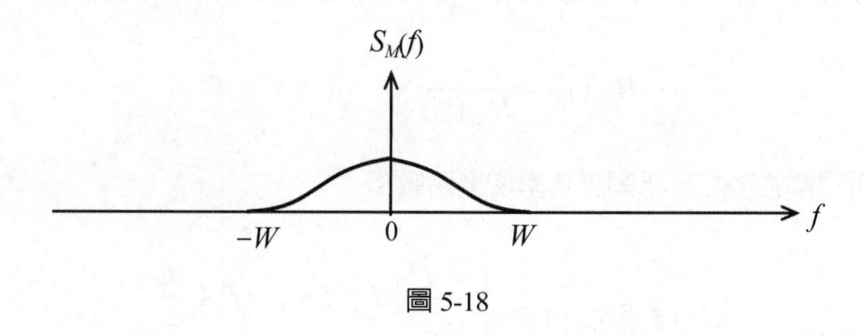

圖 5-18

即高頻時，$S_M(f)$ 是較小的，但 $S_{N_0}(f)$ 在高頻反而大，因此在 $f = \pm W$ 附近，雜訊相對較強。因此一個增進在高頻訊雜比可行的做法是：在發射機端使用預強（Pre-emphasis）技術，在接收機端使用解強（De-emphasis）技術，如圖 5-19 所示：

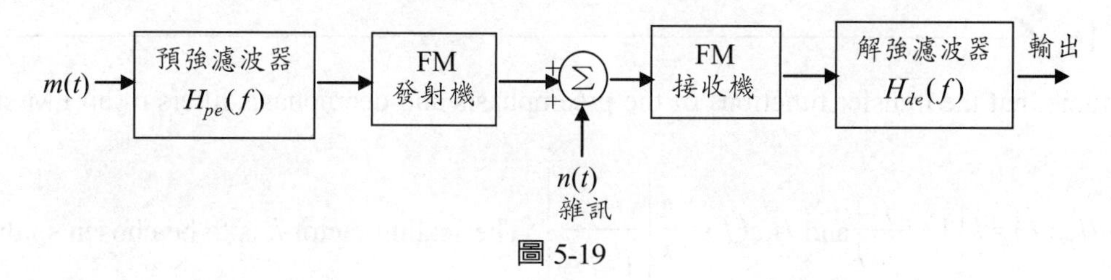

圖 5-19

1.預強濾波器

在發射之前加強訊號 $m(t)$ 之「高頻」分量，使訊號在高頻時可和雜訊抗衡，且這個動作早於雜訊之加入，會使訊號低頻和高頻之功率相當，如圖 5-20 所示，但此時訊號已經失真。

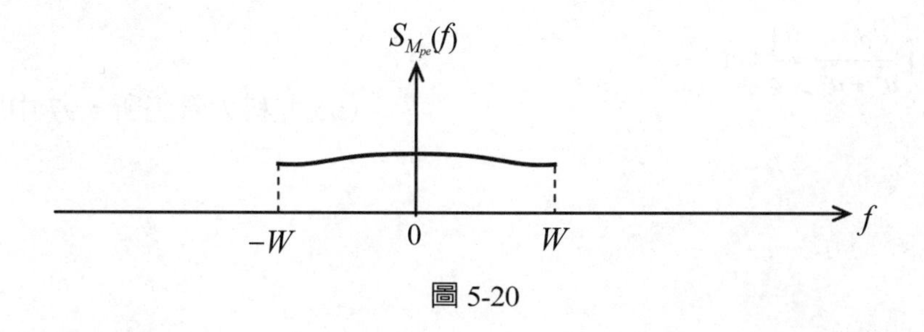

圖 5-20

2.解強濾波器

而在接收器中鑑頻器之輸出端，再由相反的動作「解強」高頻分量，以恢復原訊號，在此過程中，鑑頻器輸出之雜訊也連帶降低，因而增加訊雜比。在商用 FM 系統中，預強、解強是常用的步驟，爲了恢復原訊號，預強和解強濾波器的頻率響應需爲倒數，即

$$H_{de}(f)=\frac{1}{H_{pe}(f)}，\quad -W\le f\le W \tag{60}$$

利用式 (51) 可得解強後之雜訊頻譜功率密度函數爲

$$|H_{de}(f)|^2 S_{N_d}(f)=\begin{cases}\dfrac{N_0 f^2}{A_c^2}|H_{de}(f)|^2, & |f|\le\dfrac{B_T}{2}\\ 0, & \text{otherwise}\end{cases} \tag{61}$$

因此在解強後的平均輸出雜訊功率

$$P_{n_{de}}=\frac{N_0}{A_c^2}\int_{-W}^{W} f^2|H_{de}(f)|^2 df \tag{62}$$

例題 16

Assume that the transfer functions of the preemphasis and deemphasis filters of an FM system are $H_{pe}(f)=k\left(1+i\dfrac{f}{f_0}\right)$ and $H_{de}(f)=\dfrac{1}{k}\left(\dfrac{1}{1+i\dfrac{f}{f_0}}\right)$. The scaling factor k is to be chosen so that the average power of the emphasized signal is the same as that of the original, $m(t)$. Find the value of k that satisfies this requirement for the case when the power spectral density of the signal $m(t)$ is $S_M(f)=\begin{cases}\dfrac{S_0}{1+(f/f_0)^2}, & -W\le f\le W\\ 0, & elsewhere\end{cases}$

Given that $\int\dfrac{du}{u^2+a^2}=\dfrac{1}{a}\tan^{-1}\dfrac{u}{a}$

（95 北科大資工所，97 中原電子所）

解：

$$P_m = \int_{-W}^{W} S_M(f)df = \int_{-W}^{W} \frac{S_0}{1+\left(\frac{f}{f_0}\right)^2} df = 2S_0 f_0 \tan^{-1}\left(\frac{W}{f_0}\right)$$

$$S(f) = S_M(f)|H_{pe}(f)|^2 = \frac{S_0}{1+\left(\frac{f}{f_0}\right)^2} k^2 \left[1+\left(\frac{f}{f_0}\right)^2\right] = k^2 S_0$$

$$P = \int_{-W}^{W} S(f)df = 2k^2 S_0 W$$

$$\text{if} \quad P_m = P \Rightarrow 2S_0 f_0 \tan^{-1}\left(\frac{W}{f_0}\right) = 2k^2 S_0 W$$

$$\Rightarrow k^2 = \frac{f_0}{W}\tan^{-1}\left(\frac{W}{f_0}\right)$$

$$\Rightarrow k = \sqrt{\frac{f_0}{W}\tan^{-1}\left(\frac{W}{f_0}\right)}$$

綜合練習

1. For FM modulation, if the modulation index is increased, then (a)the bandwidth is increased. (b) the transmitted power is increased. (c)the power efficiency is increased. (d)the post-detection SNR is decreased. (e)the post-detection SNR is increased. （97 成大電通所）

2. For an analog modulation system with an output bandpass signal expressed by $x_c(t) = s_I(t) \cdot \cos(2\pi f_c t) - s_Q(t) \cdot \sin(2\pi f_c t)$ and a message signal $m(t)$ having the characteristics of $|m(t)| \leq m_{\max}$ and $|M(f)| = |\Im\{m(t)\}| = \begin{cases} M_F, & 200\text{Hz} \leq |f| \leq 4000\text{ Hz} \\ 0, & \text{otherwise} \end{cases}$, find $s_I(t)$ and $s_Q(t)$ (with minimum bandwidth $B_{\min}$) in terms of $m(t)$ and the minimum bandwidth $B_{\min}$ when

   (1) $x_c(t)$ is an AM signal with 70% modulation;

   (2) $x_c(t)$ is a Single Sideband signal;

   (3) $x_c(t)$ is an FM signal with a maximum frequency deviation $f_D = 8 \times 10^4$ Hz.

   Hint: The spectrum of $x_c(t)$ is located at $f_c - B_{\min} \sim f_c + B_{\min}$ when $s_I(t)$ and $s_Q(t)$ have the minimum bandwidth $B_{\min}$, $\Im\{\}$: Fourier transform, the FM bandwidth approximated with Carson's rule) （100 台聯大）

3. An FM modulator output signal is expressed by $\Phi_{FM}(t) = 10\sin[2\pi f_c t + 2\pi f_d \int_0^t m(\alpha)d\alpha]$, where $f_d = 480$ and $m(t) = 0.5\sin(2\pi 30t)$

   (1) Determine the value of the modulation index β.

   (2) What is the maximum frequency deviation of the modulated signal?

   (3) Estimate the bandwidth by using the Carson's rule.

   (4) Estimate the bandwidth by using the universal rule with 1 percent of the carrier amplitude.

   (5) Estimate the bandwidth such that the power ratio is $P_r \geq 0.9$ (See table 1)

$J_n(x)$									
n \ x	0.5	1	2	3	4	6	8	10	12
0	0.9385	0.7652	0.2239	-0.2601	-0.3971	0.1506	0.1717	-0.2459	0.0477
1	0.2423	0.4401	0.5767	0.3391	-0.0660	-0.2767	0.2346	0.0435	-0.2234

$J_n(x)$									
n \ x	0.5	1	2	3	4	6	8	10	12
2	0.0306	0.1149	0.3528	0.4961	0.3641	-0.2429	-0.1130	0.2546	-0.0849
3	0.0026	0.0196	0.1289	0.3091	0.4302	0.1148	-0.2911	0.0584	0.1951
4	0.0002	0.0025	0.0340	0.1320	0.2811	0.3576	-0.1054	-0.2196	0.1825
5	—	0.0002	0.0070	0.0430	0.1321	0.3621	0.1858	-0.2341	-0.0735
6		—	0.0012	0.0114	0.0491	0.2458	0.3376	-0.0145	-0.2437
7			0.0002	0.0025	0.0152	0.1296	0.3206	0.2167	-0.1703
8			—	0.0005	0.0040	0.0565	0.2235	0.3179	0.0451
9				0.0001	0.0009	0.0212	0.1263	0.2919	0.2304
10				—	0.0002	0.0070	0.0608	0.2075	0.3005
11					—	0.0020	0.0256	0.1231	0.2704
12						0.0005	0.0096	0.0634	0.1953
13						0.0001	0.0033	0.0290	0.1201
14						—	0.0010	0.0120	0.0650

（99 高雄第一科大電通所）

4. An angle-modulated signal has the form

   $u(t) = 100\cos(2\pi f_c t + 4\sin 2000\pi t)$

   where $f_c = 10$ MHz.

   (1) Determine the average transmitted power.

   (2) Determine the peak-phase deviation.

   (3) Determine the peak-frequency deviation.

   (4) Is this an FM or a PM signal? Explain.　（96 中正通訊所）

5. Which of the following statements about Carson's rule is false?

   (1) The effective bandwidth refers to the bandwidth in which at least 98% of the modulated signal power is contained..

   (2) It can be used to determine the effective bandwidth of an FM signal.

   (3) It can be used to determine the effective bandwidth of an PM signal.

(4) The modulation index β must be known to determine the effective bandwidth of an angle modulation signal.

(5) None of the above. （97 中正通訊所）

6. Two signals $m_1(t)$ and $m_2(t)$, both band-limited to 50 Hz, are to be transmitted simultaneously over a channel by the multiplexing scheme shown below. The signal at point b is the multiplexed signal, which now modulates a carrier of frequency 200 Hz. The modulated signal at point c is transmitted over a channel.

(1) Sketch signal spectra at points a, b, and c.

(2) What must be the bandwidth of the channel?

(3) Design a receiver to recover signals $m_1(t)$ and $m_2(t)$ from the modulated signal at point c.

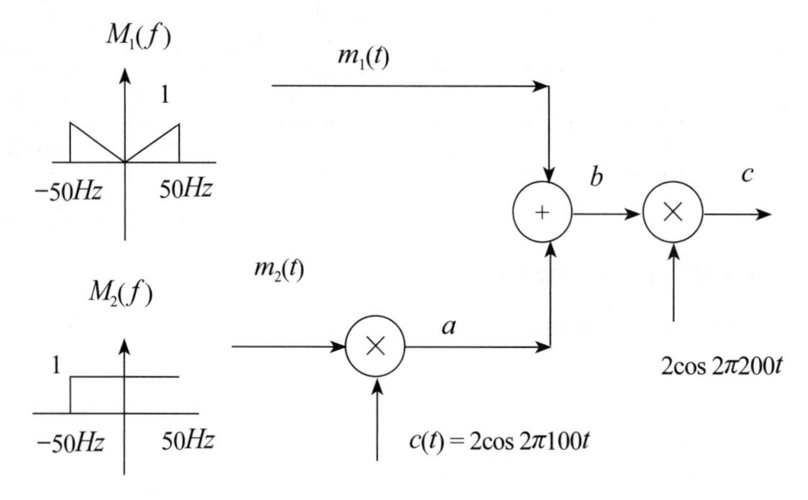

（99 高雄第一科大電通所）

7. (1) An angle-modulated signal is described by

$$x_c(t) = 10\cos\left[2\pi 10^8 t + 2.5\sin(10^3 \pi t)\right]$$

(i) considering $x_c(t)$ as a PM signal with $k_p = 10$, find $m(t)$.

(ii) considering $x_c(t)$ as a FM signal with $k_f = 10\pi$, find $m(t)$

(2) If the angle-modulated signal is given by

$$x_c(t) = 10\cos\left[2\pi 10^8 t + 200\cos(2\pi 10^3 t)\right]$$

What is the bandwidth? （97 海洋大學通訊所）

8. The modulating signal into an FM modulator is $m(t) = 10\cos 32\pi t$

   The output of the FM modulator is $\mu(t) = 10\cos\left[4000\pi t + 2\pi k_f \int_{-\infty}^{t} m(\tau)d\tau\right]$ where $k_f = 10$.

   If the output of the FM modulator is passed through an ideal bandpass filter (BPF) centered at $f_c = 2000$ with a bandwidth 62 Hz, which means the transfer function of this BPF is

   $$H(f) = \begin{cases} 1, & (2000-31) \le f \le (2000+31) \\ 0, & otherwise \end{cases}$$

   (1) Determine the frequency components at the output of the BPF.

   (2) Determine the power of the frequency components at the output of the BPF.

   (3) What percentage of the transmitter power appears at the output of the BPF?（96中興電機所）

9. A speaker communicates with a listener through an FM system. When the speaker raises his voice then (a) the power of the FM wave will be increased (b) the power of the FM wave will be decreased (c) the BW of the FM wave will be increased (d) the BW of the FM wave will be decreased (e) the received channel's SNR will be increased　（98 成大電通所）

10. In the frequency modulation (FM) system, given that a modulation signal: $m(t)$ = 8cos ($2\pi \times 10^3 t$) and modulation index: $\beta = 800$. Carrier signal with amplitude equal to 5(V) and frequency equal to 100 MHz.

    (1) Please write out the FM signal.

    (2) Find the peak frequency deviation.

    (3) Evaluate the transmission bandwidth according to Carson rule.

    （96 高應科大電機所）

11. An FM signal can be expressed as $u(t) = A_c\cos\left(2\pi f_c t + 2\pi k_f \int_{-\infty}^{t} m(\tau)d\tau\right)$, Where $m(t)$ is the message signal. Assume that the bandwidth of $m(t)$ is W. Let $\beta = (k_f / W)\max[|m(t)|]$. By Carson's rule, the approximation for the bandwidth of the modulated signal $u(t)$ is

    (A) $(\beta + 1)W$

    (B) $(\beta + 1)W/2$

    (C) $4(\beta + 1)W$.

(D) $2(\beta+1)W$.

(E) None ofthe above. （98 中正電機通訊所）

12. Plot and describe (1) narrow-band FM modulator，(2) the procedure to transfer the narrow-band FM into the wide-band FM.

（96 長庚電機所）

13. Explain the capture effect and the threshold effect in an FM system.

（96 東華電機所）

14. Find and describe the noise characteristics at the detection output of FM receiver. （96 長庚電機所）

15. A superheterodyne receiver operates over the radio frequency (f_{RF}) range of 800~888MHz. The local oscillator frequencyis chosen such that $f_{LO} > f_{RF}$. If the image frequency is required to fall outside the operation（receiving）range, determine the minimum IF frequency (f_{IF}) and the corresponding range of f_{LO} （96 成大電通所）

16. Consider modulation of the following signal waveform with a carrier $A_c\cos(2\pi f_c t)$ where $A_c = 3$ and $f_c = 2$.

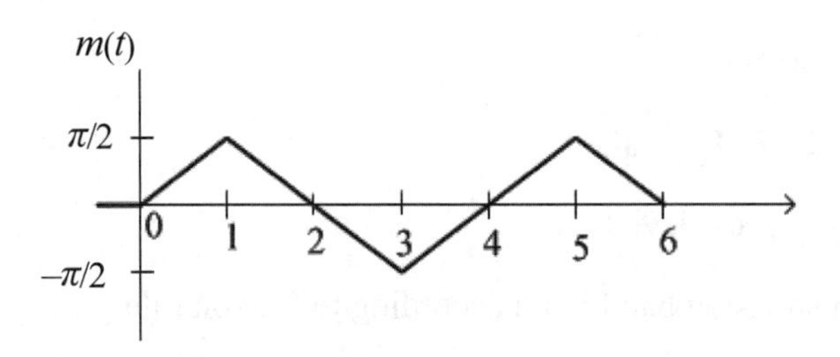

(1) Sketch the waveform after DSBSC modulation (including time $t < 0$ and $t > 6$).

(2) Sketch the waveform after AM (i.e., DSB with carrier) at 200% modulation.

(3) Pretend that f_c is much greater than the bandwidth of $m(t)$. Sketch an appropriate demodulator for the AM waveform in (b).

（96 交大電子所）

17. Consider a message signal $m(t) = 2\cos(1000t)$ modulates the carrier frequency $c(t) = A\cos(160000t)$. Please find the time domain and the frequency domain of the modulated signal by

(1) using DSB-SC amplitude modulation.

(2) using SSB amplitude modulation.　（96 東華電機所）

18. Which of the following statements about amplitude modulation (AM) is false?

(1) The commercial AM broadcasting uses the frequency band 535-1605 kHz.

(2) The spectral efficiency of single sideband AM makes this modulation method very attractive for use in voice communications over telephone channels.

(3) The conventional AM system is more power efficient than the double sideband suppressed carrier AM system.

(4) One reason that the vestigial sideband AM is more attractive than the single sideband AM is that it requires less stringent frequency response of the sideband filter at the transmitter.

(5) None of the above.　（96 中正電機、通訊所）

19. FM 調變，輸入調變訊號 $m(t) = A_m\cos(2\pi f_m t)$ volts，其頻率敏感度（frequency sensitivity）$k_f = 0.25$ Hz/volt，調變指數（modulation index）$\beta = 4$。試問

(1) 當 A_m 振幅不變，f_m 隨時間改變

(2) 當 A_m 振幅隨時間改變，而 f_m 不變

請問以上各條件下，頻譜擴散 $2\Delta f$ 有何不同的表現，試繪圖表示之。

（96 海洋通訊所）

20. Plot and describe the function of the pre-emphasis and the de-emphasis in FM system.（96 長庚電機所）

21. 下圖所示為 FM 超外插接收器方塊圖

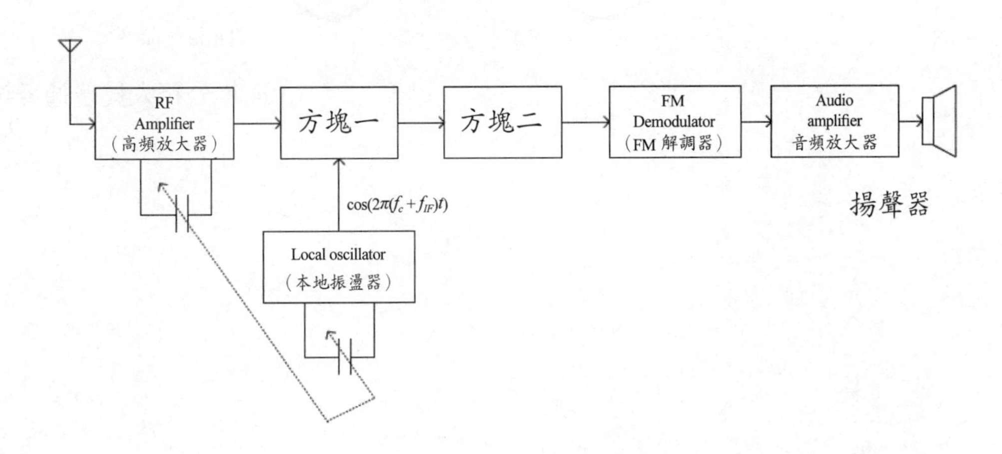

(1) 詳述方塊一之功能

(2) 詳述方塊二之功能

(3) 假設中頻頻率為 f_{IF} = 10.7MHz，若本地震盪頻率為 f_{LO} = 114.6MHz，求該接收器接收電台之頻率為何？（105 年公務人員普通考試）

22. 回答下面有關 AM 與 FM 解調的敘述：

(1) 簡述超外插式接收機的原理，與如何解決影像頻率的問題。

(2) 以方塊圖簡述 FM 接收機的工作原理，並簡述為何需要加 Pre-emphasis（預強）電路於發射端與加 De-emphasis（去強）的電路於接收端。（99 年特種考試）

23. 我們將一個低頻的弦波訊號，加載於一個高頻的載波（carrier）訊號，有兩種基本的方式：

調幅（ampllmde modulation），將訊號嵌入波幅中。

調頻（frequency modulation），將訊號嵌入頻率中。

(1) 下圖中 (a)、(b)，哪個波形應是弦波訊號，哪個波形應是載波訊號，並說明理由。

(2) 依題一中之圖，請畫出調幅的波形。

(3) 依題一中之圖，請畫出調頻的波形。

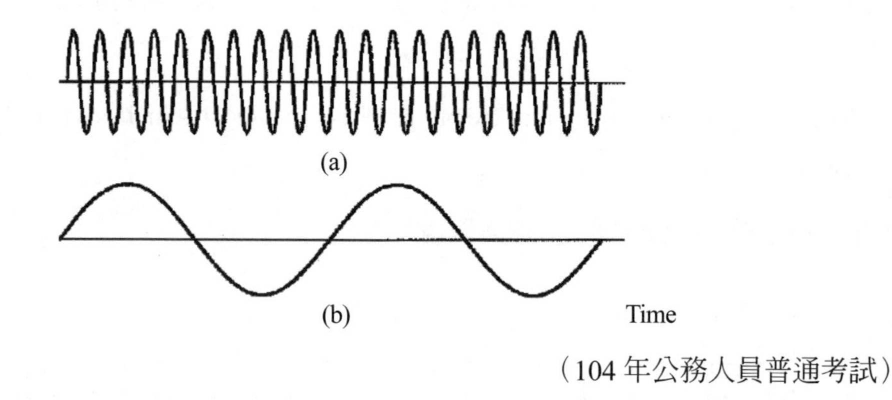

（104 年公務人員普通考試）

第六章　脈波編碼調變

6.1 取樣理論

在第一章中曾經提到大多數的類比訊號會先進行類比到數位的轉換（analog-to-digital conversion），因爲數位訊號易於處理、儲存、重製以及多工。本章將要探討的是類比訊號到數位訊號的轉換過程，其中主要包含三個步驟：取樣（sampling）、量化（quantization）以及編碼（encoding）。整個過程稱之爲脈波編碼調變（Pulse-Code Modulation, PCM），此外我們還會討論 PCM 在分時多工（Time-Division Multiplexing, TDM）系統上的應用。本節先就第一個部分「取樣器」進行討論。

如圖 6-1 所示，若類比訊號爲 $x(t)$ 取樣週期（sampling period）爲 T_s，則一個理想的取樣器必須要每隔 T_s 秒將 $x(t)$ 之值取出，因此取樣器之輸出爲離散訊號（discrete signal）$x(nT_s)$，其中 n 爲整數。$g(t)$ 稱爲取樣函數，本書討論的是**理想取樣（ideal sampling）**，一個標準的理想取樣器之取樣函數可表示爲等間隔的脈衝串（impulse train）。

$$g(t)=\sum_{n=-\infty}^{\infty}\delta(t-nT_s) \tag{1}$$

其中 T_s 是取樣週期或取樣間隔，單位爲秒，$f_s=\dfrac{1}{T_s}$ 稱之爲取樣頻率，即爲每秒的取樣數 $\left({}^{samples}\!/_{\text{sec}}\right)$。

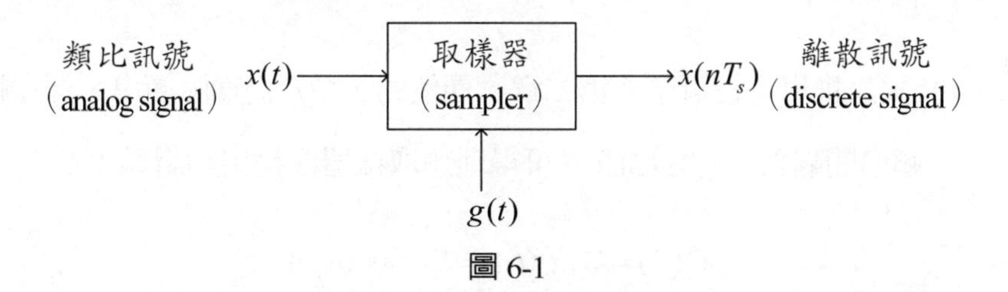

圖 6-1

若 $x(t)$ 爲有限頻寬（band-limited）訊號（當 $|f|\ge f_m$ 時 $X(f)=0$），則理想取樣的過程如圖 6-2 所示，其中左邊爲時域，右邊代表頻域。由圖 6-2 可知，理想取樣器事實上即爲一乘法器，故取樣器之輸出可表示爲：$x_s(t)=x(t)g(t)$。由於脈衝函數具有濾波性質，故可得

$$x_s(t)=x(t)g(t)=x(t)\sum_{n=-\infty}^{\infty}\delta(t-nT_s)=\sum_{n=-\infty}^{\infty}x(nT_s)\delta(t-nT_s) \tag{2}$$

$x(t), g(t), x_s(t)$ 表示於圖 6-2 之左邊。取樣函數之傅立葉轉換可表示為

$$G(f)=\Im\{g(t)\}=f_s\sum_{m=-\infty}^{\infty}\delta(f-mf_s) \tag{3}$$

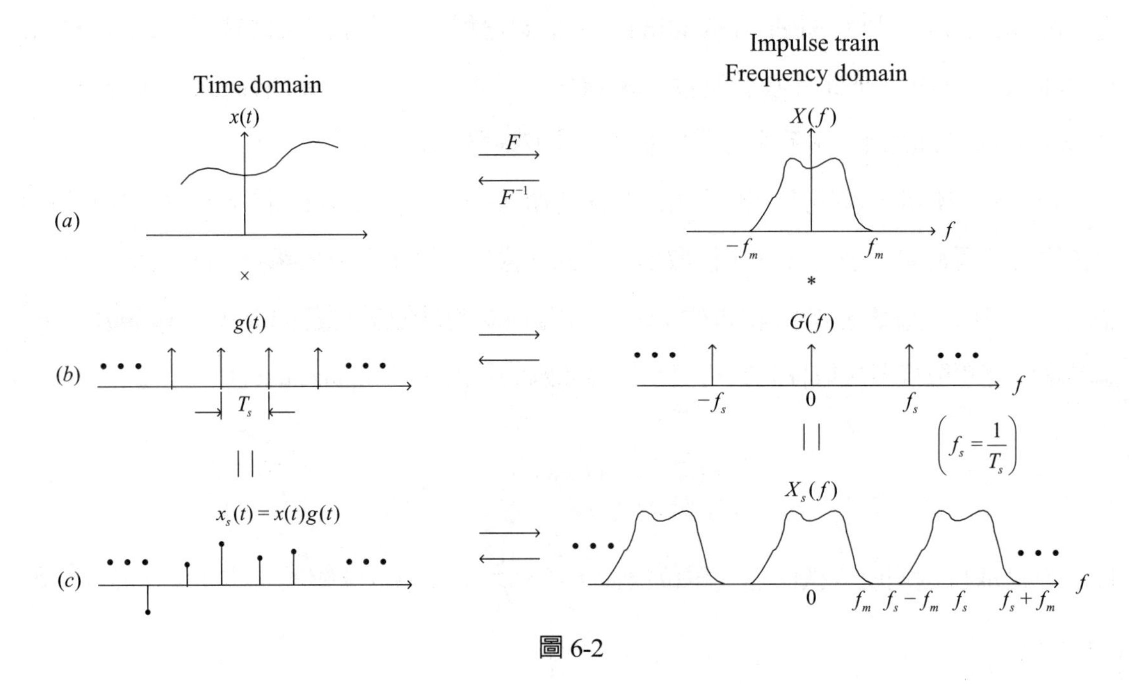

圖 6-2

其中 $f_s=\dfrac{1}{T_s}$。(3) 式之推導過程可參考第二章。顯然的，$G(f)$ 仍為脈衝串，但振幅變為 f_s，頻率間隔為 f_s。由 (2), (3) 可得理想取樣器之輸出頻譜為：

$$\begin{aligned}X_s(f)&=\Im\{x_s(t)\}=X(f)*G(f)\\&=f_s\sum_{m=-\infty}^{\infty}X(f-mf_s)\\&=\sum_{n=-\infty}^{\infty}x(nT_s)e^{-j2\pi nT_sf}\end{aligned} \tag{4}$$

$X(f), G(f), X_s(f)$ 示於圖 6-2 之右邊。

如圖 6-2 所示，因 $x(t)$ 為有限頻寬訊號（當 $|f|\geq f_m$ 時 $X(f)=0$）則若選擇 $f_s-f_m\geq f_m$，亦即

$$f_s \geq 2f_m \text{ 或 } T_s \leq \frac{1}{2f_m}$$

將可藉由一理想低通濾波器（Low Pass Filter, LPF）將訊號重建或還原，亦即

$$X(f) = \frac{1}{f_s} X_s(f) rect\left(\frac{f}{2f_m}\right) \tag{5}$$

對式 (5) 取 Inverse Fourier Transform 可還原始訊號

$$\begin{aligned} x(t) &= \frac{1}{f_s} x_s(t) * 2f_m \sin c(2f_m t) \\ &= \frac{2f_m}{f_s} \sum_n x(nT_s)\delta(t - nT_s) * \sin c(2f_m t) \\ &= \frac{2f_m}{f_s} \sum_n x(nT_s) \sin c\big(2f_m(t - nT_s)\big) \end{aligned} \tag{6}$$

由以上之討論可得取樣定理（sampling theorem）如下：

定理 6-1：取樣定理

若有限頻寬 $x(t)$ 之最高頻率爲 f_m，將 $x(t)$ 以速率 f_s 等間隔取樣，則若 $f_s \geq 2f_m$，$x(t)$ 可利用其離散之取樣值 $x(nT_s)$ 完全重建。

其中 $f_s = 2f_m$ 稱爲 **Nyquist rate**

觀念分析：

1. 雖然 $x(nT_s)$ 爲離散值，但透過分別乘上連續函數，sinc$(2f_m(t-nT_s))$，之後再相加，可得到連續函數 $x(t)$。
2. **Alias effect**：若取樣頻率太低（under sampling），$f_s < 2f_m$，則會產生頻譜重疊的現象，圖 6-2(c) 將變爲：

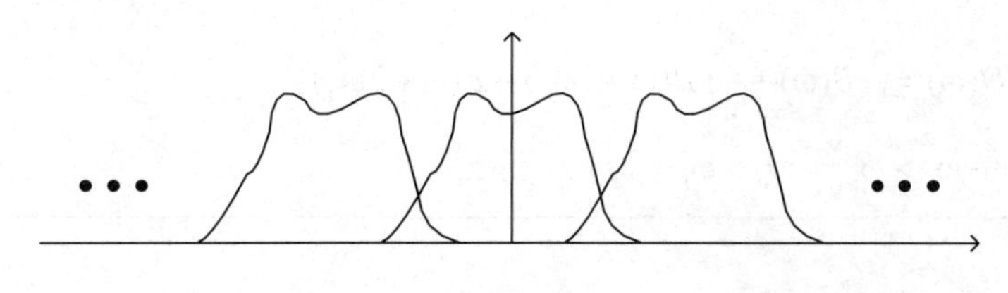

圖 6-3

稱之為 Alias effect，顯然的，由於失真，無法藉由 $x(nT_s)$ 還原回 $x(t)$。

3. 為消除 Alias effect 通常在取樣前先利用一 LPF 將訊號中少量之高頻成分先行濾除，此 LPF 亦稱為 Anti-Aliasing filter。
4. 由於理想 LPF 實際上無法實現，故通常均以高於 Nyquist rate 之取樣頻率來取樣（over sampling）。

例題 1

(1) 請說明取樣定理（sampling theorem）。

(2) 如何回復原來未被取樣之訊號？

（97 年特種考試）

解：

參考定理 6-1 取樣定理之說明

例題 2

Given $c(t) = a(t)b(t)$, where $a(t) = \cos \omega_0 t$ and the Fourier transform of $b(t)$ is $B(\omega)$ where $B(\omega) = 1$; $|\omega| < \omega_1$, $B(\omega) = 0$; $|\omega| > \omega_1$

(a) Find $C(\omega)$, the Fourier transform of c(t).

(b) Let $d(t) = c(t)a(t)$, find $D(\omega)$, the Fourier Transform of $d(t)$

(c) What is the minimum value of ω_0 which guarantees a complete recovery of $B(\omega)$.

（99 雲科大通訊所）

解：

(a) $c(t) = b(t)\cos(\omega_0 t) \Rightarrow C(\omega) = \frac{1}{2}\left(B(\omega - \omega_0) + B(\omega + \omega_0)\right)$

(b) $d(t) = c(t)\cos(\omega_0 t) = b(t)\cos^2(\omega_0 t) = \frac{1}{2}b(t) + \frac{1}{2}b(t)\cos(2\omega_0 t)$

$$\Rightarrow D(\omega) = \frac{1}{2}B(\omega) + \frac{1}{4}\left(B(\omega - 2\omega_0) + B(\omega + 2\omega_0)\right)$$

(c) $2\omega_0 - \omega_1 > \omega_1 \Rightarrow \omega_0 > \omega_1$

例題 3

Assume an analog signal $x(t)$ has a bandwidth occupation from 4kHz to 30kHz. One may deliver $x(t)$ using digital transmission.

(a) At least how frequent the signal $x(t)$ has to be sampled such that the aliasing can be avoided at receiver? Write it in terms of frequency.

(b) Assume the frequency response of $x(t)$, i.e. $X(f)$, is $rect\left(\dfrac{f-17000}{26000}\right)$. Plot the frequency response of the sampled output when the sampling frequency is set at 28kHz.

（99 台科大電機所）

解：

(a) $f_s \ge 2W = 60kHz$

(b) $x_s(t)=\sum x(nT_s)\delta(t-nT_s) \Rightarrow X_s(f)=f_s\sum X(f-kf_s); f_s=28kHz$

例題 4

Let a signal $g(t)=20\text{sinc}(20t)-10\text{sinc}^2(10t)$ be sampled by an ideal sampling device as shown in Fig.

(a) Determine the Nyquist's sampling frequency f_s.

(b) Find the Fourier transform $G_s(f)$ of the sampled signal $g_s(t)$ and sketch it.

$G(f)$　1　f　−10　10　$g(t)$　$g_s(t)$　$H_{LP}(f)$　$(1/f_s)\Pi\left(\dfrac{f}{f_s}\right)$　$y(t)$

（99 高雄第一科大電通所）

解：

(a) $G(f)=rect\left(\dfrac{f}{20}\right)-tri\left(\dfrac{f}{10}\right) \Rightarrow W=10Hz$

$f_s \ge 20Hz$

(b) $g_s(t)=g(t)\sum_n \delta(t-nT_s)=\sum_n g(nT_s)\delta(t-nT_s)$

$$G_s(f)=G(f)*f_s\sum_k\delta(f-kf_s)=f_s\sum_k G(f-kf_s);f_s=20Hz$$

例題 5

Consider ideal sampling of $x(t) = 64\text{sinc}(8t)\text{sinc}(4t)$

(1) Plot $X(f)$

(2) Let $x_s(t)=x(t)\sum_{n=-\infty}^{\infty}\delta(t-nT)$ and $T = 0.01$ second. Plot $X_s(f)$

(3) Compute the impulse response $h(t)$ of the ideal LPF with smallest cutoff frequency that can be used to reconstruct perfectly the original signal $x(t)$

（交大電子所）

解：

(1) $X(f)=64\,\Im\{\sin c(8t)\}*\Im\{\sin c(4t)\}$

$$=64\left(\frac{1}{8}rect\left(\frac{f}{8}\right)\right)*\left(\frac{1}{4}rect\left(\frac{f}{4}\right)\right)$$

$$=2rect\left(\frac{f}{8}\right)*rect\left(\frac{f}{4}\right)$$

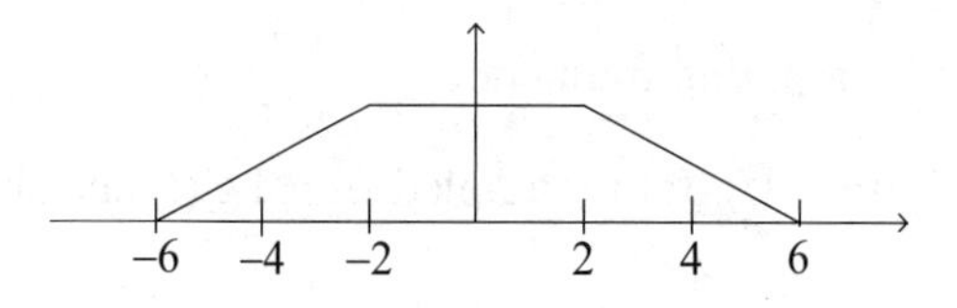

(2) $X_s(f)=X(f)*\left(\frac{1}{T}\sum_{n=-\infty}^{\infty}\delta\left(f-\frac{n}{T}\right)\right)$

$$=100\sum_{n=-\infty}^{\infty}X(f-100n)$$

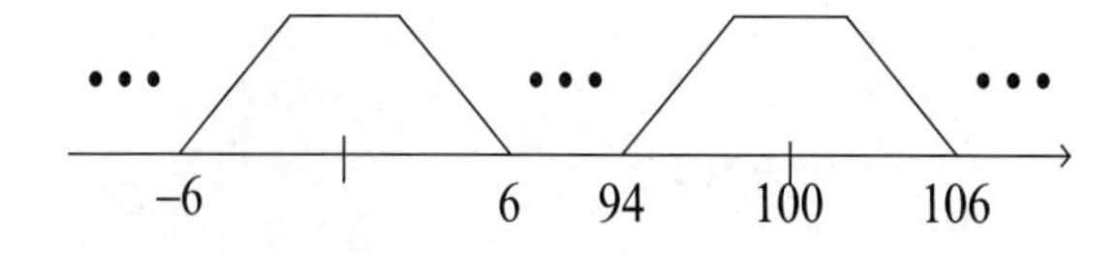

(3) Ideal LPF

$$\Rightarrow H(f)=\frac{1}{100}rect\left(\frac{f}{12}\right) \Rightarrow h(t)=\frac{12\sin c(12t)}{100}$$

$$\sum_{n=-\infty}^{\infty}x(nT)\delta(t-nT)*h(t)=\sum_{n=-\infty}^{\infty}x(nT)h(t-nT)$$

例題 6

$x(t) = 10\cos(60\pi t)\cos2(160\pi t)$ is sampled with rate 400 times per second

(a) Sketch the frequency spectrum of the sampled signal

(b) Find the range of permissible cutoff frequency of the ideal LPF used to reconstruct $x(t)$

（台科大電子所）

解：

(a) $X(f)=\Im\left\{10\cos(60\pi t)\left[\frac{1+\cos(320\pi t)}{2}\right]\right\}$

$$=\Im\left\{5\cos(60\pi t)+\frac{5}{2}\cos(260\pi t)+\frac{5}{2}\cos(380\pi t)\right\}$$

$$=\frac{5}{2}[\delta(f-30)+\delta(f+30)]+\frac{5}{4}[\delta(f-130)+\delta(f+130)$$
$$+\delta(f-190)+\delta(f+190)]$$

$$X_s(f)=X(f)*400\sum_n\delta(f-400n)$$
$$=400\sum_n X(f-400n)$$

(b) $f_m = 190\text{H}_z$

$$f_m \le f_{cut} \le f_s - f_m \Rightarrow 190 < f_{cut} < 210$$

例題 7

$x(t) = 6\cos(10\pi t)$ is sampled at f_s Hz to produce a sampled signal $x_s(t)$.

(1) Find the expression for the spectrum $X_s(f)$ for $x_s(t)$ and plot $X_s(f)$ if $f_s = 7$

(2) Repeat (1) if $f_s = 14$

(3) Explain how to reconstruct $x(t)$ from $x_s(t)$ for (1) and (2).

（92 台大電信所）

解：

(1) $x_s(t) = x(t)\sum_n \delta(t-\frac{n}{7})$

$$x(t) = 6\cos(10\pi t) = 3\left(\exp(j10\pi t) + \exp(-j10\pi t)\right)$$

$$\Rightarrow X(f) = 3\left(\delta(f-5) + \delta(f+5)\right)$$

$$\Rightarrow f_m = 5$$

$$\Rightarrow X_s(f) = X(f) * 7\sum_m \delta(f-7m)$$

$$= 7\sum_m X(f-7m)$$

$$= \sum_m 21\left[\delta(f-5-7m) + \delta(f+5-7m)\right]$$

(2) $X_s(f) = 14\sum_m X(f-14m)$

$$= 42\sum_m \left[\delta(f-5-14m) + \delta(f+5-14m)\right]$$

(3) 由於 $7 < 2f_m < 14$，故 (1) 中無法還原而 (2) 中可以，只要將 $X_s(f)$ 乘上

$\frac{1}{14} rect\left(\frac{f}{2W}\right), 5 < W < 9$ 即可

例題 8

Consider the signal $z(t) = x(2t)y(t)$, where $x(t)$ and $y(t)$ are band-limited to 12.7 KHz and 31.2KHz, respectively. Find the Nyquist sampling rate for $z(t)$.

（台科大電子所）

解：

$$Z(f) = \frac{1}{2}X\left(\frac{f}{2}\right) * Y(f)$$

The bandwidth of $z(t)$ is $W = 12.7\text{ KHz} \times 2 + 31.2\text{ KHz} = 56.6\text{ KHz}$

$f_s \geq 2\text{W} = 2 \times 56.6 = 113.2\text{ KHz}$

例題 9

取樣定理（sampling theorem）可應用於音樂光碟等系統，有一音源 $x(t)$ 具有頻帶寬度 $W = 50\sim20{,}000$ Hz。

(1) 取樣頻率至少要多少才能回復原訊號？

(2) 此一音源 $x(t)$ 被取樣後的訊號以 $y(t)$ 表之，$y(t)$ 之頻帶寬度爲何？

(3) 理論上如何處理該訊號 $y(t)$，才能回復原訊號 $x(t)$？

（102 年公務人員普通考試）

解：

(1) 40,000 Hz

(2) 無限大

(3) 經過低通濾波器

例題 10

取樣方程式可表示爲

$$x_\delta(t)=x(t)\sum_{i=-\infty}^{\infty}\delta(t-iT_s)$$

其中 $x(t)$ 爲原始訊號，$x_\delta(t)$ 爲取樣後訊號，T_s 爲取樣週期。另取樣頻率爲 $f_s=\dfrac{1}{T_s}$。

(1) 若 $x(t)$ 之傅立葉轉換爲 $X(f)$，求 $x_\delta(t)$ 之傅立葉轉換。

(2) 若 $X(f)$ 之訊號頻寬爲 W，利用 $x_\delta(t)$ 之傅立葉轉換說明取樣定理。

(3) 說明如何處理 $x_\delta(t)$，才能回復原訊號。

（103 年公務人員普通考試）

解：

(1) $X_\delta(f)=f_s\sum_{m=-\infty}^{\infty}X(f-mf_s)$

(2) $f_s\geq 2W$

(3) 經過低通濾波器

例題 11

The lowpass signal $x(t)$ with a bandwidth of W is sampled with a sampling interval of T_s and the signal $x_p(t)=\sum_{n=-\infty}^{\infty}x(nT_S)p(t-nT_S)$ is reconstructed from the samples, where $p(t)$ is an arbitrary shaped pulse (not necessarily time limited to the interval $[0, T_s]$

(*a*) Find the Fourier transform of $x_p(t)$?

(*b*) Determine the required reconstruction filter?

（100 中興通訊所）

解：

(a) $x_p(t)=\left[x(t)\sum_{m=-\infty}^{\infty}\delta(t-mT_s)\right]*p(t)$

$$X_p(f)=\left[f_sX(f)*\sum_{m=-\infty}^{\infty}\delta(f-mf_s)\right]P(f)=f_sP(f)\sum_{m=-\infty}^{\infty}X(f-mf_s)$$

(b) $\Im^{-1}\left\{X_p(f)\times\frac{1}{f_sP(f)}\times rect\left(\frac{f}{2W}\right)\right\}=x(t)$

例題 12

Consider a signal

$x(t)=60\text{sinc}\,(600t)+50\text{sinc}^2(500t)$.

(1) Determine the Fourier transform of the signal.

(2) Specify the Nyquist rate and the Nyquist interval for the signal.

（100 北科大電通所）

解：

(1) $X(f)=\frac{1}{10}\left[rect\left(\frac{f}{600}\right)+tri\left(\frac{f}{500}\right)\right]$

(2) $f_s=2f_m=1000Hz,\Rightarrow T_s=\frac{1}{f_s}=0.001$

例題 13

Consider a triangular pulse train $x(t)=2\sum_{k=-\infty}^{\infty} tri\left(\frac{t-4k}{2}\right)$. Let $x(t)$ be fed to an ideal LPF with cutoff frequency f_0 = 1Hz, and the output signal $y(t)$ is then sampled by the impulse train $\delta_p(t)=\sum_{n=-\infty}^{\infty}\delta(t-1.25n)$. An output reconstruction filter with frequency response $H(f)=1.25rect\left(\frac{f}{0.8}\right)$ is used to obtain $z(t)$

(*a*) Find the Nyquist rate and power of y(t)

(*b*) Find the final output signal $z(t)$.　（96 元智通訊所）

解：

(a) $x(t)=2tri\left(\frac{t}{2}\right)*\sum_k \delta(t-4k)$

$$\Rightarrow X(f)=\sin c^2(2f)\sum_k \delta\left(t-\frac{k}{4}\right)=\sum_k \sin c^2\left(\frac{k}{2}\right)\delta\left(t-\frac{k}{4}\right)$$

$$Y(f)=\delta(f)+\sin c^2\left(\frac{1}{2}\right)\left[\delta\left(f-\frac{1}{4}\right)+\delta\left(f+\frac{1}{4}\right)\right]$$

$$+\sin c^2\left(\frac{3}{2}\right)\left[\delta\left(f-\frac{3}{4}\right)+\delta\left(f+\frac{3}{4}\right)\right]$$

$$P_Y=1+2\sin c^4\left(\frac{1}{2}\right)+2\sin c^4\left(\frac{3}{2}\right)=1+2\left(\left(\frac{2}{\pi}\right)^4+\left(\frac{2}{3\pi}\right)^4\right)$$

(b) $y_s(t)=y(t)\delta_p(t)=\sum_n y(1.25n)\delta(t-1.25n)\Rightarrow$

$$Y_s(f)=Y(f)*\frac{4}{5}\sum_k \delta\left(f-\frac{4}{5}k\right)=\frac{4}{5}\sum_k Y\left(f-\frac{4}{5}k\right)$$

$$Z(f)=H(f)Y_s(f)$$

$$=\delta(f)+\sin c^2\left(\frac{1}{2}\right)\left[\delta\left(f-\frac{1}{4}\right)+\delta\left(f+\frac{1}{4}\right)\right]$$

$$+\sin c^2\left(\frac{3}{2}\right)\left[\delta(f-0.05)+\delta(f+0.05)\right]$$

$$\therefore z(t)=1+2\sin c^2\left(\frac{1}{2}\right)\cos(2\pi 0.25t)+2\sin c^2\left(\frac{3}{2}\right)\cos(2\pi 0.05t)$$

6.2 量化

取樣器之輸出雖然在時間上爲離散（必然爲 T_s 之整數倍），但其值仍有無限多的可能性，量化器則在振幅上規範出有限個可能性。如圖 6-5 所示，量化器緊接在取樣器之後，並將取樣器之每一個輸出 $\{x(nT_s)\}_{n=0,1,2,...}$ 對應到若干個特定的值之一。

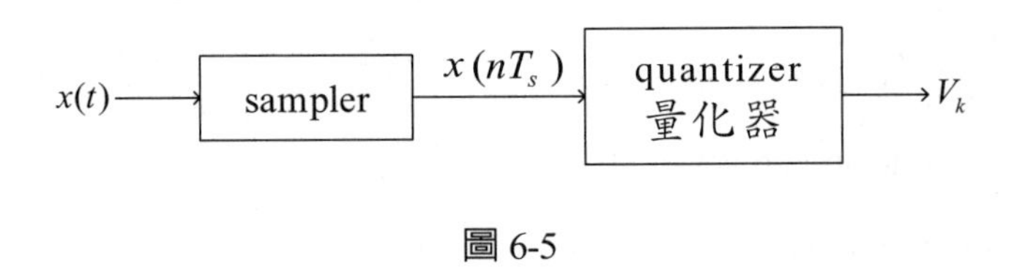

圖 6-5

若量化器輸出之離散訊號爲等間隔，則稱爲均勻量化器（uniform quantizer）或是線性量化器（linear quantizer），反之則稱爲非均勻量化器（nonuniform quantizer）。圖 6-6 爲量化器之輸入與輸出關係圖，其中橫軸爲輸入訊號（取樣器之輸出），其值具連續性，而縱軸爲量化器輸出，其值僅爲某些特定之位階。

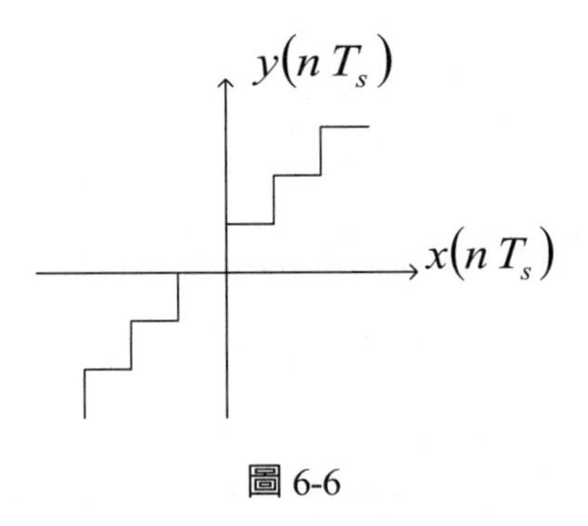

圖 6-6

定義輸入訊號範圍爲 $[-V_p, V_p]$，L 爲量化後之總位階數，v_k 爲第 k 個位階之值，則第 k 個位階間隔（step size）定義爲：

$$\Delta_k = v_k - v_{k-1}$$

一、均勻量化器（Uniform Quantizer）

若$\Delta_k = \Delta, \forall k$亦即 step size 為一常數。例如：$V_p = 4volt, L = 8$ 則$\Delta = \frac{4-(-4)}{8} = 1$，換言之，量化後之數值分別為

$$\{-3.5V, -2.5V, -1.5V, -0.5V, 0.5V, 1.5V, 2.5V, 3.5V\}$$

觀念分析： 1. 顯然的，對於均勻量化器必然有

$$\Delta = \frac{2V_p}{L} \tag{7}$$

2. 使用量化器必導致量化誤差，亦即輸入之連續振幅訊號與輸出之離散訊號 v_k 差值，顯然的，量化誤差可藉由增大 L 減小 step size 而降低。以均勻量化為例，量化誤差 Q 可視為介於$\left[-\frac{\Delta}{2}, \frac{\Delta}{2}\right]$均勻（uniform）分布隨機變數$Q \sim U\left(-\frac{\Delta}{2}, \frac{\Delta}{2}\right)$其機率密度函數（PDF）為

$$f_Q(q) = \begin{cases} \frac{1}{\Delta}, & -\frac{\Delta}{2} < q < \frac{\Delta}{2} \\ 0, & o.w. \end{cases} \tag{8}$$

由式 (8) 可求得其期望值為零，變異數為：

$$\sigma_Q^2 = E\left[Q^2\right] = \int_{-\frac{\Delta}{2}}^{\frac{\Delta}{2}} q^2 \frac{1}{\Delta} dq = \frac{\Delta^2}{12} \tag{9}$$

誠如預期，此值隨 Δ 增加而變大。我們可進一步求出量化器輸出端之最大訊號功率與雜訊功率比為

$$(SNR)_{o,peak} = \frac{Peak\ signal\ power}{noise\ power} = \frac{\left(\frac{L\Delta}{2}\right)^2}{\frac{\Delta^2}{12}} = 3L^2 \tag{10}$$

觀念分析： 1. 若 L 增加，則用來代表其取樣值之 bits 數目必須增加，因此數據傳輸速率必須增加，則系統需要較大之傳輸頻寬，故 L 值必須在節省頻寬與降低量化誤差之間尋求適當之平衡點。

2. 一般而言，較常考慮平均功率而非最大功率，我們可將式 (10) 分子訊號功率以 P 示之，若 $L = 2^l(l-bits$ 量化器)，則有 $\Delta = \frac{2V_p}{2^l}$，故式 (10) 可重新表示為：

$$(SNR)_o = \frac{3P}{V_p^2}\times 2^{2l} = 10\log_{10}\left(\frac{3P}{V_p^2}\right) + 6\,l \quad (\text{dB}) \tag{11}$$

換言之，每增加 1 個 bit，$(SNR)_o$ 獲得 6 dB 之改善。

3. 考慮以下兩種特殊的輸入訊號

(1) 弦波訊號 $m(t) = A_m\cos(2\pi f_m t)$，則

$P = \frac{A_m^2}{2}$，且 $V_p = A_m$，代入 (11) 可得

$$(SNR)_o = 10\log_{10}\left(\frac{3}{2}\right) + 6\,l\,(dB) \tag{12}$$
$$\approx 1.8 + 6l\,(dB)$$

(2) zero-mean , stationary random process. 且在任一時間點均為一致分布

$X(t_0) \sim U(-A_m, A_m)$

$$\therefore\ P = E\left[X^2\right] = \int_{-A_m}^{A_m} x^2\frac{1}{2A_m}dx = \frac{A_m{}^2}{3} \tag{13}$$

$$V_p = A_m$$

$$\therefore (SNR)_o = 6l\,(dB) \tag{14}$$

例題 14

假設 X 均勻分布於 [-1, 1]。今使用 2^b 準位（相當於 b 個位元之二元碼）來均勻量化該訊號，得量化後之訊號為 X_q 定義 $\Delta = \frac{2}{2^b} = 2^{1-b}$ 量化區間。

(1) 假設量化誤差 $Z=X-X_q$ 勻分布於 $\left[-\frac{\Delta}{2}, \frac{\Delta}{2}\right]$ 以 b 來表示量化誤差均方值 $E[Z^2]$

(2) 以 b 來表示訊號量化雜訊比（signal to quantization noise ratio, SQNR）。

（105 年公務人員普通考試）

解：

(1) $E\left[Z^2\right]=\frac{\Delta^2}{12}=\frac{\left(2^{1-b}\right)^2}{12}=\frac{1}{3\times 2^{2b}}$

(2) $(SNR)_o=\frac{3P}{V_p^2}\times 2^{2b}=10\log_{10}\left(\frac{3P}{V_p^2}\right)+6\,b$

$P=E\left[X^2\right]=\frac{1}{3}, V_p=1$

$\therefore (SNR)_o=6\,b$

例題 15

A sinusoidal signal wave, $A_m\cos(2\pi f_0 t)$ is to be sampled, uniformly quantized and digitalized by l-bit encoder（i.e., l-bits/sample）

(1) Find the $(SNR)_o$ the signal-to-quantization noise-ratio, of this uniform quantizer.

(2) Calculate the $(SNR)_o$ in dB for the case of $l=6$ and $l=9$, respectively.

（台科大電子所）

解：

(1) $\sigma_Q^2=\int_{-\Delta/2}^{\Delta/2}\frac{1}{\Delta}q^2dq=\frac{\Delta^2}{12}$

uniformly quantized $\Rightarrow$ $\Delta=\frac{2A_m}{L}=\frac{2A_m}{2^l}$

$\therefore \left(SNR\right)_0=\frac{\frac{A_m^2}{2}}{\frac{\Delta^2}{12}}=\frac{3}{2}\times 2^{2l}$

(2) 共 $l=6$, $\Rightarrow (SNR)_o=1.8+6\times l(dB)=37.8\ dB$

$l=9$, $\Rightarrow (SNR)_o=1.8+6\times l(dB)=55.8\ dB$

例題 16

Consider an audio signal $s(t) = 3\cos(500\pi t)$

(1) Find the mean square error of the quantization.

(2) Find the signal-to-quantization noise-ratio of this uniform quantizer when this signal is quantized by using 10-bit PCM.

(3) How many bits of quantization are needed to achieve a signal-to-quantization noise-ratio of at least 40dB?

（台科大電子所）

解：

(1) $\sigma_Q^2 = \int_{-\Delta/2}^{\Delta/2} \frac{1}{\Delta} q^2 dq = \frac{\Delta^2}{12}$

(2) $l = 10, \Rightarrow (SNR)_o = 1.8 + 6 \times l(dB) = 61.8(dB)$

(3) $6l + 1.8 > 40(dB) \Rightarrow l \geq 7(bits)$

例題 17

A stationary random process has an auto-correlation function given by

$$R_X(\tau) = \frac{A^2}{2} e^{-|\tau|} \cos(2\pi f_0 \tau)$$

And it is known that the random process never exceeds 6 in magnitude. Assuming $A = 6$, how many quantization levels are required to guarantee a SQNR of at least 70dB?

（雲科大電資所）

解：

Assume $X \sim U(-6,6), P = R_X(0) = \frac{A^2}{2} = 18$

$$SQNR = \frac{18}{\frac{\Delta^2}{12}} \geq 70dB \Rightarrow \Delta^2 \leq \frac{18 \times 12}{10^7} \Rightarrow \Delta \leq \frac{4.64}{10^3}$$

$$\Rightarrow \frac{12}{L} \leq \frac{4.64}{10^3} \Rightarrow L \geq 2582$$

二、非均勻量化器（Non-Uniform Quantizer）

使用均勻量化器之主要缺點爲雜訊功率固定爲 $\frac{\Delta^2}{12}$ 只與 step size 有關，與輸入訊號無關），因此若輸入之類比訊號強度較弱時，將導致訊雜比便跟著降低，且遠小於當輸入訊號振幅高時。在實用上，我們必須設計出即便在大範圍的輸入功率變化下，訊號與量化雜訊功率比仍能維持在一固定且足夠大之值，要解決上述問題（使得訊雜比一致）必須在微弱的輸入訊號時降低雜訊功率，一個可行的辦法就是降低 Δ 亦即當輸入訊號強度較弱時進行精細的量化，反之，對於較強的訊號，則可容許較大間隔之 Δ 這種量化器稱之爲非均勻量化器，也稱爲強健型量化器（robust quantizer）。換言之，強健型量化器之目的在於改善微弱訊號之 $(SNR)_0$ 使得訊雜比對所有的輸入訊號而言均相同。

顯然的，強健型量化器必須爲非均勻量化，亦即在輸入訊號較微弱的部分減小 step size，而輸入訊號較強的部分則可利用較大之 step size。均勻量化器易製作、成本低，反之，非均勻量化器則因標準難以決定，故不易製作。一個可行的強健型量化器的實現方法如圖 6-7 所示，輸入訊號先藉由壓縮器（compressor）將振幅較小的部分放大，振幅較大的部分壓縮。壓縮器之輸出、入轉換關係顯示於圖 6-8(*a*)，壓縮器之輸出作爲均勻量化器之輸入。均勻量化器之輸入與輸出關係圖顯示於圖 6-8(*b*)，由於壓縮器作用後之訊號已經與原始訊號不同或產生失真，故在接收機部分需要使用 Expander 將訊號還原。顯然的 Compressor 與 Expander 作用互補，Expander 之輸出、入轉換關係顯示於圖 6-8(*c*)。顯然的，Compressor 與 Expander 必須配合使用，有一個合成之名詞爲 Compandor = Compressor + Expander.

值得一提的是在圖 6-7 強健型或非均勻量化器架構圖中，Compressor 與均勻量化器置於發射端，而 Expander 則置於接收端

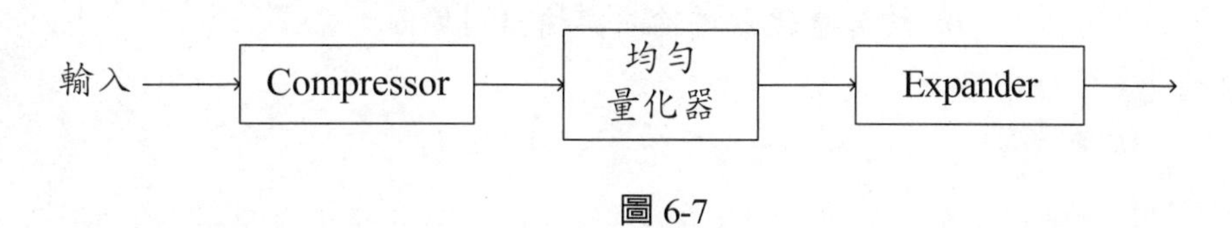

圖 6-7

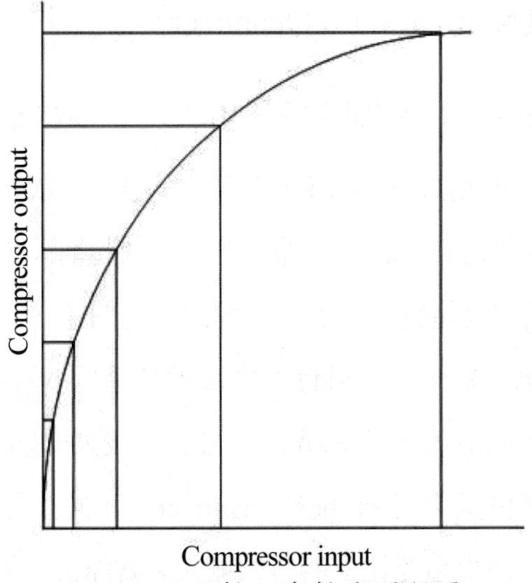

(*a*) Compressor 之輸入與輸出關係圖

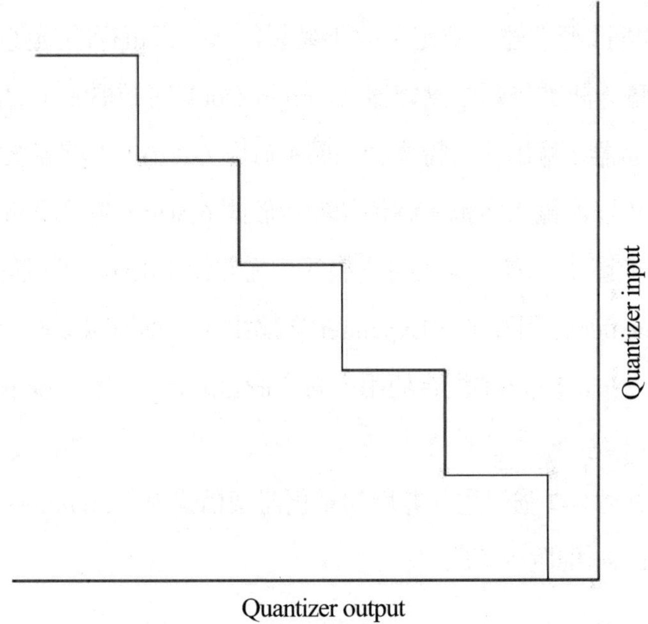

(*b*) 均勻量化器之輸入與輸出關係圖

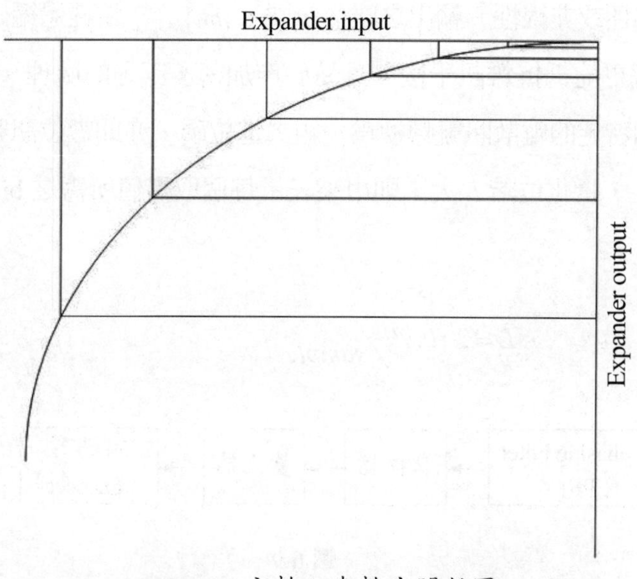

(c) Expander 之輸入與輸出關係圖

圖 6-8　非均匀（強健型）量化器之輸入與輸出關係圖

例題 18

本題討論語音編碼系統中常用之非均匀量化器（non-uniform quantizer）。

(1) 畫出方塊圖以說明如何利用壓縮器（compressor）及均匀量化器（uniform quantizer）組合成一個非均匀量化器；並解釋此量化器之操作原理。

(2) 系統中採用非均匀量化器，主要是為了什麼目的？

（99 年公務人員普通考試）

解：

參考圖 6-8 以及本節內容之說明

6.3　脈波編碼調變與分時多工系統

一、PCM

圖 6-9 顯示了脈波編碼調變（Pulse-Code Modulation, PCM）系統架構圖，如圖所示，

量化器（不論是線性或非線性）輸出之離散訊號，$\{m_k\}_{k=1,\ldots L}$ 須經過編碼器處理。編碼之目的在使被傳送訊號更能抵抗雜訊干擾，且易於作加密多工等的處理。編碼器（Encoder）之作用在於將每個特定的離散訊號轉換爲一組二進位碼，亦即數位訊號。每個二進位碼稱爲一個位元（bit），量化位階 L 大，則用來表示每個取樣值所需之 bits 數 l 就愈多。一般而言，其關係爲

$$L = 2^l ; l : {}^{bits}\!/_{sample} \tag{15}$$

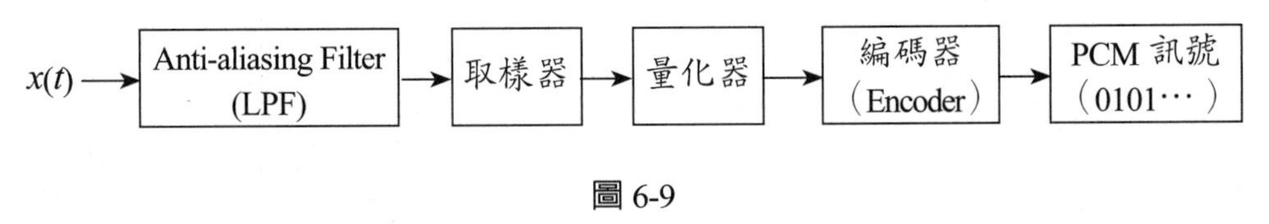

圖 6-9

考慮一均匀量化器，E 代表量化誤差，若要求量化誤差必須滿足如下之限制：

$$|E| \le \rho V_{PP} \tag{16}$$

其中 $V_{PP} = V_P - (-V_P) = 2V_P$ 爲量化器輸入之峰對峰值電壓，$0 < \rho < 1$ 則有

$$|E|_{\max} = \frac{\Delta}{2} = \frac{1}{2}\frac{V_{PP}}{L} \le \rho V_{PP} \tag{17}$$

故可得

$$L = 2^l \ge \frac{1}{2\rho} \tag{18}$$

$$\therefore\ l \ge \log_2 \frac{1}{2\rho} \tag{19}$$

PCM 系統另一個重要的參數爲傳輸速率，R_b 其單位爲 ${}^{bits}\!/_{sec}$ 或是 bps（bits per second）。顯然的，傳輸速率爲每秒取樣數乘上每個取樣值在編碼時所使用的位元數。

$$R_b = l \times f_s \tag{20}$$

值得特別注意的是：一般而言通道的頻寬是受到限制的，而訊號頻寬基本上與 R_b 正比，

換言之，每秒傳輸之訊息量是受限於通道頻寬的。爲了讓傳輸更有效率，亦即在有限的頻寬下能夠傳輸最多的位元數，M-ary 脈波調變是有效可行的技術，說明如下。

二、數位脈波調變

類比訊號經過取樣，量化以及編碼之後得到二位元 (0, 1) 數位訊號，收集 k 個「bits」以形成一個「symbol」，故此 symbol 有 $M=2^k$ 可能的值。若此 M 個可能的值用來改變脈波之振幅，則稱之爲脈波振幅調變（Pulse Amplitude Modulation, PAM），若用來改變脈波之寬度，則稱之爲脈波寬度調變（Pulse Width Modulation, PWM），用來改變脈波之位置，則稱之爲脈波位置調變（Pulse Position Modulation, PPM）。換言之

1. 在 M-ary PAM 中，將 $M=2^k$ 脈波振幅分別對應到 M 個可能的 symbol 值
2. 在 M-ary PWM 中，將 $M=2^k$ 脈波寬度分別對應到 M 個可能的 symbol 值
3. 在 M-ary PPM 中，將 $M=2^k$ 脈波位置分別對應到 M 個可能的 symbol 值

觀念分析：

1. 顯然的，若 *bit rate* 爲 R $bits/_{\text{sec}}$ 則 symbol rate 可降低爲 $\frac{R}{k}$ $symbols/_{\text{sec}}$ 因此所需要的傳輸頻寬可降低 k 倍，換言之，$M-ary$ 統對於頻寬之使用效率較大。
2. 但若 M 太大，則導致區隔不同 symbol 之振福（PAM），寬度（PWM），或位置（PPM）將相對困難，錯誤率增加，導致系統的品質降低。
3. 在類比脈波調變中，脈波調變直接利用取樣值的大小來改變脈波之振幅（PAM），或寬度（PWM），或位置（PPM），如圖 6-10 所示。

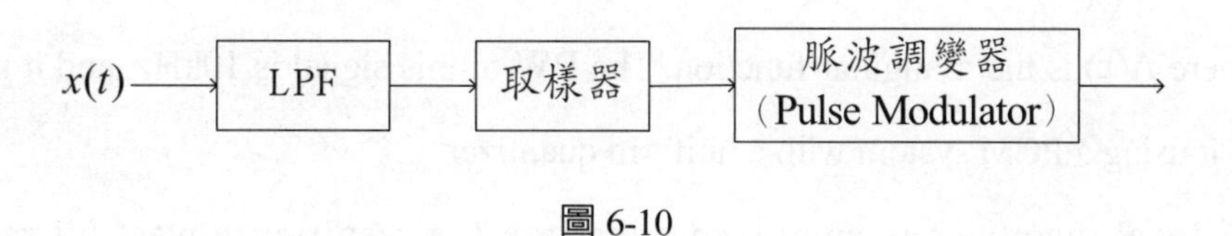

圖 6-10

三、分時多工（Time-Division Multiplexing, TDM）

分時多工之工作原理為在時間上分割成許多時槽（time slot），每個時槽僅提供給一個用戶使用，以免不同用戶之間所傳輸之訊號產生碰撞，相互干擾。

優點：在TDM系統中，所有用戶可使用相同的載波（carrier），故可節省占用的頻寬。

缺點：在分頻（FDM）與分碼（CDM）多工系統中，不同的用戶可同時傳送訊號，在 TDM 系統中則不被允許（在本書第十章還會做更進一步的介紹）。

如圖 6-11 所示，在 TDM 系統發送端之取樣器依排定之順序將多個訊號取樣，這些來自於不同訊號之取樣值結合單一通道中傳送。

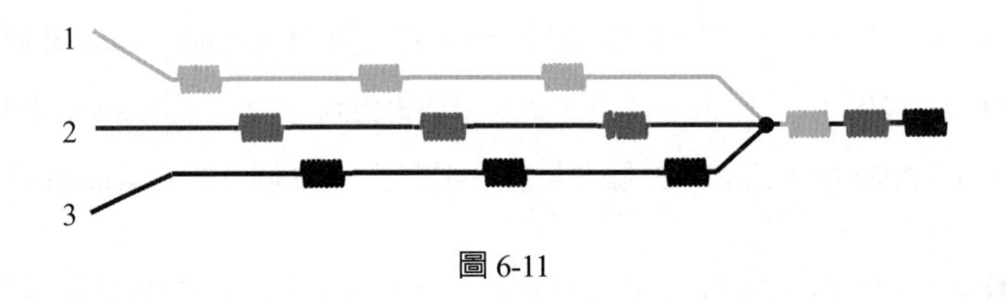

圖 6-11

觀念分析： 1. TDM 可將不同型態之訊號（如：語音、影像、傳真、數據等）整合成一筆資料串來進行傳輸。

2. 針對每個訊號性質的差異（位元速率或頻寬不同），取樣之速率均需滿足取樣定理。

例題 19

A signal can be modeled as a lowpass stationary process $x(t)$ whose PDF at any time is $f_X(x) = \Lambda(x)$, where $\Lambda(x)$ is the triangular function. The BW of this signal is 10kHz, and it is desired to transmit it using a PCM system with a uniform quantizer.

(1) If 16-level quantizer is employed, what are the resulting lowest bit rate and the corresponding signal-to-quantization noise-ratio (in dB)?

(2) If the available transmission rate of the channel is 120 Kbps, what is the highest achievable signal-to-quantization noise-ratio (in dB)?

（92 成大電通所）

解：

(1) $L = 16 = 2^l \Rightarrow l = 4\ bits$

$f_s \geq 20KHz \quad \Rightarrow R_b = l \times f_s \geq 4 \times 20KHz = 80Kbps$

$P_X = E\left[X^2\right] = \int_{-1}^{1} x^2 \Lambda(x)\,dx = \frac{1}{6}$

$\Delta = \frac{1-(-1)}{16} = \frac{1}{8} \quad \Rightarrow (SNR)_0 = \frac{P_x}{\frac{1}{12}\Delta^2} = 21(dB)$

(2) $R_b = 120Kbps = l \times f_s \Rightarrow l = 6\ bits \Rightarrow L = 2^l = 64 \Rightarrow \Delta = \frac{2}{64}$

$(SNR)_0 = \frac{P_x}{\frac{1}{12}\Delta^2} \approx 33dB$

例題 20

The PDF of the amplitude of a lowpass random signal $x(t)$ (BW = 20KHz) at any time is uniformly distributed over (−16, 16). This signal is sampled at a rate higher than the Nyquist rate to provide a guard-band of 5KHz, digitized with a uniform 64-level quantizer, and encoded by a natural PCM encoder.

(1) The lowest bit rate at PCM output is?, and the maximum signal to quantization noise ratio is? (in dB)

(2) With the same quantizer, if the amplitude's PDF of $x(t)$ at any time is reduced to be uniformly distributed over (-8, 8), the signal to quantization noise ratio will become ? (in dB)

(3) If the PCM output is baseband modulated by a 8-level polar NRZ signals, the one-sided mainlobe BW will be?　（98 成大電通所）

解：

(1) $f_s = 40 + 5 = 45K, L = 64 = 2^6$

$R_b = l \times f = 270\ Kbps$

$$\Delta=\frac{16-(-16)}{64}=\frac{1}{2}\Rightarrow(SNR)=\frac{16^2}{\frac{\Delta^2}{12}}=16^2\times 48$$

$$(2)\ \Delta=\frac{8-(-8)}{64}=\frac{1}{4}\Rightarrow(SNR)=\frac{8^2}{\frac{\Delta^2}{12}}=16\times 64\times 12$$

$$(3)\ R_s=\frac{R_b}{3}=90Ksps\Rightarrow \text{BW=}90KHz$$

例題 21

A signal $x(t)$ has a bandwidth of 20 kHz.

(a) What is the minimum sampling frequency for this signal? Why?

(b) If the sampled signal in (a) is further encoded with an 8-bit uniform PCM, what is the resulting bit rate of the PCM system? Justify you answer.

(c) If the minimum and maximum values of $x(t)$ are –1 and +l, respectively, what is the maximum quantization error in (b)? Justify you answer.

(d) If the output of the PCM system in (b)is transmitted using 16QAM, what is the resulting symbol rate? Justify you answer.

（99 海洋電機所）

解：

(a) $f_s=40K\ ^{samples}/_{\text{sec}}$

(b) $R_b=40K\times 8=320Kbps$

(c) $L=2^8=256\Rightarrow\frac{\Delta}{2}=\frac{2}{256}\times\frac{1}{2}=\frac{1}{256}$

(d) $16=2^4\Rightarrow R_s=\frac{320K}{4}=80K\ ^{symbles}/_{\text{sec}}$

例題 22

(a) Consider an audio signal with spectral components in the range 300 to 3000Hz. Assume that a sampling rate of 7kHz is used to generate a PCM signal.

(1) For S/N = 30dB, what is the number of uniform quantization levels needed?

(2) What data rate is required?

(b) Ten analog signals that are bandlimited to frequencies below 16kHz are sampled at the Nyquist rate. The PCM digitizing error is below 0.2%. The signals are carried by a TDM channel. What is the data rate required for the channel?　（中央電機所）

解：

(a)(1) $30 = 6l \Rightarrow l = 5 \Rightarrow L = 32$

(2) $R_b = 5f_s = 35\ Kbps$

(b) $f_s = 32K$

$$\frac{1}{2L} \le 0.2\% \Rightarrow L \ge 250 \Rightarrow l = 8\,(\min) \Rightarrow R_b = 8f_s = 256\ Kbps$$

$$\Rightarrow Total\ R_b = 2.56\ Mbps$$

例題 23

Consider a communication system where 4 analog signals $m_1(t)$, $m_2(t)$, $m_3(t)$, $m_4(t)$ are to be transmitted on a time-division multiplexed basis over a common channel. Assume that the BW of $m_1(t)$ is 6kHz, and those of the other 3 signals are 2 kHz each. Also let each of the signals be sampled at its Nyquist rate.

(1) Design a multiplexed scheme with the minimum possible commutator speed.

(2) If the commutator output is uniformly quantized into 1024 levels and binary coded, what is the output bit rate?

(3) Design an alternative multiplexing scheme with a higher commutator speed for the problem.

（清華通訊所）

解：

(1) $f_{s1}=6K\times 2=12K$

$f_{s2}=f_{s3}=f_{s4}=2K\times 2=4K$

$\therefore\ f_s=\sum_i f_{si}=12+3\times 4=24\,K\ {samples}/{\sec}$

令 commutator 每秒 $1K$ 轉，則每轉取樣 m_1 12 次，m_2, m_2, m_4 各 4 次

(2) $L=1024=2^{10}$

$\therefore R_b=10f_s=24\ Kbps$

(3) 令 commutator 每秒 $4K$ 轉，則每轉取樣 m_1 3 次，m_2, m_2, m_4 各 1 次

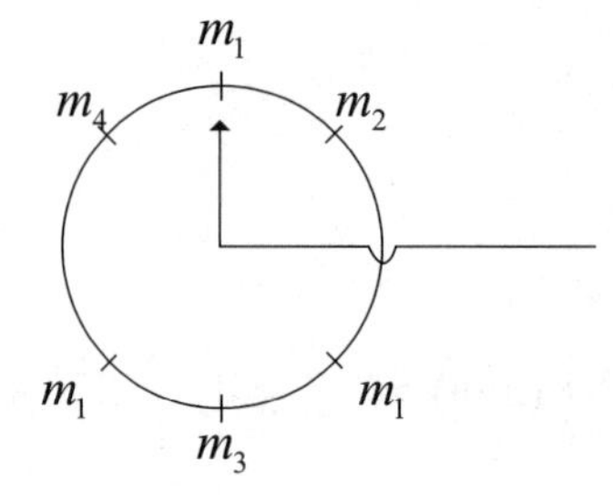

例題 24

Twenty-five audio input signals, each bandlimited to 3.5kHz and sampled at a l0kHz rate, are time-multiplexed in a PAM system.

(a) Determine the minimum clock frequency of the system.

(b) Find the maximum pulse width for each channel.

（97 中山電機通訊所）

解：

(a) minimum clock frequency is equivalent to the samples per second

$f_{clock,\min}=f_s=10K\times 25=250KHz$

(b) The pulse width (or pulse duration) should not extend to the next time slot

$$T_{p,\max}=T_s=\frac{1}{f_s}=\frac{1}{250\times 10^3}\sec$$

例題 25

Three messages $m_1(t)$, $m_2(t)$, $m_3(t)$ are to be transmitted on a time-division multiplexed basis. $m_1(t)$, $m_2(t)$ are bandlimited to 5kHz, and $m_3(t)$, is bandlimited to 10KHz.

(1) Design a PAM commutator switching system such that each message is periodically sampled at its own Nyquist sampling rate.

(2) A PCM system is used to digitalize the TDM signal obtained in (1). Each sample is quantized into 256 levels. What is the maximum bit duration that may be used.

（台科大電子所）

解：

(1) $f_{s1} = f_{s2} = 10K, f_{s3} = 2 \times 10K = 20K$

$\therefore\ f_s = 2 \times 10 + 20 = 40K\ \text{samples}/\text{sec}$

令 commutator 每轉取樣 m_3 二次，m_1, m_2 各一次，因此必須 $\dfrac{40K}{4} = 10K$ 轉/sec

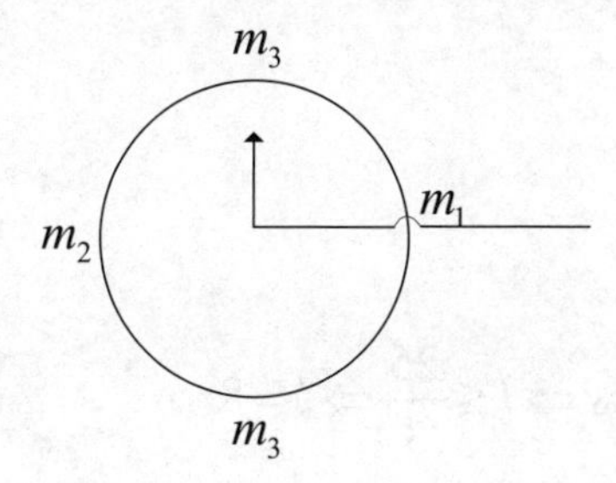

(2) $L = 256 = 28 \Rightarrow l = 8$

$\therefore R_b = 8 f_s = 320\ Kbps$

$$T_b = \frac{1}{R_b} = \frac{1}{320} \times 10^{-3}\ \text{sec}$$

例題 26

有五個頻寬皆各爲 5 kHz 的聲音訊號，均被以奈奎士速率（Nyquist rate）取樣，每一取樣值以 64 個位準進行量化。

(1) 每一個訊號的取樣頻率爲多少？

(2)將此五個訊號量化後的結果以分時多工的方式送出，則系統的位元傳輸速率（bitrate）爲多少？

（97 年公務人員普通考試）

解：

(1) 10KHz

(2) $R_b = 5 \times 6 \times f_s = 300\ Kbps$

例題 27

在一分時多工 / 脈碼調變（TDM/PCM）系統中，有 24 組音頻訊號被多工處理，假設每組訊號的頻寬皆爲 5 kHz。

(1) 根據取樣定理（sampling theorem），每組訊號的最低取樣速率是多少？

(2) 如果系統的總傳輸速度必須限制在 2 Mbps 以下，那麼每個取樣值量化後之位元數最多是多少？

（98 年公務人員普通考試）

解：

(1) 10KHz

(2) $R_b = 24 \times 10 \times l \leq 200K\ bps \Rightarrow l \leq \dfrac{25}{3} \Rightarrow l = 8$

例題 28

將類比語音訊號在 0 ～ 8 kHz 範圍經帶通濾波，轉換成數位訊號。

(1) 請決定最低取樣頻率。

(2) 若每一個取樣（sample）用 8 bits 表示，編成 PCM（pulse code modulation）訊號，請問傳送此 PCM 的最低傳輸速率爲何？

(3) 若將 10 個 PCM 訊號用 TDM（time division multiplexing）合成一個高頻寬訊號，再加上 80 kbps 控制訊號。如果有個傳輸線路頻寬 10 Mbps，請問可容納多少 TDM 訊號？

（104 年公務人員普通考試）

解：

(1) 16KHz

(2) $R_b = f_s \times l = 16 \times 8 = 128\ Kbps$

$$R_{b,TDM} = 1280K\ bps + 80K\ bps = 1360K\ bps$$

(3) $\left\lfloor \frac{10000}{1360} \right\rfloor = 7$

6.4　線碼

在本節中，我們將介紹一些在基頻（baseband）數位通訊系統中常使用的波形，並針對其頻譜之特性進行分析，這些用來代表「0」、「1」的波形稱爲線碼（line code），表示如圖 6-12：

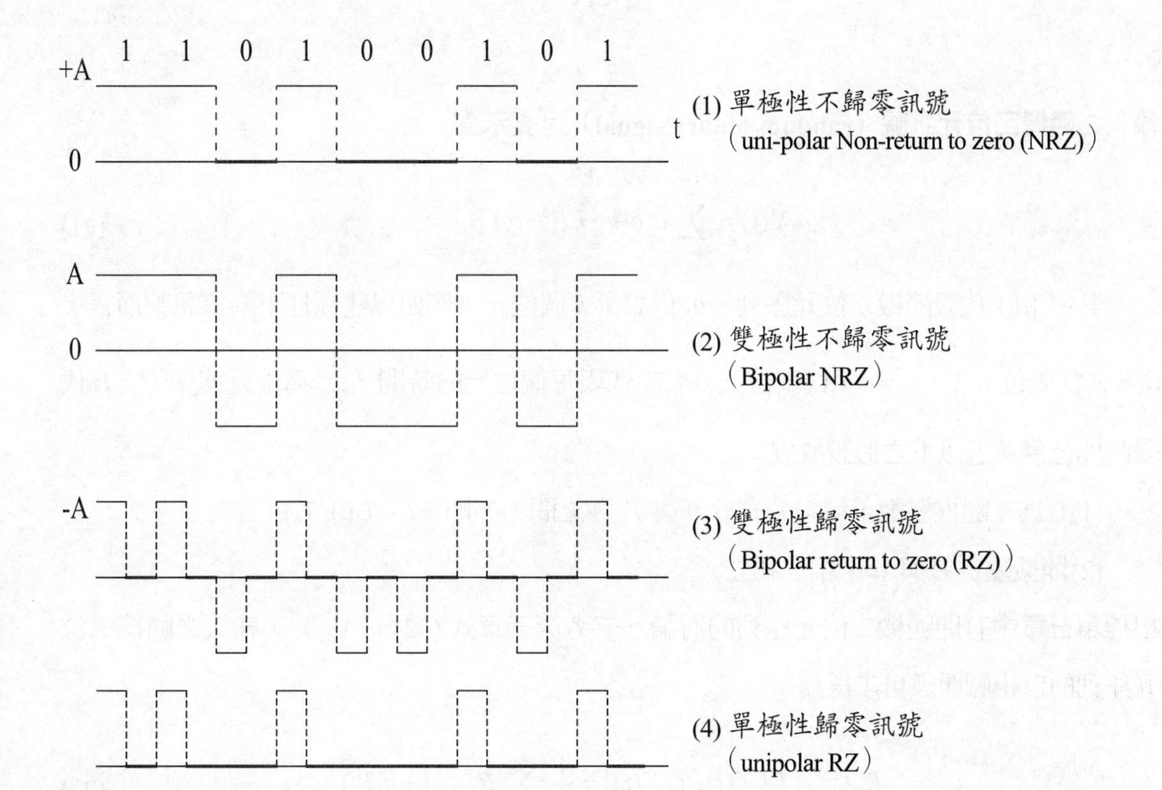

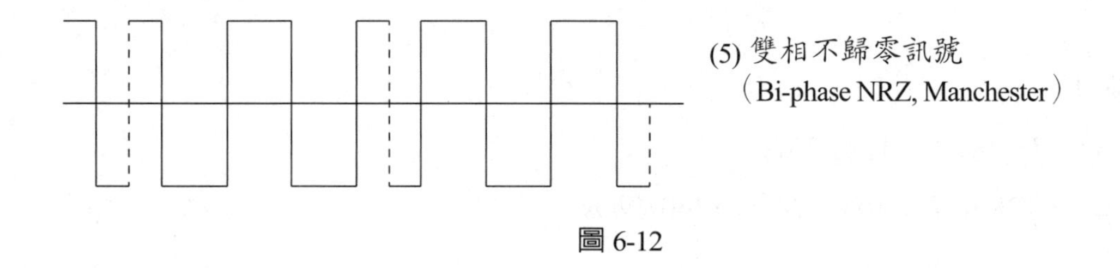

圖 6-12

以上之各種訊號波形可視爲 PCM 輸出之一連串脈衝函數經過波形產生器所得到，其方塊圖如圖 6-13 所示：

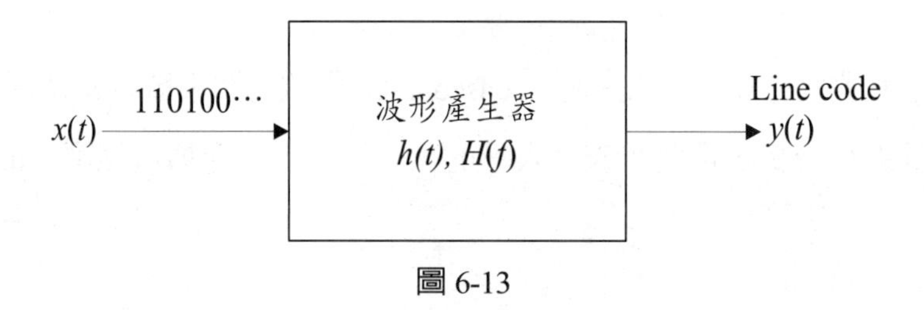

圖 6-13

輸入之**隨機二位元訊號（random binary signal）**可表示爲

$$X(t)=\sum_{k=-\infty}^{\infty} a_k\delta(t-kT_b-t_d) \tag{21}$$

其中 $\{a_k\}$ 代表隨機二位元序列，a_k 代表第 k 個位元，例如以雙極性不歸零訊號而言，$a_k = A$ 代表位元 1，$a_k = -A$ 代表位元 0；T_b 代表每個位元的時間（$\frac{1}{T_b}$ 爲位元速率）。t_d 代表時間延遲。若以下之假設成立：

(1) t_d 爲一隨機變數，均勻分布於 0 與 T_b 秒之間，亦即，$t_d \sim U(0, T_b)$.

(2) 隨機變數 t_d 與 $\{a_k\}$ 相互獨立

根據第三章中有關隨機二位元序列的討論（參考第三章式 (42)～(45)），輸入之隨機二位元序列的自相關函數可求得爲：

$$\therefore R_X(\tau)=E\left[X(t+\tau)X(t)\right]=\frac{1}{T_b}\sum_{m=-\infty}^{\infty} R_{am}\delta(\tau-mT_b) \tag{22}$$

其中 $R_{am}=E\{a_{m+k}a_k\}$。輸入隨機二位元序列的功率頻譜密度函數可求得爲：

$$S_X(f)=f\{R_X(\tau)\}=\frac{1}{T_b}\sum_{m=-\infty}^{\infty}R_{am}\exp(-j2\pi fmT_b) \tag{23}$$

故波形產生器輸出 $y(t)$ 之功率頻譜密度函數爲

$$S_Y(f)=S_X(f)\left|H(f)\right|^2 \tag{24}$$

以下分別就各種 line code 之 PSD 函數進行討論。

一、雙極性不歸零訊號

$$h(t)=\Pi\left(\frac{t-\frac{1}{2}T_b}{T_b}\right)\Rightarrow H(f)=T_b\sin c(fT_b)\exp(-j\pi fT_b) \tag{25}$$

令 $a_k=A$ 或 $-A$ 機會均等，則有

$$R_{am}=\begin{cases}A^2; & m=0\\ 0; & m\neq 0\end{cases} \tag{26}$$

帶入式 (22) 可得

$$R_X(\tau)=\sum_{m=-\infty}^{\infty}R_{am}\frac{1}{T_b}\delta(\tau-mT_b)=\frac{A^2}{T_b}\delta(\tau) \tag{27}$$

$$\therefore S_X(f)=\frac{A^2}{T_b} \tag{28}$$

$$\therefore S_Y(f)=A^2T_b\sin c^2(fT_b) \tag{29}$$

二、Uni-polar NRZ signal

$$h(t)=\Pi\left(\frac{t-\frac{1}{2}T_b}{T_b}\right)\Rightarrow H(f)=T_b\sin c(fT_b)\exp(-j\pi fT_b) \tag{30}$$

令 $X_1(t)=\sum_{k=-\infty}^{\infty}b_k\delta(t-kT_b-t_d)$，且 $P(b_k=A)=P(b_k=-A)=\frac{1}{2}$，則有

$$E\left[X_1(t)\right] = \sum_{k=-\infty}^{\infty} E\left[b_k\right]\delta(t - kT_b - t_d) = 0$$

$$X(t) = \frac{1}{2}\left(A + X_1(t)\right) \tag{31}$$

$$\begin{aligned} R_X(\tau) &= E\left[X(t+\tau)X(t)\right] \\ &= \frac{1}{4}E\left[\left(A + X_1(t+\tau)\right)\left(A + X_1(t)\right)\right] \\ &= \frac{1}{4}A^2 + \frac{1}{4}R_{X_1}(\tau) \end{aligned} \tag{32}$$

$$\because R_{X_1}(\tau) = \sum_{m=-\infty}^{\infty} R_{am}\frac{1}{T_b}\delta(\tau - mT_b) = \frac{A^2}{T_b}\delta(\tau)$$

$$\therefore R_X(\tau) = \frac{1}{4}A^2 + \frac{1}{4}\frac{A^2}{T_b}\delta(\tau) \tag{33}$$

$$S_X(f) = \frac{1}{4T_b}A^2 + \frac{1}{4}A^2\delta(f) \tag{34}$$

$$S_Y(f) = \frac{1}{4}A^2T_b \sin c^2(fT_b) + \frac{1}{4}A^2\delta(f) \tag{35}$$

三、Bi-phase NRZ signal

$$h(t) = \Pi\left(\frac{t - \frac{1}{4}T_b}{\frac{1}{2}T_b}\right) - \Pi\left(\frac{t - \frac{3}{4}T_b}{\frac{1}{2}T_b}\right) \tag{36}$$

$$\therefore H(f) = jT_b \sin\left(\frac{\pi}{2}fT_b\right)\sin c\left(\frac{1}{2}fT_b\right)\exp(-j\pi fT_b) \tag{37}$$

令 $ak=A$ 或 $-A$ 機會均等，則有

$$R_{am} = \begin{cases} A^2; & m = 0 \\ 0; & m \neq 0 \end{cases} \tag{38}$$

帶入式 (22) 可得

$$S_X(f) = \frac{A^2}{T_b} \tag{39}$$

$$\therefore S_Y(f) = A^2T_b \sin^2\left(\frac{\pi}{2}fT_b\right)\sin c^2\left(\frac{1}{2}fT_b\right) \tag{40}$$

四、AMI Signal

所謂 AMI 訊號爲 Uni-polar RZ signal 但 data 爲 1 時 ±A 交互出現

假設 $P\left(a_k=0\right)=\frac{1}{2}, P\left(a_k=A\right)=P\left(a_k=-A\right)=\frac{1}{4}$，則有

$$
\begin{aligned}
& R_{a,0}=\frac{1}{2}A^2 \\
& R_{a,1}=R_{a,-1}=E\left[a_{k\pm 1}a_k\right]=\frac{1}{4}\left(0+0+0-A^2\right)=-\frac{1}{4}A^2 \\
& m\geq \pm 2 \Rightarrow R_{am}=\frac{1}{4}\left(0+0+0\right)+\frac{1}{16}\left(A^2+A^2-A^2-A^2\right)=0 \\
& \therefore R_{am}=\begin{cases}\frac{1}{2}A^2; m=0 \\ -\frac{1}{4}A^2; m=\pm 1 \\ 0; |m|\geq 2\end{cases}
\end{aligned}
\tag{41}
$$

帶入式 (22) 可得

$$
\begin{aligned}
S_X(f) &= \frac{1}{2}\frac{A^2}{T_b}-\frac{1}{4}\frac{A^2}{T_b}\exp(-j2\pi fT_b)-\frac{1}{4}\frac{A^2}{T_b}\exp(j2\pi fT_b) \\
&= \frac{1}{2}\frac{A^2}{T_b}\left(1-\cos\left(2\pi fT_b\right)\right)
\end{aligned}
\tag{42}
$$

$$
h(t)=\Pi\left(\frac{t-\frac{1}{4}T_b}{\frac{1}{2}T_b}\right)\Rightarrow H(f)=\frac{T_b}{2}\sin c\left(\frac{fT_b}{2}\right)\exp(-j\frac{\pi fT_b}{2})
\tag{43}
$$

$$
\begin{aligned}
S_Y(f) &= \frac{A^2T_b}{8}\sin c^2\left(\frac{fT_b}{2}\right)\left[1-\cos\left(2\pi fT_b\right)\right] \\
&= \frac{A^2T_b}{8}\sin c^2\left(\frac{fT_b}{2}\right)\sin^2\left(\pi fT_b\right)
\end{aligned}
\tag{44}
$$

五、Bi-polar RZ Signal

令 $a_k=A$ 或 $-A$ 機會均等，則有

$$R_{am}=\begin{cases}A^2; & m=0\\ 0; & m\neq 0\end{cases} \tag{45}$$

帶入式 (22) 可得

$$S_X(f)=\frac{A^2}{T_b} \tag{46}$$

$$h(t)=rect\left(\frac{t-\frac{1}{4}T_b}{\frac{1}{2}T_b}\right)\Rightarrow H(f)=\frac{T_b}{2}\sin c\left(f\frac{T_b}{2}\right)\exp\left(-j\frac{\pi f T_b}{2}\right) \tag{47}$$

$$\therefore S_Y(f)=\frac{A^2T_b}{4}\sin c^2\left(\frac{fT_b}{2}\right) \tag{48}$$

觀念分析： 1. 顯然的 Bi-phase 以及 bipolar NRZ 訊號無直流分量

2. Bi-phase 所占的頻寬是其他 line codes 之兩倍

例題 29

A data sequence consisting of binary 1s and 0s transmitted with equal probabilities is transmitted using a line code with the pulse $p(t)$, $0\le t\le T$ shown in Fig.5. In this scheme a 1 is transmitted by a pulse $-p(t)$ and a 0 is transmitted by a pulse $p(t)$.

(a) Assume a data sequence 10111000 is transmitted, sketch the output waveform.

(b) Calculate the PSD for the line code. （99 高雄第一科大電通所）

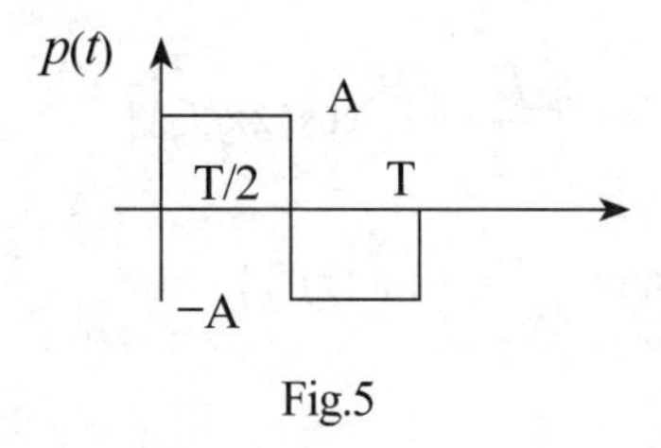

Fig.5

解：

(a) Bi-phase NRZ, Manchester code

(b) $S_Y(f)=A^2T_b\sin^2(\frac{\pi}{2}fT_b)\sin c^2(\frac{1}{2}fT_b)$（參考 (36)~(40) 式）

例題 30

A signal $x(t)$ = 2cos(2000πt) is quantized by a uniform quantizer with dynamic range (-4, 4). The output of the quantizer is modu1ated by polar NRZ code and transmitted through a channel with one-sided mainlobe bandwidth of 20KHz. The quantization noise is assumed to be uniformly distributed.

(a) The maximum number of quantum steps of the quantizer without aliasing distortion is?

(b) The signal to quantization noise ratio (in dB) of the quantizer's output is?

（100 成大電通所）

解：

(a) polar NRZ　$\therefore S_Y(f)=A^2T_b\sin c^2(fT_b)$

$\therefore BW=\frac{1}{T_b}=R_b=20K=f_s\times l=2000\times l$

$\therefore l=10, L=2^{10}=1024$

(b) $SNR=1.8+6l=1.8+60=61.8(dB)$

6.5　符號間的干擾與等化器

到目前爲止，我們所討論的通道頻寬並沒有任何限制，但是在實際的應用上，通道的頻寬是受限的。一般而言，我們可以將通道視爲頻寬受限的線性濾波器。若通道之頻率響應爲 $H(f)$，則 $H(f)$ 可表示爲

$$H(f)=A(f)e^{j\varphi(f)} \tag{49}$$

其中 $A(f)$ 爲振幅響應 $\varphi(f)$ 爲相位響應。

定義：群延遲（group delay, envelope delay）

$$\tau(f)=\frac{1}{2\pi}\frac{d\varphi(f)}{df} \tag{50}$$

一、理想通道

所謂理想通道指的是訊號能夠在通道中無失真（distortionless）傳輸，意即輸出之波形 $y(t)$ 與原輸入之波形 $x(t)$ 只容許振幅不同與固定的時間延遲。例如圖 6-14 所示：

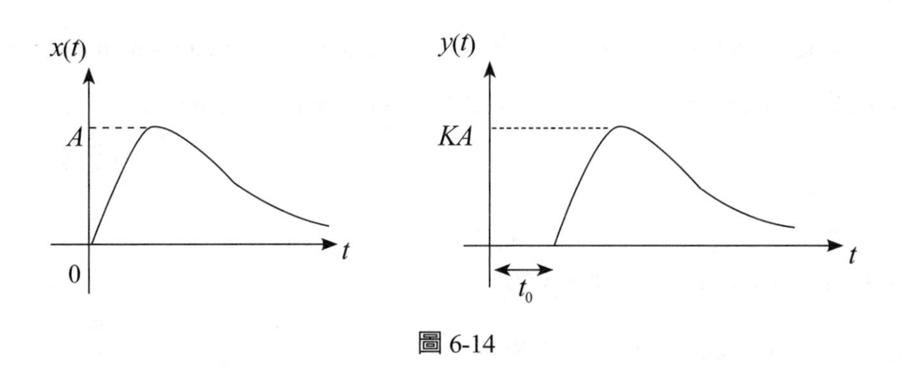

圖 6-14

因此由圖 6-14 可知理想通道滿足

$$y(t)=Kx(t-t_0) \tag{51}$$

其中 K, t_0 爲二正數。若 $\Im\{x(t)\}=X(f)$，則

$$\Im\{y(t)\}=\Im\{Kx(t-t_0)\}=Ke^{-j2\pi ft_0}X(f)=Y(f) \tag{52}$$

因此無失真傳輸系統的轉移函數爲

$$H(f)=\frac{Y(f)}{X(f)}=Ke^{-j2\pi ft_0} \tag{53}$$

比較式 (49) 可知：理想通道之振幅響應 $A(f)=K$，與 f 無關（常數），即「常數振幅響應」，相位響應 $\varphi(f)=2\pi ft_0$，爲 f 之常數倍，即「負的線性相位平移」，如圖 6-15 所示：

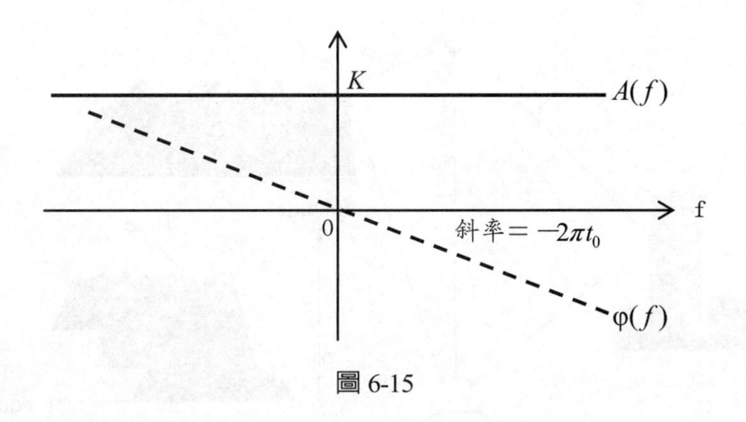

圖 6-15

但事實上無失眞傳輸是不可能獲得的，失眞的分類如下：

1.振幅失真（Amplitude Distortion）

若系統在各頻率所提供的增益不盡相同，亦即 $A(f) \neq$ 常數，稱之爲振幅失眞又稱頻率失眞。

2.相位失真（Phase Distortion）

若系統之 $\varphi(f)$ 對 f 而言並非過原點之直線，又稱延遲失眞，因爲訊號會遭遇到不同的時間延遲（delay 產生 phase）。

二、多重路徑與符號間的干擾

多重路徑（multipath）干擾在無線通道中幾乎是必然存在的現象，如圖 6-16 所示，電波由發射機天線輻射後會經由不同的路徑到達接收機，由於每條路徑之長短相異，故到達接收端之時間亦不同，從第一個路徑到達的時間算起一直到最後一條路徑到達的時間稱之爲 delay spread。換言之，多重路徑導致訊號的時間分散（time dispersion）進而造成訊號波形的失眞。圖 6-16 中顯示訊號經由三條路徑到達接收機，每條路徑到達接收端之時間不同且每條路徑之衰減係數亦不相同，甚至於隨時間而改變。顯然的，由於 multipath 將導致時間延伸，若時間之延伸相較於訊號位元（或 symbol）之時間大，則目前位元之部分波形會與接續之位元產生重疊，因此所傳送的基頻訊號位元（或 symbol）之間會彼此互相干擾，這種現象稱之爲符號間的干擾（Intersymbol Interference, ISI）。ISI 是高速率通訊系統的最主要問題，若不加以處理將造成訊號失眞，造成解調變時的錯誤，進而嚴重影響通訊品質。

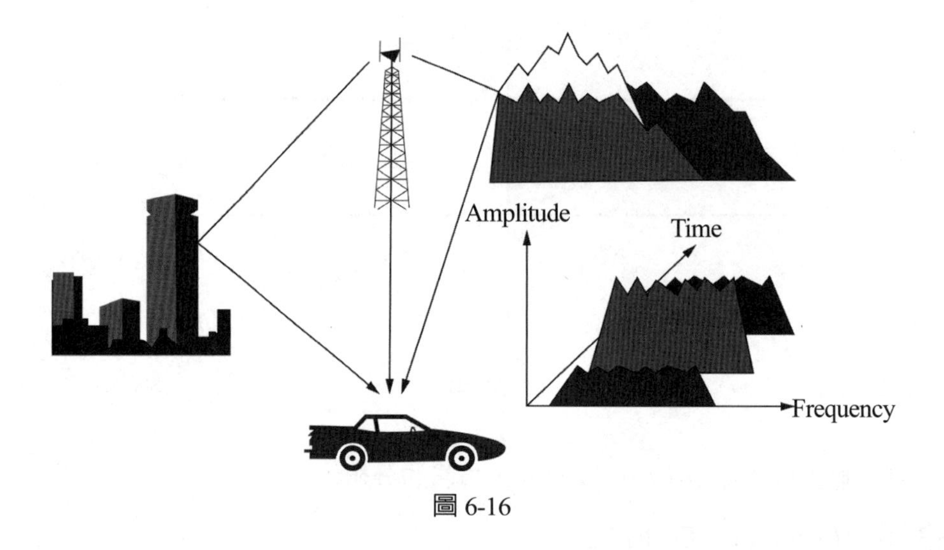

圖 6-16

我們可將多重路徑的通道加以模式化，考慮一個具有兩個路徑的通道系統，如圖 6-17 所示

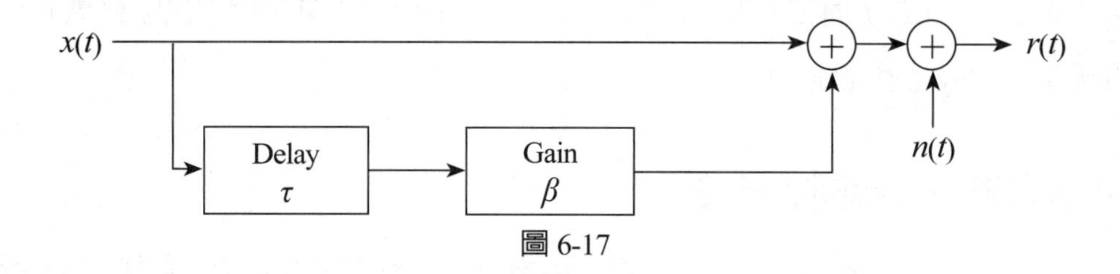

圖 6-17

其中 $x(t)$ 為傳送端訊號，τ, β 分別代表第二條路徑之時間延遲與增益（衰減係數），故接收端訊號為

$$r(t) = x(t) + \beta x(t-\tau) + n(t) \tag{54}$$

顯然的，我們可將多重路徑通道看成一線性非時變系統，則由圖 6-17 與式 (54) 可得其脈衝響應為

$$h_c(t) = \delta(t) + \beta\delta(t-\tau) \tag{55}$$

故式 (54) 亦可改寫為

$$r(t) = x(t) * h_c(t) + n(t) \tag{56}$$

其中 * 代表迴旋積分（convolution integral）。$x(t) * h_c(t)$ 造成了訊號的失眞，這種現象稱之爲多重路徑干擾。

爲了去除多重路徑干擾以及有限頻寬通道所導致之 ISI，必須在接收機前級使用解迴旋濾波器（deconvolution filter），一般稱之爲等化器（equalizer），其目的在於抵銷多重路徑傳送所導致的 time dispersion 效應，因而降低解調變器的錯誤率。若等化器之脈衝響應爲 $h_{eq}(t)$，等化器之輸出爲 $y(t)$，則有

$$y(t) = r(t) * h_{eq}(t) = x(t) * h_c(t) * h_{eq}(t) + n(t) * h_{eq}(t) \tag{57}$$

等化器一般可分爲兩大類：線性與非線性。非線性等化器較爲複雜，較常使用的是決策回授等化器（Decision-Feedback Equalizer, **DFE**）；線性等化器包括了兩種：最小平方誤差（Minimum Mean Square Error, **MMSE**）與零強制（Zero-Forcing, **ZF**）等化器。

零強制等化器忽略了雜訊項（令 (57) 之 $n(t) = 0$），因此只要 $h_{eq}(t)$ 能夠滿足

$$h_c(t) * h_{eq}(t) = \delta(t) \tag{58}$$

即有 $y(t) = x(t)$，換言之 $h_{eq}(t)$ 去除通道效應，訊號得以完全回復。若已知多重路徑通道之轉移函數爲 $H_C(f)$，則由式 (58) 可得零強制等化器之轉移函數，$H_{eq}(f)$，必須能夠滿足

$$H_{eq}(f) H_c(f) = 1 \Rightarrow H_{eq}(f) = \frac{1}{H_c(f)} \tag{59}$$

故零強制等化器亦稱之爲通道的 Inverse filter。以圖 6-17 之 2-ray model 爲例，由於

$$H_c(f) = \Im\{h_c(t)\} = 1 + \beta e^{-j2\pi f\tau} \tag{60}$$

故可得

$$H_{eq}(f) = \frac{1}{1 + \beta e^{-j2\pi f\tau}} = 1 - \beta e^{-j2\pi f\tau} + \beta^2 e^{-j4\pi f\tau} - \beta^3 e^{-j6\pi f\tau} + \cdots \tag{61}$$

則有

$$
\begin{aligned}
h_{eq}(t) &= \Im^{-1}\left\{H_{eq}(f)\right\} = \Im^{-1}\left\{\frac{1}{1+\beta e^{-j2\pi f\tau}}\right\} \\
&= \Im^{-1}\left\{1-\beta e^{-j2\pi f\tau}+\beta^2 e^{-j4\pi f\tau}-+\cdots\right\} \\
&= \delta(t)-\beta\delta(t-\tau)+\beta^2\delta(t-2\tau)-+\cdots
\end{aligned}
\tag{62}
$$

由式 (62) 可知零強制等化器可以用簡單的 Tapped Delay Line (TDL) 的方式加以實現，如圖 6-18 所示。雖然式 (62) 有無窮多項，但由於 $|\beta| < 1$，後面的項次可忽略不計，一般若選擇 N 個 tap 則稱之為 N 階 TDL 等化器。

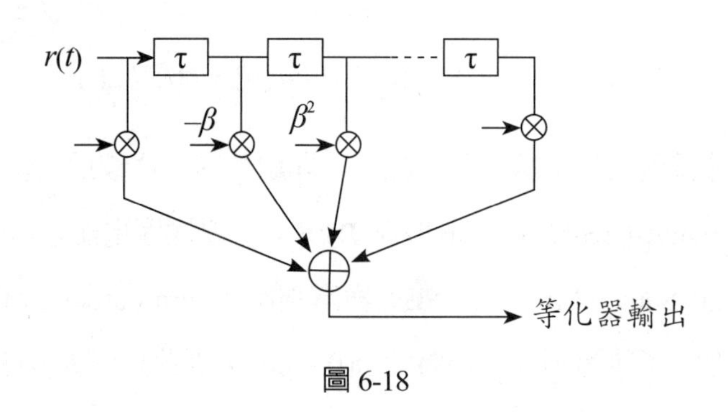

圖 6-18

值得特別注意的是，在設計等化器時通常必須先估計通道狀態訊息（Channel State Information, CSI），此外若考量接收機之體積、電路複雜度、或價格等因素，等化器亦可置於發送端（基地台較不受限於體積、電源、或價格等因素），稱之為預等化器（pre-equalizer）。此外，近年來蓬勃發展的多載波調變（Multi-Carrier Modulation, MCM）技術，例如 LTE 所使用之正交分頻多工（Orthogonal Frequency Division Multiplexing, OFDM）的優點之一即為藉著使 bit（symbol）的時間等效變長，使得訊號較不受到 ISI 的影響，在本書第十章將進一步探討。

三、ISI 的進一步探討

圖 6-19 顯示了一個簡單的無線通訊系統方塊圖，我們利用圖 6-19 對頻寬受限通道所造成的 ISI 做說明：

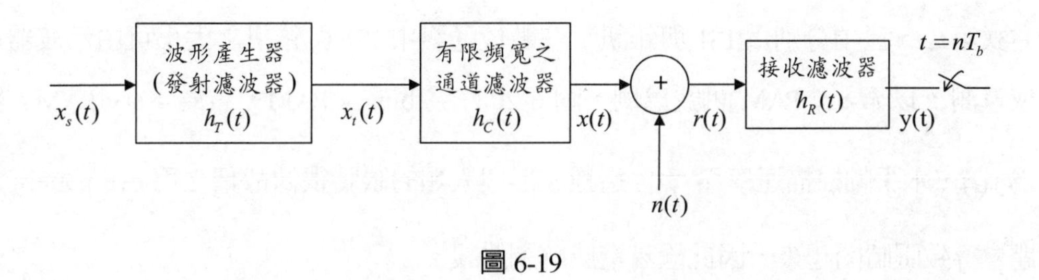

圖 6-19

若二位元訊號（$a_k = A$ or $-A$）被傳送，每個位元之時間為 T_b（位元速率為 R_b），則有

$$x_s(t) = \sum_{k=-\infty}^{\infty} a_k \delta(t - kT_b) \tag{63}$$

經過波形產生器 $h_T(t)$ 後，傳送訊號為

$$x_t(t) = x_s(t) * h_T(t) = \sum_{k=-\infty}^{\infty} a_k \delta(t - kT_b) * h_T(t) = \sum_k a_k h_T(t - kT_b) \tag{64}$$

傳送訊息 $\{a_k\}$ 亦可選自 M 個不同的位階之一，例如前面所提到的 M-ary PAM，則須將上式之 T_b 改為 T_s，其中 $T_s = T_b \log_2 M$。若頻寬受限的通道脈衝響應為 $h_C(t)$，接收濾波器之脈衝響應為 $h_R(t)$，則接收訊號與接收濾波器之輸出分別為：

$$r(t) = x(t) + n(t) = x_t(t) * h_C(t) + n(t) \tag{65}$$

$$\begin{aligned} y(t) &= r(t) * h_R(t) \\ &= x_s(t) * h_T(t) * h_C(t) * h_R(t) + n(t) * h_R(t) \\ &= x_s(t) * h_{eff}(t) + v(t) \\ &= \sum_{k=-\infty}^{\infty} a_k \delta(t - kT_b) * h_{eff}(t) + v(t) \\ &= \sum_{k=-\infty}^{\infty} a_k h_{eff}(t - kT_b) + v(t) \end{aligned} \tag{66}$$

其中 $n(t)$ 為通道中之可加性雜訊，$v(t) = n(t)*h_R(t)$，$h_{eff}(t) = h_T(t)*h_C(t)*h_R(t)$

在接收濾波器之輸出每隔 T_b 取樣一次，則在 $t = iT_b$ 可得

$$\begin{aligned} y(iT_b) &= \sum_{k=-\infty}^{\infty} a_k h_{eff}\left((i-k)T_b\right) + v(iT_b) \\ &= a_i h_{eff}(0) + \sum_{\substack{k=-\infty \\ k \neq i}}^{\infty} a_k h_{eff}\left((i-k)T_b\right) + v(iT_b) \end{aligned} \tag{67}$$

其中右式第二、三項分別爲 ISI 與雜訊。在數位通訊中 ISI 與雜訊之大小可由示波器加以觀察或量測，以 M-ary PAM 訊號爲例，圖 6-20 左爲 binary PAM，右爲 4-ary PAM，縱軸輸入爲 $y(t)$，水平軸掃描速率爲 $\frac{1}{T_b}$。這種波形與人類的眼睛很像故稱之爲 eye pattern。ISI 之問題會導致眼睛閉起來，因此極易造成解調錯誤。

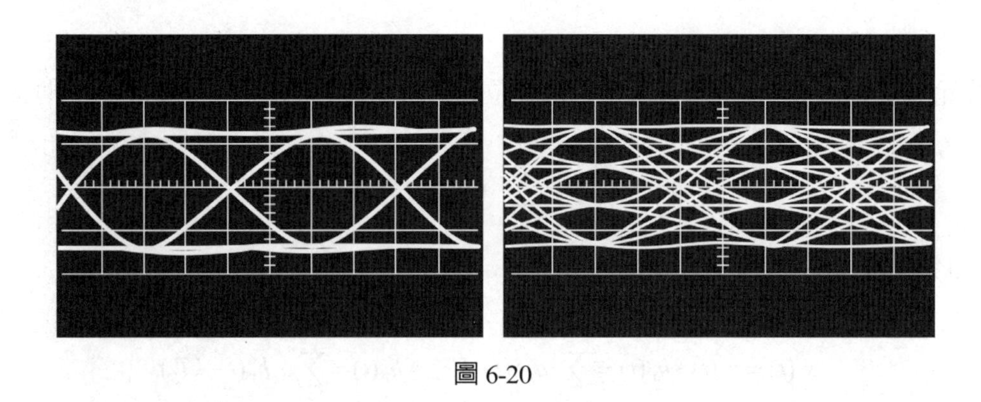

圖 6-20

由式 (67) 可知，若要求 $y(iT_b)=a_i$，則必須滿足

$$\begin{cases} h_{eff}(0)=1 \\ h_{eff}\left((i-k)T_b\right)=0, \forall i \neq k \end{cases} \tag{68}$$

亦即所有由相鄰或其他位元擴散過來之値，恰在取樣點爲零。因此不會造成 ISI。令 $\tilde{h}_{eff}(t)=h_{eff}(t)\sum_{k=-\infty}^{\infty}\delta(t-kT_b)$，則

$$\begin{aligned} \tilde{H}_{eff}(f) &= \Im\left\{\tilde{h}_{eff}(t)\right\} \\ &= H_{eff}(f) * R_b \sum_{k=-\infty}^{\infty}\delta(f-kR_b) = R_b \sum_{k=-\infty}^{\infty} H_{eff}(f-kR_b) \end{aligned} \tag{69}$$

同理可得

$$\begin{aligned} \tilde{H}_{eff}(f) &= \Im\left\{h_{eff}(t)\sum_{k=-\infty}^{\infty}\delta(t-kT_b)\right\} = \Im\left\{\sum_{k=-\infty}^{\infty}h_{eff}(kT_b)\delta(t-kT_b)\right\} \\ &= \int_{-\infty}^{\infty}\left\{\sum_{k=-\infty}^{\infty}h_{eff}(kT_b)\delta(t-kT_b)\right\}\exp\left(-j2\pi ft\right)dt \\ &= \int_{-\infty}^{\infty}h_{eff}(0)\delta(t)\exp\left(-j2\pi ft\right)dt \\ &= h_{eff}(0)=1 \end{aligned} \tag{70}$$

其中

$$H_{eff}(f) = \Im\left\{h_{eff}(t)\right\} = H_T(f)H_C(f)H_R(f) \tag{71}$$

比較式 (69) 與式 (70) 可知：若滿足$\sum_{k=-\infty}^{\infty} H_{eff}(f-kR_b) = T_b$，換言之，若整個系統的等效轉移函數（$H_{eff}(f)$）或等效脈衝響應（$h_{eff}(t)$），如圖 6-21 所示，則不會有 ISI 的問題。

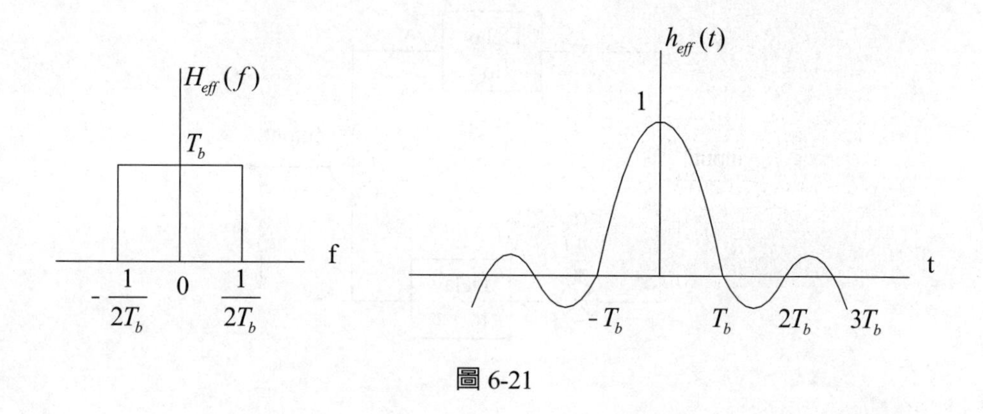

圖 6-21

其中

$$H_{eff}(f) = \sin c\left(\frac{t}{T_b}\right) \tag{72}$$

從時域的觀點來看，$h_{eff}(t)$ 只有在 $t = 0$ 時其值為 1，在 $t = nT_b$ 點之值均為 0，同理 $h_{eff}(t - KT_b)$ 只有在 $t = KT_b$ 點為 1，在 $t = nT_b$（$n \neq k$）點之值均為 0，換言之 $h_{eff}(t)$ 與 $h_{eff}(t - kT_b)$ 在 $t = nT_b$ 點互不干擾。

從頻域的觀點來看：

$$H_{eff}(f) = T_b\Pi(fT_b) \tag{73}$$

亦即為一頻寬為$\frac{1}{2T_b} = \frac{R_b}{2}$之低通濾波器（LPF）。

例題 31

Figure below shows an ideal model of a two-path fading channel. To correct the multipath distortion, a three-tap TDL equalizer is adopted at the receiver. Given that $\alpha \ll 1$, calculate the coefficients of the TDL equalizer.

（98 海洋通訊所）

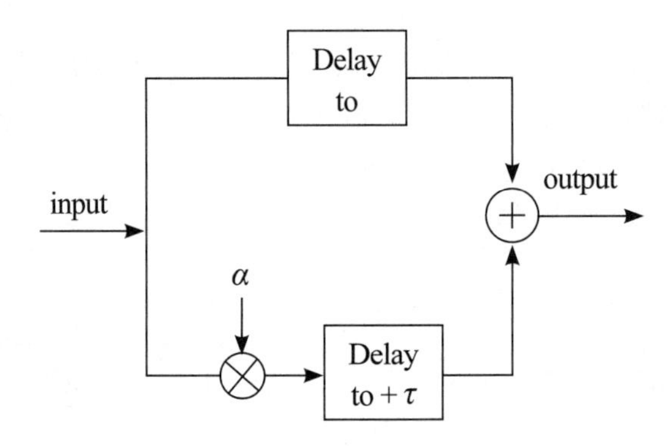

解：

$$x(t) = s(t - t_0) + \alpha s(t - t_0 - \tau)$$

$$\Rightarrow H_C(f) = \left(1 + \alpha e^{-j2\pi f\tau}\right) e^{-j2\pi f t_0}$$

$$\therefore H_{eq}(f) = \frac{1}{H_C(f)} = e^{j2\pi f t_0}\left(1 - \alpha e^{-j2\pi f\tau} + \alpha^2 e^{-j4\pi f\tau} - + \cdots\right)$$

例題 32

For a linear system as shown below

(1) What are its impulse response and transfer function?

(2) How do you construct a receiver to completely recover a signal $m(t)$ from the output of the linear system when $m(t)$ is its input?

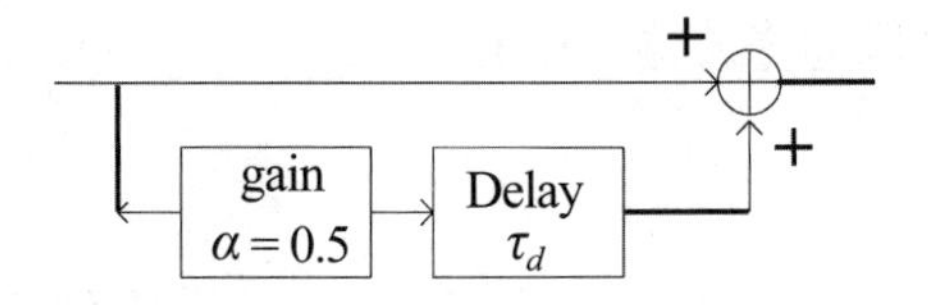

（交大電信所）

解：

(1) $h(t) = \delta(t) + 0.5\delta(t - \tau_d)$　　　$\therefore H(f) = 1 + 0.5\exp(-j2\pi f\tau_d)$

(2) $H_{eq}(f) = \dfrac{1}{H(f)} = \dfrac{1}{1+0.5k}$

where $k = \exp(-j2\pi f\tau_d)$　　　$\therefore H_{eq}(f) = 1 - 0.5k + (0.5)^2k^2 - + \cdots$

Let $\Delta = \tau_d$, $c_1, c_2, \ldots$ 為 tapped-delay line（TDL）之係數

$\Rightarrow c_1 = 1, c_2 = -0.5, c_3 = (0.5)^2, \cdots$

例題 33

請回答下列問題：

(1) 無線數位通訊中，為何要加入等化器（Equalizer）？

(2) 如何設計一個線性等化器。　　（102 年公務人員普通考試）

解：

(1) 為補償通道之效應　　　(2) $H_{eq}(f) = \dfrac{1}{H_C(f)}$

例題 34

Assume binary data of 9,600 bits/sec are transmitted using 8-ary PAM pulses. Further, a pulse shaping filter of *sinc* function is adopted.

(a) What is the symbol rate?

(b) What is the minimum system bandwidth required for the detection of 8-ary PAM with no inter-symbol interference (ISI)?

（99 台科大電機所）

解：

(a) $R_b = 9600bps \Rightarrow R_s = \dfrac{9600}{3} = 3200\, {}^{symbols}\!/_{\text{sec}}$

(b) $B_T = \dfrac{R_s}{2} = 1600Hz$

綜合練習

1. Let the Fourier transform of $g(t)$ be $G(f)$. The sample signal of $g(t)$ may be represented by $g_\delta(t)=\sum_{n=-\infty}^{\infty} g(nT_S)\delta(t-nT_S)$, where T_S is the sampling period. Determine the Fourier transform of $g_\delta(t)$.

   (1) $G_\delta(f)=\frac{1}{T_S}\sum_{m=-\infty}^{\infty} G(f-\frac{m}{T_S})$

   (2) $G_\delta(f)=G(f)e^{2\pi fT_S}$

   (3) $G_\delta(f)=G(f)\operatorname{sinc}(fT_S)$

   (4) $G_\delta(f)=\frac{1}{T_S}\sum_{m=-\infty}^{\infty} G(f-\frac{m}{T_S})e^{2\pi mfT_S}$

   (5) None of the above. （97 中正通訊所）

2. We consider that a bandlimited analog signal $s_a(t)$ and a discrete-time signal $s(n)=s_a(nT)$ is constructed from $s_a(t)$ by periodic sampling with period = T.

   (1) Derive the relationship between the Fourier transform of $s_a(t)$ and the Fourier transform of $s(n)$.

   (2) Find the required condition for taking the samples $s(n)$ from $s_a(t)$ which is a lowpass signal with the highest frequency $=f_0$ if we want to recover $s_a(t)$ from its samples $s(n)$.

   (3) Derive the interpolation formula for representing $s_a(t)$ in trems of $s(n)$.

   （台大電信所）

3. To reconstruct the original signal $g(t)$ from the sampled signal $g_\delta(t)=\sum_{n=-\infty}^{\infty} g(nT_s)\,\delta(t-nT_s)$, which of the following statements is correct?

   (1) The original signal may be reconstructed by passing the sampled signal through all envelope detector.

   (2) No matter how fast of the sampling rate is, the original signal cannot be reconstructed from the sampled signal.

   (3) The original signal may be reconstructed by passing the sampled signal through a low pass filter.

(4) The original signal may be reconstructed by passing the sampled signal through a delta demodulator.

(5) None of the above. （98 中正電機通訊所）

4. Given the signals $x_1(t)$ and $x_2(t)$ as follows.

(1) Let $x_1(t)=\Pi(\frac{t}{2})*\operatorname{sinc}(t)$, find the minimum sampling frequency that can reconstruct from its samples.

(2) Let $x_2(t)=2\operatorname{sinc}(2t)*\operatorname{sinc}(t)$, find $\int_{-\infty}^{\infty}x_2(t)dt$. （中央通訊所）

5. A signal x(t) is sampled by 12KHz and quantized with 8-bit PCM and can achieve 20dB SQNR. If we want to increase SQNR to 40 dB, we may adopt (1) 24KHz sampling rate (2) 120KHz sampling rate (3) 12-bit PCM (4) An amplifier with gain 100 before the quantization (5) None of the above

（97 成大電通所）

6. Assume $x(t)=|\cos(100\pi t)|$

(1) Find the spectrum of $x(t)$

(2) What is its Nyquist frequency of $x(t)$?

(3) Find the spectrum of $x^2(t)$

(4) What is the Nyquist frequency of $x^2(t)$?

(5) If $x(t)$ passes through an ideal lowpass filter with cutoff frequency 120Hz, find the output signal $y(t)$. （交大電子所）

7. Consider the communication system in response to a signal $s(t)$ as in the following figure. The linear channel suffers from the multipath distortion and the channel output is defined by $x(t)=a_1s(t-\tau_1)+a_2s(t-\tau_2)$, where a_1 and a_2 are constants and τ_1 and τ_2 represent the corresponding delays of the propagation paths.

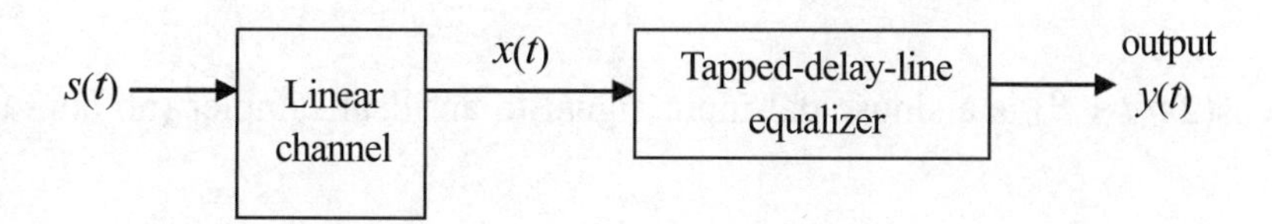

Now your are supposed to design the tapped-delay-line filter to equalize the multipath distortion produced by the channel. The time response of the tapped-delay-line filter is $y(t) = w_0x(t) + w_1x(t-T) + w_2x(t-2T)$.

(1) Find the frequency transfer function of the linear channel.

(2) Identify the desired frequency response at the equalizer output such that the channel multipath distortion is equalized.

(3) Assume that $a_2 \ll a_1$ and $\tau_2 > \tau_1$, evaluate the parameters of the tapped-delay-line equalizer, i.e., w_0, w_1, w_2, and T, such that the channel multipath distortion is equalized.

（97 台灣聯合大學系統）

8. 將一功率頻譜密度為 $\frac{N_0}{2}$ 之白色雜訊 $N(t)$ 經過一截止頻率為 W 之低通濾波器後，得訊號 $Y(t)$，其中低通濾波器頻率響應 $|H(f)|^2$ 如下圖所示。

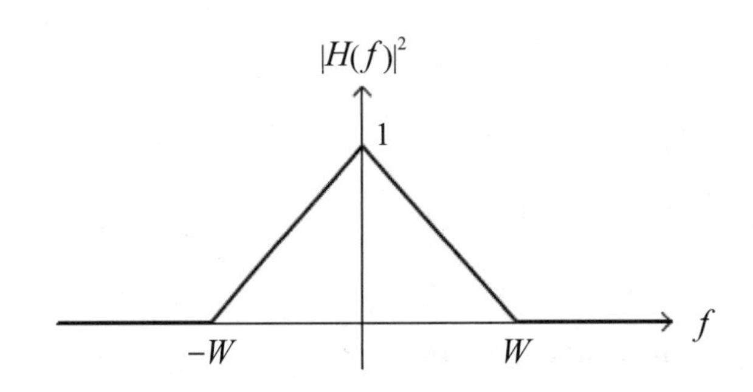

(1) 求 $Y(t)$ 之功率為何？

(2) 若要對 $Y(t)$ 進行取樣，求最小之取樣頻率，使得 $Y(t)$ 可以由取樣訊號經處理後回復。

(3) 如何由取樣訊號回復原訊號 $Y(t)$？

（105 年公務人員普通考試）

9. Assume 6 independent signal $m_1(t)$, $m_2(t)$, $m_3(t)$, $m_4(t)$, $m_5(t)$, $m_6(t)$, with bandwidth W, W, $2W$, $2W$, $3W$, $3W$ respectively. Design a Time-Division Multiplexing system to transmit the 6 signals.

10 $x(t) = \cos(2\pi f_0 t + \theta)$ is a sinusoidal input signal to an ideal sampler (no anti-aliasing filter is

used) with sampling frequency f_s, followed by an ideal LPF with cutoff frequency $f_s/2$. For example, if $x(t)=\cos\left(20\pi t+\frac{\pi}{4}\right)$, $f_s = 100$, then the output $y(t)=\cos\left(20\pi t+\frac{\pi}{4}\right)$.

(1) If $f_0=100, \theta=\frac{\pi}{6}, f_s=150$, find $y(t)$

(2) Suppose $f_0 < 1000$ is an unknown parameter to be estimated by two students. Student A uses a sampling rate $f_s = 150$ and finds that frequency of the output signal $y(t)$ is 50. Student B uses a sampling rate $f_s = 240$ and finds that frequency of the output signal $y(t)$ is 20. Please determine the input signal's frequency f_0. （92 交大電信所）

11. Let $|X(f)|$ be the magnitude spectrum of $x(t)$. Suppose $|X(f)| = 0$, for $f > f_m$. Given the signal $y(t) = x(t)[\cos(2\pi t) + \sin(10\pi t)]$, determine the maximum value of f_m for which $x(t)$ can be reconstructed from $y(t)$ and specify a system that will perform the reconstruction.

（92 交大電資所）

12. An analog signal is sampled, quantized, and encoded into a binary PCM wave. $L = 128$. A synchronizing pulse is added at the end of each code word representing a sample of the analog signal. The resulting PCM wave is transmitted over a channel of BW 12KHz using a quaternary PAM system with raised-cosine spectrum. The roll-off factor of $\alpha = 1$

(1) Find the rate at which information is transmitted through the channel

(2) Find the rate at which the analog signal is sampled （98 中興通訊所）

13. A zero-mean WSS random process $X(t)$ has PSD of

$$S_X(f)=\begin{cases}\dfrac{f+4000}{1000}; -4000\le f\le 0\\ \dfrac{-f+4000}{1000}; 0<f\le 4000\\ 0; otherwise\end{cases}$$

(1) What is power content of this process

(2) If this process is sampled at rate f_s to guarantee a guardband of 1000Hz, determine f_s and sketch the PSD of the sampled process.

(3) If the sampled process is further encoded with a PCM system with 128 quantization levels,

what is the resulting bit rate of the PCM system.

(4) If the output of the PCM system is transmitted using 4PSK and raised cosine pulse shaping with a roll-off factor of $\alpha = 0.5$, what is the required transmission BW. （98 海洋通訊所）

14. (1) The amplitude of a band-limited signal $x(t)$ is uniformly distributed over (–2,2), design an optimal 16-level quantizer. Determine the signal to quantization noise ratio.

(2) If the output of the quantizer is transmitted at a rate of 64kbps, what is the maximum BW of $x(t)$ without aliasing? （成大電機所）

15. The lowpass signal $x(t)$ with a BW of W is sampled at the Nyquist rate and the signal

$$x_1(t) = \sum_{n=-\infty}^{\infty} (-1)^n x(nT_s)\delta(t - nT_s)$$

is generated

(1) Find the Fourier transform of $x_1(t)$

(2) Can $x(t)$ be reconstructed from $x_1(t)$ by using an LTI system?

（98 台北大通訊所）

16. Let $x(t)$ be a signal with Nyquist rate ω_0. Find the Nyquist rates of the following signals

(1) $x(t)\cos(\omega_0 t)$　　(2) $x(t) + x(t-1)$

(3) $\frac{dx(t)}{dt}$　　(4) $x^2(t)$　　（98 清大電機所）

17. Consider a digital baseband transmission system having the following specifications

• Bandwidth of the input analog signal: W = 4kHz

• Sampling rate: = 1.5×Nyquist rate

• Quantizer: uniform, no. of levels = 256

• Signaling scheme: Gray coded 4 level PAM

• Baseband composite pulse shaping: Raised cosine pulse shaping (with 50% rolloff)

(1) If the input is a full-locked sinusoidal signal, determine the signal to quantization noise ratio in dB.

(2) Determine the required transmission bandwidth.

Hint: $\log_{10} 2 = 0.301$, $\log_{10} 3 = 0.477$ （元智通訊所）

18. Given an unknown input, you knew through experiment that a 5-bit quantizer yielded a 30 dB SNR. Now that you want the SNR to be more than 45 dB, how many bits will you use for the quantizer? （中興電機所）

19. A message signal with bandwidth equal to 4.7KHz and amplitude in the range of (–10, 10) volts is transmitted via a PCM system. The maximum acceptable quantization error is less than 0.5 volt and the sampling rate $R_s \times 10^3 \dfrac{samples}{\text{sec}}$, where R_s is an integer.

(1) What is the minimum required bandwidth (in bps) for the transmission?

(2) If the quantization error is modeled as a thermal noise, and the transmission bandwidth is extended to 80 Kbps, what is the gain of output SNR as compared to (1)? （清大通訊所）

20. For a 4-bit PCM system, it consists of a sampler, a linear quantizer, and an encoder. Suppose the input signal is $x(t) = 8\cos(2000\pi t)$

(1) Determine the minimum sampling frequency

(2) Determine the step size of the 4-bit linear quantizer

(3) Find the bit rate of the system

(4) Find the signal to quantization noise ratio in dB.

Hint: $\log_{10} 2 = 0.301$, $\log_{10} 3 = 0.477$ （暨大電機所）

21. A PAM transmission system is shown below:

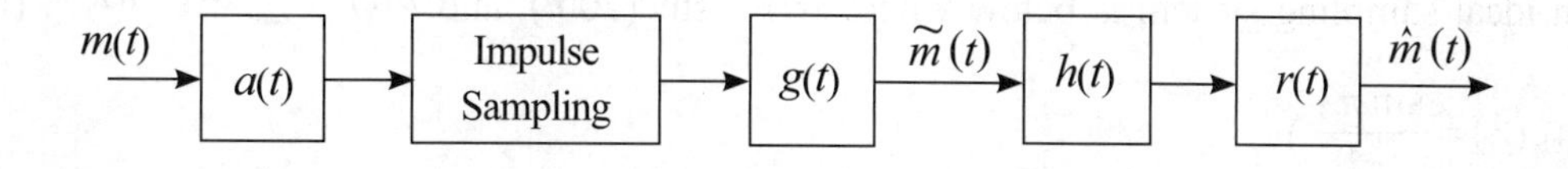

$a(t)$: anti-aliasmg filter

$g(t)$: pulse shaping filter

$h(t)$: channel [$H(f)$: frequency rosponse]

$r(t)$: reconstruction filter

$$m(t) = \begin{cases} 1, & 0 \le t \le T \\ 0, & otherwise \end{cases},\ g(t) = \begin{cases} 1, & 0 \le t \le T/2 \\ 0, & otherwise \end{cases},\ H(f) = \begin{cases} 1, & |f| \le 0.8/T \\ 0, & otherwise \end{cases}$$

(1) Determine the lowest sampling frequency f_s and the frequency response of $a(t)$ such that we

can have minimum distorton in the reconstructed signal $\hat{m}(t)$.

(2) With the result in (1), plot the magnitude spectrum of the PAM signal [i.e., $\widetilde{m}(t)$].

(3) With the result in (1), determine the magnitude spectrum of the $r(t)$ such that the filter can reconstruct $m(t)$ with minimum distortion.

（交大電機所）

22. For a band-limited signal $x(t)$ with bandwidth W radians/second (i.e., $X(\omega) = 0$, for $|\omega| > W$), it is well know that the signal can be exactly recovered form equally spaced samples $x(nT)$, $-\infty < n < \infty$.

One signal which can be defined using only the sample values is $x_s(t) = \sum_{n=-\infty}^{\infty} x(nT)\delta(t-nT)$.

(1) Find an expression for $X_s(\omega)$ in a form which clearly show that the signal $x(t)$ can be recovered, to within a constant, by passing $x_s(t)$ through the following ideal low-pass filter:

$$H(\omega) = \begin{cases} A, & |\omega| \le W \\ 0, & |\omega| > W \end{cases}.$$

(2) Determine the constant A and any restriction on T which will make the exact recovery possible.

（中山電機所）

23. Specify the Nyquist rate and the Nyquist interval for the signal $g(t) = \text{sinc}(200t) + \text{sinc}^2(200t)$.

（中興電機所）

24. An ideal sampling system is below where $x(t) = \text{sinc}(200t)$, and $p(t) = \sum_{n=-\infty}^{\infty} \delta(t-nT_s)$. (Note: $\sin c(\lambda) = \dfrac{\sin \pi\lambda}{\pi\lambda}$)

(1) Determine the required minimum value of f_s (sampling frequency).

(2) Sketch Fourier transform of the sampled signal $x_s(t)$ if $f_s = 150\text{Hz}$.

(3) What phenomenon happened in (2)? How to overcome such a problem in practice?

（北科大電機所）

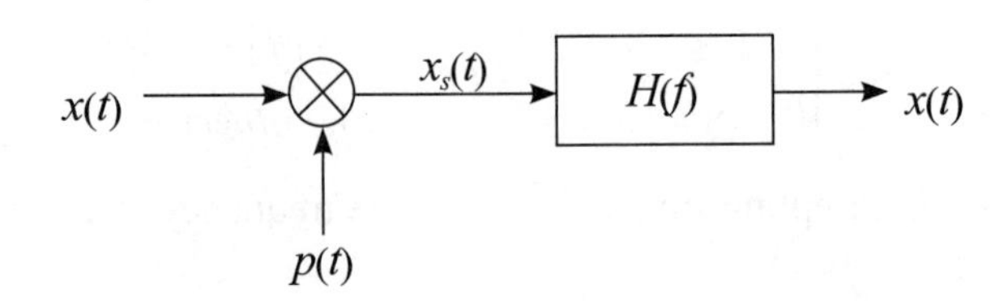

25. Let the bandwidth of $x(t)$ be 100Hz and $y(t) = x^2(t)$.

(1) What condition must be satisfied to avoid aliasing while sampling $x(t)$?

(2) What condition must be satisfied to avoid aliasing while sampling $y(t)$? （長庚電機所）

26. A PAM system produces the signal $s(t) = \sum_{n=-\infty}^{\infty} m(nT_s)h(t-nT_s)$, where T_s is the sampling period and $m(t)$ is the message signal. Let $H(f)$ be the Fourier transform of $h(t)$ and $M(f)$ be the Fourier transform of$m(t)$. Determine the Fourier transform of $s(t)$.

(1) $S(f) = \frac{1}{T_s}\sum_{k=-\infty}^{\infty} M\left(f - \frac{k}{T_s}\right) \otimes H(f)$, where $\otimes$ denotes the convolution operator.

(2) $S(f) = \frac{1}{T_s}\sum_{k=-\infty}^{\infty} H\left(f - \frac{k}{T_s}\right) M(f)$

(3) $S(f) = \frac{1}{T_s}\sum_{k=-\infty}^{\infty} M\left(f - \frac{k}{T_s}\right) H(f)$

(4) $S(f) = \frac{1}{T_s}\sum_{k=-\infty}^{\infty} M\left(f - \frac{k}{T_s}\right) H(f)\exp(j2\pi kfT_s)$

(5) None of the above. （中正電機、通訊所）

27. For uniform pulse-code modulation (PCM), if the amplitude interval of input signal, $[-x_{max}, x_{max}]$ is divided into N equal subintervals, each of length $\Delta = 2x_{max}/N$. Assume that the density function of the input signal in each subinterval is uniform, show that the quantization distortion (or quantization noise) is $D = \Delta^2/12$. （中山電機所）（中正電機、通訊所）

28. PCM 調變使用量化位階（Quantization）L=16，當輸入 sin(t) 訊號振幅（Amplitude）± 5 伏，請問訊雜比（SNR）爲何？又各採樣比次爲何（number of bits per sample）？

（海洋通訊所）

29. Twenty-four voice signal are sampled uniformly and then time-division multiplexed. The sampling operation uses flat-top samples with $1\mu s$ duration. The multiplexing operation includes provision for synchronization by adding an extra pulse of sufficient amplitude and also $1\mu s$ duration. The highest frequency component of each voice signal is 3.4 kHz.

(1) Assuming a sampling rate of 8 kHz, calculate the spacing between successive pulses of the multiplexed signal.

(2) Repeat your calculation assuming the use of Nyquist rate sampling. （中興電機所）

30. Consider a compact disc (CD) that uses pulse-code modulation to record audio signals whose bandwidth $W = 15$ kHz. Assume that the signal is uniformly quantized to 512 levels. Determine

(1) the Nyquist rate, and

(2) the minimum permissible bit rate. （大同通訊所）

31. The maximal frequency of a signal is 4 kHz.

(1) If the sampled value is quantized by uniform quantizer, with the quantization error being less than 0.4% of the peak amplitude, find the minimal number of bits for the quantized value.

(2) Following (1), if the voice signal is uniformly sampled with the Nyquist rate and transmitted over a baseband *M-ary* PAM system with $M = 46$, find the corresponding symbol rate.

（中興通訊所）

32. An *M-ary* communication system transmits at a rate of 2000 symbols per second. What is the equivalent bit rate in bits per second for $M = 8$ and 64? （大同通訊所）

33. Given a message signal $m(t) = 8\cos(20\pi t)$ and using a uniform quantizer, determine the number of bits per samples to obtain a signal-to-quantization-noise ratio higher than 40 dB.

（中興電機所）

34. The following system is for recovering message signal $m(t)$ from PAM signal $s(t)$. Please describe the function of the reconstruction filter and equalizer （中山電機所）

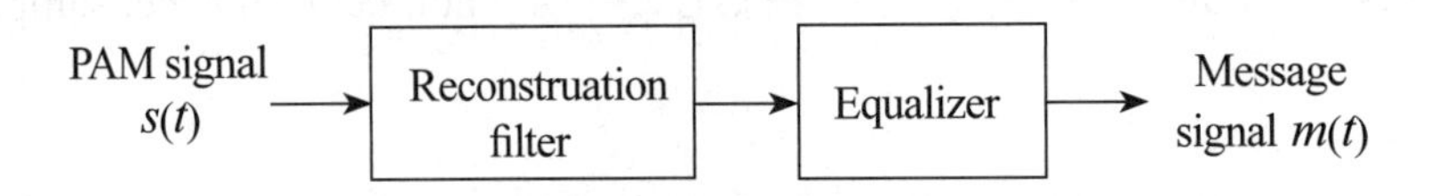

35. According to the Nyquist's theorem, to avoid the aliasing effect, please find the minimal sample rate (Hz) for the following signal.

(1) $g(t) = \sin c(100\pi t)$

(2) $g(t) = \sin c^2(100\pi t)$

(3) $g(t) = \sin c(100\pi t) + \sin c^2(100\pi t)$

(4) $g(t) = \sin c(100\pi t) * \sin c^2(100\pi t)$　（北科大電機所）

36. Sketch the spectrum of $x(t) = 10\cos(600\pi t)\cos^2(1600\pi t)$ and find the minimum allowable sampling rate.　（北科大電腦通訊控制所）

37. An analog signal $m(t)$ is sampled, quantized, and encoded into a binary PCM signal. The PCM system has 256 representation levels for each sample. The PCM wave is transmitted over a band-limited 64 kHz baseband channel using quaternary PAM system with raised-cosine spectrum. The roll-off factor α of the raised-cosine spectrum is 1 to avoid inter-symbol interference at the expense of excess channel bandwidth over the ideal solution.

(1) Suppose you are asked to design this baseband transmission system, could you draw the block diagram the system with Quantizer, Raised-Cosine Channel, PAM, Line Encoder, and Sampler?

(2) Find the bit rate (bits/sec) at which the information is transmitted through the channel.

(3) Find the rate at which the analog signal $m(t)$ is sampled.

(4) What is the max possible value for the highest frequency component of the analog signal such that aliasing effect would not occur during the sampling process?（96 清大通訊所）

38. (1) 一般人耳朵可聽見的聲音頻率介於 20 Hz～20 kHz 之間，故音樂的類比波形可用多少的取樣頻率取樣，然後儲存於光碟上？

(2) 語音訊號主要的頻率成分在 300 Hz～4 kHz，故電話系統可用多少的取樣頻率，以便滿足取樣定理？　（100 年公務人員普通考試）

39. For a 4-bit PCM system, it consists of three circuits: a sampler, a linear quantizer, and an encoder. Suppose the input signal is

$x(t) = 8\cos(2000\pi t)$

(1) Determine the Nyquist sampling rate

(2) Determine the step size of the 4-bit linear quantizer

(3) Find the bit rate of the system

(4) Determine the signal to quantization noise ratio (in dB).　（暨南電機所）

40. (1) If the amplitude of a bandlimited signal $x(t)$ is uniformly distributed over (–2, 2), design an

optimal 16-level quantizer for this signal. Determine the signal to quantization noise ratio.

(2) If the output of the quantizer designed in (1) is transmitted at a rate of 64Kbps, what's the maximum bandwidth of $x(t)$ without aliasing distortion （成大電機所）

41. A continuous data signal is quantized and transmitted using a PCM system. If each data sample at the receiving end of the system must be known to within ±0.5% of the peak-to-peak value.

(1) How many binary symbols must each transmitted digital word contain?

(2) Assume that the message signal is speech and has a bandwidth of 4KHz, find the transmitted bit rate. （中央電機所）

42. Consider two signals $x(t)$ and $y(t)$, which are bandlimited to 20KHz and 32KHz, respectively. Find the Nyquist sampling rate for

(1) $x(2t) + y(t)$

(2) $x(t)y(t)$ （台科大電子所）

43. 本題討論脈碼調變（pulse code modulation，PCM）技術。

(1) 畫出 PCM 調變器方塊圖，並簡單說明各部分之功能。

(2) 在調變及傳輸過程中，PCM 訊號有可能受到哪些雜訊影響？分別針對這些雜訊，說明 PCM 系統如何降低其影響程度。 （98 年公務人員高等考試）

44. 有一訊號頻譜特徵如下圖：

(1) 至少需以多大頻率取樣，之後才能正確重建原始訊號？

(2) 若低於 (1) 中所描述的取樣頻率，在頻譜上會有何現象或問題發生？請畫圖舉例描述。 （104 年公務人員特種考試）

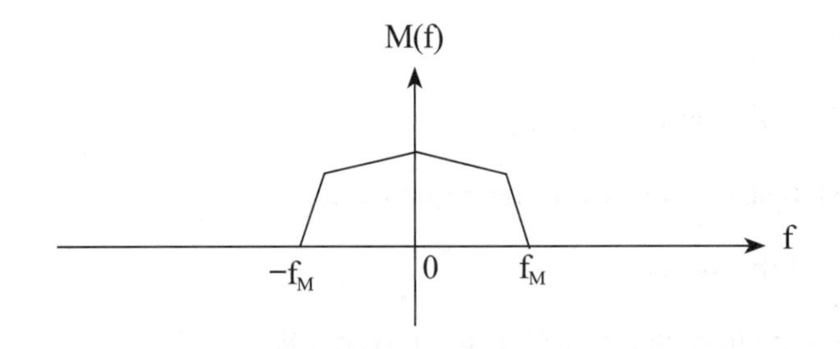

第七章 數位訊號檢測技術

7.1　匹配濾波器

對於一有限長度 $t \in [0, T]$ 的已知訊號 $x_i(t)$，通道雜訊 $n(t)$ 爲白高斯雜訊（Additive White Gaussian Noise, AWGN），故接收機之輸入爲 $x_i(t) + n(t)$，考慮如圖 7-1 所示之接收機架構，接收機之前級爲一線性非時變（Linear Time-Invariant, LTI）系統，LTI 系統之輸出包含訊號與雜訊，分別表示爲 $x_o(t), n_o(t)$，在時間 $t = T$（通常爲 $x_i(t)$ 涵蓋之時間）時取樣，取樣器輸出則爲 $x_0(T), n_0(T)$，若此 LTI 系統之設計目的在使得取樣器之輸出訊號之瞬間功率與平均之雜訊功率之比值（簡稱爲訊雜比（Signal-to-Noise power Ratio, SNR））爲最大，則稱此 LTI 系統爲匹配濾波器（Matched Filter, MF）。

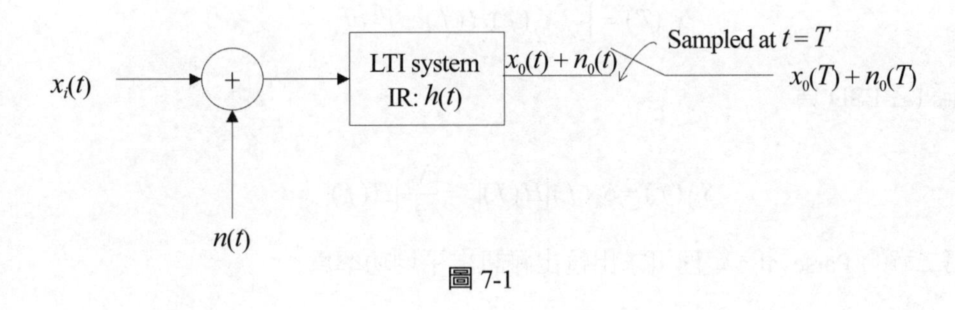

圖 7-1

根據上述定義可知：匹配濾波器之脈衝響應必須要夠滿足

$$h(t) = \arg\max_{h(t)} \frac{\left|x_0(T)\right|^2}{E\left[n_0^{\,2}(T)\right]} \tag{1}$$

其中雜訊 $n(t)$ 爲 AWGN，由第三章之說明可知具有如下之性質：

1. 對一高斯隨機程序，在任何時間點取樣所得到之隨機變數均爲高斯分布且期望值爲 0 變異數爲 $\dfrac{N_0}{2}$。

$$n(t_i) \sim N(0, \frac{N_0}{2}); \forall i$$

2. 在任何不同時間點取樣所得到之兩個隨機變數不相關，由於爲高斯分布故相互獨立。

$$E\left[n(t_i)n(t_j)\right] = E\left[n(t_i)\right]E\left[n(t_j)\right] = 0; \forall i \neq j$$

3. 自相關函數與功率頻譜密度函數爲

$$R_n(\tau) = E\{n(t)n(t+\tau)\} = \frac{N_0}{2}\delta(\tau) \tag{2}$$

$$S_n(f) = \Im\{R_n(\tau)\} = \frac{N_0}{2}; \forall f \tag{3}$$

如圖 7-1 所示，輸出訊號 $x_o(t)$ 可表示爲：

$$x_o(t) = \Im^{-1}\{X_o(f)\} = \Im^{-1}\{X_i(f)H(f)\} = \int_{-\infty}^{\infty} X_i(f)H(f)e^{j2\pi ft}df \tag{4}$$

在 $t = T$ 時取樣，可得

$$x_o(T) = \int_{-\infty}^{\infty} X_i(f)H(f)e^{j2\pi fT}df \tag{5}$$

輸出雜訊之 PSD 爲

$$S_{n_o}(f) = S_n(f)|H(f)|^2 = \frac{N_0}{2}|H(f)|^2 \tag{6}$$

利用第二章的 Parseval's 定理可求出輸出雜訊之平均功率爲

$$\begin{aligned} E\{n_0^2(T)\} &= \int_{-\infty}^{\infty} S_n(f)|H(f)|^2 df \\ &= \frac{N_0}{2}\int_{-\infty}^{\infty}|H(f)|^2 df \end{aligned} \tag{7}$$

由式 (5) 與式 (7) 可得輸出端之 SNR 爲

$$\left(\frac{S}{N}\right)_O \Big|_{t=T} \equiv \frac{|x_0(T)|^2}{E\left[n_0^2(T)\right]} = \frac{\left|\int_{-\infty}^{\infty} X_i(f)H(f)e^{j2\pi fT}df\right|^2}{\frac{N_0}{2}\int_{-\infty}^{\infty}|H(f)|^2 df} \tag{8}$$

利用 Schwartz 不等式：

$$\left|\int_{-\infty}^{\infty} f(x)g(x)dx\right|^2 \le \int_{-\infty}^{\infty}|f(x)|^2 dx \int_{-\infty}^{\infty}|g(x)|^2 dx \tag{9}$$

其中當 $f(x) = kg^*(x)$ 時等號成立。將式 (9) 代入式 (8) 後可得

$$\left(\frac{S}{N}\right)_o \Big|_{t=T} \le \frac{2}{N_0}\frac{\int_{-\infty}^{\infty}|X_i(f)|^2 df \int_{-\infty}^{\infty}|H(f)|^2 df}{\int_{-\infty}^{\infty}|H(f)|^2 df} = \frac{2}{N_0}\int_{-\infty}^{\infty}|X_i(f)|^2 df = \frac{2}{N_0}E_i \tag{10}$$

其中$E_i = \int_{-\infty}^{\infty} |X_i(f)|^2 df$為輸入訊號之能量。式 (10) 顯示了輸出端之 SNR 上限，由式 (9) 可知等號在 $H(f) = X_i^*(f)e^{-j2\pi fT}$ 時成立，此時 $\left(\frac{S}{N}\right)_o |_{t=T}$ 達到最大值，故可得匹配濾波器之頻率響應為

$$H_{MF}(f) = X_i^*(f)e^{-j2\pi fT} \tag{11}$$

將上式取 inverse Fourier transform 後可得匹配濾波器之脈衝響應

$$\begin{aligned} h_{MF}(t) &= \Im^{-1}\{H_{MF}(f)\} = \int_{-\infty}^{\infty} X_i^*(f)e^{-j2\pi f(T-t)}df = \left[\int_{-\infty}^{\infty} X_i(f)e^{j2\pi f(T-t)}df\right]^* \\ &= x_i^*(T-t) \\ &= x_i(T-t) \end{aligned} \quad （x_i(t) \text{ 為實變數函數}） \tag{12}$$

觀念分析： 1. 由式 (12) 可知匹配濾波器之脈衝響應為發射波形折疊後再向右位移「T」。例如圖 7-2(a) 為傳送訊號之波形，(b) 為匹配濾波器之脈衝響應。

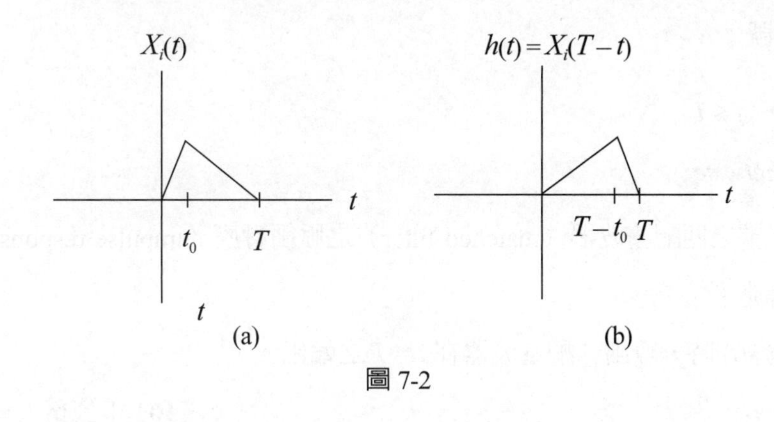

圖 7-2

2. 匹配濾波器等效於**相關器（correlator）**

若 $y(t)$ 為匹配濾波器之輸出，則由圖 7-3

$$\begin{aligned} y(t) &= h_{MF}(t) * [x_i(t) + n(t)] = \int_0^t [x_i(\tau) + n(\tau)] h_{MF}(t-\tau)d\tau \\ &= \int_0^t [x_i(\tau) + n(\tau)] x_i(T-t+\tau)d\tau \end{aligned} \tag{13}$$

當 $t = T$ 時

$$y(T)=\int_0^T\left[x_i(\tau)+n(\tau)\right]x_i(\tau)d\tau \tag{14}$$

由式 (14) 可知匹配濾波器等效於將接收到的訊號與 $x_i(t)$ 進行自相關運算（與 $x_i(t)$ 相乘之後進行積分），並在時間 T 時將訊號取出。如圖 7-3 所示：

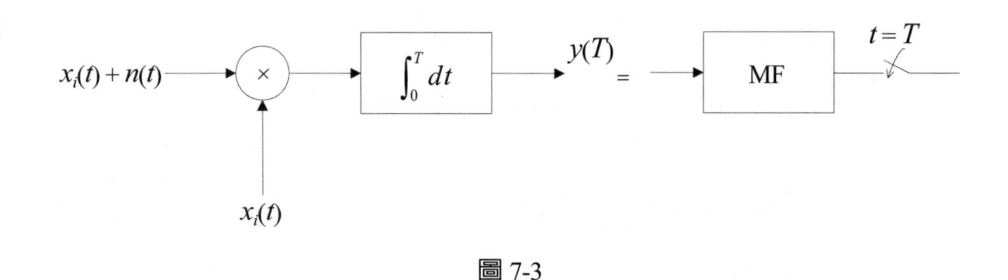

圖 7-3

因此，我們也稱匹配濾波器為 integrate and dump (I & D) receiver

例題 1

考慮以下訊號：

$$s(t)=\begin{cases}\dfrac{At}{T};0\le t\le T\\ 0;otherwise\end{cases}$$

(1) 算出該訊號之匹配濾波器（matched filter）之脈衝響應（impulse response），並畫出該脈衝響應。

(2) 當輸入為 $s(t)$ 時，算出匹配濾波器在 $t=T$ 之輸出。

（103 年公務人員高等考試）

解：

(1) $h(t)=s(T-t)=\dfrac{A(T-t)}{T}=A-\dfrac{At}{T};0\le t\le T$

(2) $y(T)=\int_0^T s^2(t)dt=\dfrac{A^2T}{3}$

例題 2

A pulse signal $p(t)$ was received at the input of a matched filter as shown in Fig.

(a) Determine the impulse response $h(t)$ of the matched filter.

(b) Determine the output signal $P_o(t)$ of the matched filter.

(c) Determine the sampled value $P_o(T)$ of the output signal at the time T.

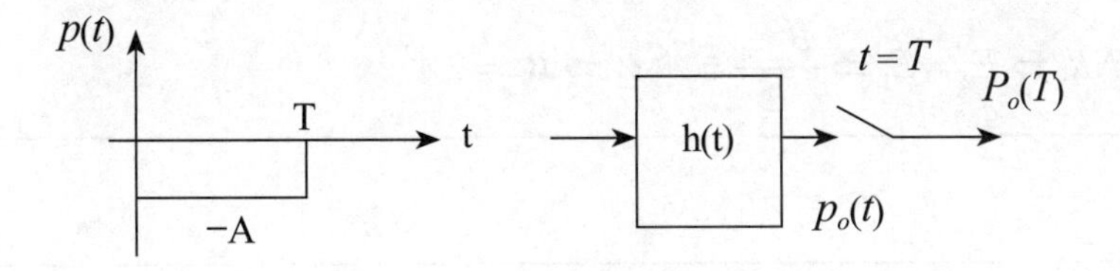

（99 高雄第一科大電通所）

解：

(1) $h(t) = p(T - t)$

(2) $p_o(t) = p(t) * h(t) = \int_{-\infty}^{\infty} p(\tau)h(t-\tau)d\tau = \int_{-\infty}^{\infty} p(\tau)p(T-t+\tau)d\tau$

(3) $p_o(T) = \int_{-\infty}^{\infty} p(\tau)p(T-T+\tau)d\tau = \int_{-\infty}^{\infty} p^2(\tau)d\tau = E_p$

例題 3

Given a value of N_0 and the two input pulse signals

$$p_1(t) = A\Pi\left(\frac{t-\tau_0}{\tau_0}\right)$$

$$p_2(t) = B\cos\left(\frac{2\pi(t-t_0)}{\tau_0}\right)\Pi\left(\frac{t-t_0}{\tau_0}\right)$$

(1) Find the signal-to-noise ratio at the matched filter output for the input pulse $p_2(t)$.

(2) Relate A and B such that both pulses provide the same signal-to-noise ratio at the matched filter output.

（99 中興電機所）

解：

$$(1)\, E_2 = B^2 \int_{-\frac{\tau_0}{2}}^{\frac{\tau_0}{2}} \cos^2\left(\frac{2\pi t}{\tau_0}\right) dt = \frac{B^2\tau_0}{2}$$

$$SNR_2 = \frac{E_2}{\frac{N_0}{2}} = \frac{\frac{B^2\tau_0}{2}}{\frac{N_0}{2}} = \frac{B^2\tau_0}{N_0}$$

$$(2)\, SNR_2 = SNR_1 \Rightarrow E_2 = E_1 \Rightarrow \frac{B^2\tau_0}{2} = A^2\tau_0 \Rightarrow B^2 = 2A^2$$

例題 4

Consider the signal

$$x(t) = \begin{cases} A\cos 2\pi f_c t, & 0 \le t \le T \\ 0, & otherwise \end{cases}$$

$$y(t) = -x(T-t)$$

where $f_c = \dfrac{3}{4T}$

(a) Determine the impulse response of the matched filter for $x(t)$.

(b) Determine the output of the matched filter in (a) At $t = T$.

(d) Repeat parts (a) and (b) for the signal $y(t)$.

（99 海洋電機所）

解：

$$(a)\, h(t) = x(T-t) = A\cos\left(2\pi f_c (T-t)\right) = A\cos\left(2\pi f_c t - \frac{3\pi}{2}\right); 0 \le t \le T$$

$$(b)\, x_o(T) = \int_0^T x^2(t)dt = \frac{A^2T}{2}$$

$$(c)\, h(t) = y(T-t) = -x(t) = -A\cos\left(2\pi f_c t\right); 0 \le t \le T$$

$$y_o(T) = \int_0^T y^2(t)dt = \frac{A^2T}{2}$$

7.2　二位元臆測測試

訊號檢測是無線通訊系統接收機的最主要任務，而訊號檢測即爲統計學中臆測測試的應用。臆測測試包括了 3 個主要的元素：

1. 觀測結果（observations）
2. 事前機率（a priori probability 或 prior probability）
3. 機率模型

所謂臆測測試即在根據觀測結果，並考量事前機率以及機率模型做出最佳的決策，如圖 7-5 所示：

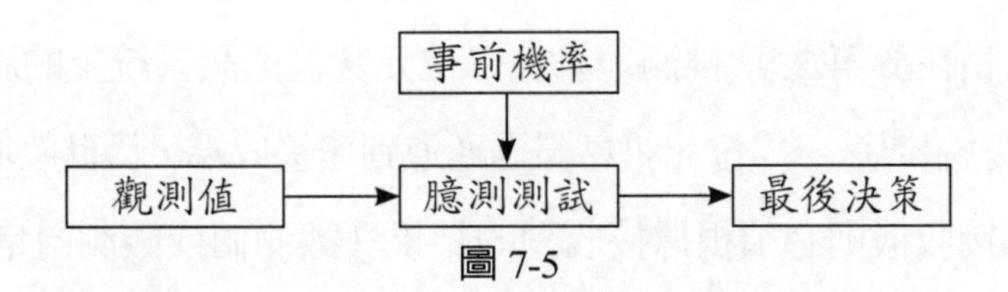

圖 7-5

本節將就二位元臆測測試進行討論，在二位元臆測測試中存在著兩個機率模型：H_0 與 H_1（若存在著 M 個機率模型，$H_0, H_1, ..., H_{M-1}$，則稱之爲 M-ary 臆測測試）。

H_0 與 H_1 發生之機率稱之爲事前機率，顯然的，事前機率滿足 $P(H_0) = 1 - P(H_1)$。觀測到的結果 r 可以爲純量或向量，$r \in S$，其中 S 爲觀測結果的樣本空間。根據觀測到的結果我們要決定接受 H_0 爲實際的機率模型或是 H_1 爲實際的機率模型。臆測測試或訊號檢測技術在討論如何設計決定法則（decision rule）以做出最佳的決策。所謂的決定法則就是將樣本空間 S 分割成兩個互斥的子集合 R_0 與 R_1，$R_1 = R_0{}^C$。若 $r \in R_0$ 則決定 H_0，反之若 $r \in R_1$ 則決定 H_1。

二位元臆測測試之應用範圍極爲廣泛，例如：

1. 雷達訊號處理：判斷目標物是否出現

   H_0：目標物沒有出現

   H_1：目標物出現

2. 數位通訊系統：判斷哪一個訊息被傳送（如「0」或「1」）

H_0：訊息「0」被傳送

H_1：訊息「1」被傳送

3. 醫學：判斷患者是否有惡性腫瘤

H_0：患者沒有惡性腫瘤

H_1：患者有惡性腫瘤

4. 地質學：判斷地表下是否有石油

H_0：地表下沒有石油

H_1：地表蘊藏石油

本書之討論重點在於第 2. 項檢測理論在二位元數位通訊系統上的應用。在二位元數位通訊系統中，發射端傳送一二位元訊息經過通道到達接收端，因此接收到的訊號包含二位元訊息與雜訊。接收機則必須根據接收到的結果（觀測值或觀測向量）在 H_0（發射端傳送訊息「0」）與 H_1（發射端傳送訊息「1」）之間做出決定。根據本書第三章提到的全機率定理，系統平均的位元錯誤率可由下式得到：

$$P_b = P(H_1|H_0)P(H_0) + P(H_0|H_1)P(H_1) \tag{15}$$

其中 $P(H_1|H_0)$ 代表在 H_0（發射端傳送訊息「0」）的條件下誤判爲 H_1 的機率，$P(H_0)$, $P(H_1)$ 代表事前機率。一個二位元最佳接收機之設計目的在於將觀測空間 S（observation space）分割爲 R_1 與 R_0 兩個區域，使得平均的位元錯誤率爲最低。我們可將式 (15) 改寫爲

$$P_b = P(r \in R_1|H_0)P(H_0) + P(r \in R_0|H_1)P(H_1) \tag{16}$$

一、最大事後機率（Maximum a Posteriori Probability, MAP）法則

在接收機獲得觀測值或觀測向量 r，比較條件機率 $P(H_0|r)$, $P(H_1|r)$ 之大小作爲分割觀測空間之依據：

$$\begin{aligned}&\text{If } P(H_0|r) > P(H_1|r) \Rightarrow r \in R_0\\&\text{If } P(H_0|r) < P(H_1|r) \Rightarrow r \in R_1\end{aligned} \tag{17}$$

其中 $P(H_0|r)$, $P(H_1|r)$ 稱爲 H_0 與 H_1 之事後機率（*a posteriori* probability），因爲此機率是計算在觀測到 r 之後（在接收端），而事前機率（*a priori* probability）$P(H_0)$, $P(H_1)$ 則是反映進行實驗之前（在傳送端）的機率。由式 (17) 可知在 MAP 法則中 R_0 包含了所有滿足 $P(H_0|r) > P(H_1|r)$ 之每個 r，反之，R_1 則包含了所有滿足 $P(H_1|r) > P(H_0|r)$ 之每個 r。

利用第三章所提到的貝氏定理，我們可將式 (17) 改寫爲：

$$\begin{aligned}&\text{If } P(r|H_0)P(H_0) > P(r|H_1)P(H_1) \Rightarrow r \in R_0\\&\text{If } P(r|H_0)P(H_0) < P(r|H_1)P(H_1) \Rightarrow r \in R_1\end{aligned} \tag{18}$$

在分割觀測空間 S（observation space）爲 R_1 與 R_0 兩個區域時，我們必須將所有可能的 $r \in S$ 劃分到 R_1 或 R_0，換言之，每個 r 之值不是貢獻到式 (16) 之第一項 $P(r \in R_1|H_0)$ 就是貢獻到第二項 $P(r \in R_0|H_1)$，由式 (18) 可知 MAP 對於每個 r 之值均指定給錯誤機率較小者，因此，最大事後機率法則可得到最低之位元錯誤率。

二、最大可能性（Maximum Likelihood, ML）法則

根據式 (18)，我們可將 MAP 表示爲

$$r \in R_0 \text{ if } \frac{P(r|H_0)}{P(r|H_1)} > \frac{P(H_1)}{P(H_0)}; \quad r \in R_1 \text{ otherwise} \tag{19}$$

其中條件機率密度函數 $P(r|H_0)$, $P(r|H_1)$ 稱爲 likelihood function，而其比值 $\frac{P(r|H_0)}{P(r|H_1)}$ 稱爲 likelihood ratio。若觀測值 r 屬於連續型隨機變數或隨機向量，則式 (19) 應改寫爲：

$$r \in R_0 \text{ if } \frac{f_{R|H_0}(r)}{f_{R|H_1}(r)} > \frac{P(H_1)}{P(H_0)}; \quad r \in R_1 \text{ otherwise} \tag{20}$$

若事前機率相等，$P(H_0) = 1 - P(H_1) = \frac{1}{2}$，則式 (20) 之右式爲 1，故式 (20) 可簡化爲

$$r \in R_0 \text{ if } f_{R|H_0}(r) > f_{R|H_1}(r); \quad r \in R_1 \text{ otherwise} \tag{21}$$

由式 (21) 可知對於每個 r 之值均指定給 likelihood function 較大者，因此，稱之爲最大可能性法則。

觀念分析： 最小錯誤機率檢測器等同於 MAP 檢測器，在事前機率相同的條件下，可進一步簡化爲 ML 檢測器。

例題 5

Let us regard binary data transmission over an AWGN channel as a problem of binary hypothesis testing. The two hypotheses are

$$H_0 : z = A + w$$

$$H_1 : z = -A + w$$

where A is a positive constant, w is a zero-mean Gaussian noise whose variance is σ^2, and z is the observed signal at the receiver. Let $P(H_0)$, $P(H_1)$ denote the a-priori probabilities of H_0 and H_1, respectively. The decision rule is:

Decide as H_0 if $z > \eta$.

The value of η should be chosen to minimize the probability of making an erroneous (i.e. incorrect) decision.

(a) If $P(H_0) = 0.6$, then is η greater than 0 or less than 0? In other words, which choice is true: $\eta > 0$ or $\eta < 0$?

(b) If $P(H_0) = P(H_1) = 0.5$, $\eta = ?$

(c) Continued from (b), what is the probability of making an erroneous decision? Please express your answer in terms of A, σ, and the Q function .

(d) The log-likelihood ratio of H_0 and H_1, denoted as L_{01}, is defined as $\frac{f(z|H_0)}{f(z|H_1)}$, where $f(z|H_0)$ and $f(z|H_1)$ are the conditional probability densities given H_0 and H_1, respectively, when the observed signal is z.. Find the value of L_{01} for $A = 1$, $\sigma = 2$, $z = 0.84$.

(e) Assume $P(H_0) = P(H_1) = 0.5$, $A = 1$, $\sigma = 2$, $z = 0.84$. Find the probability that the transmitter sent out A, instead of -A, to the receiver. In other words, what is the probability that H_0 is true?　（99 台科大電子所）

解：

(a) $\eta < 0$

(b) $\eta = 0$

(c) $P_e = P(H_1|H_0)P(H_0)+P(H_0|H_1)P(H_1)=\frac{1}{2}\left(P(H_1|H_0)+P(H_0|H_1)\right)$

$$=\frac{1}{2}\left(Q\left(\frac{A}{\sigma}\right)+Q\left(\frac{A}{\sigma}\right)\right)=Q\left(\frac{A}{\sigma}\right)$$

(d) $z \in R_0$ if $L_{01}=\frac{f_{Z|H_0}(z)}{f_{Z|H_1}(z)}>\frac{P(H_1)}{P(H_0)}$;　　$z \in R_1$ otherwise

$$L_{01}=\exp\left(-\frac{1}{2\sigma^2}\left[(z-A)^2-(z+A)^2\right]\right)=e^{0.42}$$

(e) $P(H_0|z=0.84)=\frac{P(z=0.84|H_0)P(H_0)}{P(z=0.84)}$

$$=\frac{P(z=0.84|H_0)P(H_0)}{P(z=0.84|H_0)P(H_0)+P(z=0.84|H_1)P(H_1)}$$

例題 6

Consider a binary digital communication system, where the received signal is given by

$$r = m + n$$

in which the message $m = 0$ and $m = 1$ occur with *a priori* probablities $\frac{1}{4}$ and $\frac{3}{4}$, respectively. The noise n is a random variable, which is independent of m, with pdf $f_N(n)$ given by

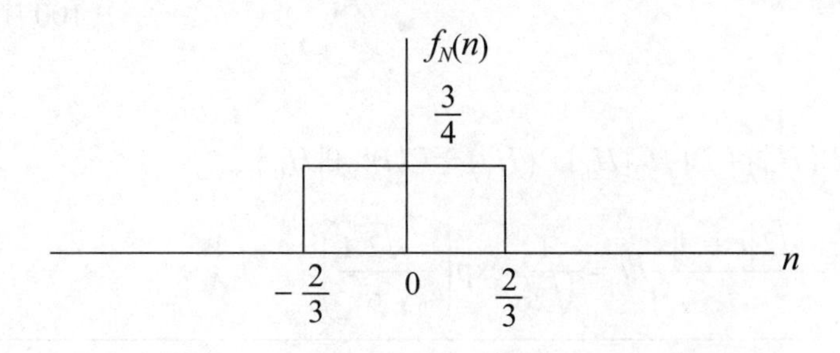

(a) Determine the optimum decision rule (*i.e.* determine the region A such that if $r \in A$, then we would judge that m = 0 was transmitted; otherwise, we would say that $m = 1$ was transmitted) to minimize the average probability of symbol error.

(b) Find the minimum probability of symbol error.

（100 台科大電子所）

解：

(a) $r \in R_0$ if $\dfrac{f_{r|H_0}(r)}{f_{r|H_1}(r)} > \dfrac{P(H_1)}{P(H_0)}$;　　$r \in R_1$ otherwise

$\Rightarrow$ choose H_1 if $r > \dfrac{1}{3}$ otherwise choose H_0

(b) $P_e = P(H_1|H_0)P(H_0) + P(H_0|H_1)P(H_1)$

$$= P\left(r > \frac{1}{3}\middle| H_0\right)\frac{1}{4} + P\left(r < \frac{1}{3}\middle| H_1\right)\frac{3}{4}$$

$$= 0 + \frac{1}{4} \times \left(\frac{3}{4} \times \frac{1}{3}\right) = \frac{1}{16}$$

例題 7

Consider the signal detector with an input

$$r = \pm A + n$$

where $+A$ and $-A$ occur with equal probability and the noise n is random with the Laplacian probability density function

$$p(n) = \frac{1}{\sqrt{2}\sigma} e^{-|n|\sqrt{2}/\sigma}$$

Determine the probability of error as a function of parameters A and σ.

（100 中正電機通訊所）

解：

$$P_e = P(H_1|H_0)P(H_0) + P(H_0|H_1)P(H_1) = P(r > 0|H_0)$$

$$= \int_0^{\infty} \frac{1}{\sqrt{2}\sigma} \exp\left(-\frac{\sqrt{2}|r + A|}{\sigma}\right) dr = \frac{1}{\sqrt{2}\sigma} \exp\left(-\frac{\sqrt{2}A}{\sigma}\right)$$

例題 8

Describe MAP (maximum *a posteriori* probability) decision rule and ML decision rule respectively. What kind of conditions will make these two decision rules result in different error rates for a receiver, if we transmit BPSK signals over an AWGN channel?

（台大通訊所）

解：

MAP: $P(H_1 | r) \overset{H_1}{>} P(H_0 | r)$

ML: $f_{r|H_1}(r) \overset{H_1}{>} f_{r|H_0}(r)$

由於 MAP 可改寫爲

$f_{R|H_1}(r)P(H_1) \overset{H_1}{>} f_{R|H_0}(r)P(H_0)$

故當 $P(H_0) \neq P(H_1)$ 時 MAP $\neq$ ML

例題 9

Consider a scalar digital communication system, $Y = X+N$, where N is a zero-mean additive Gaussian noise with variance σ^2. Two possible values of X is transmitted, $X = x_0$ with probability p_0 and $X = x_1$ with probability p_1.

(1) Determine the optimum receiver.

(2) Determine the average error probability of the optimum receiver.

（清大通訊所）

解：

(1) Assume $x_1 > x_0$

Under H_1，$Y \sim N(x_1, \sigma^2)$

Under H_0，$Y \sim N(x_0, \sigma^2)$

Using MAP，we have

$$\frac{f_{Y|H_1}(y)}{f_{Y|H_0}(y)} \overset{H_1}{>} \frac{p_0}{p_1} \Rightarrow \exp\left[-\frac{(y-x_1)^2-(y-x_0)^2}{2\sigma^2}\right] \overset{H_1}{>} \frac{p_0}{p_1}$$

$$\Rightarrow \frac{(x_0{}^2 - x_1{}^2) + 2y(x_1 - x_0)}{2\sigma^2} \overset{H_1}{>} \ln(\frac{p_0}{p_1})$$

$$\Rightarrow y \overset{H_1}{>} \frac{1}{2\left(x_1 - x_0\right)}\left[2\sigma^2 \ln\left(\frac{p_0}{p_1}\right) - \left(x_0^2 - x_1^2\right)\right] = \eta$$

(2) $P_e = P(H_0 \mid H_1)P(H_1) + P(H_1 \mid H_0)P(H_0)$

$$= p_0 Q(\frac{|x_0 - \eta|}{\sigma}) + p_1 Q(\frac{|x_1 - \eta|}{\sigma})$$

例題 10

Consider a two-hypothesis decision problem where

$$f_{Z|H_1}(z) = \frac{\exp\left(-\frac{z^2}{2}\right)}{\sqrt{2\pi}}, f_{Z|H_2}(z) = \frac{1}{2}\exp\left(-|z|\right)$$

(1) Find the likelihood ratio

(2) Find the decision rule

（台科大電子所）

解：

$$\frac{f(Z \mid H_2)}{f(Z \mid H_1)} = \sqrt{\frac{\pi}{2}} \exp(-|Z| + \frac{1}{2}Z^2)$$

$$\Lambda(Z) \overset{H_2}{>} \eta(threshold)$$

$$\Rightarrow -|Z| + \frac{1}{2}Z^2 \overset{H_2}{>} \ln(\sqrt{\frac{2}{\pi}}\eta)$$

Case 1.

$$Z \geq 0 \Rightarrow Z^2 - 2Z \overset{H_2}{>} 2\ln(\sqrt{\frac{2}{\pi}}\eta)$$

Case 2.

$$Z < 0 \Rightarrow Z^2 + 2Z \overset{H_2}{>} 2\ln(\sqrt{\frac{2}{\pi}}\eta)$$

Let

$c = 2\ln(\sqrt{\frac{2}{\pi}}\eta)$，則有

Case 1

$$Z^2 - 2Z - C \overset{H_2}{>} 0$$

$$\therefore \begin{cases} Z > 1+\sqrt{1+C} \text{或} Z < 1-\sqrt{1+C}, H_2 \\ 1-\sqrt{1+C} < Z < 1+\sqrt{1+C}, H_1 \end{cases}$$

Case 2:

$$Z^2 + 2Z - C \overset{H_2}{>} 0$$

$$\therefore \begin{cases} Z > -1+\sqrt{1+C} \text{或} Z < -1-\sqrt{1+C}, H_2 \\ -1-\sqrt{1+C} < Z < -1+\sqrt{1+C}, H_1 \end{cases}$$

例題 11

A sample of a polar signal of amplitudes ±1 is perturbed by a random noise N with PDF $f_N(n) = \frac{3}{32}\left(4-n^2\right); -2 \le n \le 2$. Find the minimum error probability if the *a priori* probabilities are $P_{+1} = \frac{2}{5} = 1 - P_{-1}$. What is the decision threshold?

（交大電信所）

解：

under H_1，$R = 1 + N$

$$\Rightarrow f_{R|H_1}(r) = \frac{3}{32}(4-(r-1)^2); -1 \le r \le 3$$

under H_2，$R = -1+N$

$$\Rightarrow f_{R|H_2}(r) = \frac{3}{32}(4-(r+1)^2); -3 \le r \le 1$$

$$L(r) = \frac{f_{r|H_1}(r)}{f_{r|H_2}(r)} \overset{H_1}{>} \frac{\frac{3}{5}}{\frac{2}{5}} = \frac{3}{2}$$

$$\Rightarrow r^2+10r-3 \overset{H_1}{>} 0$$

$$\Rightarrow -10.29<r<0.29 \text{ 選 } H_2$$

$$P_e=\frac{2}{5}P(error\,|\,H_1)+\frac{3}{5}P(error\,|\,H_2)$$

$$=\frac{2}{5}\int_{-1}^{0.29}\frac{3}{32}[4-(r-1)^2]dr+\frac{3}{5}\int_{0.29}^{1}\frac{3}{32}[4-(r+1)^2]dr$$

例題 12

Consider a one-dimensional discrete communication model $Y=X+N$, where N is a zero-mean additive Gaussian noise with variance σ^2. The transmitted signal $X\in\{+a,-a\}$is a deterministic and known value. The noise N is dependent on X. Given $X=a$, N is Gaussian distributed with zero-mean and variance σ_1^2, and given $X=-a$, N is Gaussian distributed with zero-mean and variance σ_2^2. Assume

$P(X=+a)=p_1, P(X=-a)=p_2$

(1) Derive and draw a block diagram of a MAP receiver for detecting X.

(2) Suppose $\sigma_1^2=1, \sigma_2^2=2, a=1, p_1=p_2=0.5$, find the decision region for $X=+a$ and $X=-a$

(3) Find the probability of error for the values specified in (2).

（台大電信所）

解：

(1) Under H_1，$Y\sim N(a,\sigma_1^2)$

Under H_2，$Y\sim N(-a,\sigma_2^2)$

$$\frac{f_{R|H_1}(r)}{f_{R|H_2}(r)}\overset{H_1}{>}\frac{p_2}{p_1}\Rightarrow\frac{(y+a)^2}{\sigma_2^{\ 2}}-\frac{(y-a)^2}{\sigma_1^{\ 2}}\overset{H_1}{>}2\ln\left(\frac{p_2\sigma_1}{p_1\sigma_2}\right)$$

(2) $$\frac{(y+1)^2}{2}-\frac{(y-1)^2}{1}\overset{H_1}{>}2\ln\left(\frac{\frac{1}{2}\times 1}{\frac{1}{2}\times\sqrt{2}}\right)$$

$$\Rightarrow y^2-6y+1-2\ln 2\overset{H_1}{<}0$$

$$\Rightarrow (y-\alpha)(y-\beta)\overset{H_1}{<}0$$

∴ Decision rule

Choose H_1 if $\alpha < y < \beta$

其中

$$\alpha = 3 - \sqrt{8 + 2\ln 2}, \beta = 3 + \sqrt{8 + 2\ln 2}$$

(3) $$P_e = \frac{1}{2}[P(error \mid H_1) + P(error \mid H_2)]$$

$$= \frac{1}{2}[P(Y > \beta \mid H_1) + P(Y < \alpha \mid H_1) + P(\alpha < Y < \beta \mid H_2)]$$

$$= \frac{1}{2}\left[Q(1-\alpha) + Q(\beta - 1) + Q(\frac{1+\alpha}{\sqrt{2}}) - Q(\frac{1+\beta}{\sqrt{2}})\right]$$

例題 13

Consider a binary communication system that has one-dimensional signal vectors, $s_1 = -\sqrt{E}$, $s_2 = +\sqrt{E}$. The channel is characterized by additive *Laplacian* noise with density

$$f_N(n) = \frac{1}{\sqrt{2}\sigma}\exp\left(-\sqrt{2}\frac{|n|}{\sigma}\right)$$

The *a priori* probabilities of the messages are $1 - P(s_1) = P(s_2) = p$. The receiver compares the channel output $Y = s_i + N$ to a threshold T, and choose message s_1 when $Y < T$ and message s_2 when $Y > T$.

(1) Derive an expression for the threshold T that minimizes the probability of error.

(2) Express the SNR

(3) Assume s_1 and s_2 occur with equal probability. Express the probability of error as a function of SNR.

（清大通訊所）

解：

(1) $-\sqrt{E} < T < \sqrt{E}$

H_1: $Y = -\sqrt{E} + N$

H_2: $Y = +\sqrt{E} + N$

$$f\left(y|H_1\right)=\frac{1}{\sqrt{2\pi}\sigma}\exp\left(-\frac{\sqrt{2}}{\sigma}\left|y+\sqrt{E}\right|\right)$$

$$f\left(y|H_2\right)=\frac{1}{\sqrt{2\pi}\sigma}\exp\left(-\frac{\sqrt{2}}{\sigma}\left|y-\sqrt{E}\right|\right)$$

$$\therefore P_e=P(H_1)P(error\,|\,H_1)+P(H_2)P(error\,|\,H_2)$$

$$=(1-p)\int_T^{\infty}f\left(y|H_1\right)dy+p\int_{-\infty}^{T}f\left(y|H_2\right)dy$$

$$=\frac{1}{2}(1-p)\exp\left(-\frac{\sqrt{2}}{\sigma}(\sqrt{E}+T)\right)+\frac{1}{2}p\exp\left(-\frac{\sqrt{2}}{\sigma}(\sqrt{E}-T)\right)$$

$$\frac{dP_e}{dT}=0\Rightarrow T=\frac{\sigma}{2\sqrt{2}}\ln(\frac{1-p}{p})$$

(2) $\frac{S}{N}=\frac{E}{E\left[n^2\right]}=\frac{E}{\sigma^2}$

(3) $p=\frac{1}{2}\Rightarrow$ 由 (1) 可得 $T=0$

$$P_e=\frac{1}{2}[P(error\,|\,H_1)+P(error\,|\,H_2)]$$

$$=\frac{1}{2}\exp\left(-\frac{\sqrt{2}}{\sigma}\sqrt{E}\right)=\frac{1}{2}\exp\left(-\sqrt{2SNR}\right)$$

例題 14

A binary communication system transmits signal $s_i(t)$. The receiver test statistic is $R = s_i + N$, where the signal component is either $s_1 = 1$, $s_2 = -1$ and the noise N has PDF

$$f(n)=\begin{cases}\dfrac{\left(2-|n|\right)}{4}, & |n|\le 2\\ 0, otherwise\end{cases}$$

(1) If s_1, s_2 are transmitted with equal probability, determine the probability of error when the optimum decision is made.

(2) If s_1 is transmitted with probability 0.8, determine the value of the optimum decision threshold.

（海洋電機所，高雄大學電機所）

解：

$$(1)\ f(r|s_1)=\begin{cases}\dfrac{(2-|r-1|)}{4}, -1\le r\le 3\\ 0, otherwise\end{cases}$$

$$f(r|s_2)=\begin{cases}\dfrac{(2-|r+1|)}{4}, -3\le r\le 1\\ 0, otherwise\end{cases}$$

$$P_e=\frac{1}{2}P_{e1}+\frac{1}{2}P_{e2}=\frac{1}{2}\left(\frac{1}{8}+\frac{1}{8}\right)=\frac{1}{8}$$

$$(2)\ \frac{\dfrac{2-|r+1|}{4}}{\dfrac{2-|r-1|}{4}}\overset{H_2}{>}\frac{p_1}{p_2}=4$$

$$\Rightarrow 4(1-r)-r-1\overset{H_2}{>}6$$

$$\Rightarrow r\overset{H_2}{<}-\frac{3}{5}$$

7.3　基頻二位元訊號在 AWGN 下的檢測及性能分析

考慮如圖 7-6 之二位元通訊系統，當訊息為「0」時，送出 $s_0(t)$; $0\le t\le T$，訊息為「1」時，送出 $s_1(t)$; $0\le t\le T$，通道雜訊 $n(t)$ 為 AWGN, two-sided PSD 為 $\frac{N_0}{2}$。傳送端每隔 T 秒送出 $s_0(t)$, $s_1(t)$ 兩者之一，故接收機收到的訊號為

$$r(t)=\begin{cases}s_0(t)+n(t);\ \text{if "0" is sent}\\ s_1(t)+n(t);\ \text{if "1" is sent}\end{cases};\ 0\le t\le T \tag{22}$$

經過一脈衝響應函數為 $h(t)$ 之匹配濾波器（MF）後之輸出表示為：

$$\begin{cases}x_0\ (t)+n_o(t);\ \text{if "0" is received}\\ x_1\ (t)+n_o(t);\ \text{if "1" is received}\end{cases}$$

每隔 $t = T$ 秒取樣之後做出決策。

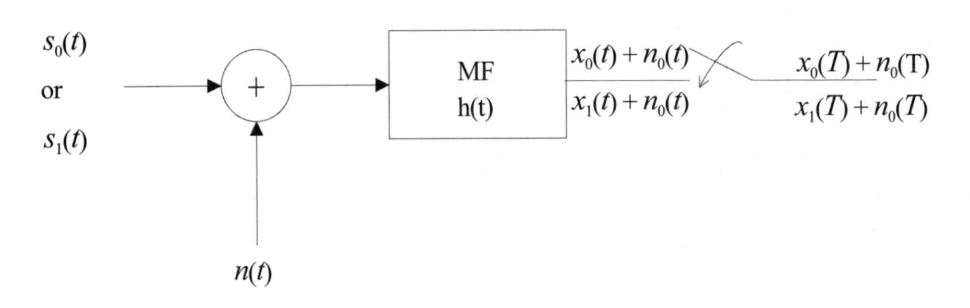

圖 7-6

匹配濾波器的目標函數為輸出端之訊雜比

$$\left(\frac{S}{N}\right)_o\Big|_{t=T} = \frac{\left|x_1(T)-x_0(T)\right|^2}{E\left[n_o^{\,2}(T)\right]} \tag{23}$$

根據第一節的討論，欲使訊雜比最大，$h(t)$ 或 $H(f)$ 必須滿足

$$\begin{aligned} h(t) &= s_1(T-t) - s_0(T-t) \\ H(f) &= (S_1(f) - S_0(f))^* e^{-j2\pi fT} \end{aligned} \tag{24}$$

此外，由第一節之討論可知 MF 等效於相關器（correlator）, 若以相關器之型式實現接收機，則圖 7-4 等效於圖 7-7

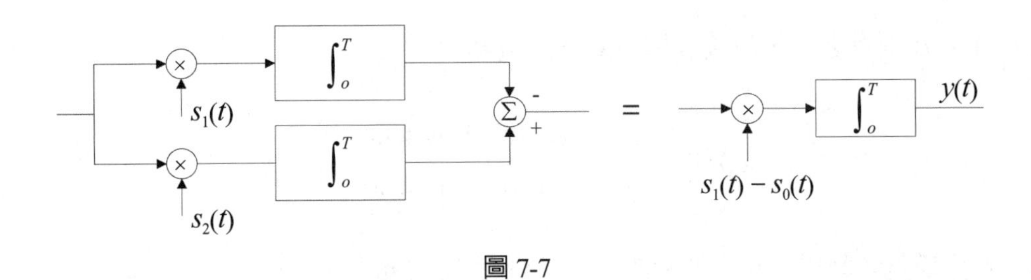

圖 7-7

根據圖 7-7 之二位元接收機架構，我們以位元錯誤率（bit error rate，簡稱為 BER）來衡量系統的品質。首先將重要的參數定義如下：

$$s_1(t) \text{ 之能量：} E_1 = \int_0^T s_1{}^2(t)dt \tag{25}$$

$$s_0(t) \text{ 之能量：} E_0 = \int_0^T s_0{}^2(t)dt \tag{26}$$

$$s_1(t), s_0(t) \text{ 之平均能量：} E_A = \frac{E_1 + E_0}{2} \tag{27}$$

$$s_1(t), s_0(t) \text{ 之相關係數：} \rho = \frac{1}{E_A}\int_0^T s_1(t)\, s_0(t)dt \tag{28}$$

Case 1： 若傳送之訊息為 $s_1(t)$，則相關器之輸出為

$$\begin{aligned} y(T) &= \int_0^T (s_1(t) + n(t))(s_1(t) - s_0(t))dt \\ &= E_1 - \rho E_A + \int_0^T n(t)(s_1(t) - s_0(t))dt \end{aligned} \tag{29}$$

由於雜訊 $n(t)$ 為 AWGN，$n(t_i) \sim N\left(0, \frac{N_0}{2}\right)$，故 $y(T)$ 為高斯分布隨機變數，其期望值與變異數利用 AWGN 的特性可求得為

$$E\left\{y(T) \mid s_1\right\} = E_1 - \rho E_A \tag{30}$$

$$\begin{aligned} Var\left\{y(T) \mid s_0\right\} &= E\left\{\int_0^T\int_0^T n(t)\left[s_1(t) - s_0(t)\right]n(\lambda)\left[s_1(\lambda) - s_0(\lambda)\right]dtd\lambda\right\} \\ &= \int_0^T\int_0^T \frac{N_0}{2}\delta(t-\lambda)\left[s_1(t) - s_0(t)\right]\left[s_1(\lambda) - s_0(\lambda)\right]dtd\lambda \\ &= \frac{N_0}{2}\int_0^T\left[s_1(t) - s_0(t)\right]^2 dt \\ &= \frac{N_0}{2}(E_1 + E_0 - 2\rho E_A) \\ &= N_0 E_A(1-\rho) \end{aligned} \tag{31}$$

綜合上述可知，當傳送訊息為 $x_{i_1}(t)$ 時相關器輸出之機率分布為

$$Y(T) \sim N(E_1 - \rho E_A, N_0 E_A(1-\rho)) \tag{32}$$

Case 2： 若傳送訊息爲 $s_0(t)$ 則相關器之輸出爲

$$\begin{aligned} y(T) &= \int_0^T (s_0(t)+n(t))(s_1(t)-s_0(t))dt \\ &= \rho E_A - E_0 + \int_0^T n(t)(s_1(t)-s_0(t))dt \end{aligned} \tag{33}$$

根據 Case 1 的推導可得

$$E\left[y(T) \mid s_0\right] = \rho E_A - E_0 \tag{34}$$

$$Var\left\{y(T) \mid s_0\right\} = Var\left\{y(T) \mid s_1\right\} = N_0 E_A (1-\rho) \tag{35}$$

綜合上述可知，當傳送訊息爲 $x_{i_0}(t)$ 時相關器輸出之機率分布爲

$$Y(T) \sim N(\rho E_A - E_0, N_0 E_A (1-\rho)) \tag{36}$$

一、最佳決策法則

假設 $E_1 > E_0$，且事前機率相等，$P(s_1) = P(s_0) = \frac{1}{2}$，則根據前一節的描述可知 ML decision rule 可得到最小位元錯誤機率，將相關器之輸出 $y(T)$ 用觀測值 r 來表示可得 ML decision rule 爲：

$$r \in R_0 \text{ if } \exp\left(-\frac{\left(r-(\rho E_A - E_0)\right)^2}{2N_0 E_A (1-\rho)}\right) > \exp\left(-\frac{\left(r-(E_1-\rho E_A)\right)^2}{2N_0 E_A (1-\rho)}\right);$$

$$r \in R_1 \text{ otherwise} \tag{37}$$

式 (37) 經過運算之後可得

$$r \in R_0 \text{ if } r < \frac{E_1 - E_0}{2}; \qquad r \in R_1 \text{ otherwise} \tag{38}$$

定義最佳臨界值爲

$$\eta_{opt} = \frac{E_1 - E_0}{2} \tag{39}$$

則有若 $y(T) > \eta_{opt}$，則判斷傳送訊號爲 $s_1(t)$（訊息爲「1」）；反之，則判斷傳送訊號爲 $s_0(t)$（訊息爲「0」）。

二、最佳 BER

由上述 ML decision rule，我們可推導出位元錯誤率如下：

$$P_b(\eta)=\frac{1}{2}\left[P(y(T)<\eta_{opt}\mid s_1)+P(y(T)>\eta_{opt}\mid s_0)\right] \tag{40}$$

由式 (32) 及式 (36) 可得

$$P_b(\eta_{opt})=\frac{1}{2}\left[Q\left(\frac{(E_1-\rho E_A)-\eta_{opt}}{\sqrt{N_0E_A(1-\rho)}}\right)+Q\left(\frac{\eta_{opt}-(\rho E_A-E_0)}{\sqrt{N_0E_A(1-\rho)}}\right)\right] \tag{41}$$

將式 (39) 代入式 (41) 可得

$$P_b(\eta_{opt})=Q\left(\sqrt{\frac{E_A(1-\rho)}{N_0}}\right) \tag{42}$$

三、在不同訊號波形下之最佳臨界值與最小位元錯誤率

參考前一章第五節中有關 line codes 之定義，我們可以分析在使用不同的訊號波形下之系統設計及其性能。

1.雙極性不歸零（Bipolar NRZ）訊號

$$s_1(t)=-A,\ s_0(t)=A\ for\ 0\le t\le T$$

$$\Rightarrow E_1=E_0=E_A=A^2T,\rho=\frac{1}{A^2T}(-A^2T)=-1$$

$$\therefore \eta_{opt}=\frac{E_1-E_0}{2}=0$$

$$P_b=Q\left(\sqrt{\frac{2A^2T}{N_0}}\right) \tag{43}$$

2.單極性不歸零（Unipolar NRZ）訊號

$$s_0(t)=0,\ s_1(t)=A,\ for\ 0\le t\le T$$

$$\Rightarrow E_0=0,\ E_1=A^2T,\ E_A=\frac{A^2T}{2},\ \rho=0$$

$$\therefore \eta_{opt} = \frac{A^2T}{2}$$

$$P_b = Q\left(\sqrt{\frac{A^2T}{2N_0}}\right) \tag{44}$$

3.雙極性歸零（Bipolar RZ）訊號

$$s_0(t) = -A,\ s_1(t) = A,\ for\ 0 \le t \le \frac{T}{2}$$

$$E_1 = \int_0^{\frac{T}{2}} A^2 dt = \frac{1}{2}A^2T = E_0$$

$$\therefore E_A = \frac{E_1 + E_0}{2} = \frac{1}{2}A^2T$$

$$\rho = \frac{1}{E_A}\int_0^{\frac{T}{2}} (-A^2)dt = -1$$

$$\eta_{opt} = \frac{E_1 - E_0}{2} = 0$$

$$P_b = Q\left(\sqrt{\frac{A^2T}{N_0}}\right) \tag{45}$$

4.單極性歸零訊號（RZ Unipolar）

$$s_0(t) = 0,\ s_1(t) = A,\ for\ 0 \le t \le \frac{T}{2}$$

$$\left.\begin{array}{l} E_1 = \frac{1}{2}A^2T \\ E_0 = 0 \end{array}\right\} \Rightarrow E_A = \frac{1}{4}A^2T$$

$$\rho = 0$$

$$\eta_{opt} = \frac{1}{4}A^2T$$

$$P_b = Q\left(\sqrt{\frac{A^2T}{4N_0}}\right) \tag{46}$$

5.雙相不歸零訊號（Bi-phase NRZ）

$$s_0(t)=\begin{cases}-A;\ 0\le t\le \dfrac{T}{2}\\ +A;\ \dfrac{T}{2}\le t\le T\end{cases}\qquad s_1(t)=-s_0(t)$$

$$E_1=\int_0^{\frac{T}{2}}A^2dt+\int_{\frac{T}{2}}^{T}A^2dt=A^2T=E_0$$

$$E_A=A^2T$$

$$\rho=\frac{1}{A^2T}\left[\int_0^{\frac{T}{2}}(-A^2)dt+\int_{\frac{T}{2}}^{T}(-A^2)dt\right]=-1$$

$$\eta_{opt}=0$$

$$P_b=Q\left(\sqrt{\frac{2A^2T}{N_0}}\right)\tag{47}$$

例題 15

假設一個二位元通訊系統使用以下的訊號進行通訊：

$s_0(t)=0,0\le t<T$

$s_1(t)=A,0\le t<T$

此訊號一般稱之爲開關訊號（on-off signaling）。當位元訊息爲 0 時，則送出 $s_0(t)$；當位元訊息爲 1 時，則送出 $s_1(t)$。接收訊號可表示爲：

$$r(t)=\begin{cases}n(t);if\quad s_0(t)\quad was\ transmitted\\ A+n(t);if\quad s_1(t)\quad was\ transmitted\end{cases}$$

其中 $n(t)$ 爲白色高斯雜訊（white Gaussian noise）功率頻譜密度爲 $\frac{N_0}{2}$。一般可使用相關器（correlator）算出：

$$r=\int_0^T r(t)\overline{s}_1(t)dt$$

其中 $\overline{s}_1(t)=\dfrac{s_1(t)}{A\sqrt{T}}$。並利用 r 與一閾值（threshold）λ 比較，若 $r<\lambda$ 則代表傳送端送 0，若 $r>\lambda$ 則代表傳送端送 1。

(1) 假設 $s_0(t)$ 及 $s_1(t)$ 發生的機率分別爲 p 及 1-p。使用相關器（correlator），畫出最佳解調器方塊圖，並決定最佳之閾值 λ。

(2) 此系統之錯誤機率與訊號雜訊比（Signal-to-Noise Ratio, SNR）有關。假設 $p=0.5$，

請算出其錯誤機率與訊號雜訊比之函數。

（103 年公務人員高等考試）

解：

(1) 若相關器（correlator）輸出為 y，則有

$$y=\begin{cases} n; if \quad s_0(t) \quad was\ transmitted \\ A\sqrt{T}+n; if \quad s_1(t) \quad was\ transmitted \end{cases}$$

其中 $n \sim N\left(0,\frac{N_0}{2}\right)$

$$y \in R_0 \text{ if } \frac{f_{Y|H_0}(y)}{f_{Y|H_1}(y)} > \frac{P(H_1)}{P(H_0)}; \quad y \in R_1 \text{ otherwise}$$

$$\Rightarrow y \in R_0 \text{ if } \frac{\exp\left(-\frac{(y)^2}{N_0}\right)}{\exp\left(-\frac{\left(y-A\sqrt{T}\right)^2}{N_0}\right)} > \frac{1-p}{p} \quad y \in R_1 \text{ otherwise}$$

$$\Rightarrow y \in R_0 \text{ if } y < \frac{A\sqrt{T}}{2}-\frac{N_0}{2A\sqrt{T}}\ln\frac{1-p}{p} \quad y \in R_1 \text{ otherwise}$$

$$\therefore \lambda=\frac{A\sqrt{T}}{2}-\frac{N_0}{2A\sqrt{T}}\ln\frac{1-p}{p}$$

(2) $p=0.5$, 則 $\lambda=\frac{A\sqrt{T}}{2}$

$$P_e=P(H_1|H_0)P(H_0)+P(H_0|H_1)P(H_1)$$

$$=\frac{1}{2}\left(P\left(y>\frac{A\sqrt{T}}{2}\middle|H_0\right)+P\left(y<\frac{A\sqrt{T}}{2}\middle|H_1\right)\right)$$

$$=P\left(y>\frac{A\sqrt{T}}{2}\middle|H_0\right)=Q\left(\frac{\frac{A\sqrt{T}}{2}}{\frac{N_0}{2}}\right)$$

$$=Q\left(\frac{A\sqrt{T}}{N_0}\right)$$

例題 16

Binary data is transmitted by using the pulse $s_1(t)$, $0 \le t \le T$ for '1' and the pulse $s_2(t)$, $0 \le t \le T$ for '0', where T is the symbol duration. For an AWGN channel with the power spectral density $S_n(f) = N_0/2$, the received signals at the receiver end (Fig.) can be expressed as $r(t) = s_i(t) + n(t)$, $0 \le t \le T$, $i = 1, 2$. Assume that the two signals are transmitted equally likely.

(a) Determine the optimum threshold value for the detector

(b) Determine the error probability of the receiver.

(c) Is the receiver the optimum receiver? Explain your reason.

（99 高雄第一科大電通所）

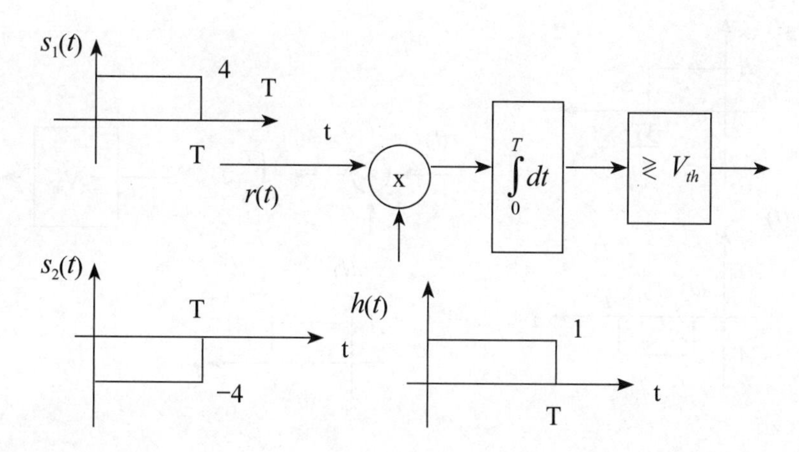

解：

(1) $H_1 : Y \quad N\left(4T, \dfrac{N_0}{2}T\right)$

$H_0 : Y \quad N\left(-4T, \dfrac{N_0}{2}T\right)$

$\Rightarrow \eta = 0$

(2) $P_e = Q\left(\dfrac{4T}{\sqrt{\dfrac{N_0}{2}T}}\right) = Q\left(\sqrt{\dfrac{32T}{N_0}}\right)$

(3) $P_e = P_{e,\min} \Rightarrow Yes$

例題 17

Binary data is transmitted by using the pulse $s_1(t)$, $s_2(t)$, $0 \le t \le T$ to represent "1" and "0", respectively. T is the symbol duration. For an AWGN channel with PSD $\frac{N_0}{2}$, the received signals at the receiver end can be expressed as $r(t) = s_i(t) + n(t)$, $0 \le t \le T$, $i = 1, 2$, Assume the two signals are transmitted equally likely.

(1) Determine the optimum threshold value.

(2) Determine the error probability.

(3) Is the receiver the optimum receiver? （97 高雄第一科大電通所）

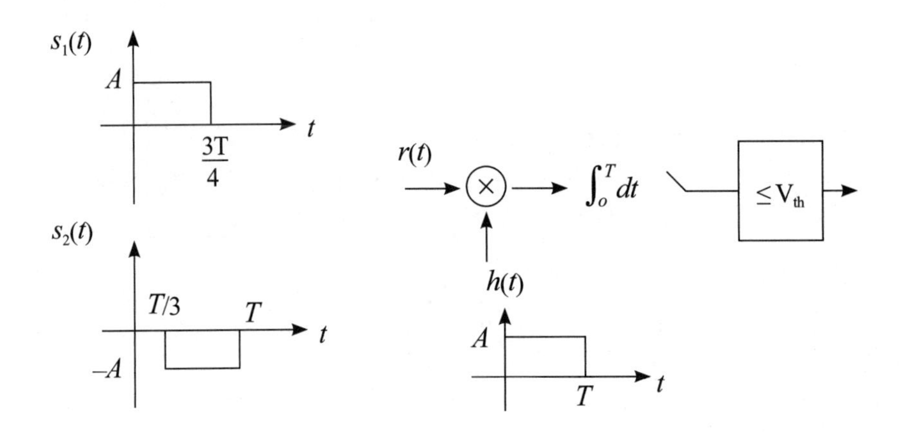

解：

(1) $H_1 : Y \quad N\left(\frac{3A^2T}{4}, \frac{N_0}{2}A^2T\right)$

$H_2 : Y \quad N\left(-\frac{2A^2T}{3}, \frac{N_0}{2}A^2T\right)$

$$\Rightarrow \eta = \frac{1}{2}\left(\frac{3A^2T}{4} - \frac{2A^2T}{3}\right) = \frac{A^2T}{24}$$

(2) $P_e = Q\left(\dfrac{\frac{3A^2T}{4} - \frac{A^2T}{24}}{\sqrt{\frac{N_0}{2}A^2T}}\right)$

(3) No

例題 18

For an equally likely binary data source with 10Kbps transmission rate, a modulator transmits bit 0 by $s_0(t)$ and transmits bit 1 by $s_1(t)$ through an AWGN channel with 30 dB power loss and one-sided noise PSD -47dBm/Hz, depict the optimal receiver and determine the IR and optimal threshold. Also determine the BER.

（97 成大電通所）

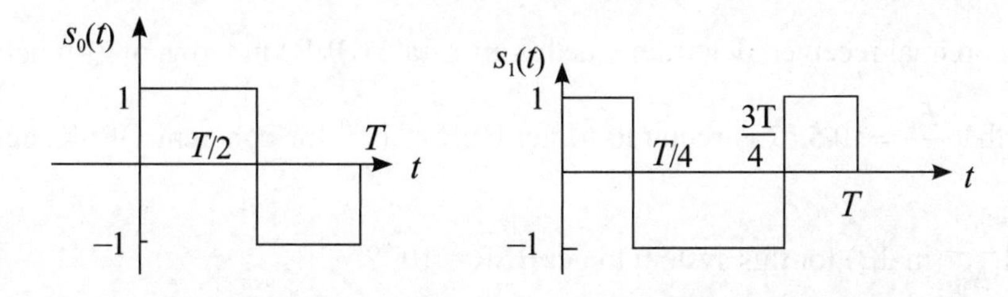

解：

$$h_{MF}(t)=s_1(T-t)-s_0(T-t)=\begin{cases}2;0\le t\le\dfrac{T}{4}\\0;\dfrac{T}{4}\le t\le\dfrac{T}{2}\\-2;\dfrac{T}{2}\le t\le\dfrac{3T}{4}\\0;\dfrac{3T}{4}\le t\le T\end{cases}$$

$$E_0=E_1=T\Rightarrow\eta=0$$

$$H_0:Y\quad N\left(-10^{-\frac{3}{2}}T,\frac{N_0}{2}\int_0^T(s_1-s_0)\,dt\right)=N\left(-10^{-\frac{11}{2}},2\times10^{-12}\right)$$

$$H_1:Y\quad N\left(10^{-\frac{3}{2}}T,\frac{N_0}{2}\int_0^T(s_1-s_0)\,dt\right)=N\left(10^{-\frac{11}{2}},2\times10^{-12}\right)$$

$$P_e=Q\left(\frac{10^{-\frac{11}{2}}}{\sqrt{2\times10^{-12}}}\right)=Q\left(\frac{\sqrt{10}}{\sqrt{2}}\right)=Q\left(\sqrt{5}\right)$$

例題 19

In an AWGN channel with a noise power spectral density of $\frac{N_0}{2}$, two equally likely messages are transmitted by

$$s_1(t)=\frac{At}{T} \quad ;0\le t\le T \qquad s_2(t)=A-\frac{At}{T} \quad ;0\le t\le T$$

(1) Determine the bit energy.

(2) Depict the optimal receiver and determine the threshold value for the receiver.

(3) With the optimal receiver, determine the bit-error-rate (BER) in terms of Q-function.

(4) Known that $\frac{E_b}{N_0}=10.5dB$ is required to get BER = 10^{-6} for coherent QPSK signal, what is required $\frac{E_b}{N_0}$ (in dB) for this system to get BER = 10^{-6}?

（100 成大電通所）

解：

(1) $E_1=E_2=\frac{A^2T}{3}$

(2) $h_{MF}(t)=s_2(T-t)-s_1(T-t)=A-\frac{2A(T-t)}{T} \quad 0\le t\le T$

$$\therefore \eta=\frac{E_2-E_1}{2}=0$$

$$\rho=\frac{1}{\frac{A^2T}{3}}\int_0^T s_1(t)s_2(t)dt=\frac{1}{2}$$

(3) $P_e=Q\left(\sqrt{\frac{E_A(1-\rho)}{N_0}}\right)=Q\left(\sqrt{\frac{\frac{A^2T}{3}\times\frac{1}{2}}{N_0}}\right)=Q\left(\sqrt{\frac{A^2T}{6N_0}}\right)$

(4) $P_e=Q\left(\sqrt{\frac{E_A(1-\rho)}{N_0}}\right)=Q\left(\sqrt{\frac{E_b}{2N_0}}\right)=P_{e,QPSK}=Q\left(\sqrt{\frac{2E_{b,QPSK}}{N_0}}\right)=10^{-6}$

$$\Rightarrow \frac{E_b}{N_0}=4\frac{E_{b,QPSK}}{N_0}$$

$$\therefore \frac{E_b}{N_0}=10.5+2\log 2=16.5(dB)$$

例題 20

The signaling of a binary system uses the following pulses to represent the equally probable 1 and 0, respectively.

$s_1(t) = A,\ 0 \le t \le T_b,\ s_0(t) = -2A,\ 0 \le t \le T_b$

where T_b is the bit duration. Assume the signal is transmitted through an AWGN channel with $\frac{N_0}{2}$ PSD.

(1) Sketch the block diagram of the receiver for baseband transmission of the binary wave. Be sure to give the impulse response of the MF and the decision threshold.

(2) Determine the conditional error probability when $s_1(t)$ is transmitted.

（雲科大電機所）

解：

(1) $h_{MF}(t) = s_1(T-t) - s_0(T-t) = 3A \quad 0 \le t \le T_b$

$$\left.\begin{aligned} E_1 &= A^2T \\ E_0 &= 4A^2T \end{aligned}\right\} E_A = \frac{5}{2}A^2T_b$$

$$\rho = \frac{2}{5}\frac{1}{A^2T_b}\int_0^{T_b}(-2A^2)dt = \frac{-4}{5}$$

$$\therefore \eta = \frac{E_1 - E_0}{2} = \frac{-3}{2}A^2T_b$$

(2) $$P(error \mid H_1) = Q\left(\sqrt{\frac{E_A(1-\rho)}{N_0}}\right) = Q\left(\sqrt{\frac{\frac{5}{2}A^2T_b \times \frac{9}{5}}{N_0}}\right) = Q\left(\sqrt{\frac{9A^2T_b}{2N_0}}\right)$$

例題 21

Two baseband signals as shown in Fig. (a) are used to transmit a binary sequence. The received signal as shown in Fig. (b) can be expressed as $r(t) = s_i(t) + n(t),\ 0 < t < T,\ i = 1, 2$, where n(t) is an AWGN with $\frac{N_0}{2}$ PSD.

（高雄第一科大電通所）

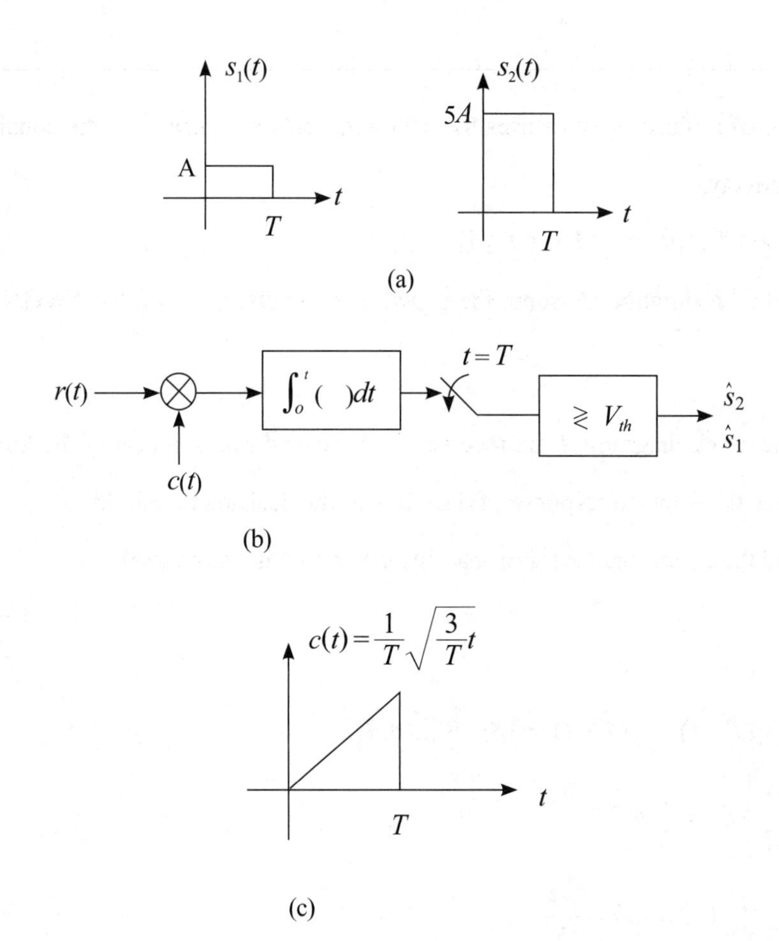

(1) For the coherent reference $c(t) = 2(u(t) - u(t - T))$, determine the threshold such that the receiver has the minimum error probability.

(2) For the coherent reference shown in Fig. (c), determine the threshold such that the receiver has the minimum error probability.

(3) Based on your results above, state which one is the optimum receiver.

解：

$$(1)\ s_1\ is\ sent: d = \int_0^T s_1(t)c(t)dt = 2AT + \int_0^T n(t)c(t)dt \sim N(2AT, 2N_0T)$$

$$s_2\ is\ sent: d = \int_0^T s_2(t)c(t)dt = 10AT + \int_0^T n(t)c(t)dt \sim N(10AT, 2N_0T)$$

$$V_{th} = \frac{2AT + 10AT}{2} = 6AT$$

$$P_e = Q(\frac{4AT}{\sqrt{2N_0T}}) = Q(A\sqrt{\frac{8T}{N_0}})$$

(2) 同 (1) 可得

$$s_1\ is\ sent\ d \sim N(\frac{A\sqrt{3T}}{2}, \frac{N_0}{2})$$

$$s_2\ is\ sent\ d \sim N(\frac{5A\sqrt{3T}}{2}, \frac{N_0}{2})$$

$$V_{th} = \frac{3A\sqrt{3T}}{2}$$

$$P_e = Q\left(\frac{A\sqrt{3T}}{\sqrt{\frac{N_0}{2}}}\right) = Q\left(A\sqrt{\frac{6T}{N_0}}\right)$$

故 (1) is better.

例題 22

Two baseband signals shown in the figure below are used to transmit a binary sequence. The received signal can be expressed as $r(t) = s_i(t) + n(t)$, $0 < t < T$, $i = 1, 2$,. The additive noise is neglected for simplification. Suppose that the receiver is implemented by means of coherent detection using two MFs, one matched to $s_1(t)$ and the other to $s_2(t)$.

(a) Sketch the impulse response of the MF.

(b) Sketch the responses of the two MFs when $s_1(t)$ is transmitted.

（高雄第一科大電通所）

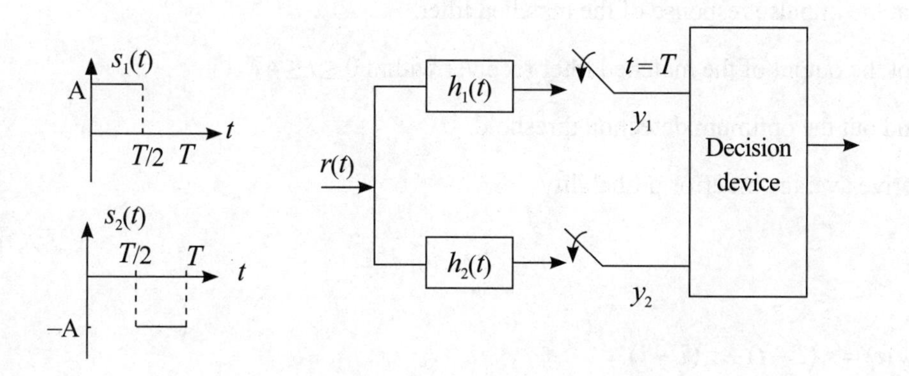

解：

(a) $h_1(t) = s_1(T-t)$　　　　　$h_2(t) = s_2(T-t)$

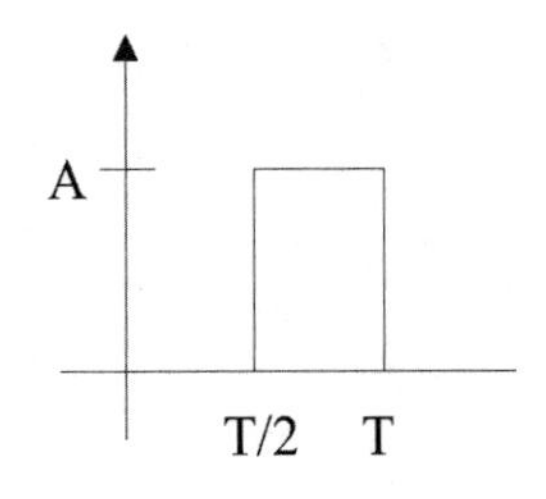

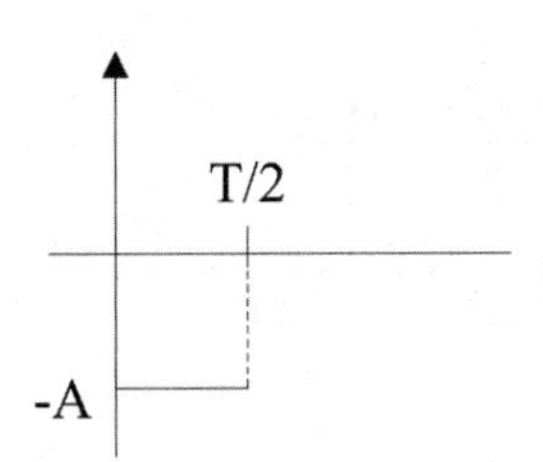

(b) $y_1 = \int_0^T s_1^2(t)dt = \frac{A^2T}{2}$

$y_2 = 0$

例題 23

Given a transmitted binary signal $s(t)$ as shown below

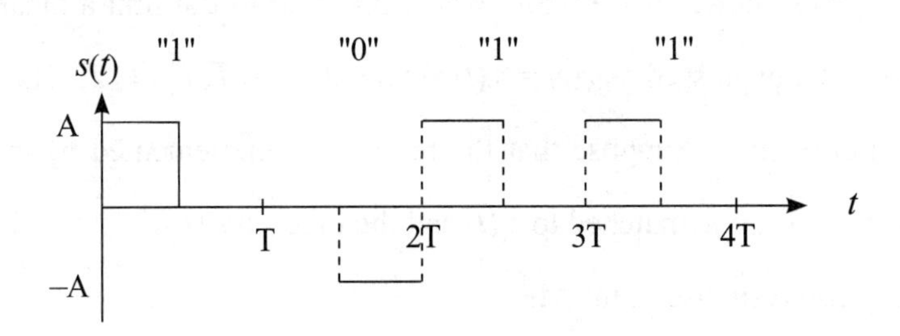

Design a matched filter receiver in AWGN ($S_n(f) = \frac{N_0}{2}; \forall f$)

(1) Plot the impulse response of the matched filter.

(2) Plot the output of the matched filter receiver within $0 \le t \le 4T$

(3) Find out the optimum detection threshold.

(4) Derive average bit error probability.

（交大電信所）

解：

(1) $h_{MF}(t) = s_1(T-t) - s_0(T-t)$

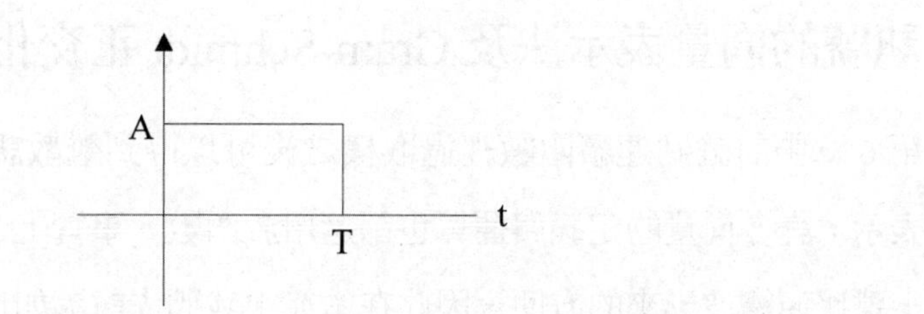

(2)

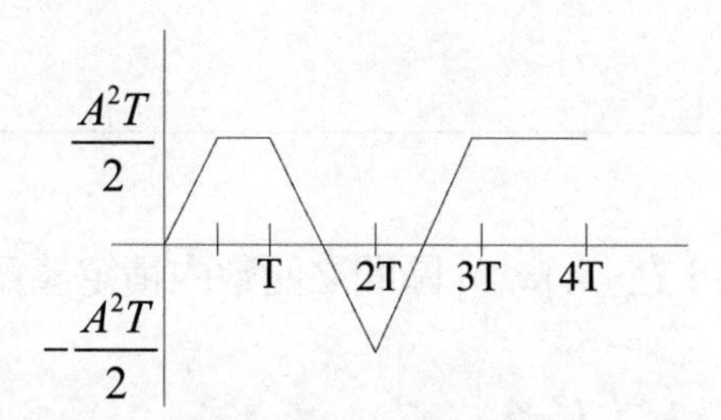

(3) $under\ H_1\ , v \sim N\left(\frac{A^2T}{2}, \sigma^2\right)$

$under\ H_0\ , v \sim N\left(-\frac{A^2T}{2}, \sigma^2\right)$

其中

$$\sigma^2 = \frac{N_0}{2}\int_0^T h_{MF}{}^2(t)dt = \frac{N_0}{2}A^2T$$

$$\left.\begin{aligned} E_1 &= \frac{A^2T}{2} \\ E_0 &= \frac{A^2T}{2} \end{aligned}\right\} E_A = \frac{A^2T}{2}$$

$\rho = 0$

故最佳臨界值 $k_{opt} = \frac{E_1 - E_0}{2} = 0$

(4) $P_e = Q\left(\frac{\frac{A^2T}{2}}{\sqrt{\frac{N_0}{2}A^2T}}\right) = Q\left(\sqrt{\frac{A^2T}{2N_0}}\right)$

7.4 訊號的向量表示法及 Gram-Schmidt 正交化過程

在第 6 章中討論到連續函數經過取樣之後可以得到離散訊號，換言之，函數可以用向量來表示，許多向量的定義與運算也都適用於函數。事實上，將訊號以向量的形式呈現在分析上遠比連續波形來的方便，因此在本節中我們先討論如何將連續波形訊號表示成向量空間中的一個向量，接著探討如何在向量空間中做訊號檢測。首先從函數的內積開始討論。

定義：函數內積

$f(t), g(t)$ 為實變數函數，在 $t \in [a, b]$ 區間之函數內積定義為

$$< f(t), g(t) > = \int_a^b f(t)g(t)dt \tag{48}$$

觀念分析： 1. 若考慮複變數函數內積，則須將式 (48) 中 $f(t)$ 或 $g(t)$ 改為共軛（complex conjugate），例如：

$$< f(t), g(t) > = \int_a^b f(t)\bar{g}(t)dt \tag{49}$$

其中 $\bar{g}(t)$ 為 $g(t)$ 之共軛。本章僅考慮實變數函數。

2. 由函數內積之定義可求得函數 $f(t)$ 在 $t \in [a, b]$ 之 norm 為

$$\|f(t)\| = \sqrt{< f(t), f(t) >} = \sqrt{\int_a^b f^2(t)dt} \tag{50}$$

3. 換言之，函數可經由以下過程使其變為長度為「1」之函數，稱之為單位化（normalize）。

$$\frac{f(t)}{\|f(t)\|} = \frac{f(t)}{\sqrt{\int_a^b f^2(t)dt}} \tag{51}$$

定義：正交（orthogonal）

在 $t \in [a, b]$，$f(t), g(t)$ 有定義且均不為 0，若

$$< f(t), g(t) >= \int_a^b f(t)g(t)dt = 0$$

則稱 $f(t), g(t)$ 在 $t \in [a, b]$ 區間內正交

例題 24

Consider the waveforms $x_1(t) = \exp(-|t|), x_2(t) = 1 - A\exp(-2|t|)$. Determine the constant A such that $x_1(t), x_2(t)$are orthogonal over the interval $(-\infty, \infty)$.

（高雄第一科大電通所）

解：

$$\langle x_1(t), x_2(t) \rangle = \int_{-\infty}^{\infty} e^{-|t|}\left(1 - Ae^{-2|t|}\right)dt$$

$$= 2\int_0^{\infty} e^{-t}\left(1 - Ae^{-2t}\right)dt$$

$$= 2\left(1 - \frac{A}{3}\right) = 0$$

$$\Rightarrow A = 3$$

例題 25

(a) Let $\phi_1 = \cos(2\pi t)$ and $\phi_2(t) = \cos\left(2\pi t - \frac{\pi}{4}\right)$. Are $\phi_1(t)$ and $\phi_2(t)$ orthogonal to each other? Why?

(b) Repeat the same calculation for $\phi_1(t) = \cos(2\pi t)$ and $\phi_2(t) = \cos\left(2\pi t - \frac{\pi}{2}\right)$.

（99 暨南通訊所）

解：

(a) No　(b) Yes

定義：正交函數集（orthogonal set），**正規函數集**（orthonormal set）

若 $\{\phi_1(t),\cdots\phi_N(t)\}$ 在 $t\in[a,b]$ 為一組正交函數集，則有

$$\int_a^b \phi_i(t)\phi_j(t)dt=\begin{cases}0; & \forall i\neq j\\ c; & \forall i=j\end{cases}$$

其中 $c>0$，若

$$\int_a^b \phi_i(t)\phi_j(t)dt=\begin{cases}0; & \forall i\neq j\\ 1; & \forall i=j\end{cases}$$

則稱 $\{\phi_1(t),\cdots\phi_N(t)\}$ 在 $t\in[a,b]$ 為一組正規函數集

定義：正交展開（orthogonal expansion）

若 $\{\phi_1(t),\cdots\phi_N(t)\}$ 為一完整之正交函數集，$x(t)$ 在 $t\in[a,b]$ 連續，則 $x(t)$ 可表示為

$$x(t)=\sum_{i=1}^{\infty}c_i\phi_i(t) \tag{52}$$

其中係數 $\{c_1, c_2, ...\}$ 可藉由 $\{\phi_1(t),\phi_2(t),\cdots\}$ 正交的特性輕易求得：

$$c_i=\frac{\int_a^b x(t)\phi_i(t)dt}{\int_a^b \phi_i^2(t)dt}=\frac{<x(t),\phi_i(t)>}{<\phi_i(t),\phi_i(t)>};\quad i=1,2,\ldots \tag{53}$$

觀念分析： 1. 若 $\{\phi_1(t),\phi_2(t),\cdots\}$ 為正規函數集，則係數之求法變得更簡單：

$$c_i=\int_a^b x(t)\phi_i(t)dt\quad ;i=1,2,\ldots \tag{54}$$

2. 正交函數集，正規函數集適合作為基底（basis）用來表示訊號，如 (52) 所示。

Gram-Schmidt 正交化過程

正規函數集對於訊號的分析與合成至關重要，由式(52)～(54)可知倘若$\{\phi_1(t),\phi_2(t),\cdots\}$非正交函數集，則係數的求法將極爲複雜，因此在數位通訊理論及其應用中，我們必須將一組線性獨立函數集合化爲一組正規函數集，正交化的目的是爲函數空間尋找基底。這種方法稱之爲「Gram-Schmidt 正交化過程」，敘述如下：

已知 $\{f_1(t), f_2(t),\cdots f_N(t)\}$ 爲在 $t\in[a, b]$ 區間之一組線性獨立集，則正規函數集 $\{\varphi_1(t),\cdots\varphi_N(t)\}$ 可由以下步驟依序產生：

步驟 1：令 $\varphi_1(t)=\dfrac{f_1(t)}{\|f_1(t)\|}$

步驟 2：由 $\varphi'_2(t)=f_2(t)-\langle f_2,\varphi_1\rangle\,\varphi_1(t)$，再令 $\varphi_2(t)=\dfrac{\varphi'_2(t)}{\|\varphi'_2(t)\|}$

步驟 3：由 $\varphi'_3(t)=f_3(t)-\langle f_3,\varphi_1\rangle\,\varphi_1(t)-\langle f_3,\varphi_2\rangle\,\varphi_2(t)$，再令 $\varphi_3(t)=\dfrac{\varphi'_3(t)}{\|\varphi'_3(t)\|}$

$$\vdots$$

依此計算過程直到 $\{\varphi_1(t),\cdots\varphi_N(t)\}$ 完成爲止。

定義：函數空間

$t\in[a, b]$ 若 $V=\text{span}\,\{\phi_1(t),\cdots\phi_N(t)\}$，則稱 V 爲 $\{\phi_1(t),\cdots\phi_N(t)\}$ 所展開的函數空間。

其中

$$\text{span}\{\phi_1(t),\cdots\phi_N(t)\}=c_1\phi_1(t)+\cdots+c_N\phi_N(t);\forall c_1,\ldots,c_N$$

觀念分析： 若 $s(t)$ 爲 V 中之任一函數，$\{\phi_1(t),\cdots\phi_N(t)\}$ 爲正規化基底則 $s(t)$ 可表示爲：

$$s(t)=\sum_{i=1}^{N}s_i\phi_i(t) \tag{55}$$

其中

$$s_j=\langle s(t),\phi_j(t)\rangle \qquad ;j=1,\ldots,N \tag{56}$$

爲 $s(t)$ 在 $\phi_j(t)$ 上之分量（投影量），故 $s(t)$ 亦可表示爲一 $N\times 1$ 之向量

$$\mathbf{s} = \begin{bmatrix} s_1 \\ s_2 \\ \vdots \\ s_N \end{bmatrix}_{N\times 1}$$

式 (55)，式 (56) 有如第二章所討論的傅立葉級數與係數，亦即訊號的分析與合成，表示如圖 7-9。

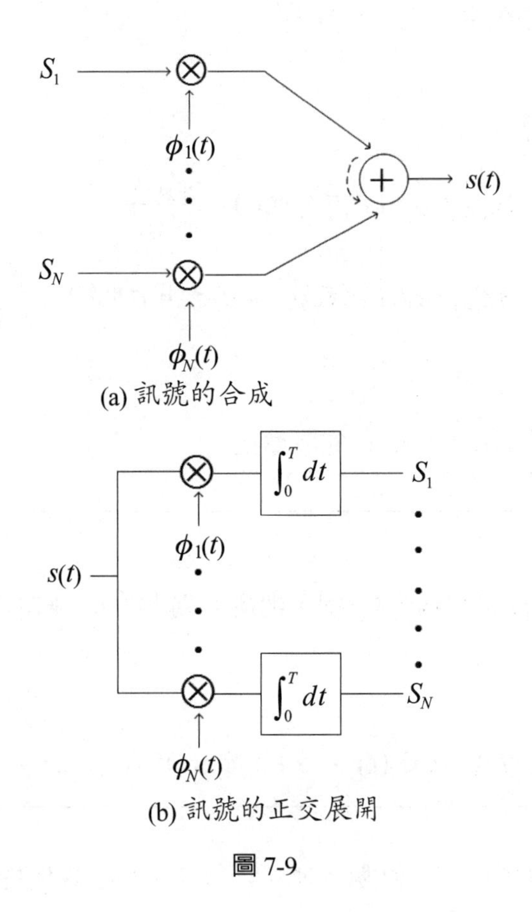

圖 7-9

定理 1：若 E_s 爲 $s(t)$ 之能量，則

$$E_s = \|\mathbf{s}\|^2 \tag{57}$$

證明：$E_s=\int_a^b s^2(t)dt=\int_a^b \sum_{i=1}^{N} s_i\phi_i(t)\sum_{j=1}^{N} s_j\phi_j(t)dt$

$$=\sum_{i=1}^{N}\sum_{j=1}^{N} s_i s_j \int_a^b \phi_i(t)\phi_j(t)dt=\sum_{i=1}^{N} s_i^2$$

$$=\|\mathbf{s}\|^2$$

觀念分析： 由式 (57) 可知，訊號的能量即爲訊號的向量形式與原點距離的平方。

延伸式 (55)，式 (56) 之討論到數位通訊的範疇，若 $\{\phi_1(t), \phi_2(t), \cdots\phi_N(t),\}$ 爲一組在 $t\in[0, T]$ 之正規函數基底，$\{s_i(t)\}_{i=1,\ldots,M}$ $0\le t\le T$ 爲 M 個調變波形，則由式 (55) 可知 $\{s_i(t)\}_{i=1,\ldots,M}$ 可表示爲

$$\begin{aligned} s_1(t)&=a_{11}\phi_1(t)+\cdots+a_{1N}\phi_N(t)\\ s_2(t)&=a_{21}\phi_1(t)+\cdots+a_{2N}\phi_N(t)\\ &\vdots\\ s_M(t)&=a_{M1}\phi_1(t)+\cdots+a_{MN}\phi_N(t) \end{aligned} \tag{58}$$

亦即

$$s_i(t)=\sum_{j=1}^{N} a_{ij}\phi_j(t)\quad ;\quad i=1,\cdots,M \tag{59}$$

其中係數可利用正交之關係求得

$$a_{ij}=\int_0^T s_i(t)\phi_j(t)dt \tag{60}$$

觀念分析： 1. 由式 (58) 可得每個傳送訊號之向量表示法

$$s_i(t)\to\mathbf{s}_i=\begin{bmatrix} a_{i1}\\ \vdots\\ a_{iN}\end{bmatrix}\quad ;i=1,\ldots,M \tag{61}$$

2. 由定理 1 可得：

$$\begin{aligned} E_i&=\int_0^T s_i^2(t)dt=\int_0^T s_i(t)\sum_{j=1}^{N} a_{ij}\phi_j(t)dt\\ &=\sum_{j=1}^{N} a_{ij}^2\\ &=\|\mathbf{s}_i\|^2\quad ,\quad i=1,\cdots M \end{aligned} \tag{62}$$

例題 26

Consider the three waveforms $\Psi_n(t)$ shown in Fig.

(1) Show that the waveforms are orthogonal.

(2) Express the waveform $y(t)$ as a weighted linear combination of $\Psi_1(t)$, $\Psi_2(t)$, and $\Psi_3(t)$, if

$$y(t)=\begin{cases}-1, & 0\le t\le 1\\ 1, & 1\le t\le 3\\ -1, & 3\le t\le 4\end{cases}$$

and determine the weighting coefficients. （100 中正電機通訊所）

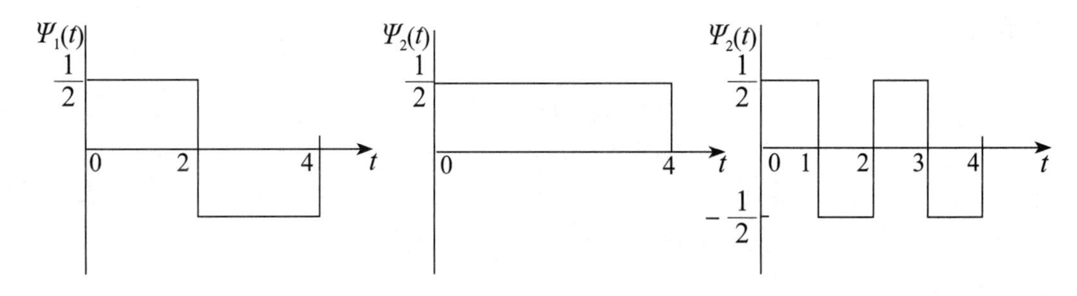

Three waveforms

解：

(1) $\langle\varphi_1,\varphi_2\rangle=\int_0^4\varphi_1(t)\varphi_2(t)dt=0$，$\langle\varphi_1,\varphi_3\rangle=\int_0^4\varphi_1(t)\varphi_3(t)dt=0$

$\langle\varphi_2,\varphi_3\rangle=\int_0^4\varphi_2(t)\varphi_3(t)dt=0$，$\therefore\ \{\varphi_1(t),\varphi_2(t),\varphi_3(t)\}$ 爲正交集合。

(2) 由 $y(t)=\langle y(t),\varphi_1(t)\rangle\varphi_1(t)+\langle y(t),\varphi_2(t)\rangle\varphi_2(t)+\langle y(t),\varphi_3(t)\rangle\varphi_3(t)$

$\langle y(t),\varphi_1(t)\rangle=0,\ \langle y(t),\varphi_2(t)\rangle=0,\ \langle y(t),\varphi_3(t)\rangle=0$

$\therefore\ y(t)$ 無法表示爲 $\{\varphi_1(t),\varphi_2(t),\varphi_3(t)\}$ 之線性組合

例題 27

圖 7-11 顯示的是 $s_1(t), s_2(t), s_3(t)$ 之波形

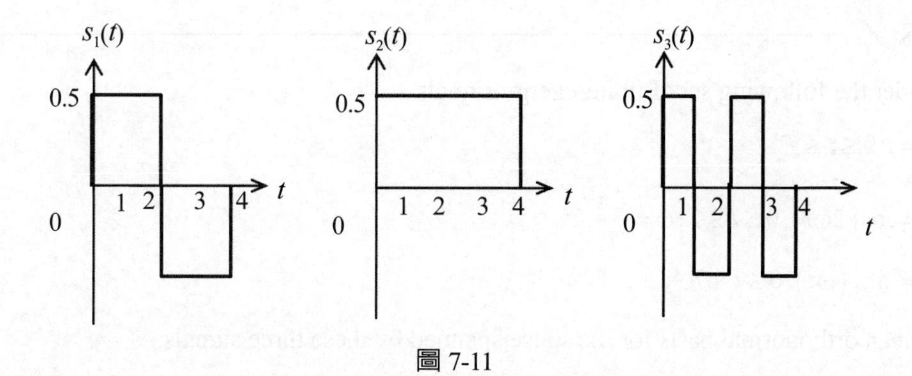

圖 7-11

(1) Determine whether these three functions are orthogonal to each other over the interval [0, 4].

(2) Determine whether these three functions can form a set of orthonormal basis functions?

(3) Assume a function $x(t)$ is defined as follows: $x(t)=\begin{cases}1, & 0\le t\le 1\\ 2, & 1\le t\le 2\\ 0, & 2\le t\le 3\\ 1, & 3\le t\le 4\end{cases}$

Express $x(t)$ as the linear combination of $s_1(t)$, $s_2(t)$, $s_3(t)$.

（雲科大通訊所）

解：

(1) $\langle s_1,s_2\rangle=\int_0^4 s_1(t)s_2(t)dt=0$，$\langle s_1,s_3\rangle=\int_0^4 s_1(t)s_3(t)dt=0$

$\langle s_2,s_3\rangle=\int_0^4 s_2(t)s_3(t)dt=0$，$\therefore$ $\{s_1(t), s_2(t), s_3(t)\}$ 爲正交集合。

(2) $\|s_1(t)\|=\sqrt{\int_0^4 s_1^2(t)dt}=\sqrt{\int_0^4 \frac{1}{4}dt}=1$，$\|s_2(t)\|=\sqrt{\int_0^4 s_2^2(t)dt}=\sqrt{\int_0^4 \frac{1}{4}dt}=1$

$\|s_3(t)\|=\sqrt{\int_0^4 s_3^2(t)dt}=\sqrt{\int_0^4 \frac{1}{4}dt}=1$，$\therefore$ $\{s_1(t), s_2(t), s_3(t)\}$orthonormal basis。

(3) 由 $x(t)=\langle x(t),s_1(t)\rangle s_1(t)+\langle x(t),s_2(t)\rangle s_2(t)+\langle x(t),s_3(t)\rangle s_3(t)$

$\langle x(t),s_1(t)\rangle=\frac{1}{2}\times 1+\frac{1}{2}\times 2+(-\frac{1}{2})\times 0+(-\frac{1}{2})\times 1=1$

$\langle x(t),s_2(t)\rangle=\frac{1}{2}\times 1+\frac{1}{2}\times 2+\frac{1}{2}\times 0+\frac{1}{2}\times 1=2$

$\langle x(t),s_3(t)\rangle=\frac{1}{2}\times 1+(-\frac{1}{2})\times 2+\frac{1}{2}\times 0+(-\frac{1}{2})\times 1=-1$

$\therefore\ x(t)=1s_1(t)+2s_2(t)+(-1)s_3(t)$

例題 28

Consider the following set of finite-energy signals

$s_0(t)=1;0\le t\le T$

$s_1(t)=\cos(2\omega t);0\le t\le T,\omega=\frac{2\pi}{T}$

$s_2(t)=\sin^2(\omega t);0\le t\le T$

Obtain an orthonormal basis for the space spanned by these three signals.

（96 中央通訊所）

解：

令 $\varphi_0(t)=\frac{s_0(t)}{\|s_0(t)\|}=\frac{1}{\sqrt{\int_0^T 1dt}}=\frac{1}{\sqrt{T}}$

則 $\varphi_1'(t)=s_1(t)-\langle s_1,\varphi_0\rangle\varphi_0(t)=s_1(t)=\cos(2\omega t)$，可得

$$\varphi_1(t)=\frac{\varphi_1'(t)}{\|\varphi_1'(t)\|}=\sqrt{\frac{2}{T}}\cos(2\omega t)$$

$$\begin{aligned}\varphi_2'(t)&=\varphi_2(t)-\langle s_2,\varphi_0\rangle s_0(t)-\langle s_2,\varphi_1\rangle\varphi_1(t)\\&=\sin^2\omega t-\frac{\sqrt{T}}{2}\frac{1}{\sqrt{T}}+\frac{\sqrt{T}}{2\sqrt{2}}\sqrt{\frac{2}{T}}\cos(2\omega t)\\&=\sin^2\omega t-\frac{1}{2}+\frac{1}{2}\cos(2\omega t)\\&=0\end{aligned}$$

例題 29

Three messages are

$s_1(t)=1;\ 0\le t\le T$

$$s_2(t)=-s_3(t)=\begin{cases}1;0\le t\le\frac{T}{2}\\-1;\frac{T}{2}\le t\le T\\0;otherwise\end{cases}$$

(1) What is the dimensionality of the signal space?

(2) Obtain an orthonormal basis for the three signals.

(3) Draw the signal constellation diagram.

（97 台北大學通訊所）

解：

(1) 2

(2) 令 $\varphi_1(t)=\dfrac{s_1(t)}{\|s_1(t)\|}=\dfrac{1}{\sqrt{\int_0^T 1dt}}=\dfrac{1}{\sqrt{T}}\Rightarrow s_1(t)=\sqrt{T}\varphi_1(t)$

$\varphi_2'(t)=s_2(t)-\langle s_2,\varphi_1\rangle\varphi_1(t)=s_2(t)$，可得

$\varphi_2(t)=\dfrac{s_2(t)}{\|s_2(t)\|}=\dfrac{1}{\sqrt{T}}s_2(t)\Rightarrow s_2(t)=\sqrt{T}\varphi_2(t)$

(3) 以 $\{\varphi_1(t),\varphi_2(t)\}$ 為 orthonormal basis, ，可得訊號的向量表示式為：

$$\mathbf{s}_1=\sqrt{T}\begin{bmatrix}1\\0\end{bmatrix},\mathbf{s}_2=\sqrt{T}\begin{bmatrix}0\\1\end{bmatrix},\mathbf{s}_3=-\sqrt{T}\begin{bmatrix}0\\1\end{bmatrix}$$

7.5　*M*-ary 通訊系統

延續上節所述，在 *M*-ary 通訊系統中每隔 T 秒 $\{s_i(t)\}_{i\text{-}1,\ldots,M}$ 其中之一將被傳送出去，接收端所收到的訊號為

$$r(t)=s_i(t)+n(t)\quad i=1,\cdots,M \tag{63}$$

其中 $n(t)$ 為 AWGN，$n(t_i)\quad N\left(0,\dfrac{N_0}{2}\right)$。將 $r(t)$ 分別與 $\{\phi_1(t),\phi_2(t),\cdots\phi_N(t),\}$ 在 $t\in[0,T]$ 做 correlation 處理，其中第 j 個 correlator 之輸出訊號為

$$r_j=\int_0^T\big(s_i(t)+n(t)\big)\phi_j(t)dt=a_{ij}+n_j\quad;\quad j=1,\cdots,N \tag{64}$$

其中

$$n_j=\int_0^T n(t)\phi_j(t)dt \tag{65}$$

爲 AWGN 在第 j 個 correlator 上的分量。故 AWGN 之正交展開爲

$$n(t)=\sum_{j=1}^{N} n_j \phi_j(t) \tag{66}$$

可得 AWGN 之向量表示法：$n(t) \rightarrow \mathbf{n}=\begin{bmatrix} n_1 \\ n_2 \\ \vdots \\ n_N \end{bmatrix}$

顯然的 $E[n_i]=0$，

$$Var\left[n_j\right]=E\left\{\int_0^T\int_0^T n(t)\phi_j(t)n(\lambda)\phi_j(\lambda)dtd\lambda\right\}=\frac{N_0}{2} \tag{67}$$

故可得 $n_j \sim N\left(0,\frac{N_0}{2}\right)$ ； $j=1,\ldots,N$

$$\begin{aligned} E\left[n_k n_j\right] &= E\left\{\int_0^T\int_0^T n(t)\phi_j(t)n(\lambda)\phi_k(\lambda)dtd\lambda\right\} \\ &= \int_0^T\int_0^T E\left[n(t)n(\lambda)\right]\phi_j(t)\phi_k(\lambda)dtd\lambda \\ &= \frac{N_0}{2}\int_0^T \phi_j(t)\phi_k(t)dt \\ &= 0 \end{aligned} \tag{68}$$

收集此 N 個 correlators 之輸出後可得到一 $N\times 1$ 之向量，$\mathbf{r}=\begin{bmatrix} r_1 \\ r_2 \\ \vdots \\ r_N \end{bmatrix}$，稱之爲觀測向量（observation vector）。$\{s_1\cdots s_M\}$ 代表在 N 維向量空間中 M 個不同的訊號向量，接收機已知此 M 個向量，但因爲在傳送過程中受到雜訊之影響，故實際接收之訊號爲

$$\mathbf{r}=\mathbf{s}_i+\mathbf{n} \tag{69}$$

其中 $\mathbf{n}$ 爲雜訊向量（維度爲 $N\times 1$），使得 $\mathbf{r}$ 偏離了 $\mathbf{s}_i$ 在空間中原本的位置。其中 r_j 仍爲高斯分布，其條件期望值與變異數分別爲：

$$E\left\{r_j \middle| \mathbf{s}_i\right\}=a_{ij} \tag{70}$$

$$Var\left\{r_j \middle| \mathbf{s}_i\right\} = Var\left\{n_j\right\} = \frac{1}{2}N_0 \tag{71}$$

r_j, r_k 在發射端爲 $s_i(t)$ 之條件下之共變異數爲

$$Cov\left(r_j, r_k \middle| \mathbf{s}_i\right) = E\left[n_j n_k\right] = 0 \tag{72}$$

故可知 $r_1, \cdots r_N$ 爲不相關（uncorrelated）之高斯隨機變數，因此，它們在統計上相互獨立，其條件聯合 PDF 即爲個別 PDF 之相乘積

$$\begin{aligned} f_{\mathbf{r}}\left(r_1, \cdots r_N \middle| \mathbf{s}_i\right) &= \prod_{j=1}^{N} \frac{1}{\sqrt{\pi N_0}} \exp\left[-\frac{\left(r_j - a_{ij}\right)^2}{N_0}\right] \\ &= \frac{1}{\left(\pi N_0\right)^{\frac{N}{2}}} \exp\left[-\sum_{j=1}^{N} \frac{\left(r_j - a_{ij}\right)^2}{N_0}\right] \\ &= \frac{1}{\left(\pi N_0\right)^{\frac{N}{2}}} \exp\left[-\frac{1}{N_0}\left\|\mathbf{r} - \mathbf{s}_i\right\|^2\right] \end{aligned} \tag{73}$$

定義：最大事後機率（Maximum A Posteriori, MAP）法則

根據觀測向量 $\mathbf{r}$，若其屬於 $\mathbf{s}_i$ 之機率最大，則決定（判斷）發射訊號爲 $s_i(t)$

$$\arg\max_i P(\mathbf{s}_i | \mathbf{r}) = \arg\max_i \frac{f_{\mathbf{r}}\left(r_1, \cdots r_N \middle| \mathbf{s}_i\right) P(\mathbf{s}_i)}{f_{\mathbf{r}}\left(r_1, \cdots r_N\right)} \tag{74}$$

其中上式應用了機率理論中之貝氏定理

若事前之機率相同，$P\left(\mathbf{s}_1\right) = P\left(\mathbf{s}_2\right) = \cdots = P\left(\mathbf{s}_M\right) = \frac{1}{M}$，則上式可簡化爲

$$\arg\max_i P(\mathbf{s}_i | \mathbf{r}) = \arg\max_i f_{\mathbf{r}}\left(r_1, \cdots r_N \middle| \mathbf{s}_i\right) \tag{75}$$

其中 $f_{\mathbf{r}}\left(r_1, \cdots r_N \middle| \mathbf{s}_i\right)$ 亦稱之爲可能性函數（likelihood function），換言之，在事前機率相同的條件下，***MAP*** 等同於 ***ML***（maximum likelihood），將式 (73) 代入式 (75) 可得：

$$\arg\max_i f_{\mathbf{r}}\left(r_1, \cdots r_N \middle| \mathbf{s}_i\right) = \arg\min_i \left\|\mathbf{r} - \mathbf{s}_i\right\|^2 = \arg\min_i \left\|\mathbf{r} - \mathbf{s}_i\right\| \tag{76}$$

換言之，若事前機率相同且雜訊爲 AWGN，則根據檢測理論可知接收機之決定法則在於判斷 $\mathbf{r}$ 與 $\{\mathbf{s}_1,\cdots\mathbf{s}_M\}$ 中何者最接近，亦即距離最小。綜合上述，發射與接收機架構如圖 7-12 所示

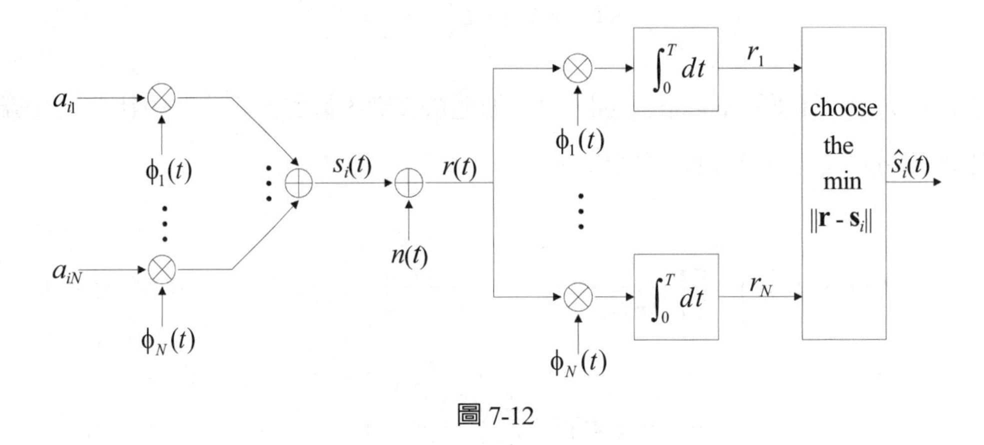

圖 7-12

將 $\|\mathbf{r}\text{-}\mathbf{s}_i\|^2$ 展開可得 $\|\mathbf{r}\|^2 + \|\mathbf{s}_i\|^2 - 2\mathbf{r}^T\mathbf{s}_i$ 其中 $\|\mathbf{r}\|^2$ 與 i 無關，而 $\|\mathbf{s}_i\|^2$ 在許多非振幅調變系統（如第 8 章將會提到的 FSK 與 PSK 調變）中，不論 i 爲何，均爲定值，因此，ML 決定法則可進一步簡化爲：

$$\begin{aligned}\arg\min_{i\in\{1,\ldots,M\}}\|\mathbf{r}-\mathbf{s}_i\|^2 &= \arg\max_{i\in\{1,\ldots,M\}}\left\{\mathbf{r}^T\mathbf{s}_i - \frac{1}{2}\|\mathbf{s}_i\|^2\right\} \\ &= \arg\max_{i\in\{1,\ldots,M\}}\mathbf{r}^T\mathbf{s}_i\end{aligned} \tag{77}$$

我們稱此決定法則爲最大相關性（Maximum correlation，簡稱爲 MC rule）法則。此接收機架構圖如圖 7-13。

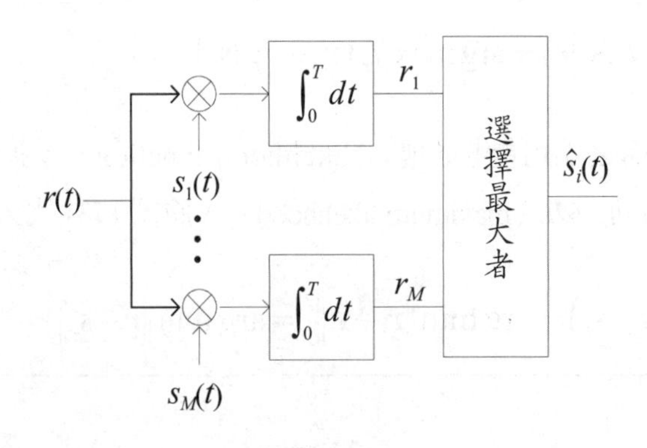

圖 7-13

觀念分析： 1. 此接收機簡單的讓 $r(t)$ 通過 M 個相關器，再選擇輸出最大者，由於 M 個相關器分別計算 $r(t)$ 與 $\{s_1(t), \cdots, s_M(t)\}$ 之相關性，故此接收機在量測接收之訊號與何種發射訊號相似性最大。

2. 由以上之討論可知 MAP 法則在事前機率相同下可簡化為 ML 法則，若背景雜訊為 AWGN 則可簡化為 Minimum Distance (MD) 法則，若發射訊號之能量相同，可再簡化為最大相關性法則。

例題 30

(*a*) Given the observation vector x and the requirement to estimate the transmitted *M*-ary signal s_i, define the likelihood function and write down the likelihood function in an AWGN channel with two-sided PSD $\frac{N_0}{2}$ (assume the signal space is N-dimensional)

(*b*) Explain why ML decision rule in an AWGN is just to choose the transmitted signal point closet to the received signal point in signal space.

（北科大通訊所）

解：

(*a*) Likelihood function

$$f\left(\mathbf{x}|\mathbf{s}_i\right)=\frac{1}{\left(\pi N_0\right)^{\frac{N}{2}}}\exp\left(-\frac{\|\mathbf{x}-\mathbf{s}_i\|^2}{N_0}\right)$$

(*b*) $\arg\max_{\mathbf{s}_i} f\left(\mathbf{x}|\mathbf{s}_i\right)=\arg\min_{\mathbf{s}_i}\|\mathbf{x}-\mathbf{s}_i\|$

例題 31

Quaternary data is sent through a baseband channel that adds white Gaussian noise with two-sided PSD $\frac{N_0}{2}$. The quaternary data used are

$$s_1(t)=\begin{cases}A, 0<t<\frac{2}{5}T\\0, otherwise\end{cases}\quad ;\quad s_2(t)=\begin{cases}A, \frac{1}{5}T<t<\frac{3}{5}T\\0, otherwise\end{cases}$$

$$s_3(t)=\begin{cases} A, \frac{2}{5}T<t<\frac{4}{5}T \\ 0, otherwise \end{cases} \quad ; \quad s_4(t)=\begin{cases} A, \frac{3}{5}T<t<T \\ 0, otherwise \end{cases}$$

where T denotes the signaling interval. Derive an optimum receiver for this Quaternary data. The derived optimal receiver relies on the optimal criterion that is adopted; hence, optimal receiver is not unique.

（中正通訊所）

解：

取 othonormal basis 爲

$$\phi_i(t)=\sqrt{\frac{5}{T}} \quad , \quad \frac{(i-1)}{5}T<t<\frac{iT}{5} \quad , \quad i=1,\cdots,5$$

則有

$$\mathbf{s}_1=\sqrt{\frac{T}{5}}A[11000]^T, \mathbf{s}_2=\sqrt{\frac{T}{5}}A[01100]^T, \mathbf{s}_3=\sqrt{\frac{T}{5}}A[00110]^T, \mathbf{s}_4=\sqrt{\frac{T}{5}}A[00011]^T$$

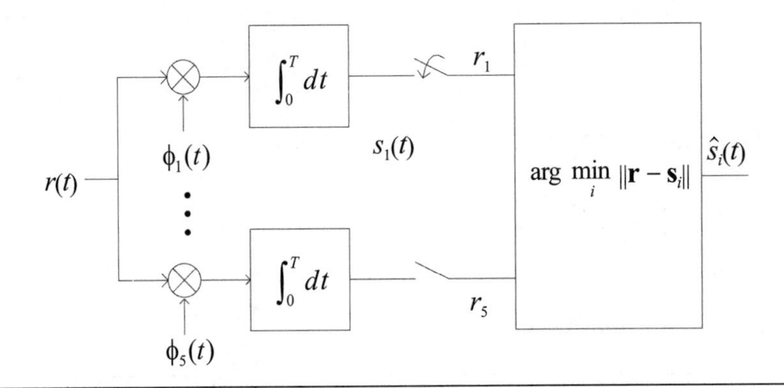

例題 32

One of two equally-likely messages is to be transmitted over an AWGN channel. Assume that the transmitted signal for message 0 is $s_0(t)=\phi_1(t)+\phi_2(t)$, and the transmitted signal for message 1 is $s_1(t)=-2\phi_1(t)-2\phi_2(t)$, where $\phi_1(t), \phi_2(t)$ are two orthonormal functions. Derive the maximum likelihood decision rule to detect such messages.

（清大通訊所）

解：

ML decision rule is equivalent to Minimum Distance (MD) rule in AWGN.

$\arg\min_{\mathbf{s}_i}\|\mathbf{r}-\mathbf{s}_i\|$; $i=0, 1$.

其中 $\mathbf{s}_0=[1\ \ 1]^{\mathrm{T}}$, $\mathbf{s}_1=[-2\ \ -2]^{\mathrm{T}}$

例題 33

Consider a quaternary digital modulation system with $M=4$ signals

$$s_1(t)=\phi_1(t)+2\phi_2(t), s_2(t)=-\phi_1(t)+2\phi_2(t),$$
$$s_3(t)=-\phi_1(t)-2\phi_2(t), s_4(t)=\phi_1(t)-2\phi_2(t),$$

where

$$\phi_1(t)=\begin{cases}\cos(2\pi t), & 0\le t\le 8\\ 0, & otherwise\end{cases}, \phi_2(t)=\begin{cases}\sin(4\pi t), & 0\le t\le 8\\ 0, & otherwise\end{cases}$$

The signal received at the demodulator is given by $x(t)=s_m(t)+w(t)$, $m=1, 2, 3, 4$ $w(t)$ is a white Gaussian noise with PDF

$$f(w)=\frac{1}{\sqrt{2\pi}\sigma}\exp\left(-\frac{w^2}{2\sigma^2}\right)$$

(1) Find a set of orthonormal basis functions for the signal space in terms of $\phi_1(t)$, $\phi_2(t)$. Find the signal constellation $s_1(t)$, $s_2(t)$, $s_3(t)$, $s_4(t)$.

(2) Find the ML detector and sketch the decision region in the signal space.

(3) Compute the error probability of the ML detector, assuming the signals $s_1(t)$, $s_2(t)$, $s_3(t)$, $s_4(t)$, are equally likely to be transmitted.

（中正電機所）

解：

$$(1)\langle\phi_1(t),\phi_2(t)\rangle=\int_0^8\phi_1(t)\phi_2(t)dt=0$$

$$e_1(t)=\frac{\phi_1(t)}{\|\phi_1(t)\|}=\frac{1}{2}\phi_1(t), e_2(t)=\frac{\phi_2(t)}{\|\phi_2(t)\|}=\frac{1}{2}\phi_2(t)$$

$$s_1(t) = 2e_1(t) + 4e_2(t)$$
$$s_2(t) = -2e_1(t) + 4e_2(t)$$
$$s_3(t) = -2e_1(t) - 4e_2(t)$$
$$s_4(t) = 2e_1(t) - 4e_2(t)$$

(3) $P_{s,e} = 1 - P_c$

$$= 1 - (1 - P_{e,1})(1 - P_{e,2})$$
$$= 1 - \left(1 - Q\left(\frac{4}{\sigma}\right)\right)\left(1 - Q\left(\frac{2}{\sigma}\right)\right)$$

例題 34

Consider a set of four binary codewords given by $\mathbf{c}_1 = [1, 1, 1, 1]$, $\mathbf{c}_2 = [1, -1, 1, -11$, $\mathbf{c}_3 = [1, l, -1, -1]$, and $\mathbf{c}_4 = [1, -1, -1, 1]$. Assume that the received signal of a receiver is given by $\mathbf{r} = -\mathbf{c}_m + \mathbf{z}$ where $\mathbf{z}$ is a 1×4 zero-mean real-valued Gaussian random vector with $E[\mathbf{z}^T \mathbf{z}] = \sigma^2\mathbf{I}$. Given $\mathbf{r} = [-0.3, 0.2, -0.1, -0.2]$, find the maximum likelihood codeword.

(a) $\mathbf{c}_1$

(b) $\mathbf{c}_2$

(c) $\mathbf{c}_3$

(d) $\mathbf{c}_4$

(e) $\mathbf{c}_1$ and $\mathbf{c}_2$　　　　（99 中正電機通訊所）

解：

(d) 由 MD rule 知 $\|\mathbf{r} - \mathbf{c}_4\|$ 最小

例題 35

Consider a quaternary communication system in which the transmitted signals are defined as

$$s_1(t) = \begin{cases} A; 0 < t < T/2 \\ -A; T/2 < t < T \end{cases}, s_2(t) = \begin{cases} 2\sqrt{3}\, At/T; 0 < t < T/2 \\ 2\sqrt{3}A(1 - t/T); T/2 < t < T \end{cases}$$

$s_3(t) = -s_1(t)$, $s_4(t) = -s_2(t)$

where T denotes the symbol duration and A is a positive constant.

(1) Find a set of orthonormal basis functions for $s_1(t)$, $s_2(t)$, $s_3(t)$, $s_4(t)$, and then construct the signal constellation.

(2) Assume equal probable output signals from the source. Find the average transmission energy of the transmitter.

(3) Evaluate the average symbol error probability of coherent detection for AWGN channel

（雲科大電機所）

解：

$$(1)\left\langle s_1(t), s_2(t)\right\rangle = \int_0^T s_1(t)s_2(t)dt = 0$$

Let $\begin{cases} \phi_1(t) = \dfrac{s_1(t)}{\|s_1(t)\|} = \dfrac{s_1(t)}{\sqrt{A^2T}} \\ \phi_2(t) = \dfrac{s_2(t)}{\|s_2(t)\|} = \dfrac{s_2(t)}{\sqrt{A^2T}} \end{cases}$ be orthonormal basis functions, we have

$$s_1 = \begin{bmatrix} \sqrt{A^2T} \\ 0 \end{bmatrix}, s_2 = \begin{bmatrix} 0 \\ \sqrt{A^2T} \end{bmatrix}, s_3 = \begin{bmatrix} -\sqrt{A^2T} \\ 0 \end{bmatrix}, s_4 = \begin{bmatrix} 0 \\ -\sqrt{A^2T} \end{bmatrix}$$

$$(2) E_{s,avg} = \frac{1}{4}\left(E_{s,1} + E_{s,2} + E_{s,3} + E_{s,4}\right) = A^2T$$

$$(3) P_{s,e} = 1 - P_c = 1 - \left(1 - P_e\right)^2$$

$$= 1 - \left(1 - Q\left(\frac{A\sqrt{T/2}}{\sqrt{N_0/2}}\right)\right)^2 = 1 - \left(1 - Q\left(\sqrt{\frac{A^2T}{N_0}}\right)\right)^2$$

綜合練習

1. We have two hypotheses for the observed data z

$$H_0 : z = n(noise \quad alone) \qquad P(H_0) = \frac{1}{4}$$

$$H_1 : z = k + n(signal \quad plus \quad noise) \qquad P(H_1) = \frac{3}{4}$$

Assume that the noise n is an additive white Gaussian noise with zero mean and variance σ^2, and k is a constant.

Use Baye's criterion to find the threshold of z for deciding whether z belongs to H_0 or H_1（中央通訊所）

2. In a binary communication system, during every T seconds, one of the two possible signals $s_0(t)$ and $s_1(t)$ is transmitted ($0 < t < T$). The two hypotheses are

$H_0 : s_0(t) = 0$ was transmitted.

$H_1 : s_1(t) = 1$ was transmitted.

The communication channel adds noise $n(t)$ which is a zero-mean unit-variance normal random process. The received signal is then given as

$x(t) = s_i(t) + n(t) \quad i = 0, 1$

We observe the received signal $x(t)$ at some instant during each signaling interval. Suppose that we received an observation $x = 0.6$.

(1) Use the maximum likelihood (ML) test to determine which signal is transmitted.

(2) If $P(H_0) = 2/3$ and $P(H_1) = 1/3$, use the maximum a posteriori (MAP) test to determine which signal is transmitted. ($\ln 2 \approx 0.69$) （暨南通訊所）

3. There are two hypotheses $H_0 : R = Z$, $H_1 : R = S + Z$, where S and Z are independent random variables with their probability density functions as $f_s(s) = 5e^{-5s}$ for $s > 0$, $f_z(z) = 3e^{-3z}$ for $z > 0$ and the a priori probability $P(H_0) = 0.4$. Find the likelihood ratio and corresponding threshold.

（中原電機通訊所）

4. A binary communication system transmits signals s_i (t) ($i = 1, 2$). The receiver test statistic is $r = s_i + n$, where the signal component s_i is either $s_1 = 3$ or $s_2 = -3$ and the noise component n is

uniformly distributed over the range $-4 \le n \le 4$.

(1) In the case of equally likely signaling and the use of an optimum decision threshold, determine the probability of a bit error P_b.

(2) In the case of $P(s_1) = 3P(s_2)$, find the optimum decision threshold.

(3) Find the probability of a bit error P_b for the case in (2). （海洋電機所）

5. Consider the problem of binary signal transmission over an additive white Gaussian noise (AWGN) channel specified by $r = s + n$, where r is the received signal, $s \in \{s_0, s_1\}$ $(s_0 < s_1)$is the transmitted signal, and $n \sim N(0, \sigma^2)$is the additive Gaussian noise. Assume that $Pr\{s = s_0\} = p_0$, and $Pr\{s = s_1\} = p_1$.

(1) Derive the optimal decision rule that minimizes the probability of error.

(2) In fact, the optimal decision rule in (1) compares the received signal r with a threshold τ. What is τ when $p_0 = p_1$? How does τ change as the prior probability p_0 increases from 0 to 1 when the noise variance σ^2 is finite? How does τ change as the noise variance σ^2 increases from 0 to ∞ when $0 < p_1 < p_0$ and when $0 < p_0 < p_1$?

(3) Derive the minimum probability of error p_e.

(4) What is p_e when $p_0 = p_1$? What is p_e when $\sigma^2 = 0$? What is p_e when $\sigma^2 = \infty$ and $0 < p_1 < p_0$? What is p_e when $\sigma^2 = \infty$ and $0 < p_0 < p_1$? （清大電機所）

6. A binary digital communication system transmits bit 1 and bit 0 by the waveform $s_1(t)$, $s_2(t)$ respectively, as shown below. Bit 1 and bit 0 are transmitted with equal probability. Assume channel noise is AWGN with power spectral density $S_n(f) = \dfrac{N_0}{2}; \forall f$

(1) Sketch the matched filter impulse response for the detection of $s_1(t)$ and $s_2(t)$ as shown in the figure.

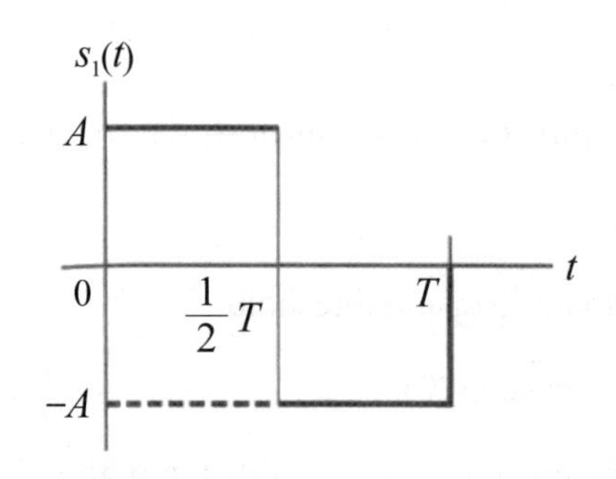

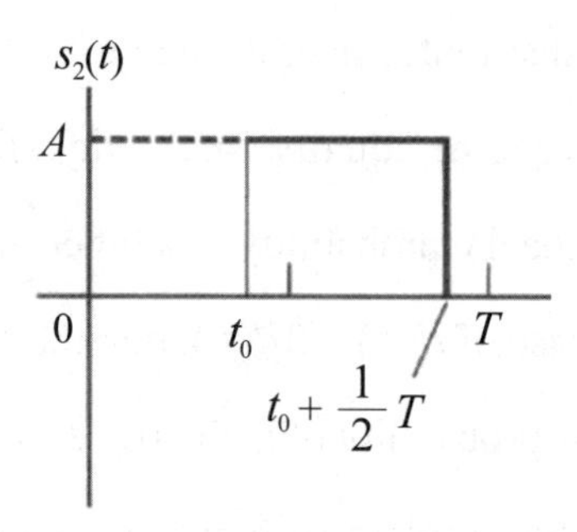

(2) Find the matched filter output SNR.

(3) What is the best choice for *t*0 such that the matched filter output SNR is maximized?

(4) What is the value of the threshold that minimizes probability of error?

(5) What is the best choice for *t*0 such that the error probability is minimized?

（97 中山電機通訊所，90 輔大電子所）

7. Consider the following system with the received signal

$x(t) = A\sin(\omega t) + n(t), 0 \le t \le T$,

where $n(t)$ is a white noise with two-sided PSD $\frac{N_0}{2}$. The output of the receiver is

$Y = \int_0^T x(t)\sin\omega t dt$ Find

(1) the SNR of Y.

(2) the impulse response of a linear filter that is equivalent to the above system.

（92 海洋電機所）

8. Consider the binary digital communication system in which the transmitted signals corresponding to the two hypotheses H_0 and H_1 are +1 and -1, respectively. We thus have $Z = Y + V$, where Y is transmitted random variable, Z is a received random variable, and V is zero mean Gaussian with variance σ^2.

(1) We are required to estimate the value of the signal y corresponding to Y based on a single signal observation z corresponding to Z. What is the MAP (maximum a posteriori) estimate $\hat{y}_{MAP}$ for y if we assume the prior probabilities for the two hypotheses to be the same?

(2) If we have multiple independent observations, z_i, $i = 1 ..., N$. What is the MAP estimate $\hat{y}_{MAP}$ based on z_i, $i = 1 ..., N$?（暨南通訊所）

9. Decision Rules

(1) Describe the "maximum a posteriori decision rule" and "maximum likelihood decision rule".

(2) If a binary information sequence $u = (u_1, u_2, ..., u_n)$ is transmitted through an AWGN channel, prove that the maximum likelihood decision leads to finding the sequence with minimum Euclidean distance.

（中山通訊所）

10. Two equiprobable messages m_1, m_2 are to be transmitted through a channel with input X and output Y related by $Y = \rho X + N$, where N is a zero-mean additive Gaussian noise with variance σ^2 and ρ is a random variable independent of the noise. Consider On-Off signaling with the inputs $X = 0$ and $X = A > 0$ associated with m_1, m_2, respectively. Assume that ρ takes on the values 0 and 1 with equal probability.

(1) What is the optimum decision rule in terms of minimizing the probability of error?

(2) Find the resulting error probability.（98 台聯大）

11. Assume that $x(t) = as(t) + n(t)$, $-\infty < t < \infty$

where $n(t)$ is white Gaussian noise with zero mean and PSD $S_n(f) = 1$, and the waveform of the signal $s(t)$ is given by

$$s(t) = \begin{cases} 1-t, & 0 \le t \le 1 \\ 0, & otherwise \end{cases}$$

(1) Find the matched filter impulse response and peak output signal squared to output noise variance.

(2) Assume that $a = \pm 1$ with equal prior probability and that $y(t_0)$ is the matched filter output with peak signal squared to output noise variance. Find the probability of error of the detector that decides $a = 1$ if $y(t_0) > 0$, $a = -1$ if $y(t_0) < 0$（清大通訊所）

12. Consider a slowly flat fading channel. The received signal can be expressed as

$$x(t) = a_i R\cos\left(2\pi f_c t\right) + n(t), 0 \le t \le T$$

where $a_i = \pm 1$ with equal probability, $n(t)$ is AWGN with PSD $\frac{N_0}{2}$. R is a Rayleigh distributed random variable with PDF

$$f(r) = \frac{r}{\sigma^2}\exp\left(-\frac{r^2}{2\sigma^2}\right), r \ge 0$$

(1) Find the bit error probability for a specified value of R.

(2) Find the average bit error probability over all values of R.

(3) Discuss the effects of this Rayleigh distributed random amplitude R and give method to reduce its effect.

（交大電信所）

13. In a binary PAM system, the input to the detector is

$y = a + n + i$

where $a = \pm 1$ is the desired signal, $n \sim N(0, \sigma^2)$, and i represents the ISI due to channel distortion. The ISI term is a random variable which takes values $-\frac{1}{3}$ and $\frac{2}{3}$ with equal probability.

(1) Draw the conditional PDFs, $f\left(y \middle| a = 1, i = -\frac{1}{3}\right), f\left(y \middle| a = -1, i = -\frac{1}{3}\right)$

(2) Draw the conditional PDFs, $f\left(y \middle| a = 1, i = \frac{2}{3}\right), f\left(y \middle| a = -1, i = \frac{2}{3}\right)$

(2) Determine the averaged probability of error.

（98 海洋通訊所）

14. In an AWGN channel with a noise PSD of $\frac{N_0}{2}$, two equiprobable messages are transmitted by

$$s_1(t) = \begin{cases} \frac{At}{T}, 0 \le t \le T \\ 0, otherwise \end{cases}, s_2(t) = \begin{cases} A - \frac{At}{T}, 0 \le t \le T \\ 0, otherwise \end{cases}$$

(1) Determine E_b, the bit energy

(2) Depict the optimal receiver and determine the threshold value for the receiver

(3) With the optimal receiver, determine the BER in terms of Q-function and parameters A, T, and N_0

Knowing that $\frac{E_b}{N_0} = 9.6dB$ is required to get $BER = 10^{-5}$ for coherent BPSK signal, what is the required $\frac{E_b}{N_0}(dB)$ for this system to get $BER = 10^{-5}$?

（成大電通所）

15. A 4-ary PAM transmitter emits $S \in \{2, 3, 4, 5\}$ with a priori probabilities $[p_0, p_1, p_2, p_3] = [0.1, 0.7, 0.1, 0.1]$. The receiver observes $R = S+Z$, where the noise Z has an exponential distribution, $f_z(z) = e^{-z}; z > 0$. Specify the decision boundaries for the ML and MAP receivers.

（96 中原電機通訊所）

16. Consider the signal $s(t)$

$$s(t) = \begin{cases} A; 0 \le t \le \frac{T}{2} \\ -A; \frac{T}{2} \le t \le T \end{cases}$$

(1) Determine the impulse response of the matched filter and sketch it as a function of time.

(2) Plot the output of the matched filter as a function of time, if $s(t)$ is transmitted.

(3) Find the time that the peak of the output is achieved. What the peak value is?

(4) Show that a correlator receiver can be realized as a matched filter.

（輔大電子所）

17. Prove that if a signal $s(t)$ is corrupted by AWGN with two-sided PSD $\frac{N_0}{2}$, the filter with an impulse response matched to $s(t)$ maximizes the output signal-to-noise ratio (SNR). The maximum SNR obtained with the matched filter is :

$$SNR_0 = \frac{2}{N_0}\int_0^T s^2(t)dt = \frac{2E}{N_0}$$

（中山通訊所）

18. Consider baseband binary digital transmission over an AWGN (additive white Gaussian noise) channel with symbol period equal to T. The symbol values are ±1. One symbol is transmitted starting at each time kT where k is an integer. Let the impulse response of the transmitter filter corresponding to the symbol value +1 be given by

$$p(t)=\begin{cases} 1, & 0<t<T/3 \\ -0.5, & T/3<T<T \\ 0, & otherwise \end{cases}$$

(1) Assume that the transmitter employs antipodal signaling. Sketch the block diagram of a matched-filer receiver. AND specify the following things for the receiver:

① The impulse response of the matched filter. The filter should be causal.

② The sampling time of the sampling circuit for the symbol transmitted in the time interval $[kT, (k+1)T]$.

③ How the decision circuit should make its decisions.

(2) Assume that the transmitter employs orthogonal signaling with equal symbol energy for both symbol values. Obtain a suitable impulse response waveform for the transmitter filter corresponding to the symbol value -1.

（交大電機所）

19.Consider the 4 signal waveforms $s_0(t)$, $s_1(t)$, $s_2(t)$ and $s_3(t)$ as shown in the following

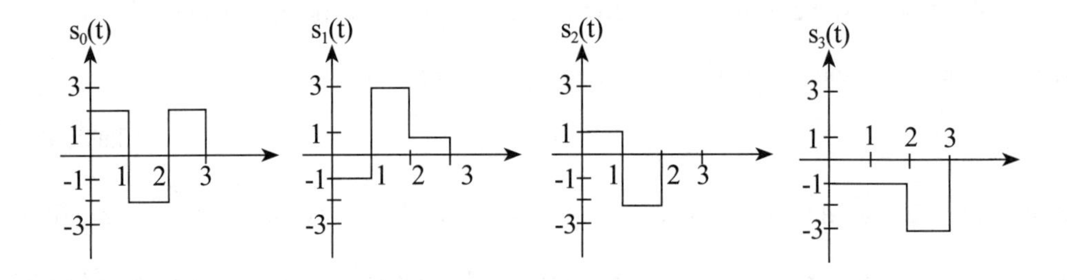

(1) Use the Gram-Schmidt procedure (starting from $s_0(t)$ and followed in order by $s_1(t)$, $s_2(t)$ and $s_3(t)$) to find the orthonormal basis functions for the 4 signal waveforms shown in the figure. Plot each of the orthonormal basis functions that you obtained.

(2) Give the vector representation of the 4 signal waveforms corresponding to the orthonormal basis functions obtained in (1).

（96 清大通訊所）

20. Suppose that a matched filter has the frequency response $H(f)=\dfrac{1-e^{-j2\pi fT}}{j2\pi f}$. Determine the impulse response $h(t)$ corresponding to $H(f)$ and the signal $s(t)$ to which the filter characteristic is matched. （暨南通訊所）

21. The two equivalent low-pass signals in the figure below are used to transmit a binary sequence over an additive white Gaussian noise channel. The received signal can be expressed as
$r_i(t)=s_i(t)+z(t),\quad 0\le t\le T,\quad i=1,2$
where $z(t)$ is a zero-mean Gaussian noise process.
(1) Determine the transmitted energy in $s_1(t)$ and $s_2(t)$ and the cross-correlation coefficient ρ_{12}.
(2) Suppose the receiver is implemented by means of coherent detection using two matched to $s_1(t)$ and the other to $s_2(t)$. Sketch the equivalent low-pass impulse responses of the matched filter.
(3) Sketch the noise-free response of the two matched filters when the transmitted signal is $s_2(t)$.
（中原電子通訊所）

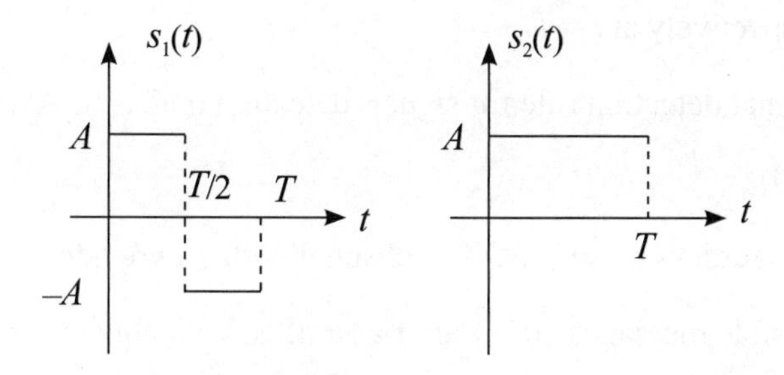

22. A set of binary signals shown in Fig. (a) are used to transmit a binary sequence. An optimal receiver shown in Fig. (b) is used for detecting the transmitted signal. Assume that the additive noise is neglected for simplification.

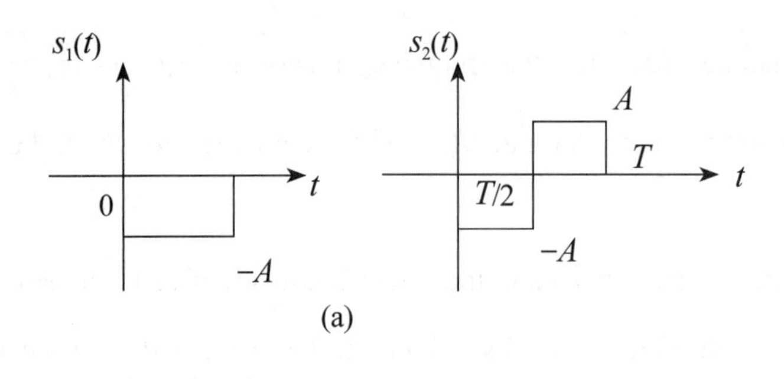

(a)

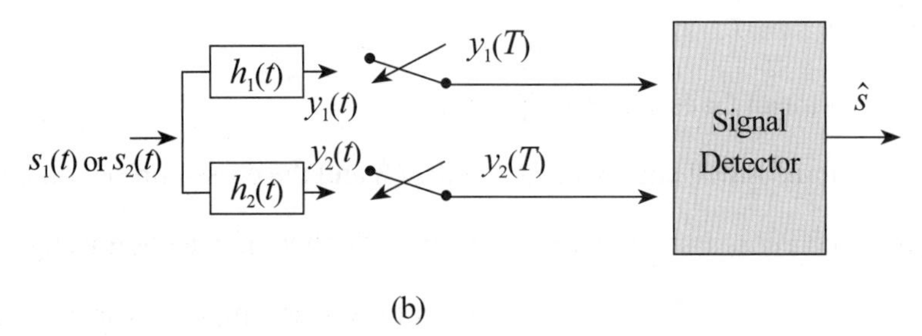

(b)

(1) Determine the filter $h_1(t)$, matched to the signals $s_1(t)$ and the filter $h_2(t)$, matched to the signals $s_2(t)$, respectively.

(2) Assume that $s_1(t)$ is transmitted. Determine the sampled outputs $y_1(t)$ and $y_2(t)$ of the matched filters respectively at $t = T$.

(3) Determine an optimal detection rule for signals detection under the AWGN channel.（高雄第一科大電通所）

23. In an additive white Gaussian noise (AWGN) channel with a two-sided power spectral density $N_0/2$, assume two possible messages $\{0, 1\}$ are transmitted with equal probability by employing corresponding waveforms as follows:

$$\begin{cases} s_1(t) = A \\ s_2(t) = At - A\dfrac{T}{2} \end{cases} \qquad \text{for } 0 \le t \le T \;\; \forall s_i(t)$$

where A and T are real - valued parameters $A < T$

(1) Find orthonormal basis function for signaling set $\{s_1(t), s_2(t)\}$.

(2) What is the matched filter, $h(t)$?

(3) Find out the optimal threshold when $A = 1$ and $T = 2$.

(4) Derive an expression for the message error probability as a function of N_0 in terms of

Q-functions when $A = 1$ and $T = 2$. （台科大電機所）

24. A bipolar binary signal, $s_i(t)$, is a +1V or –1V pulse during the interval $(0, T)$. Additive white Gaussian noise having two-sided power spectral density of 10^{-3} W/Hz is added to the signal.

    (1) What is the E_b/N_0 of this system?

    (2) If the received signal is detected with a matched filter, determine the maximum bit rate that can be sent with a bit error probability of $P_B < 10^{-3}$. （交大電子所）

25. A given set of function is $\phi_1(t) = 1$ $\phi_2(t) = t$ $\phi_3(t) = 1.5t^2 - 0.5$

    (1) Show that these functions are mutually orthogonal over the interval (-1, 1).

    (2) Represent the signal $f(t) = \begin{cases} t & t \geq 0 \\ 0 & t < 0 \end{cases}$ over the internal (1, -1) using the set of functions above.

    (3) Sketch $f(t)$ and the representation of $f(t)$ over the interval (-1, 1) on the same graph and compare. （台北大學通訊所）

26. Binary data is transmitted over an AWGN channel with power spectral density $N_0/2$ by using a pulse $s_1(t)$, $0 \leq t \leq T$ for '1' and a pulse $s_2(t)$, $0 \leq t \leq T$ for '0' as shown in Fig.

    (1) Design and sketch an ML optimum receiver.

    (2) Determine the error probability of the receiver. （高雄第一科大電通所）

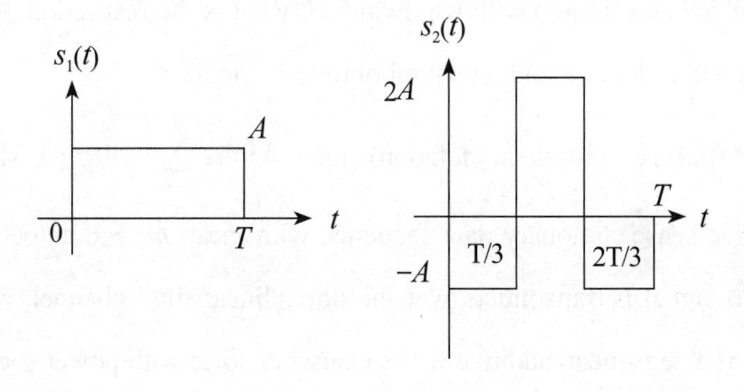

27. Assume we have three received signals $r_i(t) = \alpha_i m(t) + n_i(t)$, $i = 1, 2, 3$, where each α_i is a complex number, $m(t)$ is the message signal, and $n_i(t)$ is additive white Gaussian noise with variance σ_i^2. Our goal is to form a linear combination of $r_i(t)$, $i = 1, 2, 3$, i.e. finding β_i, $i = 1, 2,$

3 such that $\sum_{i=1}^{3}\beta_i r_i(t)$ has the largest signal to noise ratio (SNR). Please follow the steps below to achieve this goal.

(1) Assume the power of $m(t)$ is 1. Express the SNR of $\sum_{i=1}^{3}\beta_i r_i(t)$ in terms of α_i, β_i and σ_i, $i = 1, 2, 3$.

(2) With the following inequality $|a_1^* b_1 + a_2^* b_2 + a_3^* b_3|^2 \le (|a_1|^2 + |a_2|^2 + |a_3|^2)(|b_1|^2 + |b_2|^2 + |b_3|^2)$, where a_i's b_i's are complex numbers, find the maximum value of SNR obtained in part (1).

(3) In the above inequality, the equality holds when $(a_1, a_2, a_3) = k(b_1, b_2, b_3)$, where k is any constant. Use this information to find the optimal β_i, $i = 1, 2, 3$ such that the maximum SNR in part (2) is achieved. （清大通訊所）

28. Two equally likely pulses, $p(t)$ and $q(t)$, with duration T are used in binary transmission over an AWGN band-unlimited channel with two-sided power spectral density of $N_0/2$.

(1) Draw the block diagram of the optimum receiver.

(2) Derive the bit error probability of the optimum receiver if $q(t) = -p(t)$ and $p(t)$ is a rectangular pulse with amplitude A and duration T.

(3) If $p(t) = A\cos\omega_1 t$ and $q(t) = \cos\omega_2 t$, find the relation of ω_1 and ω_2 such that $p(t)$ and $q(t)$ are orthogonal.

(4) For the case in (3), find the bit error probability of the optimum receiver.

(5) If the channel is band-limited with bandwidth B, what is the restriction on the pulse shapes of $p(t)$ and $q(t)$ in order to avoid intersymbol interference. （交大電信所）

29. Consider a PAM (pulse amplitude modulation) signal $X(t) = \sum_{n=\infty}^{\infty} x_n p(t-n)$, where $p(t) = \frac{\sin(\pi t)}{\pi t}$ and $\{x_n\}$ is a wide-sense stationary data sequence with mean m_x and autocorrelation function $\phi_x(m)$. The PAM signal is transmitted over the noisy linear filter channel, where $g(t) = \delta(t) + \delta(t-1)$ and $Z(i)$ is a zero-mean additive white Gaussian noise with power spectral density $N_0/2$. The output signal $Y(t)$ is sampled $i = n$ to yield $y_n = Y(n)$.

(1) Find y_n in terms of x_n and $h(t)$.

(2) Find $h(t)$ so that there is no intersymbol interference for y_n.

(3) Find the signal to noise ratio (SNR) for y_n.

(4) Is y_n wide-sense stationary? Explain.　（中正電機所）

30. The received signal in a binary communication system that employs antipodal signal is $r(t) = s(t) + n(t)$ where $s(t) = A\left[\Pi\left(t-\frac{1}{2}\right)+\Pi\left(t-\frac{5}{2}\right)\right]$ and $n(t)$ is AWGN with mean 0 and power-spectral density $N_0/2$ W/Hz.

(1) Sketch the impulse response of the matched filter for $s(t)$.

(2) If the input of the matched filter is $s(t)$, sketch the output of the matched filter.

(3) If the input of the matched filter is $r(t)$, determine the probability density function of the output at $t = 3$.　（北科大電腦通訊所）

31. A random binary data sequence 00011011⋯ is transmitted using an 8-levels polar signaling with the pulse

$$p(t) = \begin{cases} 1 & 0 \le t \le T \\ 0 & \text{elsewhere} \end{cases}.$$

To obtain the transmitted waveform, a three-bit DAC code shown in Table 1 is used. Determine and sketch the power spectral density (PSD) for the scheme.

$$\begin{cases} 000 \to +7 \quad , \quad 100 \to -7 \\ 001 \to +5 \quad , \quad 101 \to -3 \\ 010 \to +3 \quad , \quad 110 \to -5 \\ 011 \to +1 \quad , \quad 111 \to -1 \end{cases}$$

Table. 1 Three- bit digital - to - analog code　（高雄第一科大電腦通訊所）

32. An input signal $x(t) = \Pi\left(t-\frac{1}{2}\right)+\Pi\left(t-\frac{5}{2}\right)$ with signal duration $T = 3$ is sent to the matched filter with the impulse response $h(t)$. It is noted that $\Pi(t)$ is a rectangular function with

$$\Pi(t) = \begin{cases} 1, |t| \le \frac{1}{2} \\ 0, |t| > \frac{1}{2} \end{cases}$$

Then (1) Sketch $h(t)$.

(2) Sketch the output signal $y(t)$ of the matched filter.　（北科大資工所）

33. A digital communication system consists of a transmission line with 4 regenerative repeaters (excluding the last receiver). The communication environment and design of all receivers are identical. The channel has an ideal frequency response over 320 MHz $\leq f \leq$ 325 MHz. The modulation scheme is OQPSK with coherent detection and the channel noise is AWGN with $N_0 = 10^{-10}\, Watt/Hz$.

(1) What is the highest bit rate that can be transmitted without ISI?

(2) If the BER of the whole system $\leq 5 \times 10^{-5}$ is required, what is the minimum received $\frac{E_b}{N_0}$ at each receiver? In this case, what is the minimum transmitted power (in dBm) at each repeater if the channel attenuation between two adjacent repeaters is 30 dB? (Note: it is required $\frac{E_b}{N_0}$ = 12.6dB for BFSK signal with coherent detection and $P_b = 10^{-5}$) （成大電通所）

34. In a baseband transmission, logical 0 and 1 are equally likely to occur and are, respectively, mapped into waveforms

$s_0(t) = At,\ 0 < t < T$

and

$s_1(t) = -At,\ 0 < t < T$

where A is a positive constant. Assume that the communication is through an AWGN channel, where the two-sided PSD of the noise is $\frac{N_0}{2}$

(1) Design and plot the correlation receiver

(2) Determine the threshold of the receiver

(3) Determine the average probability of bit error for $A = \sqrt{3}$, $T = 2$, $N_0 = 1$

（台科大電子所）

35. In a baseband transmission, logical 0 and 1 are equally likely to occur and are, respectively, mapped into waveforms

$s_0(t) = \frac{At}{T}, 0 < t < T$

and

$$s_1(t) = A - \frac{At}{T}, 0 < t < T$$

where A is a positive constant. Assume that the communication is through an AWGN channel, where the two-sided PSD of the noise is $\frac{N_0}{2}$

(1) Determine the average bit energy, E_A.

(2) Determine the threshold of the correlation receiver

(3) Determine the average probability of bit error　（成大電腦與通訊所）

36. An equiprobable binary signaling scheme, using the signal set shown in the following figure, has rate R bite/s and symbol period T.

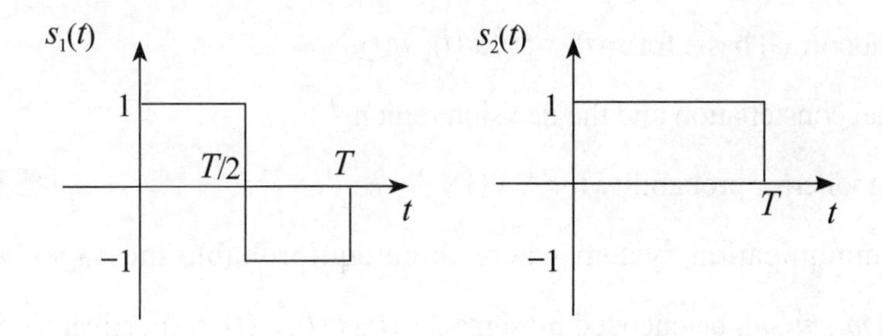

The received signal $r(t) = S_i(t) + N(t)$, $i = 1, 2$, where $N(t)$ is stationary white noise with probabity density function of

$$f_N(n) = \frac{1}{\sqrt{2}a} e^{-\sqrt{2}|n|a} \quad \text{for } n \in (-\infty, \infty)$$

The signal is passed through a set of matched filters and sampled at time $t = T$

(1) Suppose the receiver is implemented by means of coherent detection using two matched filters that are matched to $S_1(t)$ and $S_2(t)$. Sketch the equivalent impulse response of the two matched filters.

(2) What is the average signal-to-noise ratio (SNR) of the system taking the difference of he output of the two matched fiters mentioned in (1)? (Show the details of your derivation.)

(3) What is the error probability of this system (in terms of a and T), (Show the details of your derivation.)

(4) Now assume that the system is augmented with two more signals $S_3(t) = -S_1(t)$ and $S_4(t) = -S_2(t)$. What is the resulting transmission bit rate?

(5) Using the uuion bound, find a bound on the error probability of the 4-ary system in (4). (Show the details of your derivation.) （98 台聯大）

37. Suppose we like to design a digital modulation system with 4 signals, $s_1(t)$, $s_2(t)$, $s_3(t)$, $s_4(t)$, assume these signals are equally likely to be transmitted. The Fourier transform of these signals are

$$S_1(f) = \sin c^2(f), S_2(f) = \frac{1}{j\pi f} * \sin c^2(f),$$

$$S_3(f) = -S_1(f), S_4(f) = -S_2(f)$$

(1) Find $s_1(t)$, $s_2(t)$, $s_3(t)$, $s_4(t)$,

(2) Find the orthonormal basis for $s_1(t)$, $s_2(t)$, $s_3(t)$, $s_4(t)$,

(3) Plot the signal constellation and the decision region

(4) Find the symbol error probability for AWGN （雲科大電資所）

38. Consider a communication system where three equiprobable messages m_1, m_2, m_3 are transmitted. Let m_1, m_2, m_3 be encoded by signals $s_1(t)$, $s_2(t)$, $s_3(t)$, respectively, given by

$$s_1(t) = 3\sqrt{2}\cos 2\pi t, s_2(t) = 2\sqrt{2}\sin 2\pi t, s_3(t) = -2\sqrt{2}\sin 2\pi t$$

where the signal duration is $0 \le t \le 1$. Assume that the signals are transmitted over AWGN channel.

(1) Find a set of orthonormal basis function to represent the set of signals, and then draw the corresponding signal constellation.

(2) Determine the optimum decision regions

(3) Determine an equivalent minimum-energy signal set that would yield the same probability of error as the signal set described above. Draw the corresponding signal constellation and optimum decision regions. （清大電機所）

39. Consider the following signals transmitted over an AWGN channel with two-sided PSD $\frac{N_0}{2}$

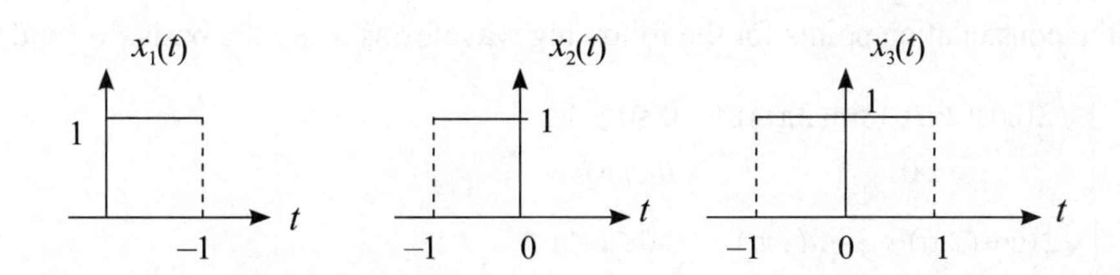

(1) If $x(t)$, $x_2(t)$ are chosen as basis functions, how do you represent $x_1(t)$, $x_2(t)$ and $x_3(t)$ in the vector space spanned by $x_1(t)$, $x_2(t)$?

(2) What are the optimum decision boundaries at the receiver in the vector space defined in (1)?

(3) What is the union bound of the error probability in (2)?（交大電子所）

40. One of two signals as shown below is used to transmit binary information sequence. The waveforms are used with equal probability and are corrupted by an AWGN with noise PSD $\frac{N_0}{2}$ such that the received signal is

$$r(t) = s(t) + n(t)$$

(1) Find an appropriate set of orthonormal basis functions.

(2) Draw the signal space diagram.

(3) Find the optimum receiver.

(4) Find the BER in terms of $\frac{E_b}{N_0}$（元智電機所）

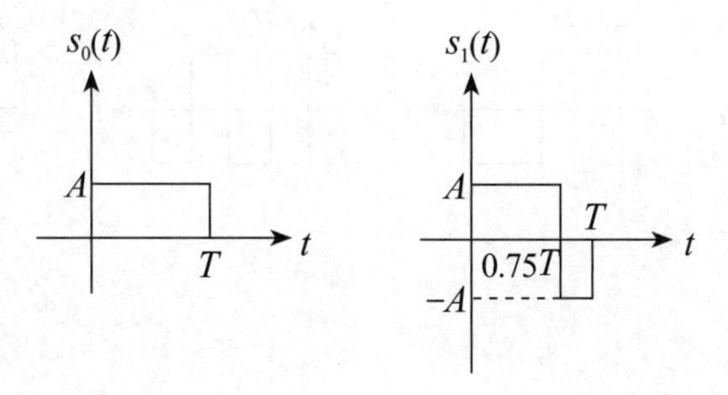

41. (1) Show that the following two basis functions are orthonormal.

$$\phi_1(t) = \begin{cases} \sqrt{2}\cos(2\pi t), & 0 \le t \le 1 \\ 0, & otherwise \end{cases}$$

$$\phi_2(t) = \begin{cases} \sqrt{2}\sin(2\pi t), & 0 \le t \le 1 \\ 0, & otherwise \end{cases}$$

(2) Draw the constellation points for the following waveforms using the basis $\phi_1(t)$ and $\phi_2(t)$.

$$x_0(t)=\begin{cases}\sqrt{2}(\cos(2\pi t)+\sin(2\pi t)), & 0\le t\le 1\\ 0, & otherwise\end{cases}$$

$$x_1(t)=\begin{cases}\sqrt{2}(\cos(2\pi t)+3\sin(2\pi t)), & 0\le t\le 1\\ 0, & otherwise\end{cases}$$

$$x_2(t)=\begin{cases}\sqrt{2}(3\cos(2\pi t)+\sin(2\pi t)), & 0\le t\le 1\\ 0, & otherwise\end{cases}$$

$$x_3(t)=\begin{cases}\sqrt{2}(3\cos(2\pi t)+3\sin(2\pi t)), & 0\le t\le 1\\ 0, & otherwise\end{cases}$$

$$x_{i+4}(t)=-x_i(t),\quad i=1,2,3$$

(3) Determine the average energy of the signal constellation if all signals are equally likely transmitted in a communication system. （台科大電機所）

42. Consider the binary PAM system with rectangular pulse shaping.

(1) What is the integrate-and-dump detector? Draw its block diagram and explain its principle.

(2) Suppose that 0 and 1 are equally likely to be transmitted. Compare the on-off signaling (pulse levels 0 and A) with the bipolar signaling scheme (pulse levels –A/2 and +A/2) in terms of power efficiency and bit error rate performance. （96 中興通訊所）

43. 試證明下列波形兩兩正交

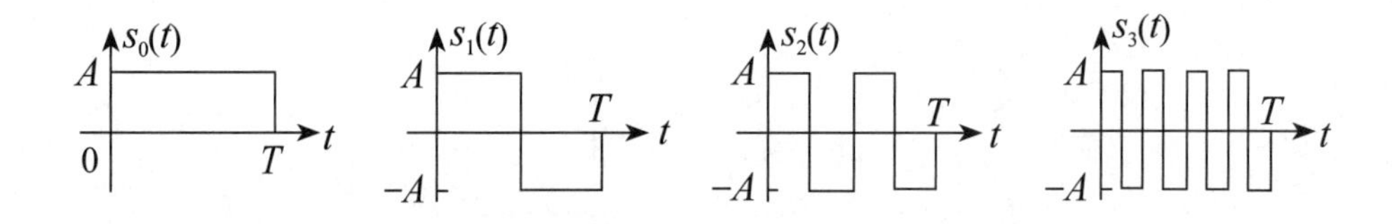

第八章 帶通系統中的數位調變與解調變技術

所謂數位調變就是將位元（bit）或符元（symbol）轉換成適合於在通道中傳送的波形，在前面的兩章中，我們直接將此代表數位訊號的波形傳送至通道中，稱之爲基頻（baseband）數位通訊，我們也討論並分析了其性能。在第一章中曾經討論過基頻訊號必須經過載波（carrier）調變之後才適合在通道中傳送，稱之爲帶通（passband）訊號，使用載波調變的另一個好處是可以將帶通訊號放置在濾波器或放大器較容易製作的頻帶上。

在本章中我們將分別討論四種形式的帶通訊號：包括了相移鍵（Phase Shift Keying, PSK）、頻移鍵（Frequency Shift Keying, FSK）、幅移鍵（Amplitude Shift Keying, ASK），幅相鍵（Amplitude-Phase Keying, APK）。

8.1　相移鍵

在相移鍵（Phase Shift Keying, PSK）中訊息用以改變載波之相位，我們將分別討論 Binary PSK（BPSK），Quadrature PSK（QPSK），以及 *M*-ary PSK（MPSK）。

一、Binary PSK（BPSK）

在 BPSK 中，位元「1」與「0」分別用來代表兩個不同的載波相位，故兩者之相位相差 π，但振幅相同。BPSK 調變訊號可以表示爲：

$$\text{Bit "1": } s_1(t): \sqrt{\frac{2E_b}{T_b}}\cos(2\pi f_c t)\,;\ 0 \le t \le T_b \tag{1a}$$

$$\text{Bit "0": } s_2(t): \sqrt{\frac{2E_b}{T_b}}\cos(2\pi f_c t + \pi) = -\sqrt{\frac{2E_b}{T_b}}\cos(2\pi f_c t) = -s_1(t)\,;\ 0 \le t \le T_b \tag{1b}$$

其中 T_b 代表傳送一個 bit 所需時間，E_b 代表傳送一個 bit 所需能量，f_c 代表載波頻率。通常載波頻率遠大於訊息頻寬（$f_c \gg \frac{1}{T_b}$），其理由在第一章中已經詳述。BPSK 之兩個可能傳送的訊號能量相同，$\int_0^{T_b} s_1^2(t)dt = \int_0^{T_b} s_2^2(t)dt = E_b$，但極性相反，故又稱爲相反極性（anti-podal）調變。

根據前一章所提到的訊號空間法，我們可以將 BPSK 調變訊號以向量的形式表示，首

先選擇一維正規化基底函數為

$$\varphi_1(t)=\sqrt{\frac{2}{T_b}}\cos(2\pi f_c t) \tag{2}$$

將式 (2) 代入式 (1) 中，則原 BPSK 調變訊號可重新表示為較簡潔之形式：

$$s_1(t)=\sqrt{E_b}\,\varphi_1(t)\,;\,0\le t\le T_b \tag{3a}$$

$$s_2(t)=-\sqrt{E_b}\,\varphi_1(t)\,;\,0\le t\le T_b \tag{3b}$$

由式 (3a) 及式 (3b)，我們可以將 BPSK 調變器以及訊號空間圖表示如圖 8-1 與圖 8-2：

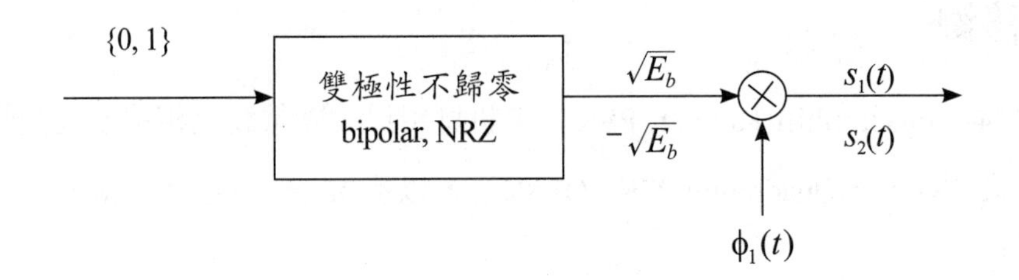

圖 8-1

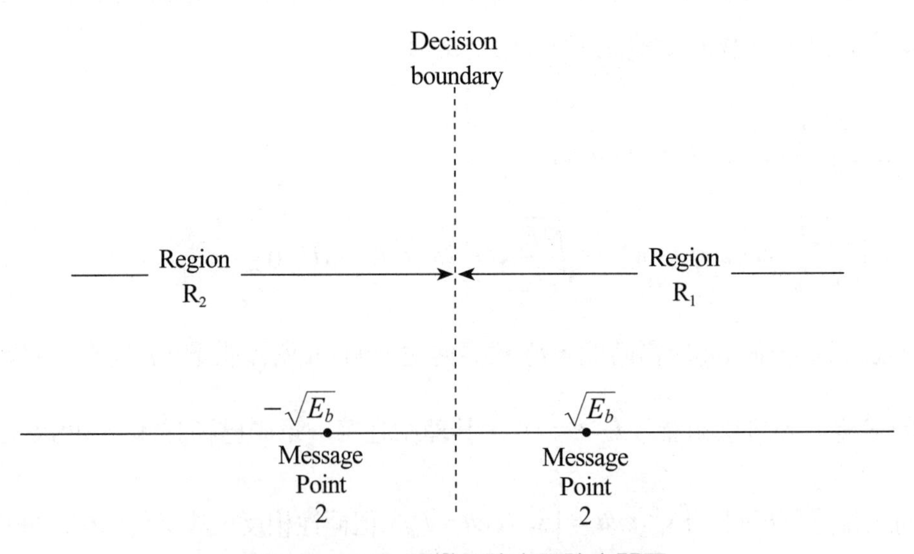

圖 8-2 BPSK 調變訊號之訊號空間圖

由第七章之討論可知，最佳之 BPSK 之接收機即為相關性解調器（correla-tion receiver），其架構如圖 8-3 所示：

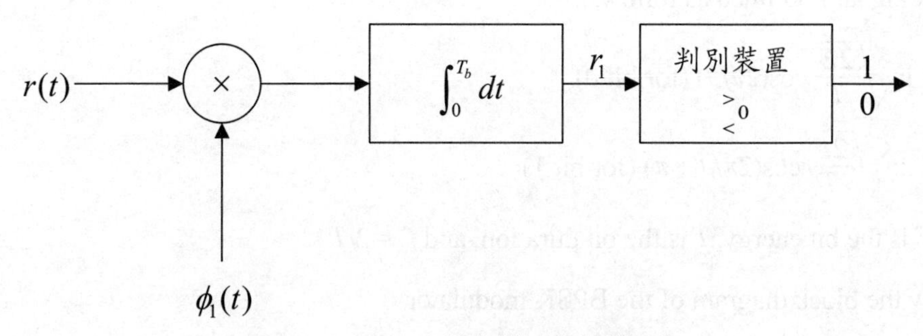

圖 8-3　BPSK 之接收機（解調變器）

假設事前機率相同，則判別裝置之臨界值，根據第七章式 (39) 可知：

$$\eta_{opt} = \frac{E_2 - E_1}{2} = \frac{E_b - E_b}{2} = 0 \tag{4}$$

如圖 8-3 之判別裝置即在執行 sign test。由圖 8-3 可得相關器（correlator）輸出為：

$$\begin{aligned} r_1 &= \int_0^{T_b} \left[\pm\sqrt{E_b}\phi_1(t) + n(t) \right] \phi_1(t)dt \\ &= \pm\sqrt{E_b} + n_1 \end{aligned} \tag{5}$$

其中 $n(t)$ 為 AWGN，$n_1 = \int_0^{T_b} n(t)\phi_1(t)dt$，顯然的 n_1 仍為高斯（常態）分布，且期望值為 0，變異數為

$$E\left[n_1^2\right] = \int_0^{T_b} E\left[n^2(t)\right]\phi_1^2(t)dt = \frac{N_0}{2}\int_0^{T_b} \phi_1^2(t)dt = \frac{N_0}{2} \tag{6}$$

因此 $n_1 \sim N\left(0, \frac{N_0}{2}\right)$。系統之平均位元錯誤率可由第七章式 (42) 求得：

$$P_{BPSK} = Q\left(\frac{\sqrt{E_b}}{\sqrt{\frac{N_o}{2}}}\right) = Q\left(\sqrt{\frac{2E_b}{N_0}}\right) \tag{7}$$

例題 1

A BPSK signal is defined as follows:

Symbol 1: $\sqrt{\frac{2E}{T}}\cos(2\pi f_c t)$ (for bit 0)

Symbol 2: $\sqrt{\frac{2E}{T}}\cos(2\pi f_c t+\pi)$ (for bit 1)

where E is the bit energy, T is the bit duration, and $f_c = 2/T$.

(a) Draw the block diagram of the BPSK modulator.

(b) Plot the BPSK waveform for the binary data stream 10010.

(e) Derive the signal constellation for the BPSK.　（99 海洋電機所）

解：

(a) 如圖 8-1

(b)

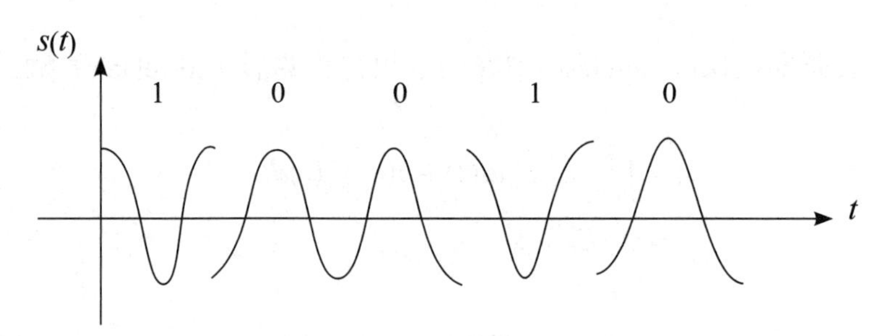

(c) 如圖 8-2

二、Quadrature PSK (QPSK)

QPSK 也稱爲 4PSK，故分別以 4 種不同的相位（等間隔相位相差$\frac{\pi}{2}$）來代表 4 種不同的 symbol。換言之，每個 symbol 包含兩個 bits。因此，若 T_s 代表傳送一個 symbol 所需的時間，則有 $T_s = 2T_b$，同理若 E_s 代表傳送一個 symbol 所需的能量，則有 $E_s = 2E_b$。QPSK 調變訊號可表示如下

$$s_i(t)=\sqrt{\frac{2E_s}{T_s}}\cos\left(2\pi f_c t+(2i-1)\frac{\pi}{4}\right),\ 0\le t\le T_s, i=1,2,3,4, \tag{8}$$

將 $s_i(t)$ 展開後可得：

$$s_i(t)=\sqrt{\frac{2E_s}{T_s}}\cos(2\pi f_c t)\cos\left((2i-1)\frac{\pi}{4}\right)-\sqrt{\frac{2E_s}{T_s}}\sin(2\pi f_c t)\sin\left((2i-1)\frac{\pi}{4}\right) \quad (9)$$

令正規化基底函數爲

$$\begin{cases}\phi_1(t)=\sqrt{\dfrac{2}{T_s}}\cos(2\pi f_c t)\\ \phi_2(t)=-\sqrt{\dfrac{2}{T_s}}\sin(2\pi f_c t)\end{cases}\quad \text{維度 } N=2 \quad (10)$$

將式 (10) 代入式 (9) 可得：

$$s_i(t)=\sqrt{E_s}\cos\left((2i-1)\frac{\pi}{4}\right)\phi_1(t)+\sqrt{E_s}\sin\left((2i-1)\frac{\pi}{4}\right)\phi_2(t) \quad (11)$$

將 $i=1,2,3,4$ 分別代入式 (9) 可得 QPSK 調變訊號的向量表示法：

$$\begin{cases}s_1(t)=\sqrt{\dfrac{E_s}{2}}\phi_1(t)+\sqrt{\dfrac{E_s}{2}}\phi_2(t)\Rightarrow \mathbf{s}_1=\sqrt{\dfrac{E_s}{2}}\begin{bmatrix}+1\\+1\end{bmatrix}\\ s_2(t)=-\sqrt{\dfrac{E_s}{2}}\phi_1(t)+\sqrt{\dfrac{E_s}{2}}\phi_2(t)\Rightarrow \mathbf{s}_2=\sqrt{\dfrac{E_s}{2}}\begin{bmatrix}-1\\+1\end{bmatrix}\\ s_3(t)=-\sqrt{\dfrac{E_s}{2}}\phi_1(t)-\sqrt{\dfrac{E_s}{2}}\phi_2(t)\Rightarrow \mathbf{s}_3=\sqrt{\dfrac{E_s}{2}}\begin{bmatrix}-1\\-1\end{bmatrix}\\ s_4(t)=\sqrt{\dfrac{E_s}{2}}\phi_1(t)-\sqrt{\dfrac{E_s}{2}}\phi_2(t)\Rightarrow \mathbf{s}_4=\sqrt{\dfrac{E_s}{2}}\begin{bmatrix}+1\\-1\end{bmatrix}\end{cases} \quad (12)$$

根據式 (12)，QPSK 調變訊號的訊號空間圖表示如圖 8-4。QPSK 中 4 個可能傳送的訊號能量相同（均爲 E_s），但相鄰訊號之相位差均爲 $\frac{\pi}{2}$（BPSK 之相位差爲 π）。如圖 8-4 所示，通常在編碼時會將相鄰的訊號點只相差一個位元，這樣的編碼方式稱爲格雷編碼（Gray encoding）。

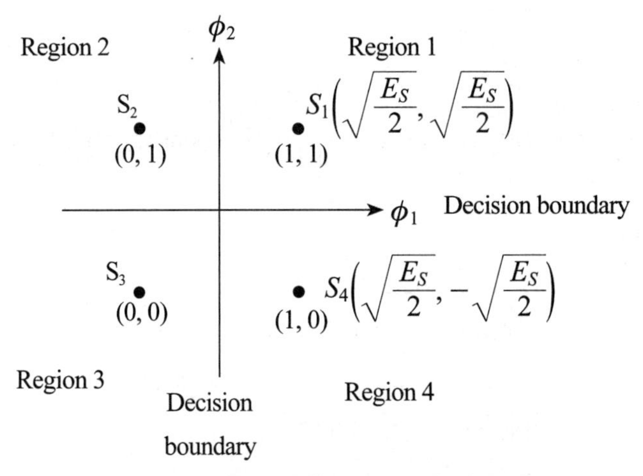

圖 8-4 QPSK 調變訊號的訊號空間圖

根據式 (12)，在調變的過程中，訊息位元先經過串聯 - 並聯轉換（serial-to-parallel conversion），其中奇數位元延伸一個位元後乘上$\phi_1(t)=\sqrt{\frac{2}{T_s}}\cos(2\pi f_c t)$而偶數位元延伸一個位元後乘上 $\phi_2(t)=-\sqrt{\frac{2}{T_s}}\sin(2\pi f_c t)$，前者稱爲 I-channel，而後者稱爲 Q-channel，兩者相加之後傳送出去。值得注意的是 basis function $\phi_1(t),\phi_2(t)$均定義於 $[0, 2T_b]$。QPSK 系統之輸出波形及 QPSK 調變器分別如圖 8-5、8-6 所示。

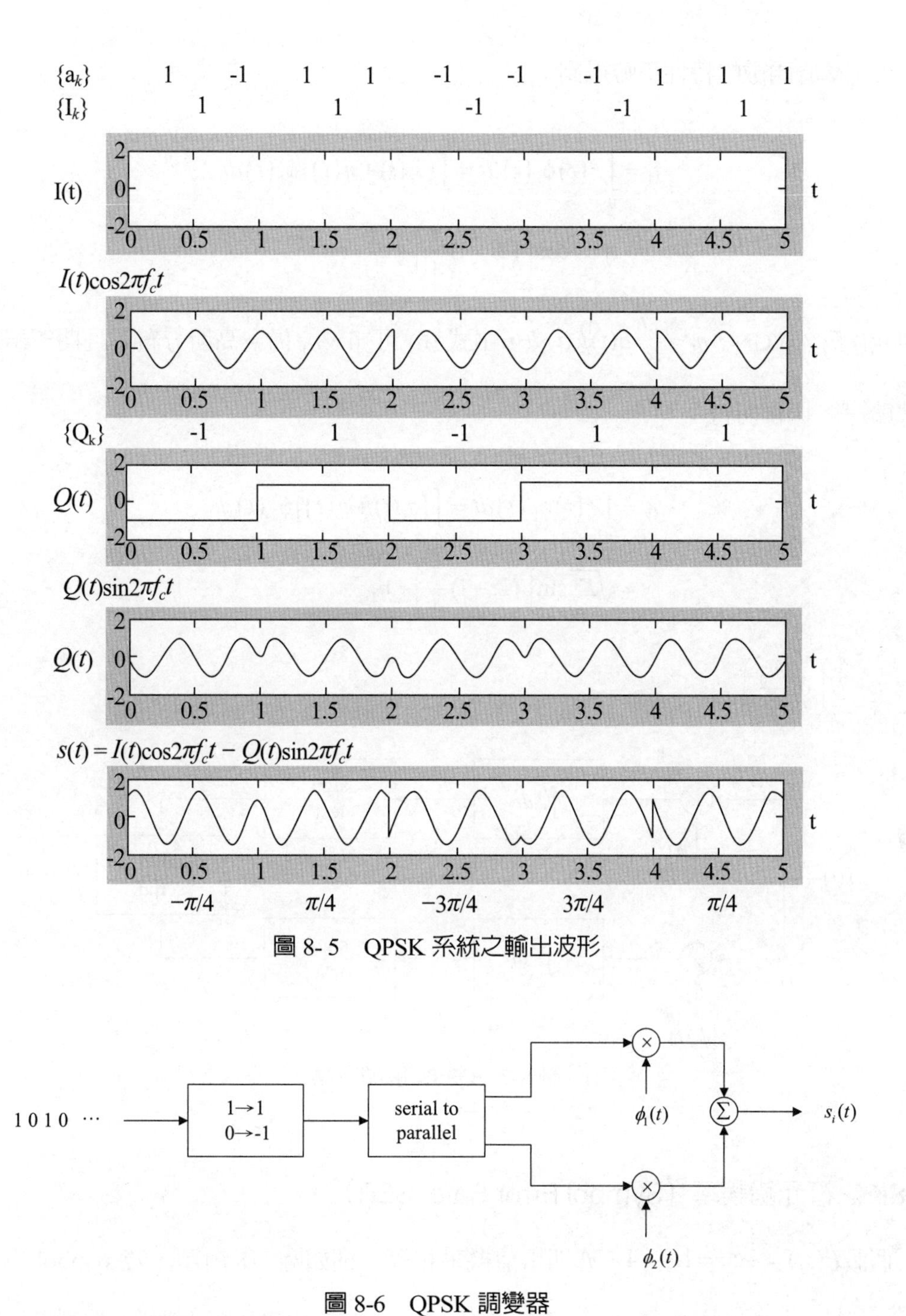

圖 8- 5　QPSK 系統之輸出波形

圖 8-6　QPSK 調變器

QPSK 解調變器如圖 8-7。將接收到的訊號同時經過$\phi_1(t)$、$\phi_2(t)$兩個相關性解調器分別得到 r_1, r_2 輸出，經過 sign test 之後，由並聯 - 串聯轉換即可還原原始訊息。利用 $\{\phi_1(t), \phi_2(t)\}$

爲正規化基底函數的特性不難得到：

$$\begin{aligned} r_1 &= \int_0^{T_s} r(t)\phi_1(t)\,dt = \int_0^{T_s} \big(s_i(t)+n(t)\big)\phi_1(t)\,dt \\ &= \sqrt{E_s}\cos\left((2i-1)\frac{\pi}{4}\right)+n_1 \end{aligned} \tag{13}$$

其中 $n(t)$ 爲 AWGN，$n_1=\int_0^{T_s} n(t)\phi_1(t)dt$，由式 (6) 可知，$n_1$ 仍爲高斯分布，且期望値爲 0 變異數爲$\frac{N_0}{2}$。同理可得：

$$\begin{aligned} r_2 &= \int_0^{T_s} r(t)\phi_2(t)\,dt = \int_0^{T_s} \big(s_i(t)+n(t)\big)\phi_2(t)\,dt \\ &= \sqrt{E_s}\sin\left((2i-1)\frac{\pi}{4}\right)+n_2 \end{aligned} \tag{14}$$

其中 $n_2 \sim N\left(0,\frac{N_0}{2}\right)$

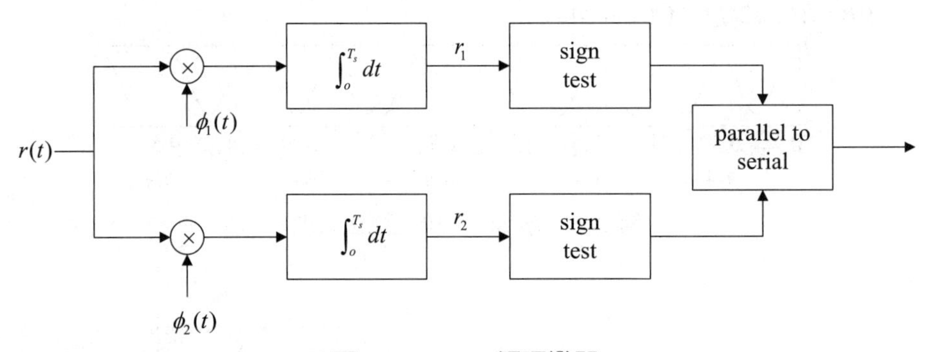

圖 8-7　QPSK 解調變器

QPSK 之符元錯誤率（Symbol Error Rate, SER）

假設$P(s_i)=\frac{1}{4}; i=1,\cdots,4$，亦即事前機率相等，則如圖 8-8 所示，若 symbol 爲「11」（s_1），而 $r_1>0, r_2>0$〔$\mathbf{r}\in R_1$（第一象限）〕，則可正確的做出判斷，故判斷正確之機率爲：

$$P(correct|s_1)=P(r_1>0,r_2>0\mid s_1)$$

$$=P\left(n_1>-\sqrt{\frac{E_s}{2}},n_2>-\sqrt{\frac{E_s}{2}}|s_1\right)=P\left(n_1>-\sqrt{\frac{E_s}{2}}|s_1\right)P\left(n_2>-\sqrt{\frac{E_s}{2}}|s_1\right)$$

$$=\left[1-Q\left(\frac{\sqrt{\frac{E_s}{2}}}{\sqrt{\frac{N_0}{2}}}\right)\right]^2=\left[1-Q\left(\sqrt{\frac{E_s}{N_0}}\right)\right]^2 \tag{15}$$

由於對稱，可知 $P(correct|s_1)=\cdots=P(correct|(s_4)$

由於 $P(s_i)=\frac{1}{4};i=1,\cdots,4$，因此可得

$$P(correct)=\frac{1}{4}\left(P(correct\mid s_1)+\cdots+P(correct\mid s_4)\right)=P(correct\mid s_1) \tag{16}$$

故 QPSK 之符元錯誤率為

$$\begin{aligned}P_{QPSK}&=1-P(correct)=1-\left[1-Q\left(\sqrt{\frac{E_s}{N_0}}\right)\right]^2\\&=2Q\left(\sqrt{\frac{E_s}{N_0}}\right)-\left[Q\left(\sqrt{\frac{E_s}{N_0}}\right)\right]^2\\&\approx 2Q\left(\sqrt{\frac{E_s}{N_0}}\right)=2Q\left(\sqrt{\frac{2E_b}{N_0}}\right)\end{aligned} \tag{17}$$

觀念提示： 可將圖 8-7 之 QPSK 解調變器看成兩組 BPSK 解調變器，由於其中若有任何一組 BPSK 解調變器發生錯誤，即造成 QPSK symbol error，因此 QPSK symbol error rate 可由下式求得：

$$\begin{aligned}P_{QPSK}&=p(1-p)+(1-p)p+p^2\\&=2p-p^2\end{aligned} \tag{18}$$

其中 $p=Q\left(\sqrt{\frac{E_s}{N_0}}\right)$

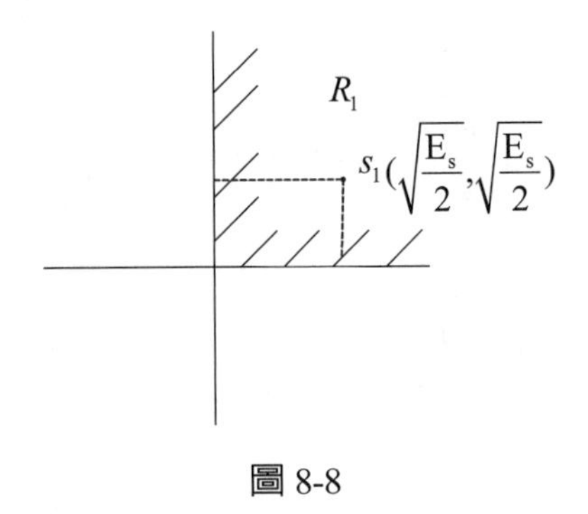

圖 8-8

Offset QPSK (OQPSK)

QPSK 之前後 symbol 之兩個 bits 若同時改變，將造成 ±180°（± π）之相位變化，如此將造成載波振幅劇烈的改變，爲避免前後 symbol 產生 ± π 的相位改變，將$\phi_2(t)$之位元延遲一個位元，換言之，I-channel 之 basis function $\phi_1(t)$如定義於 $[0, 2T_b]$，而 Q-channel 之 basis function $\phi_2(t)$ 則定義於 $[T_b, 3T_b]$，如此則前後 symbol 之間最多只有一個位元的改變，亦即相位最多改變 90°。OQPSK 系統之輸出波形如圖 8-9 所示：

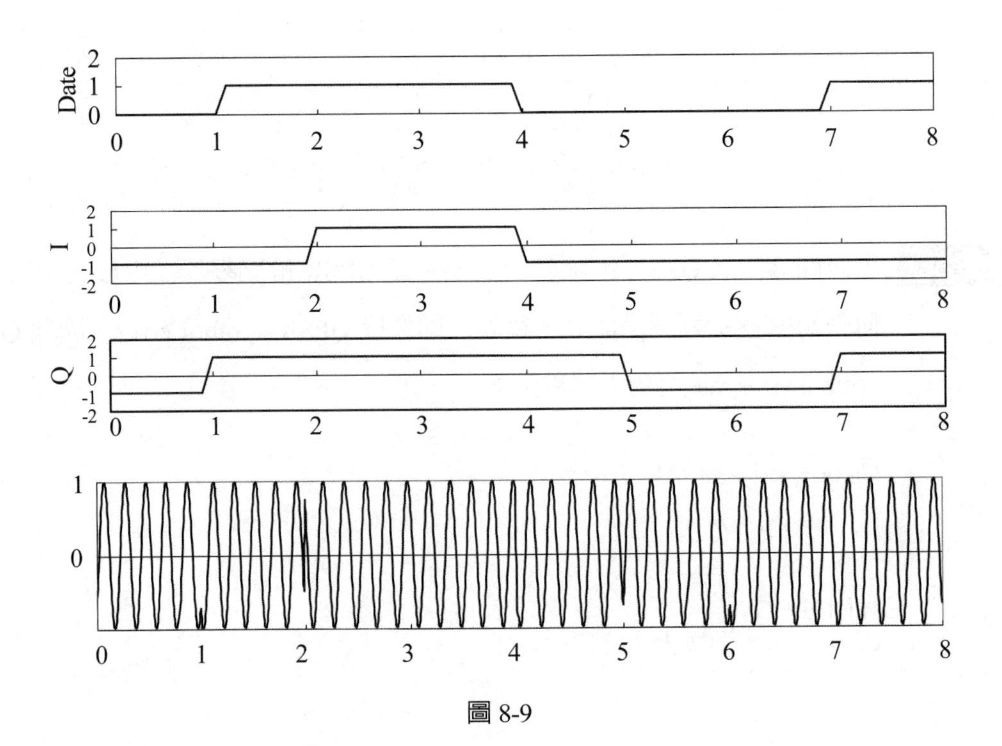

圖 8-9

QPSK 與 OQPSK 之訊號空間與狀態轉移圖表示於圖 8-10。

OQPSK 解調器與 QPSK 解調器之間唯一的差異在於 OQPSK 解調器的 I-channel 之 correlator 則將接收到之訊號與 $\phi_1(t)$ 相乘之後積分 $[0, 2T_b]$ 而 Q-channel 之 correlator 則將接收到隻訊號與 $\phi_2(t)$ 相乘之後積分 $[T_b, 3T_b]$。顯然的，OQPSK 之位元錯誤率與功率頻譜密度與 QPSK 相同，故現今之 QPSK 系統大多改採用 OQPSK 之架構。

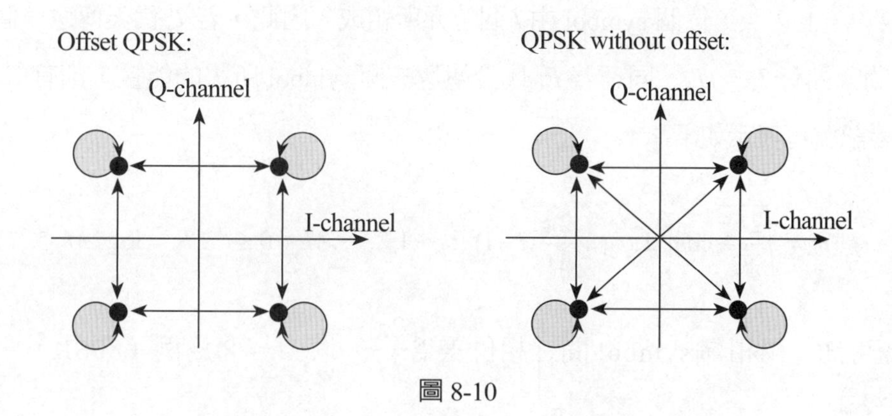

圖 8-10

例題 2

QPSK 調變訊號

$$s_i(t)=\sqrt{\frac{2E_s}{T_s}}\cos(2\pi f_c t+(2i-1)\frac{\pi}{4}), 0\le t\le T_s, i=1,2,3,4,$$

$$\text{QPSK 訊號基底函數}\begin{cases}\phi_1(t)=\sqrt{\dfrac{2}{T_s}}\cos(2\pi f_c t)\\ \phi_2(t)=-\sqrt{\dfrac{2}{T_s}}\sin(2\pi f_c t)\end{cases},$$

(1) 請定義空間圖之二元葛雷碼（Gray code）與 4 個向量訊號的座標。

(2) 請列出對應 01101100 之 QPSK 符元訊號相位。

（101 年公務人員普通考試）

解：

(1) 如圖 8-4

(2) $01101100 \rightarrow \frac{3\pi}{4}, \frac{7\pi}{4}, \frac{\pi}{4}, \frac{5\pi}{4}$

三、*M*-ary PSK

前面所討論的 BPSK 與 QPSK 爲 *M*-ary PSK（*M*PSK）當 $M=2$ 及 4 時的特例。一般而言，$M=2^l; l=1, 2, ...$，每個 symbol 由 l 個位元所組成，因此，若 T_s 代表傳送一個 symbol 所需的時間，則有 $T_s = lT_b$，同理若 E_s 代表傳送一個 symbol 所需的能量，則有 $E_s = lE_b$。*M*PSK 調變訊號可表示如下

$$s_i(t) = \sqrt{\frac{2E_s}{T_s}} \cos\left(2\pi f_c t + \frac{2\pi}{M}(i-1)\right); i=1,2,\cdots,M \quad 0 \le t \le T_s = \log_2 M \tag{19}$$

由式 (19) 可知：兩相鄰 symbol 間之相位差爲$\frac{2\pi}{M}$。以 $M = 8$ 爲例（8PSK），兩相鄰 symbol 之間相位之差爲$\frac{\pi}{4}$（QPSK 爲$\frac{\pi}{2}$，BPSK 爲 π）。令基底函數爲

$$\begin{cases} \varphi_1(t) = \sqrt{\frac{2}{T_s}} \cos(2\pi f_c t) \\ \varphi_2(t) = -\sqrt{\frac{2}{T_s}} \sin(2\pi f_c t) \end{cases} \quad \text{維度 } N=2$$

代入式 (19) 可得：

$$s_i(t) = \sqrt{E_s} \cos\left(\frac{2\pi(i-1)}{M}\right)\varphi_1(t) + \sqrt{E_s} \sin\left(\frac{2\pi(i-1)}{M}\right)\varphi_2(t) \tag{20}$$

M-ary PSK 與 QPSK 之基底函數之維度均爲 2，故其解調器架構之前半段與 QPSK 相同，如圖 8-11 所示

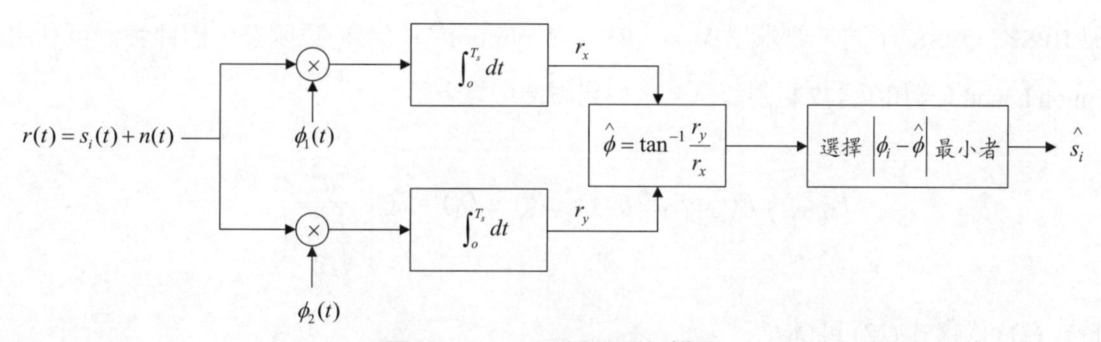

圖 8-11　MPSK 解調器架構圖

顯然的，r_x 爲觀測向量在訊號空間中 $\varphi_1(t)$（x 軸）之分量（x 軸），而 r_y 爲 $\varphi_2(t)$（y 軸）之分量，$\tan^{-1}\frac{r_y}{r_x}$即爲觀測向量與 x 軸之夾角。BPSK, QPSK, 8-PSK, 16-PSK 之訊號空間圖如圖 8-12 所示

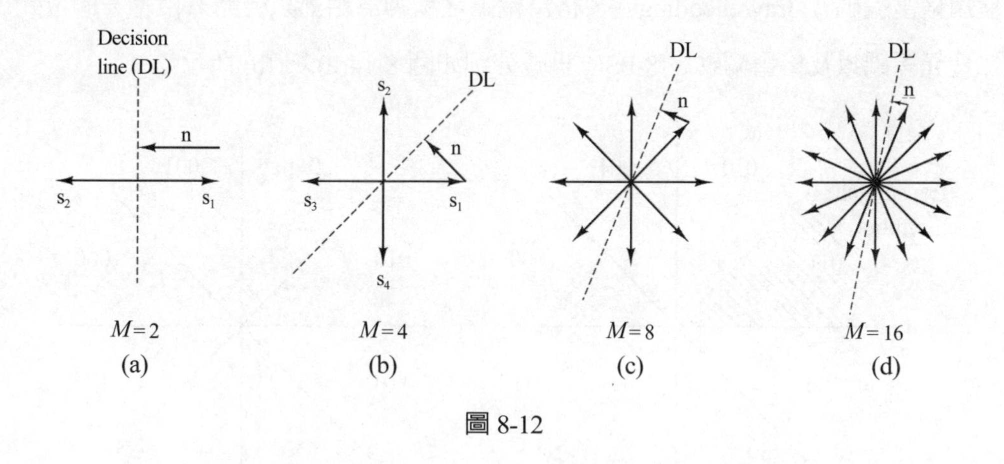

圖 8-12

在計算 M-ary PSK 之 symbol 錯誤率時，我們仍然假設事前機率相同，亦即$P(s_i) = \frac{1}{M}\,;\forall i$。若任一訊號點與其邊界之距離爲 d，則由圖 8-13 可求得

$$d = \sqrt{E_s}\sin\frac{\pi}{M} \tag{21}$$

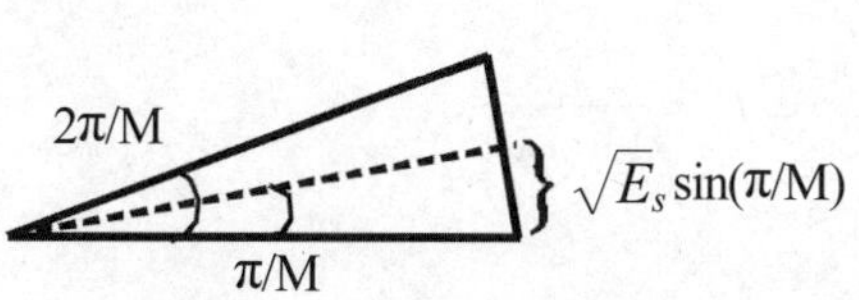

圖 8-13

與 BPSK, QPSK 不同，要求出 M-ary PSK 之 symbol 錯誤率極為困難，因此我們可利用 Union bound（詳如第 477 頁附錄 A）求出錯誤機率之上限

$$P_{MPSK} < P(\mathbf{r} \in D_1 \text{或} D_2) = 2P(\mathbf{r} \in D_1) = 2Q\left(\frac{d}{\sqrt{\frac{N_0}{2}}}\right) \tag{22}$$

將式 (21) 代入式 (22) 可得：

$$P_{MPSK} < 2Q\left(\sqrt{\frac{2E_s}{N_0}} \sin\frac{\pi}{M}\right) \tag{23}$$

根據以上的討論可知 M-ary PSK 顯而易見錯到相鄰訊號點之機率遠大於其餘的點，換言之，錯誤機率完全由相鄰訊號點之錯誤機率所主導。為了降低位元錯誤率 M-ary 通訊系統常使用格雷編碼（Gray encoding），格雷編碼之精神為相鄰訊號點只相差一個位元，一個以二位元編碼以及格雷編碼之 8-PSK 訊號分別如圖 8-14(a) 與 (b) 所示：

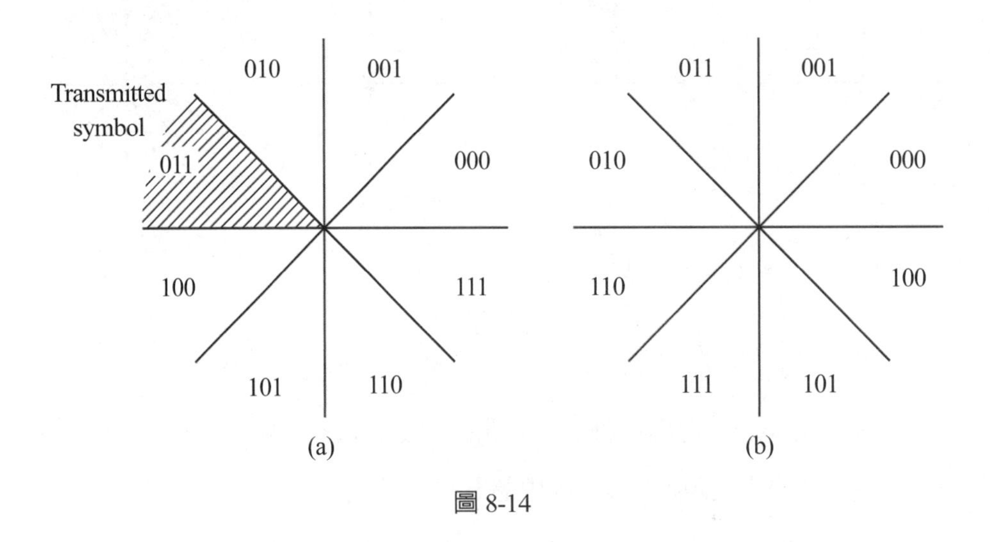

圖 8-14

因此，使用格雷編碼時，當 symbol error 發生時只會造成一個位元的錯誤，故滿足

$$P_b \approx \frac{P_S}{\log_2 M} \tag{24}$$

例題 3

In BPSK modulation, logical 0 and logical 1 are, respectively, mapped into waveforms

$$\begin{cases} s_0(t) = A\cos(2\pi f_c t), 0 < t < T \\ s_1(t) = -A\cos(2\pi f_c t), 0 < t < T \end{cases}$$

Assume that the signals are transmitted over the AWGN channel with $\frac{N_0}{2}$ PSD.

(1) Find the average energy that is consumed in the transmission of one data bit.

(2) Plot the demodulator structure

(3) Find the bit error rate （台科大電機所）

解：

(1) $E_0 = \int_0^T s_0^{\,2}(t)dt = \frac{A^2T}{2} = E_1 = E_A$

(2) Let $\phi(t) = \sqrt{\frac{2}{T}}\cos 2\pi f_c t \Rightarrow s_0(t) = \sqrt{\frac{T}{2}}A\phi(t)$

$$s_1(t) = -\sqrt{\frac{T}{2}}A\phi(t)$$

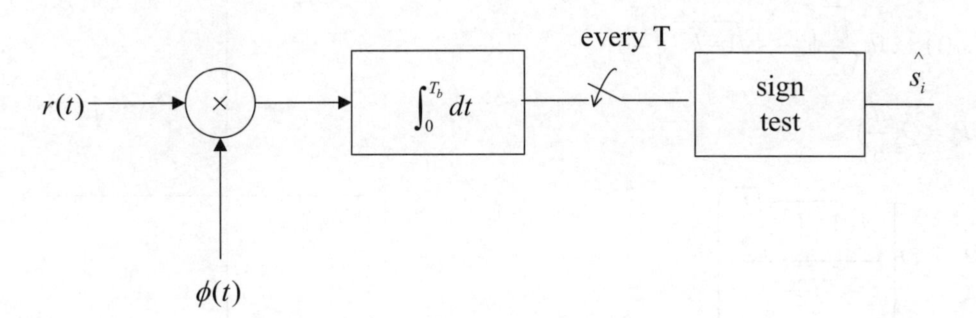

(3) $P_e = Q(\frac{d}{\sigma})$ $\quad d = \sqrt{\frac{T}{2}}A, \sigma = \sqrt{\frac{N_0}{2}}$

$$\therefore P_e = Q\left(\sqrt{\frac{A^2T}{N_0}}\right)$$

例題 4

The signal component of a coherent PSK system is defined by

$$s(t) = Ak\sin(2\pi ft) \pm A\sqrt{1-k^2}\cos(2\pi ft), 0 \le t \le T, 0 \le k < 1$$

The plus sign corresponding to symbol 1 and minus sign corresponding to symbol 0. The first term represents a carrier component included for the purpose of synchronization.

(1) Draw a signal-space diagram for the scheme described here.

(2) Assume that the signals are transmitted over the AWGN channel with $\frac{N_0}{2}$ PSD. Find the bit error rate （北科大電通所）

解：

(1) Let the orthonormal set be

$$\phi_1(t) = \sqrt{\frac{2}{T}}\sin 2\pi ft, \phi_2(t) = \sqrt{\frac{2}{T}}\cos 2\pi ft$$

$$\Rightarrow s_0(t) = Ak\sqrt{\frac{T}{2}}\phi_1 + A\sqrt{1-k^2}\sqrt{\frac{T}{2}}\phi_2$$

$$s_1(t) = Ak\sqrt{\frac{T}{2}}\phi_1 - A\sqrt{1-k^2}\sqrt{\frac{T}{2}}\phi_2$$

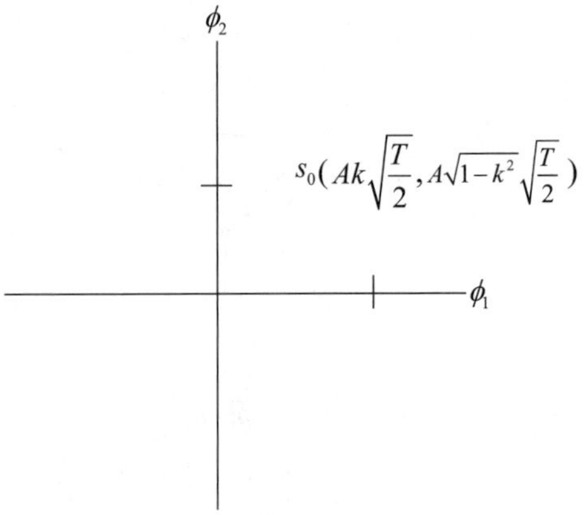

ϕ_2

$s_0(Ak\sqrt{\frac{T}{2}}, A\sqrt{1-k^2}\sqrt{\frac{T}{2}})$

ϕ_1

(2) $P_e = Q(\frac{d}{\sigma})$

$$= Q\left(\frac{A\sqrt{1-k^2}\sqrt{\frac{T}{2}}}{\sqrt{\frac{N_0}{2}}}\right)$$

$$= Q\left(\sqrt{\frac{(1-k^2)A^2T}{N_0}}\right) = Q\left(\sqrt{\frac{2(1-k^2)E}{N_0}}\right)$$

例題 5

In QPSK modulation, the transmitted signal is defined as

$$s_i(t) = \cos\left(2\pi f_c t + \frac{\pi}{4}(2i-1)\right); i = 1, \ldots, 4$$

The corresponding dibits is {10, 00, 01, 11}

(1) Sketch the block diagram of the QPSK transmitter

(2) If OQPSK is used to transmit the input sequence {00, 11, 01, 10, 01}, find the phase transition of the transmitted signal.（100 中興通訊所）

解：

(1) 如圖 8-6

(2) {00, 11, 01, 10, 01} for QPSK is equivalent to {00, **10**, 11, 01, **11**, 10, **00**, 01} for OQPSK.

$$\rightarrow \frac{5\pi}{4}(00), \frac{7\pi}{4}(10), \frac{\pi}{4}(11), \frac{3\pi}{4}(01), \frac{\pi}{4}(11), \frac{7\pi}{4}(10), \frac{5\pi}{4}(00), \frac{3\pi}{4}(01)$$

8.2　頻移鍵

在頻移鍵（Frequency Shift Keying, FSK）中，載波的頻率隨著數位訊息而改變，一般而言 FSK 訊號可以連續相位以及不連續相位之方式產生，連續相位頻移鍵（Continuous Phase FSK, CPFSK）在每一次位元轉換時均要維持相位連續。最簡單的一種頻移鍵為二位元頻移鍵（Binary FSK, BFSK），討論如下：

一、Binary FSK （BFSK）

在 BFSK 中 1 與 0 代表兩個不同的載波頻率，若位元為 0 與 1 時分別使用 $(f_c - f_d)$ 與 $(f_c + f_d)$ 作為載波頻率，則 BFSK 調變訊號為：

$$\text{Bit "0"}: s_1(t) = \sqrt{\frac{2E_b}{T_b}}\cos\left(2\pi(f_c - f_d)t\right);\ 0 \le t \le T_b \tag{25a}$$

$$\text{Bit "1"}: s_2(t) = \sqrt{\frac{2E_b}{T_b}}\cos\left(2\pi(f_c + f_d)t\right);\ 0 \le t \le T_b \tag{25b}$$

其中 E_b, T_b 分別為位元之能量與時間。事實上，我們通常選擇以載波頻率 f_c 為中心，等間隔的兩個頻率 $f_c \mp f_d$ 作為 Bit「0」與「1」的頻率。若 Bit「0」與「1」的為連續相位，則 BFSK 之訊號波形如圖 8-15：

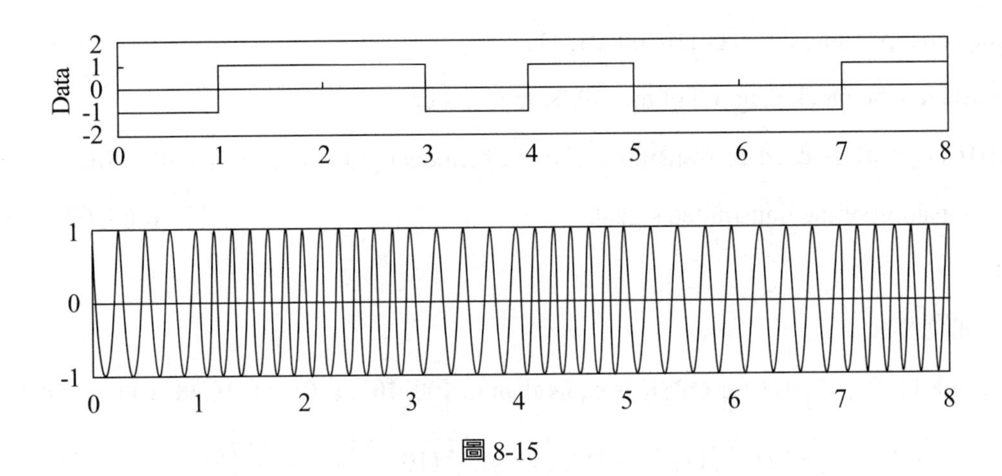

圖 8-15

令基底函數為：

$$\begin{cases} \phi_1(t) = \sqrt{\dfrac{2}{T_b}} \cos[2\pi(f_c - f_d)t] \\ \phi_2(t) = \sqrt{\dfrac{2}{T_b}} \cos[2\pi(f_c + f_d)t] \end{cases} \tag{26}$$

通常為了節省頻寬，我們必須選擇最小的 f_d，並滿足 $\phi_1(t)$，$\phi_2(t)$ 正交

$$\begin{aligned} \int_0^{T_b} \phi_1(t)\phi_2(t)dt &= \frac{1}{T_b}\int_0^{T_b} \left[\cos(4\pi f_c t) + \cos(4\pi f_d t)\right] = 0 \\ &\Rightarrow \sin(4\pi f_d T_b) = 0 \\ &\Rightarrow 2 f_d T_b = \frac{1}{2} \text{（取最小值）} \end{aligned} \tag{27}$$

值得特別注意的是：在推導式 (27) 時，我們假設相位已知或相同，稱之為連續相位 FSK（Continuous-phase FSK, CPFSK）。故可得以下定理。

定理 1：對 BFSK 而言，若不同的位元之相位為連續則使得基底函數維持正交所需要之最小頻率間隔為：

$$\Delta f = 2 f_d = \frac{1}{2T_b} \tag{28}$$

例題 6

Consider a BFSK digital modulated signal transmitted with a carrier whose phase is unknown at the receiver. The two possible transmitted signals can be modeled as

$s_1(t)=\cos\left(2\pi f_1 t+\theta_1\right), s_2(t)=\cos\left(2\pi f_2 t+\theta_2\right), 0\le t\le T$

What is the minimum possible separation of $|f_2-f_1|$ such that $s_2(t)$, $s_1(t)$ are orthogonal no matter what θ_1, θ_2 are?　（清大電機所）

解：

$$\int_0^T \cos(2\pi f_2 t+\theta_2)\cos(2\pi f_1 t+\theta_1)dt$$

$$=\frac{1}{2}\int_0^T \cos(2\pi(f_2+f_1)t+\theta_2+\theta_1)dt+\frac{1}{2}\int_0^T \cos(2\pi(f_2-f_1)t+\theta_2-\theta_1)dt$$

$$=\frac{\sin\left[2\pi(f_2+f_1)T+\theta_2+\theta_1\right]-\sin(\theta_2+\theta_1)}{4\pi(f_2+f_1)}$$

$$+\frac{\sin\left[2\pi(f_2-f_1)T+(\theta_2-\theta_1)\right]-\sin(\theta_2-\theta_1)}{4\pi(f_2-f_1)}$$

其中$f_2+f_1\gg 1$，假設$(f_2+f_1)T$爲整數

$\Rightarrow \sin\left[2\pi(f_2+f_1)T+\theta_2+\theta_1\right]=\sin(\theta_2+\theta_1)$

故第一項$=0$

第二項在θ_2, θ_1爲任意值的條件下均要$=0$，$\Rightarrow f_2-f_1=\dfrac{m}{T}; m$爲整數

$\Rightarrow (\Delta f)_{\min}=\dfrac{1}{T}$

圖形如圖 8-16 所示：

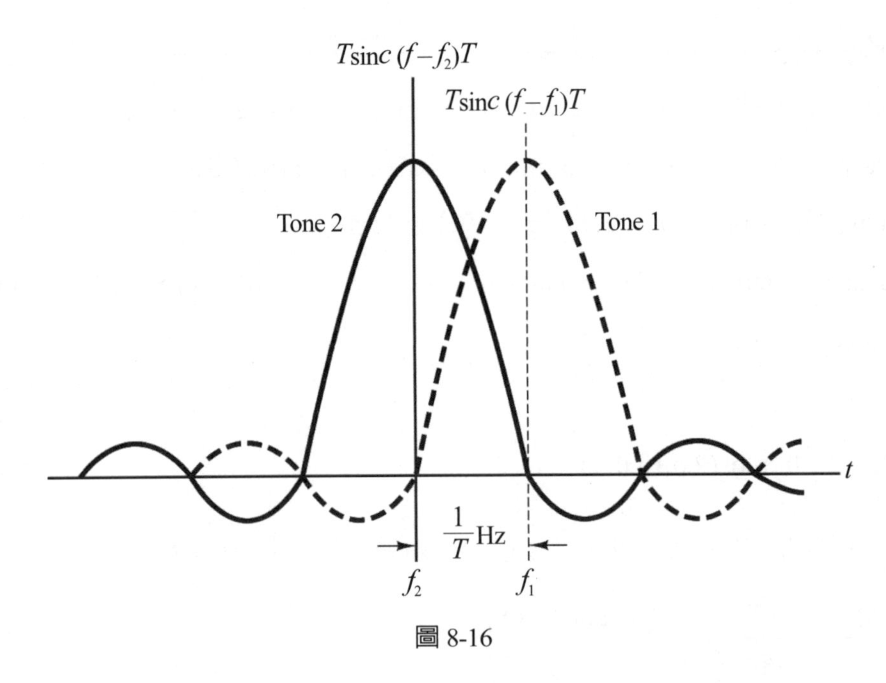

圖 8-16

由例題 6 的結果可得以下定理：

定理 2：對 BFSK 而言，若不同的位元之相位為不連續則使得基底函數維持正交所需要之最小頻率間隔為：

$$\Delta f = \frac{1}{T_b} \tag{29}$$

將式 (26) 代入式 (24)、(25a)、(25b)，則可將 BFSK 調變訊號表示成向量之形式

$$s_1(t) = \sqrt{E_b}\phi_1(t) \Rightarrow \mathbf{s}_1 = \begin{bmatrix} \sqrt{E_b} \\ 0 \end{bmatrix} \tag{30}$$

$$s_2(t) = \sqrt{E_b}\phi_2(t) \Rightarrow \mathbf{s}_2 = \begin{bmatrix} 0 \\ \sqrt{E_b} \end{bmatrix} \tag{31}$$

故可得 BFSK 訊號空間圖如圖 8-17

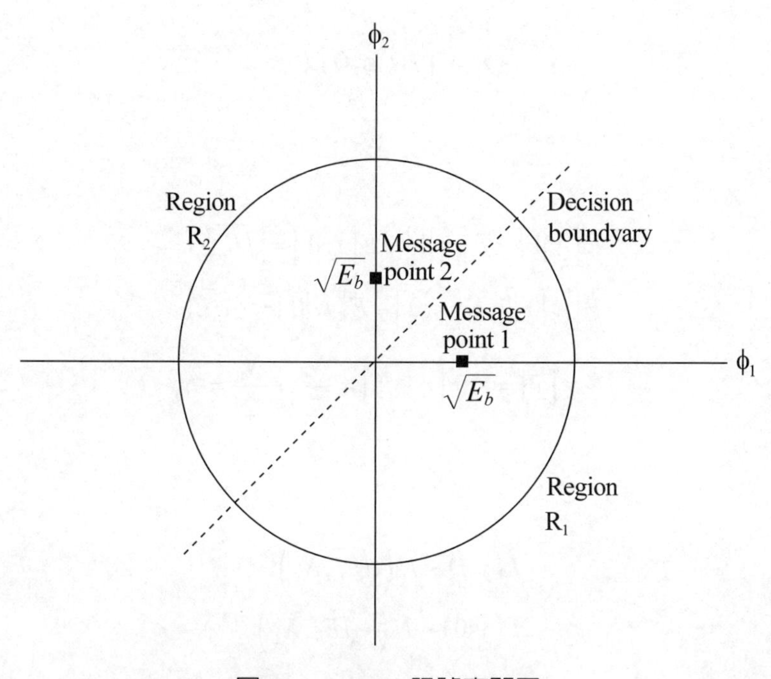

圖 8-17　BFSK 訊號空間圖

利用第七章所討論的最大相關性法則可得 BFSK 解調器架構如圖 8-18 所示：

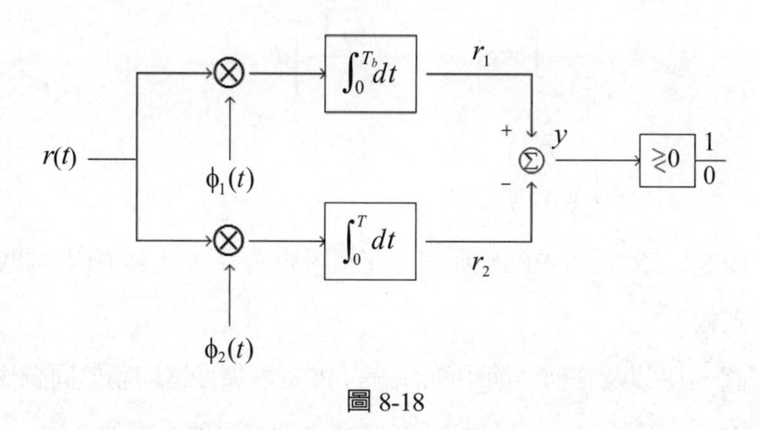

圖 8-18

BFSK 調變之性能分析如下：

$$r_1 = \int_0^{T_b} r(t)\phi_1(t)dt \tag{32}$$

$$r_2 = \int_0^{T_b} r(t)\phi_2(t)dt \tag{33}$$

令 $y = r_1 - r_2$，則有

$$E\left[y|1\right] = E\left[r_1|1\right] - E\left[r_2|1\right] = \sqrt{E_b} \tag{34}$$

$$E\left[y|0\right] = E\left[r_1|0\right] - E\left[r_2|0\right] = -\sqrt{E_b} \tag{35}$$

$$Var\left[y\right] = Var\left[r_1 - r_2\right] = \frac{N_0}{2} + \frac{N_0}{2} = N_0 \tag{36}$$

因此

$$f\left(y|1\right) \sim N\left(\sqrt{E_b}, N_0\right),$$
$$f\left(y|0\right) \sim N\left(-\sqrt{E_b}, N_0\right)$$

假設事前機率相同：$p_0 = p_1 = \dfrac{1}{2}$

$$\begin{aligned} P_{BFSK} &= \frac{1}{2}\left[P\left(y > 0|0\right) + P\left(y < 0|1\right)\right] = P\left(y > 0|0\right) \\ &= \frac{1}{\sqrt{\pi N_0}} \int_0^{\infty} \exp\left(-\frac{\left(y + \sqrt{E_b}\right)^2}{2N_0}\right) dy \\ &= Q\left(\sqrt{\frac{E_b}{N_0}}\right) \end{aligned} \tag{37}$$

觀念分析：

1. BFSK 之性能較 BPSK 爲差（在相同的 E_b 下），其原因爲訊號與邊界之距離較小。
2. 圖 8-18 以及在前一節中所討論的 PSK 解調變器均屬於同調檢測（coherent demodulation），亦即接收訊號與本地震盪器之相位必須一致。同調檢測通常電路較爲複雜，成本也相對較高亦較不實用，因此在本章之第 6 節討論非同調檢測（noncoherent demodulation），亦即不需要知道載波相位的解調變器。

二、*M*-ary FSK

BFSK 使用兩個不同的載波頻率來代表 Bit「0」與「1」，*M*-ary FSK 則使用 *M* 個不同的載波頻率來代表 *M* 個不同的 symbols，每個 symbol 則由 $\log_2 M$ 個 bits 所組成。*M*-ary FSK 調變訊號可表示為：

$$s_i(t)=\sqrt{\frac{2E_s}{T_s}}\cos(2\pi(f_c+(i-1)\Delta f)t)\quad 0\le t\le T_s,\quad i=1,\cdots,M \tag{38}$$

其中 $T_s = T_b\log_2 M$，$E_s = E_b\log_2 M$。根據定理 1 可知維持正交性所需最小的頻率間隔為 $\Delta f=\dfrac{1}{2T_s}$。若 $P\left(s_i\left(t\right)\right)=\dfrac{1}{M}$　，　$\forall i=1,...,M$，選擇 *M* 個正規化（orthonormal）基底函數

$$\phi_i(t)=\sqrt{\frac{2}{T_s}}\cos\left[2\pi(f_c-(i-1)\Delta f)t\right]\quad;\quad i=1,\cdots,M \tag{39}$$

則式 (38) 可簡化為

$$s_i(t)=\sqrt{E_s}\,\phi_i(t)\,;\,i=1,\,\cdots,\,M \tag{40}$$

接收端訊號可表示為

$$r(t)=s_i(t)+n(t) \tag{41}$$

第 *j* 個 correlator 之輸出則為

$$r_j=\int_0^{T_s} r(t)\phi_j(t)dt=\sqrt{E_s}\delta_{ij}+n_j\quad;\quad j=1,\cdots,M \tag{42}$$

其中

$$\delta_{ij}=\begin{cases}0; i\ne j\\1; i=j\end{cases}$$

若由向量的觀點進行討論，則有

$$\therefore \mathbf{s}_i = \begin{bmatrix} 0 \\ \vdots \\ \sqrt{E_s} \\ 0 \\ \vdots \\ 0 \end{bmatrix} \quad , \quad \mathbf{r} = \begin{bmatrix} n_1 \\ n_2 \\ \vdots \\ \sqrt{E_s} + n_i \\ \vdots \\ n_M \end{bmatrix}$$

$$\because \left\|\mathbf{s}_i\right\|^2 = E_s, \quad \forall i \text{ ，} \mathbf{s}_i^T \mathbf{s}_j = \begin{cases} E_s \,; i = j \\ 0 \,; i \neq j \end{cases}$$

$$\begin{aligned} \therefore \arg\min_i \left\|\mathbf{r} - \mathbf{s}_i\right\|^2 &= \arg\min_i \left(\left\|\mathbf{r}\right\|^2 + \left\|\mathbf{s}_i\right\|^2 - 2\mathbf{r}^T\mathbf{s}_i\right) \\ &= \arg\max_i \mathbf{r}^T\mathbf{s}_i \end{aligned} \tag{43}$$

由於事前機率相同，故$P(error) = P(error|\mathbf{s}_i) = 1 - P(correct|\mathbf{s}_i)$

$$\begin{aligned} P(correct|\mathbf{s}_i) &= P\left(r_i > \max\left\{r_1, \cdots r_{i-1}, r_{i+1}, \cdots r_M \middle| \mathbf{s}_i\right\}\right) \\ &= P(r_i > r_1, r_i > r_2, \cdots r_i > r_M |\mathbf{s}_i) \\ &= \int_{-\infty}^{\infty} f_{r_i}(t) \prod_{\substack{j=1 \\ j\neq i}}^{M} P(r_j < t|\mathbf{s}_i) dt \\ &= \int_{-\infty}^{\infty} \left[1 - Q\left(\frac{t}{\sqrt{\frac{N_0}{2}}}\right)\right]^{M-1} \frac{1}{\sqrt{\pi N_0}} \exp\left(-\frac{\left(t - \sqrt{E_s}\right)^2}{N_0}\right) dt \\ &= \int_{-\infty}^{\infty} \left[1 - Q(\mu)\right]^{M-1} \frac{1}{\sqrt{2\pi}} \exp\left(-\frac{1}{2}\left(\mu - \sqrt{\frac{2E_s}{N_0}}\right)^2\right) d\mu \end{aligned} \tag{44}$$

觀念分析： 1. M-ary FSK 需 M 個基底函數，故一旦 $M \geq 4$ 便無法畫出星座圖（M-ary PSK 與 M-ary QAM 均爲 2 維）

2. 與 M-ary PSK 不同，M-ary FSK 之訊號在訊號空間位置完全對稱，換言之，若傳送 $s_1(t)$，則誤判爲 $s_2(t), \cdots, s_M(t)$ 之機會均等，其錯誤率由式 (37) 可知均爲$Q\left(\sqrt{\frac{E_s}{N_0}}\right)$，而 M-ary PSK 誤判爲相鄰位置訊號的機率遠大於其他訊號。

3. 式 (44) 在計算上極爲繁雜，利用 Union bound 可得 M-ary FSK 之錯誤率上限爲

$$P_{MFSK} \le (M-1)Q\left(\sqrt{\frac{E_s}{N_0}}\right) \tag{45}$$

4. M-ary PSK 之錯誤率顯然會隨著 M 之增加而變大（因訊號間之相位間隔變小）。反之，M-ary FSK 之錯誤率不太受到 M 之影響。

例題 7

(1) 一個正交（orthogonal）BFSK 系統使用二個頻率 f_1 與 f_2，較低頻 f_1 爲 1200 Hz，符元的傳輸率（symbol rate）爲 500 symbols/sec。若使用非同調解調（noncoherently detected），求最小 f_2。

(2) 若使用同調解調（coherently detected），求最小 f_2。

(3) 若使用非同調解調且傳輸不發生重大訊號失眞，求所需最小通道頻寬（channel bandwidth）。

（100 年公務人員特種考試）

解：

(1) $(\Delta f)_{\min} = \dfrac{1}{T_b} = 500 \Rightarrow f_2 = 1700\text{Hz}$

(2) $(\Delta f)_{\min} = \dfrac{1}{2T_b} = 250 \Rightarrow f_2 = 1450\text{Hz}$

(3) $\text{BW} = \dfrac{1}{T_b} + \dfrac{1}{T_b} + \dfrac{1}{T_b} = 1500\text{Hz}$

例題 8

Consider a coherent BFSK system where symbols 1 and 0 occur with equal probability. Let symbols 1 and 0 be encoded by $s_1(t)$, $s_2(t)$, respectively, given by

$$s_i(t) = \begin{cases} \sqrt{\dfrac{2E_b}{T_b}}\cos(2\pi f_i t), 0 \le t \le T_b \\ 0, elsewhere \end{cases}$$

Where $f_i = \dfrac{n_c + i}{T_b}$ for some fixed integer n_c. Assume that the signals are transmitted over the AWGN channel with $\dfrac{N_0}{2}$ PSD.

(1) Determine the optimum receiver.

(2) Derive the BER. （清大通訊所）

解：

(1) Let $\phi_1(t)=\sqrt{\frac{2}{T_b}}\cos(2\pi f_1 t), \phi_2(t)=\sqrt{\frac{2}{T_b}}\cos(2\pi f_2 t)$

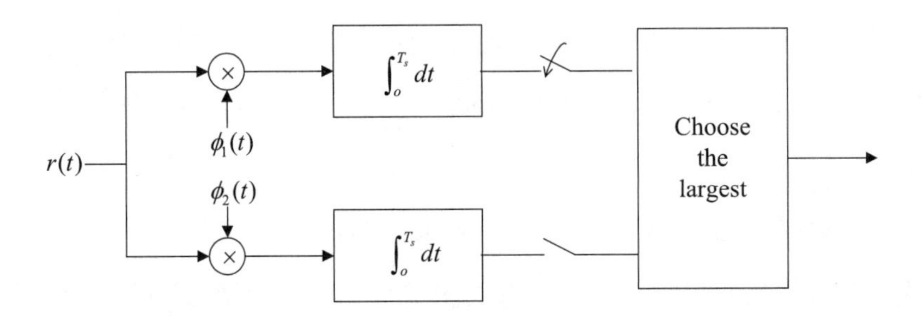

(2) $P_e=Q\left(\frac{d}{\sqrt{\frac{N_o}{2}}}\right)=Q\left(\frac{\frac{\sqrt{2E_b}}{2}}{\sqrt{\frac{N_o}{2}}}\right)=Q\left(\sqrt{\frac{E_b}{N_o}}\right)$

例題 9

Assume we employ orthogonal binary frequency-shift keying (FSK) modulation. Indeed, for binary '0' $s_1(t)=0.5\cos(2000000\pi t)$ is transmitted while $s_2(t)=0.5\cos(2000020\pi t)$ is conveyed for binary '1'. A phase offset θ due to time delay between transmitter and receiver is assumed. Further, the coherent detection is implemented at receiver. What is the maximum transmission speed, in terms of symbol rate, for this digital communication system? （99 台科大電機所）

解：

$s_1(t)=0.5\cos(2000000\pi t)\Rightarrow f_1=1000000\text{Hz}$

$s_2(t)=0.5\cos(2000020\pi t)\Rightarrow f_2=1000010$

$\therefore(\Delta f)_{\min}=10Hz=\frac{1}{T_b}=R_b\Rightarrow R_{b,\max}=10bps$

例題 10

A binary FSK signal is given by

$$\begin{cases} s_1(t)=\cos(6000\pi t) & 0\le t\le 0.002\,s \\ s_2(t)=\cos(5000\pi t) & 0\le t\le 0.002\,s. \end{cases}$$

Assume that the single-sided AWGN power spectral density is 0.0001 W/Hz.

(1) Determine the basis functions $\phi_1(t)$ and $\phi_2(t)$, and draw the signal-space diagram for the FSK system.

(2) Determine the bit error probability for the coherent binary FSK system.（100北科大電通所）

解：

(1) $T_b=0.002\,\text{sec},\ \phi_1(t)=\sqrt{\dfrac{2}{T_b}}\cos\left(6000\pi t\right)=10\sqrt{10}\cos\left(6000\pi t\right)$

$$s_1(t)=\sqrt{E_b}\,\phi_1(t)\Rightarrow\sqrt{E_b}=\frac{1}{10\sqrt{10}}$$

$$\phi_2(t)=\sqrt{\frac{2}{T_b}}\cos\left(5000\pi t\right)=10\sqrt{10}\cos\left(5000\pi t\right)$$

(2) $P_b=Q\left(\sqrt{\dfrac{E_b}{N_0}}\right)=Q\left(\sqrt{10}\right)$

8.3　幅移鍵

在幅移鍵（Amplitude Shift Keying, ASK）中載波振幅隨著數位訊息而改變，最簡單的一種幅移鍵爲開關鍵（On-Off Keying, OOK），bit 1 與 0 代表兩個不同的載波振幅，bit 0 時振幅爲零，訊息位元爲 1 時傳送固定振幅，常用在光纖通訊中，詳述如下：

一、OOK

$$s_1(t)=\sqrt{\frac{2E_b}{T_b}}\cos(2\pi f_c t)\quad 0\le t\le T_b$$

$$s_2(t)=0$$

訊息位元爲 1 時傳送 $s_1(t)$ 訊息位元爲 0 時則不傳送訊號，類似開關故稱爲 On-Off

Keying。選擇基底函數爲 $\phi_1(t)=\sqrt{\frac{2}{T_b}}\cos 2\pi f_c t$，則$s_1(t)=\sqrt{E_b}\phi_1(t)$。故可得 OOK 訊號空間圖如圖 8-19：

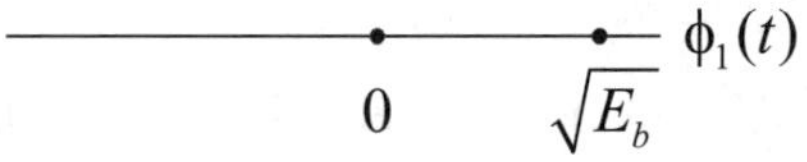

$$\overset{0}{\bullet} \qquad \overset{\sqrt{E_b}}{\bullet} \quad \phi_1(t)$$

圖 8-19

在 AWGN 下最佳接收機如圖 8-20：

$$r(t) \longrightarrow \otimes \longrightarrow \boxed{\int_0^{T_b} dt} \longrightarrow \boxed{\gtrless \eta} \; \begin{matrix}1\\0\end{matrix}, \quad \otimes \uparrow \phi_1(t)$$

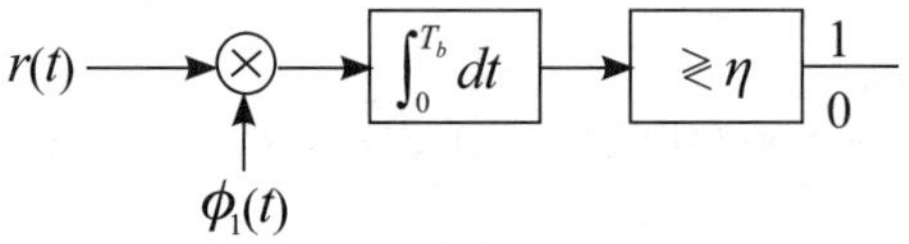

圖 8-20

假設事前機率相同，則 $\eta_{opt}=\frac{E_1-E_0}{2}=\frac{\sqrt{E_b}}{2}$，且位元錯誤率可求得爲

$$P_{OOK}=Q\left(\sqrt{\frac{E_b}{2N_0}}\right) \tag{46}$$

二、BASK

一個典型的 BASK 調變訊號如下所示，當訊息位元爲 1 時傳送 $s_1(t)$ 訊息位元爲 0 時則傳送 $s_2(t)$，顯然的 OOK 爲 BASK 當 $s_2(t)=0$ 的特例。

$$\left.\begin{aligned} s_1(t)&=A_1\sqrt{\frac{2}{T_b}}\cos(2\pi f_c t)\\ s_2(t)&=A_2\sqrt{\frac{2}{T_b}}\cos(2\pi f_c t)\end{aligned}\right. \quad ;0\le t\le T_b \tag{47}$$

選擇基底函數爲 $\phi_1(t)=\sqrt{\frac{2}{T_b}}\cos 2\pi f_c t$，則$s_1(t)=A_1\phi_1(t), s_2(t)=A_2\phi_1(t)$。在 AWGN 下最佳接收機如圖 8-20 。假設 $A_1>A_2$，則 $\eta_{opt}=\frac{A_1+A_2}{2}$，且位元錯誤率可求得爲

$$P_{BASK} = Q\left(\frac{A_1 - A_2}{\sqrt{2N_0}}\right) \tag{48}$$

三、*M*-ary ASK

M-ary ASK 以 *M* 個不同的振幅代表 *M* 個 symbols，若基底函數為$\phi_1(t)$則 *M*-ary ASK 調變訊號可表示為：

$$s_i(t) = \sqrt{E_i}\phi_1(t)\,; i = 1, \cdots, M \quad , 0 \le t \le T_s\,, T_s = (\log_2 M)T_b \tag{49}$$

其中$\sqrt{E_i} = (2i-1-M)\dfrac{d}{2}$，$d$ 為不同 symbols 所使用之振幅的間距，$\phi_1(t) = \sqrt{\dfrac{2}{T_s}}\cos 2\pi f_c t$。

例如當 $M = 4$，$d = 2$ 時

$s_1(t) = -3\,\phi_1(t)$

$s_2(t) = -\phi_1(t)$

$s_3(t) = \phi_1(t)$

$s_4(t) = 3\,\phi_1(t)$

2　2　2

s_1　s_2　0　s_3　s_4　$\phi_1(t)$

在 AWGN 下最佳接收機如圖 8-20，但是臨界值必須設在 $\eta = -2, 0, 0$ 等處。判別法則為：

$$\int_0^{T_s} r(t)\phi_1(t)dt < -2 \Rightarrow \text{decide } s_1(t) \text{ is sent} \tag{50}$$

$$-2 < \int_0^{T_s} r(t)\phi_1(t)dt < 0 \Rightarrow \text{decide } s_2(t) \text{ is sent}$$

$$0 < \int_0^{T_s} r(t)\phi_1(t)dt < 2 \Rightarrow \text{decide } s_3(t) \text{ is sent}$$

$$\int_0^{T_s} r(t)\phi_1(t)dt > 2 \Rightarrow \text{decide } s_4(t) \text{ is sent}$$

若事前機率相同，則有$P(s_i) = \dfrac{1}{4}, \forall i$，平均之 symbol error rate 可由下式求得：

$$
\begin{aligned}
P(error) &= \sum_{i=1}^{4} P(error|s_i)P(s_i) \\
&= \frac{1}{4}\left[Q\left(\sqrt{\frac{2}{N_0}}\right) + 2Q\left(\sqrt{\frac{2}{N_0}}\right) + 2Q\left(\sqrt{\frac{2}{N_0}}\right) + Q\left(\sqrt{\frac{2}{N_0}}\right)\right] \qquad (51) \\
&= \frac{3}{2}Q\left(\sqrt{\frac{2}{N_0}}\right)
\end{aligned}
$$

其中

$$P(error|s_1) = P(error|s_4) = Q\left(\sqrt{\frac{2}{N_0}}\right) \qquad (52a)$$

$$P(error|s_2) = P(error|s_3) = 2Q\left(\sqrt{\frac{2}{N_0}}\right) \qquad (52b)$$

在一般的情況下，對於任意的 M 與 d，symbol error rate 可由下式求得：

$$
\begin{aligned}
P_{MASK}(d) &= \sum_{i=1}^{M} P(error|s_i)P(s_i) \\
&= \frac{1}{M}\left[Q\left(\frac{d}{\sqrt{2N_0}}\right) + 2(M-2)Q\left(\frac{d}{\sqrt{2N_0}}\right) + Q\left(\frac{d}{\sqrt{2N_0}}\right)\right] \qquad (53) \\
&= \frac{2(M-1)}{M}Q\left(\frac{d}{\sqrt{2N_0}}\right)
\end{aligned}
$$

例題 11

Consider the coherent receiver shown below. The received signal is $r(t) = A_k \cos(\omega_c t) + n(t)$, where $n(t)$ is zero-mean AWGN with $\frac{N_0}{2}$ PSD. The amplitude A_k carries the information bit at time k. Let v_k denotes the output of the sampler at time k, and T denotes the signaling interval. Assume that $\omega_c = \frac{2\pi m}{T}$, m is an integer.

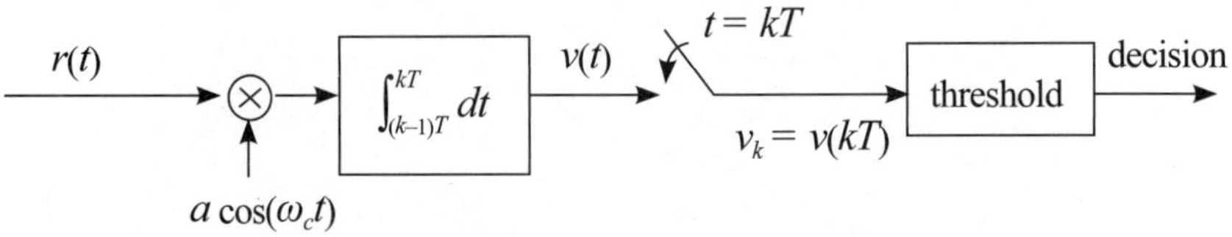

$r(t)$ → ⊗ → $\int_{(k-1)T}^{kT} dt$ → $v(t)$ → $t = kT$ → $v_k = v(kT)$ → threshold → decision

$a\cos(\omega_c t)$

(1) If $A_k \in \{A, -A\}$ and the value of a is chosen such that v_k is equal to 1+N or -1+N, where N is a zero-mean random variable. Let $\sigma^2 = E\{N^2\}$. Represent $\frac{E_s}{N_0}$ in terms of σ, where E_s denotes energy per symbol.

(2) The function of the "threshold" box is to decide the value of A_k. If $A_k \in \left\{A, -\frac{A}{2}\right\}, a = 2$, what is the error probability with the optimum threshold? （中央通訊所）

解：

(1) $\int_0^T Aa\cos^2\omega_c tdt = 1 = \frac{AaT}{2} \Rightarrow a = \frac{2}{AT}$

$$\therefore N = \frac{2}{AT}\int_0^T n(t)\cos\omega_c tdt$$

$$\sigma^2 = E\left\{N^2\right\} = (\frac{2}{AT})^2\int_0^T\int_0^T E\left\{n(t)n(\tau)\right\}\cos\omega_c t\cos\omega_c \tau d\tau dt$$

$$= \frac{4}{A^2T^2}\cdot\frac{N_0}{2}\int_0^T \cos^2\omega_c tdt$$

$$= \frac{N_0}{A^2T}$$

$$\therefore \frac{E_s}{N_0} = \frac{\frac{A^2T}{2}}{\sigma^2 A^2 T} = \frac{1}{2\sigma^2}$$

(2) $H_1 : v_k = \int_0^T (A\cos\omega_c t + n(t))2\cos\omega_c tdt$

$$= AT + 2\int_0^T n(t)\cos\omega_c tdt$$

$$E\left[v_k\right] = AT$$

$$Var\left[v_k\right] = 4\int_0^T\int_0^T E\left\{n(t)n(\tau)\right\}\cos\omega_c t\cos\omega_c \tau d\tau dt$$

$$= N_0 T$$

$$H_0 : v_k = \int_0^T (-\frac{A}{2}\cos\omega_c t + n(t))2\cos\omega_c tdt$$

$$= -\frac{A}{2}T + 2\int_0^T n(t)\cos\omega_c tdt$$

$$v_k \sim N(-\frac{A}{2}T, N_0 T)$$

$$\text{Let } \eta=\frac{AT-\frac{AT}{2}}{2}=\frac{AT}{4}, P_e=Q\left(\frac{\frac{3}{4}AT}{\sqrt{N_0T}}\right)=Q\left(\sqrt{\frac{9}{16}\frac{A^2T}{N_0}}\right)$$

例題 12

Consider an M-level PAM. The signal of the PAM is

$$s_i(t)=\begin{cases}A_i;0\le t\le T_s\\ 0;otherwise\end{cases}$$

where T_s is the symbol period and $A_i=\pm1, \pm3, ..., \pm(M-1)$.

(1) Find the average energy per symbol.

(2) Find the average probability of symbol error over AWGN channel in case optimum detection is used. （台大電信所）

解：

(1) $E_{av}=\frac{1}{M}\sum_{i=1}^{M}\int_0^{T_s}A_i^2dt=\frac{2}{M}[(1+3^2+\cdots+(M-1)^2)]T_s$

(2)

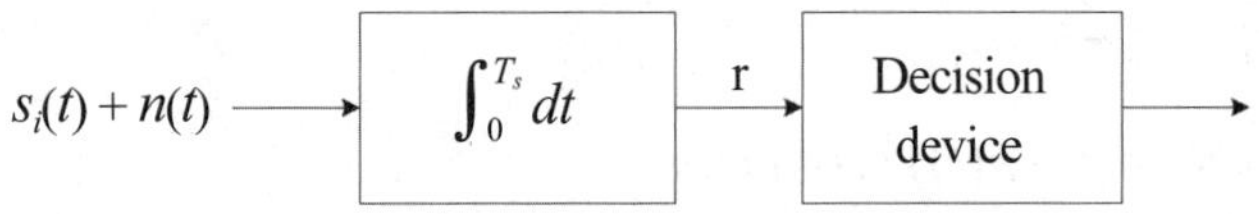

$s_i(t)+n(t)$ → $\int_0^{T_s}dt$ → r → Decision device →

$$r=A_iT_s+\int_0^{T_s}n(t)dt$$

$$E\left\{\left(\int_0^{T_s}n(t)dt\right)^2\right\}=\frac{N_0}{2}T_s$$

$$\therefore r\sim N(A_iT_s,\frac{N_0}{2}T_s)$$

$$\therefore P_e=\frac{1}{M}\left[2Q\left(\frac{T_s}{\sqrt{\frac{N_0}{2}T_s}}\right)+(M-2)\times 2Q\left(\frac{T_s}{\sqrt{\frac{N_0}{2}T_s}}\right)\right]$$

$$=\frac{2(M-1)}{M}Q\left(\sqrt{\frac{2T_s}{N_0}}\right)$$

8.4　混合型調變

一種混合振幅與相位的數位調變技術稱之爲正交振幅調變（Quadrature-Amplitude Modulation, QAM）。QAM 亦稱爲幅相鍵（Amplitude-Phase Keying, APK）或 AM-PM，QAM 是 PSK 與 ASK 兩者之組合，例如 2-level PSK 與 2-level ASK 形成 4 個狀態的 QAM，4-level PSK 與 4-level ASK 形成 16 個狀態的 QAM。QAM 是一種廣受歡迎的調變技術，其訊號波形之表示式如下：

$$s_i(t)=\sqrt{\frac{2}{T_s}}(A_i\cos(2\pi f_c t)+B_i\sin(2\pi f_c t))\,;i=1,\ldots,M,0\le t\le T_s=T_b\log_2 M \tag{54}$$

定義 2 維正規基底函數爲

$$\begin{cases}\phi_1(t)=\sqrt{\dfrac{2}{T_s}}\cos(2\pi f_c t)\\ \phi_2(t)=\sqrt{\dfrac{2}{T_s}}\sin(2\pi f_c t)\end{cases} \tag{55}$$

則式 (54) 可簡化爲

$$s_i(t)=A_i\phi_1(t)+B_i\phi_2(t) \tag{56}$$

假設$A_i,B_i=\pm\frac{d}{2},\pm\frac{3d}{2},\cdots,\pm(\frac{\sqrt{M}-1}{2})d$

以 16QAM 爲例，我們可將 16QAM 視爲兩組正交的 4ASK，如圖 8-21 所示：

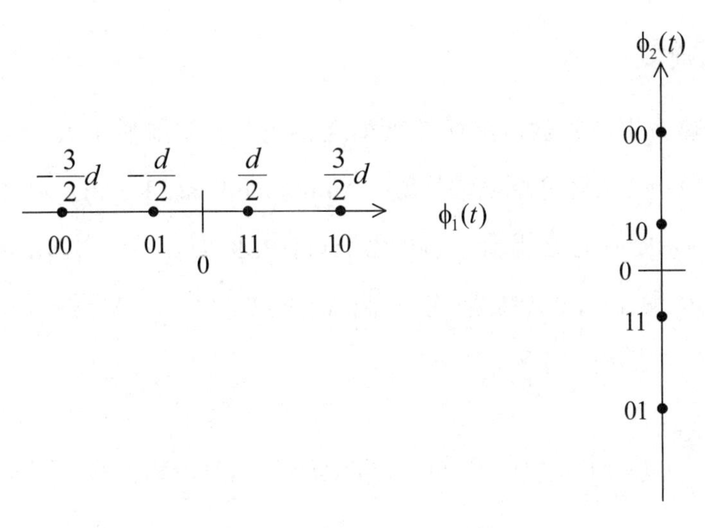

圖 8-21

故其訊號空間圖如圖 8-22 所示。

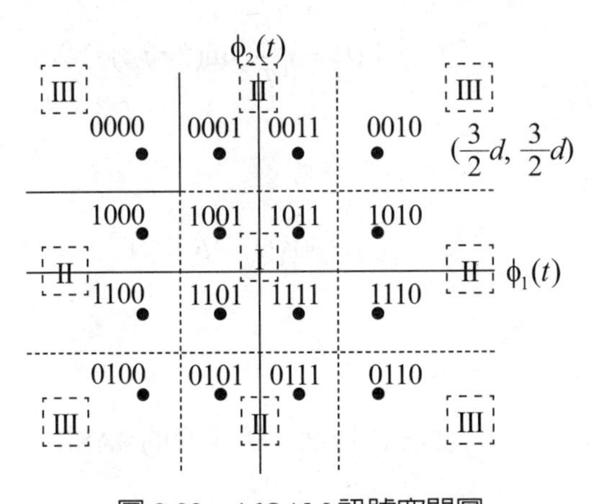

圖 8-22　16QAM 訊號空間圖

觀念分析： 1. PSK 與 FSK 為 Constant envelope modulation，每個 symbol 之能量均相同，ASK 使用振幅來表示 symbol，故訊號能量均不相同，QAM 之訊號能量部分相同部分不相同。以圖 8-22 之 16QAM 為例，訊號空間圖由內到外分成 3 個半徑不等的圓（半徑之平方即為訊號能量）。

① 第 I 區 4 個訊號能量相同，均為：

$$(\frac{d}{2})^2+(\frac{d}{2})^2=\frac{1}{2}d^2$$

② 第 II 區 8 個訊號能量相同，均爲：

$$(\frac{d}{2})^2+(\frac{3d}{2})^2=\frac{5}{2}d^2$$

③ 第 III 區 4 個訊號能量相同，均爲：

$$(\frac{3d}{2})^2+(\frac{3d}{2})^2=\frac{9}{2}d^2$$

故平均之 symbol 能量爲

$$E_s=\frac{1}{16}(4\times\frac{d^2}{2}+8\times\frac{5}{2}d^2+4\times\frac{9}{2}d^2)=\frac{5}{2}d^2 \tag{57}$$

2. 圖 8-22 之虛線爲決策邊界（decision boundary），其中 $T_s=4T_b$，16QAM 之調變與解調變器分別如圖 8-23、8-24 顯然的，若 $s_i(t)$ 被送出則有

$$\begin{aligned} r_1&=\int_0^{T_s}\big(s_i(t)+n(t)\big)\phi_1(t)dt=\int_0^{T_s}\big(A_i\phi_1(t)+B_i\phi_2(t)+n(t)\big)\phi_1(t)dt=A_i+n_1 \\ r_2&=\int_0^{T_s}\big(s_i(t)+n(t)\big)\phi_2(t)dt=\int_0^{T_s}\big(A_i\phi_1(t)+B_i\phi_2(t)+n(t)\big)\phi_2(t)dt=B_i+n_2 \end{aligned} \tag{58}$$

其中

$$\begin{aligned} n_1&=\int_0^{T_s}n(t)\phi_1(t)dt \quad N\left(0,\frac{N_0}{2}\right) \\ n_2&=\int_0^{T_s}n(t)\phi_2(t)dt \quad N\left(0,\frac{N_0}{2}\right) \end{aligned} \tag{59}$$

因此 $(r_1, r_2)=(A_i+n_1, B_i+n_2)$

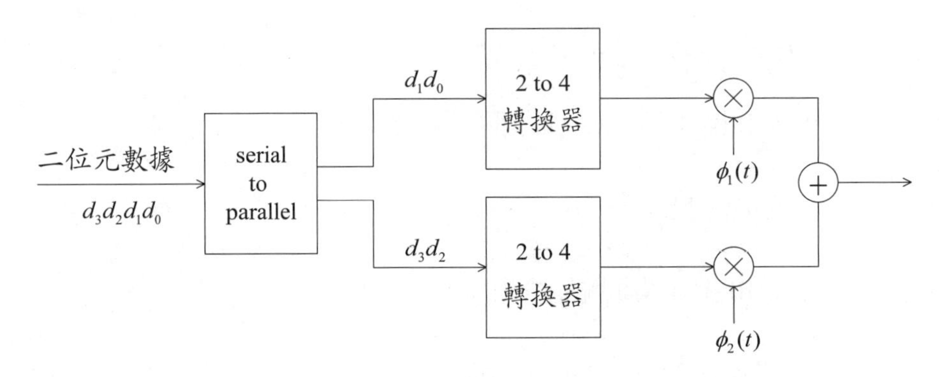

圖 8-23 16QAM 調變器

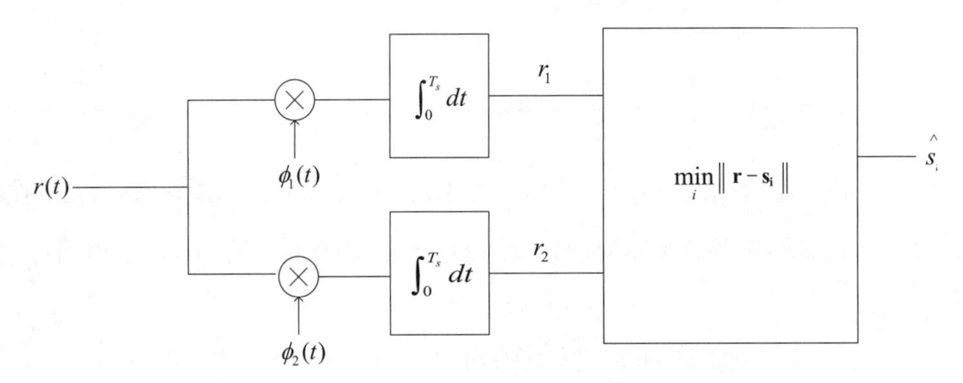

圖 8-24 16QAM 解調變器

接著我們推導 16 QAM 之 symbol error rate。考慮 AWGN 且事前機率相同，則有 $P(s_i)=\dfrac{1}{16}, \forall i=1,\ldots,16$。平均之 symbol error rate 可由以下討論求得：

1. 在傳送第 I 區的 4 個訊號之條件下，正確判斷之機率為：雜訊 n_1, n_2 滿足

$$
\begin{aligned}
P(C\,|\,\mathrm{I}) &= P\left(-\frac{d}{2}<n_1<\frac{d}{2},-\frac{d}{2}<n_2<\frac{d}{2}\right)=P\left(-\frac{d}{2}<n_1<\frac{d}{2}\right)P\left(-\frac{d}{2}<n_2<\frac{d}{2}\right)\\
&=\left(P\left(-\frac{d}{2}<n_1<\frac{d}{2}\right)\right)^2\\
&=\left[1-2Q\left(\frac{d}{\sqrt{2N_0}}\right)\right]^2
\end{aligned} \tag{60}
$$

2. 在傳送第 II 區 8 個訊號之條件下，正確判斷之機率為：雜訊 n_1, n_2 滿足

$$P(C\,|\,\text{II}) = P\left(-\frac{d}{2} < n_1 < \frac{d}{2}, n_2 > -\frac{d}{2}\right) = P\left(-\frac{d}{2} < n_1 < \frac{d}{2}\right)P\left(-\frac{d}{2} < n_2\right)$$
$$= \left[1 - 2Q\left(\frac{d}{\sqrt{2N_0}}\right)\right]\left[1 - Q\left(\frac{d}{\sqrt{2N_0}}\right)\right] \tag{61}$$

3. 在傳送第 III 區 4 個訊號之條件下，正確判斷之機率為：雜訊 n_1, n_2 滿足

$$P(C\,|\,\text{III}) = P\left(-\frac{d}{2} < n_1, -\frac{d}{2} < n_2\right) = P\left(-\frac{d}{2} < n_1\right)P\left(-\frac{d}{2} < n_2\right)$$
$$= \left(P\left(-\frac{d}{2} < n_1\right)\right)^2 \tag{62}$$
$$= \left[1 - Q\left(\frac{d}{\sqrt{2N_0}}\right)\right]^2$$

故平均之 symbol error rate 為：$P(error) = 1 - P(correct)$

令 $Q\left(\frac{d}{\sqrt{2N_0}}\right) = p$ 則有

$$P_{16QAM}(d) = 1 - P(correct) = 1 - \frac{1}{16}[4P(C\,|\,\text{I}) + 8P(C\,|\,\text{II}) + 4P(C\,|\,\text{III})]$$
$$= 3p\left(1 - \frac{3}{4}p\right) \tag{63}$$

由式 (57) 可得 $d = \sqrt{\frac{2E_s}{5}}$。將 $d = \sqrt{\frac{2E_s}{5}}$ 代入式 (63)，可得

$$P_{16QAM} \approx 3p = 3Q\left(\frac{d}{\sqrt{2N_0}}\right)$$
$$= 3Q\left(\sqrt{\frac{E_s}{5N_0}}\right) = 3Q\left(\sqrt{\frac{4E_b}{5N_0}}\right) \tag{64}$$

觀念提示： 1. 如圖 8-22 所示，16QAM 可視為兩組正交之 4ASK，由其解調器之架構可得：若 r_1 或 r_2 產生錯誤，則將造成 symbol error（必須要兩者皆正確才能正確解調），故可將 16QAM 之 symbol error rate 表示為：

$$P_{16QAM} = 1 - (1 - P_{4ASK})^2 \tag{65}$$

由前一節之討論可知

$$
\begin{aligned}
P_{4ASK}(d) &= \frac{1}{4}\left[2\times Q\left(\frac{d}{\sqrt{2N_0}}\right)+2\times 2Q\left(\frac{d}{\sqrt{2N_0}}\right)\right] \\
&= \frac{3}{2}Q\left(\frac{d}{\sqrt{2N_0}}\right) \\
&= \frac{3}{2}p
\end{aligned} \tag{66}
$$

代回式 (65) 可得

$$
\begin{aligned}
P_{e,16QAM} &= 2P_{e,4ASK}-\left(P_{e,4ASK}\right)^2 \\
&= 3p-\frac{9}{4}p^2
\end{aligned} \tag{67}
$$

此與式 (65) 之結果相同

例題 13

Consider the two 8-point QAM signal constellations shown in Fig. 8-25. The minimum distance between adjacent points is $2A$.

(a) Determine the average transmitted power for each constellation, assuming that the signal points are equally probable.

(b) Which constellation is more power-efficient? （99 中山通訊所）

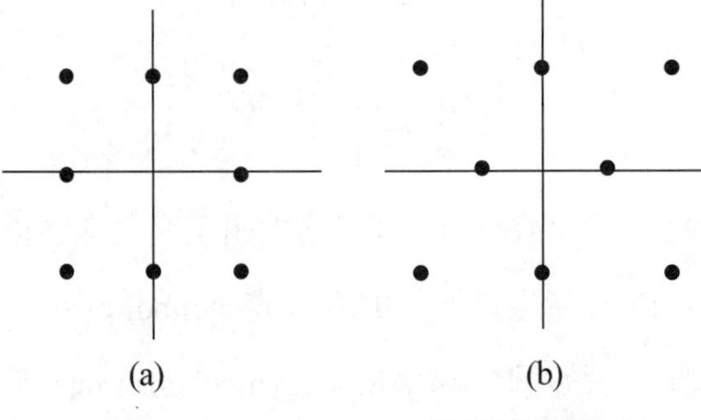

圖 8-25　8-point QAM 訊號空間圖

解：

(a) $E_{a,avg}=\frac{1}{8}\left(4A^2\times 4+(2\sqrt{2}A)^2\times 4\right)=6A^2$

$E_{b,avg}=\frac{1}{8}\left(A^2\times 2+3A^2\times 2+7A^2\times 4\right)=\frac{9}{2}A^2$

(b) is more power-efficient

例題 14

M-ary PAM signals are represented geometrically as M one-dimensional signal points with value

$s_m=\sqrt{\frac{1}{2}\varepsilon_g}A_m,\quad m=1,2,\ldots,M$

where ε_g is the energy of the basic signal pulse g(t). The amplitude values may be expressed as

$A_m=(2m-1-M)d,\quad m=1,2,\ldots,M$

where the Euclidean distance between adjacent signal points is $d\sqrt{2\varepsilon_g}$. Assuming equally probable signals:

(a) Find the average energy.

(b) Calculate the average probability of a symbol error.

(c) Find the probability of a symbol error for rectangular M-ary QAM. ($M=2^k$, k is even)

（Hint: $\sum_{m=1}^{M} m=\frac{M(M+1)}{2}$；$\sum_{m=1}^{M} m^2=\frac{M(M+1)(2M+1)}{6}$）

（99 中山通訊所）

解：

(a) $E_{avg}=\frac{1}{M}\frac{\varepsilon_g}{2}\times 2\left(d^2+(3d)^2+\cdots+((M-1)d)^2\right)=\frac{\varepsilon_g d^2}{M}\left(\sum_{m=1}^{M}m^2-\sum_{k=1}^{\frac{M}{2}}(2k)^2\right)$

$=\frac{\varepsilon_g d^2}{6}(M+1)(M-1)$

(b) $$P_e = \frac{1}{M}\left(2Q\left(\frac{\sqrt{\frac{\varepsilon_g}{2}}d}{\sqrt{\frac{N_0}{2}}}\right) + (M-2)\times 2Q\left(\frac{\sqrt{\frac{\varepsilon_g}{2}}d}{\sqrt{\frac{N_0}{2}}}\right)\right) = \frac{2(M-1)}{M}Q\left(d\sqrt{\frac{\varepsilon_g}{N_0}}\right)$$

(c) Let $M = N^2, p = Q\left(d\sqrt{\frac{\varepsilon_g}{N_0}}\right)$

$$P_{e,MQAM} = 1 - P_C = 1-\left(1-P_{e,NASK}\right)^2 = 1-\left(1-\frac{2(N-1)}{N}p\right)^2$$

例題 15

Two systems with 16QAM and 16PSK are to be compared.

(1) How many bits can one symbol carry for system with 16QAM?

(2) How many bits can one symbol carry for system with 16PSK?

(3) Find d in 圖 8-26 such that the average signal power for 16QAM is 1.

(4) At hight signal-to-noise ratio (SNR) region, the symbol error rates (SERs)are $P_{16PSK} \approx erfc(0.195\sqrt{E/N_0})$ and $P_{16QAM} \approx erfc(\sqrt{E_{av}/10N_0})$, respect-ively. Find the relationship between E and E_{av} for a given SER.

(5) What are the advantages and disadvantages of system with 16QAM over system with 16PSK? （100 台北大通訊所）

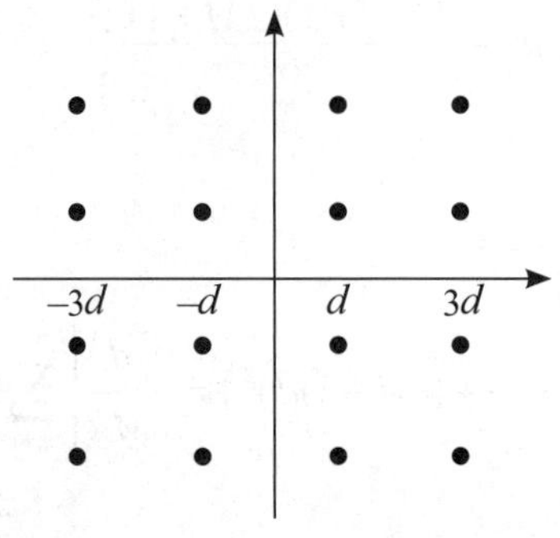

圖 8-26　16 QAM 訊號空間圖

解：

(1) 4

(2) 4

(3) $E_{S,avg}=\frac{1}{16}\left(4\times(2d)^2+8\times10d^2+4\times18d^2\right)=1$

$$\Rightarrow d=\frac{1}{\sqrt{10}}$$

(4) $\sqrt{\frac{E_{S,avg}}{10N_0}}=0.195\sqrt{\frac{E_{S,16PSK}}{N_0}}\Rightarrow E_{S,avg}\approx0.4E_{S,16PSK}$

(5) Lower SER

例題 16

Consider 16 APSK with signals given as

$$s_i(t)=A_i\cos\left(\omega_0 t+\frac{\pi(b_i-1)}{4}\right),0\le t\le T_s$$

where $A\in\{a,2a\}$ with equal probability as well as $b_i\in\{1,2,...,8\}$ with equal probability.

Assume that the signals are transmitted over the AWGN channel with $\frac{N_0}{2}$ PSD.

(1) Represent a in terms of E_s, T_s.

(2) Describe an optimal coherent detector and show the optimal decision region.（中央通訊所）

解：

(1) $s_i(t)=A_i\cos(\frac{\pi}{4}(b_i-1))\cos\omega_0 t-A_i\sin(\frac{\pi}{4}(b_i-1))\sin\omega_0 t$

Let $\phi_1(t)=\sqrt{\frac{2}{T_s}}\cos\omega_0 t,\phi_2(t)=\sqrt{\frac{2}{T_s}}\sin\omega_0 t$

則 $s_i(t)=A_i\sqrt{\frac{T_s}{2}}\cos(\frac{\pi}{4}(b_i-1))\phi_1(t)-A_i\sqrt{\frac{T_s}{2}}\sin(\frac{\pi}{4}(b_i-1))\phi_2(t)$

$b_i\in\{1,2,...,8\},A_i\in\{a,2a\}$

分別在半徑為 $a, 2a$, 間隔 $\frac{\pi}{4}$ 的 16 個點

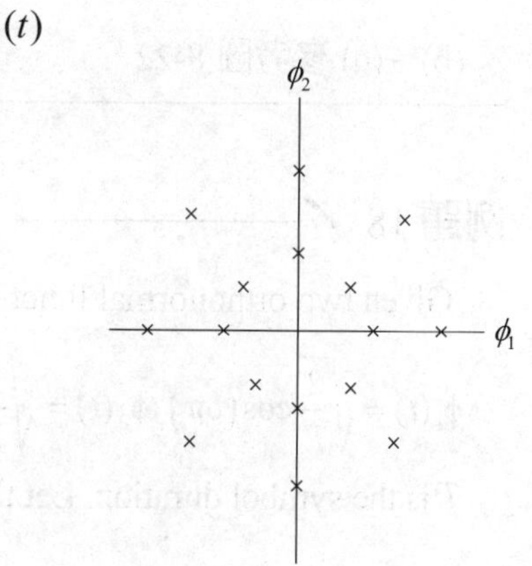

平均能量為

$$E_s=\frac{1}{16}\sum_{i=1}^{16}\int_0^{T_s}s_i^{\,2}(t)dt$$

$$=\frac{1}{16}(8\times\frac{a^2}{2}T_s+8\times\frac{(2a)^2}{2}T_s)=\frac{5a^2}{4}T_s$$

$$\therefore a = \sqrt{\frac{4E_s}{5T_s}}$$

(2) 在 AWGN 下，利用 minimum distance（MD）decision rule 找出接收訊號與 16 個訊號距離最近者

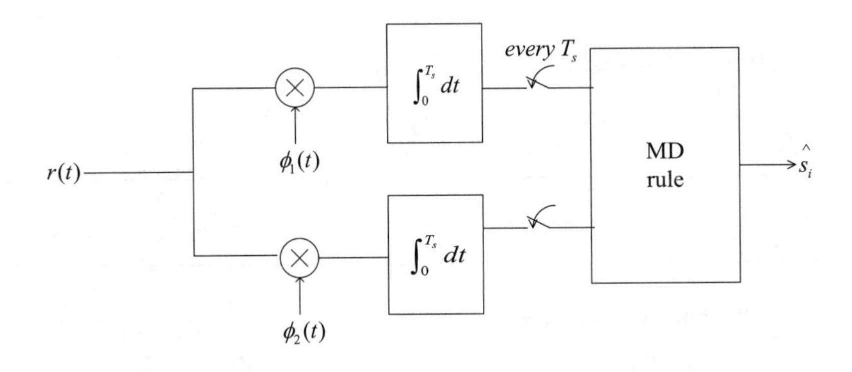

例題 17

Consider the 16-QAM modulation.

(a) Draw the block diagram of the 16-QAM modulator.

(b) Plot the signal constellation (i.e., signal space representation) of the 16-QAM.

(c) Draw the decision boundaries of the 16-QAM on the signal constellation diagram.

(d) Design Gray codes for the 16-QAM signal points.

（100 海洋電機通訊所）

解：

(a) 參考圖 8-23

(b)～(d) 參考圖 8-22

例題 18

Given two orthonormal functions

$$\phi_1(t) = \sqrt{\frac{2}{T}}\cos(\omega t), \phi_2(t) = \sqrt{\frac{2}{T}}\sin(\omega t)$$

T is the symbol duration. Let the received signal be $x(t) = s_i(t) + w(t)$

$$s_i(t) = a_i\phi_1(t) + b_i\phi_2(t); i = 1, \ldots, 16, a_i, b_i \in (\pm A, \pm 3A)$$

where $w(t)$ is AWGN with two-sided PSD $\frac{N_0}{2}$. We can look $x(t)$ as a vector in the signal space:

$$\mathbf{x} = (x_1, x_2)$$

$$x_j = \int_0^T x(t)\phi_j(t)dt; j = 1, 2$$

(1) Derive mean and variance of x_j

(2) Explain the meaning of MAP and ML decision rule.

(3) Let all symbol be sent with equal probability, derive average SER.

（96 交大電信所）

解：

(1) $E[x_j] = E[s_{ij}] = 0,$

$$Var[x_j] = Var[s_{ij}] + Var[N_j] = \frac{1}{4}(2A^2 + 9A^2) + \frac{N_0}{2}$$

(2) 參考第七章之說明

(3) $P_{e,4ASK} = \frac{1}{4}\left(2Q\left(\frac{A}{\sqrt{\frac{N_0}{2}}}\right) + 2\times 2Q\left(\frac{A}{\sqrt{\frac{N_0}{2}}}\right)\right) = \frac{3}{2}Q\left(\frac{A}{\sqrt{\frac{N_0}{2}}}\right)$

Let $p = \frac{3}{2}Q\left(\frac{A}{\sqrt{\frac{N_0}{2}}}\right)$

$$P_{e,16QAM} = 1 - P_C = 1 - (1-p)^2 = 2p - p^2$$

8.5　同步

在第四章 AM 解調器以及帶通數位通訊系統接收機（解調變器）之架構可概分爲二：

1. 同調解調器（coherent detector）：接收機必須利用載波之相位作訊號之檢測。
2. 非同調解調器（noncoherent detector）：不需要利用載波之相位。

正確的相位同步在同調解調器中是必須的，否則將導致可觀的性能損失。所謂相位同步也稱爲載波同步（carrier synchronization）意指接收訊號與本地震盪器之相位必須一致，這通常需要仰賴鎖相迴路（Phase-Locked Loop, PLL）才能達成，鎖相迴路是一種非線性的且具有回授控制的系統以控制本地震盪器之相位，包含了壓控震盪器（VCO）、乘法器、與迴路濾波器，分析起來較爲複雜，有興趣的讀者可以參考 [1,3,5]。

另外一種同步探討的是有關於時間方面，稱之爲時間同步（timing synchronization）、時間回復（timing recovery）、時序同步（clock synchronization），這些則只應用於數位通訊系統中。在第六章我們所討論的匹配濾波器，以及第七章及本章所討論的最佳接收器，這些數位通訊系統接收機在進行解調變時必須在輸出端最佳時間點取樣，換言之，接收機要先與入射位元或符元完成同步，如此才能達到最佳的解調性能。至於非同調解調器將在第 6 節中詳細討論。最常用的位元或符元同步器（synchronizer）稱爲 Early/Late gate Synchronizer，其方塊圖如圖 8-27。

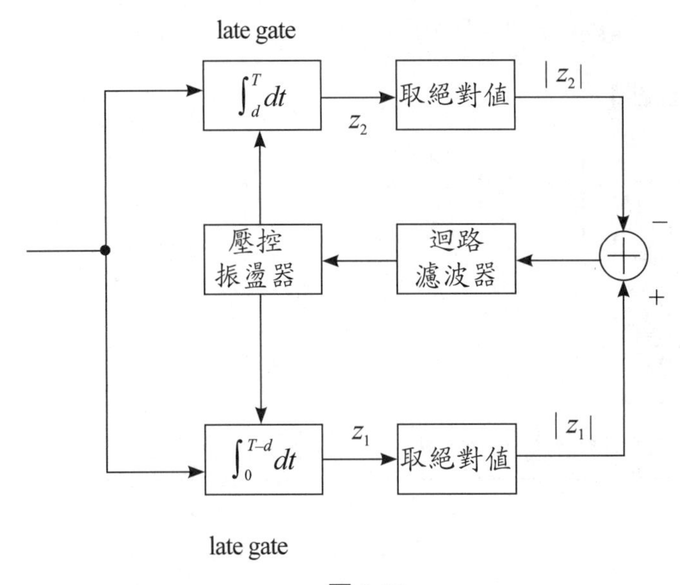

圖 8-27

入射訊號分成兩個路徑進行積分，積分的時間長度爲 $(T-d)$，其中 T 代表一個位元或符元的時間，d 代表兩個路徑積分的起始時間差，則可自行設定。Early gate 與 Late gate 之積分時間分別爲 $[0, T-d]$, $[d, T]$（兩者的積分時間均爲 $(T-d)$ 但起始時間相差 d）。如圖 8-27 所示，Early gate 與 Late gate 積分的結果分別表示爲 z_1, z_2，將積分的結果分別取絕

對值之後相減，若已經完成同步則此值為 0，換言之，$|z_1|-|z_2|$ 代表位元或符元時間誤差，根據其正負值，經過回授電路調整其時序。

我們可以由圖 8-28 更進一步了解 Early/Late gate Synchronizer 同步的過程，當已經完成同步時，Early gate 與 Late gate 積分的結果必然相同，故誤差（$|z_1|-|z_2|$）為 0，反之，若未完成同步，則不論誤差為正或負值，均可透過回授電路傳送至壓控震盪器（Voltage-Controlled Oscillator, 簡稱 VCO）調整其時序一直到誤差降為 0 為止。

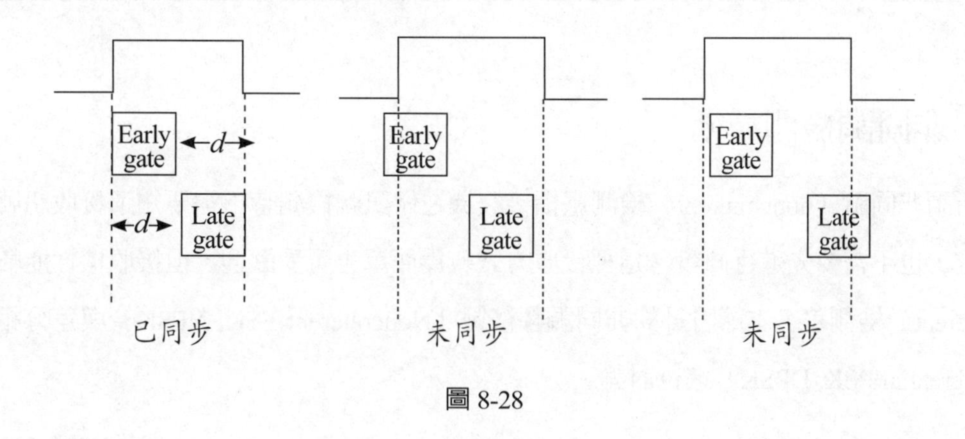

圖 8-28

例題 19

The carrier synchronization is important to the success of a BPSK system.

(a) What would happen to the BPSK demodulation result if the carriers between the transmitter and the receiver are not synchronized?

(b) Name one method to achieve the carrier synchronization for the BPSK. Plot the block diagram of your method.

(c) Explain the phase ambiguity problem in achieving the carrier synchronization for the BPSK.

（100 海洋電機通訊所）

解：

(a) $s_i(t)=\begin{cases}\sqrt{E_b}\phi_1(t)\,;\,i=1\\-\sqrt{E_b}\phi_1(t);\,i=0\end{cases}\quad o\le t\le T_b$

若未能同步則存在 phase error θ，correlator output 為

$$\text{under } H_1 : y \sim N(\sqrt{E_b}\cos\theta, \frac{N_o}{2})$$

$$\text{under } H_0 : y \sim N(-\sqrt{E_b}\cos\theta, \frac{N_o}{2})$$

$$\therefore P_e = Q\left(\frac{\sqrt{E_b}\cos\theta}{\sqrt{\frac{N_o}{2}}}\right)$$

(b), (c) 參考圖 8-20, 8-21 及相關說明

8.6 非同調檢測技術

所謂非同調（noncoherent）檢測意指接收機在做訊號檢測時不需要知道接收訊號的確切相位，也不需要先進行同步。這種接收方式較爲簡單也廣受歡迎，但接收機性能較同調（coherent）檢測差，本節將針對非同調頻移鍵（Noncoherent FSK, NFSK）與差分相移鍵（Differential PSK, DPSK）進行討論。

一、非同調頻移鍵

考慮 M-ary Noncoherent FSK 系統，接收訊號可表示爲

$$\begin{aligned} r(t) &= \sqrt{\frac{2E_s}{T_s}}\cos(2\pi f_i t + \theta) + n(t) \\ &= \sqrt{\frac{2E_s}{T_s}}\left(\cos(2\pi f_i t)\ \cos\theta - \sin(2\pi f_i t)\ \sin\theta\right) + n(t);\ 0 \le t \le T_s \end{aligned} \quad , i = 1, ..., M \tag{68}$$

其中 θ 爲未知的相位，θ 可視爲在 (0, 2π) 之間均勻分布之隨機變數，θ~U(0, 2π)。由式 (68) 可知若接收訊號包含一未知相位 θ，則接收機應包含 in phase（$\cos(2\pi f_i t)$）與 quadrature phase（$\sin(2\pi f_i t)$）部分。f_i 爲第 i 個可能傳送訊號的頻率，與 M-ary FSK 同調檢測不同的是，我們必須定義 $2M$ 個基底函數

$$\begin{cases} \varphi_{xi}(t) = \sqrt{\dfrac{2}{T_s}} \cos 2\pi f_i t \\ \varphi_{yi}(t) = -\sqrt{\dfrac{2}{T_s}} \sin 2\pi f_i t \end{cases} ; 0 \le t \le T_s = T_b \log_2 M, i = 1, \cdots, M \tag{69}$$

則式 (68) 可改寫爲

$$r(t) = \sqrt{E_s} \cos\theta\, \varphi_{xi}(t) + \sqrt{E_s} \sin\theta \varphi_{yi}(t) + n(t);\ \ i = 1, \cdots, M \tag{70}$$

其中假設頻率間隔滿足兩兩正交的條件，圖 8-29 爲 *M*-ary NFSK 之解調器架構圖

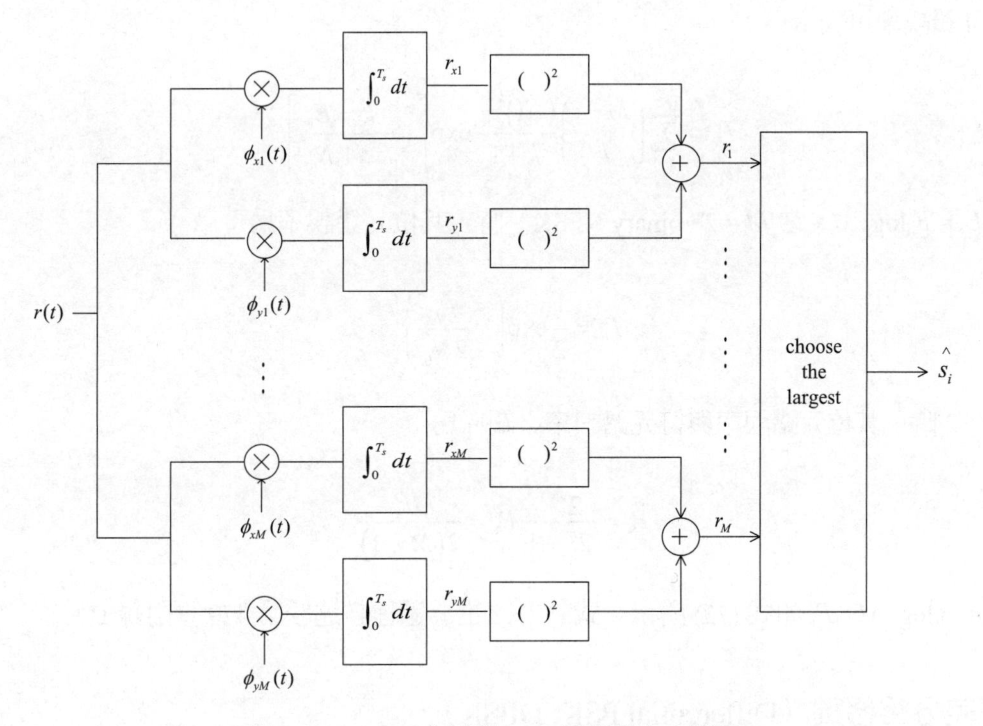

圖 8-29　*M*-ary 非同調 FSK 解調器之方塊圖

顯然的若 $s_i(t)$ 被送出則有

$$r_{xj} = \begin{cases} n_{xj}; j \ne i \\ \sqrt{E_s} \cos\theta + n_{xj}; j = i \end{cases} \tag{71}$$

$$r_{yj} = \begin{cases} n_{yj}; j \ne i \\ -\sqrt{E_s} \sin\theta + n_{yj}; j = i \end{cases} \tag{72}$$

因此

$$r_j = r_{xj}^{\ 2} + r_{yj}^{\ 2} = \begin{cases} n_{xj}^{\ 2} + n_{yj}^{\ 2}; j \neq i \\ E_s + 2\sqrt{E_s}\cos\theta n_{xj} + 2\sqrt{E_s}\sin\theta n_{yj} + n_{xj}^{\ 2} + n_{yj}^{\ 2}; j = i \end{cases} \tag{73}$$

顯然的，當 E_s 很大時，$r_i > r_j; \forall j \neq i$ 故決策法則爲

$$i = \arg \max_{j \in \{1,\ldots,M\}} r_j \tag{74}$$

M-ary Noncoherent FSK 之性能分析極爲複雜，推導過程可參考參考資料 [1,3,5,6]，其 symbol 錯誤率可表示爲：

$$P_S = \sum_{k=1}^{M-1} \binom{M-1}{k} \frac{(-1)^{k+1}}{k+1} \exp\left[-\frac{k}{k+1}\frac{E_s}{N_0}\right] \tag{75}$$

其中 $E_s = E_b \log_2 M$。當 $M = 2$（binary NFSK）時，其位元錯誤率爲：

$$P_b = \frac{1}{2}\exp\left(-\frac{E_b}{2N_0}\right) \tag{76}$$

當 $M > 2$ 時，其位元錯誤率與符元錯誤率之關係爲：

$$P_b = \frac{2^{m-1}}{2^m - 1} P_S = \frac{MP_S}{2(M-1)} \tag{77}$$

其中 $m = \log_2 M$，P_s 如式 (75) 所示。式 (77) 之推導過程詳述於第 479 頁附錄 B。

二、差分相移鍵（Differential PSK, DPSK）

在本章第一節中我們探討了相移鍵的同調檢測並分析其性能，由於訊息改變載波的相位，因此在接收端必須完成相位的同步才能正確無誤地將訊息還原。可惜的是同調檢測實際上並不易達成，因爲相位誤差普遍存在於載波回復的過程中，因此要估計眞正的相位有其困難性。此外，載波相位的估計必須使用鎖相迴路（PLL），這又增加了電路的複雜度以及成本。但即便眞正的相位不易獲得，一個普遍存在的現象是相鄰位元之相位差並不會因爲相位誤差而改變，亦即

$$\hat{\phi}_n - \hat{\phi}_{n-1} = \phi_n - \phi_{n-1} \tag{78}$$

在第一節中的相移鍵是以絕對之相位編碼，例如在 BPSK 中 bit 1 對應之相位為 0 而 bit 0 對應之相位為 π，而 DPSK 不對絕對之相位編碼，而對相位差編碼。這種編碼方式稱之為差分編碼（differentially encoded），簡言之，DPSK 是實現 PSK 的絕佳方式。

DPSK 之調變器與解調變器之方塊圖分別顯示於圖 8-30 與圖 8-31。

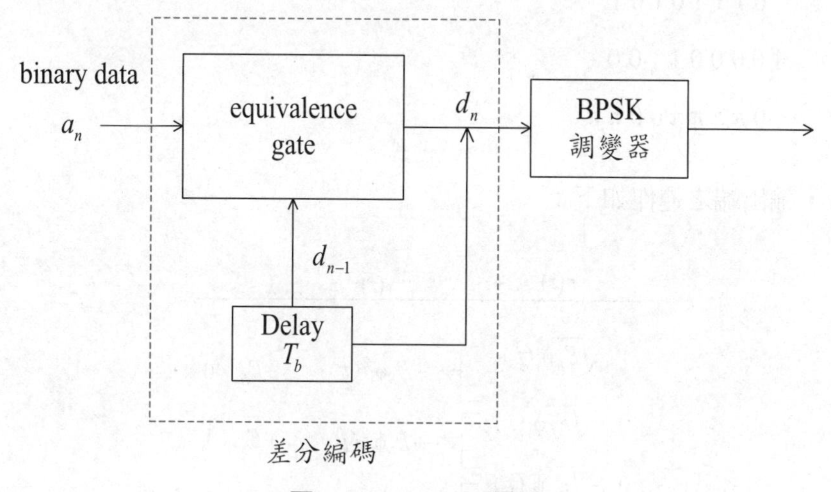

圖 8-30　DPSK 調變器

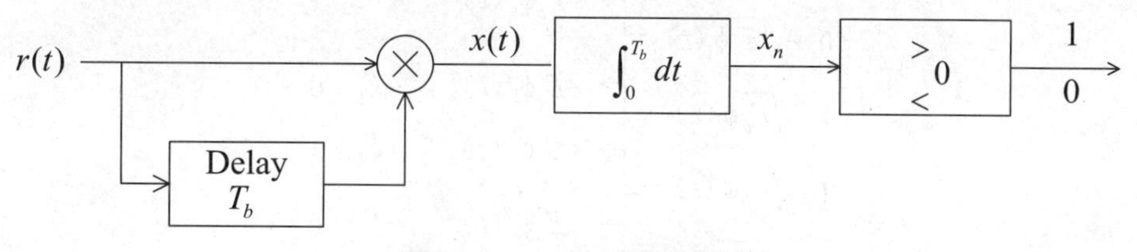

圖 8-31　DPSK 解調變器

其中圖 8-31 之解調變器假設接收訊號之相位為已知，我們稱此種架構為差分編碼同調檢測（Differentially Encoded coherently detected BPSK, DEBPSK）。

在差分編碼器的部分，equivalence gate 在進行 exclusive NOR 的運算，即當二輸入訊號相同時輸出為 1，否則為 0

$$d_n = \overline{a_n \oplus d_{n-1}} \tag{79}$$

顯然的，若輸入位元為 1，則輸出 d_n 與前一位元 d_{n-1} 相同，反之若輸入位元為 0，則輸出與前一位元相反。因此，在接收端只要比較相鄰位元，若相位相同則可判斷輸入位元為 1，若相位相反則可判斷輸入位元為 0。我們可以以下例說明差分編碼器的調變與解調變過程：

說例： 若 a_n：01110101，初始參考位元為 1，則輸出為

a_n　　0 1 1 1 0 1 0 1

d_n　　1 0 0 0 0 1 1 0 0

ϕ_n　　0 π π π π 0 0 π π

參考圖 8-31，輸出端之運作如下：

	$r(t)$	$x(t)$	x_n	
1	$\sqrt{E_b}\phi_1(t)$			
		$-E_b\phi_1^2(t)$	$-E_b$	0
0	$-\sqrt{E_b}\phi_1(t)$			
		$+E_b\phi_1^2(t)$	$+E_b$	1
0	$-\sqrt{E_b}\phi_1(t)$			
		$+E_b\phi_1^2(t)$	$+E_b$	1
0	$-\sqrt{E_b}\phi_1(t)$			
		$+E_b\phi_1^2(t)$	$+E_b$	1
0	$-\sqrt{E_b}\phi_1(t)$			
		$-E_b\phi_1^2(t)$	$-E_b$	0
1	$\sqrt{E_b}\phi_1(t)$			
		$+E_b\phi_1^2(t)$	$+E_b$	1
1	$\sqrt{E_b}\phi_1(t)$			
		$-E_b\phi_1^2(t)$	$-E_b$	0
0	$-\sqrt{E_b}\phi_1(t)$			
		$+E_b\phi_1^2(t)$	$+E_b$	1
0	$-\sqrt{E_b}\phi_1(t)$			

其中 $\phi_1(t)=\sqrt{\dfrac{2}{T_b}}\cos 2\pi f_c t$

如上例所示，圖 8-31 之 DPSK 解調器確實能正確的還原傳送位元 a_n。DPSK 之缺點為一旦位元產生錯誤將造成錯誤漫延（error propagation），換言之，其位元錯誤並非獨立。

如圖 8-31 所示之差分編碼同調檢測之位元錯誤率如下

$$\begin{aligned} P_{DPSK} &= (1-P_{BPSK})P_{BPSK} + P_{BPSK}(1-P_{BPSK}) \\ &= 2P_{BPSK} - 2P_{BPSK}{}^2 > P_{BPSK} \end{aligned} \tag{80}$$

其中 P_{BPSK} 爲同調 BPSK 之位元錯誤率。DEBPSK 之 BER 較 BPSK 高之原因爲：若有一個位元檢測發生錯誤，將導致前後兩個位元之判斷發生錯誤。

觀念分析： 倘若考慮的是 4 個相位的差分編碼，在差分編碼器的部分，在相鄰兩個符元之相爲移爲 0°, 90°, 180°, 270° 時，分別對應到的編碼方式爲：**00, 01, 11, 10**。當 $M>4$ 時編碼方式依此類推。

考慮差分編碼之非同調檢測，若接收訊號包含一未知相位 θ，則接收機應包含 in phase 與 quadrature phase 部分，如圖 8-32 所示，令基底函數爲

$$\begin{cases} \phi_1 = \sqrt{\dfrac{2}{T_b}}\cos(2\pi f_c t) \\ \phi_2 = -\sqrt{\dfrac{2}{T_b}}\sin(2\pi f_c t) \end{cases}$$

故若接收訊號爲 $\sqrt{\dfrac{2E_b}{T_b}}\cos(2\pi f_c t+\theta)$（代表 bit 0），則如圖 8-32 所示經過 in phase 與 quadrature phase 之 correlator 之後可得輸出爲

$$\begin{cases} x_{I1} = \displaystyle\int_0^{T_b}\sqrt{\frac{2E_b}{T_b}}\cos(2\pi f_c t+\theta)\phi_1(t)\,dt = \sqrt{E_b}\cos\theta \\ x_{Q1} = \displaystyle\int_0^{T_b}\sqrt{\frac{2E_b}{T_b}}\cos(2\pi f_c t+\theta)\phi_2(t)\,dt = \sqrt{E_b}\sin\theta \end{cases} \tag{81}$$

同理可得，若接收訊號爲 $\sqrt{\dfrac{2E_b}{T_b}}\cos(2\pi f_c t+\pi+\theta)$（代表 bit 1），則輸出應爲 $(x_{I1}, x_{Q1}) = \left(-\sqrt{E_b}\cos\theta, -\sqrt{E_b}\sin\theta\right)$，繼續觀察下一個位元可得 (x_{I2}, x_{Q2})，若相鄰位元相位相同則有 $x_{I1}x_{I2}+x_{Q1}x_{Q2}>0$，反之，若相鄰位元相位相反，則有 $x_{I1}x_{I2}+x_{Q1}x_{Q2}<0$。因此可得 decision rule 爲

$$x_{I1}x_{I2}+x_{Q1}x_{Q2}\underset{\text{"0"}}{\overset{\text{"1"}}{\gtrless}}0 \tag{82}$$

根據式 (82) 所得到之差分編碼非同調檢測器如圖 8-32。

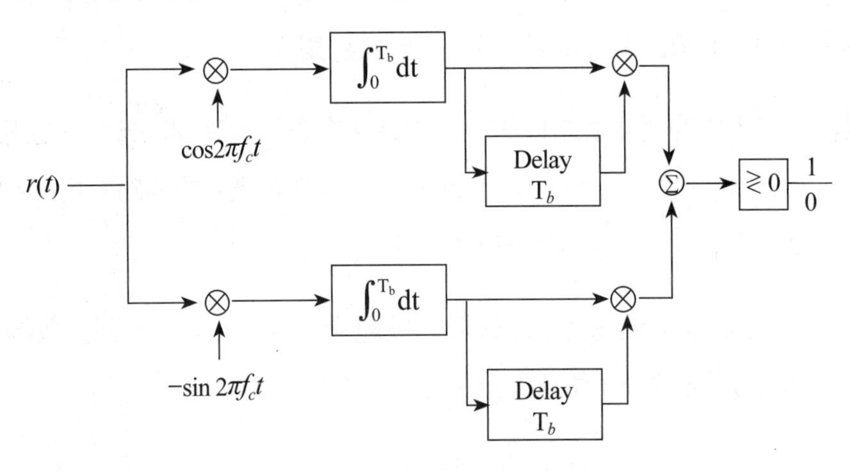

圖 8-32 差分編碼非同調檢測器 (1)

經由簡單的運算可將式 (82) 改寫為

$$\left(x_{I1}+x_{I2}\right)^2+\left(x_{Q1}+x_{Q2}\right)^2-\left(x_{I1}-x_{I2}\right)^2-\left(x_{Q1}-x_{Q2}\right)^2\underset{\text{"0"}}{\overset{\text{"1"}}{\gtrless}}0 \tag{83}$$

其中

$$\begin{cases} x_{I1}=\int_0^{T_b} r(t)\phi_1(t)\,dt,\ x_{I2}=\int_{T_b}^{2T_b} r(t)\phi_1(t)\,dt \\ x_{Q1}=\int_0^{T_b} r(t)\phi_2(t)\,dt,\ x_{Q2}=\int_{T_b}^{2T_b} r(t)\phi_2(t)\,dt \end{cases} \tag{84}$$

根據式 (83)、(84) 可將差分編碼非同調檢測器以另外一種方式實現，如圖 8-33 所示：

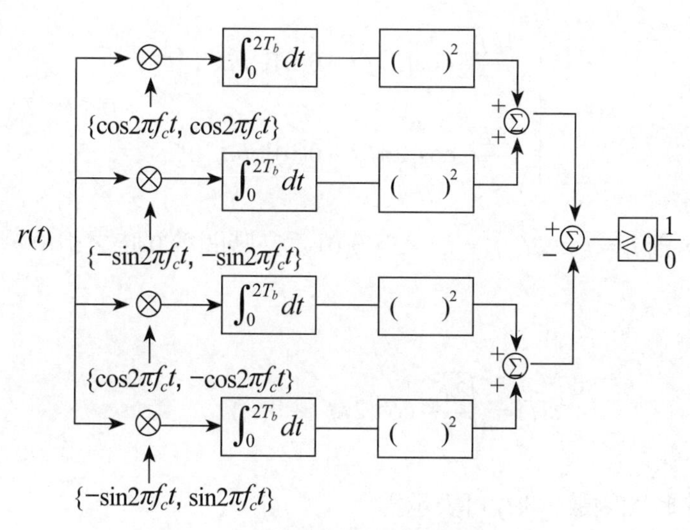

圖 8-33　差分編碼非同調檢測器 (2)

平均位元錯誤率分析：

由於式 (83) 之架構與 Binary Noncoherent FSK 完全相同，差別僅在於一次觀察兩個位元，故 DPSK 系統之位元錯誤率亦可參考式 (76) 之結果得到

$$P_{DPSK} = \frac{1}{2}\exp\left(-\frac{2E_b}{2N_0}\right) = \frac{1}{2}\exp\left(-\frac{E_b}{N_0}\right) \tag{85}$$

8.7　最小頻移鍵

最小頻移鍵（Minimum Shift Keying, MSK）是無線通訊中最重要的調變技術之一。值得注意的是 MSK 可用兩種不同的調查方式加以詮釋：

1. CPFSK
2. OQPSK

1. MSK 之 CPFSK 型式

考慮以下之 CPFSK 訊號

$$s(t)=\begin{cases}\sqrt{\dfrac{2E_b}{T_b}}\cos[2\pi f_1 t+\theta(0)],bit"1" \\ \sqrt{\dfrac{2E_b}{T_b}}\cos[2\pi f_2 t+\theta(0)],bit"0"\end{cases} \qquad 0\le t\le T_b \tag{86}$$

若 f_c 爲載波頻率，則 $f_1=f_c+\Delta f,\ f_2=f_c-\Delta f$，$\theta(0)$ 爲在時間爲 0 時之相位，式 (86) 亦可表示爲

$$s(t)=\sqrt{\frac{2E_b}{T_b}}\cos(2\pi f_c t+\theta(t)) \qquad 0\le t\le T_b \tag{87}$$

其中 $\theta(t)$ 爲相位之時間函數，$\theta(t)$ 可表示爲

$$\theta(t) = \theta(0) \pm \frac{\pi h}{T_b} t \tag{88}$$

其中 h 稱爲 deviation ratio，$h=T_b(f_1-f_2)=2T_b\Delta f$，當 bit 爲「1」時，CPFSK 訊號之相位增加了 πh，反之，當 bit 爲「0」時相位則減少 πh；換言之，CPFSK 訊號之相位在每個 bit 之區間內隨著時間成線性的增加或降低。我們對 $h = \frac{1}{2}$ 特別感興趣，因爲當 $h = \frac{1}{2}$ 時

$$f_1 - f_2 = \frac{1}{2T_b} \tag{89}$$

我們在第 2 節時討論過：此爲維持 Coherent BFSK 正交之最小頻率間隔！故我們稱爲 $h = \frac{1}{2}$ 時之調變方式爲最小頻移鍵（MSK），由式 (88) 可知當 $h = \frac{1}{2}$ 時，bit 爲「1」或「0」時相位分別增減 $\frac{\pi}{2}$。圖 8-34 爲當 bit sequence 爲 [1 0 0 1 0 1 1] 時之相位變化圖（所有相位爲 modulo-2π）。

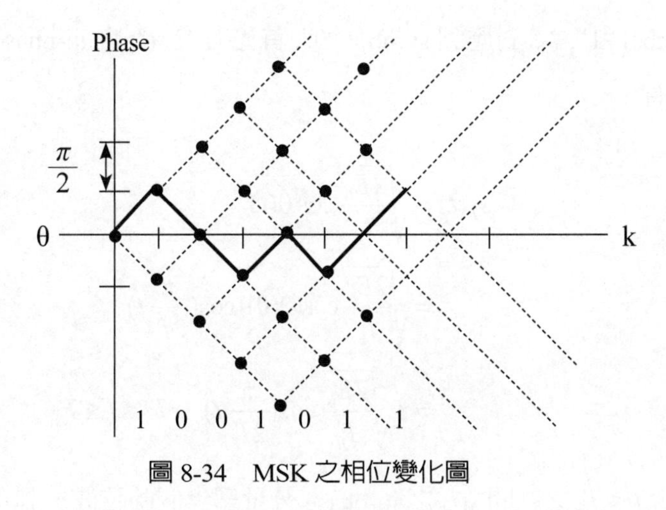

圖 8-34　MSK 之相位變化圖

2. MSK 的差分檢測

顯然的，在奇數倍 T_b 時，相位值只可能爲 $\pm\frac{\pi}{2}$，同理，在偶數倍 T_b 時，相位值則只可能爲 $0, \pi$，因此 MSK 的解調變器可利用差分解碼完成，說明如下：

1. 若 $\theta(0) = 0, \theta(T_b) = \frac{\pi}{2}$，代表所傳送之 bit 爲「1」
2. 若 $\theta(0) = \pi, \theta(T_b) = \frac{\pi}{2}$，代表所傳送之 bit 爲「0」
3. 若 $\theta(0) = 0, \theta(T_b) = -\frac{\pi}{2}$，代表所傳送之 bit 爲「0」
4. 若 $\theta(0) = \pi, \theta(T_b) = -\frac{\pi}{2}$，代表所傳送之 bit 爲「1」

其中 $-\frac{\pi}{2}$ 即爲 $\frac{3\pi}{2}$（mod 2π）。

3. MSK 之 OQPSK 型式

將式 (87) 改寫，可將 MSK 訊號表示爲

$$s(t) = \sqrt{\frac{2E_b}{T_b}}\cos(\theta(t))\cos 2\pi f_c t - \sqrt{\frac{2E_b}{T_b}}\sin(\theta(t))\sin 2\pi f_c t \tag{90}$$

其中

$$\theta(t) = \theta(0) \pm \frac{\pi}{2T_b} t \quad 0 \le t \le T_b$$

「+」對應到 symbol “1”, “-” 對應到 symbol “0”. 首先考慮 $s(t)$ 之 in-phase 分量，由於 $\theta(0)$ 之值爲 0 或 π，故有

$$
\begin{aligned}
s_I(t) &= \sqrt{\frac{2E_b}{T_b}}\cos\theta(t) \\
&= \sqrt{\frac{2E_b}{T_b}}\cos(\theta(0))\cos(\frac{\pi}{2T_b}t) \\
&= \pm\sqrt{\frac{2E_b}{T_b}}\cos(\frac{\pi}{2T_b}t) \quad -T_b \le t \le T_b
\end{aligned} \tag{91}
$$

顯然的，在 $-T_b \le t \le T_b$ 之區間 $s(t)$ 之 in-phase 分量爲半個餘弦波，其正負值由 $\theta(0)$ 決定，同理可得在 $0 \le t \le 2T_b$ 之區間 $s(t)$ 之 quadature-phase 分量爲半個正弦波，其正負值由 $\theta(T_b)$ 決定

$$
\begin{aligned}
s_Q(t) &= \sqrt{\frac{2E_b}{T_b}}\sin\theta(t) \\
&= \sqrt{\frac{2E_b}{T_b}}\sin(\theta(T_b))\sin(\frac{\pi}{2T_b}t) \\
&= \pm\sqrt{\frac{2E_b}{T_b}}\sin\left(\frac{\pi}{2T_b}t\right) \quad ;0 \le t \le 2T_b
\end{aligned} \tag{92}
$$

定義 MSK 之正規化基底函數爲：

$$\phi_1(t) = \sqrt{\frac{2}{T_b}}\cos(\frac{\pi}{2T_b}t)\cos(2\pi f_c t) \tag{93a}$$

$$\phi_2(t) = \sqrt{\frac{2}{T_b}}\sin(\frac{\pi}{2T_b}t)\sin(2\pi f_c t) \tag{93b}$$

因此式 (90) 可簡化爲

$$s(t) = s_1\phi_1(t) + s_2\phi_2(t) \tag{94}$$

其中

$$s_1 = \int_{-T_b}^{T_b} s(t)\phi_1(t)dt = \sqrt{E_b}\cos(\theta(0)) = \pm\sqrt{E_b} \qquad -T_b \le t \le T_b \tag{95a}$$

$$s_2 = \int_{0}^{2T_b} s(t)\phi_2(t)dt = -\sqrt{E_b}\sin(\theta(T_b)) = \mp\sqrt{E_b} \qquad 0 \le t \le 2T_b \tag{95b}$$

故可得 MSK 之訊號空間圖如圖 8-35：

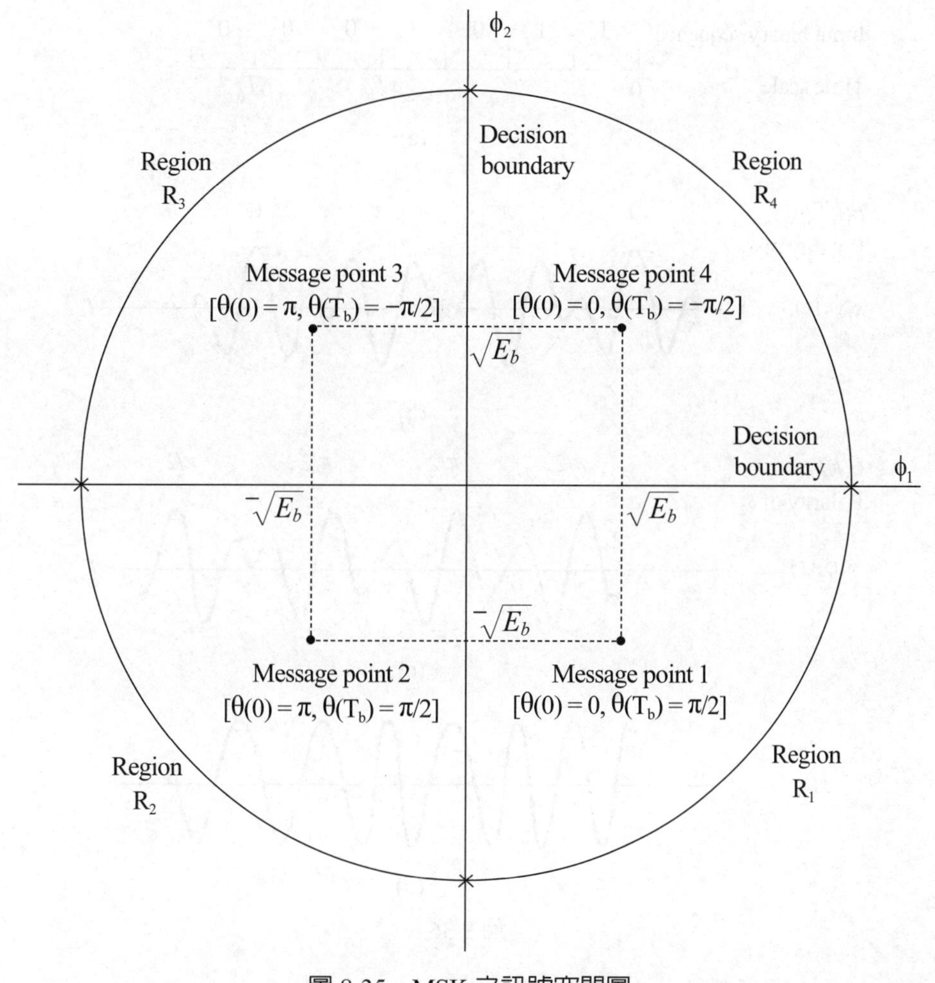

圖 8-35　MSK 之訊號空間圖

值得特別注意的是，儘管 data 每隔 T_b 秒改變一次，但由於相位必須連續，因此在 I-channel 只有在 $\cos\left(\dfrac{\pi}{2T_b}t\right)$ 通過零點（zero-crossing）之後才有可能改變值，同理可得 Q-channel 只有

在 $\sin\left(\dfrac{\pi}{2T_b}t\right)$ 通過零點之後才有可能改變值。換言之，s_1, s_2 均爲每隔 $2T_b$ 秒改變一次，且與 OQPSK 相同，I 與 Q-channel 之間相差了 T_b 秒。當 bit sequence 爲 [1 1 0 1 0 0 0] 時 MSK 之訊號波形圖表示於圖 8-36：

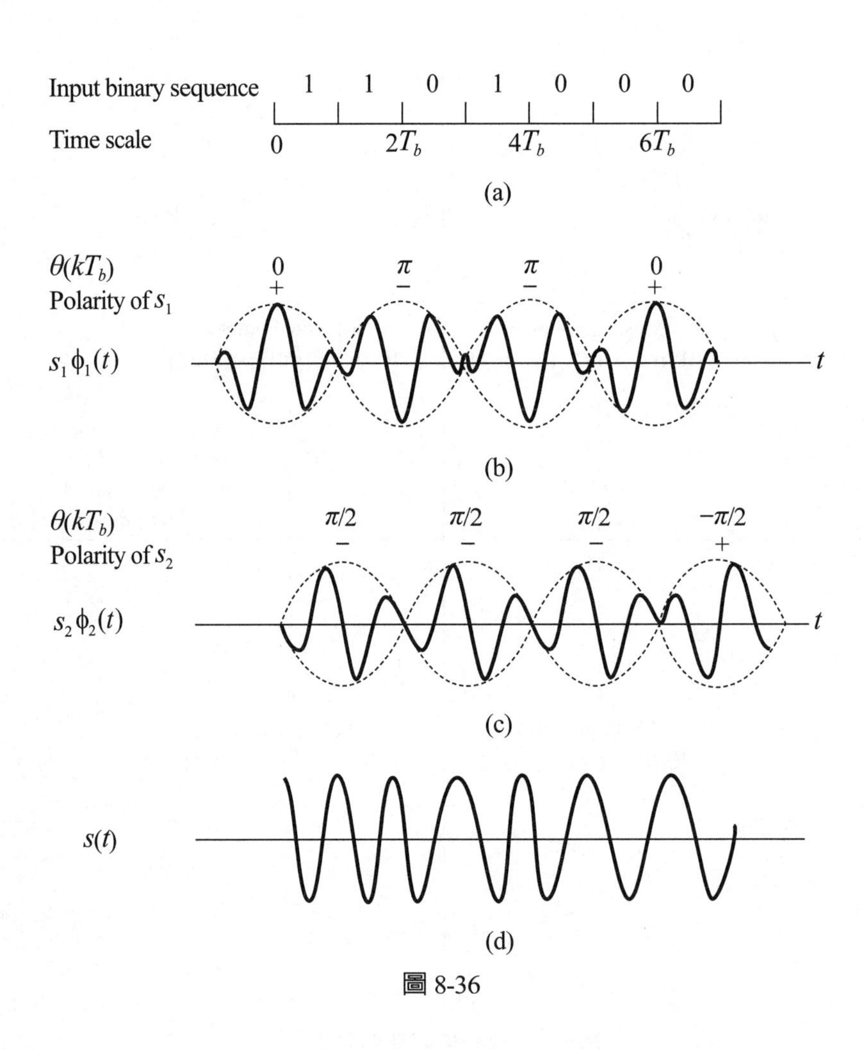

圖 8-36

MSK 之訊號空間圖與 QPSK 系統極爲類似，但 QPSK 系統是每隔 $2T_b$ 秒將 4 個訊號點之一傳送出去，而在 MSK 系統中，若傳送之 symbol 爲 1，則將第二、四象限之訊號擇一傳送出去（若 $\theta(0) = 0$ 則傳第四象限之訊號，若 $\theta(0) = \pi$ 則傳第二象限之訊號），此外與 OQPSK 不同的是在 I 與 Q-channel 分別乘上半個 $\cos\left(\dfrac{\pi}{2T_b}t\right)$ 與 $\sin\left(\dfrac{\pi}{2T_b}t\right)$。

4. MSK 的同調（相關器）檢測

若 $s(t)$ 爲傳送之 MSK 訊號，$w(t)$ 爲 AWGN 功率頻譜密度 $\frac{N_0}{2}$，則接收之訊號可表示爲

$$x(t) = s(t) + w(t) \tag{96}$$

其中我們必須要檢測傳送之位元在 $0 \le t \le T_b$ 爲 1 或 0, 只要檢測出 $\theta(0)$, $\theta(T_b)$ 之值即可，將 $x(t)$ 輸入以 $\phi_1(t), \phi_2(t)$ 爲基底函數之相關性接收器，可得

$$\begin{aligned} x_1 &= \int_{-T_b}^{T_b} x(t)\phi_1(t)dt = s_1 + w_1, -T_b \le t \le T_b \\ x_2 &= \int_{0}^{2T_b} x(t)\phi_2(t)dt = s_2 + w_2, 0 \le t \le 2T_b \end{aligned} \tag{97}$$

由訊號空間圖可得：在不考慮雜訊的情況下，

$$\begin{cases} x_1 > 0 \Rightarrow \theta(0) = 0 \\ x_1 < 0 \Rightarrow \theta(0) = \pi \end{cases}$$

同理可得：在不考慮雜訊的情況下，

$$\begin{cases} x_2 > 0 \Rightarrow \theta(T_b) = -\frac{\pi}{2} \\ x_2 < 0 \Rightarrow \theta(T_b) = \frac{\pi}{2} \end{cases}$$

綜合上述可得：

1 若 $x_1 > 0\left(\theta(0) = 0\right), x_2 > 0\left(\theta(T_b) = -\frac{\pi}{2}\right) \Rightarrow decide"0"$

2. 若 $x_1 > 0\left(\theta(0) = 0\right), x_2 < 0\left(\theta(T_b) = \frac{\pi}{2}\right) \Rightarrow decide"1"$

3. 若 $x_1 < 0\left(\theta(0) = \pi\right), x_2 > 0\left(\theta(T_b) = -\frac{\pi}{2}\right) \Rightarrow decide"1"$

4. 若 $x_1 < 0\left(\theta(0) = \pi\right), x_2 < 0\left(\theta(T_b) = \frac{\pi}{2}\right) \Rightarrow decide"0"$

換言之，我們輪流觀察 I-channel 與 Q-channel $2T_b$ 秒再由 correlators 之正負決定傳送之位元。故當 I-channel 對 θ(0) 之值或 Q-channel 對 $\theta(T_b)$ 之值作出錯誤之判斷，即造成錯誤，MSK 系統之位元錯誤率可求得為

$$P_{MSK} = Q\left(\sqrt{\frac{2E_b}{N_0}}\right) \tag{98}$$

此與 BPSK 之位元錯誤率相同。

MSK 系統之發射與接收圖如圖 8-37 與圖 8-38。

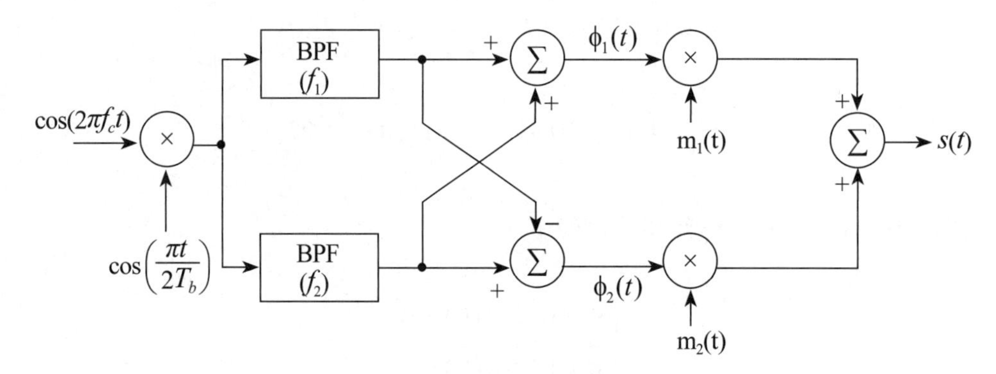

圖 8-37　MSK 系統之發射機

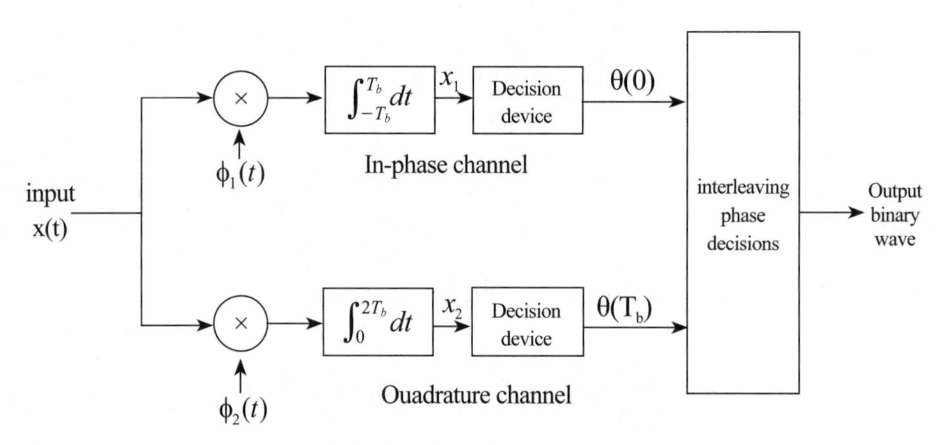

圖 8-38　MSK 系統之接收機

例題 20

(1) Assume that the input to QPSK receiver is

$$y(t) = Ad_1(t)\cos\omega_c t - Ad_2(t)\sin\omega_c t + n(t), 0 < t \le T$$

where n(t) is AWGN with $\frac{N_0}{2}$ PSD. The signals $d_1(t)$, $d_2(t)$ are either -1 or +1, depending on the information bits to be transmitted. Let the system structure of the QPSK receiver be as shown in 圖 8-39.

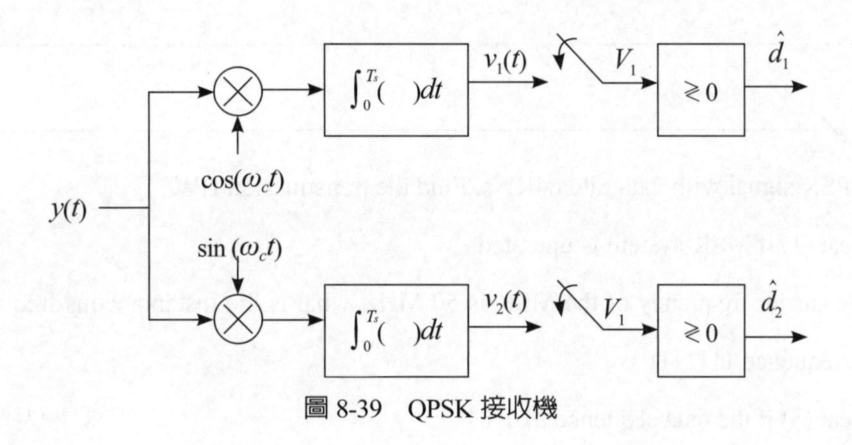

圖 8-39 QPSK 接收機

Also let $\int_0^{T_s}\sin(2\omega_c t)\,dt = \int_0^{T_s}\cos(2\omega_c t)\,dt = 0$. Derive V_1, V_2 and show that they are uncorrelated given $d_1(t)$, $d_2(t)$.

(2) What is the optimal error probability for detecting signal $d_1(t)$? Does the optimal error probability for detecting signal $d_1(t)$ perform better than BPSK?

(3) What kind of changes will be made on signals $d_1(t)$, $d_2(t)$ if y(t) now becomes an input to an OQPSK receiver? Answer the same question for MSK.（交大電信所）

解：

(1)

$$V_1 = \pm\frac{AT_s}{2} + \int_0^{T_s} n(t)\cos\omega_c t\,dt$$

$$V_2 = \mp\frac{AT_s}{2} + \int_0^{T_s} n(t)\sin\omega_c t\,dt$$

$$Cov(V_1, V_2) = E\left[\int_0^{T_s} n(t)\cos\omega_c t\,dt\int_0^{T_s} n(\tau)\sin\omega_c\tau\,d\tau\right] = 0$$

(2) $P_e = Q(\frac{d}{\sigma}) = Q\left(\frac{\frac{AT_s}{2}}{\sqrt{\frac{N_0}{2}\cdot\frac{T_s}{2}}}\right) = Q(\sqrt{\frac{A^2T_s}{N_0}})$

Same

(3) 對 OQPSK 而言，$d_1(t)$ 維持不變，但 $d_2(t)$ delay $\frac{T_s}{2}$

對 MSK 而言，$d_1(t)$ 須乘上$\cos\left(\frac{\pi t}{2T_b}\right)$，$d_2(t)$ 須 delay T_b 乘上$\sin\left(\frac{\pi t}{2T_b}\right)$

例題 21

(1) A QPSK signal with data rate 64Kb/s. Find the transmission BW.

(2) Repeat (1) if MSK system is operated.

(3) If the carrier frequency of the MSK is 50 MHz, what is the instantaneous frequency for the data sequence 111111⋯

(4) Repeat (3) if the data sequence 010101⋯ （中央電機所）

解：

(1) $R_b = 64Kbps,\ R_s = \frac{R_b}{2} = 32K\ \ symbol/sec$

$BW(null - to - null) = 2R_s = 64KHz$

(2) $BW = 2(\frac{3}{4}R_b) = 96KHz$

(3) $x_{MSK}(t) = \frac{A}{2}[a_k^{(e)} - a_k^{(o)}]\cos(2\pi(f_c + \Delta f)t) + \frac{A}{2}[a_k^{(e)} + a_k^{(o)}]\cos(2\pi(f_c - \Delta f)t)$

(4) 1 1 1 1 1 1

$f_c - \Delta f$ $f_c - \Delta f$ $f_c - \Delta f$

0 1 0 1 0 1

$f_c + \Delta f$ $f_c + \Delta f$ $f_c + \Delta f$

其中 $f_c = 50$ MHz

$$\Delta f = \frac{1}{4T_b} = \frac{R_b}{4} = 16K$$

$\therefore f_c + \Delta f = 50.016$ MHz, $f_c - \Delta f = 49.984$ MHz

---

例題 22

The message sequence input to an MSK transmitter is 11000110. Assume the initial phase is zero.

(1) Plot the phase trellis according to the message sequence.

(2) Draw the block diagram of a coherent MSK receiver and describe how it works.

(3) Comparing with QPSK, what are the major desirable properties of the MSK signal.（92 雲科大電機所）

解：

(1)

θ(t) − θ(0)

1 1 0 0 0 1 1 0

π

π/2

−π/2

−π

T_b

t

(2)

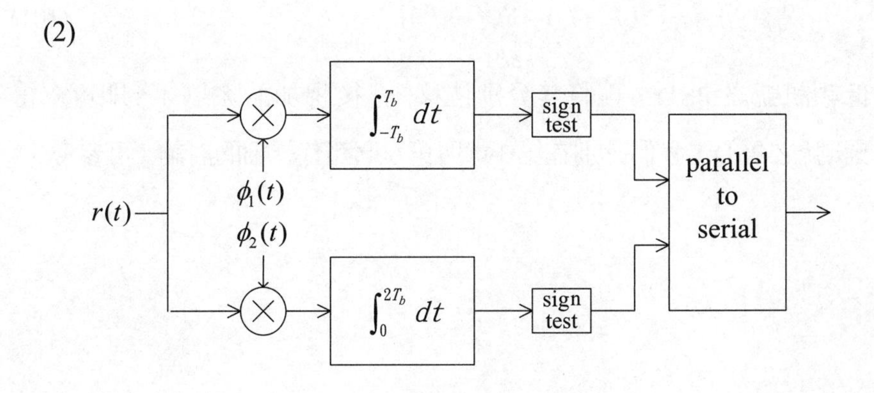

其中 $\phi_1(t) = \sqrt{\dfrac{2}{T_b}}\cos\left(\dfrac{\pi}{2T_b}t\right)\cos(2\pi f_c t)$

$\phi_2(t) = \sqrt{\dfrac{2}{T_b}}\sin\left(\dfrac{\pi}{2T_b}t\right)\sin(2\pi f_c t)$

(3) MSK 為 CPFSK，(在每個 bit 交換處，phase 連續，故其 PSD 在尾端處迅速衰減（與 $\dfrac{1}{f^4}$ 正比），而 QPSK 只與 $\dfrac{1}{f^2}$ 成正比，故 MSK 在 sidelobe 處功率較小。

8.9 功率頻譜與頻寬效益

一、帶通訊號之功率頻譜

被調變後之帶通訊號可表示為：

$$s_{BP}(t) = s_I(t)\cos(2\pi f_c t) - s_Q(t)\sin(2\pi f_c t) \tag{99}$$

其中 f_c 為載波頻率，基頻（低頻）訊號 $s_I(t)$ 稱為 In-phase component，$s_Q(t)$ 稱為 quadrature-phase component。$\cos(2\pi f_c t)$ 與 $\sin(2\pi f_c t)$ 為兩個相互正交之基底函數。式 (99) 可簡化為

$$s(t) = \mathrm{Re}[\tilde{s}(t)e^{j2\pi f_c t}] \tag{100}$$

其中 Re(x) 代表 x 之實部，$\tilde{s}(t)$ 代表基頻（低頻）訊號，由本書第二章的討論可知：若基頻訊號之功率頻譜密度（PSD）函數為 $\tilde{S}(f)$，則帶通訊號 $s_{BP}(t)$ 之 PSD 為

$$S_{BP}(f) = \frac{1}{4}[\tilde{S}(f - f_c) + \tilde{S}(f + f_c)] \tag{101}$$

換言之，只要求得低頻訊號之 PSD，再將其分別位移 $\pm f_c$ 後相加並除以 4，即可求得 $S_{BP}(f)$。有關基頻隨機訊號之 PSD，我們分別在第 3 章與第 6 章都有詳細的討論（可參考 3.4 節與 6.5 節）。

二、各種調變訊號之功率頻譜

1. BPSK

BPSK 可視爲雙極性 NRZ 訊號乘上 $\cos(2\pi f_c t)$，由第 6 章之推導可得雙極性 NRZ 訊號之 PSD 函數爲

$$S_{NRZ}(f) = A^2T_b \sin c^2(fT_b) = 2E_b \sin c^2(fT_b) \tag{102}$$

故可得

$$\begin{aligned} S_{BPSK}(f) &= \frac{A^2T_b}{4}\left[\sin c^2(f-f_c)T_b + \sin c^2(f+f_c)T_b\right] \\ &= \frac{E_b}{2}\left[\sin c^2(f-f_c)T_b + \sin c^2(f+f_c)T_b\right] \end{aligned} \tag{103}$$

2. QPSK

$$s_i(t) = \sqrt{\frac{2E_s}{T_s}}\cos(2\pi f_c t + (2i-1)\frac{\pi}{4}),\ 0 \le t \le T_s, i = 1,2,3,4,$$

其中 $T_s = 2T_b$：傳送一個 symbol 所需的時間

E_s　　：傳送一個 symbol 所需的能量

故在 QPSK 中每個 symbol 包含兩個 bit

將 $s_i(t)$ 展開後可得：

$$\begin{aligned} s_i(t) &= \sqrt{\frac{2E_s}{T_s}}\cos(2\pi f_c t)\cos[(2i-1)\frac{\pi}{4}] - \sqrt{\frac{2E_s}{T_s}}\sin(2\pi f_c t)\sin[(2i-1)\frac{\pi}{4}] \\ &= \mathrm{Re}\left[\tilde{s}(t)\exp\left(j2\pi f_c t\right)\right] \end{aligned} \tag{104}$$

其中

$$\begin{aligned} \tilde{s}(t) &= s_I(t) + s_Q(t) \\ &= \sqrt{\frac{2E_s}{T_s}}\left[\cos[(2i-1)\frac{\pi}{4}] + j\sin[(2i-1)\frac{\pi}{4}]\right] \\ &= \sqrt{\frac{2E_s}{T_s}}\left(\pm\frac{1}{\sqrt{2}} \pm j\frac{1}{\sqrt{2}}\right) \\ &= \sqrt{\frac{E_s}{T_s}}\left(\pm 1 \pm j\right) \end{aligned} \tag{105}$$

QPSK 之 I-channel 可看成一 bipolar NRZ 乘上 $\cos(2\pi f_c t)$，QPSK 之 Q-channel 可看成一 bipolar NRZ 乘上 $\sin(2\pi f_c t)$，雙極性 NRZ 訊號之 PSD 函數爲

$$S_{B-NRZ}(f) = A^2 T_s \sin c^2(fT_s) = E_s \sin c^2(fT_s) \tag{106}$$

由於 I-channel 與 Q-channel 相互獨立，因此 QPSK 之基頻頻譜爲 I-channel 與 Q-channel 之和

$$\begin{aligned} S_{B-QPSK}(f) &= 2E_s \sin c^2(fT_s) \\ &= 4E_b \sin c^2(2fT_b) \end{aligned} \tag{107}$$

故帶通訊號之 PSD 爲

$$\begin{aligned} \therefore S_{QPSK}(f) &= \frac{1}{2} A^2 T_s \left[\sin c^2(f-f_c)T_s + \sin c^2(f+f_c)T_s \right] \\ &= \frac{E_s}{2}\left[\sin c^2(f-f_c)T_s + \sin c^2(f+f_c)T_s \right] \end{aligned} \tag{108}$$

3. *M*-ary PSK

$$s_i(t) = \sqrt{\frac{2E_s}{T_s}} \cos\left[2\pi f_c t + \frac{2\pi}{M}(i-1) \right]; i = 1,2,\cdots,M \quad 0 \le t \le T_s$$

其中 $T_s = T_b \log_2 M$：傳送一個 symbol 所需的時間

E_s：傳送一個 symbol 所需的能量

故在 M-ary PSK 中每個 symbol 包含 $\log_2 M$ 個 bit

將 $s_i(t)$ 展開後可得：

$$\begin{aligned} s_i(t) &= \sqrt{\frac{2E_s}{T_s}} \cos(2\pi f_c t)\cos\left(\frac{2\pi(i-1)}{M}\right) - \sqrt{\frac{2E_s}{T_s}} \sin(2\pi f_c t)\sin\left(\frac{2\pi(i-1)}{M}\right) \\ &= \text{Re}\left[\tilde{s}(t)\exp\left(j2\pi f_c t\right) \right] \end{aligned} \tag{109}$$

$$\begin{aligned} \tilde{s}(t) &= s_I(t) + s_Q(t) \\ &= \sqrt{\frac{2E_s}{T_s}} \left[\cos[\frac{2\pi(i-1)}{M}] + j\sin[\frac{2\pi(i-1)}{M}] \right] \end{aligned} \tag{110}$$

參考 QPSK 之 PSD 求法，首先求出

$$\begin{aligned} S_{B-MPSK}(f) &= 2E_s \sin c^2(fT_s) \\ &= 2E_b \log_2 M \sin c^2(fT_b \log_2 M) \end{aligned} \tag{111}$$

故帶通訊號之 PSD 爲

$$\begin{aligned} S_{MPSK}(f) &= \frac{1}{2}A^2T_s\left[\sin c^2(f-f_c)T_s + \sin c^2(f+f_c)T_s\right] \\ &= \frac{E_s}{2}\left[\sin c^2(f-f_c)T_s + \sin c^2(f+f_c)T_s\right] \end{aligned} \tag{112}$$

其中 $T_s = T_b \log_2 M, B_T \approx \dfrac{2}{T_s}$

4. *M*-ary QAM

M-ary QAM 之訊號波形如下：

$$s_i(t) = \sqrt{\frac{2}{T_s}}(A_i \cos(2\pi f_c t) + B_i \sin(2\pi f_c t))\,; 0 \le t \le T_s$$

顯然的 *M*-ary QAM 與 *M*-ary PSK 同屬正交調變技術，若在 I 與 Q channels 振幅之均方值（mean-squared value）爲 A^2，參考 QPSK 之 PSD 求法，首先求出

$$\begin{aligned} S_{B-MQAM}(f) &= 2A^2T_s \sin c^2(fT_s) \\ &= 2A^2T_b \log_2 M \sin c^2(fT_b \log_2 M) \end{aligned} \tag{113}$$

$$S_{MQAM}(f) = \frac{1}{2}A^2T_s\left[\sin c^2(f-f_c)T_s + \sin c^2(f+f_c)T_s\right] \tag{114}$$

其中 $T_s = T_b \log_2 M, B_T \approx \dfrac{2}{T_s}$

5. OOK（ASK）

由 OOK 之調變訊號可知，其爲 uni-polar NRZ signal 與 $\cos(2\pi f_c t)$ 相乘之結果，已知單極性 NRZ 之 PSD 爲（參考第 6 章之推導過程）：

$$S_X(f) = \frac{1}{4}A^2T_b \sin c^2(fT_b) + \frac{1}{4}A^2\delta(f) \tag{115}$$

其中 $A=\sqrt{\dfrac{2E_b}{T_b}}$，因此 OOK 之 PSD 函數為

$$\begin{aligned}S_{OOK}(f)&=\frac{1}{4}\left[S_X(f-f_c)+S_X(f+f_c)\right]\\&=\frac{1}{16}[A^2T_b\sin c^2(f-f_c)T_b+A^2\delta(f-f_c)\\&\quad+A^2T_b\sin c^2(f+f_c)T_b+A^2\delta(f+f_c)]\end{aligned} \tag{116}$$

6. BFSK（With Arbitrary Phase）

BFSK 之訊號可看成是兩個不同載波頻率之 ASK 訊號之和，$x_{FSK}(t)=x_{ASK,1}(t)+x_{ASK,0}(t)$，故自相關函數可表示為下式

$$\begin{aligned}R_{FSK}(\tau)&=E\left[x_{FSK}(t+\tau)x_{FSK}(t)\right]\\&=E\left[\left(x_{ASK,1}(t+\tau)+x_{ASK,0}(t+\tau)\right)\left(x_{ASK,1}(t)+x_{ASK,0}(t)\right)\right]\end{aligned} \tag{117}$$

值得特別注意的是 $x_{ASK,1}(t), x_{ASK,0}(t)$ 在任何時間必有一項為 0，換言之，

$$E\left[x_{ASK,1}(t+\tau)x_{ASK,0}(t)\right]=E\left[x_{ASK,0}(t+\tau)x_{ASK,1}(t)\right]=0 \tag{118}$$

將式 (118) 帶入式 (117) 可得

$$R_{FSK}(\tau)=R_{ASK,1}(\tau)+R_{ASK,0}(\tau) \tag{119}$$

$$\begin{aligned}S_{FSK}(f)&=S_{ASK,1}(f)+S_{ASK,0}(f)\\&=\frac{A^2T_b}{16}\left[\sin c^2(f-f_1)T_b+\sin c^2(f+f_1)T_b\right]+\frac{A^2}{16}\left[\delta(f-f_1)+\delta(f+f_1)\right]\\&\quad+\frac{A^2T_b}{16}\left[\sin c^2(f-f_0)T_b+\sin c^2(f+f_0)T_b\right]+\frac{A^2}{16}\left[\delta(f-f_0)+\delta(f+f_0)\right]\end{aligned}$$

由式 (120) 可知：若 $f_1=f_c+\dfrac{1}{2T_b}, f_0=f_c-\dfrac{1}{2T_b}$，則可得 BFSK 之功率頻譜如圖 8-40

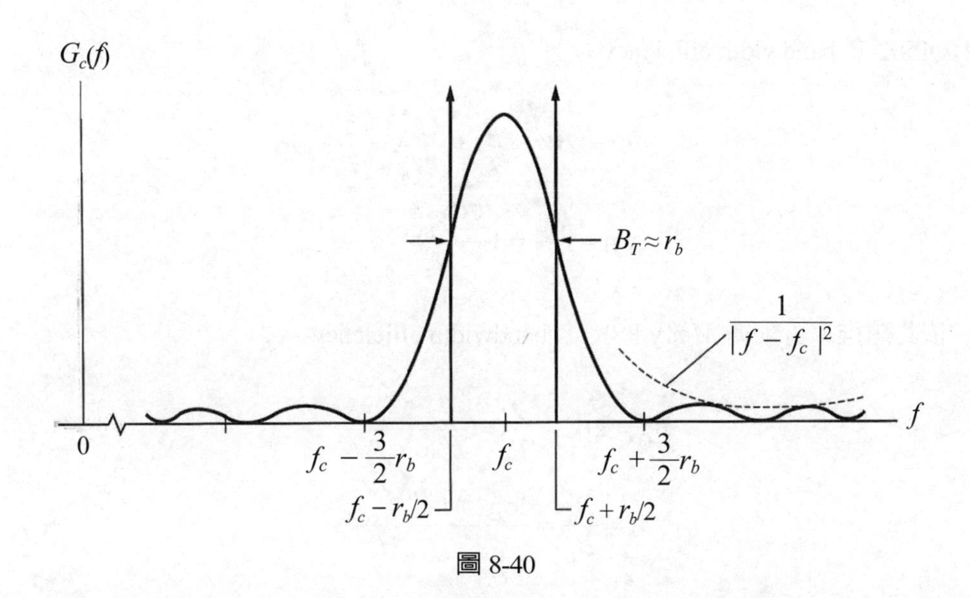

圖 8-40

三、頻寬效益（Bandwidth Efficiency）

定義：bandwidth efficiency

$$\eta \equiv \frac{R_b}{B_T}\left(\frac{bits/sec}{Hz}\right) \tag{121}$$

其中 B_T：通道頻寬（Hz），R_b：bit rate（$bits/sec$）

觀念分析：1. bandwidth efficiency 亦稱爲 spectral efficiency 爲衡量一通訊系統或調變方式對於頻譜之使用效率的重要參數。

2. 一般而言頻寬之計算是以功率頻譜之零點到零點（null-to-null）正頻率部分的頻寬爲依據。

(1) BPSK 之 bandwidth efficiency：

$$B_T = 2W = \frac{2}{T_b} = 2R_b$$

$$\eta = \frac{R_b}{B_T} = \frac{1}{2}\,\frac{bits/sec}{Hz} \tag{122}$$

(2) QPSK 之 bandwidth efficiency：

$$B_T = 2W = \frac{2}{T_s} = \frac{2}{2T_b} = \frac{1}{T_b} = R_b$$
$$\therefore \eta = \frac{R_b}{B_T} = 1 \frac{bits/\sec}{Hz} \tag{123}$$

依此類推，可求得 M-ary PSK 之 bandwidth efficiency

$$B_T = 2W = \frac{2}{T_s} = \frac{2}{T_b \log_2 M}$$
$$\therefore \eta = \frac{R_b}{B_T} = \frac{\log_2 M}{2} \frac{bits/\sec}{Hz} \tag{124}$$

換言之，增加 M 可使得 η 變大。故當 M 增加時頻寬的使用更有效率，然而所要付出之代價爲錯誤機率變大。

(3) M-ary FSK 之 bandwidth efficiency：

首先考慮 coherent FSK，以能夠維持正交所需之最小的頻率間隔爲例，Δf（頻率間隔）$=\frac{1}{2T_s}=\frac{R_s}{2}$，如圖 8-41 所示，第一個到第 M 個頻率之間隔爲 $\frac{M-1}{2T_s}$，在兩端各需要 $\frac{1}{T_s}$ Hz 到達零點，故總頻寬爲：

$$B_T = \frac{1}{T_s} + \frac{M-1}{2T_s} + \frac{1}{T_s} = \frac{M+3}{2T_s}$$
$$= \frac{M+3}{2\log_2 MT_b} = \frac{(M+3)R_b}{2\log_2 M} \tag{125}$$

其次考慮 noncoherent FSK, 以能夠維持正交所需之最小的頻率間隔爲例，$\Delta f=\frac{1}{T_s}$，如圖 8-41 所示，第一個到第 M 個頻率之間隔爲 $\frac{M-1}{T_s}$，在兩端各需要 $\frac{1}{T_s}$ Hz 到達零點，故總頻寬爲：

$$\mathrm{B_T} = \frac{1}{T_s} + \frac{M-1}{T_s} + \frac{1}{T_s}$$
$$= \frac{M+1}{\log_2 MT_b} = \frac{(M+1)R_b}{\log_2 M} \tag{126}$$

因此可求得 M-ary FSK 之 bandwidth efficiency 爲

$$\therefore \eta_{coherent} = \frac{R_b}{B_T} = \frac{2\log_2 M}{M+3} \tag{127}$$

$$\therefore \eta_{noncoherent} = \frac{R_b}{B_T} = \frac{\log_2 M}{M+1} \tag{128}$$

由以上二式可得當 $M \to \infty$ 時 $\eta_{noncoerent} \to 0, \eta_{coeherent} \to 0$

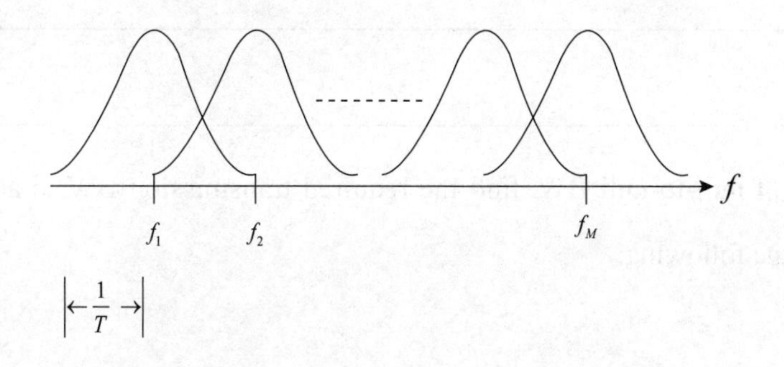

圖 8-41

(4) MASK 之 bandwidth efficiency：

$$B_T = 2W = \frac{2}{T_s} = \frac{2}{T_b \log_2 M}$$

$$\therefore \eta = \frac{R_b}{B_T} = \frac{\log_2 M}{2} \frac{bits/sec}{Hz} \tag{129}$$

由以上的討論可知，M-ary FSK 之 bandwidth efficiency 遠較其他調變方式爲低。

例題 23

For a BPSK system, the received signals, $s_1(t) = 0.5\cos(2\pi f_c t)$ and $s_2(t) = -0.5\cos(2\pi f_c t)$, are coherently detected with a correlator.

Assume that the single-sided AWGN power spectral density is 2×10^{-7} W/Hz.

(1) Plot the block diagram for the coherent BPSK receiver and determine the bit error probability for the system with a bit rate of 100 kbps.

(2) In part (1), what is the minimum transmission bandwidth required?

（100 北科大電通所）

解：

(1) $E_b = \int_0^{10^{-5}} \left(0.5\cos\left(2\pi f_c t\right)\right)^2 dt = \frac{1}{8}\times 10^{-5}$

(2) $BW = \frac{2}{T_b} = 2R_b = 200KHz$

例題 24

On the basis of null-to-null BW, find the required transmission BW to achieve a bit rate of 100Kbps for the following:

(1) 16-PSK

(2) 16-QAM

(3) 16-FSK coherent (tone spacing $\frac{1}{2T_s}$ Hz)

(4) 16-FSK noncoherent (tone spacing $\frac{2}{T_s}$ Hz)　　（99 北科大電通所）

解：

(1) $\frac{2}{T_s} = \frac{2}{4T_b} = \frac{R_b}{2} = 50KHz$

(2) $\frac{2}{T_s} = \frac{2}{4T_b} = \frac{R_b}{2} = 50KHz$

(3) $B_T = \frac{2}{T_s} + \frac{M-1}{2T_s} = \frac{19}{2T_s} = \frac{19}{8}R_b = \frac{1.9}{8}MHz$

(4) $B_T = \frac{2}{T_s} + \frac{2(M-1)}{T_s} = \frac{32}{T_s} = 8R_b = 800KHz$

附錄A：聯集不等式（Union Bound）

在 M-ary 通訊系統中，計算錯誤機率往往極為困難，甚至於不可能求得眞正的解，因此可以利用聯集不等式求出最壞的情況（upper bound）。我們先從一個有關機率的基本定理討論，參考圖 A1，A,B 為兩個集合，則有

$$P(A \cup B) = P(A) + P(B) - P(A \cap B) \tag{A1}$$

在實際應用上會有一些困難，其一為 $P(A \cap B)$ 有時候不易求得，再者當集合數量龐大時 (A1) 會變得極為複雜。因此我們可將 (A1) 改寫為不等式

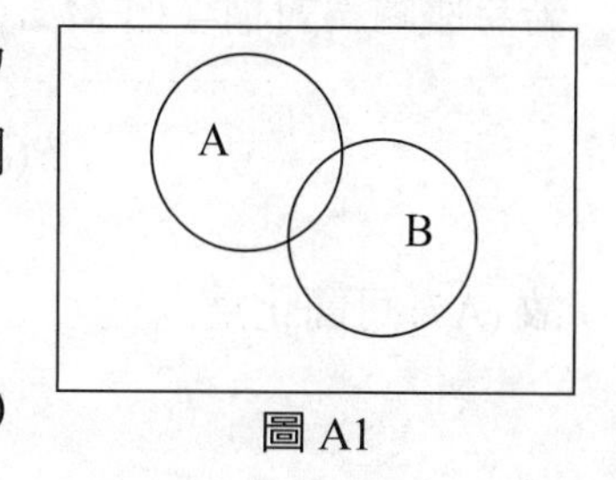

圖 A1

$$P(A \cup B) \le P(A) + P(\mathrm{B}) \tag{A2}$$

稱之為聯集不等式

考慮 M-ary 通訊系統若 s_k 為傳送端的訊號，則錯誤機率應為

$$P(error \mid s_k) = P(\bigcup_{\substack{i=1 \\ i \ne k}}^{M} E_{ik}) \tag{A3}$$

其中 E_{ik} 為在發送 s_k 之條件下，判斷成 s_i 之事件（event）。若 (A3) 右式無法獲得，可改寫為

$$P(error \mid s_k) \le \sum_{\substack{i=1 \\ i \ne k}}^{M} P(E_{ik}) \tag{A4}$$

若 s_i, s_k 為訊號 s_i，s_k 之向量表示法，則在 AWGN 且雜訊功率頻譜密度為$\frac{N_0}{2}$下

$$P(E_{ik}) = Q\left(\frac{\|\mathbf{s}_i - \mathbf{s}_k\|}{\sqrt{2N_0}}\right) \tag{A5}$$

代入 (A4) 後可得

$$\therefore P(error \mid s_k) \le \sum_{\substack{i=1 \\ i \ne k}}^{M} Q(\frac{d_{ik}}{\sqrt{2N_0}}) \tag{A6}$$

其中 $d_{ik} = \|\mathbf{s}_i - \mathbf{s}_k\|$

若 $P(s_k)=\frac{1}{M},\forall k=1,\cdots,M$（equally-likely），則有

$$P(error)=\sum_{k=1}^{M}P(error\mid s_k)P(s_k)$$
$$=\frac{1}{M}\sum_{k=1}^{M}P(error\mid s_k)\le\frac{1}{M}\sum_{k=1}^{M}\sum_{\substack{i=1\\i\neq k}}^{M}Q\left(\frac{d_{ik}}{\sqrt{2N_0}}\right) \tag{A7}$$

若星座圖為對稱（如 M-ary PSK or M-ary FSK），則顯然有

$$P(error\mid s_k)=P(error\mid s_l),\forall k,l=1,\cdots,M \tag{A8}$$

故 (A7) 可簡化為

$$P(error)\le\sum_{\substack{i=1\\i\neq k}}^{M}Q(\frac{d_{ik}}{\sqrt{2N_0}}) \tag{A9}$$

例題 25

$\phi_1(t)$, $\phi_2(t)$ are orthonormal basis in the two-dimensional signal space. Three equal probable signals

$s_1(t)=2\phi_1(t)+\phi_2(t)$
$s_2(t)=4\phi_1(t)+7\phi_2(t)$
$s_3(t)=10\phi_1(t)+4\phi_2(t)$

are transmitted through an AWGN channel with two-sided psd $\frac{N_0}{2}$. Find the union bound of the symbol error probability.

解：

$$\mathbf{s}_1=\begin{bmatrix}2\\1\end{bmatrix},\mathbf{s}_2=\begin{bmatrix}4\\7\end{bmatrix},\mathbf{s}_3=\begin{bmatrix}10\\4\end{bmatrix}$$

$$P(error)=\sum_{k=1}^{3}P(error\mid s_k)P(s_k)=\frac{1}{3}\sum_{k=1}^{3}P(error\mid s_k)\le\frac{1}{3}\sum_{k=1}^{3}\sum_{\substack{i=1\\i\neq k}}^{3}Q\left(\frac{d_{ik}}{\sqrt{2N_0}}\right)$$

其中 $d_{ik}=\|\mathbf{s}_i-\mathbf{s}_k\|$

$$\therefore P(error)\le\frac{2}{3}\left[Q\left(\frac{\sqrt{40}}{\sqrt{2N_0}}\right)+Q\left(\frac{\sqrt{73}}{\sqrt{2N_0}}\right)+Q\left(\frac{\sqrt{45}}{\sqrt{2N_0}}\right)\right]$$

附錄B：*M*-ary FSK 之位元錯誤率

由 *M*-ary FSK 之訊號空間圖可知：由於對稱的關係，當某個符元傳送時，(*M*-1) 個錯誤發生的機率均等（此與 *M*-ary PSK 不同，符元發生錯誤的機率主要由與相鄰的符元之距離所決定）。若 $M = 2^m$，令隨機變數 X 代表錯誤的位元數，P_s 代表符元錯誤率，由於 (*M*-1) 個符元錯誤包括了：C_1^m 個 1- 位元的錯誤，C_2^m 個 2- 位元的錯誤，⋯, C_m^m m- 位元的錯誤（所有位元均錯誤），若隨機變數 X 代表位元錯誤之個數，則其機率質量函數（PMF）可求得為：

$$f_X(x) = \begin{cases} 1 - P_S; X = 0 \\ \dfrac{C_1^m}{M-1} P_S; X = 1 \\ \dfrac{C_2^m}{M-1} P_S; X = 2 \\ \quad\vdots \\ \dfrac{C_m^m}{M-1} P_S; X = m \end{cases} \tag{B1}$$

由 (B1) 即可求出在某個符元傳送時，平均錯誤的位元數：

$$E[X] = \sum_{x=0}^{m} x f_X(x) = \frac{P_S}{M-1}\left(1 \times C_1^m + 2 \times C_2^m \cdots + m \times C_m^m\right) \tag{B2}$$

由於

$$\left(1 \times C_1^m + 2 \times C_2^m \cdots + m \times C_m^m\right) \times \left(\frac{1}{2}\right)^m = E\left[B\left(m, \frac{1}{2}\right)\right] = \frac{m}{2} \tag{B3}$$

其中 $B(n, p)$ 代表二項分布總試驗次數為 n 每次成功之機率為 p。將 (B3) 代入 (B2) 可得

$$\begin{aligned} E[X] &= \frac{P_S}{M-1}\left(1 \times C_1^m + 2 \times C_2^m \cdots + m \times C_m^m\right) \\ &= \frac{P_S}{M-1} \frac{m \times 2^m}{2} \end{aligned} \tag{B4}$$

已知每個符元包含 m 個位元，因此可得 *M*-ary FSK 之位元錯誤率為：

$$\begin{aligned} P_b &= \frac{1}{m}\frac{P_S}{M-1}\frac{m\times 2^m}{2} \\ &= \frac{P_S}{M-1}\frac{2^m}{2} = \frac{MP_S}{2(M-1)} \end{aligned} \tag{B5}$$

附錄C：不同的調變方式下位元（符元）錯誤率的公式彙整

	Bit error probability (Gray encoding)	symbol error probability
Coherent binary modulation		
BPSK	$Q\left(\sqrt{\frac{2E_b}{N_0}}\right)$	
Differentially encoded coherently detected BPSK（DEBPSK）	$2P_e-2P_e^2; P_e=Q\left(\sqrt{\frac{2E_b}{N_0}}\right)$	
BFSK	$Q\left(\sqrt{\frac{E_b}{N_0}}\right)$	
OOK (BASK)	$P_{OOK}(error)=Q\left(\sqrt{\frac{E_b}{2N_0}}\right)$	
Noncoherent binary modulation		
DPSK	$\frac{1}{2}\exp\left(-\frac{E_b}{N_0}\right)$	
Noncoherent BFSK	$\frac{1}{2}\exp\left(-\frac{E_b}{2N_0}\right)$	
Coherent *M*-ary modulation		
QPSK, OQPSK, MSK	$Q\left(\sqrt{\frac{2E_b}{N_0}}\right)$	$2p-p^2;$ $p=Q\left(\sqrt{\frac{E_s}{N_0}}\right)=Q\left(\sqrt{\frac{2E_b}{N_0}}\right)$
MPSK	$\frac{P_{SER}}{\log_2 M}\le P_{BER}$	$\approx 2Q\left(\sqrt{\frac{2E_s}{N_0}}\sin\frac{\pi}{M}\right)$
MFSK	$P_b\le\frac{M}{2}Q\left(\sqrt{\frac{E_s}{N_0}}\right)$	$P_S\le(M-1)Q\left(\sqrt{\frac{E_s}{N_0}}\right)$
MQAM ($M=N^2$)	$\frac{P_{SER}}{\log_2 M}\le P_{BER}$	$P_s=\frac{4(N-1)}{N}p\left(1-\frac{N-1}{N}p\right);$ $p=Q\left(\frac{d}{\sqrt{2N_0}}\right)$

附錄D：不同的調變方式下頻寬效率的公式彙整

	Bandwidth (null-to-null, passband)	η
BPSK	$\frac{2}{T_b} = 2R_b$	$\frac{1}{2}$
QPSK	$\frac{2}{T_s} = R_b$	1
MPSK, MQAM	$\frac{2}{T_s} = \frac{2}{T_b \log_2 M}$	$\frac{\log_2 M}{2}$
BFSK	$\frac{3}{T_b} = 3R_b$	$\frac{1}{3}$
MFSK (coherent)	$B_T = \frac{2}{T_s} + \frac{M-1}{2T_s}$	$\therefore \eta_{coherent} = \frac{R_b}{B_T} = \frac{2\log_2 M}{M+3}$
MFSK (noncoherent)	$B_T = \frac{2}{T_s} + \frac{M-1}{T_s}$	$\therefore \eta_{noncoherent} = \frac{R_b}{B_T} = \frac{\log_2 M}{M+1}$

綜合練習

1. A DCS transmits binary data at the rate of 4Mbps. During transmission, Gaussian noise of zero-mean and PSD of $10^{-13}\,W/Hz$ is added to the signal. In the absence of noise, the amplitude of the received sinusoidal wave for digit 1 or 0 is 4mV. Determine the average probability of symbol error for the following system configurations:

   (1) Coherent MSK

   (2) Coherent BFSK

   (3) Noncoherent BFSK　（99 北科大電通所）

2. 證明 DPSK 的決策法為最大似然法則（maximum likelihood）

   （101 年公務人員高等考試）

3. MSK 可視為 FSK 的一個特例。一般而言，同調（coherent）binary FSK 的錯誤率表現比同調 BPSK 差，但是 MSK 的表現卻可達到與同調 BPSK 相同。請就 MSK 的訊號檢測方式，說明它是如何達到此結果。　（98 年公務人員高等考試）

4. Briefly explain the followings:

   (1) Why do modern high data-rate communications require large bandwidth (more frequency components) for transmission?

   (2) For AM, double-sideband suppressed carrier (DSB-SC) and single-sideband (SSB) modulated signals, which one may own the lowest receiver complexity? Why?

   (3) For AM, DSB-SC and SSB modulated signals, which one may occupy the smallest bandwidth? Why?

   (4) For M-ary phase-shift keying (M-PSK) and M-ary quadrature amplitude modulation (M-QAM) with the same value of M and equal transmit energy, which one may provide better error-rate performance? Why?

   （100 暨南電機所）

5. In BPSK, logical 0 and logical 1 are respectively, mapped into waveforms

   $s_0(t) = A\cos 2\pi f_c t, s_1(t) = -A\cos 2\pi f_c t, 0 < t < T$

Assume AWGN channel with two-sided PSD $\frac{N_0}{2}$

(1) What is the null-to-null BW?

(2) What is the BW efficiency?

(3) Find the BER （92 台科大電子所）

6. Consider BFSK signaling in an AWGN channel (with noise PSD $S_n(f)=\frac{N_0}{2}$) with two signaling tones $s(t)=A\cos\left(2\pi f_c t\pm\frac{\pi t}{T}\right), 0\le t\le T$

(1) Find out two basis functions.

(2) Find out the PSD of the FSK signal.

(3) Draw the block diagram of an optimum coherent receiver and find its bit error probability.

(4) Draw the block diagram of an optimum noncoherent receiver and find its bit error probability. （92 交大電信所）

7. True or False

(1) The BER of BPSK is lower than the BER of QPSK in AWGN channel at a given $\frac{E_b}{N_0}$.

(2) The BER of coherent detection BFSK is better than the BER of noncoherent detection BFSK at a given $\frac{E_b}{N_0}$, in case minimum frequency separation is satisfied.

(3) Under the same AWGN, 4-level FSK has poorer BER performance than BFSK, in case minimum frequency separation is satisfied.

（台大電機所）

8. A DCS consists of a transmission line with 4 regenerative repeaters. The communication environment and design of all receivers are identical. The channel has an ideal frequency response over 320～325MHz. the modulation scheme is OQPSK with coherent detection and the channel noise is AWGN with $N_0=10^{-10}\,W/Hz$

(1) Find the highest bps that can be transmitted without ISI

(2) If the BER of the whole system $\le 5\times10^{-5}$, find the minimum received $\frac{E_b}{N_0}$ at each receiver.

In this case, what is the minimum transmitted power (in dBm) at each repeater if the channel attenuation between two adjacent repeaters is 30 dB. (It is required $\frac{E_b}{N_0}=12.6dB$ for BFSK signal with coherent detection and $P_b = 10^{-5}$)　（98 成大電通所）

9. Consider a coherent BPSK system with signals $s_1(t)=\sqrt{\frac{1}{T_b}}\cos(2\pi f_c t)$ and $s_2(t) = -s_1(t)$ and bit duration T_b. Assume that the probabilities of sending signals $s_1(t)$ and $s_2(t)$ are p and $1-p$, respectively. The signals are transmitted via an AWGN channel with noise mean 0 and noise power-spectral density $N_0/2$.
   (1) Draw the coherent receiver for the system.
   (2) Find the optimal decision rule for the decision device in the receiver. Is this rule a maximum likelihood decision rule?
   (3) Find the average bit error rate of the system in (1) (2).

（北科大電腦通訊所）

10. Consider a BPSK system In the additive white noise (AWGN) channel whith double-sided power spectral desity $N_0/2$ with equally waveforms $s_1(t)=\sqrt{\frac{2E_b}{T_b}}\cos(2\pi f_c t)$ and $s_2(t)=-\sqrt{\frac{2E_b}{T_b}}\cos(2\pi f_c t)$, where $0 \le t \le T_b$ and E_b is the transmitted signal energy per bit. At the matched filter detector, the $s_1(t)$ reference is $\sqrt{\frac{2}{T_b}}\cos(2\pi f_c t+\phi)$ $0 \le t \le T_b$, where ϕ is the phase error. Determine the effect of the phase error ϕ on the average probaility error of the BPSK system.　（96 清大通訊所）

11. A channel of bandwidth 100KHz is available. Using null-to-null RF bandwidth, what data rate may be supported by (1) BPSK (2) coherent FSK (tone spacing $\frac{1}{2T}$) (3) DPSK (4) noncoherent FSK (tone spacing $\frac{2}{T}$)

（92 暨大通訊所）

12. Consider the M-ary coherent FSK, for which the transmitted signals are defined by

$$s_i(t)=\sqrt{\frac{2E}{T}}\cos\left(\frac{\pi}{T}(n_c+i)t\right), 0 \le t \le T$$

where $i = 1, \cdots, M$ and the carrier frequency $f_c = \dfrac{n_c}{2T}$ for some fixed integer n_c. The transmitted symbols are of equal duration and have equal energy E with equal prior probability 1/M.

(1) In the presence of AWGN with PSD equal to $S_n(f) = \dfrac{N_0}{2}$, design the optimum receiver with minimum probability of symbol error.

(2) Find the minimum symbol error rate for M=2 . For $M > 2$, find the union bound. （92 清大通訊所）

13. Gray-code encoding is generally employed in QAM systems to decrease the probability of a double bit error. Answer the following questions regarding a 16 QAM system

(1) Show a signal constellation diagram, i.e., the positions of 16 signal points on a two-dimensional plot.

(2) Show the corresponding Gray-code codewords for these 16 points, where each codeword is represented by 4 bits. （中正電機所）

14. (1) Please sketch the waveforms of the in-phase and quadrature components of the MSK signal in response to the input binary sequence 10101100011.

(2) Please sketch the MSK waveform itself for the binary sequence specified in part (1).

（北科大電機所）

15. We consider an M-ary frequency-shift keying (FSK) communication system.

(a) Find each one of M possible signaling waveforms $s_i(t)$. $i = 1, 2, ..., M$, used for a typical M-ray FSK system.

(b) Assume that each of the signaling waveforms $s_i(t)$. $i = 1, 2, ..., M$. with duration of T seconds. Find the correlation between any pair of these signaling waveforms.

(c) Plot the system block diagram of a coherent demodulator for a biaary FSK communication system and explain it in detail.

(d) Plot the system block diagram of a noncoherent demodulator for a binary FSK communication system and explain it in detail.

（台大電信所）

16. Consider the transmission of a message via BPSK signal over a bandpess AWGN channel with an ideal frequency response over 810MHz $\leq f \leq$ 890MHz and single sided PSD = 10^{-8}W/Hz.

(1) What is the maximum transmitted data rate if null-to-null bandwidth is considered?

(2) If the raised cosine channel spectrum is desired, what is the transmitted data rate for roll-off fataor α = 33% (or 1/3).

(3) If data rate = 40Mbps and the required bit-error-rate is 10^{-5}, determine the minimum received signal power (in *dBm*) for coherent detection of the BPSK signal.

(4) If data rate = 60Mbps and received signal power = 37.8dBm, determine the bit-error-rate for non-coherent detection of the DEBPSK signal.

〈Note〉: 1. It is required E_b/N_0 = 12.6*dB* for *BFSK* signal with coherent detection and P_b = 10^{-5}.

2. The bit-error-rate of BFSK modulation with non-coherent detection is $P_b = 1/2 \cdot \exp(-E_b/2N_0)$ （成大電腦與通訊所）

17. A bit error probability of $P_E = 10^{-3}$ is required for a system with a data rate of 100kbps to be transmitted over AWGN channel using coherently detected MPSK modulation. The system bandwidth is 50kHz. Assume that the system frequency transfer function is a raised cosine with a roll-off characteristic of $r = 1$ and that a Gray code is used for the symbol to bit assignment.

(1) What is M?

(2) What is the bandwidth efficiency in bits per second per hertz for this modulation?

(3) What E_s/N_0 is required for the specificd $P_E = 10^{-3}$?

(4) What E_s/N_0 is required? （交大電機所）

18. Assume a sequence of M-ary signals ($M = 8$) are to be transmitted over an AWGN channel in the form of

$$r(t) = A_{mc}\cos(2\pi f_c t) + A_{ms}\sin(2\pi f_c t) + n(t) \quad 0 \leq t \leq T.$$

with the baud rate being $R = 1/T$ symbols per second. The power-spectral density of $n(t)$ is assumed to be $N_0/2$ *W/Hz*. Here, we consider two different signal-point constellations as shown below. The signal points are assumed to be equally probable.

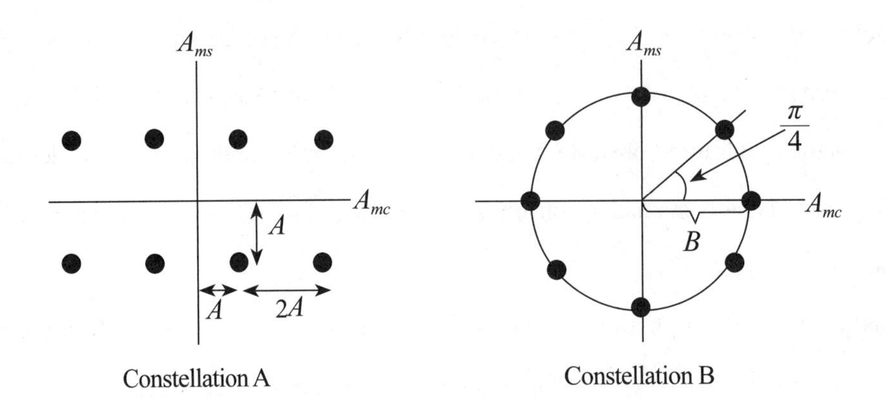

(1) Find the ratio $\frac{A}{B}$ such that the average transmitter powers for these two constellations become equal.

(2) For each constellation, estimate the average probability of symbol error at the receiver.

(3) For each constellation, estimate the null-to-null bandwidth requirement. （交大電機所）

19. A binary FSK signal is given as: $s_i(t) = A\cos(2\pi f_i t + \theta_i)$, $i = 1, 2$

After passing through the channel, the received signal is: $y(t) = s_i(t) + w(t)$ where $w(t)$ is the added white Gaussian noise with two-sided power spectral density $N_0/2$.

(1) If the frequency f_i and the phase θ_i are known, please plot the optimum receiver structure to detect $y(t)$ and explain why such a structure is optimum.

(2) In (1), please derive average bit error probability of the optimum receiver.

(3) If the frequency f_i is known but the phase θ_i is a random variable uniformly distributed within $[0, 2\pi]$，please plot the optimum receiver structure to detect $y(t)$ and explain why such a structure is optimum.

（交大電信所）

20. A continuously operating coherent BPSK system makes error at the average rate of 100 errors per day. The data rate is 1000 bits/s. The single-sided noise power spectral density is $N_0 = 10^{-10}$ W/Hz.

(1) If the system is ergodic, what is the average bit error probability?

(2) If the received average signal power is adjusted to be 10^{-6} W, will this received power be

adequate to maintain the error probability found in part (1)?　　（交大電子所）

21. Frequency shift keying (FSK) is an important class of orthogonal modulation where different information symbol is keyed on different frequency. The simplest case is binary FSK where two frequencies are used to transmit 0 or 1. Assume that $\mathbf{s}_1 = \begin{bmatrix} \sqrt{\varepsilon} & 0 \end{bmatrix}$ and $\mathbf{s}_2 = \begin{bmatrix} 0 & \sqrt{\varepsilon} \end{bmatrix}$ are equally likely symbols. If the received signal $\mathbf{r} = [r_1 \quad r_2]$ is defined as

$$\mathbf{r} = \begin{cases} \alpha \times \mathbf{s}_1 + \begin{bmatrix} n_1 & n_2 \end{bmatrix} \text{ if } \mathbf{s}_1 \text{ is sent} \\ \alpha \times \mathbf{s}_2 + \begin{bmatrix} n_1 & n_2 \end{bmatrix} \text{ if } \mathbf{s}_2 \text{ is sent} \end{cases}$$

where n_1 and n_2 are independent Gaussian random variables with variance $N_0/2$ and zero-mean.

(1) The probability of error in AWGN channels can be viewed as a conditional error probability, where the condition is that α is fixed. What is the probability of error for the optimal receiver in AWGN channels if $\alpha = 1$?

(2) For a fading channel, α is a random variable. Assume that α is distributed as $f(\alpha) = 2\alpha e^{-\alpha^2}$, $\alpha \geq 0$. What is the probability of error for the optimal receiver in this fading channel?

（暨大通訊所）

22. We want to transmit a video file with 100 Mbytes through a data communication channel. Assume 64-QAM modulation is adopted. If the baud rate of the transmission signal is 100 kHz, please find the time required to transmit the video file.　　（成大電信管理所）

23. (1) Draw the Gray-encoded constellation (signal-space diagram) for 16-QAM?

(2) Write the defining equation for a QAM-modulated signal, and draw the block diagram for a coherent QAM receiver?　　（海洋電機所）

24. For a M-PSK signal constellation with average energy E_s, determine the minimum Euclidean distance between signal point.

(1) $d_{min} = E_s/M$

(2) $d_{min} = 2E_s/M$

(3) $d_{min} = \sqrt{E_s - E_s \cos\left(\frac{\pi}{M}\right)}$

(4) $d_{min} = \sqrt{2E_s\left(1-\cos\left(\frac{2\pi}{M}\right)\right)}$

(5) None of the above. （中正電機、通訊所）

25. A 1 Mbps bit stream is to be transmitted using QPSK.

(1) What is the symbol rate?

(2) What is the required channel bandwidth if only the main lobe of the signal spectrum is to be passed? （大同通訊所）

26. Consider a QPSK with signals as $s_i(t) = A[a_i \cos(2\pi f_c t) + b_i \sin(2\pi f_c t)]$, $0 \le t \le T$, where a_i, $b_i \in \{\pm 1\}$ with equal probability.

(1) Under the assumption of the AWGN channel with double-sided PSD $N_0/2$, devise an optimal coherent detector.

(2) Determine the resulting bit error rate. （南台通訊碩甄）

27. Let $S_m(t) = \sqrt{2E_s/T}\cos(2\pi f_c t + 2\pi m/M)$ for $m = 0, ..., M-1$ and $0 \le t \le T$. Which of the following statements is untrue?

(1) All signals $s_m(t)$, for $m = 0, ..., M-1$ have the same energy over $0 \le t \le T$.

(2) All signals $s_m(t)$, for $m = 0, ..., M-1$, can be represented as linear combinations of just two basis function.

(3) $\int_0^T |s_m(t) - s_n(t)|^2 dt = 2E_s\left(1-\cos\frac{2\pi(m-n)}{M}\right)$.

(4) The minimum Euclidean distance of this signal set is $\sqrt{2E_s\left(1-\cos\frac{2\pi}{M}\right)}$.

(5) None of the above. （中正通訊所）

28. (1) Calculate the minimum required bandwidth for a coherently detected orthogonal binary FSK system. The higher-frequency signaling is 1 MHz and the symbol duration is 1 ms.

(2) What is the minimum required bandwidth for a coherently MFSK system having the same symbol duration? （大同通訊所）

29. In a coherent FSK system, the signals $s_1(t)$ and $s_2(t)$ representing symbols 1 and 0, respectively,

are defined by $s_1(t), s_2(t) = A\cos\left[2\pi\left(f_c \pm \frac{\Delta f}{2}\right)\right]$, $0 \le t \le T$ and $f_c > \Delta f$.

What is the minimum value of frequency deviation Δf for which the signals $s_1(t)$ and $s_2(t)$ are orthogonal? Find the bit error rate of this system in an AWGN channel. （中山通訊所）

30. Suppose you are given a choice of implementing binary PSK, DPSK, or noncoherent FSK in a communication system with additive white Gaussian noise. Draw a block diagram of a receiver for each of the three system?

（中興通訊所）

31. Under the same signal-to-noise ratio, which of the following digital signaling and detection has the lowest bit error probability?

(1) Coherent detection of binary FSK signals.
(2) Noncoherent detection of binary FSK signals.
(3) Coherent detection of binary PSK signals.
(4) Noncoherent detection of binary ASK signals.
(5) Coherent detection of binary DPSK signals. （中正電機、通訊所）

32. Select a suitable modulation scheme (choose from Binary ASK (or ON-OFF keying), Binary FSK and Binary PSK) for the following applications.

Note: Justification of your answer is required.

(1) Data transmission form a satellite over a noisy radio link ; satellite has limited power capability.
(2) Multiplexed voice transmission over coaxial cable; primary objective is to transmit as many signals as possible over a single cable.
(3) Point-to-point voice communication (short distance, single channel) over a twisted pair of wires. （中山電機所）

33. (1) In a coherent binary PSK system, the pair of signals $s_1(t)$ and $s_2(t)$ used to represent binary symbols 1 and 0, respectively, is defined by

$s_1(t) = \sqrt{E_b}\phi_1$ and $s_2(t) = \sqrt{E_b}\phi_2$

where E_b is the transmitted signal energy per bit. If the signal is corrupted by an additive white Gaussian noise (AWGN) with zero mean and variance of $N_0/2$, find the corresponding bit error rate in terms of Q-function

(2) Find the bit error rate of a QPSK system.

(3) Find the symbol error rate of a QPSK system. （中山通訊所）

34. (1) A BPSK system and a QPSK system are designed to have equal transmission bandwidths. Compare their symbol error probabilities versus SNR?

(2) On the basis of part (1), what do you conclude about the deciding factor(s) in choosing BPSK versus QPSK?

(3) Suppose we wish to transmit the data sequence 110100010110 by binary DPSK. Let $s(t) = A\cos(2\pi f_c t + \theta)$ represent the transmitted signal in any signaling interval of duration T. Give the phase of the transmitted signal for the data sequence. Begin with $\theta = 0$ for the phase of the first bit to be transmitted. （96 海洋電機所）

35. Suppose that the bandwidth efficiency of BPSK (binary phase shift keying) is 1 bit/s/Hz. That is, it takes 1 kHz physical bandwidth for sending 1 kbps data.

(1) Draw the signal constellation (signal space diagram) for BPSK, 16-PSK, and 16-QAM (quadrature amplitude modulation), respectively.

(2) What is the required bandwidth for sending 1 kbps data using 16-PSK and 16-QAM, respectively?

(3) Under what circumstances will we prefer BPSK to 16-QAM?

Under what circumstances will we prefer 16-QAM to BPSK?

Under what circumstances will we prefer 16-QAM to 16-QAM?

(4) Draw the block diagram of the 16-QAM ML (maximum likelihood) receiver. Be precise as possible. （北科大資工所）

36. In an ASK system, the signals representing 1 and 0, respectively, are $s_1(t) = A\cos(2\pi f_c t)$, $s_2(t) = 0$ where $0 \le t \le T_b$ and A is a constant.

(1) Assume the transmitted symbols are equiprobable. Determine the average transmission

energy of the ASK system in terms of A.

(2) Compare the error performance of coherent reception for binary ASK and PSK systems. (that is, please find: by how many dBs is PSK superior to ASK?)　（雲科大通訊所）

37. A sequence of equally probable binary signal, 1 -1 1 1 1 -1 (corresponding to data sequence 101110), is modulated using the OQPSK (Offset Quadriphase-Shift Keying) modulation. Each symbol of the I-channel and the offset Q-channel is shaped with a half-sine pulse

$p(t)=\sin\left(\dfrac{2\pi t}{4T_b}\right)$;$0\le t\le 2T_b$ every symbol time.

The carrier is $A\cos 2\pi f_c t$ with frequency $f_c = 1/T_b$, where T_b is the duration of each binary signal. The OQPSK modulated signal is then transmitted in an AWGN channel with two-sided power spectral density of $N_0/2$.

(1) Draw the block diagram of OQPSK modulator.

(2) Draw the waveform of the I—channel and the offset Q-channel of the Modulator.

(3) Draw the waveform of the output of the OQPSK modulator.

(4) Determine the symbol error probability of the optimum OQPSK detector.

（交大電信所）

38. Consider a coherent M-ary frequency-shift keying (MFSK) digital modulated system used to transmit a block of $k = \log_2 M$ bit/signal waveform. The M signal waveforms are expressed as

$s_i(t)=\sqrt{\dfrac{2E}{T}}\cos(2\pi f_c t+2\pi i\Delta f t)$, for $i = 1\sim M$ and $t \in [0, T]$

(1) What is the minimum value of frequency separation $\Delta f = |f_{i+1} - f_i|$ such that $s_i(t)$ and $s_{i+1}(t)$ are orthogonal, i.e. $\int_0^T s_i(t)s_{i+1}(t)dt = 0$.

(2) Assuming that the carrier frequency $f_c \gg \Delta f$, please determine the correlation coefficient of $s_i(t)$ and $s_j(t)$ defined by $\rho_{ij} = \dfrac{\int_0^T s_i(t)s_j(t)dt}{\int_0^T s_i^2(t)dt}$.

(3) For $M = 2$, please determine the value of Δf that minimizes the average probability of symbol error.

(4) For the value of Δf in (3), please determine the required increase in E/N_0 such that this BFSK system has the same noise performance as a coherent BPSK system.

（清大通訊所）

39. Consider signals given as $s_i(t) = a_i \cos \omega_c t + b_i \sin \omega_c t$, $0 \le t \le T_b$, where $a_i, b_i \in \{\pm A, \pm 3A, \pm 5A\}$ with equal probability. Assume that the signals are transmitted over the AWGN channel with double-sided power spectral density $\frac{N_0}{2}$. Let E_s denote the average energy per signal. For an optimal detector, compute the error probability in terms of $\frac{E_s}{N_0}$.　（中央通訊所）

40. Consider the matched-filter receiver designed for the transmitter with two signals $s_1(t) = A\cos\omega_c t$ and $s_2(t) = -2A\cos\omega_c t$. Compute the detected error probability of this receiver if the transmitted signals are $s_1(t) = 2A\cos\omega_c t$ and $s_2(t) = -A\cos\omega_c t$ in fact. Assume that $s_1(t)$ and $s_2(t)$ are transmitted with equal probability.　（中央通訊所）

41. Consider a communication system as follows. At the transmitter, one information bit is fed into an encoder of the repetition code to obtain a 3-bit output. Then the three coded bits are sent into a BPSK modulator successively. Suppose that BPSK signals are transmitted over the AWGN channel with double-sided power spectral density $\frac{N_0}{2}$. Consider a receiver shown below. The matched filter is used to produce the soft-decision value of coded bit v_k, $k \in \{1, 2, 3\}$. Then the decoder makes a maximum-likelihood decision of the information bit according to v_1, v_2 and v_3. Represent the error probability of the information bit in terms of $\frac{E_b}{N_0}$, where E_b denotes the energy per information bit.　（93 中央通訊所）

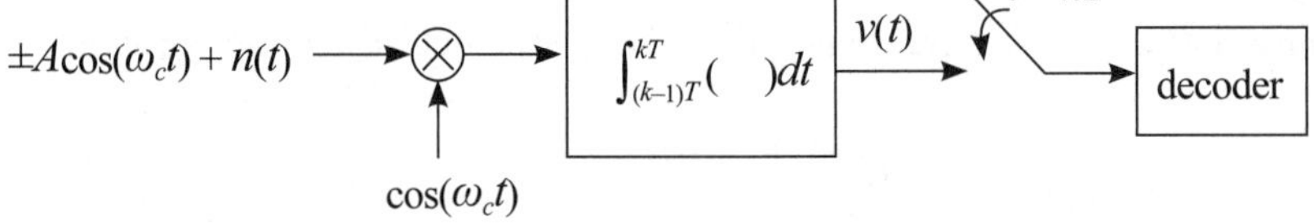

$\pm A\cos(\omega_c t) + n(t)$ → ⊗ → $\int_{(k-1)T}^{kT}(\ \ )dt$ → $v(t)$ → $t = kT$ → decoder

$\cos(\omega_c t)$

第九章 訊號源編碼與通道編碼

9.1　訊號源編碼

如圖 9-1 所示，一般而言數位訊號在調變之前通常會先通過兩階段編碼的過程，首先會由訊號源編碼器（source encoder）將訊號做最有效率的編碼，接下來由通道編碼器（channel encoder）做第二階段的編碼，其目的在藉著增加錯誤檢測與更正的能力以提升系統性能。

離散無記憶訊號源 → 訊號源編碼器 → 通道編碼器 → 調變器 →

圖 9-1

一、熵（Entropy）

考慮離散訊號源並將其輸出表示為 一離散型隨機變數 X，故其所有可能出現的符元（symbol）所成的集合即為 X 之樣本空間（sample space），$S_X = \{x_1, ..., x_n\}$，若每一個 symbol 所發生之機率表示為 p_i，亦即 $P(X = x_i) = p_i; i = 1, ..., n$。根據機率理論可知

$$\sum_{i=1}^{n} P\left(X = x_i\right) = \sum_{i=1}^{n} p_i = 1$$

定義 $I(x_i)$ 為符元 x_i 所攜帶的消息量（information），則 $I(x_i)$ 可由下式求得：

$$I\left(x_i\right) \equiv \log_2\left(\frac{1}{p_i}\right) = -\log_2\left(p_i\right), i = 1, 2, ..., n \tag{1}$$

我們所考慮的訊號可看成離散之隨機試驗，且每次隨機試驗為統計獨立，此訊號源稱之為離散無記憶性訊號源（Discrete Memoryless Source, DMS）。由消息量的定義，不難得到以下定理：

定理 1：

1. 若 $p_i = 1$（亦即 $p_j = 0, \forall j \neq i$）$\Rightarrow I(x_i) = 0$

2. 若 $p_i < p_j \Rightarrow I(x_i) > I(x_j)$

3. $I(x_i x_j) = I(x_i) + I(x_j)$　(2)

證明：1. 若 $p_i = 1$ 則由 (1) 可得 $I(x_i) = \log_2\left(\frac{1}{1}\right) = 0$

2. 若 $p_i < p_j$ 則由 (1) 可得 $I(x_i) = -\log_2(p_i) > I(x_j) = -\log_2(p_j)$

3. x_i 與 x_j 互相獨立，則 $P(x_ix_j) = P(x_i)P(x_j) = p_ip_j$

$$I(x_ix_j) = \log_2 \frac{1}{p_ip_j} = \log_2 \frac{1}{p_i} + \log_2 \frac{1}{p_j}$$
$$= I(x_i) + I(x_j)$$

觀念分析： 1. 由 $p_i < p_j \Rightarrow I(x_i) > I(x_j)$ 可得消息量爲嚴格遞減函數，若符元所發生之機率愈小則其消息量愈大，反之符元所發生之機率爲 1（必然發生）則消息量爲 0。故消息量是將不確定性（某符元發生令人驚訝的程度）加以量化。

2. $I(x_i)$ 代表 symbol x_i 所需使用之位元數。

離散無記憶性訊號源之平均消息量（平均的不確定性）稱之爲熵（entropy），可由下式求得：

$$\begin{aligned} H(X) &= E[I(x_i)] = \sum_{i=1}^{n} P(X = x_i)I(x_i) \\ &= \sum_{i=1}^{n} p_i I(x_i) = -\sum_{i=1}^{n} p_i \log_2(p_i) \end{aligned} \tag{3}$$

> **定理 2**：若符元所成的集合爲 $S_X = \{x_1, ..., x_n\}$，則有
>
> $$0 \le H(X) \le \log_2 n \tag{4}$$

證明：Using the natural logarithm property:

$$\ln x \le x - 1; \quad x \ge 0 \tag{5}$$

考慮 $\{x_1, ..., x_n\}$ 上之兩組機率分布 $\{p_1, ..., p_n\}, \{q_1, ..., q_n\}$，利用式 (5) 可得

$$\begin{aligned} \sum_{i=1}^{n} p_i \log_2\left(\frac{q_i}{p_i}\right) &= \frac{1}{\ln 2}\sum_{i=1}^{n} p_i \ln\left(\frac{q_i}{p_i}\right) \\ &\le \frac{1}{\ln 2}\sum_{i=1}^{n} p_i\left(\frac{q_i}{p_i} - 1\right) = \frac{1}{\ln 2}\sum_{i=1}^{n}(q_i - p_i) \\ &= \frac{1}{\ln 2}\left(\sum_{i=1}^{n} q_i - \sum_{i=1}^{n} p_i\right) = 0 \end{aligned} \tag{6}$$

簡言之，$\sum_{i=1}^{n} p_i \log_2\left(\frac{q_i}{p_i}\right) \le 0$，且等號僅在 $p_i = q_i, \forall i = 1, ..., n$ 之條件下方成立。

令 $q_i = \frac{1}{n}; \forall i = 1,\ldots,n$（equi-probable source symbols）代入式 (6) 可得

$$\sum_{i=1}^{n} p_i \log_2\left(\frac{q_i}{p_i}\right) = \sum_{i=1}^{n} p_i \log_2\left(\frac{1}{np_i}\right) \le 0$$

$$\Rightarrow \sum_{i=1}^{n} p_i \log_2\left(\frac{1}{p_i}\right) \le \log_2 n \Rightarrow H(x) \le \log_2 n$$

得證

觀念分析：

1. $H(X)$ 之最大值發生在當 $p_1 = \cdots = p_n = \frac{1}{n}$，亦即 $x_1, ..., x_n$ 發生之機率相同時，因為此時 $\{x_1, ..., x_n\}$ 何者會發生之不確定性最大，故此時其平均的消息量，亦即熵最大。
2. 若訊號源每隔 r 秒產生一個 symbol，則訊息傳輸速率為
   $$R = rH(X) \text{ bits/sec} \tag{7}$$
3. 若訊號源以區塊為單位則稱之為延伸訊號源（extended source），每個區塊包含了 k 個連續的符號，則有
   $$H(X^k) = kH(X) \tag{8}$$

例題 1

Consider a class of binary sources with alphabet $\{1, 0\}$ and *a priori* distribution given by $P(1) = \alpha, 0 \le \alpha \le 1$

(1) Express the entropy of this class of sources as a function of α

(2) What is the maximum possible entropy value for these sources

(3) What implication about the source encoder rate can be drawn from the source entropy value?

（92 暨南電機所）

解：

(1) $H(\alpha) = -\alpha \log_2 \alpha - (1-\alpha)\log_2(1-\alpha)$

(2) 當 $\alpha = \frac{1}{2}$ 時最大

$$H\left(\frac{1}{2}\right)=1\text{ bit/symbol}$$

(3) $R_b = rH(\alpha)$，其中 r: symbols/sec

在數位通訊系統的傳送端，我們希望能以最有效率的方式來表示所有可能傳送的 symbol，$\{x_i\}_{i=1,\,2,\,\ldots,\,n}$。所謂最有效率意味著平均而言每個 symbol 所需使用到的 bit 數最少（最精簡），完成此目標之裝置稱之爲訊號源編碼器（source encoder）。訊號源編碼器必須爲一對一的映射裝置，能夠將輸入端的每一個 symbol 對應到唯一的一組二位元（binary）bits。一個適當的訊號源編碼器必須滿足：

1. 使編碼之效率（coding efficiency）最大：亦即平均每個 symbol 所需要代表之 bit 數最小。
2. 唯一可被解碼（uniquely decodable）：訊號源編碼器必須爲一對一且可逆，否則無法正確無誤的還原原始的訊號。

說例： 若 $\{x_1, x_2, x_3, x_4\}$ 將被傳送，其發生之機率分別爲 $p_1 = 0.8, p_2 = 0.1, p_3 = p_4 = 0.05$，設計一訊號源編碼器

x_k → 訊號源編碼器 → b_k

若不考慮編碼之效率，一般而言，爲了達到唯一可被解碼之目標，一個可行的編碼方式爲

x_k	b_k
x_1	00
x_2	01
x_3	11
x_4	10

換言之，若在接收端所收到之二位元碼爲⋯ 01110100100110 ⋯

則可解碼爲$\cdots x_2x_3x_2x_1x_4x_2x_4\cdots$

顯然的，在此編碼解碼系統中，每個 symbol 所使用之 bit 數目爲 2 bits/symbol。

另一種編碼方式爲

x_k	b_k
x_1	0
x_2	10
x_3	110
x_4	111

此時同樣的一組二位元碼則可解碼爲$\cdots x_1x_4x_1x_2x_1x_2x_1x_3\cdots$

每個 symbol 所使用之平均位元數則爲 $1\times0.8+2\times0.1+3\times0.05+3\times0.05=1.3$

第二種編碼方式由於平均之 bits/symbol 降爲 1.3，故優於第一種。

比較兩種編碼方式，均具有唯一可解碼的特性，但因第二種編碼將出現頻率考慮在內，將出現機率較大者（如 x_1）用最小的長度編碼，反之，出現機率較小者（如 x_3x_4）則可使用較多的 bits，故第二種之效率較佳。

令 l_i 爲第 i 個 symbol 所使用之 bit 數目，則訊號源編碼器輸出之平均 bit 數目，$\overline{L}$，爲

$$\overline{L}=\sum_{i=1}^{n}p_il_i \tag{9}$$

定義：編碼效率

$$\eta_e\equiv\frac{L_{\min}}{\overline{L}}\times100\% \tag{10}$$

其中 $L_{\min}$ 爲$\overline{L}$最小之可能值，根據 Shannon 第一定理（訊號源編碼理論）

$$L_{\min}=H(X)=\sum_{i=1}^{n}p_i\log_2\frac{1}{p_i} \tag{11}$$

故編碼效率可表示爲

$$\eta_e\equiv\frac{H(X)}{\overline{L}}\times100\% \tag{12}$$

唯一可被解碼的充分（但非必要）條件爲：任何一 symbol 所代表之 code 不得爲其它 symbol 之字首，否則在解碼時會產生混淆，這種性質稱爲字首不重複特性（prefix-free property）。根據此特性發展出一系列 source codes，本章將介紹最常用的 Huffman code。

二、Huffman code

Huffman code 具有以下幾個特性：

1. 滿足 Prefix-free property。
2. 依據發生機率的由高到低，每個 symbol 編碼的長度遞增。
3. 平均編碼長度最短。

Huffman 編碼之步驟如下：

1. 將 source symbols 依發生機率之高低以降冪方式排列。
2. 選擇機率最低的兩個 symbol 將此二 symbol 視為一組，求其機率和，並依發生機率之高低以降冪方式重新排列。
3. 重複執行步驟 (2) 直到剩下兩個 symbol 為止。
4. 將這兩個 symbol 依機率的高低設定為 1, 0。
5. 由右邊往左邊依序回溯編碼，在每個分支點機率高的（上端）設定為 1，機率低的（下端）設定為 0。

例題 2

A source has alphabet $\{x, y, z\}$ with respective probabilities [0.73, 0.25, 0.02]

(1) What is the minimum required average codeword length to represent this source?

(2) Design a Huffman code for this source. Determine the average codeword length and the coding efficiency.

(3) Design a Huffman code for the second extension of this source. Determine the average codeword length and the coding efficiency.

（98 成大電通所）

解：

(1) $H(X)=0.25\times\log_2\left(\frac{1}{0.25}\right)+0.02\times\log_2\left(\frac{1}{0.02}\right)+0.73\times\log_2\left(\frac{1}{0.73}\right)$

$=0.944\ {}^{bits}\!/_{symbol}=L_{\min}$

(2)

0.73	0.73	1
0.25 1	0.27	0
0.02 0		

$x=1$

$y=01$, $\bar{L}=0.73\times1+0.25\times2+0.02\times2=1.27$, $\eta=\dfrac{H(S)}{L}=74\%$

$z=00$

(3)

$s_1:xx$	0.53					
$s_2:xy$	0.18					
$s_3:yx$	0.18					0.18
$s_4:yy$	0.063				0.063	0.1034
$s_5:xz$	0.015			0.0254	0.0404	
$s_6:zx$	0.015		0.015	0.015		
$s_7:yz$	0.005	0.0054	0.0104			
$s_8:zy$	0.005	0.005				
$s_9:zz$	0.004					

$\bar{L}=2.177\Rightarrow\dfrac{\bar{L}}{2}=1.09\quad\eta=\dfrac{H(s)}{\dfrac{\bar{L}}{2}}=86\%$

例題 3

A source has seven outputs denoted (a_0, a_1, a_2, a_3, a_4, a_5, a_6) with respective probabilities, 0.4, 0.1, 0.1, 0.1, 0.1, 0.1, 0.1.

(1) Calculate the entropy

(2) Determine the codeword using Huffman code

(3) Calculate the efficiency （中央電機所）

解：

(1) $H(X)=0.4\times\log_2\left(\dfrac{1}{0.4}\right)+6\times0.1\times\log_2\left(\dfrac{1}{0.1}\right)=2.52\quad bits$

(2)

a_0	0.4	0	0.4	0	0.4	0	0.4	0	0.4	0	0.6	1
a_1	0.1	1101	0.2	10	0.2	10	0.2	10	0.4	11	0.4	0
a_2	0.1	1100	0.1	1101	0.2	111	0.2	111	0.2	10		
a_3	0.1	1111	0.1	1100	0.1	1101	0.2	110				
a_4	0.1	1110	0.1	1111	0.1	1100						
a_5	0.1	101	0.1	1110								
a_6	0.1	100										

(3) $\overline{L} = 0.4\times1+0.4\times4+0.2\times3 = 2.6$

$$\eta_e = \frac{H(X)}{\overline{L}} = 97\%$$

例題 4

Use the method of Huffman coding to encode the following symbols:

Symbol	Probailit
X_1	0.2500
X_2	0.2500
X_3	0.1250
X_4	0.1250
X_5	0.0625
X_6	0.0625
X_7	0.0625
X_8	0.0625

Also calculate the resultant average codeword length. （99 暨南通訊所）

解：

x_1	0.25	0.25	0.25	0.25	0.25	0.5	0.5	0
x_2	0.25	0.25	0.25	0.25	0.25	0.25 (0)	0.5	1
x_3	0.125	0.125	0.125	0.25	0.25 (0)	0.25 (1)		
x_4	0.125	0.125	0.125	0.125 (0)	0.25 (1)			
x_5	0.0625	0.125	0.125 (0)	0.125 (1)				
x_6	0.0625	0.0625 (0)	0.125 (1)					
x_7	0.0625 (0)	0.0625 (1)						
x_8	0.0625 (1)							

x_1	**10**
x_2	**11**
x_3	**010**
x_4	**011**

x_5	**0000**
x_6	**0001**
x_7	**0010**
x_8	**0011**

$$\overline{L}=\sum_{i=1}^{8} l_i p_i = 0.25\times 2\times 2 + 0.125\times 3\times 2 + 0.0625\times 4\times 4 = 2.625$$

例題 5

Consider a source symbol X taking values in the set $\{x_1, x_2, x_3, x_4, x_5, x_6, x_7\}$ with probabilities 0.25, 0.1, 0.2, 0.1, 0.25, 0.05, 0.05, respectively. Please construct a ternary source code with symbol taking values from $\{0, 1, 2\}$ for X, which has the minimal average codeword length.

（99 台聯大）

解：

x_1	0.25	1	0.25	1	0.5	0
x_2	0.25	2	0.25	2	0.25	1
x_3	0.2	01	0.2	00	0.25	2
x_4	0.1	02	0.2	01		
x_5	0.1	000	0.1	02		
x_6	0.05	001				
x_7	0.05	002				

例題 6

一個離散無記憶訊號源包含 16 個等機率符元，使用相同的碼長度 l。若編碼效率為 1，碼長度應為多少？

（101 年公務人員高等考試）

解：

$$L_{\min} = H(X) = \frac{1}{16}\times\log_2(16)\times 16 = 4 \quad {bits}/{symbol}$$

例題 7

(1) 一個電腦執行 4 個指令，其指令編碼爲 {00,01,10,11}。假設 4 個指令互相獨立，且使用機率分別爲 $\frac{1}{2},\frac{1}{8},\frac{1}{8},\frac{1}{4}$。建構一組哈夫曼（Huffman）碼去執行這 4 個指令，計算其平均碼長度。

(2) 比較哈夫曼碼與原指令編碼之平均碼長度。（101 年公務人員高等考試）

解：

(1) $\frac{1}{2}\rightarrow 1, \frac{1}{8}\rightarrow 000, \frac{1}{8}\rightarrow 001, \frac{1}{4}\rightarrow 01$

(2) $\overline{L}=\sum_{i=1}^{3} l_i p_i = 0.25\times 2+0.125\times 3\times 2+0.5\times 1=1.75$

例題 8

有一離散無記憶訊號源（Discrete Memoryless Source, DMS）送出訊號 s_i, $i = 1, 2, ..., 6$ 機率分別爲 0.25, 0.25, 0.15, 0.15, 0.1, 0.1。

(1) 計算此訊號源的熵（entropy）。

(2) 用霍夫曼碼（Huffman coding）對此訊號源編碼，並計算編碼後之平均碼長（average codeword length）以及編碼效率（code efficiency）。（98 年公務人員高等考試）

解：

(1) $$H(X)=0.25\times\log_2\left(\frac{1}{0.25}\right)\times 2+0.15\times\log_2\left(\frac{1}{0.15}\right)\times 2 +0.1\times\log_2\left(\frac{1}{0.1}\right)\times 2 \ \ bits/symbol$$

(2) $0.25\rightarrow 01$,

$0.25\rightarrow 10$,

$0.15\rightarrow 000$,

$0.15\rightarrow 001$,

$0.1\rightarrow 110$,

$0.1\rightarrow 111$

例題 9

An analog random signal source has an output described by the probability density function

$$f_X(x)=\begin{cases}\dfrac{x}{2};0\le x\le 2\\ 0;otherwise\end{cases}$$

（100 成大電通所）

This source is sampled and quantized into 4 levels using the 3 quantizing boundaries of $x_k=0.5k$; $k=1,2,3$. The resulting levels are encoded using a Huffman code.

(a) The average information carried in each quantization-output is?

(b) After Huffman encoder, the average bit-length for each quantization-output is?

解：

(a) $P(0<X<0.5)=\int_0^{0.5}\frac{x}{2}dx=\frac{1}{16}$

$$P(0.5<X<1)=\int_{0.5}^{1}\frac{x}{2}dx=\frac{3}{16}$$

$$P(1<X<1.5)=\int_{1}^{1.5}\frac{x}{2}dx=\frac{5}{16}$$

$$P(1.5<X<2)=\int_{1.5}^{2}\frac{x}{2}dx=\frac{7}{16}$$

$$H(X)=\frac{1}{16}\times\log_2(16)+\frac{3}{16}\times\log_2\left(\frac{16}{3}\right)\times 2+\frac{5}{16}\times\log_2\left(\frac{16}{5}\right)+\frac{7}{16}\times\log_2\left(\frac{16}{7}\right)\ bits/symbol$$

(b) $\frac{7}{16}\to 1$,

$\frac{5}{16}\to 00$,

$\frac{3}{16}\to 010$,

$\frac{1}{16}\to 011$,

$$\overline{L}=\sum_{i=1}^{3}l_ip_i=\frac{3}{16}\times 3\times 2+\frac{5}{16}\times 2+\frac{7}{16}\times 1=\frac{35}{16}$$

9.2 通道容量理論

定義：離散無記憶通道（Discrete Memoryless Channel, DMC）

離散無記憶通道是一個統計模型，用來描述在數位通訊中離散的發射訊號與其經過通道後至接收端所產生的離散型接收訊號之間的機率關係。所謂無記憶性是指目前之輸出僅與該次輸入以及通道之特性有關，與之前以及之後的輸入均無關。

圖 9-2 表示一個 m 個輸入 n 個輸出的數位通訊系統，輸入端之符元為 $X = \{x_0, x_1, ..., x_{m-1}\}$，輸出端之符元為 $Y = \{y_0, y_1, ..., y_{n-1}\}$。

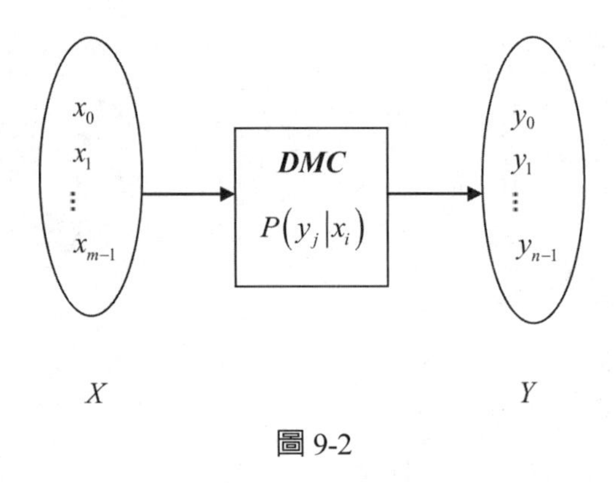

圖 9-2

觀念提示： 1. 我們通常稱 $P(x_i), i = 0, 1, ..., m-1$ 為事前機率（*a priori* probabilities）

2. 藉由式 (3) 可求得輸入及輸出之熵

$$H(X) = -\sum_{i=0}^{m-1} P(x_i)\log_2 P(x_i)$$

$$H(Y) = -\sum_{j=0}^{n-1} P(y_j)\log_2 P(y_j)$$

定義：轉移機率（transition probability）

$P(y_j | x_i)$：在發射端之 symbol 為 x_i 的條件下，接收端判定為 y_j 之機率。

顯然的 $0 \le P(y_j | x_i) \le 1$，且

$$\sum_{j=0}^{n-1} P(y_j|x_i) = 1 \tag{13}$$

我們所考慮的通道，一般分為兩大類：高斯通道與二位元對稱通道（Binary Symmetric Channel, BSC），高斯通道已經在前面的章節討論過，二位元對稱通道定義如下：

定義：二位元對稱通道

二位元對稱通道為 DMC 在 $m=n=2$ 時的特例，令 $P(y_j\,|\,x_i)=p$（錯誤之機率），$P(y_i\,|\,x_i)=1-p$（正確之機率），則 BSC 可由圖 9-3 表示之

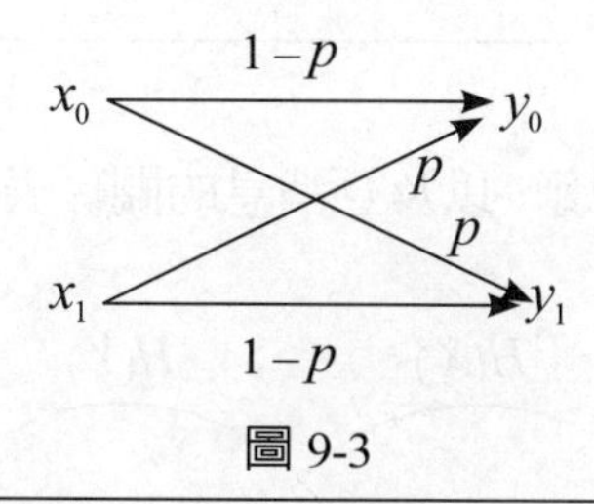

圖 9-3

定義：條件熵

(1) $H(X\,|\,Y)$：給定輸出訊號的條件下，輸入訊號剩餘之消息量

(2) $H(Y\,|\,X)$：給定輸入訊號的條件下，輸出訊號剩餘之消息量

先求已知 $Y=y_j$ 下，輸入訊號之條件熵

$$H\left(X\middle|Y=y_j\right)=-\sum_{i=0}^{m-1}P\left(x_i\middle|y_j\right)\log_2 P\left(x_i\middle|y_j\right) \tag{14}$$

對所有可能的輸出進行平均後，可得：

$$\begin{aligned}H\left(X\middle|Y\right)&=\sum_{j=0}^{n-1}H\left(X\middle|Y=y_j\right)P\left(y_j\right)\\&=\sum_{j=0}^{n-1}\sum_{i=0}^{m-1}P\left(x_i\middle|y_j\right)P\left(y_j\right)\log_2\left(\frac{1}{P\left(x_i\middle|y_j\right)}\right)\\&=-\sum_{j=0}^{n-1}\sum_{i=0}^{m-1}P\left(x_i,y_j\right)\log_2\left(P\left(x_i\middle|y_j\right)\right)\end{aligned} \tag{15}$$

同理可得：

$$H(Y|X) = -\sum_{j=0}^{n-1}\sum_{i=0}^{m-1} P(x_i, y_j)\log_2 P(y_j|x_i) \tag{16}$$

觀念分析： 由熵以及條件熵之定義可知 $H(X) - H(X \mid Y)$ 代表由於觀測到輸出 Y 後因而被確定的量，亦即通道可傳送之消息量，我們將此重要的參數表示為 $I(X, Y)$。

定義：互消息（mutual information）

$$I(X, Y) = H(X) - H(X \mid Y) \tag{17}$$

$$I(Y, X) = H(Y) - H(Y \mid X) \tag{18}$$

綜合上述，我們可以將熵、條件熵、以及互消息的關係表示如圖 9-4

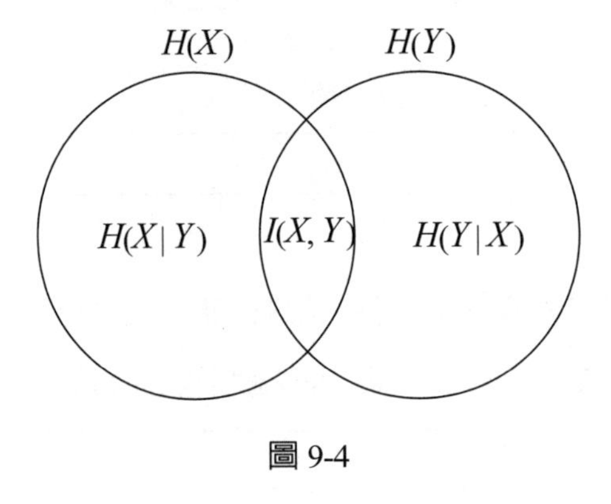

圖 9-4

通道容量理論首先由 Claude E. Shannon 建立提出，並成為無線通訊的理論基礎。通道容量之定義如下：

定義：通道容量（channel capacity）

在可以確保可靠的通訊品質或無限小之錯誤率的條件下，最大的訊息傳輸速率。

在 Shannon 所提出的消息理論中提到：若一通訊系統之訊息傳輸速率為 R，則只要 R 小於通道容量 C，必然可以經由適當的編碼與調變，使得位元錯誤率達到無窮的小。換言之，$R \leq C$ 是確保可信賴的通訊品質的必要條件。Shannon 並證明了通道容量可由下式求得：

$$C = \max_{\{P(x_i)\}} I\left(X;Y\right) \tag{19}$$

其中通道容量 C 之單位為每次傳送至通道之位元數，$\{P(x_i)\}$ 為輸入 Symbol 之機率分布，通道容量提供了訊息傳輸速率之上限。

觀念分析： 若通道容量為 C，通道傳送之 Symbol rate 為 R ，則通道之消息容量為 RC *bits/sec*。

根據以上的描述，不難理解 *Shannon* 所提出的通道編碼理論（channel coding theorem）：

例題 10

The figure below shows the binary symmetric channel. The binary symmetric channel has two input symbols ($x_0 = 0$, $x_1 = 1$) and two output symbols ($y_0 = 0$, $y_1 = 1$). The conditional probability of error is p, Find the mutual information of the binary symmetric channel.

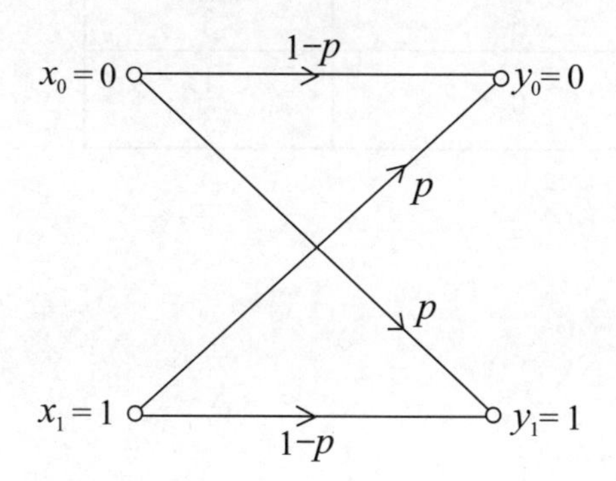

（100 台科大電子所）

解：

$I(X, Y) = H(Y) - H(Y \mid X)$

$H\left(Y\right) = \sum_{j=0}^{1} P\left(y = j\right)\log_2 P\left(y = j\right)$

$P(Y = 0) = (1 - p)\alpha + p(1 - \alpha)$

$P(Y = 1) = p\alpha + (1 - p)(1 - \alpha)$

$H(Y) = H[(1 - p)\alpha + p(1 - \alpha)]$; $H(x) = -(1 - x)\log_2 (1 - x) - \log_2 x$

$$H(Y|X)=\sum_{j=0}^{1}\sum_{i=0}^{1}P(y_j|x_i)P(x_i)\log_2\left(\frac{1}{P(y_j|x_i)}\right)$$

$$=-[(1-p)\log_2(1-p)-p\log_2 p]$$

$$=H(p)$$

$$I(X,Y)=H[(1-p)\alpha+p(1-\alpha)]-H(p)$$

$$C=\max_{\alpha\alpha} I(X,Y)=\max H(Y)$$

$$\Rightarrow (1-p)\alpha+p(1-\alpha)=\frac{1}{2}\Rightarrow \alpha=\frac{1}{2}$$

$$\therefore C=1+p\log_2 p+(1-p)\log_2(1-p)$$

例題 11

$P_{X,Y}(x,y)$	$Y=0$	$Y=1$
$X=0$	$\frac{1}{3}$	$\frac{1}{3}$
$X=1$	0	$\frac{1}{3}$

Find

(1) $H(X)$, $H(Y)$

(2) $H(X|Y)$, $H(Y|X)$

(3) $H(X,Y)$

(4) $I(X;Y)$

（97 交大電信所）

解：

(1) $H(X)=\frac{2}{3}\log_2\frac{3}{2}+\frac{1}{3}\log_2 3=\log_2 3-\frac{2}{3}$

$$H(Y)=\frac{2}{3}\log_2\frac{3}{2}+\frac{1}{3}\log_2 3=\log_2 3-\frac{2}{3}$$

(2) $H(Y|X)=\sum_{j=0}^{1}\sum_{i=0}^{1}P(y_j|x_i)P(x_i)\log_2\left(\frac{1}{P(y_j|x_i)}\right)$

$$=\frac{1}{3}\log_2 2+\frac{1}{3}\log_2 2+\frac{1}{3}\log_2 1=\frac{2}{3}$$

$$H(X|Y)=\sum_{j=0}^{1}\sum_{i=0}^{1}P(x_i,y_j)\log_2\left(\frac{1}{P(x_i|y_j)}\right)$$

$$=\frac{1}{3}\log_2 2+\frac{1}{3}\log_2 2+\frac{1}{3}\log_2 1=\frac{2}{3}$$

(3) $$H(X,Y)=\sum_{j=0}^{1}\sum_{i=0}^{1}P(x_i,y_j)\log_2\left(\frac{1}{P(x_i,y_j)}\right)$$

$$=\frac{1}{3}\log_2 3+\frac{1}{3}\log_2 3+\frac{1}{3}\log_2 3=\log_2 3$$

(4) $I(X,Y)=H(Y)-H(Y|X)=\log_2 3-\frac{4}{3}$

例題 12

A channel has the following channel matrix

$$P(Y|X)=\begin{bmatrix}1-p & p & 0\\ 0 & p & 1-p\end{bmatrix}$$

(1) Draw the corresponding channel diagram.

(2) If the source has equally likely outputs, compute the probabilities associated with the channel outputs for $p=0.3$ （97 暨南通訊所）

解：

(1)

(2) $$P(\mathbf{Y})=P(\mathbf{X})P(\mathbf{Y}|\mathbf{X})=[0.5\quad 0.5]\begin{bmatrix}0.7 & 0.3 & 0\\ 0 & 0.3 & 0.7\end{bmatrix}$$

$$=[0.35\quad 0.3\quad 0.35]$$

例題 13

Answer the following questions briefly

(1) What is the channel capacity of a binary symmetric channel with error probability q?

(2) The symbol set of an ***i.i.d.*** message source is $\{A, B, C, D\}$. Find its entropy if the symbol probability distribution is as follows:

$P(A) = 0.5, P(B) = 0.25, P(C) = 0.125$, and $P(D) = 0.125$.

（交大電子所）

解：

(1) Let $P(x_0) = \alpha \Rightarrow P(x_1) = 1 - \alpha$

$$\begin{cases} P(x_0, y_0) = P(y_0|x_0)P(x_0) = (1-q)\alpha \\ P(x_0, y_1) = P(y_1|x_0)P(x_0) = q\alpha \\ P(x_1, y_0) = P(y_0|x_1)P(x_1) = (1-q)\alpha \\ P(x_1, y_1) = P(y_1|x_1)P(x_1) = (1-q)(1-\alpha) \end{cases}$$

$$H(Y|X) = \sum_{i=0}^{1}\sum_{j=0}^{1} \mathrm{P}(x_i, y_j)\log_2 \frac{1}{\mathrm{P}(y_j|x_i)}$$

$$= -\alpha(1-q)\log_2(1-q) - (1-\alpha)\, q \log_2 q - \alpha q \log_2 q$$

$$-(1-q)(1-\alpha)\log_2(1-q)$$

$$= -q\log_2 q - (1-q)\log_2(1-q)$$

$I(X, Y) = H(Y) - H(Y\,|\,X)$

當 $P(y_0) = P(y_1) = \dfrac{1}{2}$ 時，$H(Y) = 1$

$$\therefore I(X;Y)\big|_{\max} = 1 + q\log_2 q + (1-q)\log_2(1-q) = C$$

(2) $$H(X) = \frac{1}{2}\log_2 2 + \frac{1}{4}\log_2 4 + \frac{1}{8}\log_2 8 + \frac{1}{8}\log_2 8 = 1.75$$

所謂的通道容量（channel capacity）即爲在通道中最大的傳輸速率，Shannon 對於在頻寬受限，功率受限，可加性白色高斯雜訊（AWGN）的通道下的通道容量提供了完整的理論基礎，描述如下：

定理 3：消息容量定理（information capacity theorem）

若接收之訊號功率爲 P（*Watts*），通道之頻寬爲 B（hertz），AWGN 雜訊之 PSD 爲 $\frac{N_0}{2}\left(\frac{Watts}{hertz}\right)$，則消息容量爲

$$C = B\log_2\left(1+\frac{P}{N_0 B}\right) \text{(in bits per second per Hz)} \tag{20}$$

Shannon's 消息容量定理說明在 AWGN 通道且給定 P 與 B 之條件下，我們可以以 $C = B\log_2\left(1+\frac{P}{N_0 B}\right)$ 之速率傳輸達到錯誤機率任意小，換言之，不可能以大於 C 之速率傳輸而不發生錯誤。

觀念分析：

1. Shannon's 消息容量定理告訴我們：無論編碼的方式有多麼的高明，都不可能逾越眞實通訊系統的物理極限。
2. 式(20)僅適用於一個發射且一個接收端，即單一輸入單一輸出系統〔single-input single-output（SISO）system〕。
3. 在目前所使用的第四代行動通訊系統（4G）以及未來的行動通訊系統均規範在發射與接收端配置天線陣列，以提升系統的容量。這樣的系統稱爲多重輸入多重輸出系統〔Multiple-input Multiple -output（MIMO）system〕。若一 MIMO 系統之發射端天線數量爲 M 接收端天線數量爲 N，則通道容量爲（見參考文獻 12）

$$C_{MIMO} = \min\{M, N\}C_{SISO} \tag{21}$$

其中 C_{SISO} 即爲式 (20)SISO 系統下之通道容量。故可得通道容量隨著天線數量線性的增加。

定義：Shannon bound

當通道之頻寬爲無限大時通道容量之値

利用式 (21)，Shannon bound 之推導過程如下：（94 台科大電機所，93 大同通訊所）

$$\lim_{B\to\infty} C = \lim_{B\to\infty}\frac{\log_2\left(1+\frac{P}{N_0 B}\right)}{\frac{1}{B}} = \lim_{x\to 0}\frac{\frac{1}{\ln 2}\ln\left(1+\frac{P}{N_0}x\right)}{x}$$

$$= \frac{1}{\ln 2}\lim_{x\to 0}\frac{1}{1+\frac{P}{N_0}x}\frac{P}{N_0}$$

$$= \frac{P}{N_0}\log_2(e) \tag{22}$$

若一系統之傳送速率為 $R_b \; {}^{bits}\!/_{\sec}$，$E_b$ 為位元之能量，故有 $P = E_b R_b$，代入式 (21) 後可得

$$R \le C = B\log_2\left(1+\frac{E_b}{N_0}\frac{R_b}{B}\right) \tag{23}$$

其中 $\gamma \equiv \frac{R_b}{B}$ 為頻譜的使用效率 , 稱之為 bandwidth efficiency，代入式 (23) 後可得

$$\gamma \le \log_2\left(1+\frac{E_b}{N_0}\gamma\right) \tag{24}$$

由式 (24) 可得

$$\frac{E_b}{N_0} \ge \min\left\{\frac{E_b}{N_0}\right\} = \frac{2^\gamma - 1}{\gamma} \tag{25}$$

其中

$$\lim_{B\to\infty}\frac{E_b}{N_0} = \lim_{x\to 0}\frac{2^x-1}{x} = \ln 2 = 0.693 = -1.6dB \text{ (Shannon limit)} \tag{26}$$

綜合上述，$\gamma \equiv \frac{R_b}{B}$ 相對於 $\frac{E_b}{N_0}$（dB）之關係如圖 9-5

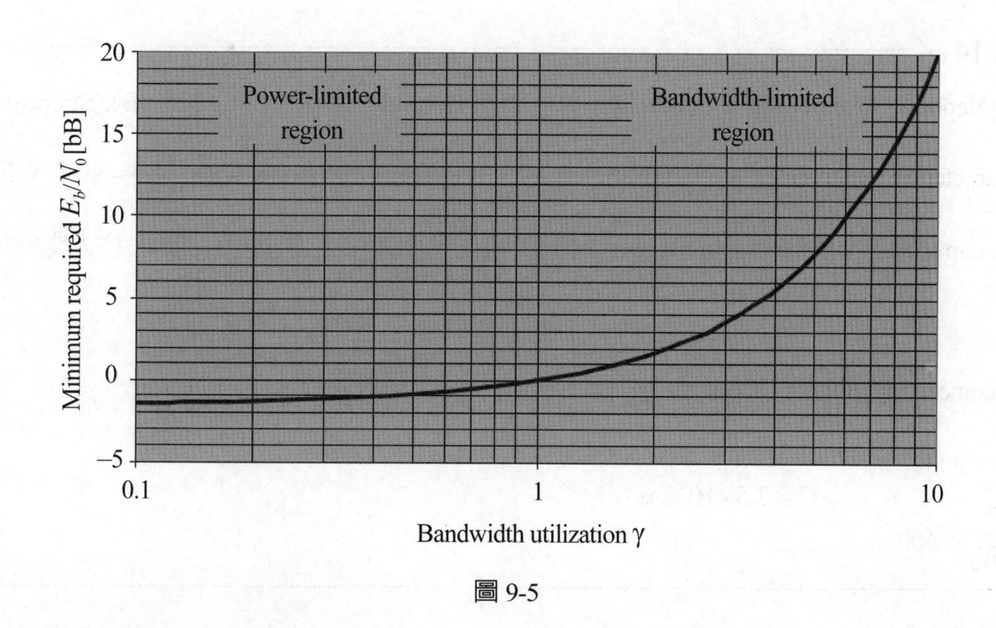

圖 9-5

由圖 9-5 可得以下結論：

1. 當頻譜的使用效率低時，亦即 $\gamma \ll 1$，亦即 $R_b \ll B$，若欲增加 R_b 需要接收之訊號功率做相對應的增加。我們稱此區域爲功率限制區（power-limited region）。
2. 當頻譜的使用效率高時，亦即 $\gamma \geq 1$，亦即 $R_b \geq B$，若欲增加 R_b 需要接收之訊號功率做非常巨大的增加否則必須要讓可用之頻寬也與 R_b 同時增加。換言之，此時若增加頻寬可降低維持固定的 R_b 所需要的接收之訊號功率，我們稱此區域爲頻寬限制區（bandwidth-limited region）。

   綜合上述，若要能夠讓接收之訊號功率更有效率的利用，必須要讓傳輸之頻寬至少與 R_b 相同或更大。若發射功率爲固定，則接收之訊號功率可藉著減少發射機與接收機之距離而增加，因此在功率限制區可得到較高之 R_b。換言之，在行動通訊系網路系統中降低 cell size 換取較高之 R_b 是必然之趨勢。
3. 由圖 9-5 可得：頻譜的使用效率 $\dfrac{R_b}{B}$，$\dfrac{E_b}{N_0}$，以及位元錯誤率之平衡

   (1) 若固定 $\dfrac{R_b}{B}$，則增加 $\dfrac{E_b}{N_0}$ 可得到較低之位元錯誤率

   (2) 若固定 $\dfrac{E_b}{N_0}$，則增加 $\dfrac{R_b}{B}$ 將導致較大之位元錯誤率

例題 14

A telephone channel has a bandwidth W = 3000Hz and a SNR of 400 (26 dB). Suppose we characterize the channel as a band-limited AWGN waveform channel with $\frac{P_{av}}{WN_0} = 400$. What is the capacity of the channel in bits per second?（92 台科大電機所）

解：

Channel capacity: $C = W\log_2\left(1+\frac{P}{WN_0}\right)$

$W = 3000$

$\frac{P}{WN_0} = 400$ $\Rightarrow C = 2.5\times10^4 bps$

例題 15

A wireless channel of BW 20MHz is perturbed by AWGN. What is the minimum SNR required to support information transmission through the channel at a data rate of 60Mbps?（98 高雄大學電機所）

解：

$$C = B\log_2\left(1+\frac{P}{BN_0}\right) \Rightarrow 60\times10^6 = 20\times10^6\log_2(1+SNR)$$

$$\therefore 1+SNR = 8 \Rightarrow SNR = 7$$

例題 16

現有基帶訊號功率 S = 6 dBm，雜訊功率密度（two-side）N = –4dBm/MHz，請問在高斯白雜訊頻道下傳輸頻寬 1MHz 時，利用 Shannon Capacity 定理計算最大二次元（binary）傳輸比次（bits/sec）？

（99 海洋電機所）

解：

$P = 6\text{dBm} = 10^{0.6}\text{mW},$

$$N=-4\,{}^{\text{dBm}}\!/_{\text{MHz}}=\frac{N_0}{2}\Rightarrow N_0=2\times10^{-0.4}\,{}^{\text{mW}}\!/_{\text{MHz}}$$

$$C=B\log_2\left(1+\frac{P}{BN_0}\right)=10^6\log_2\left(1+\frac{10^{0.6}}{2\times10^{-0.4}}\right)=10^6\log_2 6$$

例題 17

(1) 考慮一個使用 QAM 技術與具 28.8 kbits/sec 傳輸率的電話數據機（telephone modem）。假設通道頻寬 3.4 kHz，請計算此系統的頻寬效率（bandwidth efficiency, bits/s/Hz）。

(2) 假設通道為高斯白雜訊通道（Additive White Gaussian Noise, AWGN）且訊雜比 E_b/N_o = 10 dB，請計算在通道頻寬 3.4 kHz 下的通道容量（channel capacity）。

(3) 若通道頻寬 3.4 kHz 且欲有 28.8 kbits/sec 的通道容量，求所需 Eb/N_o 值（以 dB 表示）。　（100 年公務人員特種考試）

解：

(1) $\eta=\dfrac{28.8k}{3.4k}\approx 8.5$

(2) $C=B\log_2\left(1+\dfrac{P}{BN_0}\right)=B\log_2\left(1+\dfrac{E_bR_b}{BN_0}\right)=3400\log_2\left(1+\dfrac{10\times28.8k}{3.4k}\right)$

(3) $28800\le 3400\log_2\left(1+\left(\dfrac{E_b}{N_0}\right)\dfrac{28.8k}{3.4k}\right)\Rightarrow\dfrac{E_b}{N_0}(dB)\ge 10\log_{10}\left(\dfrac{2^{8.5}-1}{8.5}\right)$

例題 18

A twisted-pair line has a channel BW of 1MHz, and its cable loss is 3dB/km. Assume the transmit power is 1W, and the distance between the transmitter and receiver is 10km. The noise is -40dBm at the transmitter site and -30dBm at the receiver site. Find the transmission capacity of the channel by using Shannon theory.　（98 成大電信所）

解：

1W = 30 dBm, 10Km decay 30dB 故接收功率為 0 dBm = 1mW

$$C = B\log_2\left(1+\frac{P}{BN_0}\right) = 1M\log_2\left(1+\frac{10^{-3}}{10^{-6}}\right) = 9.97Mbps$$

9.3 通道編碼 (1)：線性方塊碼

通道編碼（channel coding）的目的在使得傳輸訊號能夠抵抗在通道中因爲雜訊、多重路徑干擾等所造成的錯誤，故亦稱爲錯誤更正碼。通道編碼需要將一些額外的位元（redundant bits）加到訊號位元序列中，由於加入額外的位元必須要提高傳輸的速率，這將導致頻寬的需求增加，也降低了頻譜的使用效率 $\frac{R_b}{B}$。這就好像我們在寄送易碎物品時，必須將其層層包裹才能確保該物品能夠完整無缺的寄達目的地，這必須仰賴更大的體積包裹這些易碎物品。換言之，通道編碼是在犧牲頻譜的使用效率下以確保傳送資料的正確性。儘管如此，通道編碼在數位通訊系統中仍是必須的，因爲低的位元錯誤率是確保通訊品質的首要考量。與訊號源編碼比較起來最大的差異在於：訊號源編碼器移除了 redundant bits，反之通道編碼器添加了 redundant bits。訊號源編碼器改善了頻譜的使用效率而通道編碼器犧牲頻譜的使用效率換取訊號適合在通道傳送。

一個經常用來衡量通道編碼對通訊品質提升的參數爲編碼增益（coding gain），定義如下：

> **定義：編碼增益**（coding gain）
>
> 爲了達到某特定的位元錯誤率所需要的訊雜比（SNR）在通道編碼前與後之差異（通常以 dB 來表示）
>
> $$\text{Coding gain}(dB) = \frac{E_b}{N_0}\Big|_{uncoded}(dB) - \frac{E_b}{N_0}\Big|_{coded}(dB) \tag{27}$$

換言之，通道編碼使得傳送端得以較小之發射功率便能得到與未做通道編碼之系統相同的接收品質，然而編碼增益愈高的系統其頻譜的使用效率愈低。另外一些常用來衡量通道編碼的參數如下：

1. 編碼率（code rate）：訊息位元之長度與總位元數之比值

編碼率在描述訊息位元所占的比重。設訊息位元之長度爲 k，再加上（$n-k$）個 redundant bits（亦稱 parity bits 或 check bits）之後形成長度爲 n 個位元的字碼，則編碼率爲：

$$r=\frac{k}{n}<1 \tag{28}$$

2. 碼重量（code weight，亦稱 hamming weight）：字碼中位元爲 1 的個數稱爲碼重量，字碼 x 之碼重量表示爲 $W(\mathrm{x})$。

例如：$\mathrm{x}=[1001100] \Rightarrow W(\mathrm{x})=3$

3. 碼距離（code distance，亦稱 hamming distance）：碼距離爲兩個相異字碼之間位元相異的個數。字碼 $\mathrm{x}_m, \mathrm{x}_n$ 之碼距離表示爲 d_{mn}，

$$d_{mn}=W\left(\mathrm{x}_m \oplus \mathrm{x}_n\right) \tag{29}$$

其中⊕：modulo 2 addition（亦稱 Exclusive OR）

顯然的 Hamming distance 是用來衡量兩個字碼間相似的程度

例如：$\mathbf{x}_m=[1011101], \mathbf{x}_n=[1001100]$

$\Rightarrow W(\mathbf{x}_m)=5\,, W(\mathbf{x}_n)=3$

$d_{mn}=W\left(\mathbf{x}_m \oplus \mathbf{x}_n\right)=2$

4. $d_{\min}$：所有字碼之距離中最小的距離

$d_{\min}=\min\limits_{m,n} d_{mn}$，$\forall m,n$

5. 最小距離（Hamming distance）解碼法則

由於通道中的雜訊與干擾，接收到之字碼與原來傳送的字碼之間難免會有誤差，一個常用的解碼方式爲：最小距離解碼法則。我們用以下的例子說明此解碼法則。

說例： 設字碼系統中含有

$\mathbf{x}_1=[0\ 0\ 0\ 1\ 0\ 1\ 1]^T, \mathbf{x}_2=[1\ 1\ 1\ 0\ 0\ 0\ 0]^T,$

$\mathbf{x}_3=[1\ 0\ 0\ 0\ 1\ 1\ 0]^T, \mathbf{x}_4=[1\ 0\ 1\ 0\ 1\ 1\ 0]^T,$

$\mathbf{x}_5=[0\ 1\ 0\ 0\ 1\ 1\ 1]^T, \mathbf{x}_6=[1\ 1\ 1\ 1\ 1\ 1\ 1]^T,$

等字碼，若收到之字碼為 $\mathbf{y} = [0 \ \ 0 \ \ 0 \ \ 1 \ \ 0 \ \ 0 \ \ 1]^T$，則解碼器應碼解成哪一個字碼？

解：$\min\limits_{i} W\left(\mathbf{y} \oplus \mathbf{x}_i\right)$

$W\left(\mathbf{y} \oplus \mathbf{x}_1\right) = 1, W\left(\mathbf{y} \oplus \mathbf{x}_2\right) = 5, W\left(\mathbf{y} \oplus \mathbf{x}_3\right) = 5,$

$W\left(\mathbf{y} \oplus \mathbf{x}_4\right) = 6, W\left(\mathbf{y} \oplus \mathbf{x}_5\right) = 4, W\left(\mathbf{y} \oplus \mathbf{x}_6\right) = 5,$

由於 $\mathbf{y}$ 與 $\mathbf{x}_1$ 最接近，故應解碼成 $\mathbf{x}_1$

定義：系統線性碼（systematic linear code）

若額外的位元（redundant bits）直接加到訊息位元序列之末端，換言之，訊息位元並沒有改變原有之形式，則稱此字碼為系統線性碼。

一、奇偶檢測碼（Parity Check Codes）

奇偶檢測碼的產生方式極為簡單，一個稱之為 parity bit（0 或 1）的位元直接加到訊息位元序列之末端，以維持序列位元之總和為奇數或偶數。序列位元之總和必須為偶數，稱之為 even parity，反之，則稱之為 odd parity。以 even parity 為例：若訊息長度為 3 位元，則 parity bit 與所形成的奇偶檢測碼如下所示：

訊息位元	parity bit	字碼
000	0	0000
001	1	0011
010	1	0101
011	0	0110
100	1	1001
101	0	1010
110	0	1100
111	1	1111

在接收端只要檢察總位元數是否為偶數（使用 modulo-2 sum）即可判斷是否發生錯

誤。顯然的，奇偶檢測碼僅能作錯誤檢測（error detection）無法進一步作錯誤更正（error correction），此外，若錯誤的總位元數爲偶數，將顯示爲正確，換言之，奇偶檢測碼僅能檢測出奇數個位元的錯誤。若每個位元之錯誤機率爲 p，則上例中當發生 2 或 4 個位元錯誤時，無法被檢測出來，故錯誤未被檢測出之機率爲：

$$P=\binom{4}{2}p^2(1-p)^2+\binom{4}{4}p^4$$

二、線性方塊碼（Linear Block Codes）

目前主要的三種錯誤更正碼爲：方塊碼、迴旋碼（convolutional codes）、渦輪碼（turbo code）。由於此類編碼技術不需接收機回饋訊息，我們稱之爲順向錯誤控制（Forward Error Control, FEC）技術。本節將先針對方塊碼進行討論。

定義：設訊息位元之長度爲 k，再加上（n-k）個檢查位元（parity check bits）形成長度爲 n 個位元的字碼，則稱此字碼爲（n, k）方塊碼

觀念分析：

1. block code 爲一種系統線性碼
2. 一個（n, k）方塊碼之編碼率爲：$r=\dfrac{k}{n}$
3. 訊息位元及字碼可分別用 $1\times k$ 及 $1\times n$ 之向量表示之：

   訊息位元 $\mathbf{m}=[m_0 \quad m_1 \quad \cdots \quad m_{k-1}]$

   字碼 $\mathbf{x}=[x_0 \quad x_1 \quad \cdots \quad x_{n-1}]$

   其中每個元素均爲 0 或 1，如圖 9-6 所示，線性方塊編碼器將輸入 $\mathbf{m}$ 對應至輸出 $\mathbf{x}$。

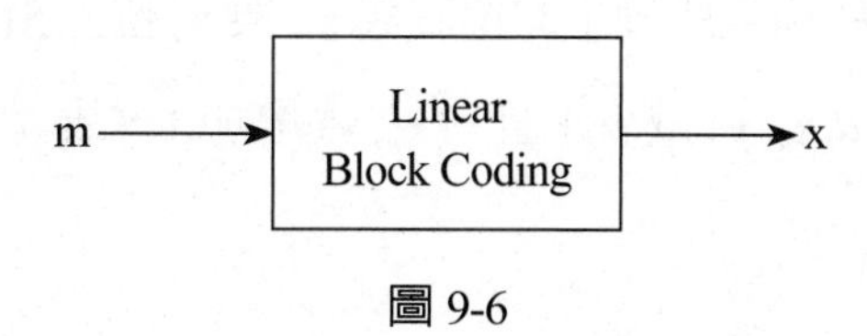

圖 9-6

4. 若將 block code 看成一線性映射系統，則系統將 k 維向量空間中的一向量映射至 n 維向量空間中（$n > k$）。值得特別注意的是若 $\mathbf{m}$ 對應至 $\mathbf{x}$，$\mathbf{m}'$ 對應至 $\mathbf{x}'$，則有：「若 $\mathbf{m} \neq \mathbf{m}'$，則 $\mathbf{x} \neq \mathbf{x}'$」。換言之，不允許有兩個不同之訊息位元對應至同一輸出字碼（此映射系統必為一對一）。

定義：誤差向量（error vector）

$\mathbf{e} = [e_1 \quad e_2 \quad \cdots \quad e_n]$ 為一 $1 \times n$ 之誤差向量，其元素為 0 或 1，若元素為 0，則代表此位置正確無誤，反之，1 代表此位置產生誤差。

說例： $\mathbf{x}$ 為傳送之字碼，$\mathbf{x} = [1 \;\; 0 \;\; 1 \;\; 0 \;\; 1 \;\; 1 \;\; 0]$，若在傳送的過程中第 3, 4 個位置發生錯誤，則誤差向量為 $\mathbf{e} = [0 \;\; 0 \;\; 1 \;\; 1 \;\; 0 \;\; 0 \;\; 0]$，若接收到的字碼為 y，則

$\mathbf{y} = \mathbf{x} \oplus \mathbf{e} = [1 \;\; 0 \;\; 0 \;\; 1 \;\; 1 \;\; 1 \;\; 0]$

任何錯誤更正碼之錯誤更正的能力均有其限制，以 linear block code 而言，其錯誤檢測與更正能力與所選用字碼之距離息息相關，定理 5 說明了 linear block code 錯誤更正能力之上限。

定理 5：若一組 block code 之最短距離為 $d_{\min}$，則在錯誤之位元數小於 $\left\lfloor \dfrac{d_{\min} - 1}{2} \right\rfloor$ 之情況下必能正確的解碼。

其中 $[x]$ 為 floor function，代表小於或等於 x 之最大整數

證明：若字碼中距離最短的為 $\mathbf{x}_m$ 與 $\mathbf{x}_n$，其距離為 $d_{\min}$

$d_{\min} = \mathrm{W}(\mathbf{x}_m \oplus \mathbf{x}_n)$

若 $\mathbf{x}_m$ 為傳送字碼，$\mathbf{y}$ 為接收到之字碼。若有 t 個錯誤發生，則 $d(\mathbf{x}_m, \mathbf{y}) = t$。考慮最壞的清況，亦即這些錯誤所發生的位置與 $\mathbf{x}_m$ 與 $\mathbf{x}_n$ 位元相異的位置相同。換言之，每個錯誤均將導致 $d(\mathbf{x}_n, \mathbf{y})$ 減少 1 且 $d(\mathbf{x}_m, \mathbf{y})$ 增加 1，故

$$d(\mathbf{x}_n, \mathbf{y}) = d_{\min} - t \tag{30}$$

因此，若 $t<\frac{d_{\min}-1}{2}$，**y** 較靠近 $\mathbf{x}_m$，則一定可以正確解碼，故錯誤更正的能力上限爲 $\left\lfloor\frac{d_{\min}-1}{2}\right\rfloor$，檢測能力上限爲 $d_{\min}-1$。

考慮一（*n, k*）block code，若其前面 *n-k* 個位元爲檢查位元後面 *k* 個爲訊息位元，亦即

$$\mathbf{x}=\begin{bmatrix}x_0 & x_1 & \cdots & x_{n-1}\end{bmatrix}^T=\begin{bmatrix}b_0 & b_1 & \cdots & b_{n-k-1} & m_0 & m_1 & \cdots & m_{k-1}\end{bmatrix}^T$$

其中檢查位元之產生方式爲訊息位元的線性組合

$$\begin{cases} b_0=m_0P_{0,0}+m_1P_{1,0}+\ldots+m_{k-1}P_{k-1,0} \\ b_1=m_0P_{0,1}+m_1P_{1,1}+\ldots+m_{k-1}P_{k-1,1} \\ \vdots \\ b_{n-k-1}=m_0P_{0,n-k-1}+m_1P_{1,n-k-1}+\ldots+m_{k-1}P_{k-1,n-k-1} \end{cases} \tag{31}$$

其中 $P_{i,j}$ 爲 0 或 1。令（$n-k$）階檢查位元向量，以及 k 階訊息位元向量，分別爲 $\mathbf{b}=[b_0 \quad b_1 \quad \cdots \quad b_{n-k-1}]$, $\mathbf{m}=[m_0 \quad m_1 \quad \cdots \quad m_{k-1}]$，係數矩陣爲

$$\mathbf{P}=\begin{bmatrix} P_{0,0} & P_{0,1} & \cdots & P_{0,n-k-1} \\ P_{1,0} & P_{1,1} & \cdots & P_{1,n-k-1} \\ \vdots & \vdots & \ddots & \vdots \\ P_{k-1,0} & P_{k-1,1} & \cdots & P_{k-1,n-k-1} \end{bmatrix}_{k\times(n-k)}$$

則式 (31) 可表示成

$$\mathbf{b}=\mathbf{mP} \tag{32}$$

故字碼向量可表示爲

$$\mathbf{x}=[\mathbf{b}|\mathbf{m}]=[\mathbf{mP}|\mathbf{m}]=\mathbf{m}[\mathbf{P}|\mathbf{I}_k] \tag{33}$$

定義：產生矩陣（generator matrix）

$$\mathbf{G}=[\mathbf{P}|\mathbf{I}_k]_{k\times n}$$

則傳送之字碼向量爲

$$\mathbf{x}=\mathbf{mG} \tag{34}$$

定理 6：Linear block code **具有加法封閉性**

若 $\mathbf{x}_m$ 與 $\mathbf{x}_n$ 爲相異字碼，則 $\mathbf{x}_m\oplus\mathbf{x}_n$ 形成了另一個字碼

證明：若 $\mathbf{x}_m=\mathbf{x}_m\mathbf{G},\ \mathbf{x}_n=\mathbf{m}_n\mathbf{G}$

$\Rightarrow \mathbf{x}_m\oplus\mathbf{x}_n=(\mathbf{x}_m\oplus\mathbf{x}_n)\mathbf{G}$

故 $\mathbf{x}_m\oplus\mathbf{x}_n$ 形成了另一個字碼

當字碼形成之後經過通道到達接收端，接收機使用檢查矩陣（parity check matrix）以執行錯誤檢測與更正。

定義：檢查矩陣

$$\mathbf{H}=[\mathbf{I}_{n-k}\,|\,\mathbf{P}^T]_{(n-k)\times n}$$

定理 7：$\mathbf{xH}^T=\mathbf{mGH}^T=0$ (35)

證明：$\mathbf{GH}^T=\left[\mathbf{P}\middle|\mathbf{I}_k\right]\left[\mathbf{I}_{n-k}\middle|\mathbf{P}^T\right]^T=\mathbf{P}\oplus\mathbf{P}=\mathbf{0}$

如圖 9-7 所示，在發射端先將訊息向量 $\mathbf{m}$ 右乘 $\mathbf{G}$ 以產生字碼（add redundancy），在接收端則使用檢查矩陣 $\mathbf{H}^T$ 檢查接收到的字碼的正確性。令接收到的字碼爲 $\mathbf{y}$，右乘 $\mathbf{H}^T$ 可得：

$$\begin{aligned}\mathbf{yH}^T&=(\mathbf{x}+\mathbf{e})\mathbf{H}^T\\&=\mathbf{xH}^T+\mathbf{eH}^T\\&=\mathbf{eH}^T\end{aligned} \tag{36}$$

若 **y** 之第 3 個位元爲錯誤，則錯誤向量爲 $\mathbf{e}=[0\ \ 0\ \ 1\ \ 0\ \ \cdots\ \ 0]$。定義症狀（Syndrome）向量爲 $\mathbf{s}=\mathbf{y}\mathbf{H}^T=\mathbf{e}\mathbf{H}^T$，則有：

$\mathbf{s}=\mathbf{e}\mathbf{H}^T=\mathbf{H}^T$ 之第 3 個列向量 $=\mathbf{H}$ 之第 3 個行向量

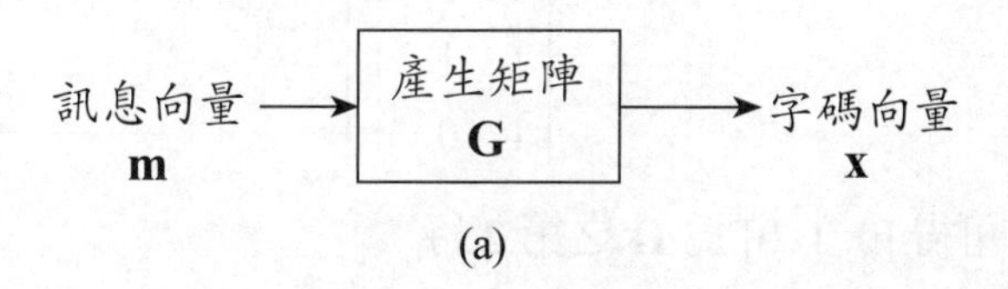

(a)

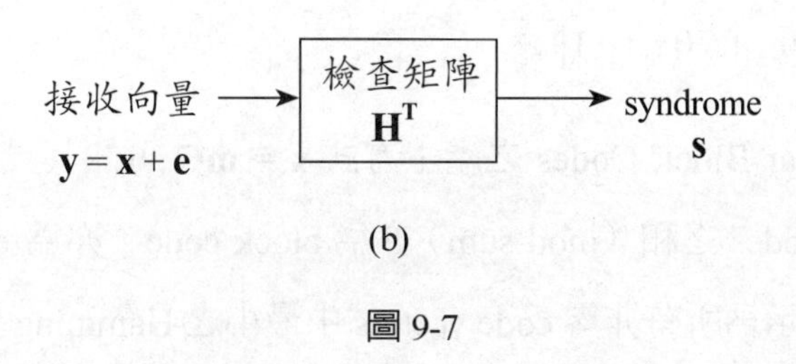

(b)

圖 9-7

故解碼之步驟爲：先將 **y** 右乘 $\mathbf{H}^T$ 以得到 **s**，將 **s** 與 H 之行向量比較，若與 **H** 之第 i 行相同，則表示 **y** 之第 i 個位元發生錯誤，須加以更正。

說例： 若（7, 4）block code 之 generator matrix 與訊息向量如下：

$$\mathbf{G}=\begin{bmatrix}1&1&0&\vdots&1&0&0&0\\0&1&1&\vdots&0&1&0&0\\1&1&1&\vdots&0&0&1&0\\1&0&1&\vdots&0&0&0&1\end{bmatrix}$$，$\mathbf{m}=[1\,0\,1\,1]$，則傳送之字碼向量爲

$\mathbf{x}=\mathbf{m}\mathbf{G}=[1\,0\,0\,1\,0\,1\,1]$

Parity check matrix **H** 爲

$$\mathbf{H}=\left[\mathbf{I}_3\middle|\mathbf{P}^T\right]=\begin{bmatrix}1&0&0&1&0&1&1\\0&1&0&1&1&1&0\\0&0&1&0&1&1&1\end{bmatrix}$$

若接收向量爲 $\mathbf{y}=[1\ \ 1\ \ 0\ \ 1\ \ 0\ \ 1\ \ 1]$（第二位元錯誤）

則 $\mathbf{s}=\mathbf{y}\mathbf{H}^T=\begin{bmatrix}1&1&0&1&0&1&1\end{bmatrix}\begin{bmatrix}1&0&0\\0&1&0\\0&0&1\\1&1&0\\0&1&1\\1&1&1\\1&0&1\end{bmatrix}=\begin{bmatrix}0&1&0\end{bmatrix}$

比較 **s** 與 **H** 可得 [0 1 0] 爲 **H** 之第 2 行

$\therefore \mathbf{e}=\begin{bmatrix}0&1&0&0&0&0&0\end{bmatrix}$

$\Rightarrow \mathbf{x}=\begin{bmatrix}1&0&0&1&0&1&1\end{bmatrix}$

觀念分析： 1. 由 Linear Block Codes 之產生方式 $\mathbf{x}=\mathbf{m}\mathbf{G}$ 可知其具有封閉性，亦即任兩 block codes 之和（mod sum）亦爲 block code，亦爲 error vector，因此 $d_{\min}$ 亦可表示爲所有非零 code vectors 中最小之 Hamming Weight

$$d_{\min}=\min\left(W\left(\mathbf{x}_i\right)\right)\qquad \forall i,\mathbf{x}_i\neq 0 \tag{37}$$

2. $d_{\min}$ 之求法

由 parity-check matrix 之特性，$\mathbf{x}\mathbf{H}^T=0$，可知 **x** 中存在 1 在適當的位置，使得 $\mathbf{H}^T$ 之相對應列向量相加後爲零，1 之數量即爲 Hamming Weight，再由式 (37) 可知最小之 Hamming Weight 即爲 $d_{\min}$。由此可知：

$d_{\min}$ 即爲能夠使得 $\mathbf{H}^T$ 列向量之和爲零的最小列向量數

例如：若

$$\mathbf{H}=\begin{bmatrix}1&0&0&1&0&1&1\\0&1&0&1&1&1&0\\0&0&1&0&1&1&1\end{bmatrix}$$

則第 1，2，4 行之和（$\mathbf{H}^T$ 之第 1，2，4 列）之和爲 0，故 $d_{\min}=3$

定義：重複碼（repetition code）

重複碼是最簡單的 block code，其原理爲重複訊息位元 n 次以改善系統品質，故重複碼爲（n, 1）之 block code 且 code rate 爲 $\frac{1}{n}$

考慮（5,1）之重複碼，顯然的

$\mathbf{G} = [1\ 1\ 1\ 1\ 1\ 1] = [\mathbf{P} \mid \mathbf{I}]$

其中 $\mathbf{P} = [1\ 1\ 1\ 1]$。若訊息為 "1"，則字碼為

$\mathbf{x}_1 = \mathbf{mG} = [1][1\ 1\ 1\ 1\ 1] = [1\ 1\ 1\ 1\ 1]$

同理，若訊息為 "0"，則字碼為

$\mathbf{x}_0 = [0\ 0\ 0\ 0\ 0]$

Parity check matrix **H** 可求得為

$$\mathbf{H} = \left[\mathbf{I}_4 \middle| \mathbf{P}\right] = \left[\begin{array}{cccc|c} 1 & 0 & 0 & 0 & 1 \\ 0 & 1 & 0 & 0 & 1 \\ 0 & 0 & 1 & 0 & 1 \\ 0 & 0 & 0 & 1 & 1 \end{array}\right]$$

(1) 若收到的字碼為 $\mathbf{y} = [0\,0\,1\,0\,0]$，則有

$$\mathbf{s} = \mathbf{yH}^T = \begin{bmatrix} 0 & 0 & 1 & 0 & 0 \end{bmatrix} \begin{bmatrix} 1 & 0 & 0 & 0 \\ 0 & 1 & 0 & 0 \\ 0 & 0 & 1 & 0 \\ 0 & 0 & 0 & 1 \\ 1 & 1 & 1 & 1 \end{bmatrix}$$

$$= \begin{bmatrix} 0 & 0 & 1 & 0 \end{bmatrix}$$

由於 $\mathbf{s} = \mathbf{eH}^T$ 故為第三位元產生錯誤

(2) 若收到的字碼為 $\mathbf{y} = [0\,0\,1\,1\,0]$，則

$\mathbf{s} = \mathbf{yH}^T = [0\ 0\ 1\ 1] \Rightarrow \mathbf{e} = [0\ 0\ 1\ 1\ 0]$

∴第 3、4 位元錯誤

觀念分析： 若每個位元之錯誤率為 p 且相互獨立，則（5,1）重複碼之錯誤率為

$$P_e = p^5 + C_1^5 p^4(1-p) + C_2^5 p^3(1-p)^2$$

例題 19

Consider a binary (5, 1) code whose generator matrix is given below

$\mathbf{G} = [\ 1\,1\,1\,1\,1]$

Consider transmission of the coded signal using BPSK，where, in the absence of noise, the symbol 1 is received as +1 and the symbol 0 is received as -1. Now consider transmission over an AWGN channel and we received the following sequence:

–2 –3 1 2 1

(1) Perform soft-decision decoding

(2) Perform hard-decision decoding （交大電子所）

解：

$\mathbf{s}_1 = [1\ \ 1\ \ 1\ \ 1\ \ 1], \mathbf{s}_0 = [-1\ \ -1\ \ -1\ \ -1\ \ -1]$

$\mathbf{r} = [-2\ \ -3\ \ 1\ \ 2\ \ 1]$

(1)

$$\left.\begin{array}{l}\|\mathbf{r}-\mathbf{s}_1\|^2 = 26 \\ \|\mathbf{r}-\mathbf{s}_0\|^2 = 22\end{array}\right\} \mathbf{r} \text{ 距 } \mathbf{s}_0 \text{ 較近}$$

故選擇 $\mathbf{s}_0$

(2) 先將 $\mathbf{r}$ 作 sign test 得 $\mathbf{r}' = [0\ \ 0\ \ 1\ \ 1\ \ 1]$

$d(\mathbf{r}', \mathbf{s}_1) = 2, d(\mathbf{r}', \mathbf{s}_0) = 3 \Rightarrow choose\ \mathbf{s}_1$

觀念分析： 1. Hard decision 選擇 Hamming distance 較接近者

2. Soft decision 選擇 Euclidean distance 較接近者

例題 20

The parity check matrix of a particular (7, 4) code is

$$\mathbf{H} = \begin{bmatrix} 1 & 0 & 0 & 1 & 0 & 1 & 1 \\ 0 & 1 & 0 & 1 & 1 & 1 & 0 \\ 0 & 0 & 1 & 0 & 1 & 1 & 1 \end{bmatrix}$$

(1) Determine the generator matrix **G**

(2) What is the minimum distance between code words?

(3) How many errors can be detected? How many errors can be corrected?

(4) Find the corrected code, if we receive the code word of 1000011.

（91 台科大電機所）

解：

(1) $\mathbf{H}=\left[\mathbf{I}_3\middle|\mathbf{P}^T\right]\Rightarrow\mathbf{G}=\left[\mathbf{P}\middle|\mathbf{I}_4\right]=\begin{bmatrix}1&1&0&\vdots&1&0&0&0\\0&1&1&\vdots&0&1&0&0\\1&1&1&\vdots&0&0&1&0\\1&0&1&\vdots&0&0&0&1\end{bmatrix}$

(2) $d_{min}=3$

(3) Error correction 之上限：$\dfrac{d_{\min}-1}{2}=1$

Error detection 之上限：d_{min}-1 = 2 bits

(4) $\mathbf{s}=\mathbf{y}\mathbf{H}^T=[1\ \ 1\ \ 0]$

爲 $\mathbf{H}^T$ 之第 4 列 ⇒ bit 4 is error

$\therefore[1\ \ 0\ \ 0\ \ 1\ \ 0\ \ 1\ \ 1]\Rightarrow message=[1\ \ 0\ \ 1\ \ 1]$

本題所使用之 (7, 4) code 的解碼電路如圖 9-8 所示：

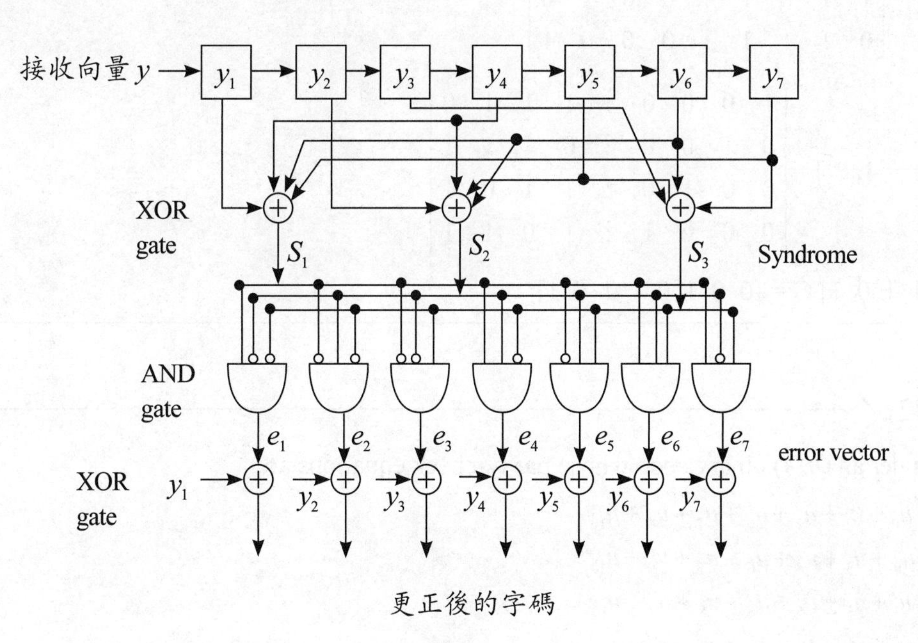

圖 9-8

例題 21

Consider a systematic block code whose parity-check equations are

$c_1 = m_1 + m_2 + m_3$

$c_2 = m_2 + m_3 + m_4$

$c_3 = m_1 + m_2 + m_4$

$c_4 = m_1 + m_3 + m_4$

where m_i are message digits and c_i are check digits.

(1) Find the generator matrix.

(2) Determine the corresponding parity check matrix.

(3) Encode the message (1 1 0 1) （中央電機所）

解：

(1) $$\mathbf{G} = \begin{bmatrix} 1 & 0 & 1 & 1 & \vdots & 1 & 0 & 0 & 0 \\ 1 & 1 & 1 & 0 & \vdots & 0 & 1 & 0 & 0 \\ 1 & 1 & 0 & 1 & \vdots & 0 & 0 & 1 & 0 \\ 0 & 1 & 1 & 1 & \vdots & 0 & 0 & 0 & 1 \end{bmatrix} = \left[\mathbf{P} | \mathbf{I}_4\right]$$

(2) $$\mathbf{H} = [\mathbf{I}_4 | \mathbf{P}^T] = \begin{bmatrix} 1 & 0 & 0 & 0 & \vdots & 1 & 1 & 1 & 0 \\ 0 & 1 & 0 & 0 & \vdots & 0 & 1 & 1 & 1 \\ 0 & 0 & 1 & 0 & \vdots & 1 & 1 & 0 & 1 \\ 0 & 0 & 0 & 1 & \vdots & 1 & 0 & 1 & 1 \end{bmatrix}$$

(3) $[1\ \ 1\ \ 0\ \ 1]\,\mathbf{G} = [0\ \ 0\ \ 1\ \ 0\ \ 1\ \ 1\ \ 0\ \ 1]$

例題 22

Consider an (n, k) binary code whose parity-check equations are

$v_0 = u_0 + u_1 + u_2 + u_6 + u_7 + u_8 + u_{10}$

$v_1 = u_0 + u_3 + u_4 + u_6 + u_7 + u_9 + u_{10}$

$v_2 = u_1 + u_3 + u_5 + u_6 + u_8 + u_9 + u_{10}$

$v_3 = u_2 + u_4 + u_5 + u_7 + u_8 + u_9 + u_{10}$

where u is the message vector and v_0, v_1, v_2, v_3 are parity-check digits. The codeword is (v_0, v_1, v_2, v_3, u_0, u_1, u_2, u_3, u_4, u_5, u_6, u_7, u_8, u_9, u_{10}).

(a) Determine n, k. minimum distance, error-detecting capability and error-correcting capability of this code.

(b) f message vector is $\mathbf{u}$ =（10100110010）, what is the encoded codeword?

(c) If the received vector is（011001110001001）, what is the decoded message?

（99 成大電通所）

解：

$$\text{(a) } \mathbf{H} = \begin{bmatrix} 1 & 0 & 0 & 0 & \vdots & 1 & 1 & 1 & 00 & 0 & 1 & 1 & 1 & 0 & 1 \\ 0 & 1 & 0 & 0 & \vdots & 1 & 0 & 0 & 11 & 0 & 1 & 1 & 0 & 1 & 1 \\ 0 & 0 & 1 & 0 & \vdots & 0 & 1 & 0 & 10 & 1 & 1 & 0 & 1 & 1 & 1 \\ 0 & 0 & 0 & 1 & \vdots & 0 & 0 & 1 & 01 & 1 & 0 & 1 & 1 & 1 & 1 \end{bmatrix}$$

$n = 15, k = 11, d_{\min} = 3$

error-correcting capability: $\dfrac{3-1}{2} = 1$

error-detecting capability: $d_{\min} - 1 = 2$

$$\text{(b) } \mathbf{x} = \mathbf{uG} = \begin{bmatrix} 1 & 0 & 1 & 0 & 0 & 1 & 1 & 0 & 0 & 1 & 0 \end{bmatrix} \begin{bmatrix} & \vdots & \\ \mathbf{P} & \vdots & \mathbf{I} \\ & \vdots & \end{bmatrix}$$

$$= \begin{bmatrix} 1 & 1 & 1 & 1 & 1 & 0 & 1 & 0 & 0 & 1 & 1 & 0 & 0 & 1 & 0 \end{bmatrix}$$

(c) $\mathbf{s} = \mathbf{yH}^T = \begin{bmatrix} 0 & 0 & 0 & 1 \end{bmatrix} \Rightarrow 4th$ bit is error

$\therefore \mathbf{x} = \begin{bmatrix} 0 & 1 & 1 & 1 & 0 & 1 & 1 & 1 & 0 & 0 & 0 & 1 & 0 & 0 & 1 \end{bmatrix}$

例題 23

Let us consider a binary (n, k) linear block code whose set of code-words is given by {000000, 110100, 011010, 101110, 101001, 011101, 110011, 000111}.

(a) $n = ?\ k = ?$

(b) Find the minimum distance of the code.

(c) Suppose that $[c_1, c_2, c_3, c_4, c_5, c_6]$ is transmitted, and $[d_1, d_2, d_3, d_4, d_5, d_6] = [c_1, c_2, c_3, c_4, c_5, c_6] + [e_1, e_2, e_3, e_4, e_5, e_6]$ is received, with $P(e_k = 1) = p$, for k = 1,2,3,4,5,6. Let P（correct decoding）denote the probability that $[d_1, d_2, d_3, d_4, d_5, d_6]$ can be correctly decoded. Then,

$P(correct\ decoding)$ can be written as

$$P(correct\ decoding) = (a + bp)^m(1-p)^u.$$

Find the values of a, b, m and u. （99 台科大電子所）

解：

(a) $n=6\ k=3$

(b) $d_{\min}=\min\left(W\left(\mathbf{c}_i\right)\right)=3 \Rightarrow \dfrac{d_{\min}-1}{2}=1$

(c) $P(correct)=(1-p)^6+\binom{6}{1}(1-p)^5 p=(1-p)^5(1+5p)$

$\Rightarrow a=1, b=5, m=1, u=5$

例題 24

A binary (n, k) linear block code is defined by the generator matrix

$$\mathbf{G}=\begin{bmatrix} 0 & 1 & 0 & 1 & 1 \\ 1 & 1 & 1 & 0 & 1 \end{bmatrix}$$

(a) $n=?\ k=?$

(b) List all the codewords.

(c) Find the minimum distance of the code.

(d) If [1 1 0 1 1] is received, which codeword should it be decoded into? What message word does this codeword represent?

(e) Suppose that $[c_1\ c_2\ c_3\ c_4\ c_5]$ is transmitted and $[d_1\ d_2\ d_3\ d_4\ d_5] = [c_1\ c_2\ c_3\ c_4\ c_5] + [e_1\ e_2\ e_3\ e_4\ e_5]$ is received, with $\text{Prob}\ (e_k = 1) = P_o$, for $k = 1, 2, 3, 4, 5$. Find the probability that $[d_1\ d_2\ d_3\ d_4\ d_5]$ can not be correctly decoded. Please express your answer in terms of P_o.

（98 台科大電子所）

解：

(a) the size of G is k-by-n, so we have, $k = 2$, $n = 5$

(b) since $k = 2$, we have 4 possible messages

$$\mathbf{m}_1 = [0 \quad 0] \Rightarrow \mathbf{c}_1 = \mathbf{m}_1\mathbf{G} = [0 \quad 0 \quad 0 \quad 0 \quad 0]$$
$$\mathbf{m}_2 = [0 \quad 1] \Rightarrow \mathbf{c}_2 = \mathbf{m}_2\mathbf{G} = [1 \quad 1 \quad 1 \quad 0 \quad 1]$$
$$\mathbf{m}_3 = [1 \quad 0] \Rightarrow \mathbf{c}_3 = \mathbf{m}_3\mathbf{G} = [0 \quad 1 \quad 0 \quad 1 \quad 1]$$
$$\mathbf{m}_4 = [1 \quad 1] \Rightarrow \mathbf{c}_4 = \mathbf{m}_4\mathbf{G} = [1 \quad 0 \quad 1 \quad 1 \quad 0]$$

(c) As we have explained in section 9-4

$d_{\min} = \min(W(\mathbf{c}_i))$；$\forall i$

So we can obtain $d_{\min} = 3$

(d) Based on the MD（minimum hamming distance）rule

$\mathbf{r} = [1 \ 1 \ 0 \ 1 \ 1] \Rightarrow \mathbf{c}_3 = [0 \ 1 \ 0 \ 1 \ 1] \Rightarrow \mathbf{m}_3 = [1 \ 0]$

(e) Error correction 之上限：$\dfrac{d_{\min}-1}{2} = 1$ bit

$$P(error) = p_0^5 + \binom{5}{1} p_0^4 (1-p_0) + \binom{5}{2} p_0^3 (1-p_0)^2 + \binom{5}{3} p_0^2 (1-p_0)^3$$

例題 25

The parity-check matrix of a systematic linear (n, k) block code is

$$\mathbf{H} = \begin{bmatrix} 1 & 0 & 0 & 0 & 1 & 1 & 1 & 0 \\ 0 & 1 & 0 & 0 & 1 & 1 & 0 & 1 \\ 0 & 0 & 1 & 0 & 1 & 0 & 1 & 1 \\ 0 & 0 & 0 & 1 & 0 & 1 & 1 & 1 \end{bmatrix}$$

(1) Determine (n, k) of this code.

(2) If the message vector $\mathbf{m} = (1001)$. What is the corresponding code vector $\mathbf{u}$.

(3) Determine $(d_{\min}, e, t)$ of this code, where e is the error-detecting capacity and t is the error-correction capacity.

(4) If the received vector $\mathbf{r} = (10101101)$, what is the decoded message $\mathbf{m}$.

（97 成大電通所）

解：

(1) $(n, k) = (8, 4)$

$$(2)\,\mathbf{G}=\left[\mathbf{P}\ \vdots\ \mathbf{I}_4\right]\begin{bmatrix}1&1&1&0&\vdots&1&0&0&0\\1&1&0&1&\vdots&0&1&0&0\\1&0&1&1&\vdots&0&0&1&0\\0&1&1&1&\vdots&0&0&0&1\end{bmatrix}$$

$$\therefore \mathbf{mG}=\begin{bmatrix}1&0&0&1\end{bmatrix}\mathbf{G}=\begin{bmatrix}1&0&0&1&1&0&0&1\end{bmatrix}$$

$$(3)\,d_{\min}=4, e=d_{\min}-1=3, t\le\frac{d_{\min}-1}{2}=1$$

$$(4)\,\mathbf{s}=\mathbf{rH}^T=\begin{bmatrix}1&1&1&0\end{bmatrix}=5th\text{ column vector of }\mathbf{H}$$

$$\Rightarrow \hat{\mathbf{m}}=\begin{bmatrix}0&1&0&1\end{bmatrix}$$

三、循環碼（Cyclic Codes）

二位元循環碼屬於線性方塊碼的一種

定義：循環碼

$\mathbf{x}=[x_0\ x_1\ \cdots\ x_{n-1}]$ 爲一（n, k）方塊碼之字碼，若任意的平移

$\mathbf{x}^{(i)}=[x_{n-i}\ x_{n-i+1}\ \cdots\ x_{n-1}\ x_0\ x_1\ \cdots\ x_{n-i-1}]; i=1, ..., n-1$

仍爲一字碼，則稱之爲循環碼。

我們可將循環碼以多項式的方式表示如下：

定義：字碼多項式（polynomial）

若 $\mathbf{x}=[x_0\ x_1\ \cdots\ x_{n-1}]$ 爲一字碼，則 $x(D)=x_0+x_1D+\cdots+x_{n-1}D^{n-1}$ 爲其字碼多項式

1. 字碼多項式的基本運算

(1) Modulo-2 Sum：

若 $y(D)=x(D)+e(D)\Rightarrow y_j=x_j+e_j$ (38)

其中所有「+」均爲 Mod-2 Sum。所謂 x Modulo y 即爲 x 除以 y 之餘數（remainder）。

故式 (38) 表示新的 D^i 項係數爲相同次方之係數的 Mod-2 Sum。

(2) 乘法：

若 $g(D)=g_0+g_1D+\cdots g_{n-k}D^{n-k}$, $m(D)=m_0+m_1D+\cdots+m_{k-1}D^{k-1}$

$$\Rightarrow x(D)=g(D)m(D)=(g_{n-k}m_{k-1})D^{n-1}+(g_{n-k}m_{k-2}+g_{n-k-1}m_{k-1})D^{n-2}\cdots+(g_0m_0)D^0$$

$$=x_{n-1}D^{n-1}+x_{n-2}D^{n-2}+\ \cdots+x_0D^0 \tag{39}$$

(3) 除法：

若 $\begin{cases} x(D)=1+D+D^3+D^5 \\ g(D)=1+D^2+D^3 \end{cases}$

$$\begin{array}{r|l} & \mathrm{D^2+D} \\ \hline \mathrm{D^3+D^2+1} & \mathrm{D^5\quad\ +D^3\quad\ +D+1} \\ & \underline{\mathrm{D^5+D^4\quad\ +D^2}\qquad\quad} \\ & \mathrm{D^4+D^3+D^2+D+1} \\ & \underline{\mathrm{D^4+D^3\quad\ +D}\qquad} \\ & \qquad\mathrm{D^2\quad +1} \end{array}$$

$$\frac{x(D)}{g(D)}=(D+D^2)+\frac{1+D^2}{g(D)}$$

其中 $1+D^2$ 稱之爲餘式

由以上的運算可得：$x^{(l)}(D)$ 爲 $D^lx(D)$ 除以 D^n+1 後之餘式，亦即

$$\frac{D^l x(D)}{D^n+1}=q(D)+\frac{x^{(l)}(D)}{D^n+1} \tag{40}$$

或是

$$D^l x(D)=q(D)\left(D^n+1\right)+x^{(l)}(D) \tag{41}$$

上述特性可描述成定理 8：

定理 8：$x^{(l)}(D)=D^l x(D)\,\mathrm{mod}(D^n+1)$	(42)

2. 循環碼的特性

(1) 任何 (n, k) 循環碼均可表示爲一個 $(n\text{-}k)$ 次產生多項式 $g(D)$ 與 $(k\text{-}1)$ 次之訊息多項式 $m(D)$ 之乘積

$$x(D)=g(D)m(D) \tag{43}$$

由式 (39) 與式 (43) 可得：若 $g(D)=g_0+g_1D+...+g_{n-k}D^{n-k}$，則 $k\times n$ 產生矩陣爲

$$\mathbf{G}=\begin{bmatrix} g(D) \\ Dg(D) \\ D^2g(D) \\ \vdots \\ D^{k-1}g(D) \end{bmatrix}=\begin{bmatrix} g_0 & g_1 & \cdots & g_{n-k} & 0 & \cdots & 0 \\ 0 & g_0 & \cdots & g_{n-k-1} & g_{n-k} & \ddots & \vdots \\ \vdots & \ddots & \ddots & \ddots & \ddots & \ddots & 0 \\ 0 & \cdots & 0 & g_0 & \cdots & g_{n-k-1} & g_{n-k} \end{bmatrix} \tag{44}$$

(2) 由式 (43) 可得 $g(D)$ 必爲 D^n+1 之因式，換言之，任意 (n-k) 次多項式只要是 D^n+1 之因式，必爲 (n, k) 循環碼的產生器

說例： $D^7+1=(1+D+D^3)(1+D+D^2+D^4)$

若使用 $g(D)=(1+D+D^3)$ 爲 n-$k=3$ 次之產生多項式，我們可以製造出 $(n,k)=(7,4)$ 之循環碼，同理可得，若使用 $g(D)=1+D+D^2+D^4$ 爲 n-$k=4$ 次之產生多項式，我們可以製造出 $(n,k)=(7,3)$ 之循環碼。

3. 循環碼的編碼過程

步驟：1. 將訊息多項式 $m(D)=m_0+m_1D+\cdots+m_{k-1}D^{k-1}$ 乘上 D^{n-k}，可得

$$D^{n-k}m(D)=m_0D^{n-k}+m_1D^{n-k+1}+\cdots+m_{k-1}D^{n-1} \tag{45}$$

其目的爲移出空間置放 Parity check bits

2. 將 $D^{n-k}m(D)$ 除以 $g(D)$ 得到餘式 $b(D)=b_0+b_1D+\cdots+b_{n-k-1}D^{n-k-1}$，亦即

$$D^{n-k}m(D)=q(D)g(D)+b(D) \tag{46}$$

式 (46) 亦可表示爲

$$b(D)=D^{n-k}m(D) \bmod g(D) \tag{47}$$

3. $x(D)=b(D)+D^{n-k}m(D)$ (48)

因此所形成之字碼爲

$$\mathbf{x}=\begin{bmatrix} x_0 & x_1 & \ldots & x_{n-1} \end{bmatrix}=\begin{bmatrix} b_0 & b_1 & \cdots & b_{n-k-1} & m_0 & m_1 & \cdots & m_{k-1} \end{bmatrix} \tag{49}$$

4. 循環碼的錯誤檢測與更正過程

若接收到的字碼多項式為$y(D)=y_0+y_1D+\ldots+y_{n-1}D^{n-1}$，誤差多項式為$e(D)=e_0+e_1D+\ldots+e_{n-1}D^{n-1}$，則

$$y(D)=x(D)+e(D)=m(D)g(D)+e(D) \tag{50}$$

與之前的作法類似，我們需計算症狀（syndrome）多項式 $s(D)$，其中 $s(D)$ 為 $(n\text{-}k\text{-}1)$ 次多項式，為 $y(D)$ 除以 $g(D)$ 後之餘式

$$y(D)=q(D)g(D)+s(D) \tag{51}$$

因此若 $s(D)=0$，表示 $y(D)$ 可以整除 $g(D)$，則 $y(D)$ 即為某字碼（無誤差）。由式 (50) 與式 (51) 可得：

$$\begin{aligned}&y(D)=x(D)+e(D)=q(D)g(D)+s(D)\\&\Rightarrow e(D)=q(D)g(D)+s(D)+x(D)=\big(m(D)+q(D)\big)g(D)+s(D)\end{aligned} \tag{52}$$

由式 (52) 可得：症狀 $s(D)$ 可由 $y(D)$ mod $g(D)$ 求得亦可由 $e(D)$ mod $g(D)$ 求得。換言之，$y(D)$ 之症狀與 $e(D)$ 之症狀相同。亦即症狀 $s(D)$ 包含了錯誤訊息。

5. 電路的實現

循環碼的產生與錯誤檢測與更正均可由具回授功能的移位暫存器（feedback shift register）來完成。使用移位暫存器可輕易的實現多項式的 Mod-2 運算，例如：$x(D)=g(D)m(D)$，可由圖 9-9 之電路完成：

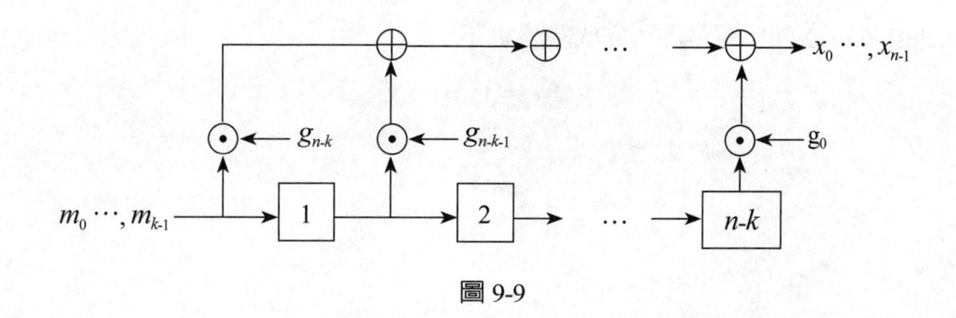

圖 9-9

如圖 9-9 所示，移位暫存器之初始狀態爲 0，由 $m_{k-1}, m_{k-2}, \ldots, m_1, m_0$ 依序輸入，由 $x_{k-1} = g_{n-k}m_{k-1}, x_{n-2} = g_{n-k}m_{k-2} + g_{n-k-1}m_{k-1}, \cdots$ 依序輸出。

圖 9-10 爲執行多項式除法之電路，在此主要的應用爲在接收端將 $y(D)$ 除以 $g(D)$ 以求出症狀 $s(D)$ 之電路。

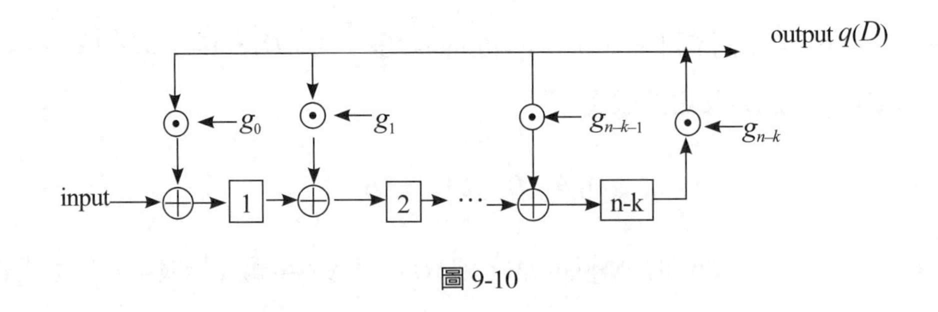

圖 9-10

如圖 9-10 所示，移位暫存器之初始狀態爲 0，由 $y_{n-1}, y_{n-2}, \ldots, y_1, y_0$ 依序輸入，輸出即爲商 $q(D)$，由 $q_{n-1}, q_{n-2}, \ldots, q_0$ 依序輸出。顯然的，一開始的輸出爲 0，第一個非 0 的輸出發生在第 $(n\text{-}k)$ 個時序脈衝（clock pulse）後，此時的輸出爲 q_{n-k}，一直到第 (n-1) 個時序脈衝後輸出爲 q_0，此時移位暫存器之輸出即爲餘式 $s(D)$，由左至右分別爲 $s_0, s_1, \ldots, s_{n-k-1}$。

一個完整的循環碼的解碼方塊圖顯示於圖 9-11 [9]，接收訊號由 $y_{n-1}, y_{n-2}, \ldots, y_1, y_0$ 依序進入解碼器時，開關 1、3、4 爲 closed 而 2、5 爲 open，當接收訊號讀入解碼器之後，開關 1、3、4 爲 open 而 2、5 爲 closed，此時除法器將 $y(D)$ 除以 $g(D)$ 而移位暫存器之輸出即爲餘式 $s(D)$。根據 $s(D)$ 經由簡易的邏輯電路處理之後經過開關 5 依序輸出 $e_{n-1}, e_{n-2}, \ldots, e_1, e_0$，此與 buffer register 之輸出同步，因此若 $e_i = 1$ 則代表第 i 個位置發生錯誤，透過互斥或 (exclusive-or, XOR) 電路即可完成錯誤更正。

$$y_i \oplus e_i = y_i \oplus 1 = \overline{y}_i$$

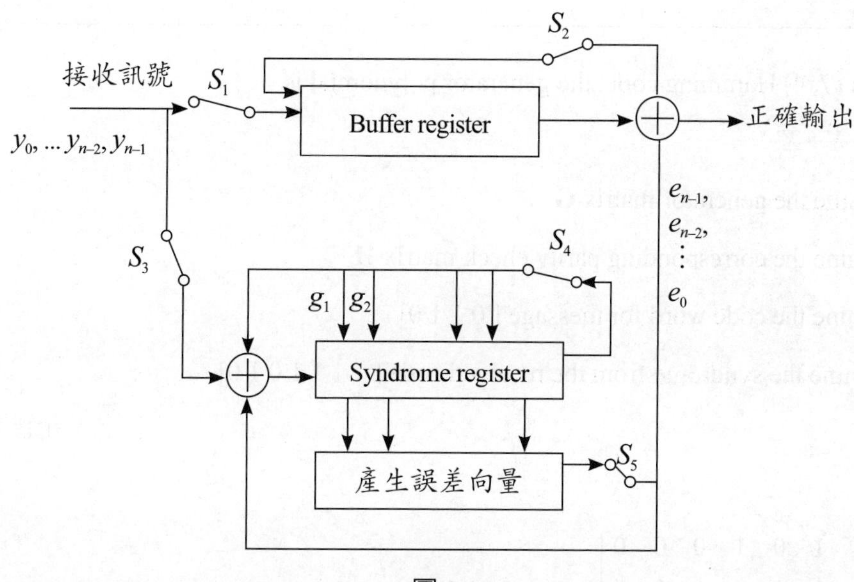

圖 9-11

觀念分析： 1. 若已知檢查多項式（parity check polynomial）為 $h(D) = h_0 + h_1D + \ldots + h_kD^k$，則 $(n-k)\times n$ 之 Parity check matrix 為

$$\mathbf{H} = \begin{bmatrix} h\left(D^{-1}\right)D^{k} \\ h\left(D^{-1}\right)D^{k+1} \\ h\left(D^{-1}\right)D^{k+2} \\ \vdots \\ h\left(D^{-1}\right)D^{n-1} \end{bmatrix} = \begin{bmatrix} h_k & h_{k-1} & \cdots & h_0 & 0 & \cdots & 0 \\ 0 & h_k & \cdots & \cdots & h_0 & \ddots & \vdots \\ \vdots & \ddots & \ddots & \ddots & \ddots & \ddots & 0 \\ 0 & \cdots & 0 & h_k & \cdots & \cdots & h_0 \end{bmatrix} \tag{53}$$

檢查多項式即為 $D^n + 1$ 除以 $g(D)$ 後之結果。

2. 若用 $g(D)$ 之係數所形成之矩陣 **G**，如式 (44) 所示，非標準型式（$\mathbf{G} = [\mathbf{P} \mid \mathbf{I}_k]$），則必須經過由基本列運算轉換成標準式，同理

$$h(\mathrm{D}) \longrightarrow \mathrm{H} \xrightarrow{\text{基本列運算}} \mathrm{H}'$$

（非標準式）　　（標準式）

例題 26

Consider a (7, 4) Hamming code, the generator polynomial is

$g(X) = 1 + X + X^3$

(1) Determine the generator matrix **G**

(2) Determine the corresponding parity check matrix **H**

(3) Determine the code word for message [0 1 1 0]

(4) Determine the syndrome from the received code [1 1 1 1 0 1 0]

（元智電機所）

解：

(1) $\mathbf{G} = \begin{bmatrix} 1 & 1 & 0 & 1 & 0 & 0 & 0 \\ 0 & 1 & 1 & 0 & 1 & 0 & 0 \\ 0 & 0 & 1 & 1 & 0 & 1 & 0 \\ 0 & 0 & 0 & 1 & 1 & 0 & 1 \end{bmatrix}_{k \times n}$

由於 **G** 非標準式，故進行基本列運算將第 1 列加到第 3 列，再將 1、2 列加至第 4 列後可得

$$\mathbf{G} = \begin{bmatrix} 1 & 1 & 0 & \vdots & 1 & 0 & 0 & 0 \\ 0 & 1 & 1 & \vdots & 0 & 1 & 0 & 0 \\ 1 & 1 & 1 & \vdots & 0 & 0 & 1 & 0 \\ 1 & 0 & 1 & \vdots & 0 & 0 & 0 & 1 \end{bmatrix}$$

(2) $\mathbf{H} = \left[\mathbf{I}_{n-k} \middle| \mathbf{P}^T \right] = \begin{bmatrix} 1 & 0 & 0 & \vdots & 1 & 0 & 1 & 1 \\ 0 & 1 & 0 & \vdots & 1 & 1 & 1 & 0 \\ 0 & 0 & 1 & \vdots & 0 & 1 & 1 & 1 \end{bmatrix}$

(3) $\mathbf{x} = \mathbf{mG} = [1000110]$

(4) $\mathbf{s} = \mathbf{yH}^T = [110]\mathrm{H}$

四、漢明碼（Hamming Codes）

漢明碼是線性方塊碼以及循環碼的一種，一個 (n, k) 漢明碼必須滿足：

$$n = 2^m - 1,\ k = n - m;\ m \geq 3$$

因此其 code rate 為 $R=\dfrac{k}{n}=\dfrac{2^m-1-m}{2^m-1}$，漢明碼之 minimum distance 為 3，故漢明碼之錯誤檢測能力為 2 bits 而錯誤更正能力為 1 bit。因此當超過 1 bit 產生錯誤時才會發生錯誤，我們可以據以計算使用漢明碼時之方塊錯誤機率（block error probability）

$$P_{Block}=1-(1-p)^n-np(1-p)^{n-1} \tag{54}$$

其中我們假設每個 bit 發生錯誤為獨立事件且每個 bit 發生錯誤之機率均為 p。以 BPSK 調變為例，考慮 AWGN channel，則有

$$p=Q\left(\sqrt{\frac{2E_c}{N_0}}\right) \tag{55}$$

其中

$$\frac{E_c}{N_0}=\frac{k}{n}\frac{E_b}{N_0}=\frac{2^m-1-m}{2^m-1}\frac{E_b}{N_0} \tag{56}$$

漢明碼是循環碼的一種，故其編碼方式遵循式 (45)～(48) 之三個步驟：先將訊息多項式位移 $D^{n-k}m(D)$，並將 $D^{n-k}m(D)$ 除以 $g(D)$ 得到餘式 $b(D)=b_0+b_1D+...+b_{n-k-1}D^{n-k-1}$，最後再形成字碼 $x(D)=b(D)+D^{n-k}m(D)$。圖 9-12 [9] 是一個簡易的漢明碼（循環碼）編碼圖：

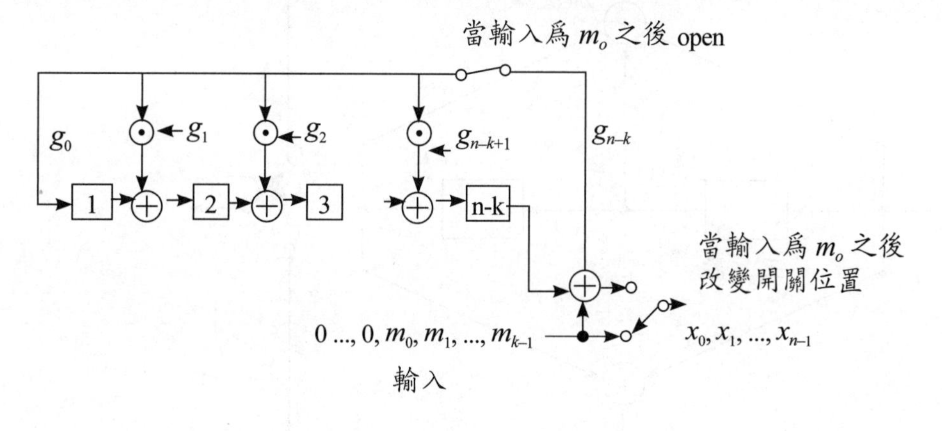

圖 9-12

如圖 9-12 所示，先將輸入向右位移 $(n\text{-}k)$ 即 $D^{n-k}m(D)$，k 個訊息位元同時輸入除法電路，在最後一個位元輸入後，移位暫存器即爲除法後之餘數，此時上下兩個開關同時切換，上開關 open 而下開關切換至輸出端，依序將移位暫存器輸出得到 $x(D) = b(D) + D^{n-k}m(D)$。漢明碼之解碼器如圖 9-11 所示。

9.4 通道編碼 (2)：迴旋碼

在 block code 之編碼過程中編碼器先收集 k 個訊息位元後，經由產生矩陣 **G** 製造出 n-bits 之字碼，因此這些字碼是以 n 個 bits 爲單位，一組一組的被製造出來，在迴旋（convolutional）編碼中，輸入之訊息位元則是一個個串列式（serial）連續的被處理。除此之外，block code 目前之輸出只與目前之輸入有關，而迴旋碼則具有記憶性，目前之輸出位元與目前和過去之輸入有關。圖 9-13 爲兩個不同的迴旋編碼器之架構圖。

如圖 9-13 所示，迴旋碼的產生方式是將位元序列輸入一連串的移位暫存器，用以儲存狀態訊息。就圖 9-13(a) 而言，每個 bit 輸入將對應至兩個 bit 輸出，故其速率（code rate）爲 $\frac{1}{2}$，同理，圖 9-13(b) 每兩個 bits 輸入對應至 3 個 bits 輸出，故其 code rate 爲 $\frac{2}{3}$。

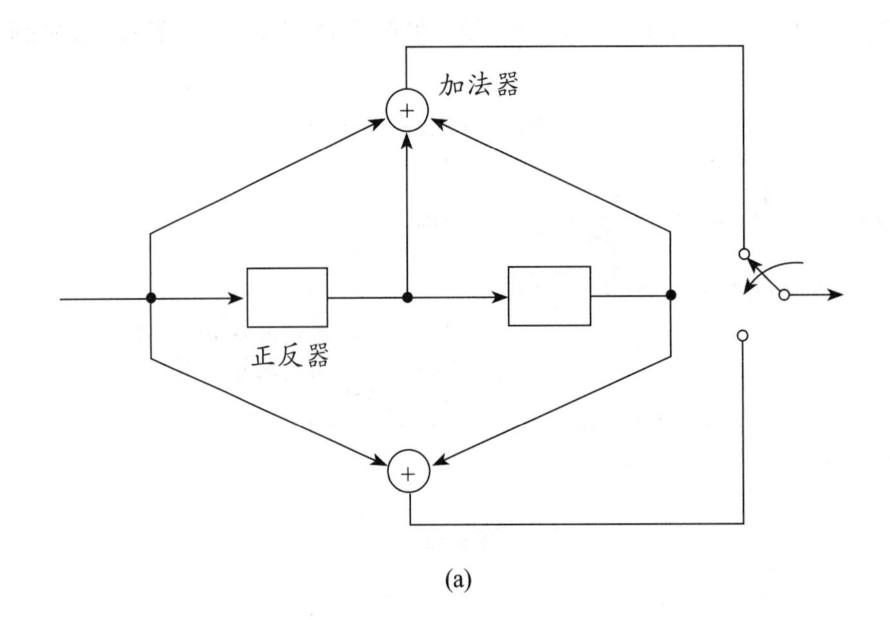

(a)

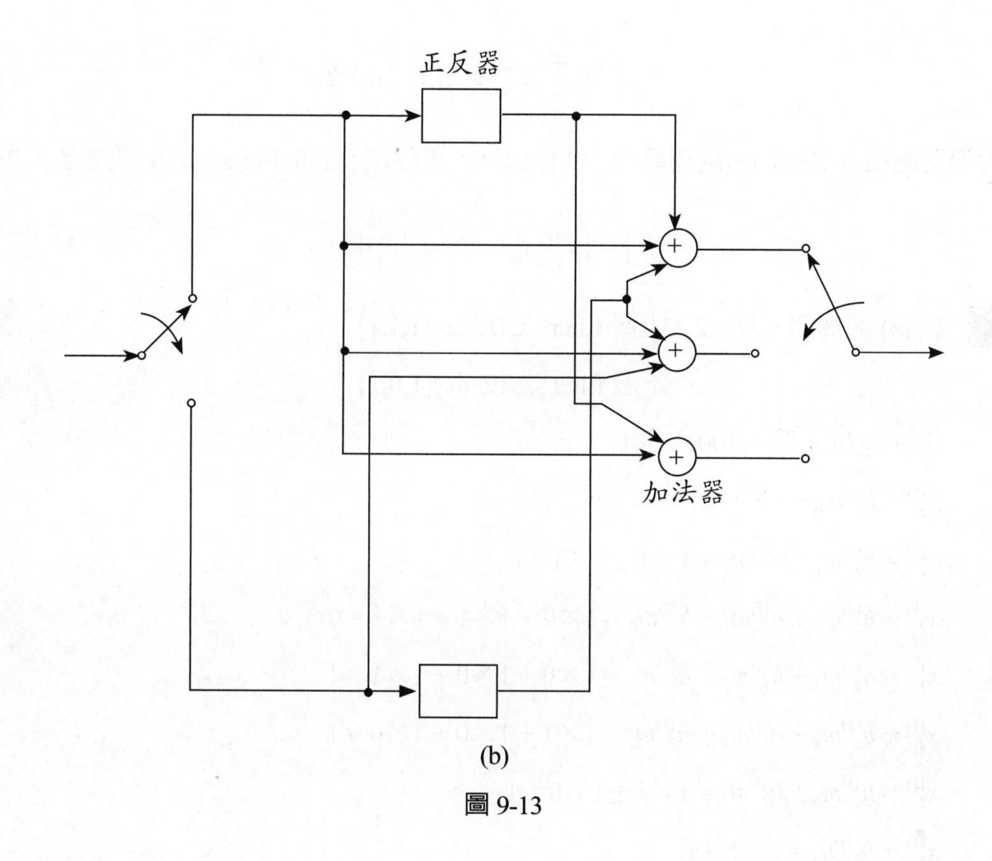

(b)

圖 9-13

定義：constraint length (bits)

每個 bit 經移位暫存器作用後仍能影響編碼器輸出之移動次數。

由定義可得圖 9-13(a) 之 constraint length 爲 3，而圖 9-11(b) 爲 2。

迴旋碼表示之方式爲 (n, k, m)，其中 n 代表編碼後之輸出位元數，k 代表輸入之位元數，m 代表 constraint length，例如：圖 9-13(a) 爲 (2, 1, 3) 迴旋編碼器而圖 9-13(b) 爲 (3, 2, 2) 迴旋編碼器。由時域的觀點而言，(a) 圖所示之迴旋編碼器有如上下兩個 transversal (tapped-delay-line) filter

若 $\{h_0^{(1)}, \cdots h_M^{(1)}\}$ 代表上層 filter 之脈衝響應（IR）

$\{h_0^{(2)}, \cdots h_M^{(2)}\}$ 代表下層 filter 之脈衝響應

M 代表移位暫存器之數目，$\{m_0, m_1, \cdots\}$ 代表輸入之訊息位元，則顧名思義，迴旋編碼器在對訊息位元進行迴旋積分

$$x_i^{(k)} = \sum_{l=0}^{M} h_l^{(k)} m_{i-l}; i,k = 0,1,2\ldots \tag{57}$$

經過迴旋積分之後得到兩組輸出 $\{x_i^{(1)}\}, \{x_i^{(2)}\}$，再經由 parallel-to-serial 處理之後，可得

$$\{x_i\} = \left\{x_0^{(1)}, x_0^{(2)}, x_1^{(1)}, x_1^{(2)}, \cdots\right\}$$

說例： 以 (a) 圖爲例，$M=2$，上層 filter 之 IR 爲 {1,1,1}

下層 filter 之 IR 爲 {1,0,1}

若訊息位元爲 {11001} 則有

$x_0^{(1)} = h_0^{(1)} m_0 = 1 \times 1 = 1$

$x_1^{(1)} = h_0^{(1)} m_1 + h_1^{(1)} m_0 = 1 \times 1 + 1 \times 1 = 0$

$x_2^{(1)} = h_0^{(1)} m_2 + h_1^{(1)} m_1 + h_2^{(1)} m_0 = 1 \times 0 + 1 \times 1 + 1 \times 1 = 0$

$x_3^{(1)} = h_0^{(1)} m_3 + h_1^{(1)} m_2 + h_2^{(1)} m_1 = 1 \times 0 + 1 \times 0 + 1 \times 1 = 1$

$x_4^{(1)} = h_0^{(1)} m_4 + h_1^{(1)} m_3 + h_2^{(1)} m_2 = 1 \times 1 + 1 \times 0 + 1 \times 0 = 1$

$x_5^{(1)} = h_1^{(1)} m_4 + h_2^{(1)} m_3 = 1 \times 1 + 1 \times 0 = 1$

$x_6^{(1)} = h_2^{(1)} m_4 = 1 \times 1 = 1$

同理可得

$x_0^{(2)} = 1 \times 1 = 1$

$x_1^{(2)} = 1 \times 1 + 0 \times 1 = 1$

$x_2^{(2)} = 1 \times 0 + 0 \times 1 + 1 \times 1 = 1$

$x_3^{(2)} = 1 \times 0 + 0 \times 0 + 1 \times 1 = 1$

$x_4^{(2)} = 1 \times 1 + 0 \times 0 + 1 \times 0 = 1$

$x_5^{(2)} = 0 \times 1 + 1 \times 0 = 0$

$x_6^{(2)} = 1 \times 1 = 1$

故可得

$\{x_i\} = \{11, 01, 01, 11, 11, 10, 11\}$

在迴旋編碼中經常以下列三種不同的幾何方式表示：

一、狀態圖（State Diagram）

亦即移位暫存器之輸出隨著輸入位元之變化而變化的情形。

以圖 9-11(a) 爲例，兩正反器（移位暫存器）之輸出所組成之狀態如下表：

State	正反器
a	00
b	10
c	01
d	11

以實線代表輸入 bit 爲 0，虛線代表輸入 bit 爲 1，同時在線上註明上下路徑之輸出，可得圖 9-14。如圖 9-14 所示，若目前狀態爲 a (00) 且輸入 bit 爲 0，則下一個狀態仍然爲 a 且迴旋編碼器之輸出爲 00；反之，若輸入 bit 爲 1，則下一個狀態爲 b (10) 且迴旋編碼器之輸出爲 11。換言之，目前狀態不可能轉移至所有狀態，由輸入 bit (1 或 0) 決定下一個狀態以及迴旋編碼器之輸出。

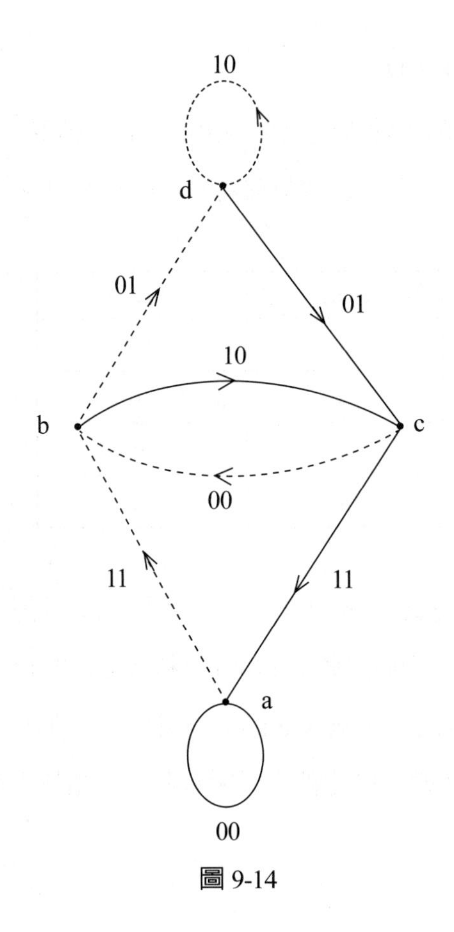

圖 9-14

二、碼樹圖（Code Tree Diagram）

狀態圖描述了迴旋編碼器之運作情形，可惜無法追蹤狀態以及編碼器之輸出隨著時間變化的情形，若將狀態圖沿著時間展開則可得到如樹枝伸展的圖形，稱之爲碼樹圖。

仍以圖 9-11(a) 爲例，其碼樹圖顯示於圖 9-15。Code tree 中每個分支點代表一個輸入訊息位元，若輸入 bit 爲 0 則往上面的分支，反之，若輸入 bit 爲 1 則往下面的分支，在分支上所顯示之一組二位元 Symbol 則表示編碼器之輸出。根據以上的法則，若輸入之訊息序列爲 11011 則如圖 9-15 所示，由左至右可得到編碼器之輸出序列爲 11 01 01 00 01。

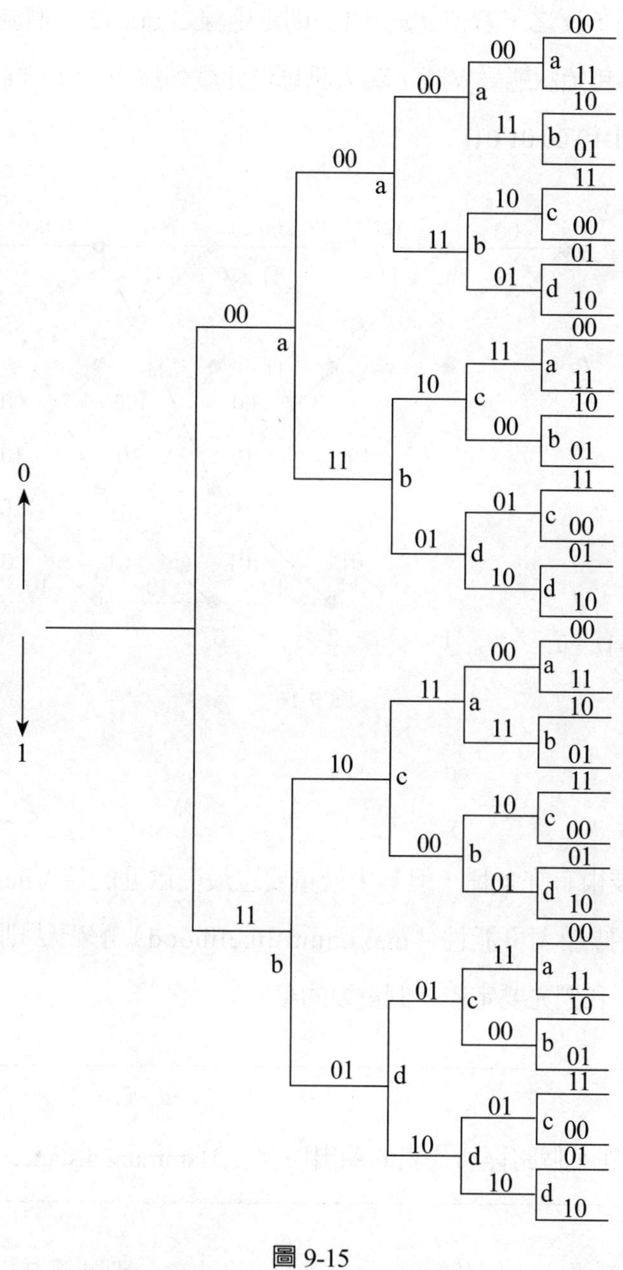

圖 9-15

三、格子圖（Trellis Diagram）

碼樹圖隨著分支的增加而顯得龐大，格子圖則是將碼樹圖轉化成較簡潔且容易處理的形式。我們根據圖 9-15 之碼樹圖重新繪製可得如圖 9-16 之格子圖，其中當位元為「0」

時則走實線之 branch，反之，若位元爲「1」則走虛線之 branch，迴旋編碼器之輸出則標示於各分支上。例如起始狀態爲 a 時，輸入訊息位元序列爲 10110，則由圖 9-13 所示的路徑編碼器之輸出爲 11 10 00 01 01。

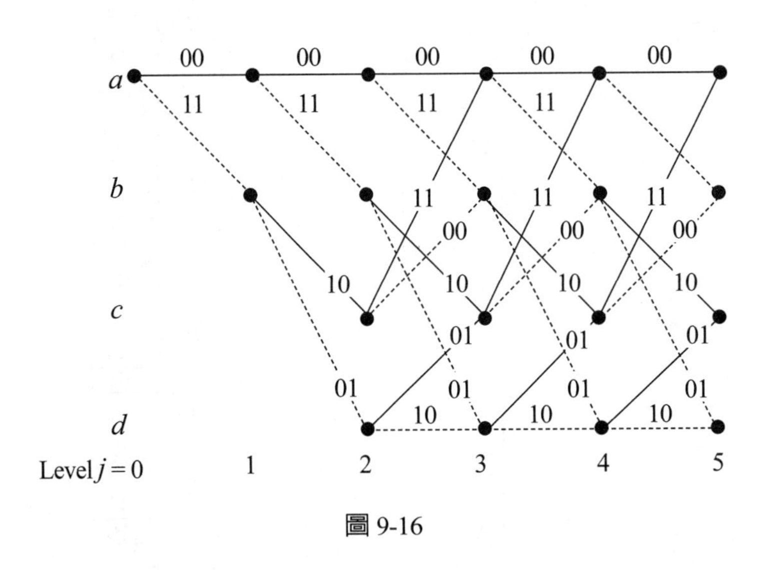

圖 9-16

Viterbi 解碼演算法

迴旋碼之解碼技術有許多種，但其中最重要也最受歡迎的爲 Viterbi 演算法解碼器。Viterbi 演算法是根據最大可能性（maximum likelihood）解碼法則推演而得。在說明 Viterbi 演算法之前，我們先要定義一個重要的參數。

定義：Metric

接收到的序列與某個路徑所代表的輸出序列之 Hamming distance

當兩個路徑同時進入一個狀態時，Viterbi 演算法會分別計算其 metric，其中 metric 較低者滿足接收到的序列與此路徑之 Hamming distance 較小，故保留之；另外一個路徑則移除。換言之 Viterbi 演算法即爲最大可能性解碼器，故在 AWGN 環境下是最佳的。

Viterbi 演算法之解碼步驟整理如下：

Step 1：由圖 9-16 Trellis diagram 之 level $j = M$（即爲正反器個數），開始計算進入每

個狀態之路徑的 metric。

Step 2：增加一個 level，同時計算並疊加之前的 metric，將較大之 metric 之路徑排除。

Step 3：重複此步驟一直到 $j<M+L$，L 為 bits 數，選出 metric 最小者。

說例： 若圖 9-13(a) 產生出全為 0 之 sequence，但由於 Channel 雜訊使得收到之序列為 {01,00,01,00,00}，換言之，雜訊導致了兩個位元的錯誤，使用 Viterbi 演算法找出此錯誤。

解：Step 1. 由 $j=2$ 開始，計算出每個狀態之 metric

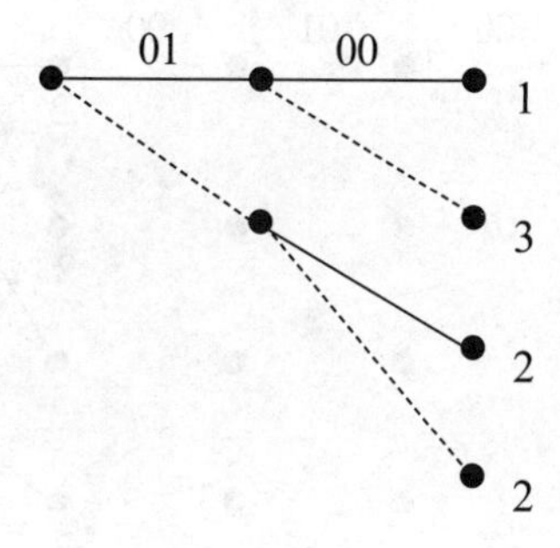

Step 2. 計算當 $j=3$ 之 metric

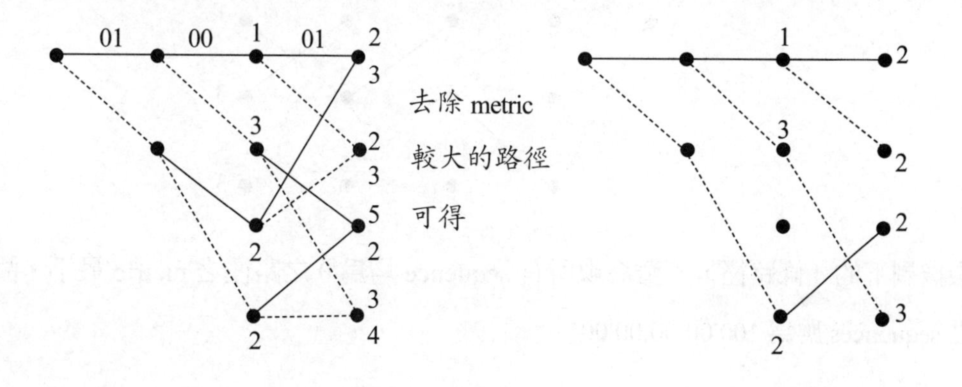

Step 3. 計算當 $j=4$ 之 metric，並將 metric 較大的路徑排除

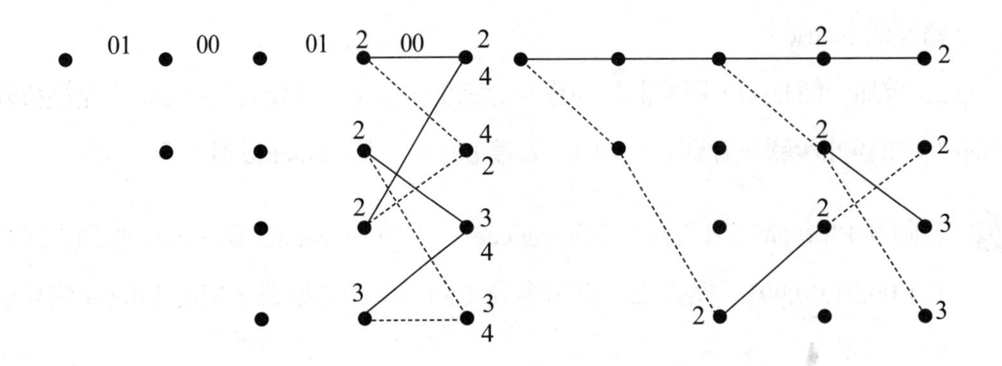

Step 4. 計算當 $j=5$ 之 metric，並將 metric 較大的路徑排除

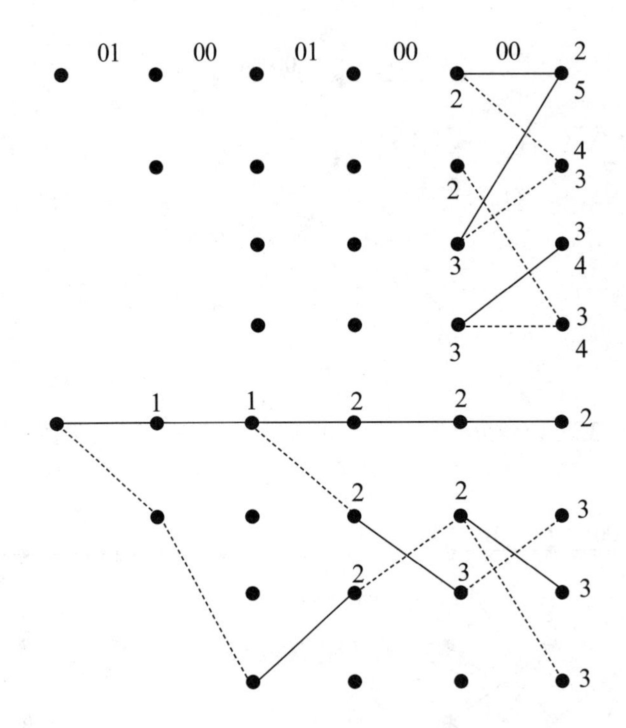

檢查最後剩下的 4 條路徑，不難發現所有 sequence 均爲 0 之路徑之 metric 最小，故知傳送端之 sequences 應爲 {00,00,00,00,00}

例題 27

The output of a (3, 1, 2) convolutional code are determined by

$v_i^{(1)} = u_i + u_{i-1} + u_{i-2},\ v_i^{(2)} = u_i + u_{i-2},\ v_i^{(3)} = u_i + u_{i-1}$

where $\{u_i\}$ is the input message sequence.

(a) Draw the encoder of this code.

(b) Draw the state-transition diagram of this code.

(c) Draw the trellis diagram for this code.

(d) If the input message is [1 0 0 1 1 0], what is the transmitted (encoded) sequence?（100 成大電通所）

解：

(a)

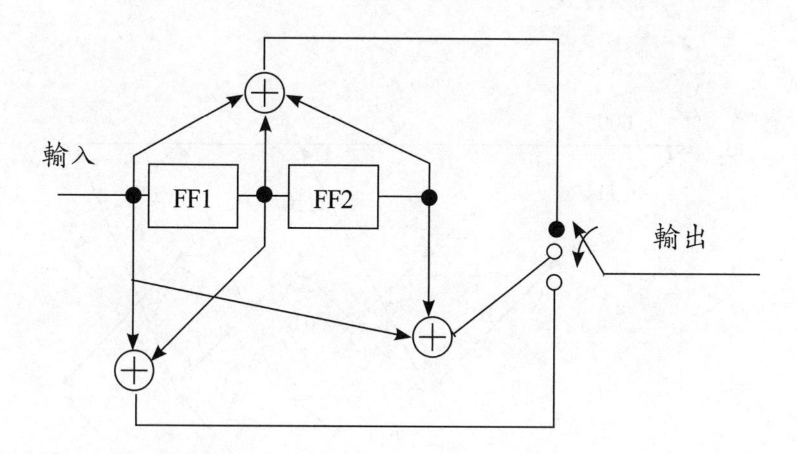

State	正反器
a	00
b	10
c	01
d	11

(b)

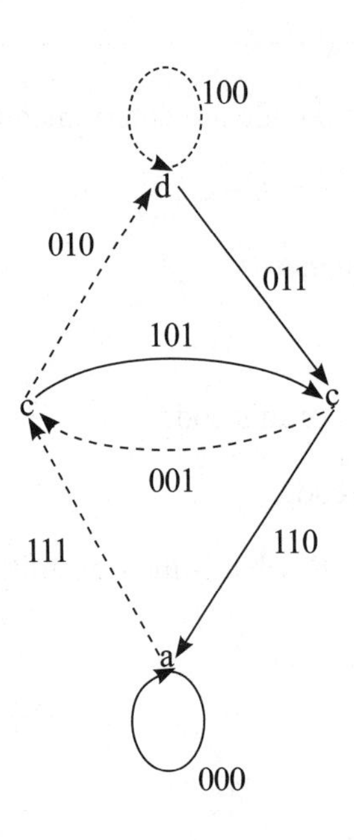

(c)

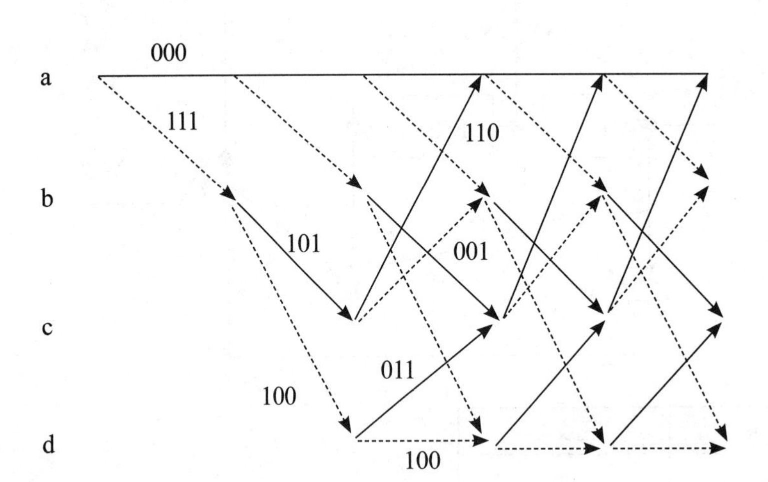

(d) $v^{(1)} = [100110]*[111] = [111100]$

$v^{(2)} = [100110]*[101] = [101111]$

$v^{(3)} = [100110]*[110] = [110101]$

$\therefore$ encoded sequence = {111, 101, 110, 111, 010, 011}

例題 28

(1) Consider the trellis code that is generated by the binary convolutional encoder of the figure below. We assume that we start in the all-zero state, then use $L_t = 4$ information bits, and finally $T = 2$ dummy zero input bits on this encoder. What is the code rate R that is achieved by this system?

(2) Draw the trellis that is generated by this encoder under the assumptions given in (1).

(3) Assume that this code is used on a BSC with crossover probability $p = 0.1$. Use the Viterbi algorithm to find the ML decision when $\mathbf{y} = [10\ \ 11\ \ 01\ \ 00\ \ 11\ \ 00]$ is received.

（97 交大電信所）

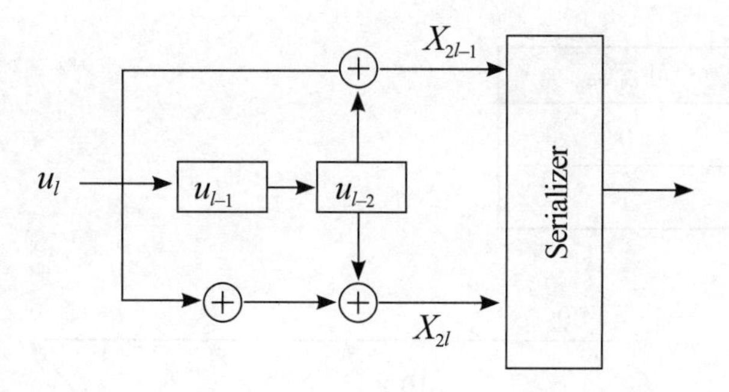

解：

(1) $\dfrac{L_T}{2\times(L_T+T)} = \dfrac{4}{2\times(4+2)} = \dfrac{1}{3}$

(2) 如圖 9-16

(3) $\mathbf{y} = [10\ \ 11\ \ 01\ \ 00\ \ 11\ \ 00]$

$\mathbf{x} = [00\ \ 11\ \ 01\ \ 01\ \ 11\ \ 00]$

故 transmitted bits：[0 1 1 0 0 0]

例題 29

Consider the rate $R = 1/2$, constraint length $K = 2$ convolutional encoder shown below. The initial value in the flip-flop is zero. Suppose the received sequence is 100110000, use the Viterbi algorithm to decode the sequence.

（100 台科大電子所）

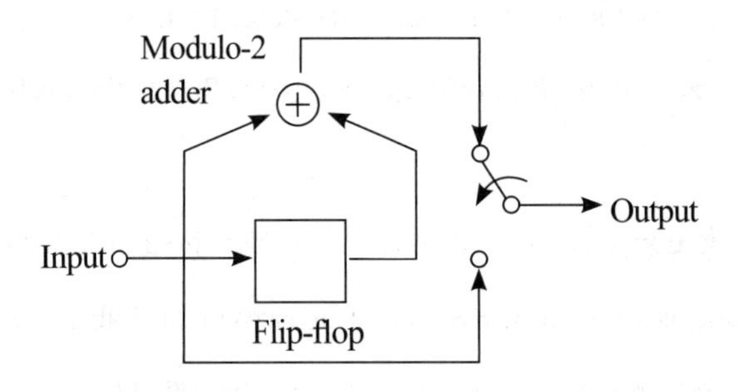

解：

State	正反器
a	0
b	1

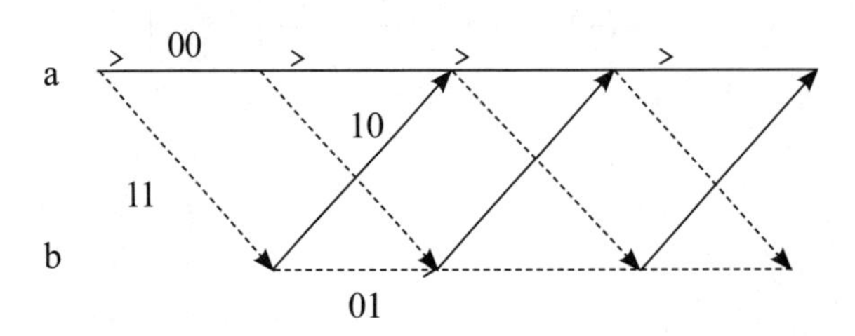

$\mathbf{y}$ = [10, 01, 10, 00,]

$\mathbf{x}$ = [11, 01, 10, 00,]

故 transmitted bits: {1000}

例題 30

Consider a convolutional code encoder with generators g_1 = [1011] and g_2 = [1101]. Plot the encoder structure of this convolutional code. What is the output of the first branch when we feed the encoder with the input sequence 1010?

（99 台大電信所）

解：

(1)如圖 9-17 所示

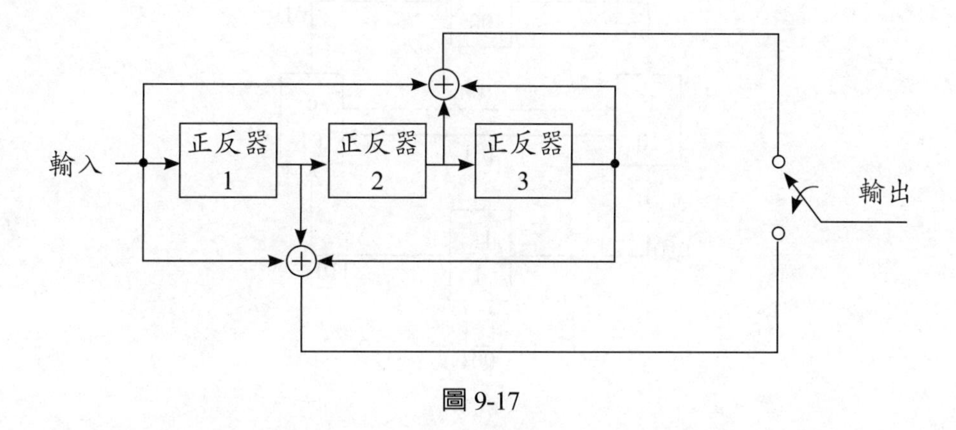

圖 9-17

(2)[1010]*[1011] = [1001110]

例題 31

For the convolutional code encoder shown below

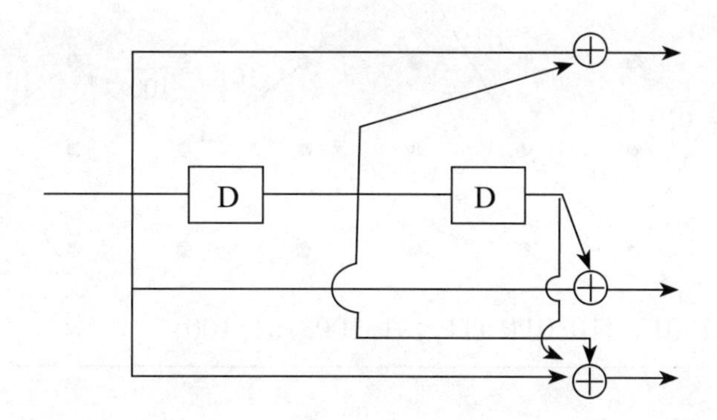

(1)Define the encoder state and depict the corresponding encoder state diagram.

(2)What is the resulting codeword if the input sequence = (1 1 0 0 1 0 1 0 1).

（交大電信所）

解：

(1)實線為 0，虛線為 1

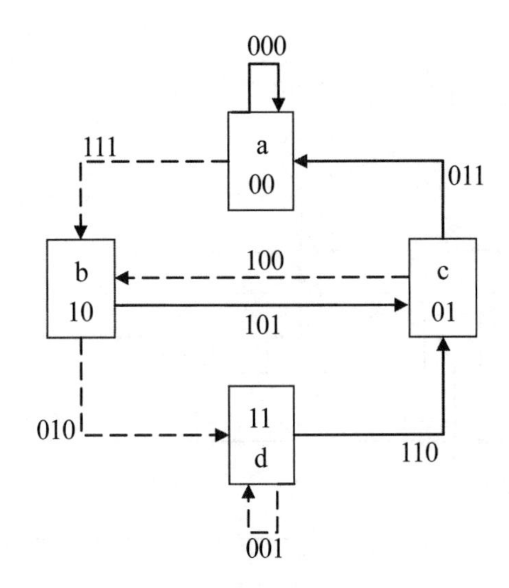

$x_i^{(1)} = m_i \oplus m_{i-1}$

$x_i^{(2)} = m_i \oplus m_{i-2}$

$x_i^{(3)} = m_i \oplus m_{i-1} \oplus m_{i-2}$

(2)

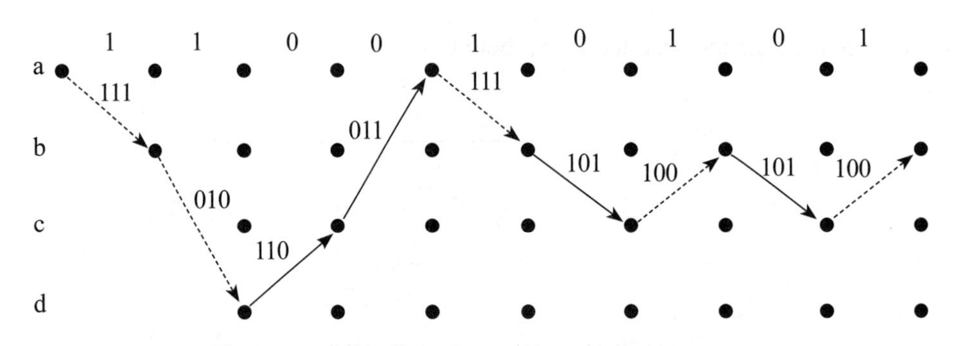

Code word: {111, 010, 110, 011, 111, 101, 100, 101, 100}

綜合練習

1. 請回答下列問題：

   (1) 請解釋區塊碼（block code）。

   (2) 請說明漢明距離（hamming distance）之定義。

   (3) 請說明漢明權重（hamming weight）之定義。

   (4) 請說明最小碼距（minimum code distance）之定義。

   （102 年公務人員高等考試）

2. Consider a BSC as shown below. Given $P(x_1) = r$, $P(x_2) = 1 - r$

   (1) Derive and plot the channel capacity as a function of p

   (2) Given $r = 0.5$ and $p = 0.7$. Find the channel capacity C of the channel

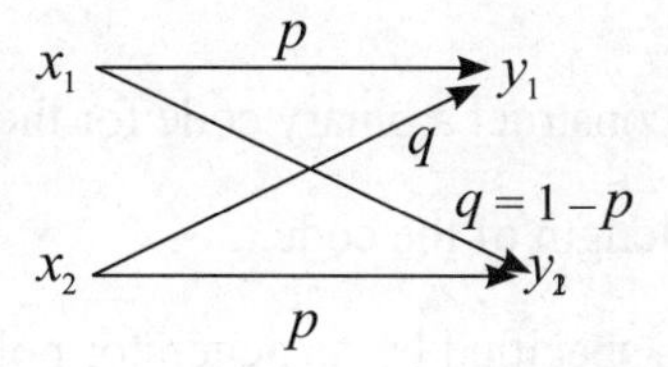

   （97 北科大資訊所）

3. Consider a systematic (8, 4) code whose parity-check equations are $v_0 = u_0 + u_1 + u_2$, $v_2 = u_0 + u_2 + u_3$, $v_1 = u_0 + u_1 + u_2$, $v_3 = u_1 + u_2 + u_3$, where u_0, u_1, u_2, and u_3 are message digits, v_0, v_1, v_2, and v_3 are parity-check digits. The codeword is $(v_0, v_1, v_2, v_3, u_0, u_1, u_2, u_3)$.

   (1) Determine the generator and parity-check matrices for this code.

   (2) Determine the error-detecting capability and the error-correcting capability of this code.

   (3) A 4-bit message block is encoded by this code and sent through an AWGN channel by using BFSK modulation with non-coherent detection. Given that the received E_b/N_0 is 9 dB, what is the successful reception probability of the whole block? (Hint: The bit-error-rate of BFSK modulation with non-coherent detection is $P_b = 1/2\exp[-E_b/2N_0]$).　（成大電腦通訊所）

4. Consider the following block code $C = \{(000000), (010101), (101010), (111111)\}$

   (1) Is the code linear? Explain.

   (2) What is the minimum Hamming distance for this code?

(3) For a BSC channel with uncoded error-rate $p = 10^{-3}$, what is the bit error probability for this code?
（中原電子通訊所）

5. A (6, 3) code is generated according to the generating matrix $G = \begin{bmatrix} 1 & 0 & 0 & 1 & 0 & 1 \\ 0 & 1 & 0 & 0 & 1 & 1 \\ 0 & 0 & 1 & 1 & 1 & 0 \end{bmatrix}$.

Assume that the receives a codeword r =100011.

(1) Determine the syndrome vector for this received code word.

(2) Determine the corresponding data word if the channel is BSC and the maximum likelihood decision rule is applied.

（高雄第一科大電通所）

6. A source has six messages [M_1, M_2, M_3, M_4, M_5, M_6] with respective probabilities [0.05, 0.1, 0.15, 0.2, 0.2, 0.3]

(1) Use ***Huffman*** technique to construct a binary code for the source.

(2) Compute the average word length of the code. （91 海洋電機所）

7. A rate 1/2 convolutional code is specified by its generator polynomials $g^{(1)}(D) = 1 + D + D^2$ and $g^{(2)}(D) = 1 + D^2$. Suppose that the initial state is 00.

(1) Draw the state diagram for the encoder.

(2) Determine the encoder output produced by the message 11010.

(3) Decode the received sequence 1001011001 using the Viterbi algorithm. You have to draw the trellis diagram and show the survivor paths.

（北科大資工所）

8. The mapping between messages and codewords of an (n, k) block code is given as

messages	code words	messages	codewords
000	0000000	100	1110100
001	1101001	101	0011101
010	1011010	110	0101110
011	0110011	111	1000111

(1) Determine the values of n and k

(2) Show the generator matrix **G** and the parity-check matrix **H**.

(3) Determine the error-detecting capability and the error-correcting capability of this code.

(4) If the received vector **r** = [0110001], what is the decoded messages?

（91 成大電機所）

9. Consider binary data transmission over a discrete memoryless channel, assume the channel input symbol is X and the channel input symbol is Y.

(1) Find the mutual information $I(X,Y)$ for a noiseless channel, explain your answer.

(2) Find the mutual information $I(X,Y)$ for an extremely noisy channel, explain your answer.

(3) When $P(Y=0 \mid X=0)=1$, $P(Y=1 \mid X=1)=0.5$, derive the channel capacity.

(4) If we have a binary source S, $P(S=0)=0.9$, $P(S=1)=0.1$, and the source symbol S is generated at one-third of the rate of the channel's signaling rate, devise a way to compress the source symbol such that it can be sent through the channel as described in (3).（93 交大電信所）

10. 現有基帶訊號功率 S = 12dBm，雜訊功率密度 -5dBm/MHz，請問在高斯白雜訊頻道下傳輸頻寬 2MHz 時，最大傳輸位元速率？若為 multipath fading channel，為保持同樣通訊品質，傳輸位元速率應降低或增加？（93 海洋通訊所）

11. (1) What is the unit of channel capacity for a BSC?

(2) What is the unit of channel capacity for an AWGN?

(3) Consider a BSC with transition probability $p=\frac{1}{2}$. What is its channel capacity? Is it possible to design an error-correcting code to reduce its decoding error probability close to zero?（92 台大電信所）

12. (1) A source consists of 6 outputs with respective probabilities

$$\left[\frac{1}{2},\frac{1}{4},\frac{1}{16},\frac{1}{16},\frac{1}{16},\frac{1}{16}\right]$$

Determine the entropy of the source.

(2) Construct a binary Huffman code for the source in (1).

(3) A channel with input $X \in \{1, 2\}$ and output $Y \in \{0, 1, 2, 3\}$ is described by the transition probability matrix.

$$P(Y|X) = \begin{bmatrix} P(0|1) & P(1|1) & P(2|1) & P(3|1) \\ P(0|2) & P(1|2) & P(2|2) & P(3|2) \end{bmatrix}$$

$$= \begin{bmatrix} 0.25 & 0.5 & 0.25 & 0 \\ 0 & 0 & 0 & 1 \end{bmatrix}$$

Determine the channel capacity. （交大電信所）

13.An information source has its output from alphabet set $\{A, B, C, D\}$ with probabilities

$$P(A) = \frac{1}{8}, P(B) = \frac{1}{4}, P(C) = \frac{1}{2}, P(D) = \frac{1}{8},$$

(1) Determine the entropy of this source.

(2) A general encoding scheme uses two bits 00, 01, 10, 11 to represent A, B, C, D, respectively. What is the coding efficiency of this scheme?

(3) For part (2), if the unipolar NRZ baseband modulator of 100Kbps is used to transmit the bits 0 (amplitude 0 V) and 1 (amplitude +10 V) through an AWGN channel with power gain -20dB and two-sided PSD of noise -30dBm/Hz，show the structure of optimal receiver and determine the impulse response of the receiver's filter as well as the value of optimal threshold. Also determine the bit-error-rate of the system

(4) To increase the coding efficiency, design a Huffman code for this information source. What are the average codeword length and the coding efficiency? （成大電機所）

14.Consider a binary DMS X with two symbols x_1, x_2 and $P(x_1) = 0.25$, $P(x_2) = 0.75$. A second order extension X^2 of the DMS is by taking the source symbols two at a time, resulting in four symbols as follows:

$a_1 = x_1 x_1$

$a_2 = x_1 x_2$

$a_3 = x_2 x_1$

$a_4 = x_2 x_2$

(1) Find the entropy $H(X^2)$

(2) Find the Huffman coding scheme of the extended source X^2

（92 元智通訊所）

15. A random binary digital source generates symbol “1” with probability 3/4 and symbol “0” with probability 1/4. The generated binary digital signal is transmitted through a band-limited additive white Gaussian channel with equal error probability 1/16.

(1) What is the average source information generated and the average transmitted information?

(2) In order to increase the efficiency of the source every 2 symbols from the binary source is encoded using Huffman encoding. Find out the resulting code words.

(3) Find the minimum E_b/N_0 (the ratio of energy per bit to noise spectral density) for an transmission information rate of 400 Mbs/s in the ideal Gaussian channel with bandwidth of 100MHz.

（交大電機所）

16. A message source has the alphabet $A = \{-5, -3, -1, 0, 1, 3, 5\}$ with corresponding probabilities $\{0.05, 0.05, 0.15, 0.1, 0.05, 0.25, 0.35\}$. This source is quantized according to the quantization rule.

$$\begin{cases} q(-5)=q(-3)=-4 \\ q(-1)=q(0)=q(1)=0 \\ q(3)=q(5)=4 \end{cases}$$

(1) Find the entropy of the quantized output.

(2) Design a Huffman code for the quantized output. Determine the average codeword length and the coding efficiency.

(3) Determine the signal to quantization noise ratio S_q/N_q (in dB), where S_q is the quantized signal power and N_q is the quantized noise power.

（成大電腦與通訊所）

17. Given an output symbol set $T = \{K, U, A, S, G, O\}$ with their corresponding probabilities equal to [0.1, 0.3, 0.05, 0.09, 0.21, 0.25]. Huffman code used to encode the symbols.

(1) Evaluate the entropy.

(2) Calculate the average codeword length.

（高應大電機所）

18. A source has six outputs as (m_1, m_2, m_3, m_4, m_5, m_6) with respective probability (0.05, 0.05, 0.1, 0.1, 0.1, 0.6)

(1) Find the corresponding entropy of the source.

(2) Determine the codeword using Huffman encoding algorithm and calculate the average code-word length. （南台通訊碩甄）

19. Answer the following questions:

(1) What is the main objective of using a matched filter?

(2) What is the main objective of using an equalizer?

(3) What are the functional difference between source coding and channel coding in communications system? （中山電機所）

20. (1) Shannon's famous formula for the capacity of an additive white Gaussian noise channel with bandwidth W is given by $C = W\log_2\left(1+\frac{P}{N_0W}\right)$ bits/sec.

Suppose that a channel with bandwidth W = 5000 Hz is available. Calculate the minimum required received signal-to-noise ratio, i.e., $\frac{P}{N_0W}$, to attain a data rate of 40000 bits/sec.

(2) Now suppose that we want to digitally communicate a message with bandwidth 2500 Hz over the channel in part (1). If the message is sampled at the Nyquist rate (samples/sec), how many bits per sample are available for quantizing the message amplitude?

（中山電機所）

21. 現有基帶訊號功率 S = 8 dBm，雜訊功率密度（two-side）-1.5 dBm/MHz，請問當通帶濾波器 3 dB 頻寬 2 MHz，訊雜比 (S/N) =？利用 Shannon Capacity 定理在高斯白雜訊頻道下傳輸頻寬 10 MHz 時，計算最大二次元（binary）傳輸比次（bits/sec）？

（海洋通訊所）

22. The fundamental data rate limits of a channel with white Gaussian noise is defined by the Shannon capacity formula $C = B\ \log_2(1 + S/N)$, where S is the received signal power, B is the channel bandwidth, and N is the received noise power.

(1) For a fixed value of N and B, find C in the limit as the received signal power $S \to \infty$.

(2) For the received noise power $N = N_0 B$, where N_0 is a constant, find the capacity $C = B \log_2 (1 + S/N)$ in the limit $B \to \infty$ （大同通訊所）

23. Consider transmission over an additive white Gaussian Noise Channel with SNR = 26dB. Let the transmission bandwidth be 1Hz. According to the Shannon-Hartley law, what is the capacity of this channel in number of bits per second? Round your result to nearest lower integer.

（交大電子所）

24. (1) Please write down the equation for the Shannon's information capacity theorem.

(2) According to the Shannon's theorem, if the bandwidth of channel is 10 KHz, the minimal requirement of the transmitted rate is 56k bits/Second. Please find the value of SNR to meet this requirement. （北科大電機所）

25. The symbols from a source with alphabet $X = \{x_1, x_2, x_3\}$ and the corresponding probability distribution $\{\frac{1}{4}, \frac{1}{4}, \frac{1}{2}\}$ are sent independently through the channel shown below. Evaluate $H(X)$, $H(Y)$, $H(X \mid Y)$.

（高雄第一科大電通所）

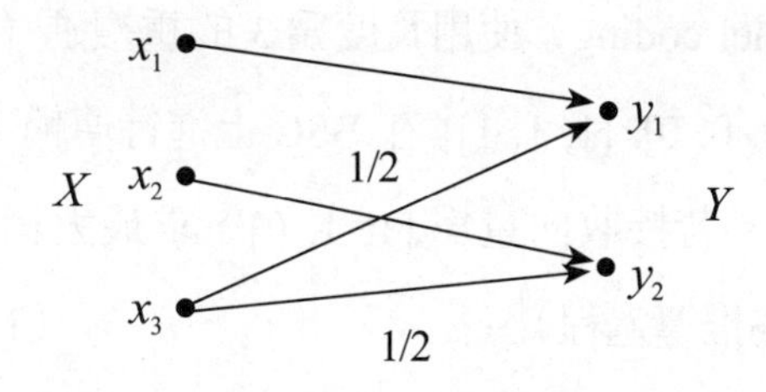

26. Given an $(n, k) = (5, 2)$ linear block code with the coding scheme given by message/[codeword]: 00/[00000], 01/[01101], 10/[10110], 11/[11011]

(1) Find the generator matrix.

(2) With [00110] received, what is its syndrome pattern?

(3) From (2), what will be the decoded message? （交大電子所）

27. Suppose binary data are transmitted over an additive white Gaussian noise channel using BPSK

signaling. Assume an optimal matched filter detection is used at the receiver, and hard-decision decoding is applied at the output of the matched filter detection.

(1) Derive (show details) the error probability of this BPSK system in terms of γ, where γ is defined as $\gamma=\frac{E_b}{N_0}$, in which E_b is the energy of each BPSK signal and $\frac{N_0}{2}$ is the noise power spectral density.

(2) Derive (show details) the channel capacity of this BPSK system based on the answer you derived in (1). （100 北科大電機所）

28. 一個通道（channel）可表示為條件機率 $P(Y=y\,|\,X=x)$，其中 X 代表通道輸入隨機變數，Y 代表通道輸出隨機變數。一個二位元對稱通道（Binary Symmetric Channel, BSC）可完全由一個參數 p 表示。用條件機率表示如下：

$P(Y=0\,|\,X=0)=1-p$

$P(Y=0\,|\,X=1)=p$

$P(Y=1\,|\,X=0)=p$

$P(Y=1\,|\,X=1)=1-p$

(1) 此通道之通道容量（channel capacity）為多少位元？

(2) 考慮通道編碼（channel coding）使用長度為 3 的重複碼（repetition code），也就是使用碼字集合為 $C\{[0, 0, 0], [1, 1, 1]\}$ 在 BSC 上進行傳輸。若 BSC 之參數 $p = 0.6$，且接收端知道參數 p。若接收向量為 [1, 1, 0]，求最大相似（maximum likelihood, ML）碼字（須有完整推導過程）。 （103 年公務人員高等考試）

29. A source has nine alphabets $[M_1, M_2, ..., M_9]$ with respective probabilities [0.2, 0.15, 0.13, 0.12, 0.1, 0.09, 0.08, 0.07, 0.06]

(1) Use Huffman technique to construct a binary code for the source.

(2) Compute the average word length of the code, and compare it with the entropy of the source.

第十章　現代通訊系統

10.1　衛星通訊

由於無線電是屬於直線傳輸路徑，而地球表面是圓形，因此遠距離的兩地無法藉由無線電直接進行通訊，一個解決的方式就是利用人造衛星作爲中繼站（Repeater, Transponder）；如圖 10-1 所示，當訊號要由地面電台 A 傳送至地面電台 B（或反之），衛星有如飛翔在太空中的中繼站，地面電台 A 將訊號上傳給人造衛星，人造衛星再將訊號下傳給地面電台 B 接收。故人造衛星內部設備與一般在地表上之中繼站類似，衛星通訊（satellite communications）是討論在太空中飛翔的衛星與地表上之固定或移動的電台之間的通訊，此與一般我們所討論的無線通訊之間最顯著的差異在於衛星通訊之傳播路徑（通道）內通常並無障礙物存在，換言之，衛星通訊是一種「視線距離」(line of sight) 通訊系統。衛星通訊的優點爲涵蓋範圍廣，無遠弗屆，地面電台可以是固定式也可以是移動式，固定式衛星通訊的應用包含了電話、傳眞、電視以及無線電廣播，移動式衛星通訊可應用於船艦、車輛載具、飛機與行動電話等。

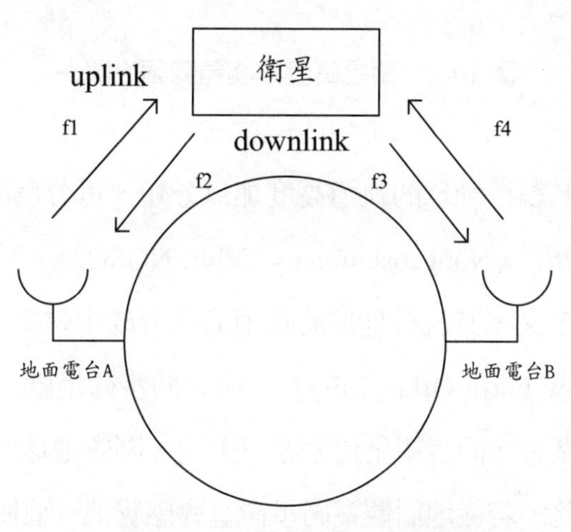

圖 10-1　衛星通訊示意圖

衛星通訊中訊息的傳遞包含二部分：由地面電台傳送至衛星，稱之爲上鍊（uplink），由衛星傳送至地面電台，則稱爲下鍊（downlink）。上鍊與下鍊的頻率必須不同，以避免上、下鍊的訊息相互干擾。目前衛星通訊最常使用的頻段爲 6GHz（uplink）與 4GHz（downlink）或是 14GHz（uplink）與 12GHz（downlink），頻率愈高，波長愈短，因此後者之優點爲天線之尺寸可以進一步縮小，亦較爲便宜。

由於衛星通訊屬於 line of sight（LOS），故衛星在太空中的位置愈高，其通訊的距離愈遠，涵蓋範圍（coverage area）也愈廣。如圖 10-2 所示，衛星 2 之高度較衛星 1 高（$h_2 > h_1$），則其通訊的距離愈遠（$d_2 > d_1$）。

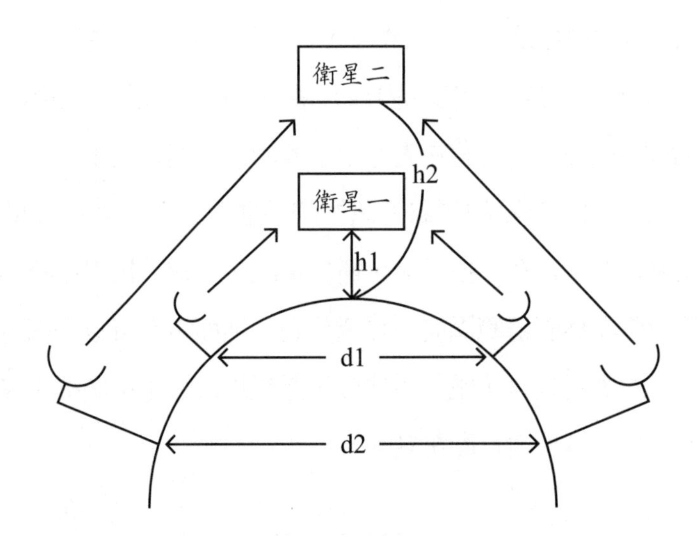

圖 10-2　衛星高度與涵蓋範圍之關係

人造衛星一般依照其繞行地球的軌道高度加以分類，可分爲同步衛星（Geostationary Orbit, GSO）與非同步衛星（Nongeostationary Orbit, NGSO）。其中高度較高的一類稱爲同步衛星，而非同步衛星又依其繞行地球的軌道高度分成中軌衛星（Medium Earth Orbit, MEO）與低軌衛星（Low Earth Orbit, LEO）。所謂同步衛星就是靜止於地球上空某個位置，與地球同步的人造衛星。同步衛星位於赤道上空，圍繞地球的方向與速度與地球自轉的方向與速度相同，因此，若從地面觀察同步衛星會感覺他一直固定在地球上空的某個定點沒有移動。同步衛星的高度約 36,000 公里，在此高度下的人造衛星若以地球自轉的速度圍繞地球，則繞行所造成的離心力恰與地心引力互相抵消；同時在此高度下，訊號涵蓋範圍可達地表面積的$\frac{1}{3}$，因此只要 3 顆同步衛星，訊號就可覆蓋整個地球。

相較於同步衛星，MEO 與 LEO 距離地表較近，體積較小，發射成本較便宜，訊號傳遞延遲較小，所需的發射功率也較小；但顯而易見的由於高度低，訊號涵蓋範圍也較小。

MEO與LEO另外一個主要的缺點爲須以極高速繞行地球，無法與地球自轉同步，因而造成衛星通訊無法持續進行，地面電台A必須把握低軌道衛星通過的時間傳送訊號至地面電台B。

如上所述，本質上衛星是在太空中飛翔的中繼站，故其通訊設備主要任務在於放大（amplify）以及傳送（forward）。圖10-3爲其內部方塊圖

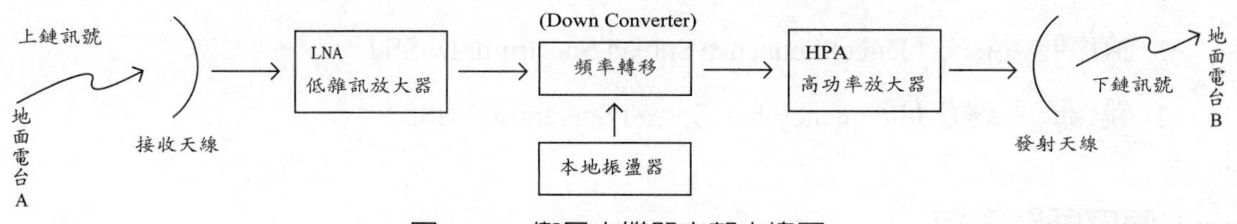

圖10-3　衛星中繼器內部方塊圖

如圖10-3所示，接收天線收集來自地面電台A之訊號，經過低雜訊放大器（Low Noise Amplifier, LNA）後與本地震盪器（local oscillator）所產生之頻率混波後，簡稱爲將頻率轉移至下鍊所需之較低頻率，再經由高功率放大器（High Power Amplifier, HPA）加強後，由發射天線傳送至地面電台B。

另外一種作法較爲複雜，除了放大與傳送兩種功能外，還包括了解調變（demodulation）與調變（modulation）。將上鍊訊號放大、降頻後，先將訊號解調變，將解調變後之位元（bits）或符元（symbols）再次調變後經由高功率放大器以及發射天線傳送至地面電台。解調變與調變技術已在本書前面章節有詳細討論。

10.2　展頻通訊

在展頻調變技術中，傳輸頻寬爲訊號實際的頻寬的數十倍到數百倍，換言之，訊號功率經展頻調變之後散布在極寬的頻帶中，因此每單位頻寬所傳送之功率極爲低，從頻譜分析儀上看起來，像是雜訊一樣，因此也有人稱展頻後之訊號爲「noise like signal」。展頻通訊最早是由美國軍方在1950～1960年間發展出來，其主要之目的在於：

1. 展頻訊號具有抗干擾（anti-jamming）的性能。
2. 經展頻調變之後，訊號隱藏在雜訊之中，敵方不易察覺，故具有抗截收以及保

密之特性，也就是說展頻通訊是一種「電子反反制」(electronic counter-counter measure) 的技術。

3. 展頻調變技術使得眾多用戶可以在相同的載波下同時使用相同之通道，此優點也在近年來應用到商業的通訊系統中，在第三代 (3G) 行動通訊系統中所使用的 CDMA 技術就是展頻技術的應用。

在各種不同的展頻調變技術中，本書將專注於：

1. 直序展頻系統 (Direct Sequence Spread Spectrum, DSSS)
2. 跳頻展頻系統 (Frequency-hop Spread Spectrum, FHSS)

一、直序展頻系統

所謂直序展頻是將訊息位元直接乘上一個速率較高的展頻序列，以達到頻譜展開的效果。以圖 10-4 為例：二位元訊息為 [–1　1]，每個位元都乘上相同的擬似隨機序列 (pseudo random sequence，簡稱為 PN sequence)，若 PN 序列為 [1　1　1　–1　1　–1　–1]，則展頻調變後之結果如圖 10-4 所示：

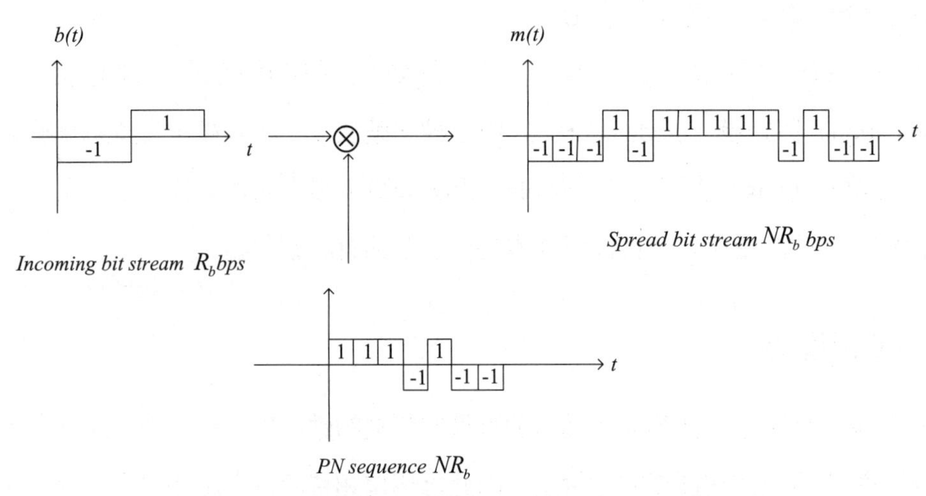

圖 10-4　直序展頻系統之展頻器 (spreader)

令輸入之二位元訊息速率為 $R_b$bits/sec，則每個位元之區間為 T_b，$T_b = \dfrac{1}{R_b}$，則基頻訊息可表示為：

$$b(t)=\sum_k b_k P_{T_b}(t-kT_b) \tag{1}$$

其中 $b_k=\pm 1, -\infty<k<\infty$，$P_{T_b}$ 爲定義於 $[0, T_b]$ 之波形，例如方波（rectangular pulse）。PN 序列產生器所產生之週期性二位元碼之速率爲 R_c（稱之爲 chip rate），則每個 chip 之區間爲 T_c，$T_c=\dfrac{1}{R_c}$，若 PN 序列之長度爲 N，則 PN 序列可表示爲：

$$c(t)=\frac{1}{\sqrt{N}}\sum_{n=0}^{N-1} c_n P_{T_c}(t-nT_c) \tag{2}$$

其中 $c_n=\pm 1$。將 $b(t)$ 與 $c(t)$ 相乘之後，用來振幅調變載波，產生 DSB-SC 調變訊號如下：

$$x(t)=c(t)b(t)A_c\cos(2\pi f_c t)=\pm\sqrt{\frac{2E_b}{T_b}}c(t)\cos(2\pi f_c t) \quad ;0\le t\le T_b \tag{3}$$

在直序展頻系統中必然有 $T_c \ll T_b$ 或 $R_c \gg R_b$。因此 $x(t)$ 亦是一個 BPSK 訊號，其相位（0 或 π）每隔 T_c 改變一次。如圖 10-4 所示，原來窄頻之訊息經展頻（與 PN 序列相乘）之後，變爲一寬頻訊號，其頻譜展開的倍率即爲

$$PG=\frac{T_b}{T_c}=\frac{R_c}{R_b} \tag{4}$$

其中 PG 稱之爲處理增益（processing gain）或稱爲「spreading factor」。

若不考慮雜訊，在接收端將展頻訊號乘上一與展頻器相同之 PN sequence 即可還原成原始之窄頻訊息。如圖 10-5 所示，整個過程稱之爲解展頻，由圖 10-4、10-5 可知：spreader 及 de-spreader 即爲乘法器。

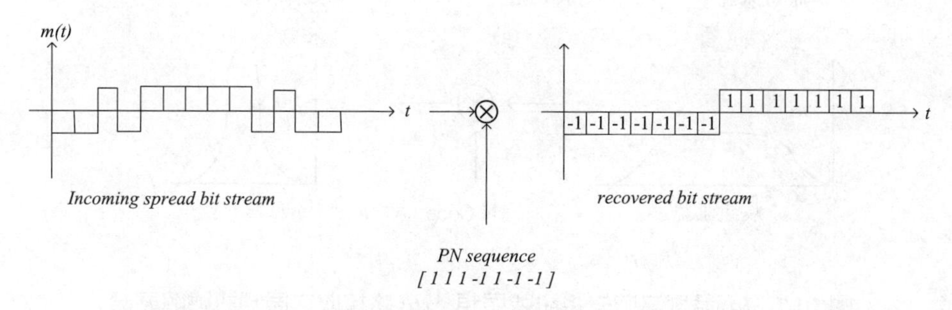

圖 10-5　直序展頻系統之解展頻器（despreader）

$$c(t)x(t) = c^2(t)b(t)A_c\cos(2\pi f_c t) = b(t)A_c\cos(2\pi f_c t) \quad (5)$$

由式 (5) 可知，在接收端乘上 $c(t)$，其效果有如解除展頻的動作。如圖 10-6 所示為 DSSS 系統之發射及接收方塊圖：

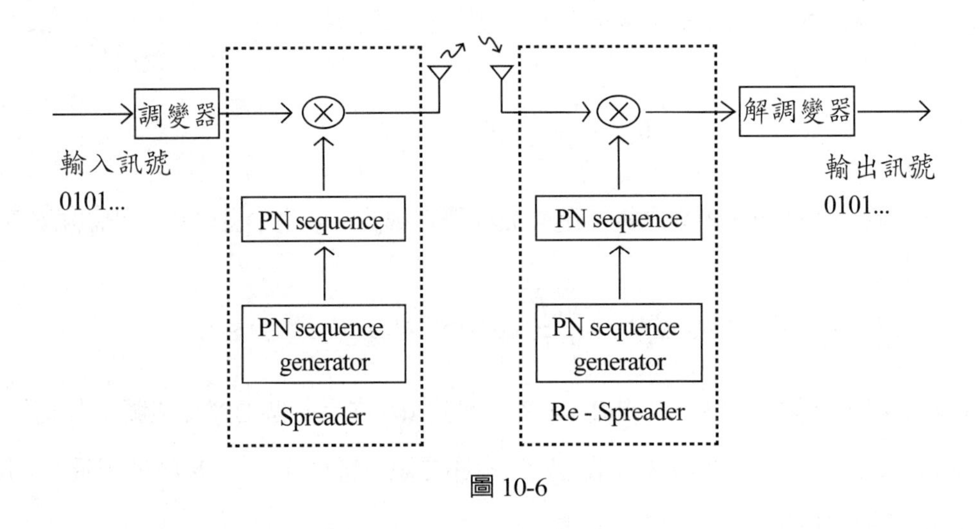

圖 10-6

一般來說，DSSS 系統之調變及解調變採用 BPSK 或 QPSK。

若由頻譜的觀點來看，展頻與解展頻的過程如圖 10-7 所示：

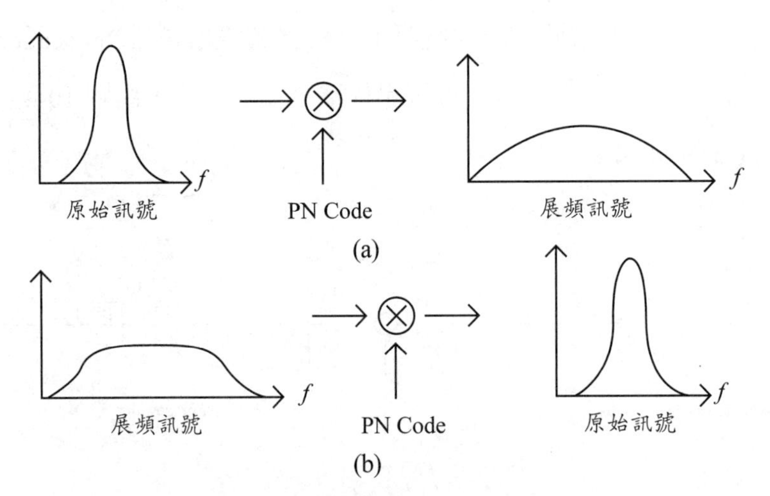

圖 10-7 (*a*) 發射之前先將訊號展頻；(*b*) 將接收之展頻訊號解展頻

由於平均功率不變，故展頻訊號之頻譜高度隨著處理增益之增加而降低〔處理增益愈大，頻寬愈寬，功率頻譜密度（power spectral density）愈低〕，當處理增益很大時，展頻訊號之頻譜類似雜訊，故亦稱之爲 *noise-like signal*，因此具有不易被偵測、截收的特性。

展頻調變另一個重要的特性爲抗干擾，其原理爲：干擾訊號經由天線接收到解展頻器之後會展開成寬頻訊號，而由發射端傳送過來的展頻訊號經過解展頻器之後會還原成原始窄頻帶訊號，經過帶通濾波器後，即可保留原始窄頻帶訊號同時把大部分的干擾濾除。若 $i(t)$ 爲干擾訊號，則接收訊號 $r(t)$ 可表示爲：

$$r(t) = c(t)b(t)A_c \cos(2\pi f_c t) + i(t) \tag{6}$$

經過解展頻後可得

$$\begin{aligned} r(t)c(t) &= c^2(t)b(t)A_c \cos(2\pi f_c t) + i(t)c(t) \\ &= b(t)A_c \cos(2\pi f_c t) + i(t)c(t) \end{aligned} \tag{7}$$

以單頻干擾訊號爲例

$$i(t) = A_J \cos(2\pi f_J t) \tag{8}$$

其中 f_J 爲干擾頻率，假設 f_J 在訊號頻寬之內，若 P_J 爲干擾訊號之功率，則有$P_J = \dfrac{A_J{}^2}{2}$。由式 (7) 可知：在接收端乘上 $c(t)$ 後，$i(t)c(t)$ 之效果有如展頻的動作，因此單頻干擾訊號轉變爲寬頻，其功率頻譜密度（PSD）爲

$$J = \frac{P_J}{W} \tag{9}$$

其中 W 爲展頻訊號之頻寬，$W \approx R_c$，式 (7) 經過匹配濾波器以及低通濾波器（頻寬約爲 R_b），BPSK 解調器輸出端之干擾訊號功率爲

$$JR_b = \frac{P_J}{W}R_b = \frac{P_J}{\dfrac{R_c}{R_b}} = \frac{P_J}{\dfrac{T_b}{T_c}} = \frac{P_J}{PG} \tag{10}$$

由式 (10) 可知：處理增益愈大，則頻寬擴展率愈大，干擾訊號之抑制能力也愈強。圖

10-8 爲一直序展頻系統抗窄頻帶訊號干擾之示意圖：

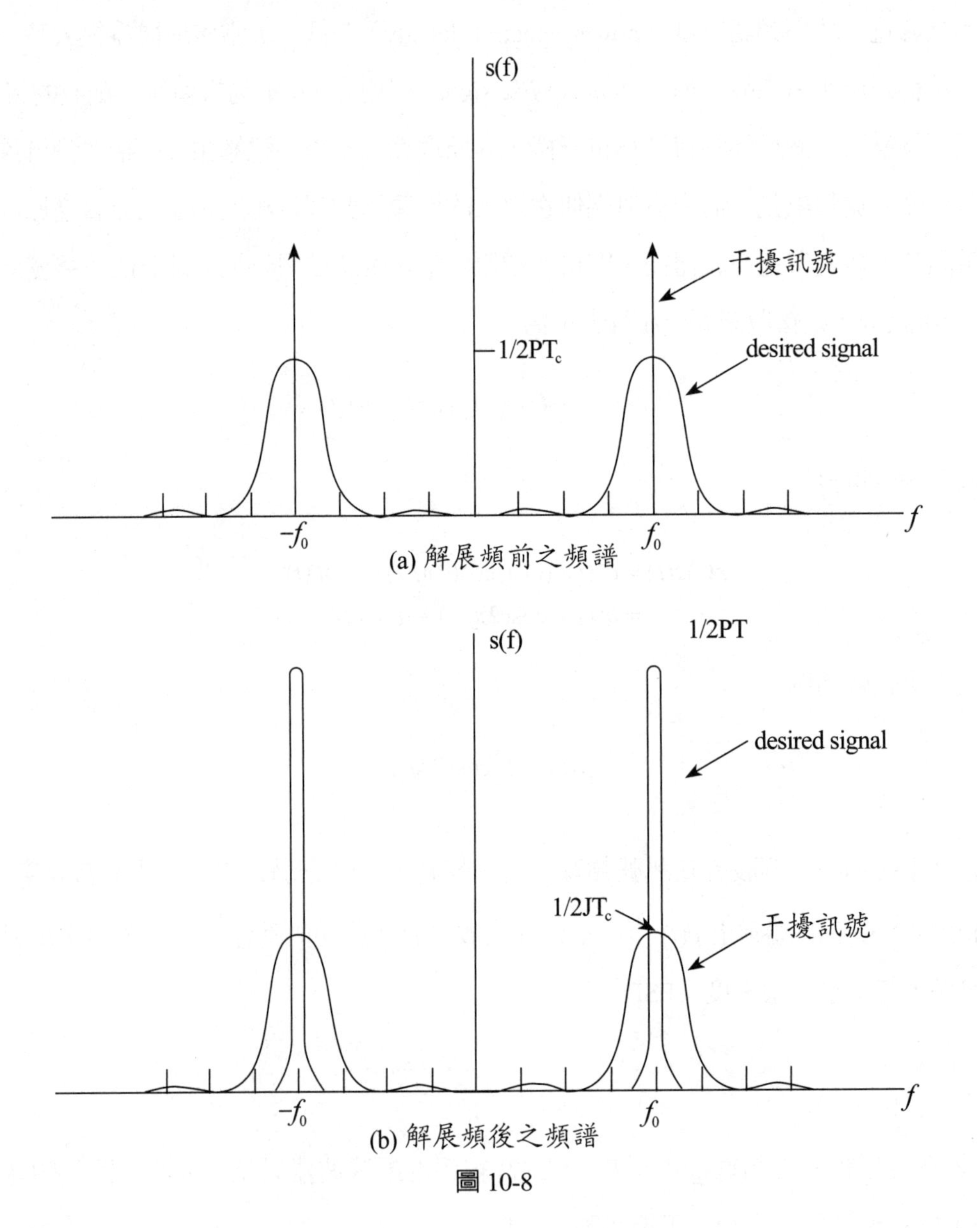

圖 10-8

錯誤率分析

對於單一用戶而言，展頻與傳統的 BPSK 系統之位元錯誤率相同，在 AWGN 通道中根據 8.1 節推導之結果爲

$$P_b = Q\left(\sqrt{\frac{2E_b}{N_0}}\right) \tag{11}$$

若考慮干擾訊號，則式 (11) 應修正爲

$$P_b = Q\left(\sqrt{\frac{2E_b}{J+N_0}}\right) \approx Q\left(\sqrt{\frac{2E_b}{J}}\right) \tag{12}$$

通常干擾訊號強度遠大於背景雜訊，$J \gg N_0$，因此傳統的 BPSK 系統之位元錯誤率變得很大；反之，如式 (9) 所示，展頻技術可抑制干擾訊號，故其位元錯誤率仍可維持很小。

$$P_b = Q\left(\sqrt{\frac{2E_b}{J+N_0}}\right) \approx Q\left(\sqrt{\frac{2E_b}{J}}\right) = Q\left(\sqrt{\frac{2E_b}{\frac{P_J}{W}}}\right) \tag{13}$$

爲了得到一個可以被接受的性能，我們希望式 (13) 中$\frac{E_b}{J}$不得低於某個臨界值。若 P 爲訊號之平均功率，則有 $E_b = PT_b$，我們可將$\frac{E_b}{J}$重新表示爲

$$\frac{E_b}{J} = \frac{PT_b}{\frac{P_J}{W}} = \frac{PT_b}{P_J T_c} = PG\frac{P}{P_J} \tag{14}$$

若使用對數，則式 (14) 可改寫爲：

$$10\log_{10}\left(\frac{P_J}{P}\right) = 10\log_{10}(PG) - 10\log_{10}\left(\frac{E_b}{J}\right)_{\min} \tag{15a}$$

或是

$$\left(\frac{P_J}{P}\right)(dB) = PG(dB) - \left(\frac{E_b}{J}\right)_{\min}(dB) \tag{15b}$$

其中$\left(\frac{E_b}{J}\right)_{\min}$爲維持一定的性能所需之最小訊雜比。我們將$\left(\frac{P_J}{P}\right)(dB)$定義爲 jamming margin，故 jamming margin 爲可容忍（抵抗）之干擾訊號強度。顯然的，PG 愈大抗干擾能力愈強。jamming margin 爲之另外一種表示法可由式 (14) 得到

$$\frac{P_J}{P} = \frac{PG}{\frac{E_b}{J}} \tag{16}$$

分碼多重接取（Code Division Multiple Access, CDMA）

根據以上的討論。直覺上，使用展頻調變似乎犧牲了頻譜使用效率（spectral efficiency），因爲傳送一個訊號所使用的頻寬遠大於他實際上眞正所需要的頻寬；然而倘若此頻寬可以提供給許多用戶同時使用，則頻寬使用效率可大幅提升，這就是第三代（3G）行動通訊中分碼多重接取（Code Division Multiple Access, CDMA）的原理。

在 CDMA 中，每組發射與接收之用戶使用獨特之 PN 序列，只要這些 PN 序列之間具有良好之正交特性（在下一節中會提到），則可在同一通道中使用而不至於彼此產生嚴重干擾。若有 K 個用戶同時傳送訊號到基地台，到達基地台之功率均爲 P，則訊號功率與干擾功率之比值應爲

$$\frac{P}{P_J}=\frac{P}{(K-1)P}=\frac{1}{(K-1)} \tag{17}$$

再由式 (15b) 即可求出 CDMA 系統可允許最大的同時使用的用戶數目，此用戶數目稱之爲 CDMA 系統之容量（capacity）。值得特別注意的是 CDMA 系統之容量與處理增益、所使用的 PN 序列之特性息息相關。

二、PN序列之產生與其特性

在展頻系統中所使用的 PN 序列爲一週期非常大之二位元週期序列，故 PN 序列亦稱爲 pseudo random sequence。一般而言，週期愈大則處理增也愈大，抗干擾能力也愈佳。

若 $c^{(k)}$，$c^{(l)}$ 分別代表長度爲 N 之第 k 個及第 l 個 PN 序列，定義 PN 序列之自相關及互相關函數如下：

(1) 自相關函數（auto-correlation function）

$$R_{kk}(n)=\frac{1}{N}\sum_{i=1}^{N}c_i^{(k)}c_{i+n}^{(k)} \tag{18}$$

(2) 互相關函數（cross-correlation function）

$$R_{kl}(n)=\frac{1}{N}\sum_{i=1}^{N}c_i^{(k)}c_{i+n}^{(l)} \tag{19}$$

觀念分析： 1. 理想的 PN 序列其自相關函數要能近似脈衝（delta）函數，其原因爲：

(1) 易於同步

(2) 可抵抗多重路徑干擾

2. 理想的 PN 序列之互相關函數值為 0，亦即 $c^{(k)}$ 與 $c^{(l)}$ 正交（orthogonal），如此才能保證其使用於多用戶系統中（CDMA 系統），不同用戶彼此之間不互相干擾，系統容量亦可因而提升。在展頻系統中發展出許多不同的 PN sequence，本書介紹其中兩種常用之序列。

1. Walsh-Hadamard sequence

Walsh-Hadamard 序列之特點為彼此相互正交，亦即用戶間之互相關函數為 0。Walsh-Hadamard 序列之產生方式極為簡單，以下列 2 階方陣為基準：

$$\mathbf{H}_2 = \begin{bmatrix} +1 & +1 \\ +1 & -1 \end{bmatrix} \tag{20}$$

顯然的，$\mathbf{H}_2$ 之 1、2 列正交，若用戶數目為 2，則 PN 序列之長度為 2，可分別使用 $\mathbf{H}_2$ 之 1、2 列。以 $\mathbf{H}_2$ 為基礎，可以擴充為下列 4 階方陣：

$$\mathbf{H}_4 = \begin{bmatrix} \mathbf{H}_2 & \mathbf{H}_2 \\ \mathbf{H}_2 & -\mathbf{H}_2 \end{bmatrix} = \begin{bmatrix} 1 & 1 & 1 & 1 \\ 1 & -1 & 1 & -1 \\ 1 & 1 & -1 & -1 \\ 1 & -1 & -1 & 1 \end{bmatrix} \tag{21}$$

不難發現 $\mathbf{H}_4$ 之 1～4 列兩兩正交，若用戶數目不大於 4，則可分別使用 $\mathbf{H}_4$ 之 1～4 列，依此類推，倘若用戶數目不大於 $2M$，則 PN sequence 之長度為 $2M$，分別使用下列 $2M$ 階方陣之 1～$2M$ 列

$$\mathbf{H}_{2M} = \begin{bmatrix} \mathbf{H}_M & \mathbf{H}_M \\ \mathbf{H}_M & -\mathbf{H}_M \end{bmatrix} \tag{22}$$

在此情況下，所產生的 *PN* 序列兩兩正交：

2. M sequence

M 序列產生器之基本架構如圖 10-9 所示，其中 SR 為移位暫存器（shift register），邏輯電路僅包含 Mod-2 加法器。故可 *M* 序列產生器即為一串具迴授系統之移位暫存器

（Feedback Shift Register, FSR）。所有的移位暫存器均由同一個 Clock 控制其動作，當 Clock 啓動時，所有的移位暫存器將輸入移至輸出，其輸出則經過 Mod-2 加法器作用後當作第一個移位暫存器的輸入。

若有 m 個移位暫存器，則所有可能之輸出狀態數爲 2^m-1（去除全部輸出均爲 0 的狀態），若一 PN 序列之週期恰爲 $N=2^m-1$，則稱此序列爲最大長度序列（maximum-length sequence），或簡稱爲 M- 序列，此即爲 M- 序列命名的由來。

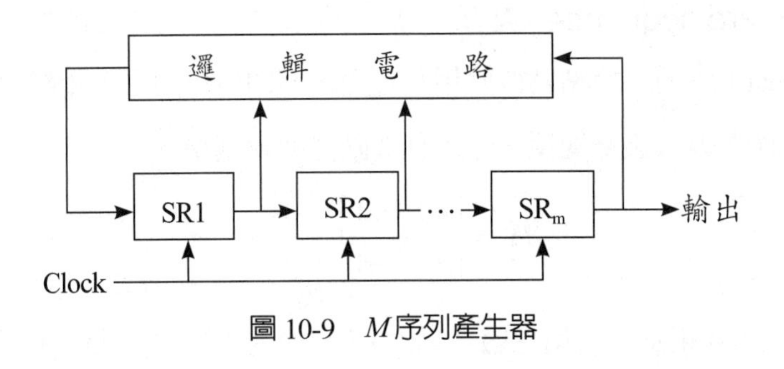

圖 10-9　M序列產生器

說例： 以圖 10-10 爲例，若將移位暫存器之初始狀態設定爲 1000，試求出所產生之 PN 序列

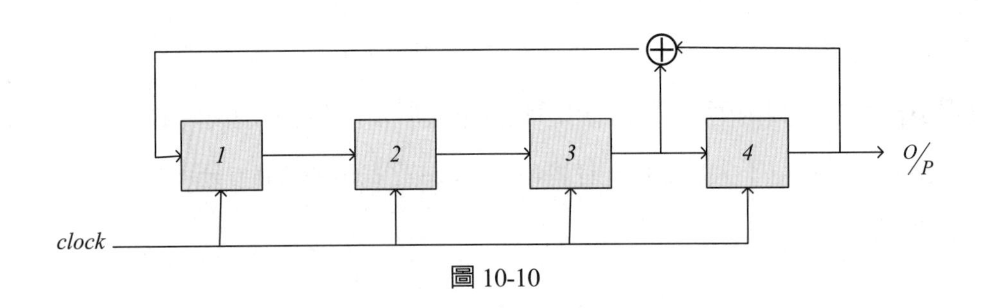

圖 10-10

（92 交大電子所）

解：4 個移位暫存器之輸出，Mod-2 加法器之輸出表列如下：

S_1	S_2	S_3	S_4	$S_1 \oplus S_4$
1	0	0	0	0
0	1	0	0	0
0	0	1	0	1
1	0	0	1	1
1	1	0	0	0
0	1	1	0	1
1	0	1	1	0
0	1	0	1	1
1	0	1	0	1
1	1	0	1	1
1	1	1	0	1
1	1	1	1	0
0	1	1	1	0
0	0	1	1	0
0	0	0	1	1
1	0	0	0	0

可得輸出序列爲⋯000100110101111⋯

故其輸出週期爲 $N=2^4-1=15$

M- 序列之重要特性整理如下：

(1) 若 *M*- 序列產生器使用 m 個移位暫存器，則其週期爲 $N=2^m-1$

(2) 將 *M*- 序列代入式 (2)，可得其自相關函數如圖 10-11，故知其自相關函數之週期爲 N，且僅有兩個值，$\left\{1,-\frac{1}{N}\right\}$。

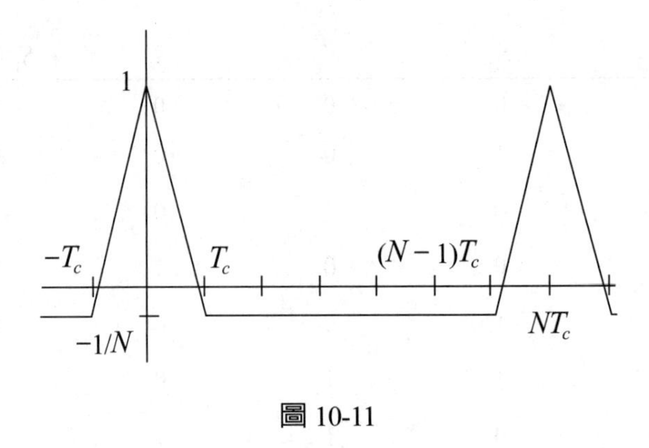

圖 10-11

例題 1

Figure below shows a 4-stage LFSR. The initial state is 1000.

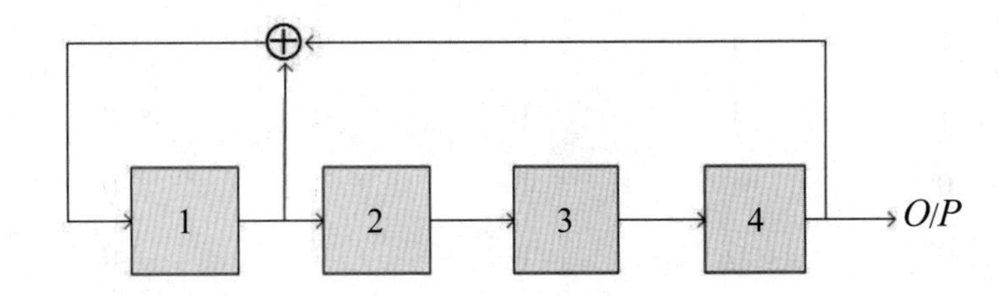

(1) Find the sequence. Is it a M-sequence?

(2) Plot the autocorrelation function of the output.

（94 雲科大電機所）

解：

S_1	S_2	S_3	S_4	$S_1 \oplus S_4$
1	0	0	0	1
1	1	0	0	1
1	1	1	0	1
1	1	1	1	0
0	1	1	1	1
1	0	1	1	0
0	1	0	1	1
1	0	1	0	1
1	1	0	1	0
0	1	1	0	0
0	0	1	1	1
1	0	0	1	0
0	1	0	0	0
0	0	1	0	0
0	0	0	1	0
1	0	0	0	1

故可得輸出序列爲 001111010110010 ⋯

週期爲 $2^4-1=15$，故爲 M- 序列

(2) $R(n)=\begin{cases} 1, n=15k \\ -\dfrac{1}{15}, n\neq 15k \end{cases}$

例題 2

A PN sequence is generated using a Feedback Shift Register of length $m=10$. The chip rate is 10^6 chips per second. Determine the following parameters:

(1) PN sequence length

(2) Chip duration of the PN sequence

(3) PN sequence period　　（100 北科大電通所）

解：

(1) $N=2^{10}-1=1023$

(2) $T_c = \dfrac{1}{R_c} = 10^{-6}$ sec

(3) $T_b = NT_c = 1023 \times 10^{-6}$ sec

例題 3

A recorded conversion is to be transmitted by a pseudo-noise spread spectrum system. Assuming that the spectrum of the speech waveform is band-limited to 3 KHz, and using 128 quantization levels. Find the chip rate required to obtain a processing gain of 20 dB.（95 中山電機所）

解：

$$PG = \frac{T_b}{T_c} = \frac{R_c}{R_b} = 20dB = 100 \Rightarrow$$

$$R_c = 100R_b = 100 f_s \times l = 100 \times 6K \times \log_2 128 = 4.2 \times 10^6 cps$$

例題 4

A DSSS system employing BPSK modulation operates with a data rate 1Mbps. A processing gain of 20dB is desired.

(1) Find the required chip rate.

(2) What is the RF transmission BW required (null-to-null).（92 暨南電機所）

解：

(1) $PG = \dfrac{T_b}{T_c} = \dfrac{R_c}{R_b} = 20dB = 10$

$\Rightarrow R_c = 10R_b = 10$ Mcps

(2) $BW = 2R_c = 20$ MHz

三、跳頻展頻系統

在直序展頻系統中，我們使用 PN 序列直接將訊號展頻，而跳頻展頻系統則採用不同的方式：將整個系統頻寬分割成許多窄頻帶的 sub-bands，在傳送訊號時仍以傳統窄頻帶的方式傳送，但是並不固定在某個 sub-band 傳送，攜帶訊號的載波頻率以擬似隨機（pseudorandom）之方式在所有 sub-bands 之間跳動，其跳動之模式（hopping pattern）則由 PN 序列決定。換言之，FHSS 在任何瞬間傳送訊號的頻寬即爲一個 sub-band 所占的頻寬，而此頻寬遠小於系統總頻寬。若一個 sub-band 所占的頻寬爲 W_s，系統總頻寬爲 W_c，則跳頻展頻系統之處理增益（processing gain）爲：

$$PG = \frac{W_c}{W_s} \tag{23}$$

FHSS 調變之方式與 DSSS 不同，使用 FSK。圖 10-12 爲一 FHSS 之系統方塊圖。

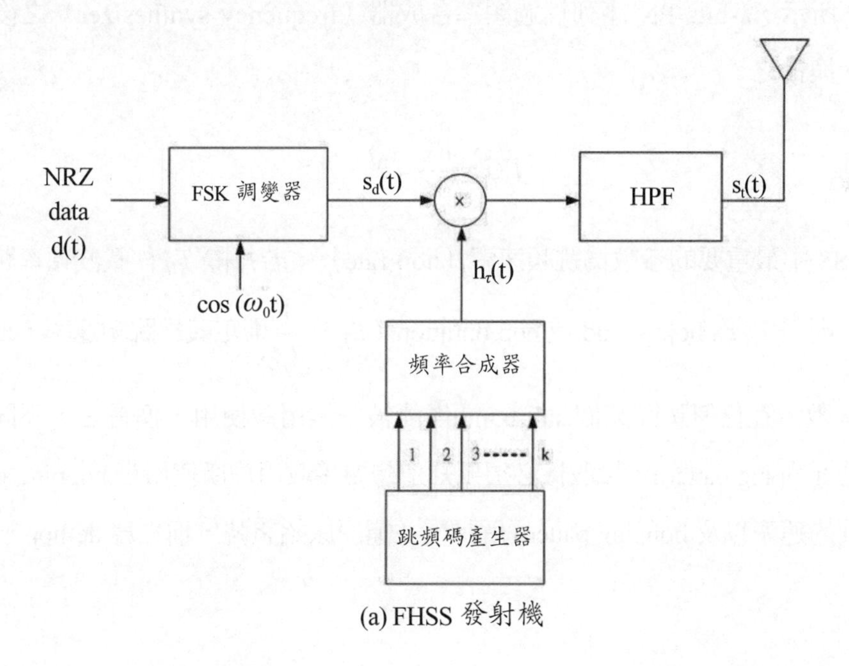

(a) FHSS 發射機

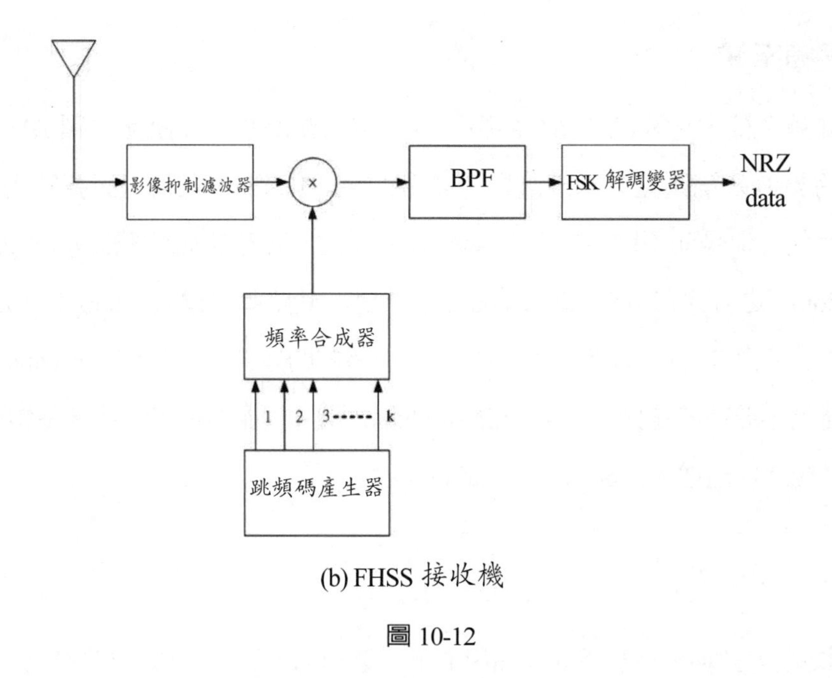

(b) FHSS 接收機

圖 10-12

如圖 10-12 所示，k-bits PN 序列經過頻率合成器（frequency synthesizer）之後可產生 2^k sub-bands。換言之，

$$PG = \frac{W_c}{W_s} = 2^k \tag{24}$$

在 FHSS 中最重要的參數爲跳頻速率（hop rate），若每隔 T_H 秒載波頻率跳至另一個新的頻率，則稱 T_H 爲 hop period 或 hop duration。$R_H = \frac{1}{T_H}$ 則定義爲跳頻速率，期單位爲每秒跳頻之次數。在任何瞬間某個 sub-band 僅能被一個用戶使用，換言之，不同的用戶各有其獨特的 hopping pattern，接收機必須要知道想要接收用戶所使用之 hopping pattern，才能夠以相同的速率以及 hopping pattern 解調變並還原原始訊號，稱之爲 de-hop。

觀念分析： 1. DSSS 之頻譜類似雜訊，而 FHSS 之類譜則與傳統窄頻帶之頻譜相同，只是頻率不斷跳動，故考量整個跳動之區域，FHSS 仍屬展頻（寬頻）系統。

2. 考量軍事用途，若敵方不知道 hopping pattern，無法有效截收訊息。

3. DSSS 之抗干擾方式爲抑制（suppression）干擾訊號（抑制之能力取決於 PG），而 FHSS 系統抗干擾之方式爲躲避（avoidance）。換言之，當干擾訊號針對某個 sub-band 做干擾時，FHSS 系統已跳至另一個 sub-band，故顯然的，hop rate 愈高，則系統之抗干擾能力愈佳。

FHSS 系統可分爲慢跳頻（Slow Frequency Hop, SFH）與快跳頻（Fast Frequency Hop, FFH）兩種，取決於 hop duration（T_H）與 symbol duration（T_S）之比較，定義如下：

定義：1. 慢跳頻：$T_H > T_S$（$R_H < R_S$）

2. 快跳頻：$T_H < T_S$（$R_H > R_S$）

觀念分析： 在慢跳頻系統中，每個 hop duration 包含了數個 symbols。反之，在快跳頻系統中，每個 symbol duration 包含了數個 hops。

說例： 慢跳頻

如圖 10-13 所示，考慮一 4-ary FSK FHSS 系統，調變器每隔 $T_S = 2T_b$ 秒會送出 4 個頻率之中的一個。3-bits PN 序列經過頻率合成器之後可產生 8 sub-bands。$T_H = 2T_S$，故爲慢跳頻。

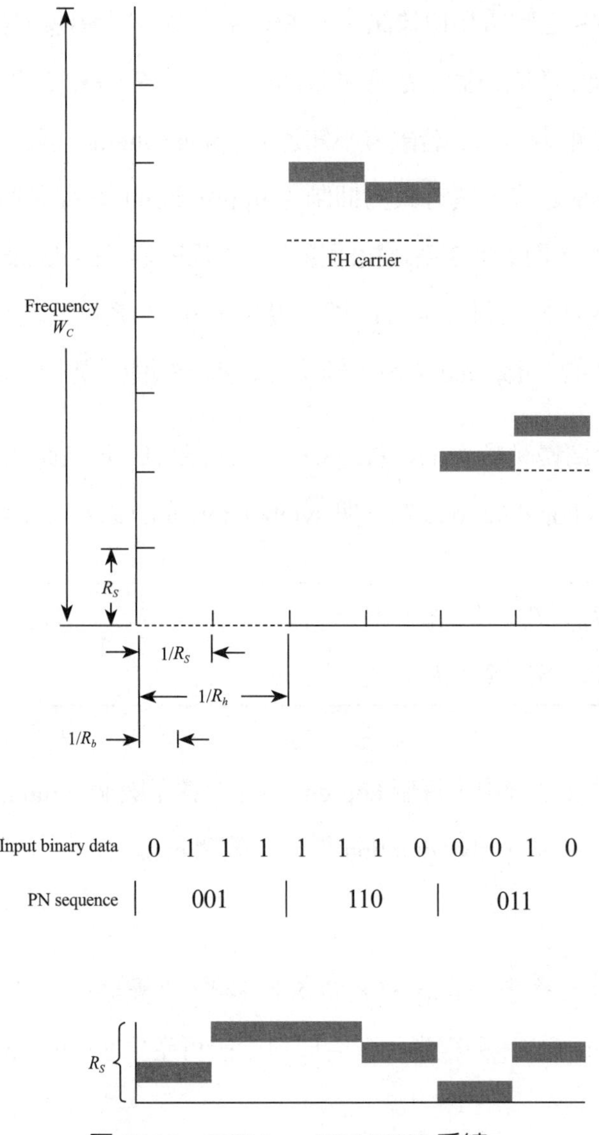

圖 10-13 SFH 4-ary FSK FHSS 系統

說例： 快跳頻

如圖 10-14 所示，考慮一 4-ary FSK FHSS 系統，調變器每隔 $T_S = 2T_b$ 秒會送出 4 個頻率之中的一個，3-bits PN sequence 經過頻率合成器之後可產生 8 sub-bands。$T_H = \frac{T_S}{2} = T_b$，故為快跳頻。

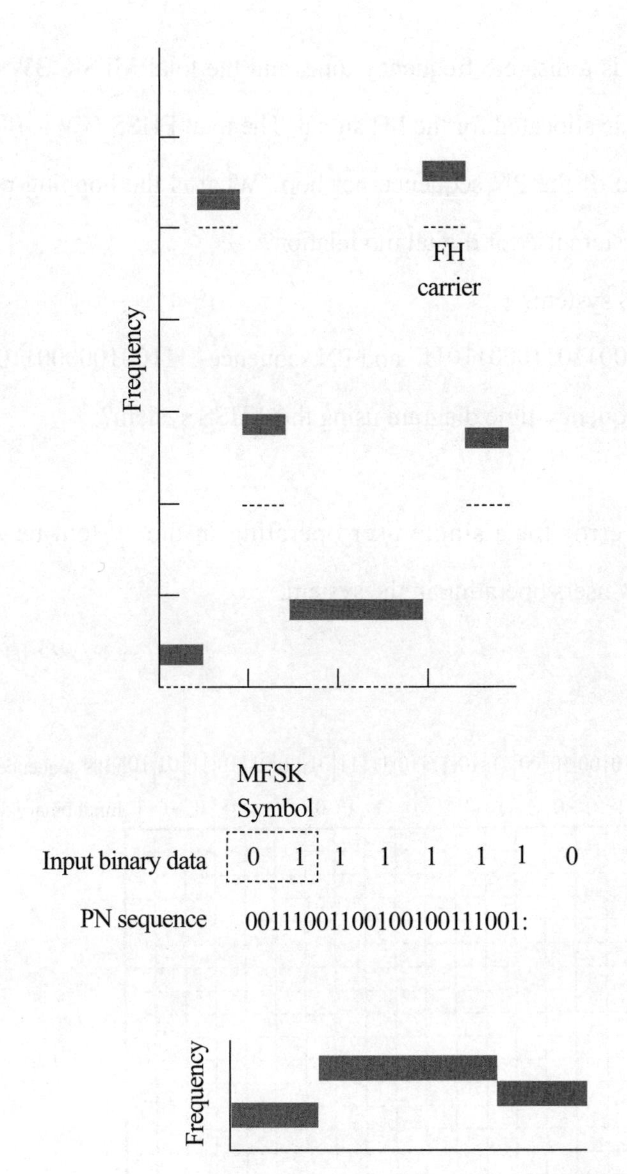

圖 10-14　FFH 4-ary FSK FHSS 系統

例題 5

Consider the following FHSS using MFSK. The MFSK uses $M = 2^L$ different frequencies, each of BW f_d, to encode the digital input L bits at a time. The input data rate R is 1Mbps. For this FHSS, the MFSK signal is translated to a new frequency every T_c seconds by modulating the MFSK signal with the FHSS carrier. The duration of a bit is T and the duration of a symbol is T_S . Each signal element is a discrete frequency tone, and the total MFSK BW is $W_d = Wf_d$. Suppose there are 2^k channels allocated for the FH signal. The total FHSS BW is $W_S = 2^k W_d$。

(1) What is the length (bits) of the PN sequence per hop? What is the hopping period? What form of FSK does the system use for digital modulation?

(2) Is this slow or fast FHSS system?

(3) Give input bit stream "0001101100011011" and PN sequence "11100100000110111110010000011011" Draw the frequency-time diagram using this FHSS system?

(4) What is the PG?

(5) Let the probability of error for a single user operating in the system be P_e. Find the probability of error for N users operating in the system.

(93 清大電信所)

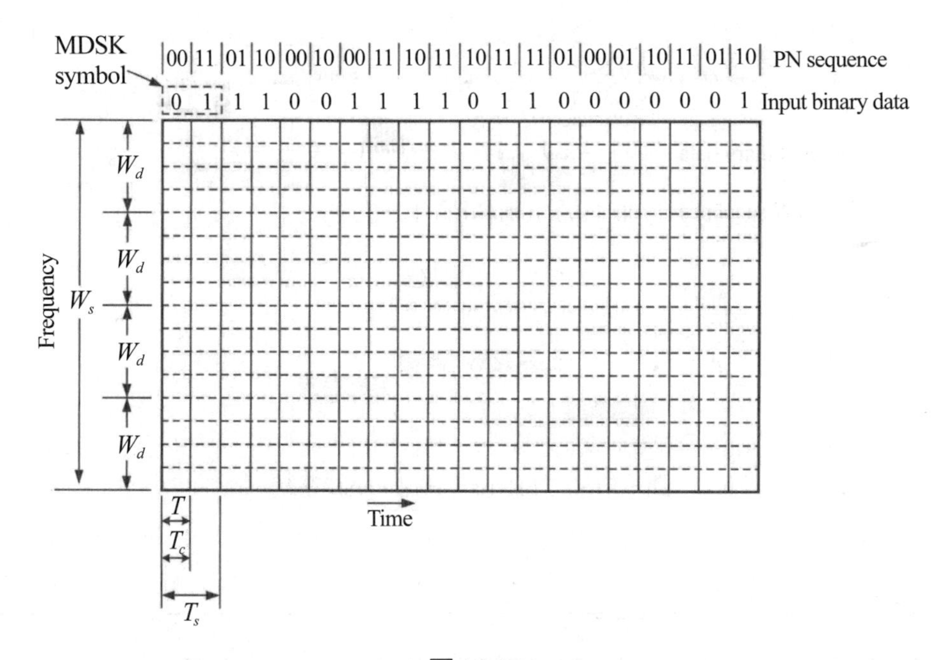

圖 10-15

解：

(1) (a) 2 PN bits per hop（k = 2）

(b) 如圖 10-15 所示，hop period=bit period

(c) 1symbol = 2 bits $\Rightarrow$ 4 FSK

(2) $1\ symbol = 2\ hops \Rightarrow Fast\ FH\ (R_H = 2R_S)$

(3) 請自行繪製

(4) $PG = 2^k = 2^2 = 4$

(5) 若每個用戶所使用之 FH pattern 不產生任何碰撞則錯誤率仍為 P_e

10.3　多用戶通訊技術

截至目前爲止，本書所討論的主要內容是點對點通訊，隨著用戶數量不斷的增加，多用戶通訊（multiuser communication）的需求因應而生。在大部分的無線通訊系統都配置一個基地台（base station），此基地台必須同時服務一定數量的用戶（subscribers），多用戶通訊所討論的是許多的用戶必須共用一個通道，如何分配通道的資源給這些用戶稱爲多重接取（multiple access）。隨著通訊科技以及數位訊號處理技術的進步衍生出許多不同的多重接取技術，在這些多重接取技術中，必須要注意到的問題包括：

1.避免多用戶干擾（Multiuser Interference, MUI）

因爲訊號之強度通常比背景雜訊（background noise）要大很多，因此如何避免各用戶之間相互干擾是非常重要的議題，多重接取技術可分爲以下兩類：

(1) Contentionless：一個合理的多重接取技術不允許不同用戶之間所傳遞的訊息產生碰撞，否則彼此的訊息都將損毀。這類的多重接取技術包括了 FDMA（Frequency Division Multiple Access）、TDMA（Time Division Multiple Access）、OFDMA（Orthogonal Frequency Division Multiple Access），以及在網際網路中所使用的 CSMA/CA（Carrier Sense Multiple Access with Collision Avoidance）等。

(2) Contention：這類的多重接取技術能夠抑制，甚至於消除多用戶干擾，因此允許不同用戶之間所傳遞的訊息產生碰撞，最具代表性的爲 CDMA（Code Division Multiple Access），是第三代（3G）行動通訊所使用的多重接取技術。

2.必須要有靈活性（Flexibility）

在現代的通訊系統（網路）中，新的用戶的加入，舊的用戶的離開是一種常態而且頻繁的發生，因此多重接取技術必須能夠快速地分配通道資源給每個用戶，增加頻譜的使用效率（spectral efficiency）。

接著我們將一一介紹各種多重接取技術：

一、FDMA

FDMA 將頻段分割成許多子頻段（sub-band, sub-channel），每個用戶在所指定的頻段中傳送訊息，如圖 10-6 所示，因為 sub-channels 沒有重疊，因此彼此之間不會互相干擾。FDMA 技術廣泛的使用在第一代（1G）行動通訊系統中，其優點為用戶可以在同時間傳送資料，但由於硬體限制，sub-channel 與 sub-channel 之間必須要有保護頻段（guard band），再加上頻道的使用較無彈性，造成了頻譜的使用效率較低，隨著用戶數目不斷的成長，頻譜使用效率的要求日益增加，因此第二代行動通訊系統（GSM）中採用在時間上做分割的多重接取技術，也就是 TDMA（Time Division Multiple Access）。

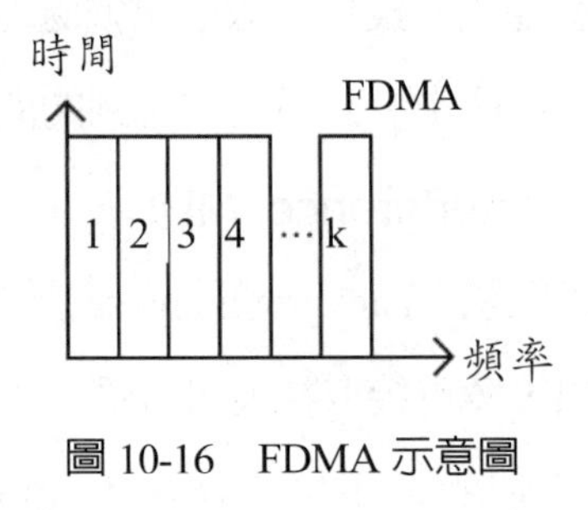

圖 10-16　FDMA 示意圖

二、TDMA

為了解決頻譜擁擠的問題，TDMA 將時間分割成許多時槽（time slot），不同的用戶在不同的時槽中傳送訊息，如圖 10-17 所示。因為在任何時段都只有單一用戶傳送資料，因此不會有互相干擾的問題。與 FDMA 比較起來，由於許多用戶可以共用同一頻段，頻譜的使用更有效率，通常將 FDMA 與 TDMA 合併使用，系統的容量（capacity）可大幅提升。

觀念分析： 1. 由圖 10-16 可知，FDMA 僅占用系統頻寬的一小部分，而 TDMA 則可占用整個頻寬，因此與FDMA比較起來，TDMA可以提供更高的傳輸速率。

2. 傳輸速率高代表了 symbol duration 較小，這又導致嚴重的 ISI。因此 TDMA 系統通常需要在接收機前端配置等化器（equalizer）以解決 ISI 的效應；反之，由於 FDMA 頻寬窄，ISI 可以避免，故不須配置等化器。

3. 因為 TDMA 不需要保護頻段，故頻譜的使用效率較 FDMA 高。

4. FDMA 與 FHSS 之比較：

FDMA 每個用戶被分配到不同的 sub-band，FHSS 每個用戶被分配到不同的 hop pattern，hop pattern 涵蓋了所有的 sub-bands，因此 FHSS 不易受到干擾。

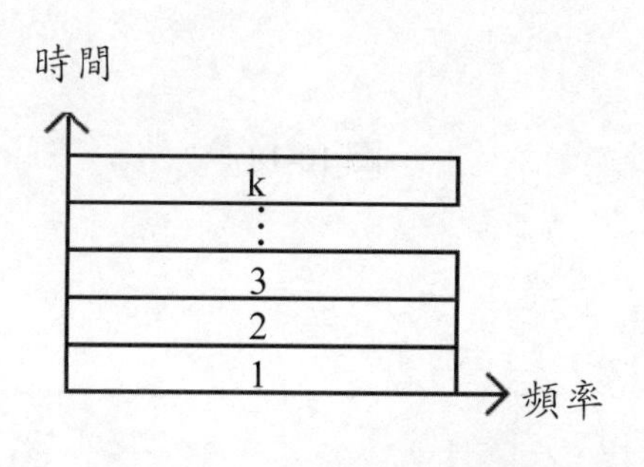

圖 10-17　TDMA 示意圖

三、CDMA

FDMA 在頻段上做分割，TDMA 在時間上做分割，而 CDMA 不論在頻段上以及時間上均不做分割；換言之，CDMA 系統之用戶，可以在任意時間使用整個頻段。如圖 10-18 所示，每個用戶被分配到一個獨特的碼，也就是在 10.2 節所提到的 PN code，只要所選擇的碼正交性能良好（crosscorrelation 很小），則不同的用戶即使在同一時間使用相同頻段，彼此間也不會相互干擾。

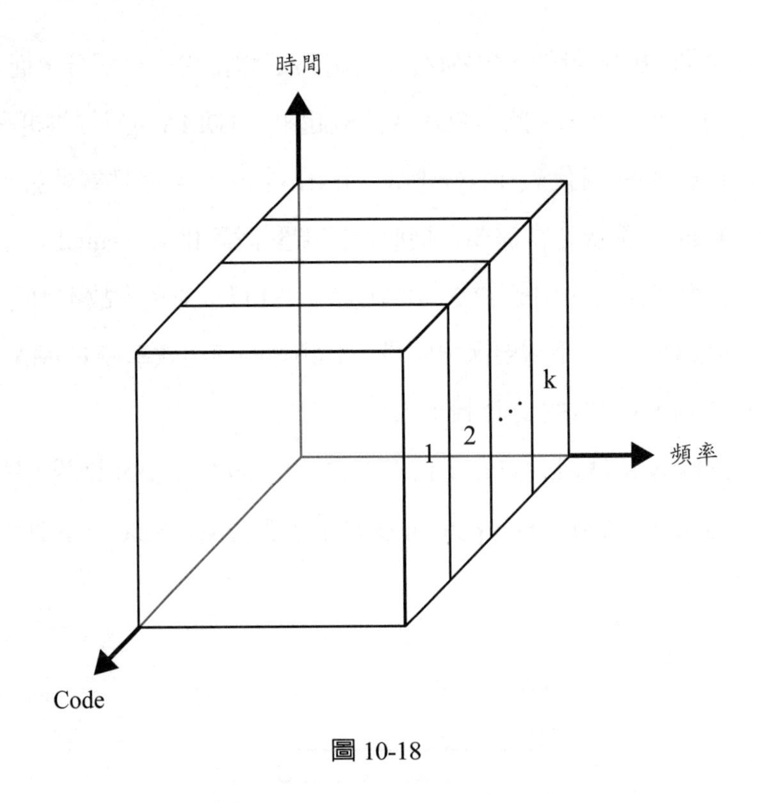

圖 10-18

四、OFDMA

1.多載波調變（Multicarrier Modulation, MCM）系統與 OFDM

到目前爲止本書所提到的類比通訊或是數位通訊，都屬於單載波調變（single carrier modulation），其缺點爲當傳輸速率很高時，T_b 或者是 T_S 很小（屬於寬頻訊號），這種訊號極易受到多重路徑的影響，造成訊號急遽衰退，稱之爲頻率選擇性衰退（frequency-selective fading）。爲了解決多重路徑干擾的問題，一般都必須在接收機前級配置複雜的等化器（equalizer）電路，如此一來又增加了體積與成本。多載波調變則以另外一種方式解決多重路徑干擾的問題，MCM 系統先將高傳輸速率的訊息以串聯轉並聯的方式轉化爲一組低傳輸速率的訊息，這些低速率訊息分別透過不同的載波調變傳送。換言之，MCM 將單載波寬頻訊號轉化爲多載波窄頻訊號，以抵抗頻率選擇性衰退。MCM 系統架構圖如圖 10-19 所示

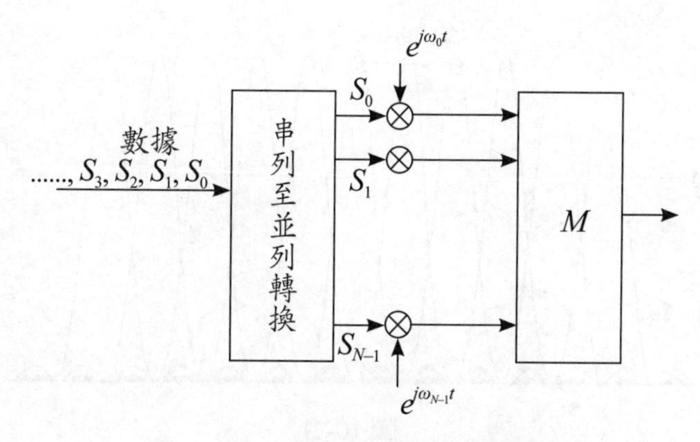

圖 10-19　多載波調變系統架構圖

最簡單且典型的 MCM 系統就是 FDMA，但其缺點爲當需要分割成許多 subchannels 時需要非常陡的帶通濾波器，如此一來需要極高的成本，此外，爲了頻譜不互相重疊，subchannel 之間需要有保護頻帶，這又造成了頻譜的使用效率降低，解決之道就是使用 OFDM（Orthogonal Frequency Division Multiplexing）傳輸技術。OFDM 主要的優點是可以應用離散傅立葉轉換（Discrete Fourier Transform, DFT）或快速傅立葉轉換（Fast Fourier Transform, FFT）來實現，圖 10-20 顯示了 OFDM 調變器的方塊圖，高速的位元訊息經過串聯轉並聯的方式轉化爲訊息區塊之後利用 IFFT（Inverse Fast Fourier Transform, IFFT）處理，其輸出具有重疊的 Sinc 頻譜，中心頻率分別爲每個 subchannel，如圖 10-21 所示。OFDM 是 4G 以及未來在有限的頻寬資源下一種頻譜效率（spectral efficiency）極高的傳輸技術，在 OFDM 下子載波（sub-carriers）之間不但能夠維持正交性而且緊密結合，不像傳統 FDMA 必須要有保護頻段，因此 OFDM 對頻譜之使用更有效率。

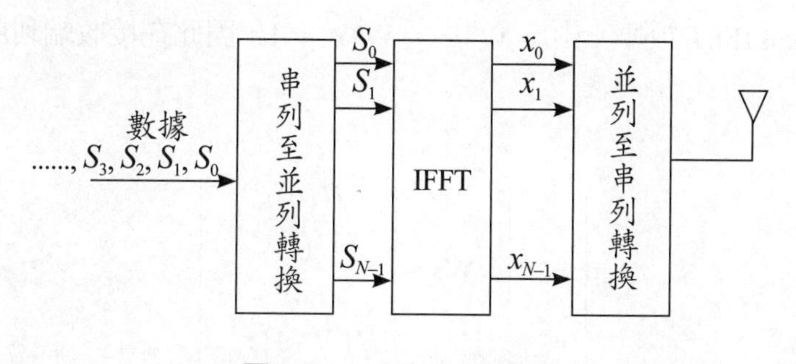

圖 10-20　OFDM 調變器

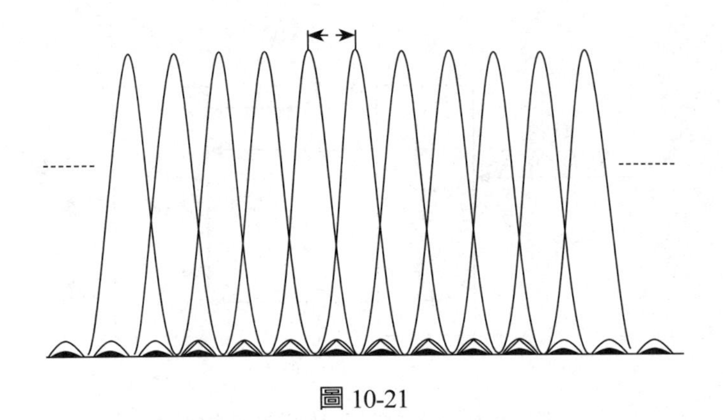

圖 10-21

OFDM 調變訊號可以表示為

$$x_n = \sum_{i=0}^{N-1} s_i \exp\left(j\frac{2\pi in}{N} \right) \quad ; n = 0,1,\ldots,N-1 \tag{25}$$

式 (25) 亦可以表示成

$$\begin{bmatrix} x_0 \\ x_1 \\ \vdots \\ x_{N-1} \end{bmatrix} = \begin{bmatrix} 1 & 1 & \cdots & 1 & 1 \\ 1 & e^{j\frac{2\pi}{N}} & \cdots & \cdots & e^{j\frac{2\pi(N-1)}{N}} \\ 1 & e^{j\frac{4\pi}{N}} & \cdots & \cdots & e^{j\frac{4\pi(N-1)}{N}} \\ \vdots & \vdots & & & \vdots \\ 1 & e^{j\frac{2\pi(N-1)}{N}} & \cdots & \cdots & e^{j\frac{2\pi(N-1)^2}{N}} \end{bmatrix} \begin{bmatrix} s_0 \\ s_1 \\ \vdots \\ s_{N-1} \end{bmatrix} \tag{26}$$

式 (26) 可以較簡潔之形式表示為

$$\mathbf{x} = \mathbf{W}^H \mathbf{s} \tag{27}$$

其中 $\mathbf{W}^H$ 為 N-point IFFT 矩陣。由於 $\mathbf{W}^H\mathbf{W} = \mathbf{W}\mathbf{W}^H = \mathbf{I}$，因此在接收端利用 N-point FFT 矩陣處理可得

$$\mathbf{y} \equiv \begin{bmatrix} y_0 \\ y_1 \\ \vdots \\ y_{N-1} \end{bmatrix} = \mathbf{W}\mathbf{x} = \begin{bmatrix} H(0)s_0 \\ H(1)s_1 \\ \vdots \\ H(N-1)s_{N-1} \end{bmatrix} \tag{28}$$

其中 $\{H(k)\}_{k=0,1...,N-1}$ 爲通道的頻率響應（frequency response）。由式 (28) 可知，在 OFDM 下通道僅會在每個subchannel提供增益或衰減，不會發生多重路徑干擾所造成的ISI問題。

OFDMA 是一種基於 OFDM 調變下所發展的多重接取技術，OFDMA 已使用於 4G LTE 中，在多用戶的環境下，基地台會根據通道的狀況以及用戶要傳送的訊息量以動態的方式將子載波（sub-carriers）分割成若干組之後指定給不同的用戶。

五、SDMA（Space Division Multiple Access）

SDMA 是利用空間的正交性的多重接取技術，示意圖如圖 10-22。最早的作法是在基地台使用數個具有方向性的天線（directional antenna）將涵蓋區域分割成若干個子空間，方向性的天線可將訊號集中傳送到所指向的子空間中，如此一來只要用戶在空間中不同的方位或隸屬於不同的子空間，可以在同一時間使用相同頻率收發訊息，而不會互相干擾。換言之，SDMA 是利用方向性的天線建立空間的正交性。

使用方向性的天線的優點歸納如下：

1. 由於天線將功率集中在某個特定的方向上，訊號可傳送的距離較遠，涵蓋範圍更廣，因此基地台的數量可以減低，電訊公司的成本可降低。
2. 由於天線將功率集中在某個特定的方向上，對於其他隸屬於不同的子空間的用戶所造成的干擾降低，因此 SINR（signal to interference plus noise ratio）及系統的容量可提升。
3. 由於天線將功率集中，因此在固定的涵蓋範圍下基地台發射的總功率可降低。
4. SDMA 可與其他多重接取技術合併使用。

近年來，智慧型天線（smart antenna）的技術蓬勃發展，大大的提高了 SDMA 的功能，智慧型天線利用陣列天線波束合成（beamforming）的技術取代方向性的天線，使得功率可以更爲集中在特定的方向上，子空間的分割非常具有彈性，具有適應性（adaptive），可根據環境、用戶數量、用戶方位、調整波束的寬度及其指向，而且可程式化。

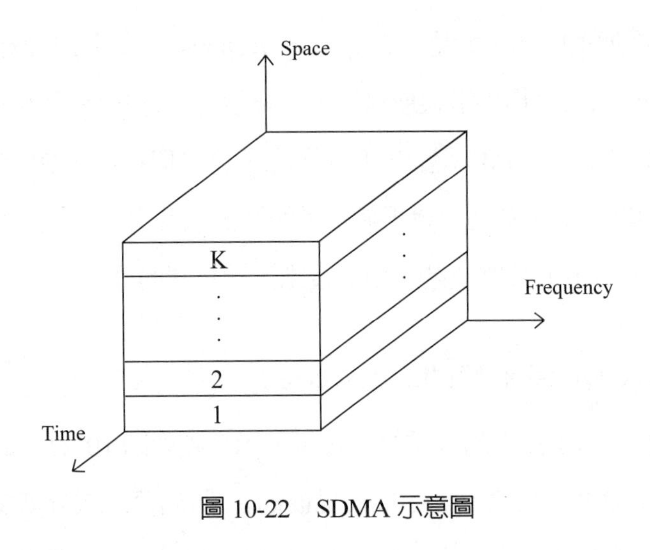

圖 10-22 SDMA 示意圖

10.4 蜂巢式行動通訊系統

最早的行動通訊系統（mobile communication system）追溯到 1950 年左右，稱爲公共行動電話系統（Public Mobile Telephone System, PMTS）。PMTS 與本節要討論的蜂巢式行動通訊系統（cellular radio communication system）設計概念有非常大的差異性，傳統的行動通訊系統要求涵蓋範圍廣，如此可以架設較少的基地台（Base Station, BTS）。根據無線電視線（line of sight）傳播的特性，基地台的位置通常在很高的建築物上，或架設在高塔上，並以高功率傳送。以 PMTS 爲例，其涵蓋範圍之半徑約 50 公里，其缺點爲由於涵蓋範圍內地形與遮蔽物的因素，訊號品質時好時壞，通訊中斷的機率高，此外，由於頻段平均分配給用戶，系統容量（system capacity），也就是可同時提供服務的客戶總數，不具彈性且較低。如今的蜂巢式行動通訊系統涵蓋範圍小且發射功率低，換言之，將一個高功率的基地台以數個低功率的基地台取代之，如此一來中斷率與系統容量都有很大的改善。

蜂巢式行動通訊系統是根據「頻率重複使用（frequency reuse）」的概念發展而出，在蜂巢式系統中每個基地台的通訊涵蓋範圍稱爲細胞（Cell），N 個 Cell（N 的大小可由通訊系統工程師自行規劃設定）組合成一個頻率重複使用的基本單位，稱之爲 Cluster。

首先將可使用的頻段分割成 N 個子頻段，再將此 N 個子頻段分別提供給 Cluster 中的每個 Cell 使用，如圖 10-23 所示，每個 Cluster 包含了 4 個 Cell（$N = 4$），將可使用的頻段分割成 4 組子頻段（f_1, f_2, f_3, f_4），再將此 4 組子頻段分別提供給 Cluster 中的 4 個 Cell 使用，如此便可有效解決頻譜擁擠的問題。

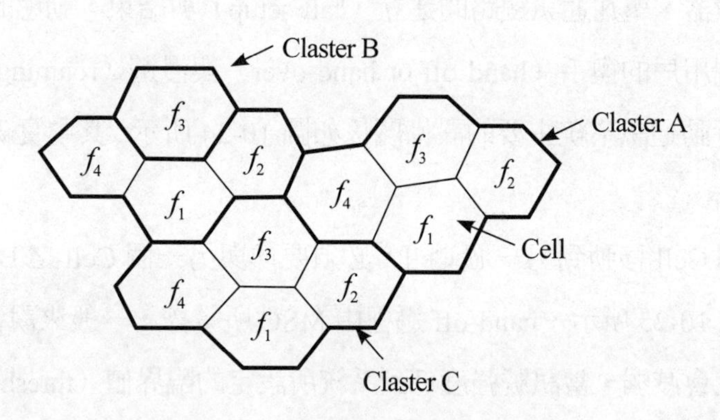

圖 10-23　蜂巢式行動通訊系統

值得特別注意的是第三代與第四代行動通訊系統所使用的 CDMA、OFDMA 多重接取技術則不需做頻段分割，每個 Cell 均使用所有的頻段，稱之爲 Universal Frequency Reuse。

蜂巢式行動通訊系統由 4 個主要的設備所組成：

1. 用戶裝備（User Equipment, UE）
2. 基地台（Base Station, BTS）
3. 基地台控制器（Base Station Controller, BSC）
4. 行動交換中心（Mobile Switching Center, MSC）或 Mobile Telephone Switching Office，簡稱 MTSO。

每個 Cell 通常配置一個基地台，位於 Cell 中心點較高之位置，通常配置無向性天線（4G 使用 MIMO 技術，故會配置天線陣列），每個 BTS 管轄數量不定的 UE，BTS 與每個 UE 之間爲無線通訊，訊息由 UE 傳送至 BTS 稱之爲上鍊（Uplink, UL），訊息由 BTS 傳送至 UE 稱之爲下鍊（Downlink, DL），爲了避免上鍊與下鍊之資訊互相干擾，有兩種方式區隔：

第一種將上鍊與下鍊之使用頻段區隔，稱爲頻率分割多工（Frequency Division

Duplex, FDD），另一種將上鍊與下鍊傳送之時間區隔，稱爲時間分割多工（Time Division Duplex, TDD）。數個基地台以有線的方式連接到一個共同的基地台控制器，BSC 負責傳送控制訊號並分配通道資源給其所管轄的 BTSs 以及該 BTS 所在 Cell 內的 UEs，此外還要與行動交換中心交換訊息。行動交換中心可說是蜂巢式行動通訊系統的心臟，MSC 包含了交換機與處理器，舉凡通訊鏈路的建立（call setup）與結束，動態的配置系統通道資源，以及行動終端用戶的換手（hand-off or hand-over）與漫遊（roaming）等均需要 MSC 來處理，蜂巢式行動通訊系統主要的設備關係如圖 10-24 所示，其中實線代表有線網路，虛線代表無線連結。

當 UE 由某個 Cell 移動到另一個 Cell，必須要換與另一個 Cell 之 BTS 通聯，此稱之爲 hand-off。如圖 10-25 所示，hand-off 過程由 MSC 所掌控，一般來說當 UE 移動至 Cell 邊界時，訊號強度會減弱，當訊號強度低到系統所設定的臨界值（threshold）時，MSC 便會通知 BTS 與 UE 進行 hand-off。hand-off 分爲兩種：hard hand-off 與 soft hand-off。

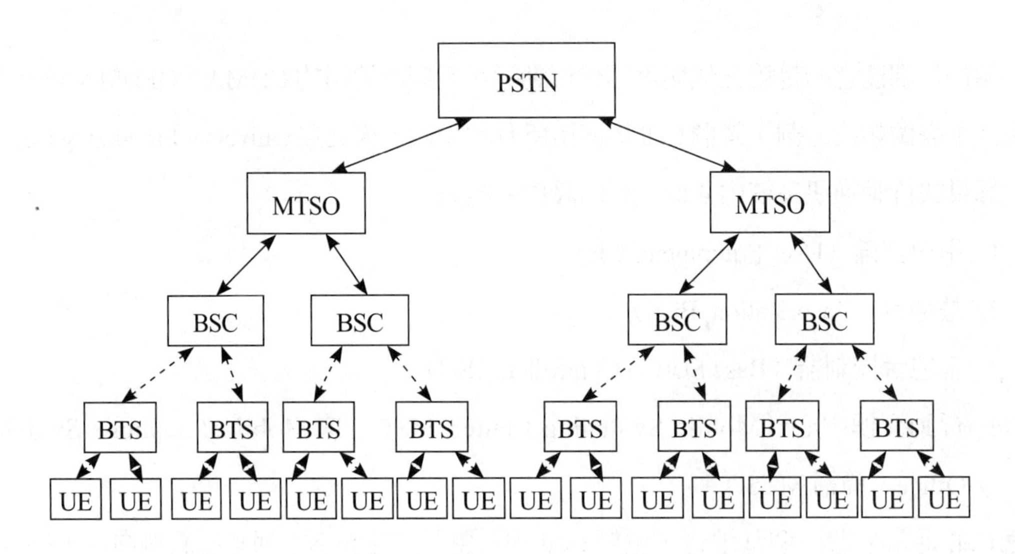

圖 10-24

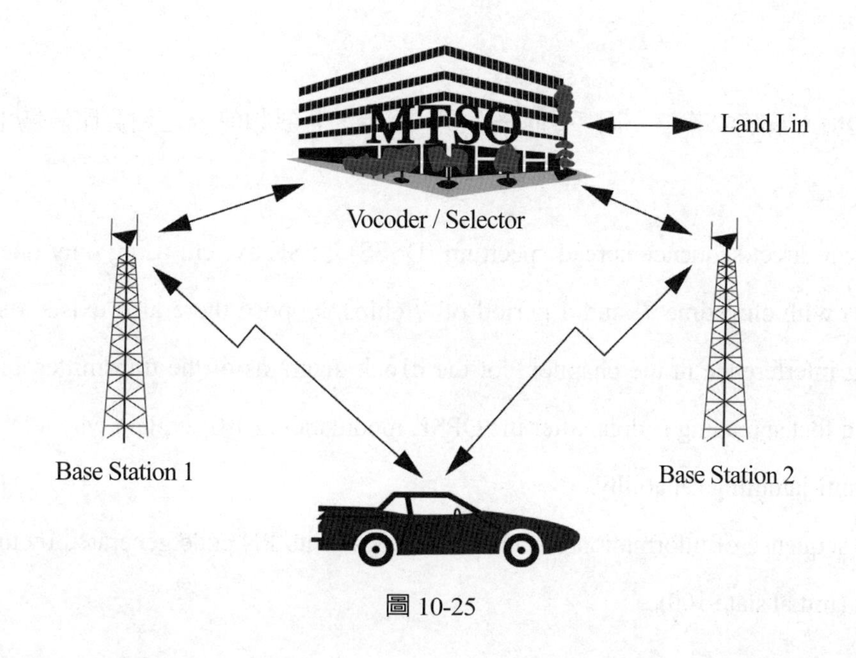

圖 10-25

Hard hand-off 的概念是 break-before-make，也就是在進行 hand-off 時先中斷與目前 BTS 之連結再建立與新 BTS 的連結。相反的，soft hand-off 的概念則是 make-before-break，也就是在進行 hand-off 時先建立與新 BTS 的連結之後再中斷與目前 BTS 之連結。前者的通訊品質在進行 hand-off 時較不穩定，後者雖可保證通訊品質，但在進行 hand-off 時須同時與鄰近之 BTS 同時通連，較浪費頻譜資源。漫遊則意味著 UE 離開某個蜂巢式行動通訊系統進入其他的通訊系統，例如某人出國後使用行動電話，在此情況下 UE 必須註冊到新系統的 MSC 下成為漫遊者，便可與原系統 UE 通連。此外，蜂巢式行動通訊系統之 MSC 會與公用電話交換網路（Public Switched Telephone Network, PSTN）相連，因此 UE 便可以與固定電話進行通連。

綜合練習

1. 在一 CDMA 系統中若每一用戶之$\left(\frac{E_b}{J}\right)_{\min}$為 10dB，若展頻前後之頻寬比值為 100，求此系統之容量。

2. Consider a direct sequence spread spectrum (DSSS) QPSK system using only one spreading code $c(t)$ with chip time T_c and a period of N chips.Suppose there also exists a single tone jamming interference in the channel.Plot the b1ock diagrams of the transmitter and receiver, assuming that spreading is done after the QPSK modulation. Also, explain why a DSSS system has the anti-jamming capabillty. （99 台聯大）

3. Given a sequence of information bits: 101, use DSSS with PN code generated by the LFSR as follows: (initial state 100)

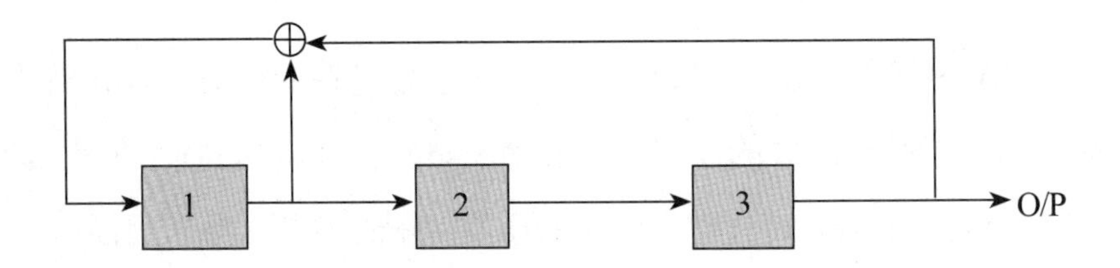

(1) Specify the PN code and the PG.

(2) Specify the transmitted bit pattern after spreading.

(3) Explain the advantage of using DSSS for interference immunity.

（交大電子所）

4. Consider a DSSS system with BPSK modulation. After transmitted signal going through an AWGN channel, we measure both the chip rate and the average SNR just before despreading and obtained 2×10^6 Hz and $-10dB$, respectively. We wish a target BER of 10^{-6}, determine the maximum throughput of the system. （清大電機所）

5. 若 jamming margin 為 20dB，$\left(\frac{E_b}{J}\right)_{\min}$ 為 10dB，試求出所需要之 processing gain.

6. 考慮一直序展頻通訊系統，在接收端之訊號功率與雜訊功率比為$\frac{P}{P_N}=0.01$，在 AWGN 通道中，為求達到可接受的通訊品質需要 $\frac{E_b}{N_0}=10$，試求出所需要之 processing gain.
7. 說明衛星通訊上傳頻率高於下傳頻率的理由

（101 年公務人員高等考試）

8. 請回答下列問題：

(1) 何謂寬頻多工分碼存取（WCDMA, Wideband Code Division Multiple Access）？

(2) 何謂分時多工存取（TDMA, Time-Division Multiple Access）？

(3) 何謂分頻多工存取（FDMA, Frequency-Division Multiple Access）？

請比較三種存取之優缺點與實際應用。　（102 年公務人員高等考試）

第十一章　網際網路導論

11.1　網路之基本概念

一般而言，依據網路的大小可分成三類：

1. 區域網路（Local Area Network, LAN）：一般指的是一棟建築或是一個社區。
2. 都會型網路（Metropolitan Area Network, MAN）：可以涵蓋整座城市。
3. 廣域網路（Wide Area Network, WAN）：可以涵蓋多座城市甚至於多個國家。

所謂區域網路指的是在小區域內的電腦所形成的網路，這些電腦可以彼此交換或分享訊息，這些電腦的配置方式稱之爲網路拓撲（network topology），使用者可依據環境及功能性選擇適當之配置方式，我們將在下一節討論。廣域網路基本上是將散布在各地的區域網路連接在一起，還必須讓這些爲數眾多、距離遙遠的電腦能夠快速地相互通聯。都會型網路的規模則介於兩者之間。本章將針對區域網路與廣域網路進行討論，本節先介紹網路的基本概念並介紹一些網路中常用的術語：

一、封包交換（Packet Switching）與電路交換（Circuit Switching）

傳統的電話網路（telephone network）當遠距離的兩端要通話時必須先建立連線，這中間也許要經過數個交換機，一直到整個電路連接完成，雙方便可以互相傳送資料，我們稱爲電路交換網路（circuit switching network）。在網際網路中傳送資料時，會根據通訊協定所訂定的訊息格式，將資料切割並依照規定的格式製作成封包（packet），在網路中的所有電腦傳送資料時均以封包爲單位，故電腦網路亦稱爲分封交換網路（packet switching network）。

使用封包爲基本單位有兩個最主要的理由：

1. 網際網路由眾多電腦所共用，若不將資料分割成許多封包傳送，則當某電腦傳送一個很大的影音檔案時，由於傳輸通道被其獨占，其他電腦必須等待很長的時間才能傳輸資料，使得效率大大的降低！在本書第六章與第十章介紹了 TDMA，利用分時的概念，網路中所有的電腦可以依序的使用傳輸通道，每部電腦先將資料分割成許多封包，每次輪到時只傳送一個封包，如此便能提供即時且方便的服務。
2. 若因爲某些原因（例如通道衰減）造成傳送資料錯誤，則損壞的或是需要重傳的只是幾個封包而已，並不是整個檔案，效能可顯著提升。

二、WAN 的組成與分封交換機

WAN 是由許多的區域網路組成，但並非直接將 LAN 連接在一起而是透過分封交換機，其主要的功能在將封包從某一連線切換至另一連線，一直到封包傳送至目的地電腦爲止。因此 WAN 是由許多的分封交換機互相連接形成，然後再連上終端的電腦，示意圖如圖 11-1。

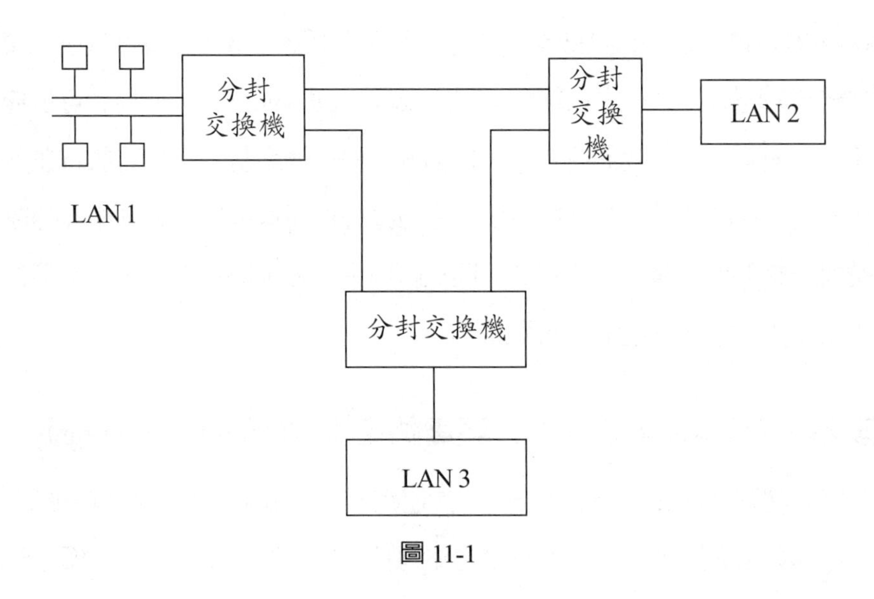

圖 11-1

分封交換機本身就是一部電腦，具有處理器與記憶體，能將進來的封包根據其目的地位址轉送出去，若同時有數個封包抵達，能夠先存在記憶體再依序轉送。

三、階層式定址法（Hierarchical Addressing Scheme）與路由（Routing）

爲求傳送封包更有效率，WAN 採用階層式定址法。簡言之，一個分封交換機並沒有從來源端一直到目的地所有路徑的完整資訊，而是只有下一站位址的資訊，因此下一站也許是目的地電腦，也許只是另一部分封交換機。

儲存下一站位址資訊的表格稱爲路由表（routing table），而轉送封包到下一站的處理程序稱爲路由（routing）。實際上，一個網際網路是由眾多實體網路（沒有限制其數量）透過路由器（router）互相連接而成。

四、連線導向式（Connection-Oriented）與非連線導向式（Connectionless）服務

網路提供連線的方式有兩種：連線導向式與非連線導向式。所謂連線導向式服務與傳統的電話網路的觀念一致，在兩部電腦開始互相交換資料之前，必須先建立一個網路連線，連線成功即可開始傳送資料，當通訊結束時便需將連線結束。例如眾所周知的非同步傳輸模式（Asynchronous Transfer Mode, ATM）就是採用連線導向式服務。非連線導向式服務則與郵局的寄信系統觀念類似，當電腦有資料要傳送時，先將資料組成適當的訊框格式，附上目的地電腦的位址（類似於信封上必須註明收信者的住址），再將此訊框傳遞到網路上（類似將信件投入郵筒中）。

五、虛擬私人網路（Virtual Private Network, VPN）

公眾網路是由類似於電話公司的服務業者所擁有（如中華電信，遠傳電信，亞太電信等），任何的用戶均能藉由公眾網路與其他用戶進行通訊。若是網路的使用僅限於一公司或是團體的內部，則爲私人網路。私人網路具有保密性、安全性、主導權等優點，但設備的購買維護成本以及擴充性的問題亦需要考量。虛擬私人網路，簡稱 VPN，結合了公眾網路的無遠弗屆與私人網路私密性的優點，允許全球性的公司建立屬於自己的私人網路。事實上 VPN 是使用公眾網路當作各地點間的連線，VPN 能將其封包的目的地位址限制在幾個固定的點之間傳送，除此之外，若是封包意外地讓非公司的人收到，VPN 也能確保其內容無法被解讀。

11.2　網路拓撲（Network Topology）

區域網路所連接的電腦可以不同的佈線方式共用通訊通道，所謂的網路拓撲指的就是這些佈線方式所形成的網路形狀。每一種網路拓撲各有其優缺點，使用者宜根據需求規劃，本書僅介紹一些常見的網路拓撲：

一、匯流排拓撲（Bus Topology）

如圖 11-2(*a*) 所示，匯流排拓撲使用一條共用的纜線，區域網路所連接的電腦直接與

此共用纜線相連，由於電腦直接將資料傳入匯流排，因此必須要透過協定或機制以避免不同電腦所傳之資料產生碰撞或干擾問題。

匯流排拓撲之優點爲建置網路拓撲非常容易，而且所需的纜線短，但其缺點爲若匯流排纜線損壞，則整個區域網路將失效。

二、星狀拓撲（Star Topology）

如圖 11-2(*b*) 所示，星狀拓撲的區域網路有一個中心點，所有的電腦皆與此中心點相連，此中心點可以是 switch，也可以是集線器（hub），也可以是一部電腦。集線器接收到任一部電腦所傳來的封包，再將此封包轉送到目的地電腦。因此星狀拓撲的中心點電腦有如伺服器，而周邊所有的電腦則爲用戶。

星狀拓撲的優點爲加入另一部電腦到網路上極爲容易，若其中一部電腦損壞，則其餘的區域網路仍可正常工作。但其缺點爲若中心點之 switch 或 hub 或電腦損壞，則整個區域網路將失效，所有電腦皆無法上網。

三、環狀拓撲（Ring Topology）

如圖 11-2(*c*) 所示，在環狀拓撲中每一部電腦與兩部電腦相連，封包將朝固定方向繞行圓環直到目的地電腦爲止。其優點爲封包產生碰撞的機會大幅降低，且不需要精細的控制。但其缺點爲所有的資訊封包必須繞行通過在圓環上的每一部電腦，這使得其速度較星狀拓撲慢，除此之外，若其中有一部電腦損壞，將影響到整個網路的運作。

四、樹狀拓撲（Tree Topology）

如圖 11-3 所示，樹狀拓撲與星狀以及匯流排拓撲類似，故也稱爲星狀匯流排拓撲。樹狀拓撲連接了許多星狀拓撲，若主幹纜線損壞，則星狀拓撲與星狀拓撲之間之通聯雖然中斷，但圍繞在星狀拓撲 Hub 電腦間之通聯仍可正常運作。

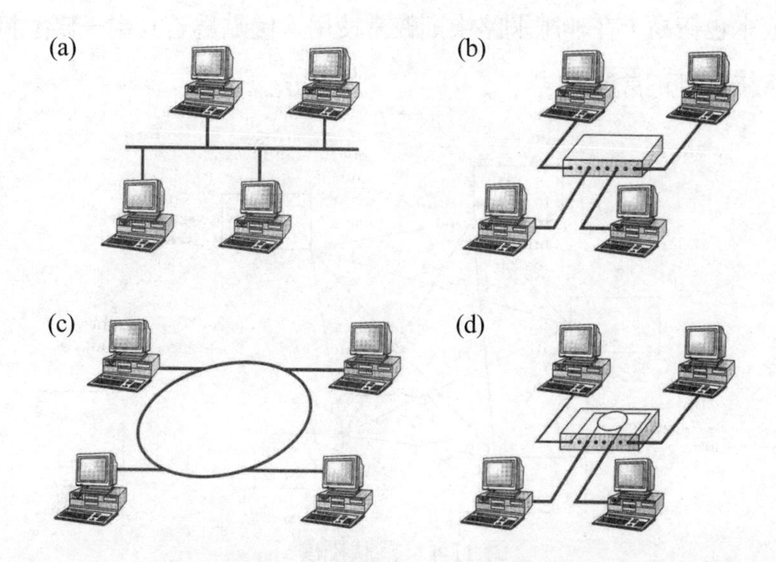

圖 11-2　(a) 匯流排拓樸；(b) 星狀拓樸；(c) 環狀拓樸；(d) 環狀拓樸

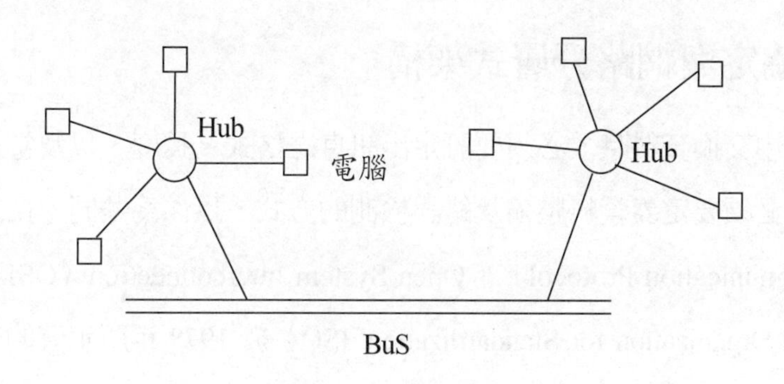

圖 11-3　樹狀拓樸

五、網狀拓樸（Mesh Topology）

如圖 11-4 所示，網狀拓樸的每一部電腦之間均相互連接，故是最多傳輸路徑的拓樸。若網狀拓樸的電腦的數目為 n，則連接總數為：

$$\binom{n}{2}=\frac{n(n-1)}{2} \tag{1}$$

但這種配置方式在電腦網路中並不常見，主要原因是當 n 很大時，則由式 (1) 可知連接總數眾多，因此成本也較高，在無線網路中則較常使用。優點爲若其中一條連接損壞，因爲連線眾多，則系統仍可正常運作。

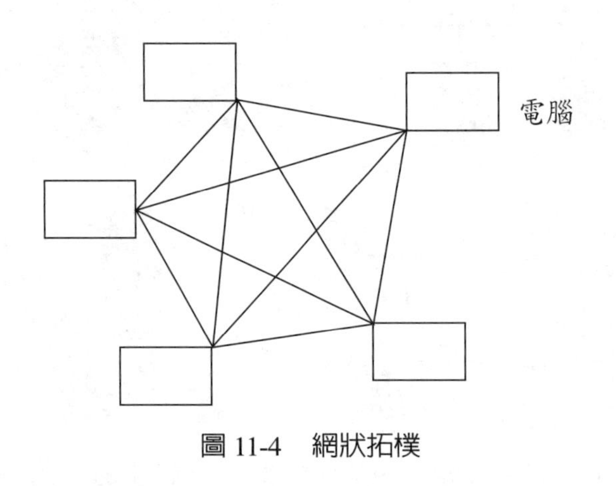

圖 11-4 網狀拓樸

11.3 通訊協定與網路分層式架構

在網際網路中交換資料時，必須要訂定出訊息之格式、長度、以及當接收到訊息時該如何處理，此外必須要定義資料壓縮及錯誤檢測的方式，以作爲共同遵循的準則，稱之爲通訊協定（Communication Protocol）。Open System Interconnection（OSI）是國際標準組織（International Organization for Standardization, ISO）於 1978 年所定義的一個七層式的參考模型，此模型將通訊的問題分割成七個子區塊，並針對每個區塊分別設計個別的通訊協定，每個通訊協定有各自需要處理的通訊問題，而且爲了提高效率每個通訊協定是處理上一層所沒有處理到的部分，而且每層協定之資料訊息格式可共用，當所有的七層協定組合後，資料可以透過網際網路完整地傳送到接收端。分層的目的在於使每一個個別的協定目標明確，更容易被設計、分析與測試。以下列出每一層的定義以及其設計之目的：

1. **實體層（Physical Layer）**：負責有關硬體部分的建置，包括了訊息訊號如何有效的被調變、傳送與解調變。
2. **資料連結層（Data Link Layer）**：負責資料在網際網路順利的傳送，包括了如何將資料組成訊框（frame）、訊框的格式，其他如偵測錯誤的方法等。

3. **網路層（Network Layer）**：負責定址規範以及如何將傳送資料從一個網路轉送到下一個網路的方法。
4. **傳輸層（Transport Layer）**：負責如何處理可靠性傳輸。
5. **會議層（Session Layer）**：負責規範如何與遠端的系統建立通訊會議，此外有關安全問題的規範，例如使用密碼來做認證的機制也屬於 session layer。
6. **表現層（Presentation Layer）**：負責規範如何呈現資料以解決在不同廠牌的電腦資料呈現方式的相容性問題。
7. **應用層（Application Layer）**：負責規範應用程式如何使用網路資源，例如電腦中的應用程式如何產生要求以及另外一部電腦中的應用程式如何回應。

如圖 11-5 所示，當傳送或接收資料時，每一層的模組只會與比他低一層或高一層的模組溝通，因此在傳送資料時是由 application layer 一層層的往下傳到 physical layer，透過網際網路到達接收端的 physical layer，接著一層層的往上傳到 application layer。

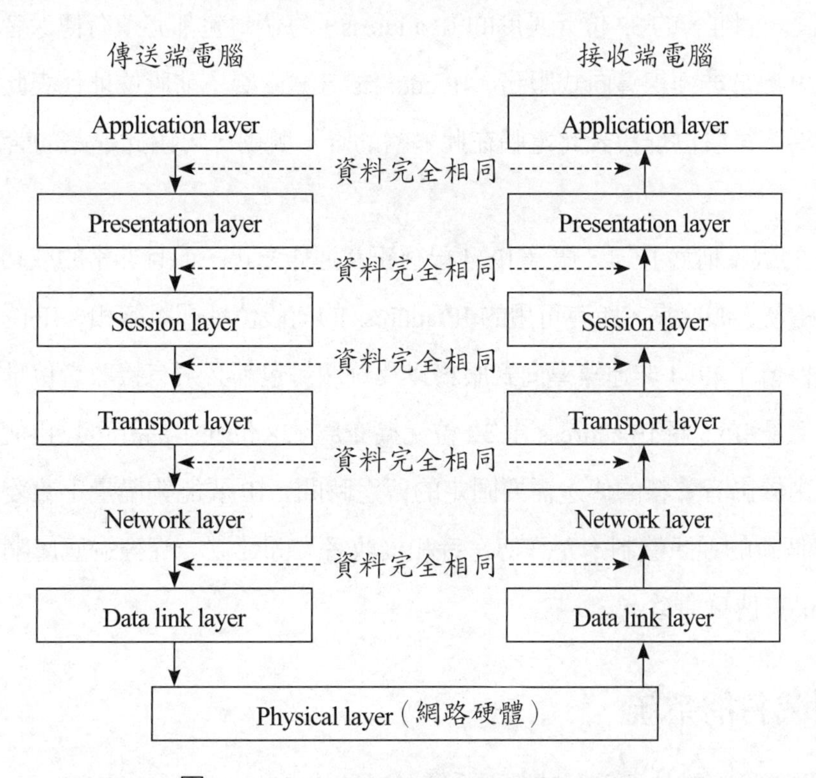

圖 11-5　OSI 7-layer inter-connection model

11.4 網際網路連線與 TCP/IP

TCP/IP（Transmission Control Protocol / Internet Protocol）是網際網路中最被廣泛使用的通訊協定，TCP/IP 共分爲五層，由下往上分別爲：

1. 實體層（physical layer）：與 ISO 所規範之實體層相同。
2. 網路介面層（network interference layer）：與 ISO 所規範之第二層（資料連結層）相同。
3. 網際網路層（internet layer）：負責規範網際網路封包的傳送格式以及封包經路由器從一個網路轉送到下一個網路的方法。
4. 傳輸層（transport layer）：與 ISO 所規範之傳輸層相同。
5. 應用層（application layer）：與 ISO 所規範之第六層（表現層）與第七層（應用層）相同。

TCP/IP 定址的方法是定義在網際網路通訊協定（Internet Protocol, IP），IP 規範每一部主機皆配置一個唯一的 32 位元長度的 IP address，每個封包都必須有傳送者和接收者的位址，TCP/IP 屬於非連線導向式服務。IP address 分爲兩層：前段位址代表此電腦所屬網路的網路號碼，後段位址代表此電腦在此網路的唯一號碼，可由此網路的管理者自行設定。

目前 IP 的版本稱爲 IPv4，儘管 IPv4 已經正常運作多年，而且非常的成功與便利，但隨著網際網路驚人的成長，所有可用的 IP address 的前段位址即將飽和。IP 的新版本稱爲 IPv6，IPv6 保留了 IPv4 非連線導向式服務以及每個封包都必須有接收者位址和獨立的路由的特性，但是 IPv6 將 IP address 由 32 位元擴充爲 128 位元，估計可以再使用好幾個世紀。此外，由於影音資料的傳送需要固定的傳送時間，IP 要能夠儘量不改變傳送路徑，IPv6 提供一個新的通訊機制，允許傳送者和接收者之間建立一條經過底層網路針對聲音與影像的高品質傳輸通道。

11.5 網域名稱系統

網際網路的命名方法稱爲網域名稱系統（Domain Name System, DNS），此系統提供電腦名稱與其 IP 位址的自動對應功能。網域名稱採用階層式的命名方式，以最右邊的名稱爲首，依序由右至左顯示階層式的群組隸屬關係，一直到最左邊的通常是此部電腦的名稱，各名稱字段之間以「.」隔開，例如：

kses.ee.ntu.edu.tw

「kses」是此部電腦的名稱，「ee」指的是電機系（Electrical Engineering），「ntu」指的是國立臺灣大學（National Taiwan University），「edu」指的是教育機構，「tw」指的是臺灣。除了國名以及最右邊的字段之外，DNS 並不定義其他字段，也不限制字段之數目，各單位組織可自行決定，至於常見的高層網域名稱（Top-level Domain, TLD），包括了：

edu	教育機構
com	商業機構
gov	政府行政機構
org	法人機構
net	網路中心
aero	航空工業
info	資訊
biz	商業

例如當一個叫做 TsangHai 的公司新成立，要正式加入網域名稱系統，可以用 tsanghai 登記在 com 網域之下提出申請，若網際網路的授權單位認可（確認無重複的網域名稱），則此公司的網域名稱即爲：

tsanghai.com.tw

11.6　網際網路電子郵件：SMTP

電子郵件信箱（electronic mailbox）的概念正如同一般的傳統郵件信箱一樣，他是屬於私人的空間，僅允許郵件系統軟體將屬於此信箱的信件擲入，不允許任何外人來讀取或刪除信件。每個電子郵件信箱都有獨一無二的電子郵件位址（e-mail address），如同郵寄傳統信件一樣，當你要寄電子郵件給某人（或某些人）時，必須要載明其 e-mail address，其形式如下：

電子郵件信箱名稱 @ 所在的電腦名稱

例如：

wcwu@mail.dyu.edu.tw

其中 wcwu 代表電子郵件信箱名稱 @ 代表位於（唸成 at），至於 mail.dyu.edu.tw 則代表此電子郵件信箱所在的電腦名稱，其命名方式已經在前一節 DNS 描述過。當發送電子郵件時，發送端電腦的電子郵件系統程式會根據此電子郵件信箱所在的電腦名稱（mail.dyu.edu.tw）當作目的地送信，而接收端電子郵件系統程式再根據電子郵件信箱名稱（wcwu）將信件送至指定的信箱。

當發送電子郵件時，電子郵件發送程式會與遠端主機的伺服程式建立一個 TCP 連線，當連線成功後雙方即可使用簡易郵件傳送協定（Simple Mail Transfer Protocol，簡稱 SMTP）來指定發信者、受信者、及傳送內容。但由於一般的個人電腦的配備並不足以執行郵件伺服程式，或是因爲並非一直與網際網路保持連線，因此，郵件信箱通常配置在可執行郵件伺服程式的電腦上，此部主機通常外接許多個人電腦，且可同時處理這些個人電腦的信件。個人電腦若要讀取信件必須要透過一個能夠從遠端存取電子郵件信箱的通訊協定，稱之爲郵局通訊協定（Post Office Protocol, POP）。如圖 11-6 所示，寄信端電腦透過 SMTP 將信件存入收信端配置可執行郵件伺服程式的主機上，收信端的個人電腦透過 POP 由遠端來存取信箱。換言之，SMTP 可接受任何送信者的來信，而 POP 只接受擁有特定信箱存取權限的使用者。

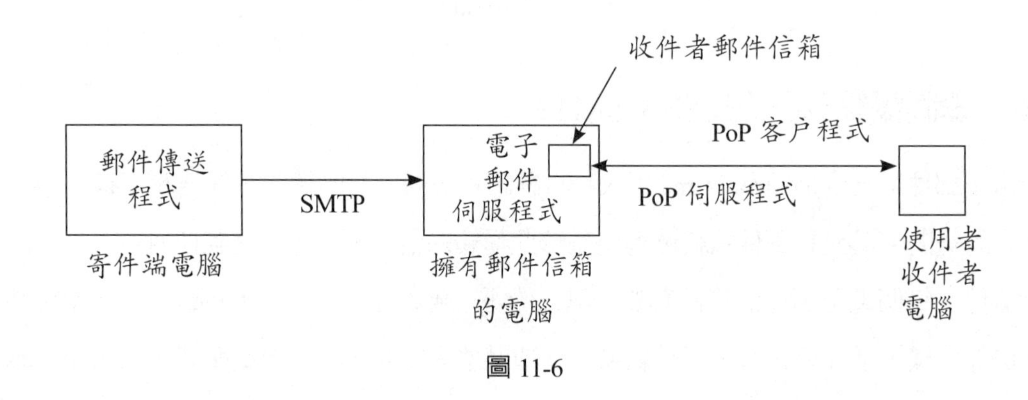

圖 11-6

11.7 網路的存取技術：IEEE802.3 與 CSMA/CD

乙太網路（Ethernet）是最廣泛使用的區域網路，由 IEEE802.3 所規範，乙太網路所採用的是 Manchester encoding（或稱爲 Bi-phase encoding，在本書第六章已經介紹過），此外乙太網路使用匯流排拓撲（Bus Topology），當某部電腦開始傳輸資料之後，此訊號便傳到共用的纜線中，其他的電腦必須要等到該段傳輸結束之後，才能開始傳輸各自的資料。換言之，在乙太網路中，所有的電腦必須協調出一套機制以共用匯流排纜線，避免不同電腦所傳之資料產生碰撞的問題。

乙太網路沒有中央管制的電腦，其協調傳輸機制爲分散式的架構，稱之爲載波感應多重存取 / 碰撞偵測（Carrier Sense Multiple Access/Collision Detection, CSMA/CD）。所有的電腦在傳送資料之前必須先偵測在傳輸線上是否有電子訊號（習慣上稱此電子訊號爲載波，但是此載波與我們在類比或數位通訊所提到的載波不同），若無載波則可立即傳輸資料；反之，若偵測到載波則表示有其他電腦正在使用傳輸線，必須要等到傳輸線上的載波消失之後，才能開始傳輸資料。

即便如此，CSMA/CD 仍舊無法避免有兩部以上的電腦傳輸資料造成訊號的碰撞（collision）。其原因爲當位於匯流排一端的電腦傳輸資料時，位於另一端的電腦無法立即偵測到，於是也開始傳輸資料導致碰撞產生。乙太網路要求傳輸資料的電腦偵測是否發生碰撞，若有則必須重新傳，乙太網路要求所有發生碰撞的電腦各自獨立的隨機等待一段時間之後再重新嘗試傳輸資料，以降低再次發生碰撞的機率。

11.8 無線區域網路：IEEE 802.11b 與 CSMA/CA

與有線區域網路比較起來，無線區域網路在使用上更爲方便。IEEE802.11b 規範了一種頻率在 2.4GHz 傳輸速率是 11Mbps 的短距離無線區域網路，亦即俗稱的 WiFi，目前廣爲全世界所採用。無線區域網路的媒介是空氣，訊號衰減迅速而且易受到地形地物的遮蔽而影響接收，此外，由於在無線的環境中，電腦不易偵測到整個網路的通訊狀況，如圖 11-7 所示，當 3 號電腦傳輸資料時，由於涵蓋範圍不夠，1 號電腦無從偵測，反之亦然；但 1, 3 號電腦所傳輸的資料會在 2 號電腦發生碰撞，因此 CSMA/CD 並不適用。

在無線區域網路中採用的是載波感應多重存取／碰撞避免（Carrier Sense Multiple Access/Collision Avoidance, CSMA/CA）。CSMA/CA 規定電腦傳輸資料前會先傳一個簡訊（brief message）給接收電腦，待接收電腦回覆才可傳輸資料。例如：若 3 號電腦欲傳輸資料給 2 號電腦，必須先傳一個簡訊給 2 號電腦，若 2 號電腦回覆一個簡訊給 3 號電腦，3 號電腦在收到簡訊後才可傳輸資料。值得一提的是，在 2 號電腦回覆簡訊給 3 號電腦時，所有在其涵蓋範圍內之電腦（包含 1 號電腦）都會收到而停止傳送資料以避免發生碰撞。

倘若 1, 3 號電腦所傳輸的資料在 2 號電腦發生碰撞，則 CSMA/CA 會要求 1, 3 號電腦各自隨機等待一段時間之後再重新嘗試傳輸資料，以降低再次發生碰撞的機率。

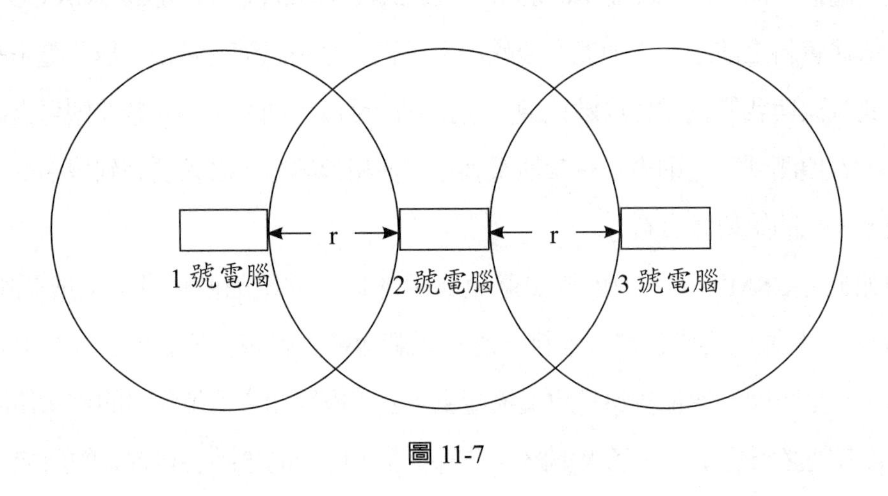

圖 11-7

綜合本章的討論，在今日一個區域網路（LAN）可以包括行動電話，市內電話（透過 PSTN），有線電視，網際網路，透過有線或無線的方式組合而成，如圖 11-8 所示。

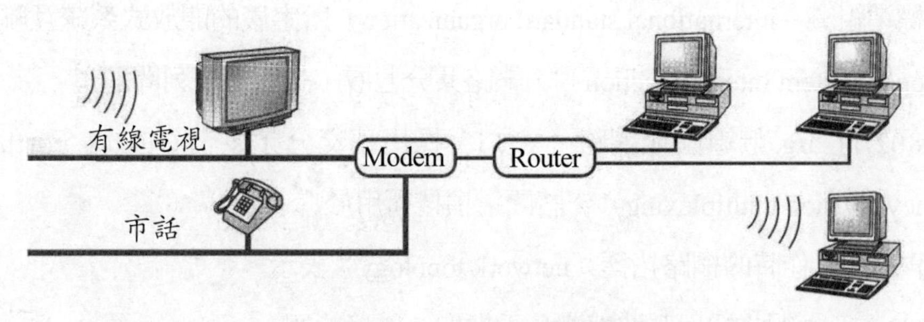

圖 11-8　現今之區域網路

綜合練習

1. 根據國際標準組織（international standard organization）所定義的開放式系統互聯通訊參考模型（open system Interconnection），網路共分七層，請回答下列問題：
   (1) IEEE 802.11 a/g 無線區域網路（WiFi）採用正交分頻多工 OFDM（orthogonal frequency division multiplexing），請問這項技術用於哪一層？
   (2) 請畫出 WiFi 工作時的網路拓撲（network topology）表示。
   (3) IEEE 802.3 乙太網路採用載波感測多重擷取／碰撞偵測（carries sense multiple access with collision detection）技術，請問這項技術用於哪一層？
   (4) 請說明如何設計乙太網路之載波感測原理。

   （104 年公務人員普通考試）

2. ISO 定義了開放式系統互連通訊 OSI 參考模型中，網路共分爲七層：
   第三代行動通訊（3G）標準採用 WCDMA，第四代行動通訊（4G）標準採用 OFDM，
   (1) 請問這兩項技術應用在哪一層？
   (2) 常用的網路拓撲架構有環狀、星狀及匯流排，請分別畫圖舉例，並說明若造成網路故障，可能原因爲何？（104 年特種考試）

3. 請回答下列問題：
   (1) 請解釋網路協定（network protocol）可以做什麼工作？
   (2) 請解釋何謂網路 TCP/IP（Transmission Control Protocol / Internet Protocol），又爲何 IPv6（Internet Protocol version 6, 第 6 版）已逐漸取代目前流行的 IPv4（version 4, 第 4 版）？

   （102 年公務人員高等考試）

4. 電腦網路的拓撲（topologies）結構可分爲：(1) 環型網（ring network）；(2) 樹型網（tree network）；(3) 匯流排網（bus network）請分別畫出這三種拓撲（topologies）結構。

   （97 年特種考試）

5. 通訊網路中常見的節點連結形式包括：星狀網（star）及網狀網（mesh）。
   (1) 分別畫一個圖形說明這兩種連結方式的特徵。
   (2) 比較兩者之主要優缺點。（97 年公務人員普通考試）

6. 本題討論兩種常見的基本網路型態：匯流排（bus）網路及樹狀（tree）網路。

   (1) 分別畫出圖形並說明這兩種型態的操作方式。

   (2) 比較兩者之主要優缺點。（98 年公務人員高等考試）

7. 針對「傳輸速 」、「成本」以及「系統可靠 」之比較，敘述星形（star）、環形（ring）及匯流排（bus）三種網路結構之優缺點。

   （98 年公務人員普通考試）

8. 網際網路（internet）中，資料的傳送方式有兩種，包含非連接式傳送（connectionless transmission），與連接式傳送（connection-oriented transmission），試解釋它們的意義。以 TCP/IP 協定敘述其各爲那一種方式傳輸？（99 年特種考試）

9. 數位式交換網路有電路交換（circuit-switched）及分封交換（packet-switched）兩種系統。說明這兩種系統的交換方式，並比較其優缺點。（99 年公務人員普通考試）

10. 請解釋網路名詞：

   (1) SMTP

   (2) DNS

   (3) 爲何 SMTP 與垃圾郵件有關？有何改進方法減少垃圾郵件？

   （100 年公務人員普通考試）

參考文獻

1. R. E. Ziemer, and W. H. Tranter, Principles of Communication-System, Modulation, and Noise, 6th edition, John Wiley ＆ Sons., 2010.
2. Bernard Sklar, Digital Communications, 2nd edition, Prentice Hall, 2001.
3. Simon Haykin, Communication Systems, 4th edition, Wiley, 2004.
4. Sanjay Kumar, Wireless Communication, River Publisher, 2015.
5. 通訊系統與原理，武維疆、劉明昌編著，滄海書局，2011。
6. 應用機率與統計，武維疆編著，五南書局，2012。
7. James F. Kurose and Keith W. Ross, Computer Networking, Addison Wesley, 2003.
8. 工程數學基礎與應用，武維疆 編著，五南書局，2013。
9. S. Lin and D. J. Costello Jr., Error Control Coding: Fundamentals and Applications, Prentice Hall, 1983.
10. E. Teletar, "Capacity of multi-antenna Gaussian channels", European Trans. Telecommunications, vol. 6, page: 585-595, Nov-Dec. 1999.
11. Andreas F. Molisch, Wireless Communications, 2nd edition, Wiley, 2011.
12. F. Rusek, D. Persson, B. K. Lau, E. G. Larsson, T. L. Marzetta, O. Edfors, and F. Tufvesson, "Scaling up MIMO", IEEE Signal Processing Magazine, page 40~60, Jan. 2013.

國家圖書館出版品預行編目資料

訊號、系統與通訊原理／武維疆著. 一一初版. 一一臺北市：五南, 2017.09

面； 公分

ISBN 978-957-11-9366-3(平裝)

1.通訊工程

448.7 106014674

5DK4

訊號、系統與通訊原理

作　　者 — 武維疆（147.3）

發 行 人 — 楊榮川

總 經 理 — 楊士清

主　　編 — 王正華

責任編輯 — 金明芬

封面設計 — 姚孝慈

出 版 者 — 五南圖書出版股份有限公司

地　　址：106台北市大安區和平東路二段339號4樓

電　　話：(02)2705-5066　　傳　　真：(02)2706-6100

網　　址：http://www.wunan.com.tw

電子郵件：wunan@wunan.com.tw

劃撥帳號：01068953

戶　　名：五南圖書出版股份有限公司

法律顧問　林勝安律師事務所　林勝安律師

出版日期　2017年9月初版一刷

定　　價　新臺幣750元